新时代健康中国（长江经济带）战略研究丛书

王祚桥　胡慧远　主编

生命伦理学的理论与实践

郑文清　高小莲　著

U0963679

WUHAN UNIVERSITY PRESS
武汉大学出版社

图书在版编目(CIP)数据

生命伦理学的理论与实践/郑文清,高小莲著.—武汉:武汉大学出版社,2021.6

新时代健康中国(长江经济带)战略研究丛书/王祚桥,胡慧远主编

ISBN 978-7-307-21315-9

Ⅰ.生… Ⅱ.①郑… ②高… Ⅲ.生命伦理学—研究 Ⅳ.B82-059

中国版本图书馆 CIP 数据核字(2019)第 249991 号

责任编辑:詹 蜜　　责任校对:李孟潇　　版式设计:马 佳

出版发行:**武汉大学出版社**　(430072　武昌　珞珈山)

(电子邮箱:cbs22@whu.edu.cn　网址:www.wdp.com.cn)

印刷:武汉邮科印务有限公司

开本:720×1000　1/16　印张:42　字数:583 千字　插页:2

版次:2021 年 6 月第 1 版　　2021 年 6 月第 1 次印刷

ISBN 978-7-307-21315-9　　定价:99.00 元

作者简介

郑文清，湖南长沙人，法学硕士，现为湖北中医药大学马克思主义学院教授。多年从事心理学、伦理学的教学与科研工作。在《中国教育报》《中国中医药报》《医学与社会》《医学与哲学》等报刊公开发表论文50余篇。主编《现代医学伦理学概论》《心理学》《大学生心理健康教育》《中国传统文化立体化教程》等教材多部。

高小莲，湖北武汉人，医学硕士，现为湖北中医药大学护理学院副教授。长期从事《内科护理学》《健康评估》的教学科研工作。《内科护理学》主编，《现代医学伦理学概论》副主编，发表专业学术论文30余篇。

目　　录

第一章　生命伦理学的由来

【本章内容提要】

◆ 伦理学的基本内涵

◆ 伦理学的分类

◆ 医学伦理学的基本内涵

◆ 生命伦理学的由来

◆ 生命伦理学概念辨证

生命伦理学（Life ethics）诞生于20世纪70年代，首先在美国，随后在欧洲产生发展起来的一门新学科，是一门研究与生命相关的伦理学问题的交叉学科。到目前为止，关于生命伦理学的概念，学术界还没有达成一致看法。

要正确理解生命伦理学的概念及其历史，看似简单，其实是一件不容易的事情，涉及什么是伦理学，什么是医学伦理学，以及医学伦理学的发展史等基本学术问题。

一、伦理学的基本内涵

伦理学是什么？简单来说，伦理学就是研究道德的一门科学。既然伦理学是研究道德的一门学问，为何不直接称为“道德学”呢？这里就涉及两个基本而重要的概念：道德和伦理。

（一）道德

“道德”一词，在汉语中可追溯到先秦思想家老子所著的《道德经》一书。老子说：“道生之，德畜之，物形之，势成之。是以万物莫不尊道而贵德。道之尊，德之贵，夫莫之命而常自然。”①

“道”和“德”在中国古籍中是两个概念而分开使用的。“道”在《道德经》中有三种不同的用法。第一，是指宇宙万物产生和发展的总根源，这是老子哲学思想的核心；第二，指自然规律；第三，指人类社会的一种准则、法则。

道，基本含义有“道路”“道理”等，是指事物运动变化的规律和规则，也指事物运动变化的最高原则。老子认为，“道”是宇宙万物的本原。

“德”的意思是：直视“所行之路”的方向，遵循本性、本心，顺乎自然，便是德。“德”的本意为顺应自然、社会，按照人类的客观需要去行为，不违背自然规律去发展社会，提升自己。“德”即得之于道，是道的性能。“德”字的出现先于“道”，早在3000多年前商代的甲骨文中已有了“德”字。关于“德”的含义，东汉学者刘熙在《释文》中解释为“德者，得也，得事宜也”。许慎在《说文·心部》中更明确地解释为“德，外得于人，内得于己也”。

“道”“德”二字合用，始见于《易大传·说卦》《管子》《庄子》及《荀子》等书。《荀子·劝学》中说：“故学止乎礼而止矣，夫是之谓道德之极”，赋予道德明确的含义。从此，道德主要是指在社会生活中所形成的行为准则和规范，也指个人的思想品质、修养境界、善恶评价、道德教育、风俗习惯等。

在西方，道德（morality）一词起源于拉丁文moralis，指社会风俗、风尚，也有“内在本质”“规律”“特点”“性格”“品质”等意思。

---

① 张忆译注．老子·白话今译［M］．北京：中国书店，1992：99.

现代使用“道德”一词，一般有两层含义，一是指调整人与人之间、人与社会之间、社会与社会之间的行为准则和规范；二是指个人的思想品质、修养境界、是非善恶评价等。

（二）伦理

“伦”和“理”在古代语言里也是分别使用的概念。在古汉语中，“伦”与“辈”同义，《说文》解释：“伦，辈也。”引申为群、类、比、序等含义。孟子把“父子有亲，君臣有义，夫妇有别，长幼有序，朋友有信”称为五伦，表明了我国封建社会中人与人之间的不同辈分关系、人伦秩序和做人的规范。“理”本意是治玉，带有加工使其显示本身的纹理之意，后引申为条理、精微、道理、事理等含义。将“伦”和“理”合为一个概念使用，最早见于《礼记·乐记》，其中有：“乐者，通伦理者也。”把安排部署有秩序称为“伦理”。从词源定义上看，“伦理”和“道德”既相通，又有不同。道德侧重指人们实际的道德行为和人与人之间的道德关系，伦理侧重指这种行为和关系的道理和理论；道德是一般用语，伦理更多的是用作书面语。德国哲学家黑格尔就把道德与伦理分开使用的，道德专指个体的德性、行为和良心，伦理则是指家庭、社会和国家关系与准则。由于“道德”和“伦理”两个词在近代汉语中的词义基本相同，在日常生活中人们有时便把它们作为同义词来使用。

“道德”和“伦理”在现代汉语中意思差不多，那为什么有两个不同的表达？我们认为，一般来说，“道德”是大众化、口语化的表达，“伦理”是书面化、正规化的表达。例如，在日常生活中，我们会批评某某不讲“道德”，但一般不会说此人不讲“伦理”。

（三）伦理学

伦理学一词英文为“ethics”，源于希腊文“ethos”，有风俗、风尚、性格、性情、品质、德性之意。“ethos”来源于希腊文短语“ethike aretai”（字面意思是“品质的技能”）。大约公元前3世纪，古希腊哲学家亚里士多德（Aristotle，公元前384—前322）在雅典学院讲学，首先他把所讲授的一门关于道德品性的学问称为“伦理学”（ethike），“ethike”译成英文便是“ethics”。近代日本学者借用汉语将其翻译成“伦理学”，清代末年，我国学者将其引入中国，沿用至今。

伦理学，即道德哲学，是以道德作为研究对象的一门科学。确切地说，伦理学是研究人与人之间、人与社会之间、社会与社会之间相互关系的道理和规则的学问，是研究道德的本质、产生、形成及其发展规律的科学。

伦理学是一门古老的科学，由亚里士多德创立。亚里士多德给后人留下了三部伦理学著作：《尼可马克伦理学》（The Nicomachean Ethics）、《欧德米亚伦理学》《大伦理学》。《尼可马克伦理学》是世界上第一部伦理学专著，也是亚里士多德最重要的伦理学著作，相传是他的儿子尼可马克根据讲述记录整理而成的。

在我国，到近代才出现真正意义上的伦理学著作，但有关伦理思想在我国古代诸多学者的著作中比比皆是。

前面界定了“道德”“伦理”的含义，虽然两词的意义相近，但作为伦理学来说，还是应该加以区分的。道德关系的形成先于伦理学的创立，道德是伦理学的研究对象，道德关系是伦理思想的源泉。伦理是道德的概括，伦理思想是道德关系的理论表现。因此，人们普遍认为，伦理学是道德的理论形态，是系统化、理论化的道德学说。

二、伦理学的分类

依据不同的角度、标准，伦理学可以分为不同的类型。

（一）理论伦理学与实践伦理学

根据最基本的分类方法理论与实践进行区分，可以将伦理学分为理论伦理学与实践伦理学。

1. 理论伦理学

理论伦理学是专门研究道德基本理论的伦理学分支学科，也可称为哲学伦理学或道德形而上学。它认为伦理学只是道德哲学，只应该从理论上研究什么是善，什么是恶，强调对道德问题进行纯哲学的思辨，反对把伦理学作为一门规范科学或应用科学来看待。主要包括元伦理学（分析伦理学）、规范伦理学和德性伦理学。

（1）元伦理学（meta-ethics），又称为分析伦理学（analysis ethics），是20世纪西方伦理学中占主导地位的伦理学理论，它和规范伦理学相对。1903年摩尔（G. E. Moore）所著《伦理学原理》（Principle Ethics）一书的出版，是元伦理学兴起的标志。元伦理学主要是分析和探讨各种伦理学的理论、概念、论证方法等的理论，既不关心对社会道德状况的描述和研究，也不主张道德行为规范，而更关注于从语言学、逻辑学和哲学的角度解释、分析、论证道德术语的意义与逻辑，试图寻找道德判断的理由和根据。该理论否认可以通过科学的途径对道德判断进行论证，主张排斥一切规范价值体系，只研究道德语言涉及道德的实际内容；标榜对任何道德信念和道德原则体系都抱“中立”的态度。它的主要研究内容：第一，语词或道德概念（如善恶、义务、正当等）的含义，能否下定义，以及道德判断的性质、意义、作用和使用规则；第二，伦理词语在道德上和非道德上应用的区别，道德判断和其他规范判断的区别；第三，道德判断能否证明、证明的方法，以及道德和价值的推理逻辑，等等。

元伦理学（meta-ethics）最初由新实证主义者提出，并为后来各派沿用，形成了直觉主义伦理学、感情主义、语言分析学派、伦理自然主义等派别。在新实证主义看来，只有元伦理学才是真正科学的伦理学。其侧重于分析道德语言中的逻辑，解释道德术语及判断的意义，将道德语言与道德语言所表达的内容分开，主张对任何道德信念和原则体系都要保持“中立”，并在此基础上研究问题。在具体的研究中，元伦理学有时机械地搬用自然科学的机械符号和公式，具有形式化和脱离实际的倾向，此后曾受到许多伦理学家的批评。

（2）规范伦理学（normative ethics）。直到19世纪末，规范伦理学与伦理学或理论伦理学是同一概念，规范伦理学是伦理学的传统理论形式，其历史最为久远。规范伦理学也称准则伦理学，它通过研究善与恶、正当与不正当、应该与不应该之间的界线与标准，研究道德的基础、本质及规律，试图从哲学上形成和论证道德的基本原则、规范和美德的基本要求，以约束和指导人们的道德实践。

规范伦理学是伦理学的基本形态之一。主要用哲学思辨的方法研究伦理问题，致力于揭示、发展和证明有可能指导人们的行为、行动和决定的基本道德原则，从事实出发，给实际生活以伦理上的指导，具有较强的实践性．属传统和主流的伦理学。其有关研究可以追溯到古希腊和中国的先秦。许多人认为亚里士多德的《尼可马科伦理学》是第一部规范伦理学的著作，亚里士多德亦被尊为“伦理学之父”。经过中世纪直到近代，规范伦理学一直是伦理学的主体。从19世纪末到20世纪中期，规范伦理学不断受到描述伦理学和元伦理学的挑战而一度式微。由于社会生活要求伦理学要为生活提供价值指导和行为准则，而给予实际生活以价值指导的也只能是规范伦理学。如果离开规范伦理学及其研究，其他的伦理学形态也就没有存在的意义。所以，20世纪中期以后规范伦理学又重新成为伦理学的主流。

（3）德性伦理学（virtue ethics），又称德性论或美德论，它主要研究作为人所应该具备的品德、品格等。具体地说，美德论探讨什么是道德上的完人，即道德完人所具备的品格以及告诉人们如何成为道德上的完人，即关于道德品质的伦理学基本理论、学说。中心问题是关于人类品格的。美德论的历史源远流长，古希腊哲学家柏拉图（Platon，公元前429—前347）最早提出“美德即知识”的命题。亚里士多德（Aristotetle，公元前384—前322）构建了较完整的美德论体系。此后，许多伦理学家都在亚里士多德美德论体系的基础上，提出自己的美德论体系。因此，不同时代、不同国家和民族都保留了许多传统美德，如仁慈、诚实、廉洁、公平、进取等，并且这些传统美德经过世代验证已成为人们社会生活中共同的行为准则或规范。亚里士多德以问“什么是人的善”这样的问题开始，他的回答是“灵魂的活动合乎德性就是善”。因此，为了理解伦理学，我们必须知道，是什么使人成为有德性的人。亚里士多德以其对细节的敏锐目光，讨论了诸如勇气、自制、慷慨、真诚这样的德性。虽然这种对伦理学的思考方式与亚里士多德联系在一起，但这并不是他所独有的。苏格拉底、柏拉图以及一大群古代思想家都以“什么样的品格特征使一个人成为好人”这一问题作为伦理学的核心问题，结果“德性”占据了他们讨论的中心舞台。什么是德性？亚里士多德说德性是表现于习惯行为中的品格特征。“习惯”是重要的。例如诚实的德性，只是偶尔说真话，或者只有在对他有利时才说真话的人，并不拥有诚实的德性。诚实的人当然地把真诚当回事，他的行为“源自坚定而不可更改的品格”。德性理论应当包含以下几个内容：解释什么是德性；列出哪些品格特征是美德的清单；解释美德是什么；解释为什么这些品性对拥有它们的人来说是好的品性。另外，这个理论还应该告诉我们美德是不是对所有的人都一样，或者是否一个文化的美德与另一个文化的美德有区别，是否一个人的美德与另一个人的美德有区别。

（4）比较伦理学（comparative ethics），研究不同地域、不同时代的各个民族和各种文化的道德和实践，着重研究各种道德体系的异同及其物质文化背景。此种研究或注重基本道德原则的共同性，如禁止自杀、私通乱伦、偷窃盗抢等；或注重于各种道德实践的差异性，如一夫一妻制与多偶制、禁止堕胎与堕胎自由等。西方学术界一般认为，比较伦理学与人类学、历史学、社会学、心理学等社会科学有密切联系，利用这些学科的材料，侧重于对道德现象作出经验上可予证实的概括，发现并解释客观存在的人类行为模式，不规定道德律令，尽可能避免对道德事实作出优劣高下的价值评判。在此意义上，比较伦理学与规范伦理学形成对照。

2. 实践伦理学

实践伦理学是研究和解决现实生活中的道德理论和规范的伦理学。其研究内容集中表现在职业道德、婚姻家庭道德和社会公德等方面。实践伦理学主要包括描述伦理学和应用伦理学。

（1）描述伦理学（descriptive ethics），研究社会族群所持有的伦理观，这包括人情、文化、风气、习俗，善与恶的见解、负责任与不负责任的行为、可接受与不可接受的举止等，是对道德行为和信念、道德观念、道德意识等的实际调查与研究。它根据经验描述，通过获得的大量道德事实材料与客观道德信息来研究、再现社会道德状况，如道德社会学、道德心理学、道德人类学、道德民俗学等。它既不研究行为的善恶标准，也不制定行为的准则规范。

（2）应用伦理学（applied ethics），是把伦理学的基本理论、原则运用到具体的现实问题中的伦理学，是对社会生活各领域进行道德审视的科学，是研究将伦理学的基本原则应用于社会生活的规律的科学，应用性和学科交叉性是应用伦理学的基本特征。对于伦理学理论的应用有两种主要的方式：体系的和部分的。前者如蒂洛（J. P. Thirous）把人本主义伦理学应用于各个应用领域①，罗尔斯（J. Rawls）把一种契约主义伦理学应用于社会的基本制度和人的目的——价值体系②。更多地被采用的方式是部分地运用伦理学的理论，而不是把一种体系用于所有应用场合。例如，在不同人群的权利问题上应用罗尔斯的差别原则理论，在生命伦理学问题上应用人本主义或宗教伦理学的生命价值理论，等等。部分应用理论的模式总体上有更大的灵活性，可以根据不同应用

① J. P. Thirous. 伦理学：理论与实践［M］. 北京：北京大学出版社，1985.
② J. Rawls. 正义论［M］. 北京：中国社会科学出版社，1988.

主体的性质援引不同体系中的有关理论作为持某种立场或政策主张的论据。所以，部分地应用伦理学理论的实践自然地引向混合的伦理学理论应用方式。在混合模式的应用中，对某种立场或政策主张的支持或反对常常由不同论据构成，这些论据是不同的伦理学体系的构成部分，每一个单独论据的周详解释在那个体系自身之中。

（二）规范伦理学与非规范伦理学

根据有无规范的角度进行划分，伦理学可以分为规范伦理学和非规范伦理学两个基本类型。

1. 规范伦理学

规范伦理学（Normative ethics），从狭义上说，是一种侧重于研究道德规范体系的学说，把阐述和论证一定道德原则和规范作为自己的主要任务；从广义上说，凡是运用理论研究，论证人的行为应该怎样、不应当怎样，提出人们行为的基本准则、原则的伦理学说，都属于规范伦理学。规范伦理学致力于揭示、发展和证明有可能指导人们的行为、行动和决定的基本道德原则，从事实出发，给实际生活以伦理上的指导，具有较强的实践性，属传统和主流的伦理学。其有关研究可以追溯到古希腊和中国的先秦。规范伦理学的任务，在于说明我们人本身应遵从何种道德标准，才能使我们的行为做到道德上的善。从作为一个学科的特点来看，规范伦理学通常被区分为两个不同的部分：一般规范伦理学和应用规范伦理学。前者研究人类行为的合理性原则，主要是对诸如何种性质为善、何种选择为正确、何种行为是应受谴责的最一般的问题进行批判性研究；后者研究具体的道德问题，试图用我们关于道德的一般原则来解释和说明我们面对具体道德问题时所应采取的正确立场。从伦理学家对道德本质所持的看法来看，规范伦理学又被区分为两种不同的理论：目的论伦理学和非目的论伦理学。前者坚持一种行为是否道德，受该行为的结果决定。在这个意义上，目的论伦理学又称为结果论伦理学。后者则坚持一种行为是否道德，受其结果以外的东西决定。在这个意义上，非目的论伦理学又称为非结果论伦理学。

2. 非规范伦理学

非规范伦理学（Non-Normative ethics），不研究道德的基本原则、准则与规范的伦理学，主要包括元伦理学和描述伦理学。

三、医学伦理学的基本内涵

伦理学是研究道德的一门学问，按照这个逻辑推演，医学伦理学就是研究医学道德的一门学问，是研究医学道德产生、形成、发展和变化规律的学说。具体来说，医学伦理学是运用一般伦理学原理解决医学科学发展、医疗卫生实践过程中的医学道德现象和医学道德问题的学问，是运用伦理学的理论、方法研究医学领域中人与人、人与社会、人与自然关系的道德问题的一门学问，是医学的一个重要组成部分，又是伦理学的一个分支。这里所说的“医学伦理学”是指学科概念，或者说是个广义的概念（或曰“类概念”）。因为，医学伦理学学科发展到今天，“医学伦理学”这个概念已经有多种含义，而且十分含糊。

四、生命伦理学的由来

学术界关于医学伦理学发展的历史，医学伦理学如何分期，并没有达成统一的认识。我们认为，从全球视角来看，医学伦理学学科的发展大致经历了传统医学伦理学、生物医学伦理学和生命伦理学三个阶段。从这个角度来说，生命伦理学其实是医学伦理学的现代发展阶段。

（一）传统医学伦理学

从时间上来说，欧洲文艺复兴（Renaissance）以前的医学伦理学可以称为传统医学伦理学。为什么要以“文艺复兴”作为分界的标志?

欧洲文艺复兴时期，一般是指14世纪中叶至16世纪末叶西欧发生文艺复兴运动的历史时期。这一时期，在西欧，随着封建制度的衰落、资本主义生产的萌芽、东西方交往的发展，出现了新兴的资产阶级和新的贵族阶层。他们为谋取自身的经济利益和政治地位，以复兴古代希腊罗马文化的形式，掀起了反对封建文化，创造资产阶级新文化的运动。文艺复兴运动于14世纪发端于意大利，到15世纪中期以后，先后波及荷兰、西班牙、法国、英国、德国等地。“文艺复兴”一词的原意是指“古希腊、罗马古典文化的再生”。但是，当时西欧各国新兴资产阶级的文化革命运动包括一系列重大的历史事件，其中主要的是：“人文主义”的兴起，艺术风格的更新，空想社会主义的出现，近代自然科学的开始发展，印刷术的应用和科学文化知识的传播，等等。这一系列的重大事件，与其说是“古典文化的再生”，不如说是“近代文化的开端”；与其说是“复兴”，不如说是“创新”。“文艺复兴”在人类文明发展史上标志着一个伟大的转折。它是欧洲的新文化，是当时社会的新政治、新经济要求的反映，是新兴的资产阶级在思想和文化领域里的反封建斗争。简单来说，文艺复兴的实质就是资产阶级的思想解放运动①。

文艺复兴以后，以解剖学、生理学为主要标志的生物科学极大地影响了人类的医学及其医学（健康）观念。所以，我们把欧洲文艺复兴以前的医学伦理学称为传统医学伦理学。

传统医学伦理学以临床医患关系为主要研究对象，研究领域大多局限在临床医疗内。传统医学伦理学，着重强调医生的义务、责任和美德，尤其强调医生的美德，所以，有学者认为这一时期的医学伦理学也可称为医德学。

---

① 吴于廑，齐世荣．世界史 近代史编（上卷）[M]．第2版．北京：高等教育出版社，2011：16-17.

传统医学伦理学时期，影响最大的医学伦理思想，在国外，是以古希腊的医学家希波克拉底《誓言》为代表的医学伦理思想。在中国，是以唐朝的医学家、药学家孙思邈《大医精诚》为代表的医学伦理思想。希波克拉底的医学伦理思想影响了整个西方传统医学伦理学时期，有的学者甚至认为，这个时期的西方医学伦理学可以称为“希波克拉底时期”。传统医学伦理学阶段，医学伦理学的基本理论可以概括为美德论、义务论、生命神圣论。传统医学伦理学受宗教神学思想影响比较大。

（二）生物医学伦理学

欧洲文艺复兴时期，在西欧，随着封建制度的衰落、资本主义生产的萌芽、东西方交往的发展，出现了新兴的资产阶级和新的贵族阶层。他们为谋取自身的经济利益和政治地位，以复兴古代希腊罗马文化的形式，掀起了反对封建文化，创造资产阶级新文化的运动。文艺复兴运动于14世纪发端于意大利，到15世纪中期以后，先后波及荷兰、西班牙、法国、英国、德国等地。

欧洲文艺复兴以后，科学革命给机械工业、物理学、化学、生物学带来了巨大成功，医学的发展奠定在生物学、解剖学、生理学取得巨大成功的基础之上，因此，这一时期的医学被称为“生物医学”，生物医学相对于以前的医学来说，成就无疑是巨大的，其在客观性、准确性、因果性、科学性等方面与此前的医学相比，都有了巨大的进步。但“生物医学”也有很大的弊端，因为生物医学对疾病的理解多是从人的生物学的、器官的、组织的角度理解的，没有考虑疾病发生的社会的、心理的和环境的复杂因素，多是用机械唯物主义的观点看待疾病，此时的医学伦理观念也深受“生物医学”观念的影响，因而便称为生物医学伦理学（biomedicine ethics 或 biomedical ethics）。

为了真正理解生物医学（biomedicine）的概念，对文艺复兴时期的医学的一些重要的科学成就极其深远的意义和影响应该给予足够的重视。

1543年，比利时医生维萨留斯（Andreas Vesalius，1514—1564）发表了他的划时代著作《人体构造》（De humani corporis fabrica）一书。书中详细地记叙了关于人体骨骼、肌肉、血管、神经、腹部、胸部、脑以及各种器官的解剖结果，并附有300多张精巧的解剖图。他批判了古罗马医学家盖仑（Claudius Galenus，129—199）所说的血液可以通过人的心脏中隔从右心室渗入左心室的错误结论。通过解剖实践证明，人的心脏中隔很厚，并由肌肉组成，血液是不可能通过中隔从右心室流到左心室的。尽管他在当时还不能指明血液是怎样从右心室流到左心室的，但他却开辟了通过解剖研究血液循环理论的道路，并对盖仑医学的错误予以否定，对盖伦的“三位一体”学说提出了挑战。维萨留斯最早使用人的尸体进行解剖，对解剖学命名加以标准化，是近代解剖学的奠基人，被后人称为“解剖学之父”。当时神学思想一统天下，由于他进行了当时被教会所禁止的人体解剖，指出了盖仑学说的错误，触犯了教会的权威，因而遭到了教会的指责和迫害。维萨留斯最终死于被流放的路上。他虽然献出了自己的生命，但所开创的新的不迷信权威，用观察、解剖研究人体的思想方法对后来生物学、医学的发展起到巨大的推动作用，开创了唯物主义医学研究之路。

随后，西班牙医生塞尔维特（Michael Servetus，1511—1553）发现血液的小循环系统。他第一次提出关于血液由右心室经肺动脉分支血管，在肺内经过与它相连的肺静脉分支血管，流入左心房的正确看法。他还认为在其间存在着一些很巧妙的装置（看不见的微血管），和极微细的肺动脉分支和肺静脉分支相连接，并预见到血液按心肺循环流动的生理意义。他认为，左、右心室中的血是交流的，但并不是盖伦所说由心室的“间隙”所通。并指出，血液在肺血管内经过“加工”并得到澄清。这些看法都提到肺循环的基本事实。限于当时条件，他未能提出有系统的循环的概念，“循环”一词未被使用。但后人基于他的功绩，常将肺循环称为“塞尔维特循环”。

英国解剖学家威廉·哈维（William Harvey，1578—1657）通过大量的动物解剖实验，于1628年发表了《动物的心脏和血液的运动》（Movement of the Heart and Blood in Animals）（国内简称《心血运动论》）等论著，系统阐释了血液运动的规律和心脏的工作原理。他指出，心脏是血液运动的中心和动力的来源。哈维认为，人的身体常有血液流通不已，这种运动的本原与中心便是心脏。在心脏收缩时，驱动血液到动脉中去，由此又通过“静脉”再回到心脏。这就是血液循环的完全意义。但是这种循环是双层的：一种循环是由心脏的右边，经过肺部再到左边（称为“小循环”），另一种循环是由心脏的左边，经过身体的其余部分，再到心脏的右边（称为“大循环”）。《心血运动论》被誉为生理学历史上最重要的著作，标志着近代生理学的开始，其意义并不在于直接应用，而是为人们探索人体生理功能的奥秘指明了正确方向，这就是通过实验来进行研究。马克思给哈维以很高的评价：他终于“把生理学（人体生理学动物生理学）确立为科学。”哈维的心血运动论最终取代了盖仑的关于血液运动的学说，以后在机械论为主导哲学思想的指导下，以解剖学和生理学为主的实践医学在18世纪取得了突飞猛进的发展。

19世纪的病理学有了长足的进步。实验医学家头脑中产生了尊重科学、尊重事实的理念，宗教神学的伦理道德观念日益淡薄，他们认为医学的最高任务莫过于延长人的寿命。由于一系列新的科学的诊断和治疗疾病方法的产生，从而为医生关心同情患者、治疗疾病、解除患者痛苦提供了科学的现实基础和条件，这都是医学人道主义的集中体现。这一时期，医学伦理学虽然也研究医患关系，但并不局限于此，研究范围大大地扩展了，从临床医患关系走向了保健、预防、康复医学以及生物医学试验研究等，生物医学中人体试验道德成了生物医学伦理学的重要而紧迫的课题。生物医学技术发展本身及其所带来的伦理观念的变化，焦点集中在生死两端，如生殖技术、生育控制、残废新生儿处置和安乐死等新的伦理问题。

生物医学伦理学这一概念，有人认为是美国学者比彻姆（Tom L. Beauchamp）和查尔德仑斯（James F. Childress）首次提出来的。比彻姆和查尔德仑斯二人合著了《生物医学伦理学原则》（Principles of Biomedical Ethics）一书①。书中首次提出了生物医学伦理学的概念。他们给生物医学伦理学下的定义是："生物医学伦理学作为一门应用伦理学，是一般道德理论、原则、规范在医疗实践与卫生保健实施以及医学和生物医学研究中的应用。"

在学术界，有学者认为，由于比彻姆和查尔德仑斯二人合著了《生物医学伦理学原则》一书，才出现了"生物医学伦理学"的概念。我们认为，这种理解是不恰当的。其实，是因为文艺复兴以后，医学受到了广义的生物学（包括人体解剖学、生理学、病理学等科学）的影响，后来的医学被称为生物医学（biomedicine），生物医学（biomedicine）这个概念出现在前，所以，这样才有生物医学伦理学的概念出现，也才有《生物医学伦理学原则》的专著出现，而不是相反的。也就是说，有了生物医学的实践，才有了生物医学的概念，同理，才有了生物医学伦理学的概念。也可以理解为，先有了生物医学实践，后有生物医学与医学伦理学等学术概念。

生物医学伦理学的基本原则是医学人道主义。为什么生物医学伦理学时期的基本原则是医学人道主义呢？这又不得不再次理解文艺复兴的基本伦理（道德）理念。

11世纪后，随着经济的复苏与发展、欧洲城市的兴起与生活水平的提高，人们逐渐改变了以往对现实生活的悲观绝望态度，开始追求世俗人生的乐趣，而这些倾向是与天主教的主张相违背的。在14世纪城市经济繁荣的意大利，最先出现了对天主教文化的反抗。当时意大利的市民和世俗知识分子，一方面极度厌恶天主教的神权地位及其虚伪的禁

① 李伦译．生物医学伦理学原则［M］．第5版．北京：北京大学出版社，2014.

欲主义，另一方面由于没有成熟的文化体系取代天主教文化，于是他们借助复兴古代希腊、罗马文化的形式来表达自己的文化主张。因此，文艺复兴着重表明了新文化以古典为师的一面，而并非单纯的古典复兴，实际上是资产阶级反封建的新文化运动。文艺复兴从伦理（道德）的角度理解，是复兴了、强调了人文主义精神，现实中最重要的是人而不是神。其核心是复兴（强调）人的价值和尊严，主张人生的目的是追求现实生活中的幸福，倡导个性解放，反对愚昧迷信的神学思想，认为人是现实生活的创造者和主人，这就是人道主义精神，这种核心理念贯彻到、影响到医学科学及医疗领域，就慢慢形成了医学人道主义的基本原则。

生物医学伦理学时期的基本理论是生命质量论、生命价值论、公益公正论、权利义务论。

（三）生命伦理学

一般认为，生命伦理学一词最早由美国威斯康星大学的生物学家和癌症研究者波特（V. R. Potter）在1970年提出。他在1971年出版了一本重要著作《生命伦理学——通向未来的桥梁》，在书中明确提出了“生命伦理学”的概念，并认为生命伦理学是“一门把生物学知识和人类价值体系知识结合起来的新学科”，它在科学和人文学科中间建起一道桥梁，帮助人类生存，维持并促进世界文明。同年，英国学者瑞南·吉伦（Raanan Gillon）在《应用伦理学百科全书》中，列出了生命伦理学词条，认为生命伦理学研究产生于生物学实践领域（包括医学、护理、兽医在内的其他卫生保健职业）中伦理学问题的学科。它们研究范围很广，除了生物科学研究中的伦理学，还包括环境伦理学（涉及环境污染、人与动物以及自然界中其他部分之间的适宜关系），性、生殖、遗传和人口中的伦理问题以及各种社会政治道德问题，如失业、贫穷、歧视、犯罪、战争和迫害对人群健康的负面效应。

生命伦理学最先产生于美国，有其独特的历史背景。生命伦理学的诞生建立在20世纪医学科学发展的基础上。20世纪医学的发展可从医疗技术的科学含量程度、卫生保健费用投入的规模、享受服务人群的数量、庞大的医务人员和专家队伍、医疗服务系统的复杂性等多个方面看出其历史背景。生命伦理学正是在这一背景下应运而生的。生命伦理学是传统医学伦理学、生物医学伦理学的继续发展，它并不是不研究传统医学伦理学、生物医学伦理学的内容，只是其研究的范围更加广泛而已。生命伦理学的基本原则是“人本主义”，其基本理论除继承生物医学伦理学时期的公益公正论、生命质量论、生命价值论外，还发展了环境论、境遇论、动植物权利论。

生命伦理学的概念虽然诞生在美国，但是这一概念提出以后，为许多国家的医学伦理学家引用和采纳。自20世纪中叶以来，随着现代医学的发展和医疗技术、手段、设备的更新，在与人的生命活动各阶段密切相关的医疗实践中，伦理、社会、法律等问题层出不穷。例如“试管胚胎”养育的婴儿长大后寻找生父的权利问题；由其他人工生殖技术诞生的后代是否享有各种相关权利的问题；人体器官、精子、卵子等的出售与商业化倾向问题；器官移植受者的身份认定问题；寻求胎儿优生、流产与胎儿性别鉴定问题；脑死亡条例的制定及实施问题；安乐死与临终关怀问题；基因技术与基因歧视、克隆人问题等，许多仍是争论不休、悬而未决的问题，有待进一步深入探索与研究①。近些年来，人类基因组研究带来的一系列伦理、社会、法律问题更是引起全球的关注。科学家预测：21世纪是生命科学的世纪。而生命科学的进展，生物技术更广泛的应用，不仅会给人类展现更美好的希望曙光，同时也带来了更多的伦理难题，给生命伦理学的理论研究和实践提供了更大的空间。

生命伦理学是传统医学伦理学、生物医学伦理学的现代拓展，也是迄今为止世界上发展最为迅速、最有生命力的交叉学科。生命伦理学的

① 徐宗良．生命伦理学［M］．上海：上海人民出版社，2002.

生命主要指人类生命，但有时也涉及动物生命和植物生命以至生态，而伦理学是对人类行为的规范性研究，因此，可以将生命伦理学界定为运用伦理学的理论和方法，在跨学科跨文化的情境中，对生命科学和医疗保健的伦理学方面（包括决定、行动、政策、法律）进行的系统研究。

五、生命伦理学概念辨证

在学术界，对于生命伦理学的概念理解和使用，是比较混乱的。有的学者把“生命伦理学”(bioethics）理解成“生物医学伦理学”(biomedicine ethics 或 biomedical ethics)，有的学者把“生命伦理学”(bioethics）直接翻译成“生物伦理学”。我们认为这两种理解都是不恰当的，因为这样理解，容易引起混乱。

著名医学伦理学家卡拉汉（Daniel Callahan）在《生命伦理学百科全书》第二版中的“生命伦理学”条目中，把医学伦理学与生命伦理学相比，认为“医学伦理学是古老的学科，代表很窄的范围，只强调医生的道德义务和医患关系，虽然在现今这仍很重要，但已不足以囊括所有的问题”。“生命伦理学则是指生命科学中更广阔的道德领域，包括医学、生物学、环境中的重要方面、人口和社会科学等。医学伦理学作为一个部分包括在生命伦理学当中，与其他题目和问题共同构成生命伦理学。”① 很显然，这是认为生命伦理学涵盖（包括）医学伦理学的观点。J. Stuart Horner 在《应用伦理学百科全书》中认为，医学伦理学与生命伦理学经常混淆，但后者是前者的一个方面，只不过后者这30年一直占主导地位。

英国的 Thomas Percival 在1803年出版了《医学伦理学》一书，并首次提出“医学伦理学”这一名词。他没从正面给医学伦理学下定义，但从有关的材料可以分析出他对医学伦理学概念的理解。他认为：“职

① 丛亚丽．医学伦理学与生命伦理学［J］．医学与哲学，2001（9）．

业伦理学是‘人性的知识’与‘广泛的道德责任’之间的综合”，“医学伦理学的一般体系是使无论是官方正式的行为还是医学领域之间相互的交往都受文雅和正直原则所指导”。这种观点在19世纪被广泛接受。20世纪20年代，美国的药理学教授Chauncey Leake对上述观点提出质疑。他认为：“Percival对‘医学伦理学’这个名词使用不当……它仅指来自职业中的、用来管理职业中各成员彼此交往的成规、礼节。……但真正的伦理学与成规、礼节不同，而应从哲学的角度理解。他认为：“真正的医学伦理学是基于伦理学理论并用之来处理医患之间、医生与社会之间的关系。”20世纪70年代，美国的医学伦理学权威K. D. Clouser对医学伦理学的理解与Leake的观点并无本质区别，他在《生命伦理学百科全书》第一版中提出：医学道德与一般的日常道德没有区别，含有与一般道德相同的规则。我国对医学伦理学的定义多采用：“运用一般伦理学的道德原则，来解决医疗卫生实践和医学科学发展中人们相互之间、医学与社会之间的关系而形成的一门科学，它既是伦理学的分支（应用规范伦理学），又是医学的组成部分。”①

也有学者认为把生命伦理学（bioethics）作狭义的理解，更为恰当。这种狭义的理解，是把生命伦理学理解在现代生命科学技术背景下的产物。这就回答了生命伦理学为何在20世纪70年代美国发生。这里涉及对生命科学和现代医学的差异背景的理解。生命科学不再是现代医学的一种补充，而是一场颠覆性的产业革命。

概括起来，现代生命科学与现代医学相比，有六大基本差异。这是真正理解生命伦理学出现（产生）的科学（医学）技术背景的前提。

第一，理念差异。现代医学是广谱性的，现代生命科学是个体化的；现代医学是用外部力量干预治疗疾病，现代生命科学是利用人体自身的生命力与免疫力来达到治疗疾病与促进健康的目的。广谱性就是非特异性，它不会根据每个人的差异性而给你针对性的治疗。比如我们同

① 丛亚丽．医学伦理学与生命伦理学［J］．医学与哲学，2001（9）.

时感冒了，我们去医院看医生，医生都给我们开了一样的药，可我们是不一样的人啊，所以才有了我们经常所说的副作用，恶心呕吐、头晕想睡觉等一系列不良反应。到现阶段，现代生命科学采取的治疗方式是利用你自己的基因和细胞，为你定制一个治疗方案，就不存在副作用这么一说了。

第二，方法差异。现代医学的方法主要是药物、手术、化疗与放疗等；现代生命科学的方法主要是基因编辑、细胞修复与免疫治疗。现代医学的方法主要以手术、放疗、化疗和吃药为主，这就导致了所有的重心都落在医生一个人手上，他决定你吃的药，他决定如何给你动手术和做放疗化疗。到今天，现代生命科学的方法主要是基因编辑、细胞修复和免疫治疗。

第三，模式差异。现代医学是医生与病人一对一的疾病治疗，未来将是平台通过算法一对多的服务；每个人不仅仅是生命健康的需求者，也是一个积极的参与者，与现代生命健康服务商一起对自己的生命健康承担责任。过去，我们看医生必须是要先挂号，然后和医生一对一诊疗。现在，我们可以通过平台算法来看病了。我们不再做一个难受了才去寻求医生的需求者，我们要做一个积极的参与者。我可以每天在手机App上传我身体上的数据，比如心跳、血压、蛋白等等，提前预知疾病，提前预防和控制疾病。

第四，目标差异。现代医学的主要目标是疾病治疗；现代生命科学的主要目标是生命健康，让人不生病、少生病或晚生病。即使是生病，也能早期发现早期治疗，达到最佳的治疗效果。现代医学的目标是疾病治疗，我们一定是在生病的时候才会去医院看医生。现代生命科学的目标是生命健康。我们通过生命检测，可以提前很长一段时间预知你整个疾病的爆发过程，我们可以做到提前预防和控制，让你不生病，那我们还需要在生病的时候去寻求治疗吗？

第五，体系差异。现代医学是一个以医院为核心，以药厂及设备厂为支撑的医疗体系；现代生命科学是一个以健康管理机构为核心，生命科学中心（细胞库和细胞制备中心）提供相关产品、技术与服务支撑，以药品设备公司为辅助的生命健康保证体系。基于目标不一样，体系肯定也是不一样的。现代医学是以医院为核心的，现在的生命科学是以健康管理机构为核心。细胞储存、细胞治疗以及细胞抗衰老已经成为全球的热门话题。随着生命科学与现代医学逐步融合与跨越式发展，现代生命科学正以前所未有的科技力量改变着世界，特别是创新细胞生物技术的出现，让疾病和癌症的预防与治疗有了新的途径和可能。

我们今天理解生命伦理学，如果主张生命伦理学是狭义的，就应站在现代生命科学技术背景下来进行理解。因此，狭义的生命伦理学也就是在现代生命科学背景下来探讨、研究生命伦理问题的一门科学。从这个角度来说，我们不赞成把生命伦理学理解成生物医学伦理学或生物伦理学，更不赞成把生命伦理学理解成更含糊的医学伦理学概念，也就是把生命伦理学等同于医学伦理学。

我们主张把生命伦理学作“Life Ethics”理解，而不作“Bioethics”理解，因为许多国内学者还把“Bioethics”理解成为“生物伦理学”或“生物医学伦理学”，这其实是医学伦理学近代范围的概念。今天所说的“生命伦理学”（Life Ethics），是现代生物高新技术背景下的产物，是医学伦理学的最新阶段，不是“Bioethics”阶段。

【本章推荐阅读书目】

1. 孙福川，王明旭．医学伦理学［M］. 第 4 版. 北京：人民卫生出版社，2013.

2. 程新宇．生命伦理学前沿问题研究［M］. 武汉：华中科技大学出版社，2012.

3. 王明旭．医学伦理学［M］. 北京：人民卫生出版社，2010.

4. ［英］乔治·摩尔．伦理学原理［M］. 长河译，上海：上海人民出版社，2005.

5. ［德］马库斯·杜威尔．生命伦理学：方法、理论和领域［M］.

李建军，袁明敏译，北京：社会科学文献出版社，2017.

6. 郑文清，周宏菊．现代医学伦理学概论［M］. 武汉：武汉大学出版社，2017.

7. 范瑞平，张颖．建构中国生命伦理学：新的探索［M］. 北京：中国人民大学出版社，2017.

【本章思考与练习】

1. 如何理解道德、伦理、伦理学的概念？
2. 伦理学是如何分类的？
3. 医学伦理学是一门怎样的学问？
4. 生命伦理学的由来是怎样的？
5. 如何理解生命伦理学概念？
6. 如何看待生命伦理学是现代生命科学背景下的产物？

第二章　生命伦理学学科发展概况

【本章内容提要】

◆ 中国古代生命伦理思想

◆ 中国近代生命伦理思想

◆ 中国现代生命伦理学学科发展的基本情况

◆ 西方生命伦理思想的主要代表人物及其思想

◆ 西方生命伦理学发展的基本情况及其特点

在人类文明发展史上，生命伦理思想及生命伦理学是伴随着人类的医疗实践的发展而发展的。从总体上看，无论是中国还是国外，是先有医学实践，同时伴随着医学实践而产生生命伦理思想，然后才产生生命伦理学这门学问，继而发展成为一门现代的学科。探究生命伦理学学科发展的基本规律，掌握其发展的基本概况，对于我们全面理解生命伦理学发展的特点，探究和把握生命伦理学产生和发展的规律，继续深入研究、发展现代生命伦理学具有重要的理论和实践的意义。

一、中国生命伦理学的发展概况

中国是一个历史悠久的文明古国，素有“礼仪之邦”的美称。中国的生命伦理思想随着医学实践的产生而产生，随着医学实践的发展而不断发展。概括地说，中国的生命伦理思想经历了古代生命伦理思想、近代生命伦理思想与现代生命伦理思想三个发展阶段。

（一）中国古代生命伦理思想

中国古代没有专门的生命伦理学著作，但有丰富的生命伦理思想，中国古代生命伦理思想，主要体现在古代医学典籍的序言或独立的篇章之中，其他的著作中也有体现。

《帝王世纪·路史》中记载："伏羲氏……画八卦……乃尝味百药而制九针，以拯夭枉焉。"《淮南子·修务训》里说："神农氏……尝百草之滋味，水泉之甘苦，令民知所避就。当此之时，一日而遇七十毒。"《通鉴外记》也说道："民有疾病，未知药石，炎帝始味草木之滋，尝一日而遇七十毒，神而化之，遂作方书，以疗民疾，而医道立矣。"尽管伏羲、神农、炎帝是神话传说中的人物，但从一个侧面说明了我国古代生命道德思想的基本状况及其萌芽状态。

奴隶社会，由于社会生产力的发展，社会分工进一步具体化，出现了体力劳动和脑力劳动的分工，医生这个职业此时便产生了。在古代，人们对医生最多的称呼就是"大夫"和"郎中"，其实这两个称呼都是对朝廷官员的称呼。古代以官职称呼人是一种习惯，再加上古代人本来就非常尊重医生，所以用官职称呼医生就是很自然的事了。《夷坚志》："张二大夫者，京师医家。"《东京梦华录》："银孩儿栢郎中家。"等等，这样的称呼不胜枚举，数不胜数。在宋人吴曾的《能改斋漫录》中，范仲淹将"良将"和"良医"两个抱负并称，也说明古代对医学的重视程度和对医生的尊重程度。同时这也是"不为良相，便为良医"一语的来历（刘绍义，2012）。

据我国《周礼》记载，周代已出现了专司医业的医生。《周礼·天官·医师》就记载："医师，掌医之政令"。《敦煌变文集·欢喜国王缘》："便唤医师寻妙药，即求方术拟案（安）魂。"当然这里的"医师"都是"执掌医务的官员"的意思。但在汉应劭《风俗通·穷通·司徒中山祝恬》中："诸生曰：'今君所苦沉结，困无医师，闻汲令好事，欲往语之。'"以及宋梅尧臣《闻刁景纯侍女疟已》诗："医师尤饮食，冷滑滞在脾。”等等，这里的“医师”就是如今医生的意思了（刘绍义，2012）。

周代还建立了我国最早的医德制度。《周礼·天官·医师》中写道：“医师，掌医之政令，聚毒药以共医事，凡邦之有疾病者……则使医分布治之，岁终则稽其医事，以制其食，十全为上，十失一次之，十失二次之，十失三次之，十失四为下。”这既包含了对医疗技术的评价，也包含了最古老的医学道德思想。为什么“次”呢？《素问·徵四失论篇》注释：“所以不十全者，精神不专，志意不理，外内相失，故时疑殆。”意思是说医师所以不能取得十全的疗效，是由于医生在治病的时候，不专心致志，缺乏认真的分析思考，没有把外在的临床表现和内在的病理变化联系起来，因此时常疑虑不决，造成过失。由此可见，当时对医生的考核，不单纯是技术的考核，而且还包括医师的思想品德、医疗作风和医疗态度方面的考核。

春秋战国时期，在我国古代哲学和伦理观念的影响下，随着经验医学的兴起，医学人道思想（生命神圣论）已经有了相当的发展。“医乃仁术”“仁爱救人”等医学伦理思想出现了，此时的医德思想要求医师重视人的生命，要以“无伤”为原则。孟轲言：“无伤也，是乃仁术。”（《孟子·梁惠王上》）此时，中国医德思想还强调用药要慎重。《孟子·滕文公上》曰：“若药不瞑眩，厥疾不瘳。”《礼记·曲礼》曰：“君有疾饮药，臣先尝之；亲有疾饮药，子先尝之。医不三世，不服其药。”

成书于战国时期的我国第一部医学典籍《黄帝内经》，阐明了中国古代朴素唯物主义医德观。其内容包括《素问》《灵枢》两大部分，它以朴素的唯物主义思想作为医学理论体系，以整体观念为原则，阐述了有关病理、诊断、防疫、治疗等医学问题。与之相适应的，在医学道德方面也有专门论述。如《素问·阴阳应明大论》中指出：“治病必求于本。”所谓“求于本”在诊断上要求“必知始终”；在治疗上要求“各司其属”，以所利而为之。如《灵枢·师传篇》专论了医生的责任和良心；《疏五过论篇》将五种行医过失列举出来，并指出医生必须具备四个方面的医德；《素问·徵四失论篇》专论了医生在临床诊疗中易出现的四种失误，以诫医生。这几篇关于医学道德的专论，成为后世医生的必修课，哺育了千千万万医学世家，并经他们的言传身教，逐渐形成了具有约束力和优良传统的我国古代医德。所以，可以说《黄帝内经》的问世，不但确立了我国古代医学理论体系的雏形，而且也标志着我国传统医德的初步形成。

东汉名医张仲景（150—219），著有闻名的《伤寒杂病论》一书，其序言是一篇具有很高价值的医德文献。序言对医学的性质和宗旨、医学道德、医学的发展都做了精辟的论述，指出治病应不分贫贱富贵，“上以疗君亲之疾，下以救贫贱之厄，中可保身长全”。他以救人活命为己任，以仁爱救人为准则，指导自己的医疗实践活动。他在《伤寒杂病论·自序》中指出要以“精究方术”与“爱人知己”的精神，反对那种“孜孜汲汲，唯名利是务”的居世之士，“自非才高识妙，岂能探其理至哉”。张仲景还指出应当“勤求古训，博采众方”，并结合临床实践的方法，进一步继承发扬前人的医学成就，以推动医学的发展。张仲景的医德思想，推进了中国古代医德思想的向前发展。

三国时代的江西名医董奉（220—280），少年学医，信奉道教。年轻时，曾任侯官县小吏，不久归隐，在其家村后山中，一边练功，一边行医。董奉医术高明，治病不取钱物，只要重病愈者在山中栽杏 5 株，轻病愈者栽杏 1 株。数年之后，有杏万株，郁然成林。春天杏子熟时，董奉便在树下建一草仓储杏。需要杏子的人，可用谷子自行交换。再将所得之谷赈济贫民，供给行旅。后世称颂医家“杏林春暖”之语，盖源于此。后被称为“杏林佳话”，流传至今。今天，病人时常用“杏林春暖”来表示对医师的敬意，也表示了一种良好的医患关系。董奉医术的高明和不求名利、乐善好施的高尚医德被人们传为佳话，千秋流传。人们把他同当时谯郡的华佗、南阳的张仲景并称为“建安三神医”。后世以“杏林春暖”“誉满杏林”称誉医术高尚的医家，唤中医为“杏林”。据载今江西九江董氏原行医处仍有杏林。董奉死后，人们在庐山上建有董奉馆。在长乐有一座山被称为董奉山。在福州的茶亭街河上村有一座救生堂，均为纪念董奉。

隋唐是我国封建社会发展的繁荣时期，名医辈出，医德更加完善与规范化。孙思邈（581—682）是这一时期我国传统医德的集大成者。他写的《备急千金要方》，就是以“人命至重，有贵千金，一方济之，德逾于此”的意义而命名的。这不仅是一部医学名著，也是一部包含深邃医学伦理思想的著作。其开卷序言《论大医精诚》，主张医家必须具备“精”和“诚”两个方面。所谓“精”就是要具有精湛的医术；所谓“诚”就是指医生应具有高尚的品德。他指出学医的人要“先发大慈恻隐之心，誓愿普救含灵之苦”，要平等待患，“不得问其贵贱贫富”，对患者要“普同一等”“一心赴救”，不得浮夸自吹，诋毁同行。总之，他比较全面地论述了医生的个人品德、专业学习态度、对待病患的态度、与同道的关系等方面的医学道德准则，而且，他还紧密联系临床实践，使伦理渗透于医理之中，进行医德教育与评价。其巨著既是中国医学之典籍，也是中国医德史上的光辉文献，对后世医德发展产生了深远的影响。

两宋时期，随着医学科学的发展，一方面传统医德活动的内容日益丰富，医学伦理思想有所突破和创新。林逋著的《省心录·论医》重视医德评价，把那些在医疗活动中贪图钱财，沽名钓誉和粗疏轻率的行为，斥之为“庸医”。医学家张杲著有《医说》告诫病家，不得“轻以性命托庸医”，把“治病委之庸医比之不慈不孝”。由此可以看出，张杲的医学伦理思想开始从患者的角度来进行论述和主张，扩大了医学伦理思想研究的视角。

金元时期，医学界有四大学派，即寒凉派刘完素，攻下派张从正，补土派李杲，养阴派朱震亨。四大派形成了当时医学界百家争鸣的局面，充分体现了他们勇于创新的精神。这四大家各树一帜，突破旧的学说，提出新的见解，改变了泥古不化和墨守成规的面貌，对医学的发展起到了较大的推动作用。

刘完素（约1110—1200）认为评价一个医生应从医道和医德两个方面考虑，“医道以济世为良，而愈病为善”，根本的一点就是济世和愈病。他认为：“欲为医者，上知天文，下知地理，中知人事，三者俱明，然后可以语人之疾病。不然则如无目夜游，无足登涉，动致颠殒，而欲愈疾者，未之有也。”① 刘完素十分重视深入民间，扶危济困，同病家有密切联系，经常家门前求诊者众，深受人民群众热爱。他曾三次拒绝朝廷的征召，不愿当宫廷御医，坚持行医民间，因此被御赐“高尚先生”。

金代医学家张从正（1156—1228），十余岁时承庭训，跟随父亲学医，博览医书，深究医理，勤奋自坜，弱冠成器，二十余岁悬壶应诊。中年时代，即成一方名医。他用药以寒、凉为多。他以为风寒等是天之邪气，雨露等是地之邪气，最容易使人染病。饮食的酸苦甘咸等是水的各种邪气，也是致病的原因，认为这些病因都不是人体内所应有的，一经致病，就应当祛除体外。祛除方法采用汗、下、吐三法为要，凡风寒痼冷等所致，疾病在下，可用下法；凡是风痰宿食所致，可用吐法。他行医奔波于陈州介徐州、汴京、归德府数十府、州、县，医疾救亡，功绩卓著，深得人民敬仰。约于1220年前后著成《儒门事亲》，取名的用意是：儒者能明事理，事亲的人就应当知医道。当时因有人对汗下吐三法持有异议、故书中有说、有辨、有诫、有笺、有论、有疏、有十形三疗。还有六门三法等目。旨在于攻，故号“攻下派”，是“攻下派”的倡导人。他主张爱病人但不讨好病人，顺潮流但不随大流。他据个人临床实践指出，迷信巫神是绝对治不好病的，呼吁医生们努力钻研医学。他对情志疗法颇有研究，用行为疗法证明迷信和宿命论的谬误。他十分重视医患关系，认为治病“必标本相得，彼此相信”，既要相信病

① 杜治政，许志伟主编．医学伦理学辞典［M］．郑州：郑州大学出版社，2003：668.

人主诉，又要注意分析病情，谨慎从事。

金代著名医学家李杲（1180—1251），通过长期的临床实践积累了丰富的医疗实践经验，提出“内伤脾胃，百病由生”的观点，形成了独具一格的脾胃内伤学说，是我国医学史上著名的金元四大家之一，是中医“脾胃学说”的创始人。他十分强调脾胃在人身的重要作用，因为在五行当中，脾胃属于中央土，因此他的学说也被称作“补土派”，是补土派的代表。

李杲家是当地的豪门望族，富有钱财，虽生在富贵人家但生活严谨，行为敦厚，令人敬重。李杲 20 岁时，母亲王氏患病卧床不起，后因众医杂治而死，李杲痛悔自己不懂医而痛失生母，于是立志学医。当时易水的张元素是燕赵一带的名医，李杲求医心切，不惜离乡四百余里，捐千金拜其为师。凭着他扎实深厚的功底，经过数年的刻苦学习，李杲“尽得其学，益加阐发”，名声超出了老师，成为一代医家大宗。病人来看病，他总是先诊脉，辨明脉象，而后进行诊断，告诉病人他们患得是什么症，然后从医经里引出经文，加以分析对照，证明自己的诊断与医经的论述完全一致，直到把病人说得心服口服了，才拿起笔处方。经过多年临证，李杲的医技日益精湛，各科疾病均能诊治，当时的人都把他当作神医来看待。他“忠信笃敬”，与人交往“无戏言”，说到做到，生活严谨，作风正派，十分自爱。反对虚妄，重视客观，为传后人医术呕心沥血，挑选教授学生十分重视医德。

元代医学家朱震亨（1281—1358），提出“阳常有余，阴常不足”之论，被称为养阴派的代表人物。他主张生活俭朴，诚恳正直，严于律己，宽以待人。要求对病人热忱，同情病人疾苦，凡病家有请，“虽雨雪载途，亦不为止”。一次，朱震亨出诊刚刚回来，又有病人家属前来请求出诊，家人想拒绝，朱震亨表示：病人痛苦不安，度刻如岁，当医生的怎能自图安逸呢？说完立即不顾劳累再次出诊。金元四大家的医德思想，各有特色，但都深远地影响了我国医德的发展。

我国的医学道德规范、医学道德教育、医学道德理论发展到明朝已日臻完善、成熟。明代医学家龚廷贤著《万病回春》，提出“医家十要”和“病家十要”两则。“医家十要”为：一存仁心，二通儒道，三精脉理，四识病原，五知运气，六明经络，七识药性，八会炮制，九莫嫉妒，十勿重利。这“医家十要”表明龚廷贤心目中医家的理想模型。“病家十要”为：一择明医，二肯服药，三宜早治，四绝空房，五戒恼怒，六息妄想，七节饮食，八慎起居，九莫信邪，十勿惜费。“病家十要”说明他心中理想病患模型，是能够积极配合药物治疗、心理治疗、行为治疗的人。这两个“十要”可以看作是最早对医患关系比较全面的论述，是对医患双方提出的一种道德规范，具有较高的伦理价值和实践意义。

清代医学家在医德规范的探索与实践方面，既继承了前人医德学说的精华，又有新的发挥。清代初期医学家喻昌（1585—1664）著的《医门法律》，特别是该书的序言，蕴含了丰富的生命伦理思想，值得我们挖掘和发挥。全书共分六卷，卷一阐述四诊、《内经》及仲景学说法律，卷二至卷六分中寒六、中风门、热湿暑三气门、伤燥门、疟证门、痢疾门、痰饮门、咳嗽门、关格门、消渴门、虚劳门、水肿门、黄瘅门及痈肺痿门论述，每门之下先论病因病机及证治，再出法律，最后附方。他借用佛学中的戒律设置，提出临证时每一种病症的“法”（治法）和“律”（禁忌），这里所谓的“法”，是讨论辨证施治的原则和灵活性，“律”是指出医疗差错的原因和医生所负的罪责。也可以说，“法”为正确诊治之法则，“律”为防治失误之禁例。喻昌建议临证时要“先议病，后用药”，并制定详细的“议病式”，至今仍是中医常用的病历标准格式。其著作还有《寓意草》（1643）、《尚论篇》（全名《尚论张仲景伤寒论三百九十七法》，1648）。他结合临床阐述了四诊及辨证论治的法则，明确地对医生提出了在诊断与治疗病人时的医德规范和是非标准，因而，从一定意义上也可以说是一本临床生命伦理学之书籍。

清代著名医学家王清任（1768—1831）是第一个接受经验医学向

实验医学转变、传统医学向近代医学转变的医学家。他不受当时“封建礼教”的束缚，勇于进行解剖学研究。他认为人的脏腑结构对医疗非常重要，认为“治病不明脏腑，何异于盲人夜行”，认为古医书中关于人体记述错误不少。

1799 年，今河北省唐山市一带由于瘟疫流行，很多儿童死亡，王清任破除迷信，冒着被许多人指责和判罪的风险，不避污秽，对百余具儿童尸体进行解剖，然后进行观察和研究，并且在沈阳和北京等地也开展了解剖学研究。经过 40 余年努力，著成《医林改错》一书（两卷本），附图 25 幅，他首先记载了人体腔由膈膜分为胸、腹两腔，而非古书图中所给两个隔膜，三个体腔——三焦。又改正了古图中肺有六叶两耳二十四管的错误，“肺有左、右两大叶，肺外皮实无透窍，亦无行气的 24 孔。”认为肝有四叶，胆附于肝右第二叶，纠正了古图肝为七叶的错误。关于胰腺、胆管、幽门括约肌、肠系膜等的描绘更符合实际。

王清任精辟地论证了思维产生于脑而不在心，是“脑主神明”的代表。“两耳通脑，所听之声归于脑，……两目系如线，长于脑，所见之物归于脑，……鼻通于脑，所闻香臭归于脑……”这些看法都与现代解剖学及生理学看法相近。在临床医学上，以活血化瘀为治疗原则，其所立活血化瘀方剂至今仍为中医临床广泛采用。他纠正了古代医书中记载脏器结构及功能的某些错误，同时，他还大胆发表自己的著作，并且声明：“非欲后人知我，亦不避后人罪我。唯愿医林中人……临证有所遵循，不致南辕北辙，出言含混，病或少失，是吾之厚望。”这种为广大病人和后世子孙着想的用心及其对科学的探索精神，都是极为可贵的思想。他认为气与血皆为人体生命的源泉，但同时也是致病因素。不论外感内伤，对于人体的损伤，皆伤于气血而非脏腑。气有虚实：实为邪实，虚为正虚；血有亏瘀，亏为失血，瘀为阻滞。他认为瘀血是由于正气虚，推动无力造成的，故血瘀证皆属虚中夹实。故而他倡导“补气活血”和“逐瘀活血”两大法则，这就是他的著名的“瘀血说”。

总之，中国生命伦理思想丰富，源远流长。古代医家的仁爱救人，廉洁正直，精研医术，不畏权势，不惧艰难，创新开拓，献身医学的精神是值得我们当代人继承并发扬光大的。当然，我国由于长期处于封建社会之中，古代生命伦理思想中也包含着杂质与糟粕，例如因果报应唯心主义思想、神学宗教思想等，我们应该抛弃。

（二）中国近代生命伦理思想

近代中国一步一步地沦为半殖民地半封建社会。英国向中国输入鸦片战争，造成了中国严重的社会经济危机。面对鸦片的输入，林则徐领导了禁烟运动。中医学家何其伟（1774—1837）探究古方编辑成《救迷良方》一书，为其研订十八味戒烟方，救人无数。林则徐为此赠对联：" 橘井活人真寿客，干山编集老诗豪"。道光十八年（1838）林则徐给皇帝的奏折“戒烟断瘾药方”，就是根据何其伟的《救迷良方》而改写的。林则徐领导的禁烟运动和何其伟的《救迷良方》，“拯救了中国四百万以上吸毒者，使他们脱离了痼毒的苦海，恢复了健康，重新做人”。①

近代生命伦理思想表现出救国救民的特点，从关注医学临床伦理转变为关注救亡图存，从医人转为医国，从重医德进而转为重政德。许多具有爱国情怀和民族主义思想的医生，开始探索救国救民的道路，此时最杰出的代表人物有孙中山和鲁迅。孙中山，又名孙文，号逸仙，早年学医，1892 年毕业于香港西医书院，后投身民主革命。他早年行医时，曾以科学方法为难产孕妇接生，拯救了许多母婴生命。行医时他不仅对生活困难的患者免收诊金，还赠送药品，因此，行医两三个月后就声名鹊起。孙中山当时面对国家民族这个“垂危病人”，逐步认识到“医术救人，所济有限”，因而弃医，投身“医国”的民主革命活动。他从医人到医国，其伦理思想和奋斗目标是一脉相承的，其医德和政德是相互

① 陈亚新等主编．当代医学伦理学［M］．北京：科学出版社，2002：17.

联系的。鲁迅也是怀着“医学不仅可以给苦难的同胞解除病痛，但愿还可以成为我们民族进行社会改革的杠杆”的希望而学医的，后来留学日本的经历才使他走上“弃医从文”的道路。

民国时期，随着西方医学在我国的传播和发展，在如何对待中西医学问题上产生了三种态度：一派主张全盘西化；一派主张完全尊古；一派主张中西会通。最后中西会通派获得最后胜利，中国的生命伦理思想也得到了发展。

宋国宾（1893—1956）是中国生命伦理学的先驱者。他是我国医学教育家，曾在法国巴黎学医，获博士学位。先后任震旦大学医学教授，上海医师公会主席，中华医学会业务保障委员会主席等职，并主持《医药评论》杂志工作。为使医者“自尊其业”，他立志于开展医学道德教育。为此，他拟定了《震旦大学医学院毕业宣誓》《上海医师公会医师信条》，后又于20世纪30年代著成我国第一部生命伦理学著作——《医业伦理学》(1933年国光印书局出版)，成为我国医学伦理学学科的开拓者。其伦理思想是以“仁义”这一传统伦理观念为基础，阐述了医生之人格、医师与病人、医师与同道、医生与社会关系的伦理主张等。在“医师之人格”篇中，他把才能、敬业、勤业和良好的仪表言辞作为医师的理想人格；在“医师与病人”上，重视应诊、治疗、健康人事指导、手术、医业秘密等伦理问题；在“医师与同道”上，注重“敬人”与“敬己”；在“医师与社会”上，强调医师对社会、国家应尽的义务；在医学与其他有关学科的关系上，已开始注意安慰剂的作用和行为疗法等。

新民主主义革命时期，在中国共产党领导下，我国人民医师继承我国古代医家的优良道德传统，发扬救死扶伤的革命人道主义精神，建立了民主革命的新型医患关系，使中国医学道德跨入了一个新的历史阶段。1941年毛泽东同志给延安医大的题词“救死扶伤，实行革命的人道主义”是这个时期医学道德思想的集中概括。同时，国际医学家来到中国帮助革命，也带来了医学的国际主义伦理精神，也极大地促进了我国医学伦理思想的传播和发展。

加拿大医学家诺尔曼·白求恩（H. Norman Bethune，1890—1939），1915 年毕业于麦吉尔大学，获医学博士学位，1938 年辗转来到延安，他以对人民极端负责任的精神，在太行山区、冀中平原开展医疗救治工作，克服重重困难开展战地手术，并多次将自己的鲜血输给危重的伤病员。1939 年他在一次手术中因感染而发展成败血症，因公殉职。白求恩的国际主义精神和他高超的医术，为中国人民的抗日事业做出了不可磨灭的贡献。毛泽东为颂扬其不朽的精神而发表了著名的《纪念白求恩》一文，高度赞扬他“毫不利己，专门利人”的崇高精神，从此他成为中国医务工作者学习的楷模。同时，印度医学家柯棣华、美国医学家马海德也来到中国，帮助中国人民抗日，在医疗事业上也做出了卓越的贡献，传播了生命伦理国际主义精神，深受中国人民的尊敬。

（三）中国现代生命伦理思想

新中国成立后，生命伦理学的发展经历了曲折前进的三个阶段。

第一阶段（1949—1966）：防病治病，救死扶伤，全心全意为人民服务的医学伦理思想和医学伦理原则，在更加广泛的领域内得到了贯彻和体现。

1949 年，中国人民政治协商会议通过的《共同纲领》第 48 条，把“提倡国民体育，推广医药卫生事业，并注意保护母亲、婴儿和儿童的健康”的任务，列为中华人民共和国成立纲领中的一项重要内容。1952 年，党中央提出了卫生工作要“面向工农兵，预防为主，团结中西医，与群众运动相结合”的医学方针。1954 年我国第一部宪法第 93 条就明确规定了保护人民群众的健康权利，确立了劳动者有享受休息、休养、治疗和福利设施的权利。

从 1950 年起，我国政府就组织力量防治危害人民群众的最严重的疾病，在控制传染病方面，如霍乱、鼠疫、性病、血吸虫病等，以及常见病、多发病、地方病普查普治方面都取得了可喜的成绩。1965 年，毛泽东进一步提出“把医疗卫生工作重点放到农村去”的号召，农村卫生工作队伍迅速壮大，涌现出数以百万计的亦农亦医的医疗保健人员，这支遍布城乡工厂企业、穷乡僻壤的群众性卫生队伍，活跃在基层，实践初级救护，普及卫生保健常识，宣传计划生育，有力地保障和维护了最广大人民的身体健康。这一时期，卫生政策伦理思想得到了广泛传播。今天看来，公平、公正、公益的卫生政策伦理基本思想在当时得到了具体体现。

第二阶段（1966—1976）：由于受林彪、“四人帮”的干扰和破坏，社会主义医学人道主义精神遭到了严重亵渎，医院内的一些行之有效的规章制度被斥之为“条条框框”，被“砸烂”废止了，医护人员之间的分工被取消，混乱的工作使医院的医疗质量受到了严重影响，差错和医疗事故时常发生，医疗纠纷不断增加。甚至有个别医务人员，利用医疗职务和医疗手段，参与到造成冤假错案的错误行为之中，使社会主义医学人道主义精神和医学道德受到了严重玷污。

第三阶段（1976 年至今）：20 世纪 70 年代末，医学伦理学在中国处于复兴时期，特别是中国共产党十一届三中全会以来，党在指导思想上实行拨乱反正，恢复了实事求是的思想路线。随着社会主义精神文明建设不断加强，医学伦理学的研究得到了卫生行政部门和医学院校的重视。

1981 年 6 月，在上海召开了首次全国医学伦理道德学术讨论会。同年，中国卫生部、各高等医学院校、各省市自治区科协，开始加强医学伦理的宣传教育，重视医德医风建设。从此，全国高等医药院校普遍开设了医学伦理学（医德学）课程。

1982 年 11 月，在大连召开了第二次全国医学伦理道德学术讨论会，这次会议的主要成果是讨论了社会主义医德原则，倡议建设有中国特色的医学伦理学。同年 12 月，卫生部颁布了《医务人员医德规范及实施办法》。

1984 年 12 月，在福州召开了第三次全国医学伦理道德学术讨论会，会议着重研讨了医学伦理道德与改革问题。

1986年10月，在南宁召开了第四次全国医学伦理道德学术讨论会，会议讨论的主要问题是医学伦理学的义务论、价值论、公益论的理论与实践，个人伦理与社会伦理关系的结合，道德理论与道德实践的转化与提高，以及中国伦理法规与护理伦理法规、生命伦理问题。

1988年10月，第五次全国医学伦理道德学术讨论会暨中华医学会医学伦理学分会成立大会在陕西西安召开，这次会议标志着中国医学伦理学的理论队伍已经形成并走向正规化。

1991年6月，第六次全国医学伦理道德学术讨论会在成都召开，会议总结了前10年的医学伦理道德的建设成就和学术成果，并对20世纪90年代进行了展望。同年9月，国家教委、卫生部、国家医药管理局、国家中医药管理局联合制定了《高等医药院校教师职业道德规范》《高等医药院校学生行为规范》《医学生誓言》，迈出了医学伦理道德走向规范化道路的第一步。

2009年8月8日至9日，中华医学会第15届医学伦理学学术年会在天津中医药大学召开。本次大会邀请了20多位国内长期从事医学伦理教学科研和实践的知名专家学者，就国内外医学伦理学理论与实践领域的最新进展做专题报告，内容涉及我国新医疗体制改革方案、医学整合、医学伦理委员会能力建设和制度建设、医学院校本科生医学伦理学精品课程建设、医学/生命伦理学研究生培养、医院管理伦理、临床伦理问题以及医师职业精神建设等。来自全国400余名医学伦理学专业人士就上述问题展开了热烈而真诚的学术交流。大会特别就医疗卫生体制改革中的道德价值取向问题、医学生职业道德教育问题、我国医学伦理委员会建设问题形成了三个共识性文件，将向国家有关部门提交相关建设性意见报告。

2013年7月26—28日，由中华医学会医学伦理学分会主办、西藏军区总医院承办的第17届医学伦理学学术年会在拉萨召开。从事医学伦理学教学与研究、医务工作、医疗机构管理、医学科研等领域的130

多位代表参加了会议。与会者以“医改·生命伦理·职业精神”为主题，开展了深入的学术交流。

会议认为，医药体制改革把人人享有基本的医疗卫生服务作为根本出发点和落脚点，医改关系到亿万人民的健康水平，是关系千家万户悲欢离合的重大民生工程，涉及非常多、重大的伦理问题，需要医学伦理学的积极参与，需要医学伦理学的论证、辩护和修正，医学伦理只有同社会生活相结合，同丰富多彩的医疗实践相结合，同人民对医疗卫生的需求相结合，才能焕发出旺盛的生命力。同时，医药体制改革很重要的一个方面就是要强调坚持医疗卫生事业的公益性，把基本医疗卫生服务看成是公共产品，把人人享有基本的医疗卫生服务作为根本出发点和落脚点。

会议强调，医药体制改革不仅对医疗机构提出了新的要求，也对医务人员的职业道德提出了更高要求。职业道德建设是社会主义道德建设的重要内容之一，是建立社会主义市场经济秩序的必要条件。医疗卫生行业肩负着维护人的生命及健康的重任，进一步加强和改进医务人员的职业道德，关系到医疗卫生行业的道德水平，是社会主义精神文明建设的重要任务，对促进医疗卫生服务质量的提高有着重要意义。

会议呼吁，医学伦理学分会成员要积极投入到医药卫生体制改革中来，做新医改的积极推动者和勇于探索者，认真研究医疗资源的合理分配、公立医院改革、医疗保障制度、薪酬制度改革、基本医疗、医患关系、医社关系、医德教育、医德评价、机构伦理委员会建设等伦理问题。在交流中，代表们讨论了医学伦理学教育问题，当前医务工作者医学价值观，医院文化建设及医学研究伦理审查等当前社会热点问题；从生命伦理的前沿出发，谈到了转化医学、干细胞治疗、公共卫生实践、医学科研人体标本管理等问题。代表们普遍认为，通过本次会议，对医学伦理学的功能、定位和任务有了进一步认识，医学伦理学的影响力还需要进一步提升，医学伦理需要进一步走进临床，走近医生，需要关注医学科研中的前沿问题，需要研究医学实践中的具体问题，促进医学与人文相交融，为促进我国临床研究的科学性和安全性保驾护航①。

2015 年 8 月，中华医学会医学伦理学分会第 18 届学术年会在第二军医大学召开。与会专家一致认为，医学既是自然科学，又是人文科学。医疗活动中对生命的关注、生存质量的提高、情感的关切、心灵的安慰和发展的考量，其出发点是人，其核心是以人为本。当前，社会广泛关注的医患关系中患者和医生的权利义务问题、辅助生殖技术问题，以及器官移植捐献、药物临床试验和临终关怀、安乐死等诸多问题，都涉及医学伦理。如何理性辩证地看待医学的进步与局限、认识人的生命与生死、理解医生患者的处境和诉求，这些都需要从医学人文和生命伦理的视角切入研究，以期影响政府的科学决策，指导卫生改革和医疗活动。

2017 年 7 月 20—23 日，由中华医学会、中华医学会医学伦理学分会主办，医学与哲学杂志社、大连医科大学人文与社会科学学院承办的“中华医学会医学伦理学分会第 19 届学术年会暨医学伦理学国际论坛”在辽宁大连举行。本次年会主题是“临床伦理的困境、对策与超越”。大会共设主会场 1 个，分会场 4 个，共收集论文 250 余篇，会议邀请中华医学会副会长兼秘书长饶克勤、中国工程院副院长樊代明院士 、《医学与哲学》杂志名誉主编、编委会主任杜治政、哥伦比亚大学生命伦理中心主任罗伯特·克利兹曼（Robert Klitzman）、日本龟田卫生科学研究所生命伦理学部主任足立智孝等 48 位著名专家就当前临床伦理问题做报告，来自全国医院、高校、研究机构的 600 多位代表参会。

除召开全国性医学伦理道德讨论会外，全国各地相关学术机构还不定期地举办了各种研讨会，如 1988 年在上海召开了全国首次安乐死和脑死亡理论研讨会。1990 年在上海召开了“健康道德”讨论会。各种专题研讨会，对拓宽医学伦理学的研究范围，深化现代医学伦理学的研

① 中国医学伦理学［J］. Chinese Medical Ethics，2013，Oct. Vol. 26 No. 5：660.

究内容，促进医学伦理学的学科发展，都具有重要的意义。

20 世纪 80 年代以后，我国医学伦理学的相关学术出版物和研究机构不断出现，有力地推动了我国现代医学伦理学学科的发展和深化。中国西安交通大学医学院主办的《中国医学伦理学》，是我国医学伦理学研究的重要阵地。中国自然辩证法研究会主办、中国科学技术协会主管的《医学与哲学》，也大量发表医学伦理学的研究论文，成为我国医学伦理学研究的重要刊物之一。华中科技大学同济医学院主办的《医学与社会》、北京市法庭科学技术鉴定研究所主办的《法律与医学杂志》、卫生部政策与管理研究专家委员会和云南省卫生厅主办的《卫生软科学》等杂志，都发表了许多医学伦理学、医学法律法规方面的论文，也是我国生命伦理学研究的重要刊物。

上述学术出版物的诞生和发展，有力地推动了我国生命伦理学学科的发展，也提高了我国在国际生命伦理学界的影响。1998 年，人类胚胎干细胞研究取得突破性进展，干细胞研究的热潮随之迅速兴起。胚胎干细胞具有“发育全能性”的功能，人工培育和定向诱导分化胚胎干细胞的技术，将为治疗目前难以或无法治愈的如白血病、糖尿病、帕金森病、早老性痴呆等复杂疾病提供新的希望，将有可能解决组织和器官移植的材料来源和排异反应等难题。但由于提取胚胎干细胞必定会损毁胚胎，又可能使用细胞克隆等技术，因而涉及十分敏感的伦理问题。这方面的争论，国际和国内都十分激烈。为促使我国胚胎干细胞的研究能健康有序地开展，更好地为治病救人服务，根据中科院副院长，国家人类基因组南方研究中心主任陈竺院士的建议，于 2000 年底成立了以丘祥兴教授为负责人的课题组。在对上海、西安 8 家三级医院 250 名医生的充分调查研究的基础上，依据权威的国际文献，如联合国教科文组织（UNESCO），世界卫生组织（WHO），国际人类基因组组织（HUGO）等有关宣言，声明，准则，结合我国国情，制订《人类胚胎干细胞研究的伦理指导大纲（建议稿）》，共 20 条，以南方中心伦理、法律与社会问题研究部的名义发表在 2001 年 6 月的《中国医学伦理学》上，此后又进行了多次修改并翻译成英文稿，将标题中“伦理指导大纲”改为“伦理准则”。2003 年 2 月，《人类胚胎干细胞研究的伦理准则（建议稿）》在《医学与哲学》杂志正式发表。2004 年 3 月，其英文稿被美国乔治敦大学《肯尼迪伦理学研究所杂志》收录和发表。早在 2002 年 8 月，英国的 *Nature* 杂志在报道我国干细胞研究的状况时，就曾提到南方中心的伦理大纲，即《人类胚胎干细胞研究的伦理准则（建议稿）》，并给予高度评价。时隔两年，该项研究工作的成果为肯尼迪伦理学研究所杂志全文发表，这是一个重大的突破，相信必定会使国际同行对我们的观点立场有进一步的了解，澄清误会，逐步提升我国生命科学研究的伦理形象。这也是我们对国际生命伦理学的一个有价值的贡献。肯尼迪伦理学研究所建立于 1971 年，是国际公认的生命伦理学研究中心之一。1978 年，该所组织出版了 4 卷本的《生命伦理学百科全书》，1995 年，出版第四版，扩充为 50 册，成为生命伦理学的经典文献。该所还实施了四年制的生命伦理学博士计划，每年出版一本《生命伦理学书目》。该所负责出版的《肯尼迪伦理学研究所杂志》是代表国际伦理学研究最高水准的权威刊物。由此可见，我国的生命伦理学研究成果，也日益走向世界。

在生命伦理学学术出版物不断涌现的同时，大量的生命伦理学专业研究机构和学术团体也不断出现。1988 年 10 月成立的中华医学会医学伦理学分会（Medical Ethics Branch of Chinese Medical Association），是中国医学伦理学方面的群众性学术组织，是中华医学会体系内的专科学会之一。中华医学会医学伦理学分会成立后，开展了广泛持续的学术交流，举办了多次医学伦理学教师培训班，为高校和医院培训医学伦理学教学人才；通过调查研究和较为充分的讨论，先后制定并公布了《医院伦理委员会组织条例》《病人的医疗权利与义务》《器官移植的伦理原则》等大量的可资借鉴和研究的伦理规范；开展了大量的国际学术交流，先后多次邀请日本、美国、加拿大、德国等国学者来我国访问讲学，扩大了我国医学伦理学的国际影响。同时，一批生命伦理学研究中心在东南大学、武汉大学、华中科技大学、复旦大学等单位成立，也极大地促进了我国现代生命伦理学的研究。

2003 年 4 月，武汉大学生命伦理学研究中心成立。加强与国内外生命伦理学专家学者的交流合作，将在人工生殖技术应用中的伦理问题、人类胚胎干细胞研究和治疗中的科学与伦理之争、克隆人的伦理问题、器官移植中的伦理问题、安乐死在中国的立法问题、政府关于生命伦理立法、生命伦理的国际公约及协调问题等领域展开研究工作。

2010 年 10 月，生命伦理国际研究中心成立暨第一届生命伦理国际研讨会在齐鲁医院举行。齐鲁医院人文医学伦理学博士生导师陈晓阳教授担任该研究中心主任，来自加拿大里贾纳大学的 David Malloy 教授担任研究中心的外方主任。生命伦理国际研究中心依托山东大学，旨在开展生命伦理研究领域内的国际合作与研究，探讨不同文化背景和国家体制下的医学伦理准则对医患关系的影响。

2016 年 11 月 24 日，复旦大学“复旦生命医学伦理中心”成立。中心由复旦大学哲学学院、生命科学学院和附属华山医院倡议成立。中心致力于建立一个包括哲学、伦理学、法学、社会学、人类学、医学、信息科学和临床医学的跨学科平台。一是深入开展跨学科的生命医学伦理学基础理论研究，构建基于中国传统伦理资源的生命伦理学话语体系；二是开展以问题为导向的应用对策研究，结合临床医学中的实际问题，推动我国在生命科学研究与精准医学医疗相关领域法律法规的建设，推动生命科学和医学研究在我国负责任地发展；三是着力打造跨学科研究团队，探索应对精准医学时代伦理问题的方法，培养跨学科的人才，为国家制定精准医学的相关伦理与法律法规提供建议支撑。

现在，生命伦理学不仅成为高等医学院校的一门标准化课程，而且其学科发展呈现了专业化、规范化的发展态势。1997 年，原南京铁道医学院成为伦理学硕士（研究方向为生命伦理学）授权单位，该校并入东南大学后，东南大学的伦理学博士点开始招收生命伦理学方向博士生；1998 年，第四军医大学成为伦理学硕士授权单位；1999 年，重庆医科大学与西南师范大学的伦理学硕士点开始招收医学伦理学方向的硕士生；2000年，山东大学医学院设立医学伦理学研究室，2005年发展成为医学伦理学研究所，2007年开始招收人文医学专业博士研究生，在全国率先将医学伦理学开设为医学专业基础课程，2010年其医学伦理学被教育部、财政部批准为国家级精品课程建设项目，2013年改称山东大学医学院医学伦理学系。2001年，河北医科大学社会医学与卫生事业管理专业开始招收医学伦理学方向硕士生；中南大学的生命伦理学为自主设置的二级学科博士点，2002年获得博士学位授予权。生命伦理学博士点成立于2003年。2003年6月，大连医科大学成为医学伦理学硕士学位的授权单位。

二、国外生命伦理学的发展概况

国外生命伦理学的发展，我们可以从生命伦理思想与学科发展两个方面来加以了解和把握。

（一）国外古代生命伦理思想

1. 古希腊生命伦理思想

大约在公元前6世纪至公元前4世纪，古希腊医学形成，以后成为欧洲医学的基础。西方医德思想最早、最著名的代表人物是被称为西医之父的希波克拉底（Hippocratē，约公元前460—前377）。他是古代希腊医学思想的集大成者。他敏于观察，善于思考，吸收了东方医学和其他医学学派的成就以及民间医学的长处，提出了自己的医学学说。他提出的"体液学说"和机能整体的观点，初步奠定了西方医学的科学基础。他不仅确定了自己的医学体系，而且确立了自己的医学道德规范体系。

希波克拉底不仅使希腊医学摆脱了宗教迷信的束缚，走上了科学发展的道路，而且提出了医生应当具备的美德和优良品质，建立了医生行医的行为伦理准则。著名的《希波克拉底誓言》（简称《誓言》）成为西方医学道德的典范，对后世产生了极为深远的影响。《誓言》中提倡的不伤害原则、为患者利益着想的原则、保密原则、尊重同道原则，成为西方医学伦理的价值核心思想。他的医学著作被后人编辑成《希波克拉底全集》，这部集子中收集了他的《誓言》《原则》《操行论》《论医生》《论可贵的品行》等著名的医学伦理学思想的宝贵文献。其中，《誓言》作为西方医学伦理学的典范，一直沿用至今，达两千多年之久，可谓经久不衰。许多国家今天撰写的医学生的誓言（词），就十分明显地脱胎于希波克拉底的《誓言》，可见其影响之深远。在《论法规》中，希波克拉底指出：医术是一切技术中最美和最高尚的。在《论医术》中他还指出：至于医学，它的目的是解除病人的痛苦，或至少减轻病人的痛苦。

概括地说，以希波克拉底为代表的古希腊医学伦理思想主要有：（1）尊师如父母；（2）接济患者急需犹如兄弟；（3）行医的目的是为病患谋幸福；（4）平等对待病患；（5）敬重医学同道；（6）作风正派；（7）保守职业秘密；（8）举止高雅，给患者以信心。

2. 古罗马生命伦理思想

公元前1世纪，古罗马医学全面继承和发展了古希腊医学，在医学伦理思想方面，也继承和发展了古代希腊的思想。这一阶段最著名的医学家及医学伦理思想家是盖仑（Claudius Galen，约129—200）。

盖仑一生著述丰硕。最新的文献研究表明，从他撰写第一部著作《论医疗经验》至晚年写作《论万灵药》，列入其名下的著作约有434种，其中至少有350种被认为是比较可靠的。他的研究领域十分广泛，按内容可分为：综合性论述、生理学、卫生学、病因学、症状学、药物学、器械、治疗学、评论。

盖仑是一位具有独立思考精神的医学家和哲学家。他提出医生的合理的知识结构应该是精通哲学的三个分支：逻辑学，即如何思维的科学；物理学，即自然的科学；伦理学，即为什么的科学。医生具备了这些知识就能获得患者的信赖和钦佩。他认为，从理想上讲医生从事医疗实践的目的是爱人类而不是爱利益，因为科学探索与金钱追求是相互排斥的。他在《最好的医生也是哲学家》一文中指出："我研究医学，抛弃了娱乐，不求身外之物……作为医生不可能一方面赚钱，一方面从事伟大的艺术——医学。"

盖仑还对医学中的医患关系十分重视。他认为在疾病治疗过程中，患者的合作和信任是十分重要的，这种合作与信任能通过医生在临床上的适当方式得以建立。他指出医生能通过谨慎的、患者所能接受的语言，通过指出患者已知道但尚未告诉医生的事情，以及通过预后判断，使患者对其产生信任。同样，要准确地评估医生的能力可通过比较他的预言和实际治疗效果而得出答案。尽管理解患者，明了疾病是不容易的，但盖仑声称：只要医生通过严密的观察和认真的思考，就能将不确定性减到最小。此外，盖仑十分重视医生的行为在治疗中的价值，认为适当的治疗行为包括道德上的善和医疗上的有效。

古罗马的医学伦理思想除了体现在医学家盖仑的思想中外，还有一些医学伦理思想体现在古罗马的法律之中。例如《十三铜表法》中就记载：禁止在城市中进行尸体埋葬，不得饮用河水而要饮用泉水；孕妇死时应取出腹中之活胎儿等。在160年安多尼王朝时所颁布的法令中，有任命救治贫民之医师的条文。在查士丁尼制定的法典中，有劝告医生侍奉富贵者时，力避逢迎献媚，而应将救治贫民视为乐事的规定。

这一时期的医学伦理思想中，也有我们今天应该抛弃掉的宗教迷信的成分。盖仑医学体系的一个基本特征是将自然看作有目的的，自然的行为具有完美的智慧，自然不做无用功。盖仑认为，造物主创造的每个结构都是为了满足于一定的功能需要，通过解剖学研究可以发现和证实物主的智慧、力量和完美。盖仑虽然注重逻辑思维，试图建立一个可证明的科学，但是，他同时也意识到逻辑证据的局限性，因此他承认创世者的存在。今天看来，这显然是不正确的。

3. 古印度生命伦理思想

古代印度也是文明的发源地之一，其医学伦理思想是世界东方伦理思想的重要组成部分。医学伦理思想在古代印度有悠久的历史，成书于公元前600年的医学经典《阿输吠陀经》（Agur Veda，又译《寿命吠陀经》《生命经》），其中就包含着不少医德思想。公元前5世纪名医"印度外科鼻祖"——苏斯拉他（Susruta Samhita）著的《苏斯拉他集》和公元前1世纪的名医"印度内科鼻祖"——科拉加（Caraka Samhita）著的《科拉加集》，其中包含的医学伦理思想具有广泛的影响。他们对医学本质、医师职业和医学伦理都做了精辟的论述。

苏斯拉他的医学伦理思想可归纳为：（1）为医须具备四德，即正确的知识，广博的经验，聪敏的知觉和对患者的同情心。（2）医生要尽一切力量为患者服务，甚至牺牲自己的生命。（3）医生应有良好的仪表、习惯和作风。（4）医生要全面掌握医学知识和技术。（5）在外科治疗中，医生要和助手密切配合，挑选助手时要选那些聪明能干、乐于助人、和蔼忍让的人。（6）军医除了学识应高深外，还应兼有高尚的道德，并为神明所喜悦。

科拉加反对医学商品化，他提出一系列医学伦理标准，要求一个医生在开始接受行医培养的时候，就应学习这些标准。他曾说："医生治病既不为己，亦不为任何利欲，纯为谋人类幸福，所以医业高于一切；凡以治病谋利者，有如专注于沙砾，而忽视金子之人。"这些论述都体现了医学的人道主义精神。当然，古代印度医学伦理思想中也有封建的宗教伦理思想的糟粕成分。

4. 古阿拉伯生命伦理思想

古代阿拉伯医学主要是继承和发展了古代希腊和罗马的医学传统。在伊斯兰鼎盛时期，大量的古希腊、罗马医学文献被直接翻译成阿拉伯文，或经过古叙利亚文或波斯语转译成阿拉伯语。古代阿拉伯医学构成了世界医学史上的重要阶段。

古代阿拉伯最有名的医学家是拉齐（A. I. Rhazi，865—932）和阿维森纳（Avicenna，980—1037）。拉齐是古阿拉伯一位博学的医学家，他研究过哲学、数学、物理学、天文学与音乐，其主要著作《医学纲要》被认为是一本百科全书，对阿拉伯人产生了极其重要的影响，他根据盖仑的原则和形式使医学理论进一步规律化和公式化。阿维森纳所著的医学巨著《希腊—阿拉伯医典》，建立了阿拉伯完整的医学科学体系。

在生命伦理思想中，有突出建树的代表人物是阿拉伯名医迈蒙尼提斯（Maimonides，1135—1204），他是犹太人，著有《迈蒙尼提斯祷文》。《迈蒙尼提斯祷文》的中心思想是作为一个医生一切要为病人着想，不能有贪欲、吝念、虚荣，不为名利侵扰，“事功难且巨，愿神全我功。若无神佑助，人力每有穷。启我爱医术，复爱世间人。存心好名利，真理日沉沦。愿绝名利心，服务一念诚。神请求体健，尽力医病人。无分爱与憎，不问富与贫。凡诸疾病者，一视如同仁”。体现迈蒙尼提斯的医学伦理思想方面的著作还有《摩西箴言》《养生法》《论毒物》等。

（二）近代西方的生命伦理思想

公元476年罗马帝国灭亡，欧洲奴隶制瓦解。此后的1000多年里，欧洲处于中世纪黑暗时代，科学文化和艺术都被宗教迷信所控制而停滞不前。基督教和经院哲学思想渗透到医学领域，医学的发展被引向引证、注释权威著作的道路，变成了经院式的医学。作为与医学密切相关的医学伦理思想和观念也同样受到了宗教的影响，严重阻碍了医学伦理道德的向前发展。14—16世纪，是欧洲文艺复兴时期，文艺复兴运动冲破了中世纪封建宗教统治的黑暗，代表新兴资产阶级生产力和生产关系的思想家提出了人道主义的口号，批判了以神道为中心的传统观念。

资产阶级人道主义思想唤起了良知、自由、平等、博爱的思想潮流，使它们不断渗透到医学领域，人类伦理思想包括医学伦理思想发展到一个重要时期。人道主义思想促进了以实验医学为基础的医学科学的迅速发展，从而也大大促进了人类医学伦理思想的向前发展。

17世纪，英国医学家威廉·哈维（William Harvey，1578—1657），在塞尔维特等前人研究成果的基础上，经过长期研究，用实验方法发现了血液循环，不仅纠正了流行1500年之久的盖仑的错误理论（认为人有两种血液流动，即从肝脏出来的血液，通过静脉来营养身体各部；从心脏出来的血液，则通过动脉来分布生命的灵气），而且对基督教的宗教神学思想统治也是一个有力的打击。他于1628年发表了《动物心血运动的解剖研究》一文，恩格斯称赞说：哈维由于发现了血液循环而把生理学（人体生理学和动物生理学）确立为一门科学。

1865年，伯尔纳著的《实验医学导论》在法国巴黎问世。1543年，比利时解剖学家，人体解剖学奠基者维萨里（Andreas Vesalius，1514—1564）发表了划时代的《人体的构造》一书，第一次正确地描述了静脉和人类心脏的解剖，纠正了古罗马盖仑关于人体构造的200多处错误，给予了人类全新而正确的人体构造认识，也极大地冲击了当时欧洲宗教神学观点。

近代医学牢固地在生物科学的基础上发展了起来。医学的发展和医疗卫生事业的社会化，使医务人员的医德行为准则从个体走向群体，从临床走向科研、实验、社区等，内容不断充实，影响面也越来越大。针对这些医学伦理新课题，不少医学家和伦理学家进行了研究。此时德国柏林大学医学家胡佛兰德（C. Wilhelm Hufeland，1762—1836）发表的《医德十二箴》是其中的代表作。《医德十二箴》中提出了救死扶伤、治病救人的十二条医德要求，在西方世界广为流传，被称为是《希波克拉底誓言》的发展。

英国医学家、医学伦理学家帕茨瓦尔（Thomas Percival，1740—1804）1791年为英国曼彻斯特医院起草了《医院及医务人员行动守则》，并在此基础上于1803年出版了世界上第一部《医学伦理学》(Medical Ethics）著作。帕茨瓦尔《医学伦理学》一书，首次提出了“医学伦理学”的概念，虽然他没有正面给医学伦理学下定义，但从有关的材料可以分析出他对医学伦理学概念的理解。在这本书中，帕茨瓦尔提出了应由古典医德学重视行医者个人德性和医生与患者关系转换为强调医生群体执业行为的标准化和医方内部关系的和谐；应由由古典医德学过分强调医生的道德义务与责任转换为法律对医疗活动的调节作用。他认为，职业伦理学是“人性的知识”与“广泛的道德责任”之间的综合，医学伦理学的一般体系是使无论是官方正式的行为还是医学领域之间相互的交往都受文雅和正直原则所指导。这种观点在19世纪被广泛接受。从此，医学伦理学作为一门学科走上了广泛研究、影响日益深入的发展道路。1847年，新成立的美国医学会（American Medical Association，AMA）制定的伦理准则，其主要内容也是直接引自帕茨瓦尔的《医学伦理学》，从中可见《医学伦理学》的广泛影响。帕茨瓦尔《医学伦理学》的出版，标志着医学伦理学学科的诞生。1864年，在日内瓦成立了万国红十字会，1884年订立了《万国红十字会公约》等，这样使医学伦理迈步走向成熟，趋向系统化、规范化、理论化。

（三）国外生命伦理学学科发展概况

20世纪以来，由于自然科学和社会科学突飞猛进地发展，使得医学对社会的伦理影响与作用扩大，冲突加剧，引起社会各方面的重视。第二次世界大战期间，纳粹医生大量违反医学人道主义精神的罪行，震惊了医学界和伦理学界，战后，医学伦理学得到了应有的重视，各国加强医学伦理学的研究，把它作为医学院校的一门课程开设的趋势迅速发展，一些国家或地区相继成立了医学伦理学的专门研究机构或组织，各类学术出版物也不断涌现，各种专题学术研讨会纷纷在世界各地举办，医学伦理学学科发展呈现出前所未有的繁荣景象。

20世纪80年代，生命伦理学在西方的医药院校已成为一门标准化的课程。一系列国际生命伦理文献和法律文献相继产生。各国纷纷制定准则，将医学伦理以条例、宣言、誓词等形式肯定下来，作为约束医疗行为和评价道德的标准。其中影响较大的有：1947 年，美国医学会（AMA）制定了医师道德标准。1949 年世界医学会全体大会在伦敦举行，通过了《国际医德守则》。1953 年 7 月国际护士会议采纳了护士伦理国际法。1965 年国际护士协会通过了《国际护士守则》，并于 1973 年做了重要修改。1964 年，在芬兰赫尔辛基召开的第 18 届国际医学大会，通过了《赫尔辛基宣言》（以人类为对象的医学研究的伦理学准则)。1975 年 10 月第 29 届世界医学大会在东京召开，通过了《东京宣言》(关于对拘留犯和囚犯给予折磨、虐待、非人道对待和惩罚时，医师的行为准则)。1968 年，在澳大利亚悉尼召开的第 22 届世界医学大会通过了《悉尼宣言》(关于人的死亡的五项标准)。1977 年在美国夏威夷召开的第 6 届世界精神病学大会，通过了《夏威夷宣言》(关于对待精神病人的医学伦理准则)。1996 年 3 月，国际人类基因组组织在德国海德堡会议批准通过了《国际人类基因组组织关于遗传研究正当行为的声明》。1997 年 11 月，联合国教科文组织通过了《世界人类基因组与人权宣言》。1997 年国际人类基因组组织伦理委员会在英国伦敦会议上，通过了《国际人类基因组组织伦理委员会关于 DNA 取样：控制和获得的声明》。1999 年，国际人类基因组组织伦理委员会发表了《人类基因组组织伦理委员会关于克隆的声明》。2003 年 1 月，联合国教科文组织国际生命伦理学委员会在法国巴黎通过的《人类遗传数据国际宣言纲要》，旨在涉及收集、处理、使用和储存人类遗传数据等方面对科研行为的规定。2007 年 5 月，联合国教科文组织国际生命伦理学委员会《关于知情同意的报告》，报告就知情同意的来源、知情的内容、获得同意的条件、表达同意的方式、知情同意的应用推广等做了比较详细的阐述。2017 年 1 月，人工智能和机器人领域的专家，在美国加州的阿西洛马（Asilomar）市举行的“Beneficial AI”会议，建立了《阿西洛马人工智能原则》，呼吁全世界的人工智能领域在发展 AI 的同时严格遵守这些原则，确保AI为人类利益服务，共同保障人类未来的利益和安全，等等。

与此同时，现代医学伦理学的学术出版物和研究机构也不断涌现。西方现代医学伦理研究和在实践中的应用，已被越来越多的国家和地区重视，许多新的医学伦理研究课题正为世界所瞩目，也大大地推进了社会医学伦理观念的深入和整个世界医学伦理水平的提高。

在学术出版物方面，著名的有：美国《医学与哲学杂志》(Journal of Medicine and Philosophy)，1976年创刊，由美国"健康和人类价值协会"创办，芝加哥大学出版社出版，在已出版的杂志中，探讨了诸如"健康与疾病的概念""心身难题""医学中的同意和责任""死亡的本性""医学道德的哲学来源""保健的权利"等涉及的医学伦理学问题。此外，英国有著名的《医学伦理学杂志》(Journal of Medical Ethics)，1975年创刊；加拿大有《生命伦理学季刊》(Bioethics Bulletin)；瑞士有《生命伦理学论坛》(Bioethics Forum)；澳大利亚有《生命伦理学瞭望》(Bioethics Outlook)，等等。

同时，世界上还成立了许多著名的现代医学伦理学的研究中心或学会。美国有著名的哈斯廷斯研究中心（Hastings Center)，该中心成立于1969年，当时称"美国社会、伦理学和生命科学研究所"，1971年改为现名。该中心致力于医学、保健、环境对于个人及社区和整个社会影响的伦理学问题研究。该中心研究内容已涉及死亡、人口控制、遗传咨询、行为控制、卫生政策、职业伦理学和应用伦理学等诸多方面，并且通过组织各种专项讨论会、学者讲学、提供政策建议等多种形式发挥其作用。美国还设有著名的肯尼迪伦理学研究所（Kennedy Institute of Ethics)。1971年该研究所在华盛顿的乔治城大学内成立，由生命伦理学中心与人的研究中心两个机构组成。该所在生命伦理学研究领域享誉全球，在生命伦理学的理论研究、信息加工、教育和专业训练、学科宣传方面，都走在了世界的前列。该所出版的《生命伦理学百科全书》《医学伦理学原理》《生命伦理学原则》《医生的习惯》《当代生命伦理学问题》等学术著作对现代医学伦理学的发展都产生了积极的推动作用。

在学会与其他组织机构方面，著名的有：国际生命伦理学学会（世界生命伦理学联合会 International Association of Bioethics，IAB），总部设在荷兰的阿姆斯特丹，1992 年 10 月成立。该学会作为生命伦理学的国际社会学术团体，多次组织世界性的学术会议，广泛研讨包括医院伦理委员会、卫生系统中的腐化和诚实，中止治疗和安乐死，知情同意，卫生保健资源分配，遗传学的伦理与法律问题，生殖权利，人体实验伦理，医学的生命伦理学和人文科学教育等内容，成为世界医学伦理学的重要论坛。联合国教科文组织生命伦理学委员会（Bioethics Committee of United Nations Educational，Scientific and Cultural Organization），是生命伦理学的国际组织。为了调节生命与健康科学中产生的各种道德问题，由联合国教科文组织总干事梅厄（Mayor）于 1993 年创立，设于巴黎联合国教科文组织总部。其功能是：鼓励在产生于生命科学及其应用领域研究中的伦理学和法学问题的争论，也鼓励思想和信息的交流；同国际的官方及非官方组织在生命伦理学方面加强合作，也加强与各个国家或地区的生命伦理学学会或相同组织的合作。国际人类基因组组织伦理委员会（Ethics Committee of the International Human Genome Organization），是人类基因组学会下属的一个委员会，该委员会负责研究人类基因科学研究中涉及的伦理、法律和社会问题，成立于 1996 年。该委员会成立后，负责调查、起草和通过了一系列有关人类基因科学研究中的伦理准则与声明，极大地提高了公众对现代医学伦理学的敏感性，推动了现代医学伦理学的向前发展。

概括地说，国外生命伦理学学科发展表现出以下几个特点或趋势：

第一，研究领域不断扩大。20 世纪以前传统医德学的研究范围局限在医疗工作中医生与病人、医生与医生个体间关系，主要论述医生的行为规范、义务职责和道德品质（美德）。20 世纪以后，随着医学科学的分化及卫生保健事业的社会化，现代医学伦理学的研究对象从医患关系（特别是临床医患关系）、医际关系扩展到医社关系，研究领域从医疗临床扩展到预防保健、康复护理、医学科研、教学教育以及医药卫生管理各个方面。20 世纪 70 年代以后，医学模式理论诞生，现代医学模式在实践中逐步转变，生命科学取得了长足的进展，把医学伦理学的研究推向了一个新的阶段。

第二，生命伦理观念不断更新。医学伦理学学科不断向前发展的过程中，其积极的成果就是医学伦理观念不断更新。从传统的义务论、美德论扩展到社会公益论；从传统的生命神圣论转变为生命质量论，进而转变为生命价值论；从反对堕胎、节育到计划生育、优生优育观念的深入人心；从强调医学是治病救人、延长生命、战胜死亡到增进维护人类健康，注重提高生命质量，追求尊严死亡、安乐死；从医生的绝对权威地位到主张建立“参与式”的医患关系模式；从义利对立观到义利统一论，所有这些新的医学伦理观念的逐步发展和建立，使医学伦理学的面貌为之一新。

第三，教学研究空前活跃。世界各国都将医学伦理学列入医学院校的课程教学体系，并努力使之成为一门标准化的课程，不少国家还开设了医学伦理学的专业系科，培养硕士、博士高层次人才。美、英、法、日、加拿大、澳大利亚等国相继成立医学伦理学等人文医学的独立研究机构，广泛开展医学伦理学的各种专题研究，教学研究表现出空前活跃的态势。

第四，生命伦理道德逐步走向法规化道路。第二次世界大战以后，人们逐步认识到，只依靠伦理道德的教化作用，不足以实现伦理学的主张，必须使伦理道德有法律法规的保障，因此，第二次世界大战后，国际上通过了一系列医学伦理的法律法规化的文献，实际上就是医学伦理道德实现法律法规化转变的开端，今天看来，这一转变的步伐仍有加快的趋势。

第五，作用与地位日益提高。国际卫生组织及各国政府、卫生机构设立了数目众多的“医学伦理委员会”与“生物技术伦理委员会”，发挥其决策、指导、协调、监督等职能，对医学行为与卫生政策进行规范、约束和监控，促进了人类社会对伦理的关注，对伦理的敏感度，也加深了国际社会对伦理的理解和关注，灌输了医学伦理的观念，在全球范围内引发了一次又一次激烈的争论，如20世纪60年代关于脑死亡和器官移植的伦理争论，70年代关于安乐死问题的伦理争论，80年代关于人工生殖技术的伦理争论，90年代关于基因技术和克隆人的伦理争论。可见，现代医学伦理学日益发挥了其不可替代的作用和功能，其作用和地位日益提高。

【本章推荐阅读书目】

1. 陈晓阳．医学伦理学［M］．北京：人民卫生出版社，2010.

2. 范瑞平，张颖．建构中国生命伦理学：新的探索［M］．北京：中国人民大学出版社，2017.

3. 王明旭．医学伦理学［M］．北京：人民卫生出版社，2010.

4. ［美］格雷戈里 E·彭斯，医学伦理学经典案例［M］．第4版．聂精保，胡林英译，长沙：湖南科学技术出版社，2010.

5. ［德］马库斯·杜威尔．生命伦理学：方法、理论和领域［M］．李建军，袁明敏译，北京：社会科学文献出版社，2017.

6. 郑文清，周宏菊．现代医学伦理学概论［M］．武汉：武汉大学出版社，2017.

【本章思考与练习】

1. 中国古代生命伦理思想有哪些？

2. 中国古代生命伦理思想有什么特点？

3. 中国近代第一本医学伦理学专著及其主要内容是什么？

4. 中国现代医学伦理学发展的基本情况是怎样的？

5. 国外生命伦理学的代表人物、主要代表作品及其伦理思想是什么？

6. 国外生命伦理学的学科发展特点或趋势是怎样的？为我们发展中国的生命伦理学学科有何借鉴？

第三章　生命伦理学的基本原则

【本章内容提要】

- ◆ 人道主义原则（含义、依据）
- ◆ 尊重与自主原则（含义、依据和主要要求）
- ◆ 有利与无伤害原则（含义、要求、医疗伤害的类型）
- ◆ 知情同意原则（含义、主体、主要内容及其运用）

生命伦理学的基本原则是生命伦理学的一个最根本的问题，是现代医学科研工作者和医务工作者职业道德体系的总纲和精髓。现代生命伦理学的基本原则，是构建现代生命伦理学的最根本、最一般的道德根据与道德原理，贯穿着现代医学道德体系的始终。概括地说，现代生命伦理学的基本原则包括人道主义原则、尊重与自主原则、有利与无伤害原则、知情同意原则四条基本原则。

一、人道主义原则

（一）人道主义原则的含义

1. 人道主义的含义

在哲学意义上而言，人道主义（humanitarianism）是一种以人为本、以人为中心的世界观。“人道”一词是相对于“神道”而言的。封建社会宗教神学思想盛行，普遍以神为道，人不重要。

人道主义是14—16世纪欧洲文艺复兴时期的先进思想家，为了摆脱经院哲学和教会的思想束缚提出来的，作为反封建制度与宗教势力的思想武器。法国大革命时期又把人道主义的内涵具体化为自由、平等和博爱。人道主义在欧洲资产阶级革命时期起着反对封建社会不平等的社会制度和落后的神道宗教思想的积极作用。

在伦理学意义上，人道主义是指一种道德价值观和道德原则。人道主义的基本内涵是提倡人的价值和尊严，维护人的需要与利益，强调人的地位和作用。法国大革命时期又把人道主义的内涵具体化为自由、平等和博爱。人道主义在革命时期起着反对不平等的制度的积极作用。

人道主义源于人道、人文思想。《易传》讲“有天道焉，有人道焉，有地道焉。”《彖·贲》讲：“观乎天文以察时变，观乎人文以化成天下。”美国前东方学会主席顾立雅考证，中国的人道思想、中国的一部分制度，“通过阿拉伯人在12世纪传到西西里的罗杰二世与英格兰的亨利二世的朝廷”。进而影响了后来整个西方的文艺复兴运动。《童子问易》指出：“《易经》绝对是世界共同的人文原点。”

人道主义和人本主义以及人文主义有着密切关系。在西方，人道主义和人本主义甚至用同一个名词来表示（英语中为Humanitarianism）。在西方，人道主义起源于欧洲文艺复兴时期，针对基督教教会统治社会的神道主义而形成的一种思潮。该主义的核心是重视人的幸福。后来也延伸为扶助弱者的慈善精神。

人道主义，是重视人类的价值特别是关心最基本的人的生命、基本生存状况的思想，关注人的幸福，强调人类之间的互助、关爱。与重视人类的价值相对的，另有重视神类、重视自然类或者重视动物类等的思想主张。

中国的人道主义思想源远流长，在周代时，已有“唯人，万物之灵”“天地之间，莫贵于人”“人命关天”“仁者莫大于爱人”等思想。人道主义一词，由Humanitarianism译述而来。著名慈善公益组织国际君友会王爱君在其《人道》中有如下记载：人道主义，在文艺上系鼓吹自由思想的主义，原在排斥教会的束缚，以人道取代神道，亦为人文主义的展现，在伦理上则与博爱主义相同，主张超越人种、国家、宗教等所有的差别，承认人人平等的人格，互相尊重，互相扶助，以谋人类全体之安宁幸福为理想的主义。法国哲人孔德（Auguste Comte）所创的人道教（Religion of Humanity），其教义亦与人道主义相通，以仁爱为原理，秩序为基础，增进人类幸福为目的。并主张僧侣不宜有财产与职业，必须舍弃名利，专致力于布施教化，息争弭乱，方足以保障人类的和平与福祉。

中国过去的词汇，虽无人道主义一词，但经传中早已出现人道两字。如《礼记·丧服·小记》云："亲亲、尊尊、长长，男女有别，人道之大者也。"《周易》云："立天之道，曰阴与阳；立地之道曰柔与刚；立人之道，曰仁与义。""《中庸》云："诚者天之道也，诚之者人之道也。"诚之一字，有成已成物之义，亦即孟子"亲亲而仁民，仁民而爱物"之旨，此等语意，都和西方的人道主义相通。

2. 医学人道主义的含义

医学人道主义是生命伦理学家把人道主义的基本精神引进到生命伦理学中加以发挥和提炼而形成的，具体来说，就是医务人员尊重、同情、关心和救助被防治者的医德精神。医学人道主义原则，要求对被防治者要尊重、同情、关心和救助，尊重是同情的前提，同情是关心的基础，关心是同情的表现，救助是同情和关心的实质。以上四个方面的内容，相互联系，形成辩证统一的过程和整体。

（二）医学人道主义原则的依据

1. 最能够体现医务人员的善性

医学人道主义是在长期的医学实践中养成的，它充分体现了医务人员的行医善性。历来人们都把医学视为救人的“仁术”，把医务人员视为行善的“仁爱之士”。善是医务人员的人格特征。

医学人道主义表现了医务人员善的行医动机。防病治病，为人类的健康服务，是医务人员善的行医动机。我国的医学家们认为，“天覆地载，万物悉备，莫贵于人”。(《黄帝内经》) 因此，要尊重人的生命和健康，“救人一命，胜造七级浮屠”。法国的医学界认为：“医学职业是为人类服务的，在重视人的生命和尊重人格的情况下，维护人的健康，治疗伤疾，减轻人的痛苦。”（《法国医学伦理学法规》）德国柏林大学胡佛兰德教授说：“医生活着不是为了自己，而是为了别人，这是职业的性质所决定的。不要追求名誉和个人利益，而要用忘我的工作来救活别人，救死扶伤，治病救人，不应怀有别的个人目的。”（［德］胡福兰德：《医德十二箴言》）

医学人道主义表现了医务人员善的行医情感。尊重同情，是医务人员善的行医情感。身陷病境不能自拔的患者，医务人员是唯一的搭救人，而且只有怀着尊重和同情的高尚情感的医务工作者，才能够不负此任。

医学人道主义表现了医务人员善的行医行为。关心和救助，是医务人员善的行医行为。医务人员善的行医动机和善的行医情感，是通过善的行医行为表现出来的。不关心，不救助，何谈尊重和同情？古今中外优秀的医务人员，正是在尊重和同情的崇高情感的驱使下，对患者无微不至的关心，全力以赴地救助。

2. 最能够体现医务人员的奉献性

医务人员的服务对象及其工作具有特殊性，服务对象是罹病、无力自救的患者，医务工作是防病治病，医务人员的工作十分辛苦，有时工作还会受到病人的误解与埋怨。是什么精神支持着医务人员热情周到的服务呢？最基本的是医学人道主义的职业精神。医学人道主义充分体现了医务人员的无私奉献精神。

3. 是医德最基本、最重要的内容要求

医学人道主义是医德要求的最基本的和最重要的内容，其他内容都是在此基础上建立起来的。医务人员只有首先贯彻和执行医学人道主义，才能够谈得上贯彻和执行医德的其他内容要求。医学人道主义最能够体现出医德的特点，表现出医务人员的理想人格。历史上所有授人新生的伟大医学家，无不闪烁着医学人道主义的耀眼光芒。

(三) 历史上的医学人道主义

人道主义作为一种理论体系是近代历史的产物，但人道主义思想却源远流长，它随着医学道德的形成而出现，随着医学道德的发展而发展，经历了古代、近代和现代三个发展阶段。

1. 古代的医学人道主义

这是指奴隶社会和封建社会历史时期的医学人道主义。它具有以下特点：第一，具有朴素的医德情感。古代医学人道主义表现为对病人没有社会偏见的直观的纯朴情感，表现为医生对病人纯朴的同情、关心和救助。这是医学人道主义的萌芽阶段。第二，具有反抗等级制度的进步意义。在奴隶社会和封建社会里，存在着严格的阶级差别，等级制度森严，医疗待遇差别很大。而古代医学人道主义却明确地否定病人在医疗上的社会等级差别，主张对待病人，一视同仁，具有积极的进步意义。如，东汉医学家郭玉，对待贫贱和服劳役的仆人，治病“必尽其心力，而医疗贵人，时惑不愈”。(范晔：《后汉书·方术列传》) 阿拉伯名医迈蒙尼提斯，“凡诸疾病者，一视如同仁”。(《迈蒙尼提斯祷文》)。可见，古代医学人道主义对于坚持医学服务的全人类性，维护劳苦群众的健康，起到了积极作用。第三，基本建立在生命神圣论、个体义务论和唯心主义因果报应的理论基础上。古代医学人道主义以为“人命至重，有贵千金”。(孙思邈：《备急千金要方序》) 医生在任何情况下，都要绝对维护个体病人的利益和生命；认为“人行阴德，天自报之，人行阴恶，鬼神害之”。（孙思邈：《备急千金要方·大医精诚》）可见，古代医学人道主义的理论基础，具有相当的不完整性和唯心主义成分。

2. 近代医学人道主义

这是指17—19世纪末期的医学人道主义。近代社会，医学家们在朴素的医学人道主义的基础上，把资产阶级作为伦理原则和道德规范的一般社会人道主义纳入了医德领域，正式提出了医学人道主义。近代医学人道主义具有以下特点：第一，具有人情味和科学精神。近代医学人道主义否定封建社会的医疗等级制度，反对不尊重人权的专制和残暴；主张人人都有医疗权利，医疗面前人人平等；主张相信医学科学，反对巫医神道。第二，理论基础基本上是生命神圣论、个体主义论和抽象的个性论。近代医学人道主义的理论指导，既具有认识上的不全面性，又具有脱离社会的抽象性，受到了历史唯心主义的直接影响。第三，扩大了实行的范围和程度。近代医学人道主义，在社会环境的改变和实验医学发展的前景下，与古代医学人道主义相比，实行的范围、程度和手段，有了扩展、提高和改善。比如，减轻病人痛苦的诊断方法和医疗方法多方面地得到运用，采用了麻醉法、消毒法、伤病员护理法等；再如“尸体解剖、抽血、堕胎等”，也冲破了封建迷信的道德戒律，开始实行。

3. 现代医学人道主义

这是指20世纪以来的医学人道主义。现代社会，世界性的联系空前加强，包括医学在内的科学技术飞速发展，医学人道主义也发展到一个新的阶段。现代医学人道主义具有以下特点：第一，具有广泛的国际性，形成了医学人道主义的国际法规。现代社会，医学人道主义具有更加广泛的社会基础，它被作为国际性的医德法规，受到各国医学界的尊崇，在医德领域里形成了广泛的反对不人道的国际统一战线。广大正义的医学工作者和国际卫生组织，目睹了德、意、日法西斯残害人民的暴行，对于惨无人道的医界败类深恶痛绝和强烈谴责。我国以及国际卫生组织相继制定了许多关于医学人道主义的法规、宣言和章程，形成了强大的医学人道主义的国际舆论，使不人道的医学行为处于空前孤立的境地。世界医学会 1949 年采纳的医学伦理学《日内瓦协议法》中说："我庄严地宣誓把我的一生献给为人道主义服务。" 1975 年采纳的《东京宣言》，专门对拘留犯和囚犯的问题规定的"医师的行为准则"中指出："实行人道主义而行医，一视同仁地保护和恢复人体和精神的健康，去除他的病人的痛苦是医生的特有权利。即使在受到威胁的情况下也对人的生命给予最大的尊重，并决不应用医学知识作为相反于人道法律的事。"第二，理论基础更加完整和科学。现代医学人道主义的理论指导，较传统医学人道主义更加具有全面性和科学性。如，生命神圣论、生命质量论、生命价值论、公益公证论、权利义务论等。什么样的医德行为是人道主义的行为呢？抢救一个具有价值的生命，无疑是医学人道主义的行为；放弃救治甚至促死一个没有价值或者具有负价值的生命，不一定是不人道的行为，如处理严重先天性畸形儿、可行性的安乐死等。维护个体病人的利益是人道的，但是如果维护了个体病人的利益，却损害了群体的利益，就是不人道的；维护群体利益是人道的，但如果维护群体利益却不必要地损害了个体病人的利益，也是不人道的。第三，与防治活动联系密切，更具有医学实践的指导意义。现代医学人道主义对医务人员在许多实际防治问题上，提出了可操作性的具体要求和规定。例如，世界医学大会的《东京宣言》规定了六条对待拘留犯和囚犯的人道主义的具体行为准则。1977 年世界精神病学大会的《夏威夷宣言》，做出了医务人员对待精神病人的人道主义的具体规定。第四，受抽象人性论和历史唯心主义的一定影响。现代医学人道主义在某些方面，仍然不同程度地受到抽象的人性论和历史唯心主义的影响。例如，否定人的社会性和阶级性，空泛地谈论而忽视社会的现实性，等等。

4. 社会主义医学人道主义

社会主义医学人道主义是在无产阶级世界观的指导下，批判地继承了人类历史上人道主义的优良传统而形成的崭新的医德基本原则。它是医学中人道主义的较高形态，体现了社会主义制度下对人的生命价值的尊重。与其他医学人道主义相比，有着明显的特点。它始终把为人类谋幸福、为实现人类的健康作为自己的出发点，将热爱患者、同情患者、尊重患者生命、尊重患者人格、尊重患者平等的医疗权，作为社会主义医疗活动的人道主义的核心内容。

1941 年 5 月，毛泽东同志就为延安的中国医大题写了著名的“救死扶伤，实行革命的人道主义”这一医学道德原则。毫无疑问，实行革命的人道主义这一医学道德原则，不仅继承发扬了同情、关心、救治病患的优良医德传统，规定了医疗卫生工作的基本任务，而且十分明确地将人道主义这一医学道德原则与无产阶级的革命事业相联系。显然，革命的人道主义与超阶级的、抽象的“自由”“平等”“博爱”的人道主义世界观有着本质上的区别。革命的人道主义是社会主义人道主义的前身，社会主义人道主义是革命人道主义发展的必然，作为伦理原则而不是世界观，二者本质上是一致的。

社会主义医学人道主义的主要表现为：（1）坚持社会主义的医学服务方向，把社会效益放在首位。社会主义卫生工作的根本目的是为了满足人们日益增长的卫生保健需要，提高全社会的健康水平，为社会主义现代化建设服务，这是医疗卫生工作的最大社会效益。医学工作者应努力工作，按照最优化原则为患者解除病痛，积极创造良好的社会效益。同时，通过医疗工作的高质量、高效率达到经济的高收益。（2）医学的出发点和归属应是维护人类的健康，一切与此相背离的医学技术都是非人道的，应禁止使用。（3）对广大人民群众生命的尊重和爱护超出了医务人员与病人个人全面的联系，而扩展到防病、治病、保障人民身心健康的整体层面。（4）尊重病人的价值与人格。医学工作者在医疗活动中，首先应尊重病人本身的生命价值，不论患者的地位、职业、民族、亲疏等都应平等相待，通过救死扶伤，挽救其生命，促使其健康。此外，患者都有自己的人格，都享有医疗权利，不论对意识清醒的病人，还是对意识有缺陷的病人，都应尊重他们的人格。（5）尊重病人的正当愿望。医学工作者应充分尊重病人的正当愿望，关心、体贴病人的疾苦。对于病人的不当要求，如为止痛而滥用麻醉性药物等，应耐心解释，以理服人，以情感人，以赢得病人的理解。（6）发扬无产阶级国际主义精神。社会主义人道主义是没有国界的，在医务活动的国际交往中，应发扬白求恩精神，热忱为全世界人民的身心健康服务，为提高世界人民的健康水平作贡献。同时，增强我国人民同世界各国人民的友好情谊。（7）坚决反对不人道行为。社会主义医学人道主义坚决反对各种形式地对人、对病人的不人道行为。要求把战俘、囚犯、精神病人、智力障碍者与一般人同样对待，反对法西斯主义、恐怖主义对人的残害，保障人的健康权利。

二、尊重与自主原则

（一）尊重与自主原则的含义

尊重与自主原则（Principle of Respect and Autonomy）又可简称为尊重原则或自主原则。尊重是人的一种基本需要，每一个人都应该得到社会和他人的尊重。从心理学角度来说，患者需要得到比常人更多的尊重。医患交往时应该真诚地相互敬重与重视，在临床实践中，医务人员要尊重患者及其家属，尊重患者的人格与尊严，尊重患者的生命和生命价值，尊重患者的自主权利；患者及其家属应该尊重医务人员的劳动和人格。

尊重（respect）与自主（autonomy）是不可分割的统一体。每一个人都是自主的个体，因此，如果他的行为，没有阻碍另一个自主的个体，从一般的理解上来说，其行为又是理性的，我们应该尊重其行为的选择。例如，在医疗上，一个作出了明确且正确诊断的晚期的癌症患者，他如果选择了放弃治疗，我们认为其行为是理性的，其自主行为理应得到尊重。

自主是指不受他人强迫，做出有关自己生命和身体的种种决定。这种原则实质是赞同一种民主的价值，在不伤害他人的情况下，个体应当不受干预地作出影响他们自身身体和生命的基本医学决定。英国著名政治理论家、伦理学家约翰·斯图亚特·密尔（John Stuart Mill，1806—1873）在其名著《论自由》（1859）中指出，个人“对于他自己，对于他自己的身体和心智，该个人拥有至高主权。”尊重原则涉及人的自主性问题。有人认为，只有当一个人具有自主性并有能力为自己的决定负责时，尊重原则才有意义。其实，尊重原则的更为重要的意义在于它肯定了每个人都具有为人的权利和尊严，即“人所应得到的，我都应该得到”。能否为自己的决定负责，是一个次要的问题。

尊重原则显然是人际平等交往的基本原则。由于这一原则的理论基础是把交往对象视为一个有着自身特殊利益和自身目的的独立个体，因此具有强烈的人本意义和色彩。这一原则保证了交往双方处于平等地位，并各自拥有完整的人格与尊严。无论对于文化背景相同的人来说还是对于文化背景不同的人来讲，尊重原则都同样具有高度的适用性。因此，尊重原则其实可以作为医患交往的首要原则来使用。

对尊重原则的确切理解包括对下面两点的准确把握。一是如何解决尊重病人自主决定与医师的特殊干涉权之间的冲突，二是如何理解尊重病人自主决定与医师在医患关系中的主导地位之间的关系。在尊重原则的临床应用中，最引人困惑的就是，如何解决尊重病人自主决定与医生的特殊干预权之间的冲突。医生特殊干涉权的提出显然是基于医生对病人利益的考虑和保护，而且也与医生的职业情感相适应。但病人的价值观和医生的价值观可能是不同的，医生的立场可能并不为病人所接受。这种冲突既可能发生在文化背景不同的环境中，也可能发生在文化背景相同的环境中。因此，作为医生，考察病人的价值观念对于协调双方的立场是很有必要的，可以避免医患冲突。当这种冲突不可协调时，医生应该选择尊重病人的自主决定。特殊干涉权只在病人缺乏正常人的行为能力时发生效力（关于医生的“特殊干预权”概念，在本书后面的有关章节展开了论述）。

但这样一来，是否就意味着医生必须完全听命于病人，完全依照病人的指令行事呢？医生的自主性在医患关系中还有没有位置？如何理解医生在医患关系中的主导地位？事实上，尊重病人自主决定与医生主动性的发挥并无矛盾。对于医生来说，他的主动性体现在积极主动地提供各种有利于病人做出自主、理智选择的信息，如明确的诊断、清晰的治疗预案、以通俗语言做出的简单明了的病情解释和治疗方案解释等。医生所提供这些信息通常是非常专业的，是病人做出自主决定的依据，对病人的自主决定是不可或缺的。以病人能够理解的方式提供详细、充分的病情信息，正是医生尊重病人自主决定的表现。

（二）尊重与自主原则的依据

医学职业是一个充满着浓厚的医学人道主义的职业，它要求医务人员以人道的精神和态度对待患者，不能把患者视为坏了的“机器”，随意处置。但是，由于历史的种种原因，在医学发展的长河中，尤其是在家长式医患关系模式下，医者处于绝对的主动地位，患者处于绝对的被动地位。

随着医学模式、医患关系模式的转变与医院管理方式的改变，对患者的尊重在医疗实践中的应用日益受到重视，其原因有如下几个方面：

1. 医患关系发生了显著的变化

传统社会以家长为特征的主动—被动型医患关系模式正朝着以民主化为特征的指导—合作型与共同参与型的医患关系模式方向转变。这种转变的最大特征就是医患关系趋向于民主化。民主化的医患关系，一方面促使患者自主意识的增强；另一方面促使医疗机构和医务人员重视对患者的尊重。

美国阿拉巴马大学伯明翰分校哲学系和医学院的哲学教授彭斯（Gregory E. Pence）考察了自主原则发展的历史，认为自主的伦理学原则是在抵制家长主义伦理学中发展起来的。20世纪60年代初，在美国发生的病人权利运动中，家长主义的医生们被认为是歧视女性的老古董，他们将严厉的传统观念强加在一个更进步的、更自由的、更年轻的一代人身上。世俗的宗教的美德伦理学倾向于家长主义的，尤其是当他们强调医生们具有更多的智慧和当他们教导年轻的医生去服从老医生的指导而忽略病人意愿的时候。个体的自主原则，与这些传统的、严格的、世俗与宗教的良医角色，形成了鲜明的对照。

2. 现代医学模式的变化

所谓医学模式，是指在一定时期内，人们对健康的总的看法和根本观点。生物—心理—社会医学模式认为，疾病与健康不仅和生物因素相关，也与心理、社会因素相关。1977年，纽约大学的戴依（S. Day）教授倡导，全人类健康应表现为生物—心理—社会的健康观念。同年，美国罗彻斯特大学医学院精神病学和医学教授恩格尔在《科学》杂志发表了《需要新的医学模式：对生物医学的挑战》一文，提出了这种新的现代的医学模式。恩格尔指出，传统的生物医学模式，只注重疾病的生物因素，是还原论的方法，忽视患者的整体，忽视患者是一个有情感、有心理、处于一定环境中的整体。

现代生物—心理—社会医学模式要求医务工作者不仅从生物学角度，还必须从社会学角度与心理学角度去认识疾病的发生、发展和转归；既重视患者的躯体疾病，又了解患者的行为方式和心理状态；既要治“身”，又要治“心”；既要给患者开药物处方，又要给患者开心理处方和社会处方。例如，当管理一位糖尿病患者时，医生不仅要处理高血糖这一病理问题，还要把病人看成一个有家庭、职业、社会责任以及各种困惑情绪、持有特定健康观念的人，处理中不仅要给适当的降糖药物并让其控制饮食，还必须考虑食物结构的改变对患者及家人可能造成的冲击、治疗价格的承受能力、是否知道有并发症或存在恐惧、是否了解遗传的危害等，还特别要注意其健康的基本观念并合理引导。总之，在现代医学模式这一背景下，对患者的尊重比以往任何医学时期都占据更重要的位置，尊重患者便成了医患之间共同关注的新课题、新任务，也是建立和改善现代医患关系的重要环节。

3. 情境伦理学的要求

情境伦理学也可称为境遇伦理学（situation ethics），是指根据现实境况决定道德选择的伦理学理论，是以道德相对主义为基础的伦理学思潮。在医疗实践中，由于医者与患者之间、患者与患者之间所处情况（政治情况、生活情况、经济情况、对生命的理解及人生态度等价值取向）的不同，存在着对相同疾病的诊断与治疗的不同，医者与患者、患者与患者可能出现不同的选择。面对这种情况，患者的自主权应该日益受到医疗机构与医务人员的高度重视和尊重。

4. 医患知识差距的缩小

由于现代社会教育的普及，特别是在城市，患者的文化水平越来越高，他们的医学与药物知识越来越多；电视、多媒体的普及，现代健康教育充分利用各种现代的技术手段对民众进行有的放矢的医学知识的教育，民众的医学知识量与质都得到了明显提高，这为民众患病之后，对临床诊疗措施的利与弊的评价奠定了基础，也为患者争取获得尊重提供了知识准备。正是在这种背景下，对患者的尊重，发挥患者的自主权，越来越受到关注。现代的医生，不能再视患者是无知者。例如，糖尿病患者，由于糖尿病是慢性疾病，患者患病多年，他对自己的疾病是十分了解的，关于糖尿病方面的医学知识、治疗药物可能也十分清楚，这是医生了解、尊重患者的前提。同时，尊重患者也是民主社会、法制社会的时代要求，也是患者的心理需要。

（三）尊重与自主原则的主要要求

1. 尊重患者的人格权

患者享有人格权。所谓人格权，就是一个人生下来即享有并受到法律、道德等肯定和保护的权利。在我国，依据现行有关法律和伦理文化传统，每一位公民都享有如下人格权利：生命权、健康权、身体权、姓名权、肖像权、名誉权、人格尊严权、人身自由权以及隐私权等。

只要承认人是社会的存在，就必须承认生活在社会中的每个人都有自己的尊严，这是社会给予每个人的基本权利。在我国《民法通则》第 101 条中明确规定："公民、法人享有名誉权""公民的人格尊严受法律保护"。患者作为公民的一分子，在医疗服务过程中其人格尊严应该受到社会的保护。医疗机构与医务人员对任何患者（包括死去的患者）都应当无条件地尊重其人格尊严。

在医疗实践中，尊重患者的人格权，还要做到对患者一视同仁，平等医疗。无论患者是穷人还是富人，是高官还是百姓，都应该做到一视同仁地对待，给予其平等的医疗权利，在医务人员的内心，不应该对患者有高低贵贱之区分。

2. 尊重患者的自主选择权

随着医患关系从家长式向民主式转变，尊重患者的自主选择权越来越受到社会和医学界的重视。患者也越来越强烈地希望在医疗过程中拥有更多的自主权。患者的自主权是患者权利中一种最基本的权利，是体现患者生命价值和人格尊严的重要内容。作为临床医患关系和伦理学的一个特定概念，它是指具有行为能力并处于医疗关系中的患者，在医患交流之后，经过深思熟虑，就有关自己疾病和健康问题所做出的合乎情理和自身价值观的决定，并据此采取负责的行动。

尊重患者的自主选择权，首先是强调患者自主权意识。因为意识是行为的先导，有什么样的意识就会有什么样的行为。其次，努力让患者获取更多的医疗信息。获取有关医疗信息是患者做出决定的前提，能让患者获取有关医疗信息是尊重患者自主权的关键环节。再次是帮助患者理解医疗信息，医务人员不能仅仅是让患者简单地签字或做出某种决定，重要的是要帮助患者理解让他们做决定的相关信息。理解有关医疗信息，是自主决定的基础，离开这个基础就无自主可言。最后是给患者更多自主的机会。尊重患者自主选择权还应该注意到医患之间关系不对称性和不对等性的特点，变患者的被动为主动，坚持与患者协商，主动向患者提供有关疾病治疗的信息，给患者提供更多的自主机会，鼓励患者自主地做出选择。患者有拒绝诊疗的权利，也是尊重与自主原则的体现。

3. 尊重患者的隐私权

要做到尊重患者的隐私权，应该了解、掌握隐私及隐私权的概念。隐私是指公民不愿让他人了解和触及的个人私事、私人信息、个人的心理活动、生理特征、私生活等。隐私一般具有个体专有性和对外封闭性等特点。一般来讲，隐私就是那些个人享有的、与他人和社会公共利益无关的、纯属个人的私人事务。隐私权实际上就是使自己的个人隐私不受他人侵犯的权利。患者具有隐私权，是得到法律保护的一种公民基本权利。

医疗职业的特点决定了医生常常可以了解到患者的某些隐私，可涉足于患者从未和他人谈及或暴露过的身心领域。对患者的这些隐私医务人员要加以保护，否则，泄露出去，就会给患者带来伤害。为此，尊重患者的隐私权一直是中外医学伦理学的一条重要道德规范。我国《执业医师法》规定："对患者生理的、心理的及其他隐私，有权要求保密。病历及各项检查报告、资料不经本人同意不能随意公开。"保护患者的隐私权要求医务人员对因诊治需要而获悉的患者所有隐私，原则上都应保密，除非得到患者的允许向他人透露，或者有特殊规定时有条件地只向特定机构报告、提供。

三、有利与无伤害原则

(一) 有利与无伤害原则的含义

有利与无伤害原则（Principle of Beneficence and Non-harm），可简称为有利原则或不伤害原则，其实质是医务人员的医疗行为如何做到最有利于患者，实现对患者利益的最大化、最优化；从另外的角度来说，就是尽量减少对患者的伤害，实现对患者的损害的最小化。因此，有利与无伤害原则也可理解为利益最大化原则或者伤害最小化原则。

有利（beneficence），即“对他人做有利的事情”（这也是普通伦理学的一般要求），西方学者认为，有利原则与犹太-基督-伊斯兰教的有关同情和帮助他人的德行、教义有关。有利就是行为能够带来客观利益、好处。就医疗行为主体的医师而言，就是为患者行善。在西方，这一原则也被称为行善原则。美国的《贝尔蒙特报告》（The Belmont Report）将这一原则理解为：实施治疗时，不仅要尊重患者自己作出的决定使他们免受伤害，而且要努力确保他们的福利（well-being）。有利包含不伤害，不伤害是有利的起码要求和体现。做到有利与无伤害，要求医务人员的医疗行为，其动机与结果均应该避免对患者的伤害。

一般地说，凡是医疗上必须的，属于医疗的适应证，所实施的诊治手段是符合不伤害原则的。相反，如果诊治手段对病人是无益的、不必要的或者禁忌的，而有意或无意的强迫实施，使病人受到伤害，就违背了有利与不伤害原则。任何一项医疗技术本身都存在利弊两重性，因而可能的医疗伤害与患者的巨大健康利益是纠缠在一起的。医学如一把“双刃剑”，为患者带来一定的健康利益的同时，也存在着对患者的潜在伤害。中国古代医学早已明确指出，医术可以救人，也可以杀人。因此，在目前的医疗实践活动中，任何医疗措施都是与患者的健康利益及医疗伤害相伴而来的。所以，医务人员在医疗实践中应该树立有利而不伤害的医疗理念，恪守不伤害的道德原则，把医疗的伤害性降低到最低程度，做到以最小的损伤代价换取患者最大的利益。

无（勿）伤害（non-harm）即“不伤害他人”，这是医学职业精神的一句古老的行为准则，它意味着如果一名医生技术上不成熟的话，他就不应该去做，因此医学生们不应当在病人身上做练习而伤害他们（除非病人已同意），病人本是需要帮助的，而不是帮助学生学习，至少，病人在看医生离开后情况不能比在此之前更糟糕。无伤害原则，禁止医学技术上的不合格、不成熟以及危险的非治疗性的实验。

有利与无伤害原则要求行动者维护或增进他人利益的义务。这种义务可以分为积极的和消极的两个方面。作为积极义务的有利原则，所断言的是行动者应在他人现有利益的基础上，使此种利益最大化。作为消极义务的有利原则，所要求的则是行动者应该使他人的现有利益不受破坏，不被减损。但是有利与无伤害原则进入生命伦理学领域，其消极含义部分被无伤原则所承担。因此，作为生命伦理学原则的有利原则仅指其积极义务，即为增进他人利益而行动的义务。在现代社会文化背景下，由于利益的多元化，一个行动在增进某利益主体的一种利益时，也有可能同时减损该利益主体的另一种利益，而一个行动在减损某利益主体的一种利益时，实际上也可能增进该利益主体的另一种利益。道德行动对利益的复杂影响使得行动决策变得异常困难。对有利原则的确切理解和在何种“有利”意义上行动，往往取决于行动者的文化背景和价值观念。

有利原则曾经是美国“保护生物医学和行为研究中的受试者的国家委员会”贝尔蒙特报告中，针对以人为受试者的生物医学研究中保护受试者的三原则（有利、尊重人、公正）之一。后来美国著名生命伦理学家比彻姆和丘卓斯（又译查尔瑞斯）在其合著的《生物医学伦理学原则》一书中将有利原则分解为有利原则与无伤害原则。无论是作为三原则之一的有利原则还是作为四原则之一的有利原则，作为一种笼统的生物医学伦理原则都产生了极大影响，并引发了热烈讨论。

医生的行为对患者（及其家属）利益的影响通常是多样化的。一种行动在增进某种利益的时候，可能会造成对另一种利益的减损。当增进某种利益的行为会无可避免地造成另一种利益的减损时，无伤害就不再具有绝对意义，而变成一种在利益权衡中对利益净余额的追求。只要这种利益净余额是正的，也仍然被看成是符合无伤害原则的行动。现代社会是一个价值观多元化的社会，注意到价值观体系和跨文化因素对理解无伤害原则的影响是十分必要的。其中医学作为一个重要的知识背景会极大地影响病人和医生对“什么是伤害”的不同理解。在医生看来十分有害的所谓治疗，在病人看来很可能是有益的和必要的；在医生看来十分有益的治疗，在病人看来则可能是有害的和不必要的，这两种情况在临床上都是会发生的。这种时代医学特征使得现代生命伦理学中的不伤害原则比起古代医学家强调的不伤害原则，其内涵不知要丰富了多少，而其操作难度也极大地增加了。

无伤害原则是一个古老的医学伦理传统。许多古代医家都十分重视对无伤原则的遵循。就现代生命伦理学的意义来说，无伤害原则要求行动者维护病人现存利益的义务。医生应该尽力避免可预见的伤害，尽量将可预见但不可避免的伤害控制在最低限度。就此而言，“不伤害”的概念只是一个对不可避免的伤害提供伦理可接受性的、辩护的术语，而不能成为放任可预见但不可避免的伤害任意发生的道德托词。

不伤害原则中的收益与伤害权衡是这种丰富内涵下衍生出的临床医学行为指导，其必要性可以见诸对身患绝症或者有其他严重疾病病人的医学处理，特别是在决定是否采用可能会引起死亡的临床措施时。这种权衡的价值必须总是指向病人本身而不是其他人，如病人的家人。此时，病人的生命质量对于确定医学行为的收益是什么具有决定性意义。比如，在病人的生命质量极低而无药可救的情况下，放弃治疗，即让病人死去而不再继续遭受病痛折磨也许就是最大收益，虽然此时对病人的伤害也是很大的。

综上所述，无伤害原则有着丰富的内涵，其对临床医学行为的指导是可以被细化的，在很多情况下，具体医学行为的选择不仅依赖于伦理原则，而且依赖于对行为情境的理解。因此，医患间的沟通与交流总是很重要的。①

（二）医疗伤害的种类

要正确理解并遵循有利与无伤害原则，必须首先明白什么是医疗伤害。医疗伤害（损害），是指因医疗机构及其医务人员的故意或过失（即医疗过错），而对就医患者造成身体上或精神上的损害结果。在诉讼实践中，因医务人员的故意而造成患者医疗伤害的，视情节可构成刑法上的“医疗事故罪”，法律责任由刑法对其进行调整；因医务人员的过失而造成患者医疗损害结果的，属民事侵权行为的，依据《侵权责任法》应由医疗机构承担医疗损害赔偿责任。一般来说，医疗伤害可以分为医疗技术伤害、医疗行为伤害、医疗产品伤害和医疗经济伤害四种类型。

1. 医疗技术伤害

医疗技术损害，是指医疗机构及医务人员从事病情的检验、诊断、治疗方法的选择，治疗措施的执行，病情发展过程的追踪以及术后照护等医疗行为，不符合当时既存的医疗专业知识或技术水准的过失行为，导致患者躯体疼痛、功能损害、组织肢体伤残或生命丧失等伤害。简单地说，医疗技术伤害是指由于医务人员医疗技术使用不当造成的患者生理或健康的伤害。技术性伤害主要包括诊断、药物、手术等原因造成的伤害。医疗技术损害适用过错责任原则。

在临床上，违背医学科学原理或不符合患者病情及生理病理状况的

① https：//baike. baidu. com/item/生命伦理四原则［EB/OL］.

用药，称为不合理用药或滥用药。它包含两层含义：一是与治疗目的不一致的用药；二是不合常规的超量使用药物。在临床上主要表现为：用药指征不明确，即没有对症下药；违反禁忌用药；剂量过大或不足；疗程过长或过短；合并用药过多等。滥用药物所造成的医疗伤害是：药源性疾病增多、药物性依赖增多、医药资源浪费。

手术治疗以其见效快、不容易复发的优势成为根除某些疾病最常用的方法。但是，手术治疗是以一定的创伤性、破坏性为前提的，会给患者身体带来一定程度的伤害，使患者遭受一定的痛苦。在日常医疗实践中，手术治疗出现的伤害（缺陷），概括起来主要有三种：一是计划性伤害（缺陷），二是意外性伤害（缺陷），三是过失性伤害（缺陷）。其中过失性伤害（缺陷）必须追究医务人员道德和法律的责任。

常用的辅助检查的诊断技术如放射诊断中的 X 线透视、造影等对患者身体可能造成不同程度的损伤，这种损伤在临床上称为诊断伤害。它是导致医源性疾病的重要原因。如放射诊断中的 X 线透视与造影伤害生殖细胞、致畸；光学内镜如肠镜、支气管镜造成对管壁的机械性损伤等。

2. 医疗行为伤害

医疗行为伤害是指由于医务人员语言、态度等行为对患者造成的精神、心理、感情等方面的伤害。例如，对患者态度粗暴，告知病情不适当，给患者造成心理压力或精神损害；无故泄露患者的隐私，致使患者在工作、生活中的不利；说话不注意场合、对象给患者造成尴尬；体格检查手法不当或环境不宜对患者产生心理的、人格的伤害等，这些都属于医务人员对患者的医疗行为伤害。医疗行为伤害中，最主要的是对患者造成的精神损害。所谓精神损害，是指医疗损害所导致的受害人心理和感情遭受创伤和痛苦。医疗机构及医务人员应依法对患者所遭受的精神损害进行赔偿。

3. 医疗产品伤害

医疗产品伤害，是指医疗机构及医务人员在医疗过程中使用有缺陷的药品、消毒药剂、医疗器械以及血液及制品等医疗产品，造成患者人身损害的医疗行为。《侵权责任法》第五十九条规定："因药品、消毒药剂、医疗器械的缺陷，或者输入不合格的血液造成患者损害的，患者可以向生产者或者血液提供机构请求赔偿，也可以向医疗机构请求赔偿。患者向医疗机构请求赔偿的，医疗机构赔偿后，有权向负有责任的生产者或者血液提供机构追偿。"对于医疗产品损害责任，应当适用无过错责任原则，即无论医疗机构或者医疗产品的制造者、销售者是否具有过错，都应当承担侵权责任。

4. 医疗经济伤害

医疗经济伤害是指由于医务人员出于个人或集团的利益导致的"过度医疗消费"使患者蒙受经济利益的损失。目前我国有些医疗单位和个人，存在着对一些本来可以用适宜技术治疗的疾病，为了增加收入而"过度"使用高新医疗技术的现象。这实质上造成了对病人的经济性伤害，即病人花费了不必要的经济费用，给病人造成了经济上的损失。

(三) 有利与无伤害原则的道德要求

医疗技术的应用存在利弊两重性，所以，在对任何一项医疗技术的应用时都应持慎重的态度，权衡利弊，认真选择，使医疗行为的动机与结果既对患者有利又避免对患者的伤害。为此，对技术的运用和行为的选择必须恪守有利与无伤害原则。

1. 不滥施辅助检查

有利与无伤害原则要求医务人员努力做到：不做无关的辅助检查，

不做弊大于利的辅助检查。我们知道，许多辅助检查或多或少会给患者带来一定的损伤和危害，所以，使用辅助检查必须严格掌握适应症，根据诊治疾病的需要来决定是否进行辅助检查，坚决杜绝因经济原因，或迎合患者不正当的要求，或临床研究的原因，而施行与疾病诊治无关的辅助检查。另外，还必须根据诊治的需要、患者忍受性强弱及风险性大小进行多方面的综合分析，权衡利弊选择利大于弊的检查，最大限度地防范辅助检查给患者带来的伤害。

2. 不滥用药物

许多药物在一定剂量下是良药，超出剂量则成为毒药。不仅如此，同一药物、同一剂量，对某些人有治疗效果，而对另一些人不但无效，而且还有可能引起不良反应或产生副作用。为此，在药物治疗中，如果用药不当，不仅治疗无效、延误病情，甚至还会造成严重的后果。所以，在药物治疗中，要严格遵守有利与无伤害原则，防止没有用药指征的用药，防止出现与治疗目的不一致的用药，防止不合常规的超剂量用药，杜绝滥用药物给患者造成的严重伤害。

3. 不滥施手术

手术治疗都将使患者付出代价，诸如疼痛、功能受损、器官缺失等，轻则增加患者痛苦，重则致患者残废，甚至死亡。正是这些特点决定了手术治疗中，医务人员必须严格遵守有利与无伤害原则，权衡手术治疗与非手术治疗的利弊及其界限，掌握手术治疗的适应症，防止滥施手术给患者带来不必要的伤害。所实施的手术治疗必须是患者病情确实需要的，在现有条件下其他治疗方法又是与其不能相比的，并且是最好的或唯一的治疗方法。凡是可做可不做的，术后无希望康复的，术后反而加速病情恶化的，或手术治疗虽是必需的但做手术的条件并不具备的，都不宜施行手术治疗。

四、知情同意原则

(一) 知情同意原则的含义

知情同意原则（principle of informed consent）是临床上处理医患关系的基本伦理准则之一，也称知情承诺原则。

知情同意（informed consent）思想萌生于18世纪欧洲的启蒙运动（movement of enlightenment）。在此时期，推理思考与论证推断等理性主义被推崇为社会合理性和权威性的基本源泉，个人自治与理智成为欧洲社会的基本价值观念。这些思想、观念不断渗透到医学伦理学领域之中，至今，这种思想越来越发挥了它的巨大作用，成为医学临床实践的基本原则之一。例如，在英国、美国、德国等发达国家，知情同意原则业已成为现代医疗临床实践和医疗法律的基石。知情同意是患者自主权的具体表现形式，是诊疗工作中医务人员处理医患关系的基本伦理原则之一。

从严格的意义（或法学的意义）上说，知情同意概念和思想的直接产生是由于国际上制定与通过的《纽伦堡法典》（the Nuremberg Code）。第二次世界大战时，德国纳粹分子借用科学实验和优生之名，用人体实验杀死了600万犹太人、战俘及其他无辜者，这些人被纳粹统称为“没有价值的生命”。主持这些惨无人道实验的，除纳粹党官员外，还有许多医学教授和高级专家。德国战败后，这些为首分子被作为战犯交纽伦堡国际军事法庭审判，其中有23名医学方面的战犯。同时，纽伦堡法庭还制定了人体实验的基本原则，作为国际上进行人体实验的行为规范，即《纽伦堡法典》，并于1946年公布于世。自此以后，特别是世界医学联合会于1964年通过了《赫尔辛基宣言》（2000年进行了重新修订）以来，知情同意原则（观念）在西方世界就普遍流行起来，即未取得患者或当事人自由意志下的知情同意，就不允许对他们进行任何医学实验，知情同意被确认为人体试验的首要原则。逐渐地，知情同意进入到临床医学实践中，被规定为患者的基本权利，进而发展成为一条普遍的现代医学伦理学基本原则。

知情同意也称知情许诺或承诺，临床上指在患者和医生之间，当医务人员对患者做出诊断或推荐一种治疗方案时，要求医务人员必须向患者提供包括诊断结论、治疗方案以及治疗费用等方面的真实和充分的信息，尤其是诊断方案的性质、作用、依据、损害、风险以及不可预见的意外等情况，使患者或其家属经过深思熟虑自主做出选择，并以相应的方式表达其接受或拒绝此种治疗方案的意愿和承诺，并在患者方明确承诺后才可最终确定和实施拟订的治疗方案。简单地说，知情同意是指患者有权知晓自己的病情，并对医务人员采取的防治措施有决定取舍的自主权。知情同意是患者经过审慎思考的一种理智行为，是患者深思熟虑而非简单认可的结果。在知情同意原则中，“知情”是“同意”的前提与基础，“同意”是“知情”的选择与结果。

医疗，尤其是外科医疗，是实施于自由个人身体上隐私侵入性的最高的社会行为。如果没有获得个人授权或法律的许可，任何社会成员不可随意在他人身体上进行切割或使用药物，这就产生了知情同意思想，形成了个人决定是否接受医疗的核心观念，而且，这种医疗决定通常以医患合作方式达成。

在实施侵入性的人体操作、高风险的内科用药和临床试验研究之前，医师必须首先获取患者的医疗同意或医疗授权，而且，这种医疗授权必须经由书面确认，即签署有关的知情同意书。这样做，在程序上遵守法律，在本质上保护患者的身体完整权和情感平静权。从另外的角度说，患者的医疗同意或医疗授权也可以起到消除外科手术、危险用药和医学研究的犯罪性质的作用，从而达到保护患者的目的。

知情同意的实施需要满足相当的条件。这些条件包括：病人及其家属具有一定的文化基础和自主决定的能力，这是患方知情同意的前提。医方提供信息的真实性、准确性和充分性，特别是医方应该向病人或其家属真实、详细地说明病情信息，告知预后情况，提供各种实际上可能给予的医疗方案，解释清楚各种治疗方案的可知后果。这有赖于医务人员丰富的专业知识、经验及高尚的医德信念和修养，是实现知情同意原则的根本条件。病人与其家属或代理人和经治医师达成在病人利益和相互价值观念上的一致性，是知情同意原则实现的必要条件。

在实践中，医师执行知情同意原则要注意做到使病人或其家属完全知情并有效同意。完全知情是指向病人提供他作出承诺必需的所有医学信息，即通过完整充分的说明和介绍，对病人有关询问的必要回答和解释，使病人全面了解诊治决策的利与弊，为合理选择奠定真实可靠的基础。有效同意是指病人在完全知情后，自主、自愿、理性地作出的负责任的承诺。这种承诺需要满足的条件是：病人具备自由选择的权利、表达承诺的合法权利、作出正确判断的充分的理解能力、作出理性选择的必要的知识水平。应强调的是：病人有权随时收回、终止和要求改变其承诺；有效同意还应遵循特定程序、签写书面协议并保存备查，例如，手术治疗实施前必须请病人或其家属签写手术协议（知情同意）书。知情同意程序不能成为医务人员推卸应负责任的手段和凭据，某一诊治虽经病人或其家属知情同意，但医务人员因行为过错而造成对病人的伤害，仍要承担相应的道德责任或法律责任。

（二）知情同意权的主体

知情同意权的主体主要是患者或患者的法定代理人、监护人以及患者的亲属。从法律上讲，精神正常的18周岁以上的成年患者，具有完全的民事行为能力，知情同意只能由其本人做出方为有效，他人不能代理做出。对无表决行为能力的患者，或精神病患者，或无民事行为能力的未成年患者，其知情同意权应由其法定代理人或监护人或患者的亲属行使。对于16周岁以下的未成年人（限制民事行为能力的人），可以进行与其年龄、智力相适应的民事活动。因此，限制行为能力人对于危险性小的一般医疗行为可以成为知情同意权的主体，但对于危险性较大的医疗行为，即使是较高年龄的未成年人，其知情同意仍要由监护人做出。未成年人的监护人依次为父母、祖父母、外祖父母、兄、姐、关系密切的其他亲属、朋友、居民或村民委员会等。精神病患者的监护人依次为患者的配偶、父母、成年子女、其他近亲属等。

（三）知情同意原则的主要内容

1. 医务告知的主要内容

《中华人民共和国医疗事故处理条例》中规定，在医疗活动中，医疗机构及其医务人员应当将患者的病情、医疗措施、医疗风险等如实告知患者，及时解答其咨询；但应当避免对患者产生不利后果。

如何让患者充分知情呢？以下方面应向患者或家属告知：

入院告知。告知医院概况，包括医院文化环境、服务范围、学术地位、技术水平、专科特色、治疗方案等。

诊断过程告知。告知患者现有症状、原因，有一定的危险性、可能产生不良后果的诊断性检查或对患者疾病所做的诊断。

治疗过程告知。告知有明显副作用或易出现意外的药物，拟定实施手术的内容及可能发生的危险，实施手术的预期效果及改善程度，不实施手术将产生何种后果，施术者对不确定因素的把握程度及发生意外时的对象及准备。

创伤性操作告知。诊疗过程中如需要实施创伤性技术操作，应对患者全面交代清楚，包括目的、意义、风险、必要性以及拒绝治疗的后果等。

改变治疗方案告知。在改变治疗方案前应让患者事先了解新治疗方案对自己所患疾病的重要治疗作用，新治疗方法的自身缺陷、接受治疗的风险性及拒绝治疗可能带来的后果等。

临床实验性检查和治疗告知。告知临床实验性检查和治疗给患者带来的可能性收益、可能承担的风险与不适，同时说明患者接受临床实验性检查和治疗是自愿的，患者有权在任何时候中止类似的检查和治疗。

经济费用告知。告知患者或代理人诊疗过程所需的费用，尤其是昂贵的药物、检查及治疗措施的费用要事前告知。

暴露患者隐私部位的告知。所有涉及患者身体隐蔽部位的检查和诊疗及致患者不适的检查和诊疗都应事先告知患者。

2. 医方告知实施原则

医方在实施告知时应把握好如下原则：第一，紧急救治的告知原则。为不延误抢救的时机，对某些急诊救护无法实行或代理实行知情同意的患者，可不受知情同意限制。我国《医疗机构管理条例》规定，“无法取得患者意见而又无家属或关系人在场，或者遇到其他特殊情况时，主治医师应当提出医疗处置方案，在取得医疗机构负责人或者被授权的负责人批准后实施”。这种情况产生的一些不良后果不应该受到事后追究。第二，不良后果预示原则。临床工作中凡是有可能产生不良后果或者会出现无法满足患者主观要求的所有诊疗措施，医务人员都应对可能的不良反应做出充分考虑后，预先进行告知。第三，告知适度原则。如果要求所有的诊疗活动都实施医疗告知，这是不现实和不科学的。在实践中必须遵循适度原则，有重点、有针对性地确定一些医疗告知的项目和范围，并逐步加以修改和完善。第四，顺序原则。我国民法规定只有在患者放弃或正式委托亲属、患者缺乏或丧失行为能力的时候才能让亲属行使知情同意权。在我国知情同意权代理人的先后顺序为：配偶、子女、家庭其他成员、患者委托的其他人员。

3. 知情同意在临床上的表现

患者在充分理解医务人员提供的诊疗信息的基础上，并有能力做出自主、自愿的判断后，必须做出同意或不同意的决定权，即同意权。同意权主要有三种表现形式，即语言表示、文字表示、行为表示。

（1）语言表示，是指知情同意发生在医师与患者之间的对话过程，通过患者或患者家属的语言叙述、提问与医师的答复满足患者或患者家属对医疗信息的需要，从而最终达到同意或否定的目标或结果。例如，患者口头答复医师，作出肯定或否定的意思表示，就属于语言表示的知情同意。

（2）文字表示，是指通过文字表述的形式确定患者知情同意的过程。例如，在外科手术之前，医师通过与患者签订《外科手术知情同意书》来确定患者的知情同意的过程，这也可以看作是狭义的知情同意，也称为严格意义上的知情同意。

（3）行为表示，是指通过患者就医过程、动作来确定知情同意的过程。例如，患者就医过程中，挂号、缴费、拿药等一系列行为、动作也可以视为患者的知情同意过程。从逻辑上说，因为如果患者不同意医师的诊断、处方，就应该不会服从医师的建议，不会发生上述行为或动作，也有学者称为"隐含同意"的形式（类型）。

在临床医学实践中，不少医务工作者、患者或患者家属，认为外科手术之前签订的知情同意书才是知情同意，也即只承认文字表示的形式，其实，这种理解是不准确的，在实践中也是有害的，不利于保护医患双方的权利与义务。知情同意不只是一张需要患者签字的简单表格，而是一个复杂而充满挑战的医患互动的过程，医师、患者、患者家属甚至患者的代理人都应积极参与这一过程。医师应该把最为必要、重要的患者病情信息、目前最优的治疗方案、替代治疗方案以及预后信息，尤其是不良预后信息充分告知患者，以利患者作出理性的决定，获取患者知情同意是医师不可推卸的强制性医疗职责。同时，患者是知情同意的主体，更要严肃对待，在充分知情的基础上，认真参与这一法定的医疗工作程序，理性地作出决定，且应承担合理的风险。总之，知情同意作为现代医学伦理学的基本原则，其在临床医疗实践中的表现形式是多样的、广义的。

（四）知情同意原则运用的具体问题

1. 知情同意与特殊干预权

在临床工作中常会遇到病情告知后，患者及家属不同意的情况，此时医务工作者可以行使医疗干预权。医疗干预权，是在医学伦理原则指导下，医生为患者利益或他人和社会利益，对患者自主权进行干预和限制，并由医生做出决定的一种医疗伦理行为。它适用于特殊情况下，用于限制患者自主权利以达到完成医生对患者尽义务的目的。它有两个特点：一是行为的目的和动机是善的；二是由医生代替患者做出决定。它主要适用于以下几种情况：患者缺乏理智的决定，拒绝治疗会给患者带来严重后果的；讲真话会给心理承受能力差的患者造成沉重的精神压力，进而拒绝治疗，甚至轻生自杀，医生不得不隐瞒病情真相；对丧失或缺乏自主能力的危急患者，又联络不上其法定代理人的情况下，为了及时抢救患者，由医生做出决定；为了他人、社会利益免受伤害，由医生决定对传染病人实施隔离治疗，对少数精神病患者实施约束。

2. 知情同意中的代理人同意问题

代理人同意是知情同意的一种特殊形式，是指某些患者由于缺乏做决定的自主能力，在涉及医疗判断、医疗方案的选择或决定时，在医务人员向患者及其代理人说明有关医疗好处、危险性和可能发生的其他意外情况等信息后，由代理人为患者做出同意或不同意的决定。代理人一般应当是患者的至亲、近亲以及合法的监护人，代理人应该是有行为能力的人，并且与患者无利益和情感上的冲突。代理人同意的适用范围如下：代理婴幼儿同意。婴幼儿不可能知情，也不可能表示同意，对其医疗决定必须由代理人同意。代理智能障碍者同意。对于先天愚笨型或精神分裂症或昏迷等缺乏自主判断力的患者，对其医疗决定必须由代理人同意。代理限制民事行为能力人的同意。即16周岁以下的未成年人，尽管智力上已具备或基本具备能力选择或决定是否同意，但法律上规定他们的自主权是被限制的，对其医疗决定必须由代理人同意。代理正常成年患者的同意。这类患者具有足够的智力及判断力，但由于种种原因得不到自主权的实施，比如，患者根本就没有自主意识而习惯于依赖亲属决定，在这种情况下从道德角度讲代理人同意也是合理的。

3. 违反知情同意权的法律责任

在医疗实践中，医务人员违反知情同意原则，并给患者造成损害，就应承担相应的法律责任，主要包括民事责任、行政责任与刑事责任。

民事责任：是指医疗机构、医务人员在医疗工作中因违背知情同意原则，对患者造成损害，应向患者承担的民事赔偿责任。其特点是医务人员侵害患者知情同意权的行为造成患者人身、财产上的损失，造成患者精神上、名誉上的损失，尤其是侵犯患者隐私的行为，并造成不良后果的，医务人员就得为此承担民事责任，对患者赔礼道歉、消除影响、恢复名誉，并赔偿损失（包括精神损害赔偿）。

行政责任：是指医疗机构、医务人员在医疗工作中因违背知情同意原则，对患者造成损害，根据卫生行政法律法规的有关规定应承担的法律行政责任。例如，《医疗事故处理条例》第56条规定，“医疗机构违反本规定，未如实告知患者病情、医疗措施和医疗风险的，由卫生行政部门责令改正；情节严重的，对负有责任的主管人员和其他责任人员依法给予行政处分或者纪律处分”。《职业医师法》第37条规定，医师未经患者或其家属同意，对患者进行实验性临床医疗的，或泄露患者隐私造成严重后果的，由县级人民政府卫生行政部门给予警告或者责令暂停6个月以上1年以下执业活动；情节严重的，吊销其执业证书。

刑事责任：是指医疗机构、医务人员在医疗工作中因违背知情同意原则，对患者造成损害，根据刑法规定应承担的法律责任。一般来说，医疗机构、医务人员在医疗工作中因违背知情同意原则，对患者造成了严重损害结果，其行为结果违背了我国刑法的有关规定才承担刑事责任。

【本章推荐阅读书目】

1. 沈铭贤. 生命伦理学 [M]. 北京：高等教育出版社，2003.

2. [美] 格雷戈里 E. 彭斯. 医学伦理学经典案例 [M]. 第4版. 聂精保，胡林英译，长沙：湖南科学技术出版社，2010.

3. 瞿晓敏. 医学伦理学教程 [M]. 第4版. 上海：复旦大学出版社，2011.

4. 孙福川，王明旭. 医学伦理学 [M]. 第4版. 北京：人民卫生出版社，2013.

5. 范瑞平，张颖. 建构中国生命伦理学：新的探索 [M]. 北京：中国人民大学出版社，2017.

6. [德] 马库斯·杜威尔. 生命伦理学：方法、理论和领域 [M]. 李建军，袁明敏译，北京：社会科学文献出版社，2017.

7. 郑文清，周宏菊. 现代医学伦理学概论 [M]. 武汉：武汉大学出版社，2017.

8. [美] H. T. 恩格尔哈特. 生命伦理学基础 [M]. 范瑞平译，北京：北京大学出版社，2006.

【本章思考与练习】

1. 医学人道主义原则的内涵与依据是什么？
2. 尊重与自主原则的内涵与依据是什么？基本要求是什么？
3. 如何理解有利与无伤害原则？基本要求是什么？
4. 医疗伤害的种类有哪些？在医疗实践中如何避免医疗伤害？
5. 知情同意原则的内涵是什么？
6. 知情同意的主体是如何规定的？
7. 知情同意原则运用的具体问题的内涵是什么？
8. 在医疗实践中如何贯彻知情同意原则？

第四章 生命伦理学的基本理论

【本章内容提要】

◆ 生命神圣论（含义、产生及其理解）

◆ 生命质量论（含义、背景、标准、应用及意义）

◆ 生命价值论（含义、基本观点及适用范围）

◆ 权利义务论（含义、基本内容）

◆ 公益公正论（含义、来源、背景及基本观点）

◆ 动物权利论（发展过程、主要观点）

生命伦理学的形成与发展具有丰厚的理论基础，生命神圣论、生命质量论、生命价值论、权利义务论、公益公正论共同构成了生命伦理学的理论大厦。在人类社会发展的不同阶段，由于医学科学和医学技术的发展水平不同，人们的生命理念和观念以及健康需求的不同，社会文明与法治进程的差异，人们对生命神圣论、生命质量论、生命价值论、权利义务论、公益公正论的理解、解释也不尽相同。我们有必要对生命伦理学的基本理论进行更深入的比较系统地阐述。

一、生命神圣论

（一）生命神圣论的含义

一般认为，对于生命的伦理学看法，在人类历史上依次主要有生命神圣论、生命质量论和生命价值论三种基本理论形态，可以称为“生命三论”。这里，我们先讲生命神圣论。生命神圣论（The Theory of Divinity of Life）是一种关于生命的看法与理念的伦理学观点，认为生命是至高无上而神圣不可侵犯的，也就是说生命具有至高无上的道德地位。这里的生命神圣论，其中的“生命”是特指的人类的生命，不包括动植物等其他的生命。生命神圣论表明，人的生命是最为宝贵的、最有尊严的，最具神圣性的。

生命神圣论主张只有一视同仁地无条件地维护、保存和延长人的生命才合乎道德。生命神圣的观点古已有之，宗教的、非宗教的伦理思想均有涉及。生命神圣论无条件地主张尊重生命和关爱生命，从道德角度强化了医学（医疗）救死扶伤的宗旨，为医学人道主义的形成和发展奠定了思想基础，推动了医学的发展和医德的进步。但是，由于生命神圣论主张尊重生命和关爱生命的无条件性，从而忽略了人的生命质量和生命价值，这是生命神圣论的最大局限性的表现。

以生命神圣论作为医疗实践和社会政策制定的理论基础，难免会导致偏重人的数量而不顾及生命质量和生命价值，进而造成人口的恶性膨胀和人口素质的下降。其次，如果只重视个体的生命神圣性而忽视了生命质量、生命的社会价值以及人类的整体利益，就必然会影响计划生育、放弃治疗和卫生资源公正分配等人类的实践。

（二）生命神圣论的产生

生命神圣论是如何产生的呢？我们可以从以下这些角度加以理解。

第一，生命现象的神秘性。在人类童年时代，由于科学不发达，人们对生命的诞生、成长、死亡的现象、原因、本质、奥秘所知不多，甚至一无所知，自然就产生了生命的神秘性。古时候人们认为人的“灵魂不死”，人可以“轮回转世”等宿命论观点，将生死归结为“天命”“神意”等，就是这种生命神秘性的体现。生命现象神秘，人就无法干预，也不能干预。只有神才能干预，神可以因要惩罚而让人病死，以显示正义；也可以因慈悲和显示其大能而让人起死回生。生命只受神的干预，故而谓之神圣。孔子曾主张“生死有命、富贵在天”。西方毕达哥拉斯学派认为“灵魂轮回”，并且是在人、动物、植物之间轮回。柏拉图认为人的灵魂不死。基督教和佛教都有灵魂不死，死后上天堂或下地狱等的观点。

第二，人为“万物之灵”观点的影响。希腊著名智者普罗泰戈拉（Protagoras，约前481—410）有句名言：“人是万物的尺度”。汉代思想家董仲舒（前179—104）认为，天地万物中人是最宝贵的，“人之超然方然之上，而最为天下贵”。《天地阴阳》中“天地之精所以生物者，莫贵于人”。在中西方医学史上都有过关于生命神圣的论述。中国最早的医学著作《内经·素问》中指出：“天覆地载，万物备悉，莫贵于人”。唐代孙思邈的《备急千金要方》中谈到，“人命至重、有贵千金，一方济世，德逾于此”。西方最早的医德文献《希波克拉底誓言》里也讲到“我要保护自己生命和技艺的纯洁和神圣”。因此，以“助人类健康之完美”“救死扶伤”为己任的医学，就成为神圣的殿堂。人是世间最聪明而具有灵性的动物，最为天下贵。从这个角度来说，也可以把生命神圣论看作是“敬畏生命”（reverence for life）的体现和表达。

第三，东西方宗教观点的影响。无论东方还是西方，都有宗教观点认为，人是上帝派来的，人是上帝意志的产物，也就是说人来到世间是神意的体现，自然得出人的生命最为宝贵而神圣不可侵犯也。西方基督教认为，人是上帝按自己的形象所创造出来的物种。人之特质是具有灵魂，而灵魂是上帝所赋予的。由于人类是上帝所创造，因而，人类的生命就具有了神圣性（divinity or sanctity），因此也只有上帝可以毁灭一个人。任何人为地杀害其他人，包括自己的生命，都是对上帝权威的僭越，是最严重的宗教罪恶。在帝王专制的时代，此观点或有抑止暴君残民以逞的作用，但也由于其视人的生命为神圣的，引致不管一个人犯了如何重大的罪恶，其他人都不能杀死他。后来发展为现代西方许多人和许多基督教国家反对死刑，甚至认为执行死刑是不文明的刑罚。《圣经》

里讲，人是上帝按自己的形象造出来的。上帝说："我们要照着我们的形象，按着我们的样式造人，使他们管理海里的鱼，空中的鸟，地上的牲畜，和地上所爬的一切昆虫。上帝就照着自己的形象造人，乃是照着他的形象造男造女。"因此，一方面，上帝按自己的形象造人，使人管理其他动物，因此人是比其他生物更高级的生命形式，是万物之灵；另一方面，按照柏拉图的"模仿说"和"分有说"，人既是按上帝的形象造的，在一定程度上就具有了上帝的"神圣性"①。

（三）今天如何理解生命神圣论

今天，我们如何理解生命神圣论？是否还要坚持"生命神圣"呢？毋庸置疑，如果生命不再神圣，那么我们就不需要医院，不需要医疗，也不需要法律，甚至不需要国家，人们就可以为所欲为，甚至犯罪和战争都可以不必为自己找借口，弱肉强食，名正言顺。一句话，如果不承认生命神圣，那么人的生命就得不到保证，就只配得到动物般的待遇。

我们今天所谓的生命神圣，是特指人的生命，并且是相对于动植物的生命而言。为什么我们承认人的生命神圣，动植物的生命不神圣？这显然是因为人和动植物有本质的区别。那么这种区别是什么呢？是作为有机体的生物学生命吗？当然不是。因为动物也有作为有机体的生物学生命，并且有的动物的身体机能是人所不及的，但是我们并不承认他们的生命神圣。那么，"人力不若牛，走不若马，然牛马为用，何也？"，为什么我们只把动物当作手段，人才是目的？这是因为，人具备动植物没有的特质，这种特质不是人的生物学生命，而是人的社会学生命。正是因为如此，人才被称为"万物之灵"，生命才神圣。

恩格斯在《劳动在从猿到人转变过程中的作用》一文中指出：劳动创造了人本身。是劳动将人和动物区别开来。人能劳动，动物则不

① 程新宇．试析生命神圣论［J］．医学与社会．Vol. 16，No. 2 Apr. 2003：26-29.

能。劳动的内部特征是目的性、创造性和自由；其外部特征是分工、协作和社会性。所有这一切都是动物所没有的。所以，正如恩格斯所说，最蹩脚的建筑师比最高明的蜜蜂聪明的地方就在于他在用蜂蜡建造蜂房以前，就已经在头脑中将它建造好了。劳动充分体现了人的知识性、主体性、创造性、创新性，人因此能征服自然和改造自然，使自然成为自己“无机的身体”。这就充分体现了人的价值和尊严，体现了生命的神圣。

西方现代世界的信仰似乎只把“生命神圣”的限于人类，而且给予最高的道德地位，即人的生命比其他任何生命都有更高的道德地位，因而享有绝对的生命权，即任何其他物种的生命地位都低于人类，而生命神圣意涵一个人的生命是任何人在任何情况之下都不可以加以杀害的。当然，我们似乎都容许一个人为了自卫而杀死正在加害自己的人，基督教也容许在宫外孕时，为了救母亲而实质上进行堕胎的手术。我们也可以为保护一个无辜的受害人而杀死一个正在杀害他的人。但在其他情况下，全力去保存一个人的生命是一种对生命的敬畏和爱护，也是我们应该遵守的道德规范。但是，在现代世界中也有很多情况，特别是末期病人，让我们不得不考虑当事人的意愿，如一位在极度痛苦中的癌症末期病人，让他一直呻吟痛苦到死，而不是以医助自杀或安乐死的方式，帮助他马上解除极度痛苦，是否真的是对生命的尊重和爱护？在这些极端的情况之下，病人除了死亡已无法有任何其他的可能性，特别是他愿意接受或要求帮助时，我们似乎有很强的理由相信，帮助这样一位末期病人解除他的痛苦是合理的和真正尊重他的生命的一种表示。同时，虽然我们不一定接受生命神圣，我们也不一定认为可以轻易进行安乐死的行动，因为，杀害一个病人，而且是一位无助和无辜的人，是任何一个现代社会都视为违反社会不容许杀害无辜者的规则的严重罪行。这也解释了为什么安乐死是近数十年最争论不休而难以解决的道德两难。到目前为止，世界上只有三个国家在法律上容许安乐死。至于把一切人类生命，包括胎儿、胚胎、干细胞等都列为在生命神圣的戒律保护之下，所产生的窒碍难行的情况如把一切生命都视为神圣一样，在理性的分析之下是不能成立的①。

今天我们仍然要高举“生命神圣”的大旗。但我们所张扬的“生命神圣论”既不同于古老的生命神圣论，也不同于为了一部分人的利益而牺牲掉另一部分人的利益的道德相对主义或功利主义。因为这两者都不符合人道主义精神。科学的生命观应是从关心每个具体的人的生命出发，是用发展、开放的眼光看待生命，因而它是人道主义的。

今天人们已经认识到死是生命的一个组成部分。既然有些生命就作为严格意义上的人而言正在走向死亡，那么，优死较之痛苦的死更人道。因为变没有尊严的痛苦而漫长的死为平静坦然无痛苦的死，正是为了维护生命的尊严，升华生命的道德地位，真正维护生命的神圣性。在医学模式转变的今天，医生的义务已不仅仅是救死扶伤，治病救人，而且是尽力提高患者的生命质量；医疗已不仅是为了患者个人，而且是对全民的健康负责和尽社会责任。这一切转变都是基于对生命的进一步认识，基于提高生命质量，维护生命的价值和尊严，体现生命的神圣性。让我们牢记苏格拉底的话：“不是生命，而是善的生命，才有价值”。

二、生命质量论

（一）生命质量论的含义

生命质量又称为生命素质、生存质量、生活质量等。生命质量的概念至今还存在着许多争议。一般来说，在社会学、经济学领域多称（译）为生活质量；在医学领域多称（译）为生命质量、生存质量。

世界卫生组织（WHO）生命质量研究组将其定义为：不同文化和

① 李瑞全，金美华．生命神圣、敬畏生命与尊重生命：中、西生命伦理学共论［J］．科学与社会，2017，7（4）：48-59，DOI：10.19524/j.cnki.10-1009/g3.2017.04.048.

价值体系中的个体对于他们的目标、期望、标准以及所关心的事情有关的生活状况的体验。这是一个很宽泛的概念，生命质量受到个人的生理健康、心理状况、独立能力、个人信念、社会关系与环境诸多因素的影响。由于地域、文化、价值观的差异，生命质量的概念，目前还没有统一的定义。也可以一般地理解为：以社会经济、文化背景和价值取向为基础，人们对自己的身体状态、心理功能、社会能力，以及个人整体情形的一种感觉体验。可见，生命质量是一个内涵丰富的概念，它包括许多内容，如个人的生理健康、心理素质、自立能力、社会关系、个人信念等，指的是人们对自己生活状况的感受和理解。对此概念的理解由于人们的文化和价值观念、生活目标、价值期望、行为准则及社会观念的不同而不同。

从医学伦理学的角度来说，生命质量论（The quality of life）是以生命质量为核心概念，全面评价患者疾病及治疗对患者生理、心理和社会生活等方面的影响的一种伦理学基本理论。是以人的体能和智能等素质的高低、优劣为依据，衡量生命对自身、他人和社会存在的价值。美国加州大学的一位教授对人的生命质量提出新说："生得好，活得长，病得晚，死得快。"这是对生命质量论的最通俗的解释和回答，其意就是告诉人们：健康地活着，活着要有质量。

生命质量论（The quality of life）强调人的生命质量而不是数量（如寿命、人口数量），强调要增强和发挥人的潜能（如提高教育质量），不仅关心人的生命是否存活与保持，更进一步关注生命存在的状态。认为不同的生命质量对社会的影响和意义不同，应当有区别地对待生命，对于生命质量极其低下的患者，医务人员没有义务维持治疗（即可放弃治疗）。

（二）生命质量论产生的背景

生命质量研究最初开始于20世纪30年代美国的社会学领域，作为评估不同国家不同地区社会发展水平的宏观指标，其内容包括国民收入、健康、教育、营养、环境、社会服务与社会秩序等方面。由于当时经济复苏后的美国虽然经济发展较快，但社会并不和谐，单纯的经济发展数量指标已不能反映社会发展水平和人民生活的好坏，实践中迫切需要更综合、更全面、更人性化的社会学指标。1929 年美国胡佛研究中心的奥格培（W. F. Ogburn）主编的《1928 年的社会变化》（*Social Changes in* 1928），报道并讨论了美国各个生活方面的动向。此后，关注人群生活质量的研究日益增多。

20 世纪 50 年代以来，由于人类遗传学、分子生物学的兴起和进展，以及世界人口的迅速增长成为制约人类社会发展的突出矛盾而出现了对生命质量越来越重视的局面。

60 年代后，生命质量指标体系的研究与应用受到经济发达国家政府和政党的高度关注与重视，其研究也蓬勃开展起来。70 年代后期，在医学领域形成了研究热潮。目前，生命质量测评已被广泛应用于癌症及慢性病临床治疗方法筛选、预防性干预措施效果评价、人群健康状况监测以及卫生资源分配决策等领域。生命质量概念的广泛流行，同样也引起了医学伦理学家的关注。

第二次世界大战以后，随着社会、经济的发展，人口问题成了制约社会发展的突出问题，社会需要控制人口数量、提高人口质量，否则，人类自身的生存和发展将受到威胁。人口数量达到一定程度，特别是人口数量成为制约人类发展的不利因素后，人们自然会关注人类的生命质量问题，促使人们对生命质量进行研究与探讨。

随着医学科学技术的重大突破，传染病得到了有效控制，人类的预期寿命有了极大提高，但随着社会经济的快速发展，人们的社会生活方式发生了巨大的变化，与人类心理、社会、环境、伦理因素有关的疾病增加，人群的疾病谱发生了根本改变，难以治愈的心脑血管疾病、癌症、精神疾病等慢性病成为威胁人类生存的主要疾病，这些疾病很难用治愈率、再入院率和生存率等客观指标来评价临床疗效和评估预后；同时，人们发现仅仅追求健康的数量具有较大的片面性。传统的医学目的、医学思维与医疗行为不能适应形势变化的需要，于是，医学开始由单纯关注生命的延长与局部躯体功能的改善，发展到从生物的、心理的、社会的、伦理的诸多方面来综合评价人类的健康和疾病。

生命质量论引入医学伦理学领域，是现代医学高新技术背景的产物。现代生物医学的进步，为生命质量论提供了理论依据。20 世纪 50 年代，人类遗传学、分子生物学等新学科的兴起和遗传基因的认识，使得生命质量概念越来越深入人心，为人类改善生命的状态及生存条件提供了技术保障和理论依据。同时，现代医学高新技术的日益增多，也给人类带来了伦理困惑。例如，当医疗技术的发展可以维持低质量的生命，保证了生命的数量，但有限的社会资源无法维持时，生命质量问题就变得尤为突出了。人们普遍认为，只有具有更高生命质量的个体才能有更大的权利要求获得维持生命的资源。植物人多年的住院治疗，巨大的医疗费用是值得的吗？如何看待植物人的生命质量？癌症晚期的患者生命质量到底如何进行评估？这些伦理困惑（问题），说到底都与医学高新技术息息相关。

（三）生命质量的构成

对于生命质量的构成，不同的阶段有不同的理解，因而有不同的指标。大体说来，20 世纪 60 年代以前，多局限于硬指标，即客观指标，如生存时间、期望寿命、人均收入、受教育的状况等。这期间比较有名的如物质生活质量指数（the physical quality of life index），由 15 岁以上人口识字率、婴儿死亡率和预期寿命三个客观指标综合构成。

60 年代以后，人们开始追求个体的幸福感而不仅仅是生存的时间，生命质量构成以主观感觉指标为主，兼顾一些客观指标，如麦克斯威尼（A. J. Mcsweeny）和赫顿（R. K. Heaton）认为生存质量的构成包括情绪功能、社会角色功能、基本行为功能、娱乐和享受功能四个组成部分。

20 世纪 80 年代中后期起，生命质量构成趋向于以主观感觉指标为主。1995年，美国学者弗瑞尔（B. R. Ferrell）等提出测定一个人的生活质量至少应包括身体健康状况（生理功能活动有无限制、休息和睡眠是否正常等）、心理健康状况（智力水平、心理活动、情绪变化、紧张刺激等）、社会健康状况（个人社会交往与活动、爱情婚姻、职业、社会地位及家庭关系等）与精神健康状况（价值观、精神文化生活、宗教信仰等）。

（四）生命质量的评定标准及应用

20世纪40年代，医学领域就开始对生命质量的评定方法和标准进行研究。最早的量表是1949年D. A. Karnofsky等提出的著名的Karnofsky行为状态量表（Karnofsky performance status），用于对癌症病人进行身体功能测量，并通过癌症病人化疗前后生命质量的变化来评价化疗效果。由于当时疾病谱以传染病为主，因而未引起足够的重视。

1989年6月，在加拿大召开的国际研讨会上讨论了有关生命质量问题：以生命质量作疗效评价指标时，它的含义是什么？生活的哪些方面应当包括在生命质量测定的范围之内？测定项目分类的基础是什么？如何衡量一种量表的有效性？怎样根据测定结果做出生命质量高低的结论？我国在1995年召开的第八次全国医学伦理学会议上也讨论了生命质量问题。一些代表提出了优生优育与生命质量综合评测表、学龄前儿童生长发育评测表、围生期保健评测表等。

有一种观点认为，生命质量在不同年龄阶段、不同状态下应有不同标准。因此，要使生命质量的判定具有可操作性，应当对生命质量的概念给予恰当的界定，以此制定生命质量指标体系。这种测量标准至少应反映下述几种不同类型的情况：胎儿生命质量的标准；幼儿、学龄前儿童、青少年、成年人、老年人生命质量的标准；患有各种不同疾病的病人生命质量的标准；残疾人生命质量的标准；用于预防保健的评价标准。

按自然素质和生理功能界定，生命质量的概念是指人体自然素质及功能状况，是人体各器官、各部位自然素质功能的综合体现。它侧重于生命的自然体征。作为一个生命个体，有没有生命，生命的好坏，指的是人体各脏器、肢体及脑的功能状况。根据这种界定，生命质量的判断可以有以下三项标准：第一，主要质量，即个体身体及智力状况。比如无脑儿使婴儿生命质量低到不应该维持下去的地步。第二，根本质量，即生命的意义和目的，在家庭、社会和道德关系上对他人的影响。比如不可逆的昏迷病人，肉体和精神遭受极度痛苦的晚期癌症病人，其根本质量几乎不存在，延续生命已失去了意义。第三，操作质量，例如智商，用来测定智能方面的质量。谁来判定生命的质量，有三种选择：主体自己判定；代理人判定；第三方判定，即家属、医生的判定。

按生存和生活状态界定，生命质量存在三种不同等级和要求：第一种，生命质量的最低要求，即能够满足生理及生存的最基本的需求。如日常生活能自理，能自己饮食，能自己站立行走，能大小便，能交谈，大脑思维活动正常。第二种，能从事一般劳动和一般工作，做一些轻微的事，料理一般生活。这是指具备一定体力条件，可以从事一般劳动和一般工作。比如可料理家务，可外出行走，可外出购物，可写字、阅读等。第三种，能够发挥自己的聪明才智和个性特长，展示自己的智慧、体力。比如能写作，能进行科研活动，从事领导工作，创造性地从事自己的职业活动等，这是生命质量的最高标准和要求。

医务人员在临床工作中既要保护病人的生命，也要考虑病人的生命质量。在保护病人生命前提下力争最好的生命质量。在考虑病人生命质量时，首先应争取第三种质量、第二种质量，最差的情况下也应争取第一种质量。在可以争取更好生命质量时，放弃了争取的机会，不仅在医术上是失败的，在道义上也是会受到谴责的。当维护病人生命与提高生命质量产生矛盾时，下述方法可供选择：第一种，为了保存生命，必须以牺牲生命的某些质量（不是全部）为代价，应当牺牲生命的某些质量以保存生命。第二种，有可能争取到一定的（或较好的）生命质量，但对生命可能有威胁，应采取审慎的措施，在保全生命的前提下，不放弃争取高生命质量的努力，甚至可以根据生命质量可能达到的水平，承担一定的风险。第三种，保存生命与维护生命质量发生根本矛盾，应以保存生命为重，但不应放弃挽救生命质量的努力，哪怕是最基本、最低水平的生命质量也不应放弃。第四种，对于生命质量极其低下，在临床上无法救治的患者，甚至对于患者来说，生存是件极其痛苦的事情，就应该放弃治疗，完全没有生命质量的救治，是没有意义的。

一般来说，生命质量评定有以下一些基本特点：第一，评估内容具有综合性，包含生物、心理、行为、以及社会适应力、总体感觉等的功能和质量。第二，反映生命质量的指标常是主观指标，多采用功能或行为术语来说明个体所处的状态，而非临床诊断和实验室检查结果。第三，在评价者方面，多采用自我评价，即由个人对自己的生命质量做出评价，或者由他人（医生）进行评价。第四，评价结果具有时变性，常用作卫生保健、健康促进等的效果指标，且比一些客观的健康指标更为敏感。第五，多采用各种量表进行测量，如①一般性生命质量调查问卷，、是一种通用的生命质量调查表，可用于不同类型，不同严重程度的疾患的治疗，与疾病的特异程度无关。常见的有：国家标准生活质量测定量表、SF-12、SF-36，Nottingham Health Profile（NHP），Rosser Index，Sickness Impact Profile（SIP）；②临床生命质量测定方法，如RKI（Rosser Kind Index）、QWB（Quality of Well-being Scale）、15-D、HUI2and3（Health Utilities Index，Mark II and III）、IHRQL（Index of Health Related Quality of Life）、QLHQ（Quality of Life Health Questionnaire）、AQOL（Australian Quality of Life），EQ5-D（Euro Qol）；③特殊病种生命质量调查表，如帕金森病生命质量调查表（PDQ-39）。慢性心力衰竭（CHF）调查表、严重心力衰竭生命质量调查表（QLQ-SHF）、糖尿病患者生命质量特异性量表、肝痛患者生存质量测定量表（QOL-LC）。

（五）生命质量论的意义

生命质量论的出现，对推动社会和医学的进步是积极和有重要意义的。生命质量论没有停止在以保证生命数量为特征的阶段，对生命的存在提出优质的要求，这无疑是人类对生命认识上的重大进步。

生命质量论弥补了生命神圣论的不足，为生命价值论提供了物质基础。生命质量论是在生命神圣论基础上的发展和超越，又是生命价值论发展的前提和基础，它引导医学由单一地关注生存走向对存活与质量、价值的多重关注，是对生命神圣论的辩证否定，也是对整个生命论的发展与完善。在对人类生命的看法上，生命神圣论、生命质量论和生命价值论是一个不断深入和完善的认识过程，是人类关于自身的重要认识成果。

生命质量论促使医务人员努力追求高质量的生命，并引导医务人员在救死扶伤、防病治病中把追求生存质量作为主要的医学目标。维护了患者与社会的整体利益，有利于改善医患关系，促进社会和谐。

生命质量论为人们和医务人员控制人口的再生产而采取避孕、流产、节育、遗传咨询等行为提供了道德支持，以及对不同生命质量的病人而采取延续 、维持、缩短、结束其生命的方式提供了取舍标准。

生命质量论的出现，使得人类对生命的态度由“繁衍和维系生存”的低层次过渡到“提高生命质量”的高层次，为人们在认识和处理生命问题提供了重要的理论依据，可以作为一定情况下是否延长维持或结束生命的依据。

生命质量论认识到人口素质事关国家前途、民族兴衰与人类命运，表明人类追求自身完美的认识已进入自觉阶段。

追求生命质量是人类的理性选择，它为社会人口政策、环境政策、生态政策的决策，提供了一定的理论依据。

现代化高新技术使用、推广的前提条件是什么？医务人员面对不同生命质量的病人，采取延长还是缩短，维持还是结束生命？生命质量论为这些问题的抉择提供了理论依据，具有临床实践意义。

三、生命价值论

（一）生命价值论的含义

生命价值论（life value theory）经历了生命神圣论、生命质量论、生命价值论三个发展阶段，生命价值论是一种现代的生命价值观，它顺应现代生命伦理的发展趋势，已成为现代生命伦理的核心观念。

价值，原意是指事物的用途和积极作用，表示人与各种对象之间需求和满足需求的关系。人不仅要认识现象的特性，还要从对象对自己生活是有益还是有害的角度来进行评价。客体对于主体作用是价值关系的基础，价值既不是客体本身，也不是客体的属性，而是主体对客体认识关系的结果。价值论，又称价值哲学，指从哲学的角度考察和探讨价值问题的理论。

怎么理解和把握人的价值呢？在所有的生命体中，人为万物之灵，人是万物的尺度，因而，人具有最高的价值，人本身就具有自身的价值，这是人的内在价值，这也是人的价值与一般物的价值的根本区别，一般物的价值必须能满足人的某种需要才有价值可言，而人不一定要满足他人的某种需要，因为人不能成为他人的手段，人本身是目的，从这个意义上来说，人自身的价值（内在价值、生物学价值）是绝对的，这也是由人的生命神圣性决定的。另一方面，人是社会性的存在，是社会性动物，人不能只为自己而独立存在，还应使自己对他人、社会具有某种积极的意义或作用，这实质是指人的道德价值（外在价值、社会学价值）。因此，人的价值是自身价值与外在价值的统一，是生物学价值与社会学价值的统一。

生命价值论是以人具有的内在价值（生物学价值）与外在价值（社会学价值）的统一，来衡量生命存在的意义或作用的一种现代医学伦理学基本理论，它成为当代人类对生命控制和死亡控制的主要依据。其内容包括三个方面：第一，尊重人的生命。即关注人的生命存在，维护人的生命健康，捍卫人的生命价值。因为人的生命及其价值是至高无上的。第二，尊重生命的价值。人的生命之所以是至高无上的，主要在于它的存在一方面对其自身有着第一价值性，生命对于任何人都只有一次；另一方面人的生命对于他人和社会也有极重要的价值，即人的生命对于主客体都存在价值。这个价值是人的生命内在价值与外在价值的统一，对人的需要的满足，是人的价值的核心，是医学行为选择的主要伦理依据。第三，人的生命是有道德价值（外在价值）的，如果生命质量过于低劣，作为医务人员，在一定的条件下，没有义务加以保护与维持，即可以放弃没有意义的治疗。

（二）生命价值论的基本观点

1. 人的生命是生物学生命与社会学生命的统一

生命价值论强调尊重人的生命是尊重人的生物学生命与人的社会学生命统一的生命。人的生物学生命是人生命存在的基础。现代医学伦理学认为人的生命除生物学生命外，还包含有更本质的生命属性，即人的社会学生命。人的社会学生命包括人的自我意识和人的社会关系两大要素。人之所以为人，人与动物的区别就在于他有其他物种所没有的自我意识和社会关系。其中，社会关系是促使人的生物学生命向人的人格生命转化的终极源泉。现实的人的生命以生物学生命为基础、为前提，而以社会学生命为核心、为本质。人的生命是生物学生命与社会学生命的有机统一体。

2. 尊重人的生物学生命与尊重人的社会学生命相统一

生命价值论主张把尊重人的生物学生命与尊重人的社会学生命有机地结合起来，并强调医学在保存人的生物学生命的同时，更重要的是要完善、增进人的社会学生命。其基本信条是：尊重人的生命，接受人的死亡。尊重人的生命首先必须尊重人的生存权利。然而人的生存权利，本身就包括对死亡状态选择的权利。对无法医治又存在身心极端痛苦的患者，在不违背患者自身利益的同时，也不对家属、他人和社会可能造成危害的前提下，患者拒绝一切救治措施或是终止治疗或放弃治疗等选择，应给予尊重，这是尊重人的社会学生命。接受人的死亡是尊重人的生命的一项基本内容，这是现代医学伦理学与传统医学伦理学对待生命的主要区别之一。

3. 尊重生命的内在价值与尊重生命的外在价值的统一

人的生命对主客体都有价值，而且生命价值也具有大小高低之分。判断生命价值高低或大小可从两个方面考虑：一是生命的内在价值，即生命质量，它是判断生命价值的前提和基础；二是生命的外在价值，它是由人的社会学生命来体现的，即某一生命对他人、对社会和人类的意义。在医疗实践中，用生命价值论去看待人的生命，就既要看到生命的内在价值，也要看到生命的外在价值；既要重视人的生物学生命的存在，也要重视人的社会学生命的意义，这是生命价值论的核心。一个新生儿，尽管在婴儿期其生命还谈不上明显的外在价值，但不能因此而结束其生命，否则就会犯生物学生命与社会学生命相脱离的错误。衡量一个人生命价值大小必须把生命的内在价值与外在价值相统一，依据生命价值是一个价值过程的特性来判断。

（三）生命价值论的适用范围

生命价值论是现代医学伦理学解决人的生与死问题的最基本的理论依据之一，主要集中在如下几个方面：

1. 生命价值论是医学发展的重要判断的依据

在高新技术高速发展并应用于临床的今天，如人体器官移植术的开展、人工生殖技术的临床应用等，引发了人们对医学的目的是以人为目的，还是以人为手段的史无前例的哲学思考。从医学发展史看，医学所做的一切，都是为了促进人的生命健康和幸福，为了促进人的生存和发展。医学的终极目的是以人为目的的，医学的发展最终还是以是否促进人的发展来衡量的。因此，当医学的发展与人的发展出现不和谐或相冲突时，医学必须坚持生命价值论，做出相应调整，使其发展与人的发展保持一致。

2. 生命价值论为公正分配稀有卫生资源提供了依据

在医疗卫生资源供不应求的情况下，医务人员依据什么标准来分配稀有、贵重的卫生资源呢？谁有权优先享受？其伦理学的依据又是什么？这是当今卫生资源微观分配的难题之一。而对稀有卫生资源，是以病情轻重缓急为标准，还是以患者社会地位的高低、才能大小为标准？是以人的生物学生命质量为标准，还是以人的社会学生命质量为标准？生命价值论给我们提供了理性的思考、决策的依据。

3. 生命价值论是医疗行为选择的依据

现实医疗生活中，谁看病谁付钱，但当急诊患者由于种种原因不能支付医疗费用时，医疗机构和医务人员是否应给予及时的治疗；又如医务人员面对呼吸心跳存在而意识完全消失的“植物人”状态的患者，是不惜一切代价进行积极治疗还是放弃治疗或终止治疗；面对无法医治的临终患者，在生命终止之前，是借助医学的特殊手段延长其痛苦不堪的生命，还是在生命终止之前同意患者的死亡要求，采取安乐死的医学手段缩短其痛苦不堪的死亡过程。这些伦理道德难题的处理，生命价值论为其提供了医疗行为选择的依据。

4. 生命价值论的非定性公式

生命价值论强调生命神圣与生命质量的统一，把生命的物质价值、精神价值和人性价值作为衡量生命个体效益和社会效益的尺度。人的生命所以具有独一无二的价值，是由于人是理性的行为者，能够创造工具、改造自然。人的价值决定于两个因素：一是生命本身的质量；二是对他人、对社会的意义。前者决定生命的内在价值，后者决定生命的外在价值。生的权利是人的基本权利，因此，应尊重人的生命，维护人生的权利。但生命并不是绝对神圣的，因为人类生命本身是可以用价值衡量的，就患者来说，其生命价值与社会需要、医疗需要、生命质量、治愈率、预期寿命成正比，而与维护其生命所花代价成反比。这些构成了患者生命价值计算的非定性公式：生命价值=（生命质量×治愈率×预期寿命×医疗需要×社会需要）/代价。这里的生命质量是一个综合标准，不仅指生命现象存在和生理功能等自然素质，而且包括精神状态，比如愉快、心理健康、有意义的生活等；医疗需要指对发展医学科学的作用；社会需要指一个人对社会的过去、现在和将来已实现和潜在的贡献；代价指医疗、社会的负担等。生命价值原则意味着对生命质量极低，社会为维护其生存所花代价太高的生命不应承担救治义务，如对严重残废新生儿的处置等。

四、权利义务论

（一）权利与义务的含义及关系

权利是指公民或法人依法行使的权力和享受的利益。义务在伦理学上，同责任、使命、职责具有同等意义，一般来讲，义务是指个人对社会、对他人应尽的责任。作为一个人，都要在一定的社会关系中生活，为了维护生存的条件，社会就会向人们提出客观要求，并规定为社会尽义务。在政治、法律范围内，权利和义务是对应的，谁要尽到了自己的义务，他就可以享受一定的权利。但在道德领域，我们承认义务与权利是对等的，更强调义务不以权利为前提。把权利看成是义务的条件，把得到某种权利作为尽义务的前提，就不是在真正履行义务，也就不可能达到道德义务和权利的统一。在处理两者关系上，不能把权利与义务的对等关系绝对化、简单化，不能有权利就尽义务，无权利就放弃责任。因此，医德范畴的权利就是医患双方在医学道德允许的范围内可以行使的权利和应享有的利益，它既指医务人员行使的权利，也包括病人应该享受的利益。医德范畴的义务是指医务人员对服务对象、对社会应尽的责任。

在现代法治社会背景下，权利与义务更具有法律的属性，医务人员、患者及其关系人，都应该在法律的范围内享受自己的权利、维护自己的权利，同时又尽自己的义务，履行好自己的义务。权利义务论，作为一种现代医学伦理学基本理论，其基本内容虽来源于法律，但是，它又超越于法律，伦理学上的权利义务，其运行应该遵循更高的内心法则，是人们的内心追求。从低层次、基本的要求来说，是法律的层面；从高层次、高要求来说，则是伦理的层面。

（二）权利义务论的基本内容

1. 权利的主要内容

分患者享有的权利和医务人员享有的权利两个方面。

患者享有的主要权利包括：

第一，平等享有医疗的权利。一方面是指病人生病都应该得到及时的医疗，医务人员不得拒绝病人的医疗要求。是否承认和尊重病人这一权利，是衡量医务人员医德水平的一个重要标准。任何无视病人医疗权利，拒病人于门外，延误求治时机，造成病人残疾或死亡的行为，都是极不道德的，甚至是犯罪。另一方面是指病人享受医疗服务的权利是平等的。虽然有限的医药资源不能平均满足病人的特殊需要，但在医疗服务面前，病人在人格上是平等的，不能因患者的权势大小、收入多少、关系亲疏等不同就区别对待。

第二，监督自己医疗过程的权利。患者不仅享有平等的医疗权，而且享有获得实情、提出医疗意见并得到答复以及要求解释医疗费用等监督自己医疗过程的权利。病人要求了解病情的严重程度、治疗措施和预后情况，医务人员在不影响治疗效果和不引起病人心理刺激的情况下，应对患者讲实话。如患者不知病情严重程度而拒绝医疗方案，医务人员应耐心解释，由患者来选择是否同意医生所确定的治疗方案，这样能使患者与医生较好地合作。如病情需要手术，一定要征得患者或家属的同意，待患者或家属签署手术同意书后，方能实施手术。医务人员更不能为取得科研资料，隐瞒实情，骗取患者同意。

第三，要求隐私保密的权利。医疗过程中患者为达到更好治疗的目的，会无保留地讲出自己的隐私。这时病人有权要求医务人员保守秘密，医务人员决不可将患者个人隐私随意泄露，甚至当笑料任意宣扬，如处理不慎，会给病人造成严重的社会、心理后果。

医务人员享有的权利主要是医务人员的职业自主权。患者生病，常处于一种依赖状态，希望得到医务人员的指导和帮助，这就使得医务人员的医疗活动具有自主权。医务人员在医疗活动中，是采用门诊治疗还是住院治疗，是保守治疗还是手术治疗，服用何种药物，要求患者及家属如何配合等，都是由医务人员根据医学知识决定的，是医务人员范围内的事情，患者及家属不得无故干预医务人员的自主权。当然，医务人员在决定治疗方案时，也应征求患者的同意，尊重患者的权利。医务人员在征求意见时，并不是简单地要患者及家属同意自己的方案，而是认真细致地说明治疗方案选择的意图，使患者及家属在真正知情的情况下选择最佳治疗方案。这不是对医务人员自主权的侵犯，恰恰是更好地体现了医务人员的自主权。

2. 义务的主要内容

作为一个人，都要在一定社会关系中生活，为了维持生存条件，社会向人们提出客观要求，并规定为社会尽义务。医学伦理学领域的医德义务主要包括医务人员的医学道德义务和患者在就医中的道德义务两方面。

医务人员的道德义务，主要指医务人员对服务对象、对社会应尽的责任。主要包括：

第一，承担治疗的义务。世界医学会 1949 年《日内瓦协议法》明确规定：“在我的职责和我的患者之间不允许把对宗教、国籍、种族、政党和社会党派的考虑掺杂进去。”医务工作者必须以所掌握的全部医学知识和治疗手段尽最大努力为各类患者治病，不能以任何政治的、社会的等非医疗理由推脱为患者治病的义务。

第二，解释说明的义务。医务工作者有义务向患者说明诊断、治疗、预后等医疗情况，让患者了解病情，但要注意避免可能对患者造成精神上的伤害。

第三，保密的义务。保密也是一种医疗措施，《日内瓦协议法》规定：“凡是信托于我的秘密，我均予以尊重。”医疗中的秘密，包括医生在体检诊疗中得到的情况，以及患者认为属于自己的隐私均应守口如瓶。

第四，对社会的义务。医务人员对患者尽义务与对社会尽义务总体上是一致的，但由于个人利益与社会利益的基点不同、指向不同，也会产生矛盾，甚至冲突。当发生矛盾时，必须首先考虑社会利益，协调个人利益和社会利益，使两者尽可能统一起来。同时医务人员还有向社会宣传、普及医学知识的义务，积极遵守和执行卫生政策法规的义务等。

患者在就医中的道德义务，主要指患者在就医中享有自己权利的同时，也应遵守就医中的道德准则。主要包括：

第一，尊重医务人员的职业自主权。医疗过程中，患者及家属不得以任何借口要挟医务人员，妨碍医务工作，应尊重医务人员的人格和自尊心，决不能对医务人员横加指责，故意刁难，甚至动手殴打。遇到医患纠纷应以科学为依据，以法律为准绳，不可侵犯医务人员的人格和自主权。

第二，尊重医嘱，主动配合治疗。患者应尊重医嘱，充分信任医生，较好发挥心理因素的治疗作用；没有患者对医务人员品德、技术上的信任，正常医疗活动就无法进行；在信任的基础上还应主动配合，积极参与到医疗活动中来。只有充分发挥医患双方的积极性，才能获得较好的疗效。

第三，按规定缴纳医疗费用。交钱就医，这是长期通行的就医惯例。为增强医院发展的活力，调动医务人员工作的积极性，按规定向患者收取医疗费用是适当的，以弥补服务消耗和成本消耗。但有时遇到急诊或危重病人，医院本着人道主义精神，也常允许先救人，后交费。这让少部分人钻了空子，病中拖欠，病愈逃账，给医院造成损失。因此，患者在医前和医中，应按规定缴纳医疗费用，这是患者应遵守的最起码的道德要求。

3. 权利义务论的历史意义与局限

在医学发展史上，权利义务论对医疗实践起过巨大作用，现在及将来仍将继续存在，并起着不可替代的作用。随着社会的发展，医学科学的进步，权利义务论也暴露出其本身的局限性。

第一，忽视了动机与效果的统一。权利义务论是从“应当”“必须”的观念中产生应当怎么做的道德要求，强调的是个人行为的动机，所以它规定医务人员为患者服务是一种绝对的责任和义务，在道德上必须履行。因此，不考虑行为过程和行为后果，认为某种行动的对错是由于行为的动机，而不是行为的后果。事实上，美好的动机有时不一定会有好的结果，并不一定会给病人带来利益。动机、行为、后果有时并不一致。

第二，权利义务论难以解释现代医学条件下许多复杂的医学问题，难以确定某种特殊情况下医务行为的准则。如，希波克拉底在其《誓言》中特别强调“不应为妇人施堕胎术”，不论孕妇的实际情况如何，不论堕胎能给孕妇带来何种利益，都应恪守此规定。但在现代医疗实践中，人们发现，堕胎在一定情况下，在不同生存环境中还是必要的、应当的，也是符合道德的。

五、公益公正论

（一）公益公正论的含义

公益，原是伊斯兰教用语，即在经训无明文规定情况下，解决教内疑难问题的准则是先社会，后地方团体，最后才是个人利益。我们今天在医学上所说的公益，就是要使医学技术和医疗服务最有益于广大的患者。

公正，即公平、正义、正直，没有偏私的意思。公正，主要是指对基本的社会物质和基本的政治权利等方面而言的，在狭义上指的是分配上的平等。对卫生资源如何公平、公正分配，正是公正论发挥作用的领域。公正包括形式的公正和内容上的公正。美国当代著名哲学家，哈佛大学教授约翰·罗尔斯在其名著《正义论》（1971 年出版）中论述了“正义的理论”，认为“正义”在整个伦理学体系、各种社会行为、社会制度及社会理想中，都占有极其重要的地位，是社会分配权力和义务、规定各种利益的基本原则，是美德的集中体现。他还提出了两个正义原则是：第一要在政治领域内保障所有公民的平等自由；第二要在社会和经济领域内实现机会的公正平等，即便差别不可避免，也要使这种差别最有利于最不利者（最弱者）。

公益公正思想早在古希腊哲学中就已有体现。梭伦、赫拉克利特和柏拉图等人都论述过公正问题。在亚里士多德的论述中，已明显涉及公益观念，他把公正分为广义和狭义两种。广义的公正是依据全体成员的利益，使行为符合社会公认的道德标准。狭义的公正主要是调节个人之间的利益关系。亚里士多德和柏拉图一样，都强调城邦国家和奴隶主阶级的整体利益。

对公益公正思想做进一步阐述的是18世纪欧洲的功利主义学派。但在启蒙时代，功利主义哲学家标榜的公益公正是不彻底的，虽然他们最早提出个人利益与公共利益的关系。边沁认为社会利益与个人利益是同一的，他认为社会利益只是一种抽象，它不过是个人利益的抽象化，只有个人利益才是唯一现实的利益。到了功利主义的另一代表人物密尔那里，在个人利益与社会利益之间，他更突出了冲突的一面，他认为二者冲突时，可用法律加良心来加以调节。功利主义把追求多数人最大幸福当成最高道德，依据法律和良心来调节个人和社会利益的矛盾，这些思想观点，对公益公正论的形成有重要作用。

公益公正论在马克思主义伦理学中有了新发展。集体主义精神提倡眼前利益服从长远利益，局部利益服从全局利益，个人利益服从集体利益，丰富了公益公正论的内容，克服了功利主义的片面性。

综上所述，公益公正论是强调人类健康利益原则，主张公正合理地解决医疗卫生活动中的各种利益矛盾，要求医疗卫生资源公平合理地分配的道德理论，是医疗卫生政策制定和决策的基本理论依据，是现代医学伦理学的基本理论。

（二）公益公正论提出的背景

1973年在美国召开的“保护健康和变化中的价值”学术讨论会上，西方学者约翰逊（A. R. Johnson）和赫尼格斯（A. E. Henegers）首次提出把公益公正论引入现代医学伦理学，并指出，医学已经从医生与患者个人间的关系发展为一种社会性事业；医疗卫生事业在社会化过程中，其服务方向已经主要转向社会人群，从而使医患关系转变为医学活动与社会的关系，医学行为与人类后代、生存环境的关系；在医德关系的调节机制上，传统的医学伦理学理论显示出明显的局限性，必须有新的医学伦理学理论来调节这种新关系。公益公正论正是在这种背景下产生的。

医学已经从只发生于医生与病人个体关系上的技术应用，发展成一种庞大的社会性事业，发展成“在特定的物质环境里，专业人员和辅助人员与公众在情报、经济和职业方面的复杂的相互作用”。在这种医疗社会性事业中，医生似乎成为这架机器运转中的一个齿轮或部件。医生个人医疗行为的道德水平，相当大程度上取决于医疗社会性事业所奉行的方针、政策，同时也带来了医疗行为影响的广泛性。尽管在现代医疗社会性事业中，医学仍是中心，但医学如果离开了社会性，如不渗透到当代社会组织之中，医疗活动既不能顺利进行，也不能被充分认识和理解。

由于上述两个方面因素决定了医疗费用惊人的增长。不仅是整个医疗费用在整个社会支出中的比例增高，而且更重要的是一些危重、奇特病人费用的巨额开支。有限的费用常耗费在一些危重、奇特病人身上，而他们又常很难治愈和康复，而更多的人由于费用的被占用，难以享受必需的、应当的医疗保健。所以，必须把公益公正论摆到相当重要的地位上来。

当代医学仍然面临以下主要问题或矛盾：个人与社会之间的矛盾，如照顾个人的健康与保护全民健康、福利的矛盾，满足某一病人的要求与损害他人利益的矛盾；效率与公平之间的矛盾，如医药资源的有效利用与资源的公平分配之间的矛盾，医药资源的消费与这些资源消费所获效益之间的矛盾；眼前利益与长远利益之间的矛盾，如向现有人口提供完善保健服务与仅仅对后代有利的医疗技术发展之间的矛盾。正是这些问题使医学伦理学中许多问题处于进退两难的困境，很难给出圆满的回答。

上述种种矛盾，实际上是个人伦理与社会伦理的矛盾。在当代医疗实践中，尽管医务人员一片好心，按传统的个人伦理观尽了最大努力，但却又常常陷入痛苦、烦恼或受到非难和指责。面对一个具有严重先天性缺陷的婴儿，医生看到的是他那强烈的求生欲望，很自然会尽全力帮助他存活下来，从道德情感上看，医生尽到了职责，心理上得到了满足；但当医生一想到勉强存活下来的婴儿今后还需在痛苦和死亡线上挣扎，想到要给家庭、社会带来的种种负担，他又感到好像做了一件错事，内心感到不安和内疚。正是这种个人伦理与社会伦理的矛盾，使得医学伦理的步履艰难，医生的行为难以抉择。医学伦理在发展中的这种处境，表明医学伦理学已经发展到一个新的阶段。

如何解决医学伦理学面临的上述矛盾呢？西方医学伦理学界提出了公益公正论，认为公益公正论是摆脱医学伦理学当前困境的正确途径。公正固然是个人的美德或品质，但更重要的是社会性事业的美德。因此，我们应像社会提出的公正的法律、公正的法庭、公正的税收一样，也应提出公正的医学，即医学中的公正公益。

公益公正论要解决公正的医学问题，必须首先解决两个问题。第一，究竟什么是公益？第二，公益如何实现，即如何保证最大多数人的利益？公益，当然是指大多数人的利益。至于公益如何实现的问题，在我们看来，在个体与群体、少数人与多数人利益出现冲突的情况下，应把群体和多数人的利益放在第一位，这是集体主义道德最起码的要求，医学道德也不应例外。但考虑到医学是涉及人的生命这一特殊问题，我们也不应简单地以牺牲少数人的生命为代价去换取多数人的利益。而应采取变通的、渐进的多种方法，使个人生命损失减少到最低限度，并为少数人所理解和接受。但公益公正作为首要原则是不能否定的。实际上，现代医学伦理所碰到的优生、器官移植、基因工程、堕胎、严重缺陷新生儿的处置等，也只有本着这一原则处理，才能有益于医学的进步，有益于人类自身的发展。

按上述观点解决当前医学伦理学实际中的某些问题，的确存在一定困难。困难的原因是传统伦理观念的束缚，这需要通过研究和宣传等多种途径，广泛传播现代医学伦理学的新观点，争取人们逐步接受和理解，首先是医务人员自身要能接受和理解，并使目前许多争论不休的问题得到统一。同时，公益公正论的落实，在相当程度上取决于卫生行政部门确定的体现公益公正论的卫生政策。现代医疗卫生实践表明，医务人员个人道德因素固然不能忽视，但卫生行政部门和医疗团体所执行的卫生政策和管理制度的道德水平愈来愈重要。

概括地讲，当前卫生政策迫切需要以公益公正论回答的问题主要有以下几方面：设法控制先进的医疗技术在治疗个人时对社会和经济产生的负面影响；使因医学知识得到的好处更为公平合理地分配；利用医学知识推进有利于这一代和下一代的集体利益和理想目标；使有限的费用和资源得到最合理的分配。如果我们按照公益公正的原则处理好了这些问题，就可以说，我们已经建立了公益公正的医学，道德的医学。

（三）公益公正论的主要观点

1. 公益公正论的兼容观

随着医学技术的发展，尤其是西方医学在医学领域占据统治地位以来，整个世界的医疗领域重视技术，特别是重视所谓的高新技术，特别重视治疗而轻视预防，把绝大部分的医疗资源（经费）投入到治疗之中，造成了医疗费用的巨大增长，致使低收入的普通患者无法承受高额的医疗费用，造成了高新医疗技术只是富人、高收入者享受的医学，造成了社会的新的不平等、不公正、不公益。公益公正论认为，国家、政府应该首先重视预防、保健医学，重视保护环境，只有做好了预防、保健，保护好了环境，才能减少疾病的发生，因此，预防、保健与治疗疾病，保护环境与治疗疾病是相容的、兼容的，更不是矛盾的，从逻辑上说，预防疾病，保护环境比治疗疾病更为重要。

1996年11月，美国的哈斯廷斯中心（the Hastings Center）发起的14国宣言号召审查医学目的，提出发展中国家应避免发达国家的医学模式，即追求昂贵的、精益求精的技术及高昂的价格，认为这是发达国家医学政策上错误的优先战略，提出了新的医学目的应该是预防疾病与损伤优先，促进与维护健康，应建立有节制的和谨慎的经济上能承受并可持续发展的医疗体制（模式）。新的医学目的的提出，引起了普遍的关注与讨论，这一新思想，其核心内容是要转变医学重视治疗而轻视预防的医学模式，使普通患者看得起病，这正是公益公正论要倡导的基本理念。

2. 公益公正论的兼顾观

在社会利益、集体利益与个人利益关系上，除有同一性外，还存在着许多矛盾和冲突。如患者需要与有限医疗资源的矛盾，满足患者要求与社会不良后果的矛盾，放弃医疗与医生义务的矛盾，医学科研中维护病人利益与发展医学科学的矛盾等。解决处理这些矛盾，必须体现利益兼顾原则，并以社会利益为主，不能因个人利益而牺牲社会利益和集体利益的选择。必须使个人利益统一于集体利益，集体利益统一于社会利益，近期利益统一于长远利益。

在卫生资源分配上，公益公正论的兼顾观，主张以公平优先，兼顾效率，优化配置。医疗卫生资源，是指满足人们健康需要的、现实可用的人力、物力、财力的总和。其分配包括宏观分配和微观分配。宏观分配是各级立法与行政机构所进行的分配，解决的是确定卫生保健投入占国民总支出的合理比例，以及此项总投入在预防医学与临床医学、基础研究与应用研究、高新技术与实用技术、基本医疗与特需医疗等各层次、各领域的合理分配比例的问题，目标是实现现有卫生资源的优化配置，以此充分保证人人享有基本医疗保健的权利。微观分配是由医院和医生针对特定患者在临床诊治中进行的分配。在我国，目前主要是指住院床位、手术机会以及贵重稀缺医疗资源的分配。无论宏观分配还是微观分配，都应坚持公平优先，兼顾效率，优化配置的原则。公平优先，但公平不是绝对的；公平优先，同时要顾及效率，没有效率的绝对公平也是不可持续的。

3. 公益公正论的社会效益观

预防与医疗的效果最终体现在社会效益上，一个国家的医疗体制（模式）的好坏，最终是由社会效益来衡量的。社会效益好，医疗体制就好；社会效益不好，医疗体制就存在问题和弊端。医疗卫生服务和其他服务比较，最根本的特点在于它是一种社会公益性福利事业，其追求的目标是预防与消除疾病，确保生命，增进人类健康，而绝不是经济目标和经济效益。世界各国的大多数著名经济学家认为，医疗卫生事业是非营利性的，更不能靠它为国家提供积累，其发展的支出也主要不是向病人收费解决，主要应依靠国家从税收中拿出一部分支持其发展。医学的公益性是通过卫生服务实现的，卫生服务的社会效益表现在为其他所有事业提供健康的人力资源，促进社会生产力的发展。

4. 公益公正论的全局观

以公益公正观为基础的现代医学伦理学，把医学伦理关系扩展到整个人类社会，并提示人们不仅要关注人类的现在，更应关注人类的未来。既注重卫生资源的合理分配与有效利用，又注重保护和优化人类赖以生存的自然资源、环境，做到可持续发展。医学科学技术的发展，使许多医疗行为产生了长远的后果，这要求人们不仅要注重眼前的问题，而且应考虑长远的社会道德责任。比如，如果试管婴儿和无性生殖技术得到广泛应用，我们应当如何避免由此而可能引起的人类血缘关系的混乱与人伦关系的破坏呢？

医疗改革应注重医疗资源的合理分配，逐步解决医疗资源分配不均的问题，在城市和乡村之间平衡资源，做到更加公平公正。同时应该考虑到不同患者的情况，如经济条件等因素，制定更多样化的策略，保障人人都有享受基础医疗资源的权利，城乡民众享有资源的机会和健康服务均等，避免资源不合理分配产生的医疗浪费，减少不必要的社会差距，最大限度改善民众的健康水平。

在医疗卫生系统中，公共卫生领域政府要积极参与，提高公平性；服务领域，以严格的法律法规作为保障，交由市场，由市场竞争机制促进医疗服务的优质性，提高工作效率，提高管理人员的执行力，激发多样化服务方式，提高服务质量，通过宏观的规划、指导和监督等，让病人得到最大化、最优化的医疗服务，向更贴近消费者需求的医疗服务体系发展，促进医患关系的良性发展，提升医患之间的信任水平。

重视基层医疗机构建设和医疗人才的培养。病人争相涌入大医院的重要原因是基层医疗设施欠缺，基层医生专业性欠缺，得不到患者的信任，因此加强对于基层医疗设施的投入力度以及对于基层医生的培养，制定相应政策作为保障，扩大基层医疗机构对于人员待遇的调控空间，留住人才就显得尤为重要；同时可以鼓励患者到社区医院看病，使各级医院间有机协调，既能有效缓解大医院的压力，也能避免资源的过度浪费。

六、动物权利论

（一）动物权利论的发展过程

动物权利论是现代西方环境伦理学理论的基础，是环境伦理学从传统人类中心主义向生态中心主义发展的重要突破口。学术界一般认为，动物权利（animal rights）的概念，来自英国社会改革家亨利·索尔特（Henry Salt）1892年出版的颇有影响的《动物的权利与社会进步的关系》一书。亨利·索尔特于1981年成立了人道主义者联盟，宗旨之一是取缔打猎运动。

法国启蒙思想家卢梭（Jean Jacques Rousseau，1712—1778）在《论人类不平等的起源和基础》（Discourse on the Origin and Foundations on Inequality among mankind，1755）一书的序言中，曾对动物权利的理念做了简述，他说人类从动物进化而来，而又不像其他动物那样“缺少智力和自由”，但是，其他动物也是有知觉的，“它们同样应该享有自然赋予的权利，人类有义务维护这一点”，他特别指出“动物有不被虐待的权利”。

现代功利主义学说的奠基人，英国思想家杰里米·边沁（Jeremy

Bentham，1748—1832）是最早深入研究“动物解放”的学者之一。边沁被广泛地认定为动物权利的倡导者。他论证说动物的痛苦与人类的痛苦其实并无本质差异。功利主义者总是站在人类道德观拓展之前沿，在欧洲人还不把犯人、黑人、女人当人看的时候，边沁就发出了这样的声音：“总有一天，其他动物也会获得只有暴君才会剥夺的那些权利。”“一个人不能因为皮肤黑就要遭受任意的折磨而得不到救助。总有一天，人们会认识到。腿的数量、皮肤绒毛的形式、骶骨终端的形状都不足以作为让一个有感知能力的生命遭受类似厄运的理由。”边沁以他的功利主义原则来为动物权利辩护，他认为，只要制造出痛苦，便是不道德的。而人类施加于动物身上的暴行，并无正当性。“还有什么使动物解放不可逾越？动物是否拥有思考能力或是语言能力？成年的马或是狗，还有其他许多有灵性的动物，显然要比一周甚至一个月大的婴儿来得更有理性。从另一方面，这说法仍旧成立：问题不再是‘它们会思考吗？’或是‘它们会说话吗？’而变成了‘它们会感到难受吗？’为什么法律不能对一切生灵提供保障？总有一天，博爱将荫蔽所有生灵”（边沁，1781）。

德国著名哲学家亚瑟·叔本华（Arthur Schopenhauer，1788—1860）认为，意志是世界的本质，人的躯体也是自我意志的表现，动物的各种活动都受生存意志的支配。因此，在本质上，其他动物与人是一致的。虽然他为人类食用动物的行为做出了功利主义的辩解，但他仍旧呼吁给予动物道德关怀，同时，他反对对动物进行活体解剖。他的著作《康德哲学批判》中有大段对康德将动物排斥在道德体系之外的批评，言辞还相当激烈。

1971年，美国学者S. Godlovitch，R. Godlovitch和J. Harris在合著的《动物、人和道德》一书中，重新提出了当代动物权利的概念，正是这部著作使得动物权利主义得以复兴，并鼓舞了后来的学者对其进行发展完善。普林斯顿大学人类价值中心的生物伦理学教授彼得·辛格就是在对这本书进行评论时，第一次提出了“动物解放”的概念。

彼得·辛格是当代动物权利运动的精神领袖，但他本人对保障动物精神地位的方法论出发点却不是维护动物权利，而是一种兼顾各方利益的功利主义主张。在他1975年出版的《动物解放》一书中指出，人类给予动物道德关怀的原因，既不是智力（对婴儿或智障患者也无智力可言），也不是道德（对罪犯或精神病患无道德可言），或是其他一般人类所拥有的品质，而是否能够体验痛苦。因为动物也能体会痛苦，所以将动物排斥在道德关怀以外是一种“种族歧视”行为，在这里，他引用了英国哲学家Richard D. Ryder提出的“种族歧视”的概念。彼得·辛格认为，保障动物的权益的最终目的，是希望促进最大的善和最小的恶，所以保障动物的权益的作用是提升动物的地位而非贬低人类的地位。

美国北卡罗来纳州立大学哲学系教授汤姆·里根（Tom Regan）是当代动物权利论的重要代表性学者。他利用现代生物学的理论揭示了动物在意识上的复杂程度，包括欲望、语言、感觉与行动、文化与信仰等方面，人与动物世界的连续性。他通过对穆勒、康德、罗尔斯等人的经典理论的考察寻找到动物获得合理权利和道德属性的可能。他指出，如果我们不能人道地对待动物，其实我们也不能人道地对待人类自己。对动物道德性质的认识程度标志着人类社会本身文明开化的程度。他将人类以外的动物看作“生命的载体”，赋有与人类同样的权利，尽管这种权利未必要与人类的在程度上完全一致。这意味着这些动物与生俱来具有与人同等的重要性，而不能仅仅被看作是一种用于达到目的的手段。

（二）动物权利论的主要观点

动物权利论到底包括哪些观点？生命伦理学、哲学、文化学、生态学等学科都没有形成一致的观点。我们认为，下述这些方面是着重应该考虑的：

第一，动物权利的来源是什么？人类一讲到“权利”的概念，马上会联系到“义务”的概念，从法学的角度来理解，权利和义务是相辅相成的，权利是相对于义务而言的，没有义务哪来的权利？那么，动物的“义务”在哪里？这从法理上好像是难以成立的。“所有（或者至少某些）动物应当享有支配自己生活的权利”，这样的观点如何去理解？我们认为，动物权利的来源，可以从生命尊严和价值的角度来理解。特别是有感知觉的动物，其生命尊严和价值应该得到尊重和保护。

第二，动物权利的实体是什么？是生存权利？尊严权利？幸福权利？我们认为至少应该包括这些基本权利。动物有支配自己生活的权利。动物要生存发展下去，是离不开人类和人类活动的。肯定有人会反驳说，原始森林之中的动物不是离开人类生活得好好的吗？我们认为，在人类早期，工业社会以前，动物可以离开人类而生活，但是随着工业社会的到来，人类行为对自然界的影响力越来越大，越来越深刻了，今后动物的生存越来越离不开人类及其活动。因此，人类活动越来越发达，保护动物权利就越来越重要。保护动物的生存权，就是保护生态环境。保护动物的尊严权，就是保护人类的尊严。保护动物的幸福权，就是保护人类的幸福。

第三，主张动物权利论，目的还是为了人类自己。我们主张动物甚至植物（一切有生命的存在）权利，最终的目的是为了人类自己，为了保护环境。保护环境就是保护人类自己。因此，我们认为提出、提倡动物权利论，实质是环境保护论，实质并没有改变人类中心主义，那些担心提倡动物权利论会改变、削弱人类中心地位的观点其实是不成立的。

第四，提倡动物权利论，是提高人类自身文明的现实需要。在生产力不发达的人类早期，人类缺衣少食，狩猎而生存和生活，人类对自然的影响（破坏）极其有限，自然就不会提出环境保护、动物权利这样的概念。今天的人类，生产力如此发达，对自然的影响日益加剧，以致到了破坏的程度，提出、提倡动物权利论，就是顺理成章的事情。提倡动物权利论，是提高人类自身文明的现实需要。

第五，动物的基本权利应当受法律保障。没有法律保障，动物权利保护就会落空。即使法理上动物权利难以成立，也不妨碍实践中保护动物。保护动物的立法工作，可以树立人类动物权利新观念，保护动物更有效。反对将动物当作一般财货或是为人类效力的工具，常常与“动物福利”主义相混淆，动物福利主义仅仅关心动物不受虐待，而不试图保障动物精神上的权利。动物权利主义者并不主张动物与人类享有完全同等的权利，比方说，他们不认为家禽应该享有选举权。一些动物权利主义者认为拥有感知力（能够自知）的动物与其他更原始动物应被区别对待。

【本章推荐阅读书目】

1. 朱燕波．生命质量（QOL）测量与评价［M］．北京：人民军医出版社，2010.

2. 杨建兵，王传中．生物医学伦理学导论［M］．武汉：武汉大学出版社，2007.

3. 施卫星．生物医学伦理学［M］．杭州：浙江教育出版社，2010.

4. 邱仁宗．生命伦理学［M］．北京：中国人民大学出版社，2010.

5. ［美国］汤姆·雷根．动物权利研究［M］．李曦译，北京：北京大学出版社，2010.

6. 王定功，杜静．生命价值论［M］．北京：教育科学出版社，2013.

7. 郑文清，周宏菊．现代医学伦理学概论［M］．武汉：武汉大学出版社，2017.

8. 范瑞平，张颖．建构中国生命伦理学：新的探索［M］．北京：中国人民大学出版社，2017.

【本章思考与练习】

1. 生命神圣论的内涵是什么？

2. 生命神圣论是如何产生的？

3. 当今如何理解生命神圣论?
4. 当今如何运用生命神圣论指导医疗实践?
5. 生命质量论的内涵是什么?
6. 生命质量论产生的背景是什么?
7. 如何理解生命质量的构成?
8. 如何应用生命质量论指导医疗实践?
9. 生命价值论的内涵是什么?其基本观点是什么?
10. 如何理解生命价值论的适用范围?
11. 如何应用生命价值论指导医疗实践?
12. 权利义务论的基本内涵是什么?
13. 在医疗实践中如何应用权利义务论?
14. 公益公正论提出的背景是什么?
15. 公益公正论的主要内容是什么?
16. 在医疗实践中如何体现公益公正论?

第五章　生命伦理学之医患关系

【本章内容提要】

◆ 医患关系的含义

◆ 医患关系的属性

◆ 医患关系的内容

◆ 医患关系的历史演变

◆ 医患关系模式

◆ 影响医患关系发展的主要因素

◆ 医患的权力与义务

一、医患关系的含义

医患关系，顾名思义就是医生与患者在医疗卫生保健过程（诊断、治疗、护理和管理等）中建立起来（形成）的相互关系，它是医疗卫生保健活动中最基本、最重要的一种人际关系。

需要指出的是，在这里，我们强调医患关系是一种人际关系，并不是否定医患关系中技术的重要性，我们认为，在现代医患关系中如何强调技术的重要性都是不为过的，毕竟医疗好患者的病一刻也离不开技术，但为什么我们不说医患关系是一种“技术关系”呢？而是要强调是一种“人际关系”呢？很显然，在这里我们是要特别强调现代医患关系的人际关系属性或特点。在我们看来，现代医患关系处理得好不好，恰不恰当，技术是基础，但处理人际关系的技巧和水平，在建立良好、和谐的医患关系中，显得更为重要。现在临床上发生的医患不良关系，大多不是发生在医疗技术层次上，而是发生在医患人际沟通与交流的人际关系层面上。

医患关系有狭义和广义之分。狭义的医患关系是指医疗卫生保健过程中医生与病人（患者）本人之间所结成的一种一对一的特定的医疗人际关系。狭义的医患关系体现的是一种个体关系，是传统医学伦理学研究的主要内容，也是最古老的医疗人际关系。

广义的医患关系，是指以医生为中心的群体（医方）与以患者为中心的群体（患方）在医疗过程中建立起来的相互关系。医方，从机构的角度来说，包括各级各类医院、乡镇卫生院、疗养院和门诊部，还包括各种诊所、卫生所、医务所等。从人员的角度来看，包括医生、护士、医技人员、医院行政管理人员以及后勤保障人员等。患方包括病人、病人亲属或监护人、病人所在单位。很显然，广义的医患关系是一种比较复杂的群体关系，更体现其社会属性的特点。生命伦理学研究的医患关系，多是侧重广义的医患关系。

二、医患关系的属性

医患关系的属性，是随着社会经济、政治、文化的发展变化而发展变化的，其发展变化的趋势是由简单到复杂、由低级到高级、由单一属性发展到多种属性。影响和制约医患关系的因素，既有一般的社会经济、政治、文化因素，又有与医疗行业密切相关的种种因素。

无论是广义的医患关系还是狭义的医患关系，都不仅包含经济关系、法律关系，而且更重要的是反映着特定的道德关系和人际关系。随着生物-心理-社会新医学模式的形成与发展，医患关系日益社会化，广义的医患关系概念日益被人们所接受。但在临床诊治过程中，狭义的医患关系概念更具重要性。我们在这里讨论的主要是狭义的医患关系的属性。

关于医患关系的属性，学术界也没有达成一致意见。我们认为，医患关系属性最重要的有经济关系、法律关系、道德关系和人际关系。

（一）经济关系

从经济学的角度来看，医患关系又是一种经济关系，即特殊的商品交换关系。经济关系也可以称为利益关系。医护工作者是医疗服务的生产者，患者就医是医疗服务的消费者。医护工作者生产医疗服务所消耗的劳动（包括活劳动和物化劳动）必须通过收费得到补偿，患者接受医疗服务则必须付费。否则，医疗服务的生产和再生产就无法进行。这种收费与付费的关系，就是一种商品交换关系，即经济关系。不承认商品经济条件下医患关系具有商品交换关系的性质，显然是不适合、不恰当的。

在现代社会，医疗卫生保健大多不是免费的，而且，随着整个人类社会越来越市场化，医疗卫生保健费用支出，无论政府还是个人，都是越来越增加的。在许多发展中国家，医疗卫生保健费用的增加，成为政府和个人比较沉重的负担（支出）。医务人员通过为患者提供医疗卫生保健服务，付出脑力和体力劳动，获得正当的劳动报酬，同时，患者要为医务人员的劳动付出和医院管理服务的成本支付必要的医疗卫生保健费用，因此，医患关系形成了事实上的经济关系或利益关系。我们理解现代医患关系，首先要抓住医患经济关系或利益关系属性，这是理解其他属性的基础。医患的经济关系，也是我们处理医患关系的物质前提和基础，是制约医患关系的基础。当代许多不良医患关系或医疗纠纷的发生，多与经济关系属性直接相关。

但是，医疗服务又不是一般的商品，而是关系到人们生命和健康的特殊商品，同时，由于医疗服务行业是一种垄断性很强的行业，医疗服务的生产、交换和消费多是由医方决定的，患者大多只能被迫地、被动地接受。为了使医疗服务的生产、交换和消费正常有序地进行，保护患者的利益，国家和社会必须采取一定的计划、行政的手段等来进行调节，即在市场经济条件下，医患关系具有特殊的商品交换关系的性质。在这种特殊的市场经济交换关系中，如果医方损害了患者的利益，或者患者损害了医方的利益，都会直接或间接地影响医患关系。

（二）法律关系

从法学的角度来看，医患关系是一种法律关系即契约关系（民事法律关系）。当患者跨进医院大门，挂了号，进了诊室看了医生，缴费拿了药或办了住院手续，这种契约关系（民事法律关系）就发生了，确立了。在这种契约关系（民事法律关系）中，医患双方是平等的民事主体，双方的权利和义务也就确定了。在医疗活动中，医方必须尊重患者应有的权利，履行自己应尽的职责和义务，如有违约，势必影响医患关系。患者在接受医疗服务的过程中，也必须遵守医院的各项规章制度，履行一定的义务，积极配合医生进行治疗，不然，也将影响医患关系。既然医患关系具有契约关系（民事法律关系）性质，医患双方都必须增强自己的法制意识，依法规范自己的行为，使医患关系保持正常。一旦发生医疗纠纷，医患双方都要依法办事，包括善于运用法律手段来维护自己的正当权益，切不可感情用事，激化医患矛盾。

现代社会越来越法治化，依法治国多是现代国家治理模式、治理战略。在医疗卫生保健活动中，医患双方在一定的法律法规约束调节下，形成一定的权利义务关系，简单地说就是形成了法律关系。患者寻求医疗卫生保健服务，医疗卫生保健机构提供服务，都要在国家法律法规许可的范围内进行。当医务人员的行为对患者造成了不应有的伤害或损害，侵害了患者的权益，患者可以要求依法依规追究医务人员的相关责任。患者在就医过程中，也必须遵守国家有关法律法规，如有违背，也应承担相应的法律责任。

（三）道德关系

医患关系古已有之，是伴随着医护工作者的医疗活动而产生的。只要是人与人的关系，就存在行为是否恰当，应该与否的问题，这就是道德（伦理）关系。因此，从伦理学的角度来看，医患关系是一种伦理关系，即“施助者”（医方）与“求助者”（患者）的关系。这是医患关系最基本的起主导作用的属性。千百年来无论医患关系的性质如何变化，医患关系的这个基本属性是不会改变的。因为医学事业是为人类生命和健康服务的事业，“人命关天”，健康乃“无价之宝”，医护工作者是人类生命和健康的卫士。在医患关系中，医护工作者永远处于“施助者”的地位，患者永远处于“求助者”的地位。无论是默默无闻的平民百姓，还是叱咤风云的显赫人物，一旦遭受疾病折磨，总得向医护工作者求助。既然医患关系的基本属性是一种伦理关系，即“施助者”与“求助者”的关系，那就不难理解，调节医患关系的基本原则应是伦理原则。从医方来说，医务人员在为患者服务的过程中，要遵守职业道德规范，行为要接受职业道德原则和理论的指导。就是要讲医德，尊重患者，尊重患者尊严和人格等，全心全意为患者服务。从患者来说，就是要尊重医护工作者的劳动，充分信任医护工作者，密切配合医护人员，遵循医嘱等。

（四）人际关系

医患关系本质是一种人际关系。医患关系又是一种特殊的人际关系，即在与疾病做斗争中结成的唇齿相依的关系，谁也离不开谁。医学工作者一旦失去了患者，医生的职业也不会存在；而患者失去了医护工作者的救助，其生命和健康就得不到保障。有人将医患之间的这种唇齿相依的关系，形象地概括为“患者是医生的衣食父母，医生是患者的再生父母”，是很有道理的。医患之间这种互为“父母”的关系，实为人世间所罕有。特别是在现代社会中，医学科学技术空前发展，医学模式发生了根本变化，与疾病作斗争不仅是靠医学工作者精湛的技术、优良的服务、合理的医疗价格，还要依靠患者的积极参与，战胜疾病的勇气、斗志和信心。与此同时，在现代市场经济条件下，医疗市场的竞争越来越激烈，竞争的主要目的无非是争夺患者，提高市场占有率，医院一旦失去了患者的信任，就没有立足之地。

医生跟患者打交道，发生的是人与人的交往关系，医患之间不仅仅只有医学和医疗技术层次的关系，医患交往之间的心理、社会、环境等因素，在现代社会的医患关系中越来越显得重要了，良好的、和谐的医患关系越来越建立在医患良好的心理、社会和环境因素综合作用之中。医患关系的人际关系属性启示我们，良好的、和谐的医患关系不能单纯建立在医学和医疗技术上，技术中心主义的时代是生物医学模式下的产物，技术和人际关系并重的时代，是生物-心理-社会新医学模式对医患关系的基本要求。单从技术的角度看医患关系，那是医生与病灶的关系，是医生与人体器官的关系，医患关系降格为人与物的关系，是冷冰冰的关系，是没有温度的、没有人情味的关系。只有从生物-心理-社会的角度来理解医患关系，把握医患关系，处理医患关系，才能真正体现医患之间的“人与人”的人际关系，才是有温度的，有人情味的良好的医患关系。

三、医患关系的内容

医患关系包含两个相互区别，又相互联系、相互作用的部分，即医患关系的技术方面和医患关系的伦理、心理和社会的非技术方面。

（一）医患关系的技术方面

所谓医患关系的技术方面是指在诊疗措施的决定和执行中，医务人员和病人的相互关系。医生对患者的正确诊断、处方、外科手术的治疗方案，都属于医患关系的技术性方面，即与医疗手段实施本身有关的内容。医务人员的技术水平以及合理应用是医患关系的基础。

医患关系的技术方面最基本的问题是医疗实施过程中医患双方彼此的地位。从历史的角度来看，医患关系有两种典型化的类型：家长式和民主式。传统的医患关系中医生具有绝对权威，医生在医疗实施过程中始终占主动地位，充当病人的保护人。从积极意义上说，医生、护士对病人应有慈父慈母般的胸怀，把爱护的情感倾注在病人身上，但这种家长式的医患关系也存在缺陷，即忽视了病人在治疗过程中的能动作用，忽视了病人独立的意志。现代医患关系中民主意识增强，病人不是完全被动地接受治疗，而是要参与医疗意见和决策，从家长式的医患关系到民主式的医患关系应该是一种进步。

（二）医患关系的非技术方面

所谓医患关系的非技术方面，即不是关于诊疗实施本身医生与病人的相互关系，而是关于医患交往中的社会、伦理、心理方面的关系，我们通常说的服务态度、医疗作风等就是这方面的内容。

重视医生的伦理和品质要求一直是古代医学的传统。如果说医疗技术的发展是近几个世纪，尤其是20世纪才得到巨大的发展，那么对于医生的伦理和品质要求则是极其久远的，古希腊的《希波克拉底誓言》和中国唐代名医孙思邈的《大医精诚》中，就已经包含了这些要求。医患关系的这些非技术方面的要求，几乎成为医生这个职业的基本内涵。

医患关系的非技术方面，是医患关系中最基本、最重要的方面。大多数病人对医生、医院是否满意，并不在于他们能判断医生给予的诊断和治疗处置的优劣，因为对绝大多数病人来说，对医疗技术本身的评价是超出其能力的。病人对医务人员的看法往往在于医务人员是否耐心，是否认真，是否抱着深切的同情，是否尽了最大努力去做好诊治工作。简而言之，就是服务态度好不好，医德高不高。社会对于医生的角色期望，不仅要求医生受过严格的专业训练，有很好的医术，而且对医生的品格也有很高要求，要求医生有同情心，能亲切而热情地对待病人，能为病人保守秘密，能把病人的利益放在首位，具有为救死扶伤而献身的精神。这是因为医患关系的态度和伦理方面与医疗效果有着密切的关系。医生良好的形象和语言本身对患者就有很大的心理治疗作用，能够给病人以信心、以希望、以积极的暗示作用，帮助病人改变对于疾病的消极心理，增强病人与疾病作斗争的主观能动性，引导病人对治疗过程积极配合。希波克拉底甚至说："一些病人虽然意识到其病况的险恶，却仅仅由于对医生德行的满足而恢复了健康。"尤其在现代，当心理社会因素在疾病的发生发展中的作用越来越大，医学转向"生物心理社会模式"的时代，医生能耐心地听取病人的种种诉说，能在更广泛的心理、社会方面给病人以帮助，就显得更为重要。因此，在医疗过程中，强调医患关系的服务态度和伦理道德方面，是非常正确的。

医患之间是一种双向关系，医患关系的好坏，病人也是重要因素，病人的文化修养、品格素质、心理特征无不影响正常医患关系的建立，但作为医患关系的主导者医务人员方面，尤应对建立和谐的医患关系承担主要的责任。

把医患关系划分为技术方面和非技术方面，乃是相对的。事实上这两个方面是密切联系的统一体。非技术的，即服务的伦理方面是基本的；技术方面的不同类型是从属的，实质上乃是以一种什么方式来更好地为病人的健康服务，或者"为病人做什么"，或者"告诉病人做什么"，或者"帮助病人自疗"，都是为了病人的利益来实施的。

四、医患关系的历史发展

（一）医患关系的历史演变

医患关系在医学尚未成为一门专门化的技艺，没有专职医生从事这项活动时，就有了雏形。当时所谓的医治只不过是精心护理加上意志、意念和信仰，完全依靠服务态度和医疗作风，从这个意义上说，医患关系的非技术方面是医疗服务的基础。患者的家属和巫师术士们在特定条件下临时承担了医疗救护的任务，这种原始的“医患关系”融入其他的人际关系中，没有明确分化出来，医疗救护的技术性非常低。当时的医学尚处于经验医学阶段，医患之间的交往是一种面对面的直接交往。同时，由于当时医学没有过多过细的分科，医者对所有患者的疾病一般予以通盘考虑，全面负责，不仅重视患者的疾病，而且重视患者的心理、社会因素对疾病的影响，因而医患关系较为稳定和亲密，医患关系被视为“仁爱救人”的良好、和谐的关系。

经过漫长的实践，医疗救护工作的技术性提高了，出现了职业医生，有了稳定的医患关系。在医疗过程中，医生始终占主动地位，患者服从医生是天经地义的事情。这时期的医患关系仍然主要靠道德信念、靠良好的服务态度和认真负责的敬业精神来维持，因此，要求医生仁慈、正直、庄重、值得信任。如希波克拉底在其《誓言》中提到的那样，以“遵守为病家谋利益”为信条，以“纯洁与神圣之精神，终身执行我职务”，以“为病家谋幸福”为唯一目的。

近代以来，随着生物科学的发展，一系列生物科学的重大成果应用于医学，给人类带来了福音，为人类健康做出了贡献。医学逐渐克服了细菌传染病，开始向恶性肿瘤、病毒性疾病和衰老等发起挑战，医学研究逐步从细胞水平向分子、基因水平迈进，器官移植和人工器官的植入综合地反映了医学在战胜疾病、保护健康方面的新能力。但是医学的进步也使人们对技术产生了崇拜心理，技术统治了医学。尽管在这一时期，患者在医患关系中的地位和自主权有所提高，但是医生仍处于主导地位，医学技术决定一切，主宰着医患双方的关系。

医学发展到今天，医患关系已经经历了由强调非技术方面及人性，转向只强调技术性方面而忽视医患关系的非技术方面这一过程。这一过程也是从人文关怀向技术主义发展的过程，它既是医学进步和发展的必然结果，也是医学科学技术巨大成果的一种展现。但在享有医学科学带来的健康和前所未有的希望的同时，也带来了医学和医患关系的人性和道德的丧失，引发了许多伦理、法律和社会问题。

总之，随着医学模式由生物医学模式向生物—心理—社会医学模式的转变，只强调技术性、忽视人性的医患关系已不适应医学发展。医学的发展不应是纯技术的发展，同时还应是医学人文价值的发展。医患关系必须向人性复归，医生不能仅从生物学的角度考虑疾病诊疗的需要，还必须考虑患者的社会与心理特点，使患者得到应有的尊严。不能只重视疾病与诊疗的技术性，而应将技术性与人性相统一。

（二）医患关系模式

医患关系的技术方面和非技术方面通常用医患关系模式来描述。医患关系模式是指对医患关系不同情况进行概括和总结的标准式样。对医患关系模式的划分，国内外学者均有不少的提法，主要有以下四种医患关系的基本模式：

1. 萨斯—荷伦德医患关系模式

对医患关系模式作概括地描述的首推萨斯—荷伦德模式。此模式是1956年美国学者萨斯（Thomas Szasz）和荷伦德（Marc Hollender）在《内科学成就》杂志上发表的《医患关系的基本模式》一文中首次提出的，现已被医学界、医学伦理学界广泛接受。此模式根据医生和病人地位、主动性大小等将医患关系划分为主动—被动型、指导—合作型、共同参与型三种基本模式（见表5-1）。

表5-1　**萨斯—荷伦德医患关系模式**

模式	医生的地位	病人的地位	临床模式应用	生活原型
（1）主动—被动型	为病人做什么	被动接受	麻醉、急性创伤	父母与婴儿

续表

模式	医生的地位	病人的地位	临床模式应用	生活原型
（2）指导—合作型	告诉病人做什么	合作	急性感染	父母与少年或青少年
（3）共同参与型	帮助病人自疗	进入伙伴关系	大多数慢性疾病	成人之间

（1）主动—被动型：这是一种具有悠久历史的医患关系模式，医生是完全主动的，病人是完全被动的；医生的权威性不会受到病人的怀疑，病人不会提出任何异议。这种模式在现代医学实践中普遍存在，例如外科、麻醉、抗菌的治疗。这一模式特别适用于急诊治疗、病人严重创伤、大出血或休克昏迷。这一模式相当于生活中父母与婴儿的关系。婴儿完全没有表达独立意志的可能性，一切听命于父母。这种医患关系的要点和特征是“为病人做什么”。

（2）指导—合作型：这是一种构成现代医疗实践中医患关系基础的模式。医患间存在着相互作用，医生是主动的，病人也有一定的主动性。但医生仍然是权威的，医生的意见将受到病人的尊重，不过病人可以提出疑问，可以寻求解释。病人因某些症状而痛苦如急性感染，于是主动地寻求医生的帮助，医生告诉病人做什么，并期望病人对指令性的治疗服从、合作。医生不喜欢病人提问题或表示异议或不履行应该接受的医嘱。在这种关系中虽然病人有了一定的地位和主动性，但在总体上医患的权利是不平等的，这一模式相当于生活中父母与少年或青少年的关系。少年有一定的理解力和主动性，但他们在各个方面远不如父母那样成熟、有力，因此，父母充当引导者，少年接受父母的引导。这种医患关系的要点和特征是“告诉病人做什么”。

（3）共同参与型：这是医患关系的一种发展模式，此型的医患相互关系中医生和病人有近似相等的权利和地位，医生帮助病人自疗，改变了患者处于被动的地位。几乎所有的心理治疗均属于这种模式，大多数慢性病也适用这种模式，因为慢性病治疗措施主要是由病人完成。这种模式就参与者双方而言，比上述两种模式需要更为复杂的心理的要求，因而此模式相当于成人与成人之间的关系。成年人都成熟了，都懂得不少，都有决定权，都有主动性。这种医患关系的要点和特征是“帮助病人自疗”。

总的说来，从技术方面来看医生与病人的关系，乃是“专家”与“外行”的关系，医生拥有医学专业的知识和技能，病人是没有受过医学专业训练的外行，需要求助于医生的专门知识和技能。可以说，这是上述三种医患关系模式的共同基础。在第三种类型中，医生与病人的专家与外行的差距缩小了，病人对他患了很久的病已有相当了解，因此，他的独立性和主动性也就增强了，但他毕竟还不是医生，他还需要医生给他检查（或开特殊检查的送诊单），给他处方等，还是需要医生的帮助。

2. 维奇医患关系模式

美国学者罗伯特·维奇提出了三种医患关系模式：

（1）纯技术模式，又称工程模式。在这种模式中，医生充当的是纯科学家的角色，只负责技术工作。医生将所有与疾病、健康有关的实施提供给患者，让患者接受这些事实，然后医生根据这些事实，解决相应的问题。这种医患关系是将患者当作生物体变量的生物医学阶段的医患关系。

（2）权威模式，又称教士模式。在这种模式中，医生充当的是家长式的角色，具有很大的权威性。医生不仅具有为患者做出医学决定的权利，而且具有做出道德决定的权利，患者完全没有自主权，不利于调动患者的主观能动性。

（3）契约模式，在这种模式中医患双方是一种依法履行的关于医患双方责任与利益的约定关系。医患双方虽然并不感到彼此之间的完全平等，但却感到相互之间有一些共同利益，并彼此分享权利与道德责任，同时对做出的各种决定负责。契约模式是令人满意的模式，较前两个模式是一大进步。

3. 布朗斯坦医患关系模式

美国医学社会学家布朗斯坦（J. J. Braumstein）在其编著的《行为科学在医学中的应用》一书中，提出了医患关系的“传统模式”和“人道模式”。传统模式指医生是权威，做出决定，病人则听命服从，执行决定的医患关系。人道模式则体现了对患者意志和权利的尊重，将患者看作一个完整的人，重视患者的心理、社会方面的因素，对患者不仅要给予技术方面的帮助，而且医生要有同情心、关切和负责的态度。在这种医患关系的人道模式中，可以说是综合了医患关系非技术与技术两个方面。在人道的医患关系中，患者主动地参与医疗过程，在做出医疗处置决定中有发言权，并承担责任，医生在很大程度上是教育者、引导者和顾问。人道的医患关系模式比传统的医患关系模式更有效，有更高的尊医率和疗效，特别是当治疗涉及患者生活方式和个人嗜好的改变时，这种模式更具优越性。

4. 海耶斯—鲍第斯塔医患关系模式

是由学者海耶斯（Hayes）和鲍第斯塔（Bautista）提出的一种关于（强调）医患互动的基本医患关系模式（类型）。他们强调，在医患关系中，医患互动的过程是重要的，有助于医患双方的相互理解、妥协与合作。该模式把这种医患互动看作是一个协商的过程，而不是医生简单地下命令的过程。

海耶斯和鲍第斯塔着重研究了患者在互动中试图修正医生治疗方案的方式。他们发现患者要么使医生相信治疗没有起作用，要么用自己的行动抵制治疗，比如患者故意减少或增加服用的药量，或夸大症状。医生作出的反应是，要么告诉患者，如果不遵从治疗，他们的健康就可能变得更糟糕；要么肯定治疗本身是正确的，只是起作用的过程可能比较缓慢；要么简单地要求患者遵从。海耶斯—鲍第斯塔模式在这点上与萨斯—荷伦德模式类似，提示了非急症情况下，患者和他们的医生在健康问题上进行互动时不一定处于被动的地位。患者可以对医生提供的信息和治疗的适宜性进行质疑、寻求解释和作出判断。

海耶斯—鲍第斯塔提出的患者—医生关系是基于患者的感觉，而不是基于情况的客观事实。改变治疗方案的过程只是在患者感到治疗方法不适当之后开始的，与医生的感觉无关。治疗方案不适当的感觉提示患者需要改变治疗方案。患者往往采取说服医生改变治疗方案或直接反对医生的治疗方案的策略。作为医生，一旦觉察到患者打算或已经开始要求改变医疗方案，往往会采取“医学知识权威”策略，或“开诚布公”重申治疗方案正确的策略。然后，双方进行协商和讨价还价，结果可能是双方满意，或一方满意一方不满意，或双方都不满意而决定医疗关系的保持、紧张或结束。该模式重要之处在于大大地增加了对患者不服从和医生控制治疗过程的了解，也说明了医患双方在治疗过程中存在进行妥协的可能性。

以上四种医患关系的模式，体现了医患关系由以医生为中心向以患者为中心转变的趋势，医患关系中患者的地位不断提高，患者权利不断得到增强。随着教育水平的提高，公民权利意识的增强，对自身健康的关注，医患关系中患者的地位和主动性将更加提高，传统的家长式的医患关系正朝着以患者为中心的医患关系模式转变；患者有了更多的自主权，医生也必须把尊重患者的自主权看成是绝对的义务并让患者参与有关自身的医疗决定；医患关系更加强调患者的权利和地位，更加强调医患双方的互动。和谐的医患关系就是双向的医患关系，是建立在医患双方都充分享有权利，并切实履行义务的基础上的医患关系。

五、影响医患关系发展的主要因素

医生作为一种独立的职业出现以后，医生与病人的关系就作为一种特殊的关系存在于社会中。在几千年的医学活动中，随着社会伦理背景的变更、医学的发展，医患双方的相互关系、相互影响和彼此地位也发生着变化。其中医患关系中医生的主导作用始终没有变，而医患间的密切程度，病人在医患关系中的地位、自主权利却不断发生变化。医患关系的演变有两个趋势：一是医生与病人的关系越来越淡漠，二是病人的地位和自主权利越来越受到尊重。影响医患关系发展的主要因素包括：

（一）医学科学发展影响医患关系

古代的医患关系具有直接性、稳定性、主动性等特点，这些特点是由于当时医学水平所决定的。首先，古代的医学基本上是一种经验医学，医生从诊断到治疗均是以直接与病人交往为前提的。如中医望、闻、问、切均须同病人直接接触。其次，当时的医学分科不细，因而任何一个医生对任何病人的疾病都是全面考虑和负责的，这样就形成了医患关系某种程度上的稳定性。再次，无论是中国还是西方古代医学均有朴素的整体观，即把人的生理、心理、社会及环境看作一个有联系的整体。在这种医学观的指导下，医生重视心理因素，主动地接近、关心和了解病人。随着生物医学的确立，医学科学的进步，这种建立在古代医学基础上的传统医患关系不可避免地要发生转变。这种转变表现在与传统医患特点相对应的三个方面：

1. 医患关系物化的趋势

在近代医学中，由于大量地采用物理、化学等科学的诊疗设备，医生在诊断、治疗病人时对这些设备有极大的依赖性，这样在医患关系中便引进了第三者媒介，医生与病人之间的关系被某种程度地物化了。技术和医疗设备的介入，使医患之间亲密直接的思想、情感的交流大大减少了，感情淡漠了。导致了医生只关注生物、物理的因素对疾病的影响而忽视患者心理、社会因素对健康的作用。

2. 医患关系分解的趋势

一方面，由于分科愈来愈细，医生日益专科化，这样形成了一个医生只对某一种病或病人的某一部位（器官、系统）的病变负责，而不对病人整体负责的情况。另一方面，由于医院的出现，病人集中于医院治疗，表面上医患双方生活于同一空间，交往似乎密切了，但实际上医患关系的稳定性，即一个医生与一个病人的稳定联系却大大降低了；就是说，以往那种一个医生与一个病人的稳定联系，分解为几十个甚至更多的医生与一个病人的联系，这样，医患双方的情感联系也相对地淡薄了。

3. 病人与疾病分离的趋势

近代医学是以生物学为基础的，因而只是以生物学的观点来分析、研究人，况且使用的又是还原论的方法，为了深入了解某种疾病及其发病因素，为了探求某种疾病病原体，这就要求把某种疾病的致病因素从病人整体中分离出来，同时又舍去病人的社会、心理因素。这样，在医生看来，他的试管里、显微镜下，以及各种现代检测设备的影像里，就只有血液、尿液，就只有细胞、分子形态了。如此，疾病和病人被分割开来，自然的人与社会的人、生理的人与有头脑的人被割裂开了。

（二）社会因素影响医患关系

对医患关系的影响还有多种社会因素，包括经济发展、文化传统、伦理风尚等。

1. 医患关系的商业化

随着商品经济的发展，医患关系商业化的倾向是不足为奇的。医患关系的商业化有其积极的一面，也有消极的一面，总体上讲，商品经济是有利于医学科学发展，有利于病人利益实现的。在美国病人作为消费者已成为现实，1962 年美国国会通过了消费者权利法案，其中包含了保护消费者健康的一些基本原则。过去医学界认为医生推销自己的业务是不道德的，美国医疗协会的规章对大部分医疗广告是禁止的，但 1975 年联邦法院确认这种限制应当放宽。这些明显地证明医疗保健事业同样存在着销售者和消费者的关系，并且，这种关系在某种程度上可以导致医疗保健更优质、更方便、更带有“顾客第一”的服务性。消极面表现在商品经济中货币的因素所产生的副作用，难免有人唯利是图，片面地一切向钱看。少数医务人员把市场经济的“等价交换”原则移植到医患关系中来，使本来纯洁的救死扶伤神圣职责成了与病人交换的筹码。在这些人的心目中，金钱与利益成为唯一渴望得到的东西。与此同时，由于部分患者对自身权利缺乏认识，以为医务人员的诊断和精心照料是一种恩德，只有物质的感谢才能获得心理平衡，加上一些开假证明、开大处方等不健康的求医行为，加速了医患关系的商品化。

2. 医患关系的民主化

生物医学时代有一种神化医学和医生的倾向，从而使医生权力过大。随着民主社会的确立，医患关系的民主化趋势也越来越明显，反映为理性上的尊重病人，并体现在两个方面：一是希波克拉底爱护、关心病人的人道主义医学传统得到重新确认。在现实中医患权利不平衡，将来也不可能完全平等，因此更需要用人道的力量去平衡医患关系。科学的力量使医生们确立了其在人们心中的地位，但是如何使用科学，在医学领域有个伦理学问题。有位外国医生曾经说过“医师穿上象征自然力量神圣的白大衣，往往容易滑向术士的角色”。人们在发展、应用医学科学技术的同时，理性地认识到医学伦理学的重要性。“没有医学伦理学，医师就会变成没有人性的技术员、知识的传播者、修配器官的匠人，或者是无知的暴君。”二是从现实上讲，病人的地位也在不断地上升。病人成为医疗的消费者，医生为了争取更多病人就医必须努力提高服务态度和医疗质量。经济的发展带来了医疗事业的发展与变化，也带来了医患关系民主化，过去很常见的专制自大的医生现已大为减少，患者的地位不断提高，患者权利不断得到增强。在诊疗过程中，患者不再是被动的接受体，而是在知情同意的前提下，主动参与治疗。医患双方的地位越来越平等。

3. 医患关系的法律化

医患关系的法律化是现代社会法制进程的必然结果。西方发达国家普遍施行法制，西方医学伦理学家、医疗法学家普遍认为，要建立稳定、和谐的医患关系，制定基本医疗法律是前提和基础，医务人员和患者都应在法律的范围内活动，都应树立基本的医疗法律意识，遵循基本的医疗法律规范。

传统的医患关系仅是一种单向关系，即只讲医生对病人的义务。现代社会的医患关系特别是病人权利的提出，使这种单向关系转化为双向关系，病人从道义上有权得到治疗、保健和健康，而不仅仅是由医生出于义务给予病人的。这样就从病人道德需要角度上对医生提出了更高的要求。

传统的医患关系在很大程度上是靠伦理道德规范维系的。在现代社会，单是靠伦理准则约束人的行为显得不够有力，因此法律规范逐步成为制约医患关系的重要手段。例如对“知情同意”“保密”等事项，一些国家法律都有相关的规定。现在医患双方的权利和义务多以法律规定的形式出现，医患关系既是道德关系，更是法律关系。临床医疗实践中，医患双方的医疗行为都是特定的法律事实，是能在当事人之间引起民事法律关系产生、变更和消灭的客观事实，例如，医生和患者就治疗签订的医疗协议、合同等。

六、医患的权利与义务

在医患关系中医生和患者作为当事双方都有各自应享有的权利和应

尽的义务，并且都以对方权利的享有和义务的履行作为自己存在和实现的前提，两者之间是相辅相成、缺一不可的。只有当医生和患者的权利都得以完整享有，并都能自觉履行各自应尽义务时，和谐的医患关系才能真正地建立，医疗活动才能成功。

（一）患者的权利与义务

病人权利问题是现代医学伦理学的最为重要的议题之一。临床医疗中存在的和不断出现的道德难题和伦理争议许多都是围绕病人权利这一主题而展开的，正确认识和对待病人的权利对每一个医务工作者都至关重要。

病人权利是指病人在医疗卫生活动中应享受的权益或利益。病人权利是公民基本权利的一部分。我国宪法明确规定：“中华人民共和国公民在年老、疾病或丧失劳动力的情况下，有从国家和社会获得物质帮助的权利。国家发展为公民享受这些权利所需的社会保险、社会救济和医疗卫生事业。”民法规定，“公民享有生命健康权”“享有名誉权，公民的人格尊严受法律保护”。这些法律规定的根本点就在于保障公民的健康权，使患有疾病的公民早日恢复健康。此外，我国的其他法律尤其是卫生部门的法律法规都对作为公民的病人的各种权利做了规定，或提供了法律依据。

病人权利不仅是一个涉及法律规范如隐私权、知情同意权、保密权等的法律概念，更是一个伦理学概念，涉及更多的是伦理道义上的内容，因为病人权利的许多方面有赖于医务人员的道德义务和病人的义务来实现。例如，病人有对自身疾病认知的权利，但如果病人不履行在治疗中应有的很好配合治疗的义务，如果医生不向病人做必要的说明解释，病人这一权利就实现不了。

病人权利问题的提出已有两百多年的历史。最早的病人权利运动始于法国大革命时期，并与当时简陋的医疗服务相关。那时，每张病床要睡 2 人以上，多则达 8 人，引起了病人的极大不满。在病人和公众的强烈要求下，1793 年法国国民大会规定，一张病床只能睡一个病人，两张病床之间的距离应有 3 英尺。此后，不少西方国家开始重视病人权利的研究和实践。1946 年对纳粹进行审判并通过《纽伦堡法典》以后，西方国家普遍接受了不取得病人或当事人在自由意志下的知情同意，就不许对他们进行任何医学试验的原则。《纽伦堡法典》对病人的知情同意规定了三项必要条例：即知情、自由意志和有能力。病人的自主权成了知情同意的核心。1946 年美国通过了一个要求医院符合一定标准的法案，赋予州在法律上有对医院的医疗质量进行监督和保障病人权利的权力。

近几十年来，一些国家对病人权利有很多的研究，并采取了一系列的步骤和措施来保障病人权利的实现。1972 年年底美国医院协会采纳了《病人权利法案》（Patients Bill of Right)，其前提是："当医疗在一个组织机构中提供时，传统的医患关系呈现新的方面……机构本身对病人负有责任。"该《病人权利法案》规定了病人有 12 个方面的权益。其后，美国相继有 16 个州以法律的形式制定和通过了有关病人权利的章程，强调医院应有效地把病人权利告诉来院治疗的病人。1980 年美国召开了第一届全美病人权利会议。1975 年 12 月欧洲议会理事会将一个有关保证病人权利的立法建立草案提交给它的 16 个会员国，其中列出了病人的"基本权利"，内容与美国的《病人权利法案》内容相似。目前，病人权利问题在各国已越来越受到重视，我国的情况也是如此。

病人权利是生物医学发展到 20 世纪商品化社会下的产物，是生物医学伦理学中所涉及的医患关系的最核心的问题。在这样一个大背景下，病人权利还有一些复杂的、具体的医疗与社会背景，比如：公众和病人对自身的健康日益重视，人们权利意识、参与意识增强，医患医学知识的差距逐渐缩小，医患关系淡漠，医源性疾病增多，侵犯病人权利而造成病人身心伤害的案例增多，医院工作合理目的与病人的合理要求和利益之间的矛盾出现（如医院除了直接为某个病人医疗服务的目的外，还有为其他病人以至社会公众健康服务的目的，还有促进临床教学、科研，节约费用，提高医院和医务人员收入和声誉等目的，这些方面的目的往往会因主观和客观的原因而与某一病人的直接利益或要求发生矛盾）。维护病人权利的问题就这样被提出来了。

1. 病人权利的基本内容

适合我国国情的病人权利基本内容包括：

（1）病人医疗保健权。病人作为社会成员或国家公民具有基本的健康权利和医疗权利。病人在医疗活动中均应得到合理的和不受歧视的诊断、治疗、护理等权利，不因其地位、财富、性别、国别、疾病状况等的不同而得到不平等的诊治。公民一旦患疾病或受到其他损伤时，享有从医疗保健机构获得医疗保健服务的权利，并且在这种服务中得到医务人员的尊重和一视同仁的对待。

（2）病人自主权。病人有权在医疗中经过深思熟虑，就有关自己疾病和健康问题做出合乎理性的决定并据此采取负责的行动。其前提是要承认病人有权参与医疗过程，在权衡各方面利益的基础上，病人有权决定是否同意医生提出的手术及手术方案、特殊检查、使用贵重药品或其他特殊治疗的建议；有权拒绝治疗和试验，不管治疗能不能让病人获益，不管试验与治疗是否有关。拒绝治疗的权利包括了病人有权要求转诊、转院、申辩。

（3）病人知情同意权。此权与上述病人自主权密切相连，是病人自主权的一个重要而具体的形式。在临床医疗和研究中，知情同意都是必不可少的，它不仅是为了争取病人的合作，增进医患关系，提高医疗效果，还体现在有利于病人、尊重病人，有助于病人自主权的合理行使上。知情同意权包括了解权、被告知权、选择权等，患者对自己的病情、将支付或已支付的费用、医疗诊断、即将接受的治疗及其效果有权知道全部真实情况。

（4）病人隐私保密权。包括病人隐私权和病人保密权两个密切关联的方面。对患者而言其享有不公开自己病情、家族史、接触史、身体异常部位、异常生理特征等个人生活秘密和自由的隐私权；对医生而言，由于职业特点和病人的治病需要，医生可以了解病人的隐私，这种知晓是医生的权利，但医生无权泄露病人的隐私，这有助于建立相互尊重、相互信任的医患关系。唯一能否定病人隐私保密权的理由是：如果继续保护病人的隐私、保密权将给病人自己和他人或社会带来的危害大于放弃这种权利给病人带来的损失。

（5）病人监督申诉权。病人监督申诉权是指病人有权监督并维护自己应享有权利的实现，同时对于各种妨碍医疗权利实现的错误行为，病人有向医疗机构、医疗主管部门提出申诉，甚至可通过社会舆论提出批评或谴责的权利。如病人有权要求医生降低或节省医药费用，有权要求医生对医药费用做出合理解释，有权对自己生命受到疾病的威胁而又被拒绝治疗或草率治疗的错误行为提出批评、申诉，甚至要求赔偿。

上述五个方面是病人权利的基本内容，但这些基本权利在医疗实践中的实现受到诸多条件的限制，有赖于医生对病人权利的认识，有赖于病人自身的权利意识，有赖于医疗卫生服务的发展。同时也应注意到，病人权利之间也会发生冲突，尤其是病人自主权和医疗权的冲突。如当病人拒绝治疗时，病人是在行使他的自主权，但他拒绝治疗的决定意味着放弃特定的医疗权，并可能与病人治疗疾病、恢复健康的利益相冲突。这时要坚持病人利益第一原则，具体情况具体分析。

2. 病人的义务

权利和义务总是相对应的，病人在行使其权利的同时，必须履行医疗中相应的义务。病人义务主要是指病人的道德义务，病人履行道德义务，从根本上来说是为了实现病人的利益。所谓道德义务，是指作为社会的人在一定的内心信念和道德责任感的驱使下自觉履行对社会和他人应负的责任。病人的义务主要有以下几个方面：

（1）保持和恢复健康的义务。保持和恢复健康是包括病人在内的全体公民的义务和责任。因为个人健康与否不单纯是个人的私事，而是与社会和他人的利益密切相关的。对自己的健康不负责任，引起疾病或影响健康，必然造成承担社会责任和义务能力的减弱，既会给社会和家庭增加负担，同时对个人也是一种损失。一个人一旦生了病，就应该主动地甚至强制性地接受治疗，养成科学的生活习惯、注重自我保护，是保持健康的重要途径。

（2）遵守医院规章制度、积极配合治疗的义务。国家制定的卫生法规和医院的各项规章制度是维护医疗秩序、提高医护质量的重要保证，病人应该自觉遵守，文明就医、遵纪守法，积极与医务人员密切配合，使自身需要与医疗工作协调起来。离开病人良好的配合，是难以取得良好的医疗效果的。

（3）负担正当医药费用的义务。医疗费用是维系医院医疗活动正常运转的重要条件。目前，我国正处于社会主义初级阶段，经济不发达，国家还不可能负担每个公民的全部医疗费用。即使是享受社会医疗保险的公民，个人也需要承担一定的医疗费用。所以，公民患病就医时有义务交纳全部或部分医药费。

（4）支持医学科研的义务。医学科学的发展，医疗技术的提高，离不开医学科学研究与实验。人类既是医学科研的主体又是医学科研的客体。医务人员常常需要对一些罕见病、疑难病进行专门研究，有时还需要对不明死因的患者进行尸体解剖，一些新药的使用及新方法的推广也需要病人配合验证。医学事业要后继有人，医学教育中医学生的临床实习更需要患者的信任和理解。研究和发展医学科学，培养和造就医疗卫生事业的接班人，是一项造福子孙后代的事业，病人有义务支持这项事业的发展。

（二）医生的义务和权利

医生的义务即指在全部的临床医疗工作中，无条件地忠实于病人的利益，在力所能及的范围内去做每一件事来治疗病人疾病、增进病人的健康。同时，每个医务人员还必须承担对他人、社会的责任，增进公众的健康，促进社会的发展。这就是现代医学伦理学所谓的医生双重义务观。

1. 医生对病人的义务

医务人员对病人的义务在一定程度上与病人权利是一致的。病人的基本权利就是对医务人员的义务要求。医务人员对病人的义务有以下几个方面：

（1）治疗的义务。医务人员必须以其所掌握的全部医学知识和治疗手段，尽最大努力为病人服务，这是医疗职业特点所决定的，只要选择了医疗这门职业，就承担了任何理由都无法推托的为病人治病的义务。任何政治的、社会的等非医疗的理由，都不应限制或中断医务人员对病人的治疗。世界医学会 1949 年采纳的医学伦理学《日内瓦协议法》规定：在我的职责和我的病人之间不允许把对宗教、国籍、种族、政党和社会党派考虑掺杂进去。医生不能因为政治观点不同或个人恩怨拒绝或中断为病人治疗。

（2）解除痛苦的义务。病人痛苦包括躯体性的和精神性的。躯体痛苦一般可用药物等医疗手段加以控制，但精神痛苦则需医务人员以同情心理解病人，关心病人，做好心理疏导工作。无论是病人的躯体疾病还是心理障碍，均可由生理、心理、社会三个方面因素所致，因此，对病人要全面了解。有的学者主张，医生对病人要有五知：一知病人主诉；二知病人不适；三知病人苦恼；四知病人日常生活的不便；五知病人的社会问题。只有了解病人致病的生理、心理、社会诸方面因素，才能对症下药，解除病人的痛苦。

（3）解释说明的义务。医生有义务向病人说明病情、诊断、治疗、预后等有关医疗情况。这种说明不仅仅是为了争取病人的合作，接受医务人员的治疗，更重要的是尊重病人的自主权利。病人要求了解的有关自身疾病情况，医生应给予负责的说明，特别是在诊断措施存在或可能带来不利影响时，医生更应该给予解释说明。

（4）保密的义务。医生有为病人保密的义务。对于病人因诊疗需要向医生提供的个人有关隐私，医生不能随意泄露，更不能任意宣扬，否则会造成严重的后果。保密是医生的一种传统道德。早在两千年前，希波克拉底就曾说过："凡我所见所闻，无论有无业务关系，我认为应守秘密者，我愿保守秘密。"《日内瓦协议法》也规定：凡是信托于我的秘密我均予以尊重。

当然，在医疗中，尊重是医生对病人最基本、最重要的义务内容。医生对病人的尊重是贯穿上述义务内容各个方面的。

2. 医生的社会义务

在现代医学伦理学中医生除了对病人尽义务外，还要对社会尽义务。这主要体现在宣传教育、发展医学科学等方面。

（1）宣传、普及医学科学知识的义务。医生有义务向社会宣传卫生常识，有义务向群众提供健康咨询，以维护社会公益和群众的个体利益。医疗卫生工作不仅限于治疗疾病，更重要的是预防疾病，预防疾病有赖于科学文化的普及，使人们了解和掌握基本医学知识，懂得自我保健，减少疾病的发生，这是医务人员应有的社会义务。

（2）发展医学科学的义务。医生的医疗技术水平直接关系病人的切身利益，医生应该结合自己的工作实际积极地开展医学科研工作，不断提高自己的医疗技术水平，以便更好地为人类的身心健康服务。医学科学的研究和发展，关系到整个人类的命运，是一项非常艰苦的事业。进行医学科学研究，需要一种献身和求实的精神。古今中外，无数医学家为此献出了毕生精力。李时珍用 40 年心血编写《本草纲目》，王清任不畏封建礼教，冒杀头和传染疾病的危险编写《医林改错》。作为医务工作者，应为维护人类健康，发展医学科学尽自己的义务。

3. 医生的权利

医生的权利，是指医生应有的权力和应享受的利益。医生权利可分为医生的一般权利和特殊权利。

(1) 医生的一般权利。

我国《执业医师法》明确规定：在注册的执业范围内，医师有进行医学诊查、疾病调查、医学处置，出具相应的医学证明文件，选择合理的医疗、预防、保健方案的权利；在执业活动中，医师的人格尊严、人身安全不受侵犯；医师有从事医学研究等权利。医生的一般权利具体体现在以下几个方面：

第一，独立自主的诊治权。这是医生最基本的权利之一。医生在诊疗过程中，具有诊断权、处方权和独立自主性，凡是医生职权范围内的每一项医疗措施和决策，都不应受任何非医学的干扰、指使和控制。

第二，信息的获得权。医生有权知晓病人患病的原因、患病的程度，也有权获得与疾病相关的一些隐私。

第三，人格尊严、人身安全不受侵犯的权利。医生履行救死扶伤、防病治病的崇高职责，为患者奉献出爱心、智慧、时间、精力，理应获得全社会的尊重。医生有权要求其人格尊严、人身安全不受侵犯，有权对任意污辱、打骂和伤害医务人员的行为予以道德谴责，直至追究法律责任。

第四，医疗服务合理报酬的获得权。医生为病人提供了医疗服务，付出了劳动，应当获得一定的报酬。医务人员的劳动报酬一般以工资、津贴、奖金等形式来实现，而不是采取不法手段从病人身上捞取。

第五，从事医学研究的权利。为了提高自身医疗水平，医生有从事医学研究、学术交流、参加专业学术团体的权利，有参加专业培训、接受继续医学教育的权利。

第六，参与医药卫生事业发展及医院管理的权利。医生有权关心医疗卫生事业的发展，对医疗、预防保健、环境保护、精神卫生等方面的问题提出意见、建议和参与实施；有权参与医院的民主管理，提出合理的意见、建议。

总的说来，上述医生权利中最突出的是它的独立性。医生权利的这种独立性是医疗职业特点所决定的，但在医患关系中医生的权利与其对病人的义务以及与病人的权利有密切的联系。医生行使权利的前提是为病人尽义务，医生的义务与病人的权利虽具有不同指向但却属同一基本内容，因而医生的权利与病人的权利应该是一致的，而且医生权利应服从于病人的权利。

医生的权利、医生的义务、病人的权利这三者一般来说是统一的，但是会出现分离和矛盾的情况。医生在医疗过程中必须正确处理三者之间的关系。

医生权利与医生义务的关系。首先，医生的义务是医生行使其权利的前提，即医生行使其权利是为了尽一个医务工作者对病人和社会的义务，偏离或摆脱对病人和社会尽义务的权利是不符合医学道德的。例如有些医生，利用手中的诊断、处方等权利，向病人索取财物。个别医生甚至在病人需急诊手术情况下，向病人家属索取钱物，作为给病人开刀的条件。在这类事件中，医生所具有的特殊权利，成了向病人索取而不是为病人尽其义务的条件。因此，医生的权利离不开为病人尽义务的前提。其次，要对病人尽义务需保护医生的权利的完整性，任何医疗之外的因素都不能干扰医生独立、自主地使用其权利。

医生权利与病人权利的关系。首先，医生的权利和病人的医疗权利应该是一致的，而且医生的权利服从于病人的医疗权利。因为医生的权利是维护、保证病人医疗权利的实现，是维护病人健康的权利。医生的权利超出了这个范围，就是不道德的。有些不理解这一基本关系的医生，对某些同自己发生了争吵的病人说“我有权拒绝给你治疗”“我有权拒绝给你开药”，等等，均是错误的，这是医生对其权利的歪曲和滥用。倘若拒绝为病人治疗而造成不幸后果，医生要承担道德与法律的责任。其次，医生的权利与病人的权利也可能不一致，这种不一致性是由于病人权利与医生义务冲突所造成的。

医生义务与病人权利的关系。医生义务与病人权利在总体上讲应该是一致的，病人的基本权利也就是医生的义务。如病人享有医疗的权利，医生有治疗的义务；病人有知情同意的权利，医生有解释与说明的义务；病人有要求为其保守秘密的权利，医生有不把病人隐私泄露给他人的义务等。但是，病人权利也常常同医生的义务发生矛盾，一般有以下两种情况：一是病人权利与医生对病人的义务的矛盾，如病人有权拒绝治疗，当这一行为后果会伤害病人自身时，便与医务人员保护病人健康的义务发生了矛盾；二是病人权利与医生对他人和社会应尽义务的矛盾，如病人有要求医生为其保密的权利，当为病人保密可能危害社会利益时，病人的权利便与医生对社会的义务发生了矛盾。解决这些矛盾，除了从道德评价的理论上判明是非外，还需从现实中确立矛盾解决的主导者——医生的特殊权利，即医生的干涉权。

（2）医生的特殊权利——干涉权。

医生的干涉权是医疗中相对于医生一般权利而言的特殊权利，是用来限制病人权利的。医生的干涉权是在医学伦理原则指导下，医生为了病人的利益或为了他人和社会利益，对病人自主权（包括病人意愿、行为、决定）进行干预和限制，并由医生作出决定的一种医疗伦理行为。医生的一般诊断治疗的权利服从于病人权利，而医生的干涉权这一特殊权利正好相反，它是在特定的情况下医生用来限制病人的自主权利，以达到完成医生对病人尽义务、实现病人利益的目的的。这种限制并不是传统意义上的单纯从医生主观愿望出发，而是从维护病人以外的社会、公众利益来考虑的。也就是说，只有当患者的自主原则与生命伦理原则、有利原则、无伤害原则、社会公益原则发生矛盾时，医生才能使用这种权利。所以，医生的干涉权不是可以任意行使的，一般在以下几种情况下才被允许使用：

第一，病人拒绝治疗的情形。病人有拒绝治疗的权利，但这种拒绝首先必须是病人理智的决定，同时必须得到有经验的医生的认可。倘若拒绝治疗会给病人带来严重后果或不可挽回的损失，医生就可以否定病人的这一权利要求。例如，一个患急性化脓性阑尾炎的病人面临阑尾穿孔的危险，但他因惧怕开刀而拒绝手术治疗。又如，某些自杀未遂的病人坚决拒绝抢救措施。遇到这些情况，医生应当耐心说服，陈述利害关系，劝其接受治疗，必要时可以在取得家属、单位同意后不考虑病人的意见而进行预定的治疗。

第二，病人要求医生讲真话的情形。病人有对自己所患疾病的认知权。医生一般应当尽解释说明的义务。但是，如果病人了解自己疾病的诊断及预后有可能会影响治疗的过程或效果，甚至会对病人造成不良后果时，医生可能不考虑病人的要求，在一定时间内行使医生的特殊权利而隐瞒真相，对病人讲“合理谎话”。如对待癌症后期的病人，医生有权隐瞒真相。

第三，病人要求保密的情形。病人有权要求医生为其保守秘密，但当病人的这一权利对他人或对社会可能产生危害时，医生的特殊权利可以超越病人的这种权利要求。例如，病人患有法定的传染病或有自杀的意念等情况，尽管病人要求为其保密，但医生还是应该根据具体情况通知有关部门或有关的人。

第四，对病人实行行为控制的情形。对于处于发作期的精神病人或因外界刺激导致精神失常的病人，为了使其避免对己、对他人和对社会可能发生的伤害行为，医生有权采取合理、有效、暂时的措施控制病人的行为。对于一些传染病患者，为了防止其对他人和社会造成危害，医生也可以暂时限制病人的自由权利，按照《中华人民共和国传染病防治法》的精神，可以实行隔离治疗。

【本章推荐阅读书目】

1. 陈晓阳．医学伦理学［M］．北京：人民卫生出版社，2010.

2. 况成云，兰明银．医学伦理学［M］．北京：人民卫生出版社，2008.

3. 王明旭．医学伦理学［M］．北京：人民卫生出版社，2010.

4. 李庆功．医疗知情同意理论与实践［M］．北京：人民卫生出版社，2011.

5. 郑文清，周宏菊．现代医学伦理学概论［M］．武汉：武汉大学出版社，2017.

6. 范瑞平，张颖．建构中国生命伦理学：新的探索［M］．北京：中国人民大学出版社，2017.

【本章思考与练习】

1. 医患关系的含义如何作广义和狭义的区别？

2. 现代医患关系的属性有哪些，对我们的医疗实践有何启示？

3. 医患关系的内容是什么？

4. 医患关系的历史发展有什么特点？

5. 四种医患关系模式各自的内涵是什么？各强调了什么？四种医患关系模式对我们的医疗实践有什么启示？

6. 影响现代医患关系的主要因素是什么？在医疗实践中如何正确处理医患关系？

7. 现代医患的权利与义务各是什么？

第六章　生命伦理学之器官移植与伦理

【本章内容提要】

◆ 器官移植的概念

◆ 器官移植的实践

◆ 器官移植中的伦理

◆ 器官移植相关法律法规

◆ 器官移植的伦理原则

器官移植（organ transplantation）也称脏器移植，即用手术的方法，将整个保持活力的器官移植到自己或通常是另一个个体体内的某一部位。人体器官移植已经成为现代世界医学高新科技的象征，是现代医学科学发展最快的学科之一。随着外科手术、免疫抑制药物、器官和细胞分离保存技术及移植免疫学基础的迅速发展，器官移植成为脏器功能衰竭终末期的有效、常规性治疗手段。器官移植技术的进步，又推动了现代医学技术的迅速发展，如遗传学方面人类白细胞抗原的研究，免疫学方面免疫监测研究，药理学方面的免疫抑制剂研究等，都取得了较大的发展和进步。同时，器官移植也是与生命伦理学密切相关的学科，器官移植涉及诸多的医学伦理问题，引起了伦理学界的广泛关注，也促进了生命伦理学的分化和发展。

器官移植伦理学以器官移植的伦理问题为其研究对象，以生命伦理学利益原则、自愿原则、公平原则为理论依据，从人类发展的自身利益出发对器官移植进行理性和伦理的深入思考，如器官移植是否合乎人类的伦理道德，从刚过世的死者或从同意捐赠的生命垂危的病人身上获取器官是否应当等；从哲学的高度，考察器官移植的道德价值，如效益与风险、收益与代价的比较等诸问题；从社会公平与正义出发，讨论人体器官这种稀有资源的收集、分配问题；探讨器官移植实施过程中社会、医疗组织、医务人员的道德责任等。器官移植伦理学既客观反映社会对器官移植技术使用进行控制的要求，又为这门新的医学技术发展合理性与前景提供伦理学思考和辩护。

一、器官移植概念及其实践

广义上讲，移植术（transplantation）是指将某一个体的细胞、组织、器官即移植物，用手术的方法完整地或部分地切取后，移植到自体或另一体（异体）的体表或体内某一部位。移植术并不包括那些能用在体内或固定在体表，而不含有人或动物的组织和细胞的物质，如应用假体、人工合成物质或人工器官。

器官移植根据供者和受者遗传上的关系，可以分为：自体移植、同质移植、同种移植和异种移植。根据植入部位，分为原位移植与异位移植，原位移植指移植物在移植术后位于移植前的解剖学原来的位置的移植，否则就称为异位移植。根据不同的移植技术可将移植术划分为：吻合血管的移植、带蒂的移植、游离的移植和输注移植。器官移植是人类关于自身生命科学的伟大成果之一。它先后经历了幻想阶段、试验阶段、临床阶段。

幻想阶段：在古代社会，人类就产生了用组织器官代替有疾病的或受损的组织器官的朴素想法。我国战国时期的《列子》中就叙述了大约公元前 430 年神医扁鹊为两人互换心脏以治病的故事，1987 年在美国华盛顿召开的国际环孢素学术会议上就以扁鹊像为会徽，以纪念这位传说中的神医。公元 348 年西方拜占庭时代，有用取尸体下肢移植治疗下肢坏疽的文献记载。考古学证实在古埃及、希腊、罗马、南北美、印度、中国均有零星牙齿移植的记录。

试验阶段：18世纪，陆续有器官移植的实验出现与报道。如苏格兰的Joimtluuter报道了鸡睾丸的自体移植，Biggey报告了给两只小羚羊进行了同种异体角膜移植成功。此外，还有皮肤、肌腱、神经、软骨等移植实验及报告。因当时的移植不吻合血管，所以事实上移植难以存活。1903年卡雷尔（A. Carell）发明了血管缝合术，从而为器官移植扫除了第一道障碍，从此，卡雷尔进行了包括心、肾、脾、卵巢、肢体的动物器官移植实验，但因当时排斥反应尚未被认识，仍无法使移植物长期存活。受带血管的动物移植外科技术成功的鼓舞，1936年苏联的瓦列诺夫（Voronov）首次将器官移植试用于临床，为一例尿毒症患者移植尸体肾，受者于术后48小时死亡。此后，苏、法、美等国的医学专家曾数次分别进行过肾移植，均因宿主排斥而未能较长时期存活。于是，人们对器官移植产生了种种疑虑，实验也断断续续。

临床阶段：1954年美国波士顿的墨瑞（Murray）第一次施行同卵双生同胞间的肾移植成功，病人长期存活，这是移植医学史上首次获得的有功能长期存活的病例。也使研究者意识到了器官移植中的免疫学问题，并着手进行研究。1958年道塞特（Dausset）发现了第一个白细胞抗原，从此揭开了人体白细胞抗原（HLA）研究的序幕。1959年Murray和法国的Hamburger各自为异卵双生同胞施行了肾移植，受者以接受全身X射线照射为免疫抑制，使肾移植后有功能并长期存活。1962年Murray改用硫唑嘌呤作免疫抑制药物，进行尸体肾同种异体移植获得长期存活。这三次不同类型的肾移植获得成功，标志着现代器官移植时期的开始。在临床肾移植成功的带动下，20世纪60年代陆续开展了人类各种同种器官移植。1968年美国通过了脑死亡哈佛标准，促进了临床器官移植外科的稳步发展。此时期具有代表性的器官移植案例有：1960年Woodruff的全脾移植；1963年Starzl的原位肝移植，Hardy的肺移植；1964年Hardy的异种（猩猩）心脏原位移植；1967年Barnard的同种心脏原位移植；1980年Lacy、Kostianovsky的胰腺移植；

1981 年 Reitz 的心肺联合移植；1983 年 Williams、Starzl 的腹部多器官移植。

20 世纪后 80 年代后，人体器官移植技术随着外科学术的进一步发展、新一代强有力免疫抑制药物的问世、器官和细胞分离保存技术以及移植免疫学基础的迅速发展，已成为脏器功能衰竭终末期的有效、常规性治疗手段。尤其是 20 世纪 90 年代后，现代器官的移植取得了重大进展；临床应用最多的 3 个大器官移植，有功能存活率呈现大幅度提高。肾移植存活率达 95%以上，心、肝移植存活率分别达到 90%和 80%以上，出现了大批 10 年，甚至 20 年以上的长期健康存活群。至 1997 年底，全世界各国所施行的人体三大器官：心、肝、肾移植累计数已超过 50 万例次，其中心移植 4 万例次，肝移植 6 万余例次，肾移植 40 万余例次。全世界开展器官移植的医院日益增多，出现了大批临床与研究相结合的大型综合性中心，以及全国性或跨国配备有现代化高速运输工具和电脑控制的供体、受体调度中心。上述情况表明，器官移植已被公认为是一种新的医疗方法，它正处于一个飞跃发展时期。

在中国，器官移植始于 20 世纪 50 年代，研究人员先是在动物身上做了大量的实验，然后，在 60 年代由吴阶平教授在国内率先开展了肾移植手术。有系统、有计划的大量动物试验出现在 20 世纪 70 年代初期。70 年代末，中国器官移植开始加快了步伐，90 年代进入快速发展期。2000 年底，全国 29 个省、市、自治区近 100 家医院，肾移植总数达 34 832 例，人肾存活时间长者达 24 年。

肝移植始于 1977 年上海第二医学院瑞金医院，至 2000 年底全国总计移植 489 例次，最长生存时间超过 7 年。1978 年我国实施第一例尸体原位心脏移植，至 2000 年底已累计达 82 例，其中哈尔滨医科大学施行的一例已存活 8 年，心功能正常。肺移植 13 例，最长生存 6 年多；胰腺移植 8 例次，最长生存时间超过了 3 年；胰肾联合移植 68 例次，最长生存 7 年。小肠移植 9 例，最长生存 5 年。多器官联合移植 13 例，最长生存 3 年。尽管我国器官移植工作起步比国外晚了 10 年，但目前国际上所有类型的器官移植，我国都能施行。而且，在某些领域具有自己的特色和优势，走在了世界的前列。胚胎器官移植、细胞与组织移植成为我国器官移植的优势。① 2005 年，全国登记的肾移植例数为9 699 例，其中亲属供肾 270 例，占 2.78%，全国可以开展肾移植的单位有 165 家，年例数在 100 例以上的单位有 26 家，年例数在 200 例以上的单位有 4 家。目前肾移植个体存活时间最长为 28 年。根据移植随访管理系统（TPMS）2005 年度数据分析结果（资料来源于 25 家 TPMS 中心录入到数据库的肾移植患者随访数据），经统计软件筛选，14 187 例患者的数据可用于统计分析（占总体录入数据的 87.3%），其总体 1 年、2 年、3 年、4 年、5 年生存率分别为 95.4%、92.1%、89.3%、80.2%、72.7%。据卫生部统计数据，1993 年至 2005 年 11 月底，中国共实施了 59 540 例肾移植，6 125 例肝移植和 248 例心脏移植。2005 年，全国登记的肝移植例数为 4 155 例，其中亲属供肝 47 例，占 1.13%，全国可以开展肝移植的单位有 82 家，年例数在 50 例以上的单位有 22 家，年例数在 100 例以上的单位有 13 家。目前肝移植个体存活时间最长为 11 年（来自中华器官移植学会的数据）。根据中国肝移植注册系统（CLTRnet），经香港统计结果显示（手术时间自 1993 年至 2006 年），我国大陆 25 家肝移植中心开展的 3 892 例肝移植中，其总体 1 年、3 年、5 年生存率分别达 84%、80%、76%。其中 2005 年为2 095 例，占总例数的 53.8%，其 1 年生存率为 75%，活体肝移植的 1 年、3 年生存率均为 72%（中华器官移植学会数据，王东，2009）。

二、器官移植中的伦理

器官移植这一高新技术领域，一开始就引起了许多伦理道德问题的

① 卢启华等主编．医学伦理学［M］．武汉：华中科技大学出版社，2003：184.

争议。移植医学技术越是先进，越是向着移植复杂器官、联合移植方向发展，遇到的伦理、社会、法律和心理方面的问题就越多。总之，器官移植，不仅是医学高新技术问题，也是生命伦理学的道德问题。

（一）器官移植是否合乎伦理

器官移植中有一个不可缺少的环节是从一个人身上取得能够成活的器官移植给另一个人，这一行为究竟是否符合伦理道德，一直存在着争论。第一个探讨器官移植伦理学问题的人是美国的肯宁·汉（B. T. Cunning Han），他在1944年所著的《器官移植的道德》一书中，针对当时的对器官移植的种种怀疑甚至责难，对器官移植的伦理合理性作了肯定的论述，推动了人类对器官移植的伦理学研究和探讨。有人认为一个人为他人的生命献出了自己的某个器官在道德上应该是更加完美的人，是一种利他的、善的行为。但是，由于传统思想观念的影响，文化背景的不同，尤其是在具体施行器官移植中遇到的一系列与社会、经济、文化、法律、心理密切相关的难题，产生了种种伦理道德困惑。例如，现有受体的存活率和存活期以及生存质量能否体现道德上的完满性，高昂的医疗费用是否与卫生资源的公正、公平分配相悖。受体、供体的选择怎样才能真正体现人道主义公平原则，如何及时有效地从供体身上获取器官又不至于变相杀人，等等。这些问题都涉及人们对伦理道德领域的思考和疑虑，有些问题，似乎变得越来越复杂化。

（二）器官移植的价值问题

价值的问题实质是代价与收益的比较。有人对器官移植的价值持怀疑的态度。首先是沉重的经济负担。在整个移植手术中，检查、诊断、手术及护理的每一个环节都需要大量的新型药物、技术和器械，现代高科技为器官移植手术提供了最佳条件，但也使其成本变得很高。在中国，做一例肾移植手术平均花费大约在20万~30万元人民币。在美国，医疗中所使用的高技术更要收取十分高昂的费用，一般心脏移植手术费用达15万美元，相当于11 900人次保健门诊所需要的费用。同时，高新技术开发研究成功，往往是国家投以巨额的科研经费才得以实现的，如果计较成本的话，那就根本不可能研究出来，人体器官移植需要高昂的费用，低收入家庭根本无法承受。在国外，得益者往往是中上阶层的人，以及享有卫生医疗保险的人。人们不禁要问：花的是国家的科学研究经费，成果却只是被少数人（有钱人）享用，这样公平吗？在有限的卫生资源条件下，会影响其他更有效、更需要的项目。其次，器官移植的成活率也是一个值得思考的问题。就大器官而言，除肾移植外，其余的移植成活率都很低，且存活期较短。再次，长期的免疫抑制剂的运用使人的免疫功能低下，易使患者感染疾病，甚至产生精神问题、心理问题和人格问题。

（三）供体采集的伦理问题

器官移植目前最大的难题之一是供体严重不足。器官供不应求是已经开展器官移植各国的一个普遍现象。美国每年做肾移植3 500~4 000人次，而要求接受肾移植的逾万人。我国有2 000万盲人渴望重见光明，但每年只有400人有幸能做角膜移植，比例是5 000∶1。显然，可供移植的器官短缺，已经成为器官移植中一个伦理争论的焦点问题。器官来源短缺，就会导致器官供不应求，就会产生器官分配公平公正的伦理问题。目前，器官移植的供体，其来源是活体器官供体、尸体器官供体、胎儿器官供体、异种器官供体、克隆器官供体、人工器官供体、干细胞移植器官供体，这些供体来源都涉及诸多生命伦理问题。

1. 活体器官供体

在器官移植中献出移植物（器官、组织或细胞）的个体称作供体或供者。

活体器官供者，包括有血缘关系的活体亲属、非血缘关系的配偶和自愿者器官市场。活体供者的一个最基本的伦理学原则是不能危及供者的生命，对其未来生活不致造成大的影响。例如，心脏是人独一无二的器官，若来源于活体等于是杀一人而救另一人，这显然是伦理学、法学不能接受的，所以只能是健康器官或者是代偿能力较强的部分器官，才能来源于活体，如肾、睾丸、皮肤、骨髓、肠或肝脏等。

（1）亲属活体供者：指有直接血缘关系的亲属间的供者。医学实践证明，这种移植具有组织配合好，术后排斥少，存活率高等优点。有人从医学人道主义的责任角度反对亲属活体供者，认为医生没有权利为了挽救一个人的生命而损害另一个人的健康。也有人指出，亲属活体的供者许多是在家庭、社会的压力下供出自己部分器官的，很难做到真正的自愿。也有人认为在对供者伤害很少的情况下，其风险—收益比在伦理学上是可以接受的，因此，许多国家仍普遍采用。

（2）非亲属活体供者：指没有血缘关系的活体供者。活体供者可以分为情感性供者，如夫妻之间捐献器官；利他动机供者，这实质是一种“赠与”行为，捐献者与患者不存在任何权利义务关系，完全是出于利他的动机。这种赠与行为，由于出于完全利他动机，伦理道德上是值得肯定的，但目前在伦理学上争论较大，因为如果控制得不好，在实践中很容易滑向器官买卖，在西方国家，就出现了打着“赠与”的旗号、幌子，实质进行私下器官买卖活动，这很容易导致犯罪行为的发生。

（3）器官市场：从目前世界范围来看，这只是理论上的器官来源，因为这种供体是纯商业性的，供者的唯一目的是为了获得金钱，到目前为止，世界上的国家或地区，法律上都是反对器官买卖的。此种器官来源方式也受到绝大多数伦理学家的坚决反对，西方许多国家已制定了专门相关法律禁止商品化器官买卖。1989 年 8 月在加拿大渥太华召开了首届器官移植社会学学术会议，确认器官商业化违反伦理学，是不能接受的，得到了广大国家的赞同。1992 年荷兰政府作出决定，为了保障人体器官移植手术正常进行，并为患者生命健康负责，严禁进行一切人体器官的私下交易。1994 年，世界人体器官移植协会再一次呼吁禁止人体器官买卖，避免犯罪行为，同时希望人们在临死时捐献出自己的器官以拯救那些需要进行器官移植的患者。

2000年6月1—2日，美国国家肾脏基金会以及美国移植外科和肾病协会，在堪萨斯州组织了一次国际会议，对有关肾脏、胰腺、肝脏、小肠、肺脏等活体器官移植的状况进行了评估。参加会议的代表有100多人，包括内科医师、护士、科学家、伦理学家、法学家、社会工作者、移植受者、供者。会议代表重点探讨了活体器官移植中的社会与伦理问题。会后发表了一个共识报告，给出了伦理原则性的结论：①同意捐献器官的人应该是能胜任的、自愿（捐献）的、没有受到强迫的、医学及社会心理学状态适宜的人；②捐献者应该完全了解作为活体器官提供者的风险、利益，以及接受器官捐献的人所面临的风险、利益和可行的治疗；③供者捐献的器官不能用于临床上已没有希望的患者；④供者、受者的利益必须超过活体器官捐献和移植的风险，即要符合“冒险—获益原则”。

前国际器官移植学会主席、英国剑桥大学罗依·卡尔尼（Roy Calne）对活体器官捐献提出了3个需要解决的伦理学问题：①活体亲属器官的捐献必须考虑“捐献极限”的伦理问题，即一位活体器官提供者最多可以捐献出多少种器官，或器官的多大部分？从伦理上看，医疗部门可以接受一个人捐献一个以上的器官，但是，对捐献者的健康是否会造成损害，损害的风险是多大，如何评估，谁来评估？如果一位器官接受者移植多次失败，那么这位患者最多可以从多少个亲属那里获得多少个器官？这样的极限如何界定？这是对现代医学伦理学的新挑战。②父母捐献器官给自己的子女容易接受，而子女捐献器官给父母则应该慎重。因为子代相对于亲代而言，有更漫长的人生路要走，其健康状况更为重要，因此，只有在迫不得已的情况下才可推荐子代将器官捐献给亲代的模式。③非亲属活体器官捐献更应慎重，因为由此极易给活体器官买卖提供可乘之机。

2. 尸体器官供体

从目前世界范围来看，尸体器官是构成器官移植的主要来源。随着人们文化观念的更新，越来越多的人表示愿意死后捐献出器官。以尸体做供者的器官移植称尸体器官移植，包括无心跳的尸体供者和有心跳的脑死亡供者两种。以无心跳的尸体供者的器官作移植时，供者被切取器官时心跳、循环已停止，但心跳停止的时间不能过长，因移植类别不同而异。如肾一般不超过30分钟，而肝在5~8分钟内。以脑死亡供者的器官作移植时，因供者的循环、心跳、呼吸仍可用人工辅助方式维持，切取移植物时在接近正常呼吸循环功能的情况下进行，且热缺血时间短，移植较易于成功。

尸体器官的获取，主要可以分为四种类型。

（1）自愿捐献。自愿捐献是指器官的捐献完全以捐献人的意思表示为根据，捐献人明确表示愿意捐献器官供移植时，可以提取器官供移植；捐献人生前明确表示死后愿捐献器官的，当其死亡之际，医师可以摘取其器官供移植。因此，自愿和知情同意是器官移植的基本伦理原则。自愿就是尊重个人的意思表示，而且这种意思表示是真实的，不应迫于外来的压力。知情同意，则是捐献人被告知真实情况后所作的承诺，这被认为是保护个人自主权不受他人支配的措施。如果死者生前明确表示死后保持遗体完整，不愿捐献器官，则不能摘取死者的器官，否则，就是违反医学伦理道德的，也是违法的。

（2）推定同意。指法律规定公民在生前未做出不愿意捐出器官的表示，可被认为是自愿的器官捐献者，也称“法定捐献”。推定同意原则是针对人口中大多数既未表示同意，又未表示反对捐献器官的人而提出的。那么谁有权推定同意呢？有两种情况：一是医师推定同意，这实际是指由政府授权医务人员，只要死者生前未表示反对，医师就可推定其同意摘取其器官，不考虑亲属的意愿。法国、瑞士、丹麦、奥地利、匈牙利、新加坡等国采取了此种做法。二是亲属推定同意，即医师与死者亲属交涉，在明确家属无反对意见、同意捐献时才可进行摘取器官以供移植。罗马尼亚、瑞典、芬兰、希腊、挪威等国的法律采取了这种形式，其优点是可以避免死者亲属提起诉讼。

（3）有偿捐献。西方有的国家尝试通过一些财政手段鼓励器官捐献，如给死者家属减免部分治疗及住院费用，还可以给捐献者家庭一些非金钱的特殊利益，如减免某些地方税等。这种做法存在较多争论，主要是担心可能破坏利他主义价值观，损害人类尊严，给器官移植带来消极影响。

（4）需要决定。根据拯救患者生命的实际需要和死者的具体情况，决定是否摘取其组织和器官，按规定的法律法规程序办理审批手续，不必考虑死者及家属的意见。采取“需要决定”的国家，主要是苏联。近年来，有些国家也在向“需要决定”原则靠近。如土耳其规定，本人生前同意捐献的，可以移植。但同时又做了变通性规定：“因意外事故死亡者，如果有病人急需移植器官，在未取得同意的情况下，也可以摘取之。”① 以上几种尸体供者的器官移植，必然受到一个国家的社会政治、经济、文化、生命观、价值观等因素的制约。我国是社会主义国家，应根据国家人道主义原则，结合我国国情，开展尸体器官移植，并逐步完善法律法规，做到有法可依，依法办事。

3. 胎儿器官供体

指利用不能存活或属淘汰的活胎或死胎作为器官供体，也可为细胞移植提供胚胎组织或器官。胎儿器官、组织和细胞移植正成为当今治疗帕金森病、糖尿病、镰状细胞性贫血和某些癌症的重要医疗手段。胚胎器官有其独特的优点，如比较容易得到，移植后引起的患者机体排斥反应比较轻微，生长力强，手术成功率比较高等，为器官移植医师所青

① 卢启华等主编．医学伦理学［M］．武汉：华中科技大学出版社，2003：188.

睐。但胚胎器官只能来源于晚孕胎儿，而中、晚期引产，尤其是晚孕妊娠引产在许多国家是被禁止的。因此，实际上的胎儿器官移植只能着眼于严重畸胎或缺陷儿（包括无脑儿）。尽管有人对畸胎的器官素质（质量）提出质疑，在胎儿产下尚有生命时器官容易受损，断气后靠维持心肺活动以保持器官质量也并非理想，但因为淘汰性胎儿资源丰富，且较少医学伦理的干涉及牵连，胎儿器官移植仍是器官移植较为理想的选择。以淘汰性有生命胎儿一个或多个器官的部分或整体作为器官移植的供体，关键是对严重畸胎、缺陷儿舍弃的认定。凡认定为“完全舍弃”的畸胎或缺陷儿，如无脑儿、重度脑积水、重度内脏缺损、唐氏综合征、克汀病等用于器官移植的供体，伦理学应予支持，当然，也应有相关的法律法规作保证。

在胎儿供体器官移植中，一直存在着一个最难解决的“伦理难题”，即受精卵（胚胎）是不是生命或是不是人的伦理争论。无论是在西方文化还是在东方文化中，尤其是在传统文化中，人的生命是神圣的。古希腊哲学家、数学家毕达哥拉斯认为，“我们不能结束自己或别人的生命”。这是人的基本道德信念。因此，确定“人的界限”是从根本上解决胎儿供体器官移植伦理争论的关键。从人类认识的历史来看，对胚胎是不是人一直争论不休。希波克拉底提出的“誓言”中有“尤其不为妇女施堕胎术”的誓言，间接说明胎儿是生命的实体。在1821年维护与反对流产之争中，美国人就认为胎动是人生命的开始，而胎动始于早孕2~3个月时。

1948年在日内瓦召开的世界医学会全体大会通过，1969年在悉尼召开的第22届大会做了修改的《日内瓦宣言》也明确表示“我要从人体妊娠的时候开始，保持对人类生命的最大尊重”。从这些观点出发，人开始于受精卵，胎儿组织及器官无疑是人，理应受到保护和尊重，不应把他们作为手段、工具加以操作。当然，也有人反对上述观点，认为“胚胎不是人”。

古希腊学者亚里士多德就曾提出过应立法允许致死畸形胎儿的主

张，既然对不符合生命质量的个体出生后都可以施致死术，未分娩出母体的胎儿就更不具有人的资格了。随着医学科学的发展，人们对胚胎和生命现象的认识也更趋理性和科学，认为人胚胎是一个连续发育、从量变到质变的过程。受精卵和胚胎只有生物学意义上的生命，细胞及组织只是成为人的前提，本身还不是人，人只有在出生后，既有了生物学生命又有了人格生命后才成其为人。这种从人的社会属性与生物属性有机统一的观点出发，通过移植流产的胚胎组织治病救人无疑是符合伦理道德的。应特别指出的是，进行胚胎细胞、组织器官移植有一个怎样做才合乎伦理的问题。一些妇女可能会因经济原因有意流产出卖胎儿，也有可能为获得经济好处而把出卖流产胎儿作为手段，因此，造成流产泛滥，危及妇女及胎儿安全，应防止此种现象发生。

我国医学伦理学家、医学专家一般认为，胎儿供体器官移植应遵循以下伦理道德规则：

（1）作为供体的淘汰性胎儿应局限在避孕和怀孕失败后流产和引产的小于5个月胎龄的胎儿以及围生期内无脑儿等有严重先天缺陷胎儿的范围。

（2）供体胎儿必须以征得其父母一致的知情同意和医院相应委员会（包括医院伦理委员会）的审查和认可为前提。

（3）必须禁止供体胎儿过程中的商品化行为和方式。

（4）必须禁止直接以治疗需求为理由而流产的胎儿用于供体。

（5）在胎儿供体利用的程序上，必须坚持淘汰在先，然后方可考虑利用。不可因急需供体而随意淘汰胎儿。

4. 异种器官供体

异种器官供体，是以某一物种的细胞、组织、器官作为移植物，移植到另一物种体内，也称为异种移植（xenotransplantation，xenograft）。在医学界，期望将动物如猪、狒狒的细胞、组织或器官移植于人体，达到治疗疾病的目的，是研究异种移植的出发点与愿望。

1970年卡尔尼（Calne）根据供体、受体之间的种属遗传背景差异程度和是否存在抗供者天然抗体，将异种移植分为和谐性与非和谐性两种类型。进化关系较近，如猩猩与人之间的移植属和谐性异种移植类型；进化关系较远，如猪与人或猴之间属非和谐性异种移植类型。根据移植血管化类型还可分为即刻血管化即吻合血管的异种移植与新生血管化异种组织或细胞移植。异种移植在免疫学方面主要存在天然抗体、补体系统和内皮细胞激活三大障碍，但其排斥反应发生的确切机制仍有待于进一步研究。异种移植是解决临床供者器官来源短缺的可能途径之一。最早的异种移植是在1905年Pyenceteau将一家兔肾移植给一肾衰竭的儿童，术后获得很好的肾功能，16天后死于肺部感染。1905—1915年的10年中，也有过猪、羊、猴的全肾移植给人的尝试，均未成功。20世纪60年代，免疫学机理被揭示出来，人们开始考虑利用人类近亲灵长类动物器官进行移植。1964年，美国6个病人接受黑猩猩肾，6个病人接受狒狒肾，均在几天至几个月内相继死亡。1984年，一女婴移植狒狒心脏，存活20天。1992年美国匹兹堡大学医疗中心把一只15岁雄性狒狒的肝脏移植给一名肝脏坏死的男子取得成功，两个月后该男子死于感染。此后，包括中国在内的一些国家和地区都有动物器官或细胞移植给人类治病的实践，但因物种间的剧烈排斥反应而效果不理想。近年来，随着基因工程研究的深入，根据不同类型生物基因转移表达的事实，使研究者看到了利用转基因动物进行器官移植的一线曙光。目前主要处于动物实验阶段，已有多种转基因猪的制作，但距临床应用仍有较大差距。

异种器官移植，面临的生命伦理问题主要有：

（1）违反了自然进化法则（原理）。不同物种间生物物质的混杂，实际上是与人类自然进化的规则相违背的，有人认为贬低了人类的尊严、价值。

（2）物种间的感染问题的存在。例如，把猪的器官移植给人，人们最担心的就是猪的病毒会不会传播给人。因为猪存在内源性逆转录病毒（PERVs），而且 PERV RNA 部分反转录的 DNA 似乎是存在于所有猪的基因中，但它对猪却是无害的。但是，科学家范德拉恩（Van Der Laan）等人做的一项实验结果证明，当把猪的胰岛细胞移植给免疫缺陷的小鼠时，结果发现小鼠感染了猪的内源性逆转录病毒（PERVs）。而且，包裹于猪细胞膜糖蛋白中的 PERVs 病毒颗粒的表面也存在 α-1，3-半乳糖；当把猪的 α-1，3-半乳糖转移酶基因敲掉之后，就有可能将该病毒从猪的器官中释放出来，而接受器官移植的患者，免疫系统由于对此不敏感以致失去活性，即由于猪的基因敲除，会不会使患者的健康反而受到威胁，这就需要在临床研究中认真观察①。

（3）异种器官移植出现的“混合人”，会使他们在社会生活中感到不自在，有异类感，带来心理上的问题，而且会导致他们在婚姻、就业、保险等方面受到歧视的社会问题。

（4）动物的权利问题。有人认为异种器官移植是“人类中心主义”观念的产物，漠视动物的权利。以汤姆·里根（Tom Regan）为代表的动物权利主义者认为，动物享有和人一样的权利，反对任何形式的在人和动物间权衡利益的选择。因此没有必要讨论“牺牲”动物去挽救一个人是否有伦理道德上的合理性。动物保护是应该遵守的道德，黑猩猩、狒狒等灵长类动物属于珍稀动物，受到越来越多文明国家的法律保护。从环境保护、动物保护的角度来看，异种器官移植也不是器官移植的未来方向。

5. 克隆器官供体

克隆器官移植又称“治疗性克隆”。它是基于用体细胞克隆“多莉羊”以及在“鼠背上复制人耳”技术成功后的一种器官移植的新思路，即将“克隆”与“组织工程学”等技术手段结合运用于临床治疗。其

① 高崇明，张爱琴．生物伦理学十五讲［M］．北京：北京大学出版社，2004：192.

最终目的是解决人体器官移植供体来源问题。

所谓克隆器官移植，目前还是一种设想和研究，即把病人的体细胞移植到去除遗传物质的卵母细胞内，经过处理使其发育成囊胚，再用囊胚胎干细胞，在体外进行诱导、分化成特定的组织或器官，如皮肤、软骨、心脏、肾脏、膀胱等，再将组织或器官移植到病人身上。因为供体、受体具有相同基因，也就不存在排斥问题。目前某些体外组织如皮肤、软组织已培植成功，骨骼也会在不久培植成功。但完整的功能器官尤其是内脏器官培植尚有很大距离。人体器官组织复杂，需要多种细胞集聚而成，如何用不同的生化溶液促使各种细胞共生，从而培育出完整的功能性器官是一大难题；如何让胚胎干细胞定向生长出所需器官，还有赖于人类对基因功能的破解；如何获取理想的固定克隆器官形状的生物材料也还有一段较长研究时间。目前，完整功能性器官克隆研究还仅限于动物实验。

治疗性克隆涉及人类体细胞核转移和胚胎干细胞的扩增，若有失误将会对人类社会造成难以挽回和不可估量的危害，所以面对的伦理问题也是极其尖锐和复杂的。

首先，人体器官生物材料模型和种植人的细胞的复合体必须植入到一定的动物体内才能生长发育，如果将人类体细胞核转移或人类胚胎干细胞扩增到动物身上，有可能产生意想不到的结果。其次，能发育成人体各种器官的是被称为“人类器官组织之母”的胚胎干细胞，然而克隆出人类胚胎后，又将其破坏以获得所需干细胞，使其在成长过程中逐步分化成人体内各种器官的细胞，这又会产生“胚胎是不是人”的伦理争论。再则，克隆器官与克隆人在技术上具有一致性，允许克隆人的器官意味着对克隆人管理的放松，有可能促使克隆人的出现。2000 年 8 月，美国总统布什决定准许有限度地开展治疗性克隆的研究。因此，大多数专家认为，治疗性克隆研究必须规范有序，应尽快制定治疗性克隆伦理管理条例或指导大纲。

6. 人工器官供体

人工器官（人造器官）是采用高分子材料制成的仿人体器官功能的替代物，一般意义上说，不属移植范畴。由于器官短缺，长期以来，人们在人工器官的研制应用上做了巨大努力并取得了较大进展。1943年荷兰医生科尔制成第一个人工肾，首次以机器代替人体的重要器官；1961年美国外科医生史塔尔和艾德华发明了人工心脏瓣膜；首例永久性人工心脏植入术完成于1982年，患者术后存活112天，诺贝尔医学奖获得者卡雷尔和助手林德伯格发明了世界上第一个人工肺——“铁肺”。

随着医学科学的发展和材料工业的进步，现已经制成的并在临床试用的人造器官已遍及身体各部，包括颅骨、硬脑膜、假牙、角膜、人工喉、食道、气管、乳房、肺、心瓣膜、肝、阴茎、膀胱、肾、胆囊、胰腺、皮肤、内分泌器、肌腱、关节、韧带、血管等。这些人造器官按其功能可分为单纯功能型（以物理功能为主），如肾、肺、关节；高级功能型（以化学功能为主），如肝、胰腺、胸腺。在与人体结合的状态上可分为不与人体组织牢固结合的游离型，如起搏器、乳房；与人体组织牢固结合的组织结合型，如假牙、心瓣膜、血管。人造器官植入技术的崛起给器官功能衰竭的病人带来了生机，但生物材料与人体组织相容性问题尚未很好解决。

人工器官涉及的伦理学问题有：（1）知情同意。人工器官对人体来说毕竟为“异物”，人工器官的采用必须经病人同意，不能剥夺病人自我决定的权利；（2）风险与收益比。像人工心脏这种人工器官，不能排除其发生故障的可能，另外如血栓形成和感染，一旦发生会带来灾难性后果；（3）投资与效益比。价格昂贵、花费巨大，但收效有限。人造器官也不可能完全代替人体固有的器官、组织的全部功能。

7. 干细胞移植供体

干细胞移植是造血干细胞移植和功能性干细胞（如神经干细胞、心肌干细胞、胰岛干细胞）移植的总称。干细胞的“干”译自英文“stem”，意为“树”“干”和“起源”。干细胞是人的生命和成长发育中起主干作用的原始细胞，它具有自我更新、高度增殖和演变为各种类型细胞的潜能。按照分化潜能的大小，干细胞分为全能干细胞、多能干细胞、专能干细胞。

全能干细胞可以分化成人体全部200多种细胞类型，这些细胞构成人体的各种组织和器官，最终发育成一个完整的个体，如人类的受精卵就是一个最初的全能干细胞，受精卵继续分化形成多个全能干细胞即胚胎细胞。全能干细胞进一步分化，可以形成多功能干细胞，这时细胞分为外层细胞和内层细胞，由外层细胞发育形成胎盘和其他对发育过程至关重要的组织，内层细胞继续发育成人体的所有器官。

多能干细胞分化过程中形成专能干细胞，由专能干细胞分化成某一类型细胞，如神经干细胞分化成各类神经细胞；造血干细胞分化成红细胞、白细胞等各类血细胞。由于干细胞能分化成特定组织和器官的潜能，因而在组织损伤修复和器官移植领域有着巨大的应用前景，在1999年度世界十大科技成果评比中，“干细胞研究的新发现”列为榜首。

用干细胞移植治疗疾病将分为三个阶段。第一阶段是把成体干细胞直接移植给组织损害的病人来治疗疾病，如骨髓移植治疗白血病、脾细胞灌注治疗血友病、成分输血等。第二阶段是在体外将干细胞定向分化为所需细胞并对某些遗传疾病基因进行修饰，再移植给病人，这种替代疗法有望治疗糖尿病、帕金森病、老年痴呆症等。第三阶段是在体外进行器官克隆，这将给器官移植带来一个跨越性的发展。在体外形成一个特定空间结构、正常血液供应、正常的神经分布和具有生理功能的人体器官，不仅技术难度大，而且因为用于器官克隆的一般是人胚胎干细胞

(ES)，不可避免地会引起伦理之争。诸如：人胚胎干细胞的来源是否合乎道德；为获得ES细胞而杀死人胚胎是否道德；即使是来自自发或事故流产胚胎的细胞亦是否恰当；如果允许从体外受精获得囊胚及人工流产获得胎儿组织是否会引起人流的泛滥；将人胚胎细胞嵌入家畜胚胎中来获得移植用人体器官是否道德，等等。因此，此项研究，许多国家正在积极而审慎地进行。

(四) 受体选择的伦理学问题

受体选择伦理学的根本问题是病人的选择及医药资源的微观分配问题。包括：谁有资格享受这种昂贵的器官移植；选择接受器官移植者的标准是什么；器官移植后病人身体恢复的程度能否与花费的代价相当；移植受体的选择是否要考虑医学心理、社会和经济因素，等等。

伦理学家们认为，一般应从医学标准、社会价值、个人及社会应付能力以及医学发展的科研需要进行综合判断。受体选择受功利主义和人道主义两种思想的制约。从功利主义的观点分析，病例的选择原则应着眼于科学发展及手术成功的远景因素，如同一器官移植给一个年轻人比移植给一个老年人，无论是从成功的相对因素、预期寿命因素，还是将来贡献潜力来讲都大得多，道德上也无可非议。若从人道主义观点分析，只能由医学观点来选择移植对象，用非医学因素挑选手术对象不符合平等原则。我们的态度应该是动机与效果的统一，承认功利、绝对平等行不通，不反对一般人道主义。

医学标准，即移植的适应症与禁忌症。医学标准是对病人能否获得成功治疗的估价。主要应考虑以下几点：(1) 原发疾病。一般说来，身体各个器官病变引起功能衰竭后均可进行器官移植，但要考虑到原发疾病，如果是全身因素引起的该器官功能衰竭就应慎重采用移植术。(2) 受者健康状况及并发症。除需移植有病变的器官外，其他脏器功能要求良好。(3) 年龄一般在15~45岁，4岁以下，65岁以上应列为相对禁忌症。(4) 免疫相容性选择。一般要求ABO血型相同和相配合，HLA 配型位点相配较多，交叉配合及淋巴毒试验为阴性。随着医学的发展，医学标准会随之变化。

社会标准是指在有器官移植适应症的病人中选择谁作移植，谁先作移植。由于器官来源极其紧缺，器官分配只能相对公平，因此产生了可供选择的社会标准参考项目：（1）社会价值；（2）在家庭的地位及作用；（3）经济支付能力；（4）受者病情需要的紧迫程度；（5）受者行为方式与疾病的关系。上述标准按何次序排列，取决于一个国家和地区通行的社会规范和价值观念，但基本的原则是先考虑医学标准，再考虑社会标准。

受体的选择除遵守上述标准外，还应遵循必要的伦理原则。第一是效用。效用是代价—收益；风险—收益的比较。在进行某一例器官移植时，经权衡比较，当收益大于代价和风险时才是有意义的。其比较参照因素就是供者的“失”与患者的“得”。所以，在选择受体时，首要的是受者移植后的生存质量、生活前景、康复潜能、余年寿命；而不仅仅是他的适应症、社会地位、经济条件等。第二是公平，社会标准体现了一定的公平性，但不是全部。为了使受体选择尽可能公平，必要的参照条件是需要的。如病人的自我愿望、心理承受能力、社会支持度、经济条件、对社会的意义等。美国伦理委员会就曾制定过一个指导卫生资源公平分配的原则，大致是：回顾性原则，即照顾病人过去对社会的贡献；前瞻性原则，即考虑病人对未来社会的作用；家庭角色原则，即在家庭中的地位；科研价值原则，即有科研价值者优先于一般病人。此外，一些移植组织采用了广为人知的中性原则，即排队原则。第三是对患者的忠诚。器官的分配在实践中是个体化的，几乎不可能设计出适用一切病人或包揽一切的原则。比如当一个等候长时间的终末期肾病患者和一个外伤致肾毁伤的病人同时需要做肾移植时，究竟先选择谁？这就需要医生根据自己的判断进行选择。医生在做出此类价值判断时唯一信守的是对病人忠诚的原则，坚持从预后的效果去考虑，排除一切可能的干扰，包括来自上司的、金钱的、亲情的干扰。

三、器官移植相关法律法规及伦理原则

（一）国际上器官移植相关法律法规及伦理原则

1968年美国统一州法律全国督察会议起草并通过了自愿捐献器官的《统一组织器官捐献法》。该法规定：（1）任何超过18周岁的正常人可以捐献他身体的全部或一部分用于教学、研究、治疗或移植的目的。个人对自己的解剖授予权可以以遗嘱和证书形式体现。以证书形式捐献器官的，要填写“志愿供者卡片”，由捐献者本人和两个证人在证书上签字，上面记载“如果我万一死去，身体的器官均可以捐献”。（2）如果个人在死前未做出捐献的明确表示，死者的近亲属有权做出捐献表示，除非已知死者生前反对捐献。（3）如果个人已经做出捐献的表示，不能被亲属取消。1976年11月，法国颁布的《器官移植法令》规定：“为了医学或科学的目的，一个人在活着的时候没有表示出他死后反对移植其器官的，才能进行移植。”

1984年9月，美国国会通过了《全国器官移植法》，这是一项具有历史意义的明确禁止人体器官买卖用于移植的法案。该法案认为，销售人体器官可能会导致对穷人的剥削，一贫如洗的人们可能会为了交付抵押金或为了孩子们能吃饭而出卖自己的器官，还可能会导致器官品质方面的问题。该法案还规定，那些参与买卖人体器官的人，将被处以5年监禁和5万美元罚款。

1986年国际移植学会围绕器官资源分配问题，发布了以下基本准则：所捐献的器官必须尽可能予以最佳利用；应根据医学与免疫学的标准，将器官给予最适合移植的病人；决不能浪费可供使用的器官，应成立区域性或全国性的器官分配网，做公平合适的分配；分配器官必须经由国家或地区的器官分配网安排；分配器官的优先顺序不能受政治、机构或某团体偏爱的影响；参与器官移植的外科与内科医生不应在本地、

本国或国际上从事宣传；从事移植的外科医生或其他小组成员不可以直接或间接地从事牵涉买卖器官或任何使自己或所属医院获益的行为。

1991年，印度制定了一项于1995年2月开始实施的禁止出售活人器官的法律。一方面，这项法律鼓励人们出于爱心自愿捐献器官，以挽救需要移植器官的病人的生命，为此，这项法律将脑死亡概念写了进去，并允许外科医生摘取脑死亡者的器官供移植之用，但是医院从事器官移植手术必须先向政府登记。另一方面，这项法律又规定出售活人器官者，将被罚款2万卢比，并且可被判处3~7年徒刑。

1992年，荷兰政府作出决定，为了保障人体器官移植正常进行，并对患者的生命健康负责，严禁一切人体器官的私下交易。西班牙、巴西、新加坡等国的相关法律规定，除非本人在生前明确表示不愿捐献自己的器官（在身份证上注明），否则所有人都应被视为人体器官自愿捐献者，在其死后，医生有权摘取其器官供移植用。

2000年，美国政府特别制定了《异种器官移植的准则草案》，主要内容包括：（1）对异种器官移植的临床计划，要求移植工作者应包括例如外科、传染科医生、兽医、移植免疫学家、感染控制专家以及临床微生物学家等。（2）对于动物来源，要求动物应该取自经过筛选、检查、封闭的、特性良好的牧群或群落，尽可能没有传染因子。（3）对于临床问题，要求应该通过临床和实验室检查监测异种器官移植接受者的健康状况。（4）对于公共卫生需要，建议进行全国性登记以提供评估长期安全性以及有助于流行病学的调查。

（二）我国《人体器官移植条例》的相关规定

2007年，国务院制定并通过了《人体器官移植条例》，这是我国首部人体器官移植的行政法规，为推动我国人体器官移植的规范性发展，保证医疗质量，维护我国人民健康，维护公民的合法权益，具有重要的实践意义。

该条例的主要内容有：

（1）任何组织或者个人不得以任何形式买卖人体器官，不得从事与买卖人体器官有关的活动。

（2）人体器官捐献应当遵循自愿、无偿的原则。公民享有捐献或者不捐献其人体器官的权利；任何组织或者个人不得强迫、欺骗或者利诱他人捐献人体器官。

（3）捐献人体器官的公民应当具有完全民事行为能力。公民捐献其人体器官应当有书面形式的捐献意愿，对已经表示捐献其人体器官的意愿，有权予以撤销。公民生前表示不同意捐献其人体器官的，任何组织或者个人不得捐献、摘取该公民的人体器官；公民生前未表示不同意捐献其人体器官的，该公民死亡后，其配偶、成年子女、父母可以以书面形式共同表示同意捐献该公民人体器官的意愿。

（4）任何组织或者个人不得摘取未满18周岁公民的活体器官用于移植。

（5）活体器官的接受人限于活体器官捐献人的配偶、直系血亲或者三代以内旁系血亲，或者有证据证明与活体器官捐献人存在因帮扶等形成亲情关系的人员。

（6）医疗机构从事人体器官移植，应当依照《医疗机构管理条例》的规定，向所在地省、自治区、直辖市人民政府卫生主管部门申请办理人体器官移植诊疗科目登记。

（7）在摘取活体器官前或者尸体器官捐献人死亡前，负责人体器官移植的执业医师应当向所在医疗机构的人体器官移植技术临床应用与伦理委员会提出摘取人体器官审查申请。人体器官移植技术临床应用与伦理委员会不同意摘取人体器官的，医疗机构不得做出摘取人体器官的决定，医务人员不得摘取人体器官。

（8）摘取尸体器官，应当在依法判定尸体器官捐献人死亡后进行。从事人体器官移植的医务人员不得参与捐献人的死亡判定。

（9）从事人体器官移植的医疗机构及其医务人员应当尊重死者的尊严；对摘取器官完毕的尸体，应当进行符合伦理原则的医学处理，除用于移植的器官以外，应当恢复尸体原貌。

（10）从事人体器官移植的医务人员应当对人体器官捐献人、接受人和申请人体器官移植手术的患者的个人资料保密。

（三）我国人体器官移植应遵循的伦理原则

器官移植涉及器官的供体与受体的生命健康与利益，涉及复杂的医患关系，涉及公共卫生资源的分配与利用，涉及法律以及保险公司利益等社会利益，因此，这一复杂的高新技术医疗活动，实践中迫切需要相应的伦理原则来引导其合理发展。我国器官移植应遵循的主要伦理原则分述如下。

1. 自主原则

自主原则是现代医学伦理学的一条基本原则，在器官移植中也适应，也应该遵循。这里的自主包括捐献器官者（捐献者、供体）与接受器官者（患者、受体）双方的自主。自主即自己作主，自己主张。一般而言，应由供体、受体本人自主，他人不能代替主张。患者（受体）是未成年人的，按照有关法律规定，可由其监护人、法定代理人作主；捐献者（供体）捐献器官，只能由本人作主。活体捐献者必须是身体健康的成年人。妇女怀孕期间不能捐献器官。对未成年人是否可以活体捐献器官，目前存在很大的伦理、法律争论，我国 2007 年制定的《器官移植条例》明确规定，禁止 18 周岁以下的未成年人的活体器官捐献。

2. 知情同意原则

知情同意包括捐献者与患者的知情同意两个方面。医生必须向器官捐献者（活体捐献）提供有关因器官捐献可能给身体健康造成损害的知识或信息，即器官捐献的潜在风险。在美国，提供活体肾脏移植中，有 0.03%的捐献者在摘取肾脏后发生死亡，有 0.23%摘肾后出现威胁生命的严重并发症。捐献者有权了解器官移植的可行性，受体（患者）是否还有其他能替代器官移植的、可供选择的治疗方案，器官移植是否是在万不得已的情况下的选择。应该确保捐献者是在完全自愿的前提下进行，不能向捐献者施加任何或明或暗的压力，例如，在活体捐献中，亲属间不应该进行开导与劝慰，进行情感动员；媒体也不应以弘扬传统伦理道德为由，或者以呼救的方式，引导亲属捐献器官。不要催促捐献者，要给予捐献者冷静思考的时间，以便捐献者有足够的时间理性地进行思考，要确保捐献者是在情感稳定的情况下自己作出的决定。捐献者有权撤回自己原先作出的决定。潜在的活体捐献者，如果不愿捐献自己的器官，医生不但不能强迫，而且还应该帮助其找到合适的医学借口，使其体面地拒绝捐献。对功能性文盲者，如语言不通、对捐献自己器官的利害关系无法作出判断者，器官移植部门要向他们提供可靠的翻译，使捐献者能充分表达自己的“犹豫、关心以及不愿（便）与家人讨论”的健康问题，以确保捐献者知情。患者也应充分了解器官移植的成功可能性、可能遭受的痛苦或失败、并发症、医疗费用等。由于器官移植费用通常很高，患者要面对生命与经济上的巨大风险，医生需要了解、体谅病人及其家属在决定进行移植前的复杂心情，对试验性的手术，患者的知情同意显得尤为必要。

3. 公益公正原则

公益公正是现代社会的一个基本要求。美国著名政治哲学家、伦理学家罗尔斯在其名著《正义论》中认为：“所有的社会价值——自由和机会、收入和财富、自尊的基础——都要平等地分配，除非对其中的一种价值或所有价值的一种不平等分配合乎每个人的利益”。① 器官移植医疗实践中，我们同样面临公益公正的伦理学问题。

（1）器官移植的医疗费用如何解决才是公益公正的。

① 罗尔斯．正义论［M］．北京：中国社会科学出版社，1997：58.

一般而论，每个社会成员都应平等地享有利用公共资源医治疾病的权利。但现代社会公共医疗资源（如财政拨款费用）有限，随着医药费用上涨，公共医疗费用日趋紧张，而器官移植费用又很高，如果器官移植占用了大量公共开支，必然影响其他社会成员医治急需医治的疾病，影响全社会的疾病预防。因此，越是医疗资源短缺的国家，越是不得不让患者更多地承担器官移植的费用，否则，对其他社会成员就显得不公正。器官移植的医疗费用如何解决才是公益公正的，是国家医疗卫生政策与制度的范畴，这实质涉及一个国家社会制度伦理问题，涉及社会制度公正的理念。就我国现状来看，国家还不可能承担主要（大部分）费用，个人还必须承担主要（大部分）费用，因此，发展社会组织、慈善机构多方支持系统，就显得十分必要。

（2）稀缺器官如何分配才是公益公正的。

稀缺器官如何分配才是公益公正的，是从事器官移植工作的医生和医院管理工作者经常面临的、倍感压力的问题。多个患者等待移植，但可供移植的器官只有一个，应该给予谁呢？往往选定了某个患者，就意味着其他患者很可能在等待中绝望地死去，从这个意义上说，医生对患者选择的过程就是决定谁的生死过程。因此，程序正义就显得十分重要，在这里，公益公正就转化为程序正义。目前，国际上比较普遍的做法是：首先，考虑的是医学标准，等待器官移植的患者的适应症与禁忌症。即使多个患者已签署了知情同意书（文件）希望进行器官移植，我们也不能仅仅依据先来后到（登记次序）的时间顺序来安排器官移植，我们首先应进行医学技术方面的考量与评价。在器官移植时要排除有禁忌症的患者，优先考虑病情严重者，考虑在组织配型时发生免疫排斥少的患者，所有这些考量，不会引起太大的争议。其次，在医学标准衡量之后，是生命质量方面的考量，我们一般应选择生命质量较高的患者作移植，例如，三个患者要求肾移植，年龄分别是 20 岁、30 岁、40 岁，病情紧迫程度类似，我们一般应优先 20 岁患者，因为其生命质量是最高的，这就是生命质量论的体现与要求。再次，影响愈后的生理、心理条件和自我调适能力，应是考虑谁先移植的重要条件。例如，在其他条件相同时，一个不吸烟、不酗酒、不吸毒的患者就应该优先于有吸毒等不良行为的患者。最后，患者对其家庭的价值也是考量的重要因素。例如，一个有年幼子女需要哺养的年轻女性很可能比一个独身的年长些的妇女得到优先考虑，这实质是生命价值论的要求和体现。

4. 代价-效益比较原则

代价-效益比较原则，也可以看作是经济学方面的考量。人类总是努力遵循最小代价、最大效益的原则行事，器官移植医疗实践中，我们也应遵循这个原则，因为这样最有利于人的生命。供者、受者的利益必须超过活体器官捐献和移植的风险，供者捐献的器官不能用于临床上已没有希望的患者，或者，由于患者年龄较大，即使移植成功，其发生于供体的风险明显大于患者获得的利益，则也不宜开展移植。例如，一个70岁的患者需要脾脏移植，他40岁的儿子自愿捐献一部分脾脏，我们则应该特别慎重，一般不宜主张。因为这对患者的儿子来说，风险太大，而70岁的父亲已是高龄了，代价-效益比较不相称，一般主张放弃，虽然其儿子的孝心感人，道德价值值得肯定，但我们医务工作者应理性选择，而不能感情用事。

【本章推荐阅读书目】

1. 孙福川，王明旭主编．医学伦理学［M］．第4版．北京：人民卫生出版社，2013.

2. 胡修周．医学科学研究学［M］．北京：高等教育出版社，2006.

3. 郑文清，周宏菊．现代医学伦理学概论［M］．武汉：武汉大学出版社，2017.

4. 范瑞平，张颖．建构中国生命伦理学：新的探索［M］．北京：中国人民大学出版社，2017.

5. 王定功，杜静．生命价值论［M］. 北京：教育科学出版社，2013.

6. 施卫星．生物医学伦理学［M］. 杭州：浙江教育出版社，2010.

【本章思考与练习】

1. 器官移植价值问题的实质是什么？你是如何理解的？
2. 胎儿供体应遵循的伦理原则是什么？
3. 人类胚胎的伦理学争论是什么？
4. 异种器官供体存在的伦理学争论是什么？
5. 受体选择的医学标准与社会标准是什么？
6. 我国人体器官移植条例的主要内容是什么？
7. 我国人体器官移植应遵循的伦理学原则是什么？

第七章　生命伦理学之生殖技术与伦理

【本章内容提要】

◆ 生殖权利与生育控制

◆ 避孕的医德要求

◆ 人工流产手术应遵循的医德要求

◆ 人工授精的伦理问题

◆ 实施人工授精技术的伦理原则与规范

◆ 体外受精的伦理问题

◆ 体外受精技术的伦理原则与规范

◆ 克隆技术的伦理问题

◆ 反对克隆人的理由

◆ 有关人工生殖技术的法律法规

一、生殖权利与生育控制

生殖权利又称生育权利，是人的自然权利，也是公民的基本人权。我国《人口与计划生育法》规定，生育权主要包含以下几方面内容：(1) 生殖健康（保健）权利，包括获得科学知识和信息的权利、获得避孕节育、生殖保健技术服务、咨询、指导的权利；(2) 男女平等权利，即女性与男性在实行计划生育方面地位平等，双方都有要求实行计划生育的权利；(3) 知情选择权利，主要是指避孕节育方面的知情选择权；(4) 健康及安全保障权利。

生育控制是对人的生育权利的限制，包括对正常人生育权利的限制和对异常特定人的生育权利的限制。前者通常是一个国家为了控制人口数量而制定的一种普遍政策，后者则是为了提高人口质量，对一些严重影响后代生命质量的特定育龄夫妇实行生育限制。生育控制的主要方法包括避孕、人工流产、绝育。

二、生育控制及其伦理问题

生育权是基本人权，生育控制是对人的生育权利的限制，因而不可避免地带来伦理学问题。

(一) 避孕及其伦理问题

避孕是人类实现计划生育和人口控制的关键环节。避孕是一种既不影响正常性生活和身体健康，又能根据夫妇意愿随时恢复生育的科学方法。坚持避孕为主的方针，是控制人口和节育的关键。

1. 避孕的伦理争论

避孕的伦理争论主要表现在：其一，受传统观念的影响，个人追求多子多福的愿望与社会对人口控制的矛盾。其二，由于避孕手段日益方便和安全，有可能导致部分人既想寻求性的快乐又不愿意承担婚姻家庭的义务和责任。事实证明，在西方越来越多的妇女自愿选择不要孩子，这一现象引起了一些社会学家、人类学家和未来学家的忧虑。如果妇女普遍放弃生育义务，那么人类社会将面临一场毁灭性的灾难。其三，由于避孕措施的使用，改变了人们的性观念，使性行为、性关系更加自由，导致婚前、婚外性行为、性关系的泛滥。其四，避孕失败有可能导致更多的人工流产，而人工流产的增多势必会给妇女带来身心方面的损害。

2. 避孕应遵循的医德要求

医务人员在提供和指导避孕措施时，应遵循以下医德要求：

第一，了解避孕对象，选择合适的避孕方式。目前，在国内外常用的避孕药具多达万余种的情况下，医务人员不得强制不同对象施用某一种避孕方法，而应全面细致地了解避孕对象的具体条件，充分考虑其适应症和禁忌症，认真负责地为节育对象推荐、选择最佳避孕方法。

第二，宣传男女平等，夫妇双方有同等义务。避孕节育是男女双方的事，医务人员应讲清楚道理，提倡男女平等，谁有利谁做，根据具体情况加以合理选择。

第三，尊重避孕者的自主权。在不违反国家计划生育法的基础上，避孕者在避孕方式和避孕时间的选择上应享有充分的自主权，避孕者选择何时避孕，采用什么方式避孕，都是公民自主权的体现，任何组织或个人不得随意干涉。

（二）人工流产及其伦理问题

流产可分为自然流产（natural abortion）和人工流产（artificial abortion）。人工流产是医务人员利用医学技术终止妊娠的一种手段。人工流产又可以根据其性质分为治疗性人工流产和非治疗性人工流产。自然流产属于不能人为控制的事件，因此，不存在任何伦理问题。治疗性流产一般是为了保护母亲的健康或生命而采取的措施，也得到法律的支持和伦理的保护。

而非治疗性的人工流产则常常引起伦理和道德的争论。在很长的一段时间里，由于受宗法观念和旧道德观念的影响，人工流产常常被当作非法，认为人为地终止生命的自然成长是不道德的，甚至是犯罪。

对人工流产的争论主要是基于人们对胎儿的法律和道德地位有不同看法。有人认为，从怀孕的瞬间开始胎儿就拥有了生命的权利及完全的道德上的权利，因此胎儿有生存的权利，实施人工流产就是杀人，或者认为除了为挽救孕妇的生命外，人工流产总是错的。也有人认为，怀孕早期的胎儿还不具有完全的生存和道德权利，是可以实施人工流产的，但在怀孕后期胎儿已拥有生存权利，此时就不可以实施人工流产了。但是，非治疗性人工流产的伦理辩护是国家利益和全人类的利益所在，同样必须得到尊重。问题的关键是在孕妇的生殖权利、胎儿的生存权利与国家和全人类的利益之间找一个平衡点。

随着社会的进步和医学技术的提高，人工流产已基本上被大多数国家所接受。为了计划生育，有效地控制人口，我国允许人工流产，但更提倡避孕为主，因为反复人工流产和大月份引产会影响妇女的健康。在避孕失败或其他原因而造成计划外妊娠或其他原因必须终止妊娠时，作为一种补救措施，人工流产是必要的，也是符合道德的。

医务人员在施行人工流产手术时，应遵循以下医德要求：

1. 确认流产对象，维护孕妇利益

人工流产毕竟是对妇女健康不利的手术，医务人员应严格按照手术适应症和禁忌症确定合适的流产对象和合适的人工流产时机，尽可能减少手术给妇女健康带来的不利影响。术前还应征得受术者和家庭的同意和配合，不可强制实施人工流产。

2. 认真施行手术，妥善处理流产胎儿

人工流产手术不大，但责任很大。医务人员在术前要正确诊断和了解病人的其他情况，手术中要严格执行操作规程和确保手术安全，努力做到稳、准、轻、快，尽量减少并发症。术后要予以安慰体贴，并交代恢复中的注意事项。要尽量避免术中粗暴操作造成受术者流产不全、子宫穿孔。同样要避免对病人不闻不问，漠不关心或态度粗暴。对流产的胎儿或大月份胎儿人工流产后的处置应征得受术者同意，根据有关规定妥善处理，避免日后引起法律纠纷。

3. 诚待非婚孕妇，公正人道，无私无邪

人工流产还涉及非婚妊娠处理的道德问题。非婚妊娠的妇女中虽然有的人有不道德的行为，但她们仍有平等的医疗权利。当非婚妊娠妇女来医院要求人工流产时，医务人员应像对一般病人一样对待她们，手术中应一样按常规认真操作，决不能草率从事。

非婚妊娠妇女承受社会上舆论的压力，具有其特殊的心理活动。这些妇女的未婚怀孕，虽然有的是由于自己的行为不检点、道德观念淡薄所致，但有的是由于受骗上当，也有的是被强奸所致，因此，医务人员应主动关心和安慰她们，不能在语言上和行为上给她们增加心理压力，如讽刺和挖苦、有意丑化她们，甚至粗暴操作对其进行惩罚。这样做只能使非婚妊娠妇女的心理创伤加重，以致消极悲观，甚至走上绝路，或者使一些人不敢去医院人工流产，私自堕胎，造成严重的并发症和后遗症。

对于非婚妊娠妇女，医务人员同样有保密的道德责任和义务。随便把她们的私事加以泄露是不道德的行为，当然，向组织反映情况则不属泄密范畴。任何医务人员都不能参与非法的秘密人工流产，因为这会造成不良的社会后果。

（三）绝育的医德要求

绝育是指医务人员利用医学技术，帮助不想生育的夫妇消除生育机能。绝育手术是人为地从根本上破坏生殖机能，以达到不能受孕的目的。就其效果而言，绝育手术是一种安全可靠，一劳永逸的节育措施，值得提倡。

医务人员在实施绝育手术时，需遵循下列医德要求：

1. 做好手术前和手术后的宣传解释工作，提高受术者的信心

受术者都是健康人，在心理上没有以手术解除痛苦的需要，故常伴

有疑虑与不安，如怕手术疼痛、出血，怕有后遗症影响今后的劳动和夫妻生活，怕做了手术后万一孩子发生意外不能再生育，以及手术者能否胜任等。所以，良好的心理准备很重要。良好的心理准备包括：有针对性的、细致的思想工作，计划生育意义的宣传，手术过程以及保证手术安全的措施的讲解等，使受术者对手术有基本的了解，达到消除顾虑、稳定情绪、安心手术的目的。在术中、术后，医务人员必须对受术者态度亲切，使受术者在良好的心理环境下进行手术。否则，容易发生躯体不适、不良情绪反应及并发症。

2. 要严格掌握手术适应症和禁忌症

手术者应熟练掌握节育手术技术，并对技术精益求精，手术中要严格按手术常规和无菌要求操作，做到稳、准、轻、快，尽量减少术后并发症的发生。凡是未严格遵守手术常规，忽视手术适应症和禁忌症，手术中粗枝大叶以致发生医疗事故的，都是不道德行为。

3. 选择最佳节育方式

医疗部门和医务人员有责任宣传和选择最佳的节育方式，使手术性节育和绝育对受术者损伤最小、引起的痛苦最少，而获得的效果最大。目前，在计划生育工作中，夫妇双方多是女方接受节育或绝育手术，男方则很少接受。造成这种“女多男少”的原因是传统伦理思想的影响和群众缺乏有关的生理知识。许多人片面地认为节育与生育一样是妇女的责任，与男人无关。这种观点或多或少带有大男子主义的思想。更多的人认为男人做了绝育术（输精管结扎术）以后，不但失去生育能力，而且也失去男性功能和男性特征，会影响性生活和夫妻感情。其实，男性绝育的输精管结扎术只会使男性精液中的精子消失，从而达到避孕的目的，并不破坏性腺的内分泌功能，故男性性功能和性特征在手术后仍然存在。精液由精子、精囊液、前列腺液和尿道分泌物组成，其中精子所占比例很小，不到1/10，结扎输精管后排出的精液量并无明显减少，故不会影响夫妻性生活。根据临床实践男性绝育手术具有操作简单，时间较快，手术并发症和后遗症少的特点，对于不准备再生育的夫妇，是最简便而适合的节育方法。从医德要求来说，应重视和大力提倡男性绝育术，对此医务人员有义务进行宣传。目前在世界上，特别是人口多的国家，男性为绝育承担责任正逐渐形成一种趋势，如在美国100万结扎术中，男性占80%，女性占20%。

4. 执行政策，遵纪守法

计划生育是一项政策性很强的工作，医务人员必须认真执行计划生育各项政策，以严肃认真的科学态度和高度的责任感做好计划生育手术。医务人员不能参与非法的取环、开假证明、从中谋取私利等违法乱纪活动，禁止不在医疗机构、不经完备的手术程序而私自进行堕胎的非法行为。在某些地方出现私自为节育妇女“取环”和堕胎的现象，这种现象往往发生在农村和偏僻的城镇中。在为妇女取环和堕胎的人里，许多人未经过医务训练，无行医资格，取环和堕胎的目的多是为了骗取钱财。这些手术往往由于不具备一定的技术和设备，没有严格消毒，而易致受术妇女子宫穿孔、感染或大出血等并发症，造成残废，甚至导致死亡。对这种无视医学道德和国家法令而参与私自堕胎的江湖骗子或国家医疗卫生人员，不论其动机如何，都应该受到道义上的谴责。违反法律的，还应受法律制裁。

三、人工生殖技术及其伦理问题

（一）人工授精及其伦理问题

1. 人工授精技术概述

人工授精（artificial insemination，AI）即人工体内受精，它与传统生育方式的主要区别在于，它不是通过正常性交，而是用人工方法收集精子并直接注入女性生殖道内，使卵子和精子在女性宫腔内结合，以期达到受孕的生殖技术。这一技术的医学价值主要在于补偿男性的生育功能，解决男性不育症。该种生殖技术包括以下三种：

（1）同源人工授精（AIH）。

此种方法是夫精人工授精（artificial insemination by husband），即用丈夫精液的人工授精。该技术用于因生理或其他原因不能通过性交授精，或弱精、少精症的男性，也用于因宫颈的免疫因素而难以受精的女性。

（2）异源人工授精（AID）。

此种方法是供体人工授精（artificial insemination by donor），即用捐献者精液的人工授精。该技术应用于男性无精症、男性患染色体显性遗传症或男女双方均是同一染色体隐性杂合体或男性为 Rh 阳性血型，而妻子为 Rh 阴性血型的夫妇。

（3）借腹生子。

此种方法又被称为代理母亲（surrogate mother），它是因为妻子不能排卵或其子宫不能使受精卵着床，而将丈夫的精液注入愿意代理妻子怀孕或能够供卵的另一女性宫腔内受精、怀孕、分娩，所得子女交由提供精液的男子和其妻子抚养的生殖方式。

人类有文字记载的第一例人工授精于 1770 年发生在英国。1890 年美国医生杜莱姆逊（R. L. Dulemsen）首次将人工授精成功地应用于临床，但是由于受到当时传统道德观念的束缚，直到 20 世纪 60 年代以后此项技术才得以普遍开展。1953 年美国阿肯色大学医学中心的谢尔曼和伯奇利用干冰冷冻精子复温后用于人工授精并获得成功，发表了《人类冷冻精子的生育能力》的著名论文。20 世纪 60 年代以来，美国、德国、英国、意大利等国纷纷建立了人类冷冻精子库，人工授精作为治疗男性不育的技术被广泛应用，商业性精子库的生意也十分兴隆，由人工授精而生育的婴儿大量增加。仅美国每年就约有 1 万名人工授精婴儿诞生。美国加利福尼亚州还建立了“诺贝尔奖奖金获得者精子库”，专门收集诺贝尔奖奖金获得者的精子，并产生了“诺贝尔婴儿”。目前有报道，全世界经人工体内受精的子女已达100万以上，每年世界上都有数以万计的妇女通过人工授精而怀孕。1983年，我国首例冷冻精液人工授精婴儿在湖南医学院诞生，1986年青岛医学院建成我国第一座人类精子库。人工授精对女性生育功能正常而男性精液精子量少、患有遗传疾病或男性的生殖与性功能异常等原因造成的不育，确是一种有效的措施。

2. 人工授精的伦理问题

众所周知，自然界各种生物的繁衍、生存和发展都有其一定的规律。人类作为一种胎生动物，其种族延续，都是通过两性的交合，精、卵在母体内结合成孕，经过十月怀胎，最后一朝分娩，诞生了新的生命。这一规律在人们的头脑中已成定论，由这一规律所产生的伦理、社会和法律观，已被人们广泛地认可。但是，现实生活告诉人们，人类两性的结合，不是所有的夫妻都能通过十月怀胎、诞生新的下一代的。据世界卫生组织报告，全世界育龄夫妇中有5%~15%的不育症患者，其中男性不育占1/3~1/2。在我国的育龄妇女中，约有255万患有不育症，在一些大城市中，每10对育龄夫妇中，就有1对不育。

我国是一个封建社会存在时间较长的国家，家庭观念较强，受“不孝有三，无后为大”的伦理观影响较深。传统的伦理观使不育症患者不仅承受着个人心理上的痛苦，同时还要承受来自家庭和社会各方面的压力。即使是现代人，因结婚多年，仍然膝下无子，夫妻缺乏因孩子所带来的快乐与满足，也常感到家庭生活不够圆满而构成心理上的困惑。所以，不育症是一种特殊类型的心身疾病，治疗和解决不育症不仅是育龄夫妇的需要，而且对社会的稳定和发展也具有重要的意义。

针对夫妇双方因各种不育的原因而开发出来的各种不同的辅助生殖技术，有助于解决由于不育症而引起夫妇在心理、家庭和社会等方面的一系列问题，因而深受不育夫妇的欢迎。但是，人工授精技术的发展并不是一帆风顺的，由于这一技术使人类的生殖在时间和空间上都脱离了人体，使生殖过程与性行为、人的精神心理因素发生了分离，从而改变了人们传统的自然生殖的生育观念，所以它在一开始就受到了传统道德观念以及政治、法律与宗教的阻挠和束缚。多数人认为，配偶间的人工授精，系夫妻间的精子和卵子结合所生的子女，只是生殖方式的差异而已，在伦理、法律等方面均无大的争议。

然而，异源性人工体内受精和代理母亲则不然，它们引发的伦理、法律等问题较多，归纳起来有以下诸方面：

（1）生育与婚姻分离的伦理冲突。

自古以来，生儿育女是婚姻与爱情结合的永恒体现，人们常把孩子比作爱情的结晶。辅助生殖技术的出现，为患有不育症的夫妻带来了希望，克服了他们在生育上的困难，使他们能够享受到生儿育女的权利，体验到天伦之乐。但异源性人工授精生殖技术切断了生育与婚姻的联系，切断了生育与性行为的联系。由于人工授精技术不需要夫妻间的性行为就可以培育后代，以人工技术操作代替了性交，因而有人提出，人工授精把生儿育女变成为“配种”，使夫妻之间的爱情结合分开，把家庭的神圣殿堂变成了一个“生物学实验室”，使妻子无须丈夫和家庭就可以满足生孩子的愿望，从而破坏了婚姻关系。特别是使用夫妻以外的第三者的精子，更会引起传统伦理道德观念的强烈谴责。有人提出，异源人工授精采用供精技术受孕，是妻子的卵子与第三者的精子结合，与通奸致孕实际上没有什么区别，使生育失去了爱情的基础，与我国传统的家庭伦理道德相违背。

（2）传统家庭模式的解体。

在传统的家庭模式中，生儿育女是在夫妻关系中进行的。一旦生儿育女脱离夫妻关系而独立，在夫妻婚姻关系外进行，便会使人类几千年来的稳定的家庭模式发生变化，出现令人担忧的家庭模式的多元化。①多父母家庭。由于有婚外第三者的介入，所以生殖技术的运用给孩子制造了多个父母亲，少则 3 个，最多可有 5 个（遗传上的母亲、孕育母亲、抚养母亲、遗传上的父亲及扶养父亲）。② 不婚单亲家庭。单身男士可通过找人代孕做不婚爸爸，单身女子也可通过人工授精做不婚妈妈，组成不婚的单亲家庭。③ 同性双亲家庭。男同性恋者可以雇用代孕母亲，女同性恋者可以用供精人工授精，从而获得有自己血缘的后裔，使同性恋者摆脱不能生育和没有家庭的遗憾。

(3) 谁该是孩子的父母的困惑。

异源性人工体内受精、代孕母亲的孩子可有多个父母，包括遗传父母（提供精子和卵子的父母）、养育父母（孩子出生负责养育的父母）、完全父母（既是遗传父母又是养育父母）、孕育母亲（提供子宫的母亲）。在多个父母共存的情况下，谁应该成为孩子的真正父母呢？是按照遗传关系将孩子的父母确定为遗传父母，还是遵循抚养的原则将养育父母确认为真正的父母？1984 年 4 月中旬，上海市曾发生了我国第一起人工授精纠纷案，一位年轻的妇女，抱着才出生 11 天的儿子，向法院请求法律保护。这对夫妇原有一个和睦的家庭，但婚后数年不育，经医生多次检查，确诊为丈夫精液异常。虽经多方治疗，但仍不见效。后来妻子在丈夫的同意和帮助下，瞒着家人在一家市级医院接受了人工授精，并生下一个活泼可爱的男孩，丈夫和全家人都欢天喜地。可是，天有不测风云，没过几天，孩子的伯父发现孩子的长相与其父相差甚远，便再三问其缘由。当丈夫将人工授精之事说出以后，全家人百般辱骂，说这个男孩是“野种”。不久，丈夫竟然也站在家人一边，硬将其妻儿“扫地出门”。妻子只好抱着刚出生不久的儿子跑到法院，请求法律保护。该诉讼案引起了伦理、法律、医学及社会各界的普遍关注，问题的焦点在于究竟谁是孩子的父亲。

(4) 代理母亲使家庭关系难以梳理。

人工授精或利用他人的体外受精卵植入自己的子宫而代人妊娠，分娩后都要将孩子给不育症一方的夫妇抚养。1987 年，南非一位 50 岁开外的中年妇女因女儿出嫁后多年不育，为女儿作代孕母亲。医生把她的卵取出，用她女婿的精子受精。体外培养了3天后，将这个受精卵移入她的子宫内，分娩下一个活泼可爱的男婴。那么，这孩子究竟是这位妇女的儿子（因为是用她的卵子和子宫生的）？还是她的外孙（因为这孩子的爸爸是她的女婿，她的女儿也要成为孩子的抚养母亲）？如此错综复杂的代理母亲分娩，将使家庭伦理和血缘关系变得难以梳理。国外在20世纪70年代末开始有代理母亲，现在美国有代理母亲中心，我国也有极个别妇女愿意成为代理母亲，只有少数得到实施。因这一技术的应用，不可避免地会出现错综复杂的家庭关系和血缘问题。

（5）血亲通婚的隐患。

随着生殖技术应用面的不断扩展，血亲通婚的问题已引起人们的关注。所谓“血亲通婚”，是指生殖技术后代的近亲婚配。采用同一供精者的精液受精后生育的多个后代，由于操作过程的严格保密，供精者、受精者及后代均互盲，这些同父异母兄妹之间互不知情，到了婚龄，可能会相互婚配，生儿育女，这在法律和伦理上都是不允许的。使用同一人的精子所产生的后代，无疑为一大批同父异母的兄弟姐妹，有可能将来造成亲兄妹之间的婚配，尽管这种情况出现的概率非常微小，但是随着生殖技术的广泛开展，自愿供精者供精次数的增多，其产生的概率也会逐渐增高。因此，对这个问题不能掉以轻心，应采取积极的措施，以杜绝这种情况的发生。目前一般采用的措施是：限制同一供精者供精的次数，控制同一份精液的使用次数最多不超过5次，不断更换供精者，在不同地区分散转换供精者的冻精，等等。

（6）非婚妇女进行人工授精将冲击我国人口政策。

未婚、同性恋、离婚的女子是否可依其请求而实施供体人工授精？1993年年初，英国有一位叫安娜的未婚女子经人工授精怀孕并产下一子，建立了不婚妈妈家庭。安娜认为，人工授精怀孕生子比找一个合适对象再结婚、生孩子更好，因为她的母性已不能再等了。又譬如，美国加州奥克兰市出现了专为女性同性恋服务的精子库，使女性同性恋者可以不依赖男性而有自己的血缘后裔，以体现她们的母性。也有人主张，对不想再婚的离婚女子及寡妇，如果她们需要有自己的孩子，可考虑给以人工授精，生育自己的血缘后裔，在伦理观上可以被接受。但对此各国的伦理和法律不太一致，在我国由于计划生育政策和传统观念的影响，该项做法是不大可能进行的。

3. 人工授精技术的伦理原则与规范

由于辅助生殖技术突飞猛进的发展及其所涉及的伦理道德问题逐渐引起社会的重视，因此，首先要求从事该专业的人员及其有关人员，包括医学、社会学以及法律界的各类人员，提高对医学伦理道德的重视，做到认真研究，努力探索，逐渐形成符合我国国情的操作规范，并通过一些法律的制定，以保证辅助生育技术真正造福于人类和社会。其次，应坚持生育技术为不孕症夫妇及其所生子女进行非营利服务的观点，充分认识从精子商品化发展到卵子商品化和胚胎商品化所带来的负面影响，规范执行生育辅助技术的有关规定，并能顶住商品化所带来的经济上的诱惑。最后，生殖医学的发展是靠多学科的交叉渗透，结合互动的。因此，从事辅助生育技术的人员要密切注视当前科技的发展，借鉴其他学科的科技成果，不断推动本专业的前进；同时从中寻找理论的支撑点，建立符合整个人类发展的道德规范。

（1）实施人工授精技术的伦理原则。

①有利原则。人工授精技术应该维护和促进夫妻、家庭和社会的利益。有利原则包括“不伤害”和“确有助益”两个方面，即在进行辅助生殖时应避免给夫妻双方带来肉体上和精神上的痛苦和损害，给夫妻、家庭带来幸福和快乐。

②尊重原则。人工授精技术的尊重原则包括：接受者和供者的自主权、知情同意权、保密权和隐私权。人工授精的尊重自主权指在作人工授精决定时，医务人员应和接受者、供者、家属之间进行充分协商，最后决策由接受者、供者和家属做出。

人工授精的知情同意权包括信息告知、信息理解、自愿同意三个方面。即向接受人工授精者提供能够理解和能做出理智决定所必需的信息，如目的、程序、可能的好处和风险，经同意后，签订知情同意书。

人工授精的保密权和隐私权是指在进行辅助生殖前、中、后的各个过程中必须进行严格保密，对接受者和供者均应保密，不能相互泄密。保护出生孩子的隐私，不得随便泄露，避免引起家庭纠纷和社会的歧视。

③公正原则。人工授精技术应不分性别、肤色、种族、经济状况和地位高低公平对待。在进行异源人工授精、借腹生子前要严格进行供者精子、卵子代理母亲的选择，防止遗传缺陷。如不慎出生有缺陷的孩子，应和其他孩子一视同仁，平等相待。联合国普遍人权宣言中“人类生来平等”的原则，在人工授精技术中应得到尊重。

④互助原则。人工授精技术是一项促进社会各成员间相互照顾、互相帮助、和睦相处和社会稳定的公益事业。为此，要充分认识精子商品化会带来的负面影响。坚持团结互助是推进人工授精技术健康发展的重要伦理准则。

（2）实施人工授精技术的伦理规范。

人工授精可解决男性不育问题，使用供体的精子进行人工授精应遵循以下的伦理规范：

①应对供精者进行检查，在供精者中排除肝炎、性病、艾滋病病毒感染者，供精者应为无遗传性疾病者。

②设法扩大供精来源，避免依靠少数供精者提供精子，防止利用这些少数供精者的精子向一大群接受精子者受精，并反对供精者商业化。

③接受人工授精的妇女如果未婚，会引起一系列家庭和社会问题，应尽量避免。在中国目前经济文化条件下，未婚单身妇女抚养一个通过人工授精的孩子，对母子双方都会产生不利影响，因此应加以劝阻。

④接受人工授精需经已婚夫妻双方同意，避免引起家庭纠纷，医务人员应向接受供体精子的夫妇说明人工授精机理和可能产生的问题，及其可采取的防治措施。在接受者获得充分理解的基础上，要求他们签署

知情同意书。

⑤应努力保护妇女和孩子的利益，孩子出生后具有与通过自然途径出生的孩子同样的地位和权利，对母亲和孩子不得歧视。

⑥应对供精者严格保密，不允许他知道他所提供的精子的去向。

⑦应明确告知供精者仅提供遗传物质，不能成为孩子的父亲。

⑧医务人员要向有关各方做好知情同意工作，并要求供精者和接受供精的夫妇在互不知情的前提下，分别在不同的同意书上签字。

⑨为保障妇女和孩子的权益，参与者应严格遵循保密原则。

（3）代理母亲的伦理准则。

代理母亲可解决因妇女子宫不能怀孕而引起的不育问题。将代理母亲商业化难以得到伦理学的支持，因为人体任何一个部分作为商品出卖或出租，都是不合伦理的。非医疗目的的商业性代理母亲，普遍认为在法律上应该禁止或视为非法行为。代理母亲仅为孩子提供发育的营养环境，不能成为孩子的母亲。但怀胎十月，毕竟存在感情问题，最后将她与孩子分离，对于有些妇女可能是不能承受的，即使强行分离，也会引起纠纷或终身遗憾。因此，实施这项技术必须慎重，并需得到法律认定。鉴于我国的国情，原则上不得实施代孕技术。

（二）体外受精及其伦理问题

1. 体外受精技术

体外受精是用人工方法让卵子和精子在体外培养皿中受精，待受精卵发育至第一阶段而植入母体子宫内着床、发育和分娩的一种生殖技术，国际上把这样诞生的婴儿称为“试管婴儿”。根据精子、卵子及怀孕者是否为配偶组合方式，这种生殖技术共有4种方式：即丈夫的精子与妻子的卵子；丈夫的精子与第三者女性的卵子；妻子的卵子与第三者男性的精子；第三者女性的卵子与第三者男性的精子。上述4种方式体外受精后均可分别植入妻子的子宫或第三者女性的子宫（代理母亲），所获子女为不育的夫妇扶养。体外受精主要解决女性不孕，如双侧输卵管梗阻或结扎，子宫内膜异位症和原因不明的不孕症，因输卵管功能障碍不能受孕，体内有抗精子抗体，卵巢病变后切除等，是一种较好的生育方法，也可用于男子精子缺乏所致的不育。子宫切除或子宫有病不能妊娠的妇女，可采用体外受精与代理母亲结合。随着体外受精的技术发展，它将对人类胚胎学和遗传工程学具有愈来愈重要的意义。

1978 年 7 月 25 日，世界上第一例“试管婴儿”在英国诞生，这一突破性的成就震惊了世界。1988 年 3 月 10 日我国首例“试管婴儿”在北京医科大学附属第三医院诞生。此后该项技术在我国获得广泛开展，特别是近 3~4 年来，我国辅助生殖中心已增加到近 100 个。近 20 年来对人体精子、卵子、胚胎的研究不断深入和突破。1978 年，英国妇产科专家 P. Steptoe 和胚胎学家 R. Edwards 合作，将卵子和精子在体外受精成功，胚胎移植于子宫后顺利发育并成功分娩，称为第一代试管婴儿，解决女性不孕问题。1992 年，比利时医生 G. Palermc 宣布，将单个精子直接注入卵子胞浆内受精获得成功，称为第二代试管婴儿，解决男性不育问题。20 世纪 90 年代中期，S. Mumne 等科学家采用胚胎活检的方法，从早期体外发育至 4~8 个细胞的胚胎中取出 1~2 个细胞进行遗传学分析，在胚胎植入子宫前，可以判断若干遗传疾病，称为第三代试管婴儿。这样，辅助生殖经过了第一代体外受精—胚胎移植（IVF-ET)、第二代卵胞浆内单精子注射（ICSI）和第三代人类胚胎移植前基因遗传学诊断（PGD）三个阶段，这一生殖技术不仅能解决男女不育，还可以帮助患有遗传病的夫妇选一个健康婴儿。

2. 体外受精的伦理问题

（1）亲子血缘关系的破裂。

传统伦理道德的亲子观念非常强调父母与子女之间的生物学联系，即血缘关系，而体外受精技术的应用却使父母与子女间的生物学联系发生了分离，使传统的伦理道德发生了动摇。现代体外受精技术把精子或卵子的来源扩大到夫妇以外的第三者，使得生物学的父母与社会学的父母发生了分离，遗传学的父母与法律的父母发生了分离，从而扰乱了血缘关系和社会人伦关系，使传统的婚姻、家庭的伦理，亲子观念的道德受到强烈的冲击。

(2) 精子库对生育伦理的冲击。

人工体外受精的成功率随着现代技术的发展越来越高。到目前为止，全世界通过人工生殖技术所生的孩子已达百万以上。人工体外受精成功与否取决于精液的质量和受精的时机。由于要使用供体精子，必然涉及如何贮存供体精子以确保精子质量的问题。为此，诺贝尔奖奖金获得者缪勒建议设立精子库或称“精子银行”，在精子冷冻贮藏的过程中，由专门的小组对精子捐赠者的性格、健康，特别是他的智力和业绩各方面的情况进行审查判断，建立档案，需要者可以从中选择优质的精子进行人工体外或体内受精。但对人类精子库的建立仍存在很多争议：

① 人类精子库是否侵犯了人权。有人认为，人类精子库的建立是“人类进化史上的创举”，可随时根据需要采用现成的供精者的精子做体外受精或人工授精，这是有益于人类的，合乎道德的。而有人认为，人类精子库的建立“是对人权的侵犯，是对人性的亵渎”。因而坚决反对建立精子库。

② 精液、卵子和胚胎是否可以商品化。随着冷冻精子技术的发展，商业性的精子库已在许多国家相继建立起来。仅法国就有 20 多个人类精子库。世界上最大的商业性精子库是纽约的伊丹特精子库，该库存有 3 万多个标本。美国加利福尼亚州泰勒医院有 40 名常年供精者，他们供给医院一小杯精液可得到 20 美元的报酬。在人类精子库的建立过程中，从隐姓埋名的“捐精”，到如今大肆张扬的网上“卖精”，人类生殖细胞的商品化倾向日益明显。

目前，精子、卵子甚至胚胎在美国与墨西哥等国家均有出售。围绕精液商品化，同样存在着伦理纷争。赞成精液商品化的主要理由是：精液和血液一样可以再生，适量地收集一些，对供体并无损害，既然血液可以商品化，为什么精液就不能商品化？在精液商品化中，可以通过一定措施，控制好精液的质量。持反对意见者认为提供精液是一种人道行为，应该是无偿的，精液商品化可能使精子库为追求盈利而忽视精子的质量，供精者也可能为金钱隐瞒自己的遗传缺陷或传染病，从而影响用辅助生殖技术所出生后代的身体素质；精液的商品化也可能使供精者多次供精，从而造成同一供精者的精液为多数妇女使用，那么这些妇女所生的后代是同父异母的兄弟姊妹，这些孩子长大成人有可能近亲婚配；精液的商品化会产生连锁反应，促使其他人体组织或器官的商品化，如卵子和胚胎的商品化。世界总的趋势是反对精液、卵子和胚胎的商品化，有些国家还倾向于立法，以禁止其商品化。

③名人精子库是否合乎伦理。1984 年，《美国新闻周刊》报道了世界上第一位“诺贝尔男婴”健康成长的情况。接着 1985 年，美国亚利桑那州的一位妇女用诺贝尔精子库的精子生下了第一位“诺贝尔女婴”。2000 年 4 月 6 日，我国首家“博士精子库”正式建立。供精者必须具备以下条件：A. 年龄在 25~50 岁；B. 已婚，生育过一个健康的孩子；C. 在读或已获得博士学位；D. 五官端正、体态匀称、思维敏捷、举止得当；E. 身体健康，无乙肝、淋病等传染病。但此事喧闹一时后，目前已门庭冷落。

“名人精子库”为人工体外、体内受精提供了更多的选择，但是否可以导致婴儿的优生却一直争论不休。争论的焦点问题在于基因决定论正确还是非基因决定论正确，人应不应该“改良品种”，人的基因有无优劣之分。1999 年召开的“香山科学会议”上，与会学者对名人精子库可否建立曾展开热烈讨论。基因决定论者认为：一个人的健康、疾病、特性和行为，乃至以后的社会地位等都是由基因线性决定的，人的基因有优劣之分，名人精子库可以建立，应该“改良品种”。非基因决定论者认为：生理过程中存在着基因与基因、基因与环境的非线性相互作用。基因的表达可因环境的变化而发生变化，基因的同样序列可能在不同条件下合成不同的蛋白质。目前在学术界，基因决定论尽管已逐步被抛弃，而非基因决定论逐步被接受，但还需要进一步讨论和研究。

(3) 体外受精后剩余的胚胎能否用作科学研究争论不休。

体外受精后剩余的胚胎具有科研价值，是否可以用它们做实验材料，由于人们对人的生命标准的认识、观点不同，出现了差异。比如在德国和法国不允许用胚胎进行研究；在英国允许用14天前的受精卵进行研究，同时还要征得人工体外受精的夫妇的同意。

3. 体外受精的伦理原则与规范

(1) 实施体外受精技术的伦理原则。

为安全、有效、合理实施体外受精技术，保障人民健康，在我国实施体外受精应坚持以下伦理原则：

①知情同意的原则。医务人员对要求实施体外受精技术且符合适应症的夫妇，须让其了解实施该技术的程序、成功的可能性和风险以及接受随访的必要性等事宜，并签署知情同意书。医务人员对捐赠精子、卵子、胚胎者，须告知其有关权利和义务，包括捐赠是无偿的、健康检查的必要性以及不能追问受者与出生后代的信息等情况，并签署知情同意书。

②维护供受双方和后代利益的原则。捐赠精子、卵子、胚胎者对出生的后代既没有任何权利，也不承担任何义务。遵照我国抚养—教育的原则，受方夫妇作为孩子的父母，承担孩子的抚养和教育。通过体外受精技术出生的孩子享有同正常出生的孩子同样的权利和义务。如果父母要离婚，在裁定对孩子的监护权时，不受影响。

③互盲和保密的原则。凡利用捐赠精子、卵子、胚胎实施辅助生殖技术，捐赠者与受方夫妇、出生的后代须保持互盲，参与操作的医务人员与捐赠者也须保持互盲。医疗机构和医务人员须对捐赠者和受者的有关信息保密。

④维护社会公益的原则。医务人员不得对单身妇女实施体外受精技术。医务人员不得实施非医学需要的性别选择。医务人员不得实施代孕

技术。一个供精者的精子最多只能供给5名妇女受孕。

⑤严防商品化的原则。医疗机构和医务人员对要求实施体外受精的夫妇，要严格掌握适应症，不能受经济利益驱动而应用于有可能自然生殖的夫妇。供精、供卵、供胚胎应以捐赠助人为目的，禁止买卖。但是，可以给予捐赠者必要的误工、交通和医疗补助。对实施体外受精后剩余的胚胎，由胚胎所有者决定如何处理，但禁止买卖。

（2）实施体外受精技术的伦理规范。

体外受精可解决妇女因输卵管堵塞而引起的不育问题，医生需要向接受体外受精者阐明以下伦理问题：

①体外受精的成功率目前仍较低，在一定程度上其成功率取决于转移到子宫内的胚胎的数量。

②体外受精可能导致多胎妊娠。

③对未使用的胚胎，保留还是舍弃应经协商后由母亲决定。

④预先告知体外受精技术的费用。

⑤接受体外受精者也必须签署知情同意书。在从事体外受精过程中应格外关注母亲的身体情况和心理压力，尤其是对经历过失败者。

⑥体外受精不是为了男人的传宗接代而使妇女遭受身心的痛苦。体外受精出生的孩子会给家庭和婚姻带来幸福。

四、克隆技术及其伦理问题

（一）克隆技术

克隆一词是英文“clone”的译音，它是指生物体通过无性繁殖方式，产生遗传性状与母本非常相似的“后代”，因此克隆也可简称为复制。同整个生物界的进程一样，克隆技术也是由低级到高级、由简单到复杂不断发展和进步的。它由单个细胞获得两个以上细胞、细胞群或生物体，发展到生物体内部的生物大分子的自我复制，在DNA复制酶的作用下，DNA 分子可以复制生成两个一模一样的 DNA 分子。所以，克隆技术从细胞到分子、从植物到动物不断向前发展，特别是高等哺乳动物的克隆成功，标志着生命高科技水平已经进入一个崭新的阶段。

科学家有关动物克隆，始于 20 世纪的初叶，其实验从比较简单的低等动物如蛙、鱼等开始，逐步向高等动物延伸。动物克隆的创始人系德国科学家 Speblilamn，30 年代他用动物的体细胞核移植到卵细胞质中，试图培育成一个新个体，虽然限于当时的技术条件未能成功，但这种设想，成为后来动物克隆的蓝图。

生物界存在无性繁殖和有性繁殖。从生物进化论的观点来看，从无性繁殖到有性繁殖是一大进化，几乎所有的高等动物都是有性繁殖。1997 年 2 月 27 日英国《自然》杂志刊登了“多莉”羊的诞生，意味着人类已经超越了生物进化的自然规律门槛，人们可以用体细胞核移植技术，以无性繁殖方式，克隆哺乳类高级动物，这是科学史上的又一大奇迹。因为过去无性繁殖在高等动物中是不存在的，生物学界认为高等动物高度分化的体细胞虽然存在着遗传信息，但它不能解读，因此高等动物经无性繁殖的途径繁殖一个完整的动物机体是不可能的，这是过去的定论。

据克隆技术的新进展来看，动物克隆大体可分为两大类：一类为胚胎细胞克隆，另一类为体细胞克隆。

胚胎细胞克隆是指用胚胎细胞移植的方法，包括胚胎细胞和胚胎干细胞移植，以克隆出新的个体。例如 20 世纪 50 年代，科学家在两栖类动物中进行过克隆实验，60 年代，我国著名的胚胎学家童弟周和牛满江教授在鲤鱼和金鱼之间，用囊胚细胞核移植的方法，得到首批克隆鱼。在哺乳类动物身上，用胚胎细胞克隆，是在 20 世纪 80 年代以后的事，此后的 20 多年，陆续有用胚胎细胞克隆羊、猪、牛、鼠等的报道，特别有意义的是中国学者孟励在美国首次用胚胎细胞克隆猴成功。这些都属于用胚胎细胞克隆的动物，也可以说还没有超越有性生殖的范畴。

体细胞克隆是指将体细胞核移植到去核卵细胞质中，以克隆出新的个体。它包括同种体细胞克隆和异种体细胞克隆两个方面。同种体细胞克隆，最著名的要算英国罗斯林研究所威尔穆特等用羊乳腺细胞首次克隆出羊，自此以后各国科学家陆续报道了用体细胞克隆成功了鼠、兔、珍稀羊和牛，同种体细胞克隆成功，证明了哺乳动物高度分化了的体细胞，可以去分化而恢复它的全能性。

“多莉”羊的诞生至少意味着以下两点：①动物包括人是可以近乎百分之百地复制的。②一个完全分化成熟了的体细胞，还能完全恢复到早期的原始细胞状态，还能像胚胎细胞一样，完整地保存全部的遗传信息，这同过去的科学结论是不一样的。异种体细胞的研究，也正在积极地进行之中，以探索高度分化的体细胞，能否在异种去核卵细胞质的作用下，也可以恢复其全能性。这些不同类型的体细胞克隆动物已属于无性繁殖的范畴而具有划时代的意义了。哺乳动物的无性繁殖成功像一个巨大的冲击波，使全球为之震撼。我们在看到克隆技术给人类带来福祉的同时，也为克隆技术可能被滥用而感到担忧。人们在理性思考的基础上，认识到克隆技术的发展确实带来了一些意想不到的伦理、法律和社会的难题，譬如：克隆技术发展会不会构成对生物多样性的威胁；可不可以克隆人体胚胎以建立人体器官的“配件工厂”；特别是能不能运用无性繁殖的手段克隆人本身等。这些问题，在各国伦理学界引起了激烈的争论，整个科学界乃至各国政府首脑都高度重视，因为这些问题已经涉及人类社会生存和发展的根本利益。

（二）克隆技术的伦理问题

如果克隆技术被应用于人类自身的繁殖，如一些亿万富翁会不会无休止地复制自己，使自己长生不老甚至遍布世界？美国著名未来学家托夫勒就认为：一旦克隆人降临到这个世界，必将引起数不清的道德法律问题：克隆人有无法律地位？是否可分割遗产？亲代通过克隆人以备自己更换器官是否人道，是否合法？克隆出一万个爱因斯坦或希特勒会引发什么社会后果？如果某个工厂主克隆十万个低智能人作为驯服的廉价劳动力将会是什么情景？其实，更为深刻的因素，是这项技术将彻底粉碎人类对自己生命的敬畏。

1. 保护生物的多样性

地球上最初的生命是在约34亿年前由非生命物质逐步演化而来的，此后地球上的生命就从非细胞到细胞，从原核细胞到真核细胞，从植物到动物，以及从低等动植物到高等动植物，直到300万~400万年前诞生了人类。现在地球上的生物达200余万种。如此繁荣昌盛、多姿多彩的生物群是自然进化的结果，也是为应对复杂多变的自然环境而长期适应的结果。从无性繁殖到有性繁殖是生物群多样性的重要基础，通过有性繁殖使基因重组和积累，形成健壮的子代和昌盛的种群。现在用体细胞克隆高等哺乳类动物成功，如果对体细胞克隆技术不加以必要管制，人们有理由怀疑其对生物的多样性是否将构成威胁，因为生物种群保存越多，其物种多样性发展的能量就越大，生物种群保存越少，其生存的概率就越低，只保存少数几个基因相同的生物品系，很难经得起基因突变的袭击，适应自然环境的生存能力就会降低。我们并不反对克隆技术在农牧业中的应用，只是建议严格管制克隆技术，在对农牧业采用克隆技术时，一定要保护原来种系，对人类基因的诊断及治疗应加强管理。

2. 慎重对待胚胎克隆

胚胎实验在许多国家是被立法禁止的，但也有一些国家包括我们国家，对胚胎实验采取严格管理下的审慎支持态度。它的重要前提就是：这个胚胎必须是治疗不育症夫妇多余的和自愿捐献的；胚胎实验只能在胚胎发育14天内进行；胚胎实验只能为治疗人类疾病为目的的治疗性克隆研究。

3. 禁止人的人工无性繁殖

现在全球均在关注克隆人问题，支持与反对的争论中，最引人注意的是支持克隆人的理由，大体上可归为如下几个观点：第一，克隆人可以“定做自己”，是有性生殖的一种补充；第二，克隆人也是为了医疗卫生，是器官移植供体来源；第三，克隆人的技术基本成熟，伦理上并不复杂；第四，克隆人是为了科学研究，可以促进科学技术的进步，等等。其实，这些理由是站不住脚的。

我们反对以克隆人为目的的任何实验和举动，主要是基于以下四个方面的理由：

其一，克隆人是对人权和人的尊严的挑战。人不仅是自然人，还是有价值观念的社会的人，因此人具有双重属性，是生物、心理和社会的集合体。

其二，克隆人违反生物进化的自然发展规律。人类在生育繁衍上与其他物种有相似之处，都遵循着自然均衡律。任何生物为了生存，都依赖自身的调节和适应机制与自然环境取得某种平衡，人类也不例外。人类也曾经历过高出生率、高死亡率及内外物质交流的平衡过程。人类通过漫长的生活实践，凭借开创文化和知识积累，逐渐懂得怎样合理获取、运用资源，如何自觉地、有效地控制人口，从而使人口在数量与质量上，不断得到统一和平衡。而克隆人将导致人类的局部利益与整体利益之间、眼前利益与长远利益之间的矛盾不能正确纾解，导致人口与资源严重的不平衡状态，必然给人类社会带来新的动荡和纷争，最终将危及全人类的生存和发展的根本利益。

其三，克隆人将扰乱正常的伦理定位。人类社会经过漫长发展演变，形成了一夫一妻制和一夫一妻制家庭的社会基本细胞。克隆人的出现将彻底搞乱代际关系和家庭伦理定位，克隆人过程中可以出现体细胞核供者、卵细胞供者以及孕育者三位生物学父母，以及抚养者社会学父母的多种选择，克隆人与被克隆者只是生物学上复制，人类世代的传承也将被打破，家庭伦理关系含混不清。因为，克隆人只具有单亲一样的遗传性状，克隆人更像是被克隆者的兄弟姊妹，而不像两性婚生的子女；克隆人更像是被克隆者配偶的小姑小叔，而不像婚生子女。克隆人将意味着只要有女性存在，人的生殖繁衍就可继续，即能提供成熟卵细胞和子宫，任何人包括女性本身的体细胞核，均可生育，这样男性对人类的繁衍不再是必要的因素，从而冲击了传统的性伦理关系，瓦解了人类性爱与生育密切结合的关系，一夫一妻的婚姻家庭社会规范必定会解体。

其四，克隆人在技术上的安全性也值得怀疑。体细胞核移植的克隆技术涉及亚细胞水平的操作，这种亚细胞水平的操作与体外受精那样的细胞水平操作相比较，偶然损失核内遗传物质的风险显然远高于后者。克隆羊多莉是英国科学家经历了227次失败后才获得成功的一例。多莉已经通过两性繁育做了母亲，但据报道多莉趋于肥胖，过早地患上了关节炎、肺炎，有早衰的现象。2003年2月14日，6岁多的多莉被实行安乐死。在动物自然繁殖的情况下，胚胎出现基因异常的比例不足1%，试管繁殖出现基因异常的比例是15%，而克隆繁殖出现基因异常的比例要超过40%，甚至危及代孕母亲的生命。

对动物的克隆在技术上还有如此多的难点，在安全性上尚未做到安全高效，因此，在对人的克隆问题上的伦理、法律和社会因素姑且不谈，就从技术性、安全性层面分析也不应贸然实施，置克隆人及孕妇的生命安全于不顾。在我们看来，这不仅仅是技术问题，同时也是伦理问题。因为珍重和保护人的健康和生命是生命伦理学的基本要求。即使技术性、安全性问题已经解决，从人类社会发展和安全利益出发，也不应支持克隆人的任何实验。

尽管全球各国政界一再发布反对克隆人的禁令，各国科学家包括克隆技术的先驱人士威尔穆特在内一再声称不会把克隆技术扩展到人体，尽管克隆人遭到普遍反对，但对于某些人而言又确实是“挡不住的诱惑”。况且，目前克隆人所遇到的那些技术问题，总是可以逐步解决的，因而人们倾向于认为，克隆人终有一天会出现。对此需要预做准备，恰当应对。我们提出三点看法，以供参考和讨论。第一，坚持反对克隆人的立场。克隆人并不只是技术问题，更重要的是经济、法律和社会问题。因此，技术问题解决了，克隆人的安全性基本有保障了，并不意味着就可以克隆人了。第二，要加强对克隆人的伦理和法律规约。反对克隆人的立场要落实到伦理规范和法律条文上，特别是要有国际立法。第三，善待克隆婴儿。万一克隆人真的出来了怎么办呢？我们反对克隆人的行为，主张不仅在伦理上要谴责，而且在法律上要惩处，但被克隆出来的婴儿是无辜的。从某种角度上说他也是受害者，因此，要善待他。

克隆技术的发展，特别是多莉羊的问世，说明人们已经可以用无性繁殖方法克隆高等哺乳动物。它标志着生物技术革命的新纪元已经到来，人们没有任何理由不善待克隆技术，不对克隆技术这一生物高科技发展的重要意义给予高度评价和期盼。因为克隆技术已经在改良农业作物、培养优良家畜、发展生物制药、探索人类疾病的诊治技术等方面，显露了它的革命性作用。所以，要进一步支持这项生物高科技的研究和发展，为进一步提高社会物质生产、保护生态环境和增进人类健康做出更大的贡献。

克隆技术的发展也应该加强管理，防止它朝着异化方向发展，因为和任何科学技术都是把双刃剑一样，克隆技术的研究和应用只有为人类谋福祉，才是正当的科学行为，如果滥用这项技术，如试图用克隆技术制造无头人作为器官移植的供体，用克隆技术和无性生殖制造性奴隶和人的工具等就是不道德的科学行为，我们要防范和禁止的是这项技术被滥用，而不是禁止它为增进人类利益、增进人类健康的正当科学行为。

五、有关生育控制与生殖技术伦理的法律法规

(一) 国际上的法律法规

1. 有关生育控制的法律法规

计划生育工作不仅需要道德的约束，更需要加强立法，把计划生育工作纳入法治的轨道。进入 20 世纪以后，世界各国开始重视人口与计

划生育立法。20世纪50年代以前，美国、德国、意大利、瑞典等国家颁布了许多优生法律。美国是优生立法比较早的国家。在20世纪三四十年代，一些州立法对某些遗传性疾病患者进行强制性绝育。纳粹德国和墨索里尼统治的意大利等国出于担心本国“劣等人口”大量增加，对“劣等种族”或“有缺陷人口”进行强制性绝育。纳粹德国还对犹太人实施种族灭绝。由于优生学被种族主义的人口政策所利用，因此，以后的人口立法对“优生学”（eugenics）一词敬而远之。

第二次世界大战以后，一些发展中国家出于对人口快速增长的担心，颁布了控制人口的法律；同时，发达国家出于对妇女健康和权利的考虑，也逐步使避孕、绝育和堕胎合法化。例如，墨西哥1974年颁布了《普通人口法》；印度尼西亚于1992年颁布了《人口发展与幸福家庭法》，在计划生育部分对生育政策和节育服务进行了规定；秘鲁于1986年颁布了《全国人口政策法》；菲律宾、印度、日本等国家也都制定了相关的人口法规。人口问题已引起国际社会的共同关注。1994年在埃及开罗举行的“国际人口和发展会议”通过了《关于国际人口与发展行动纲领》。该纲领强调，通过全球的计划生育给妇女生育自主权，以达到进一步控制人口过快增长的目的。

2. 有关人工生殖技术伦理的法律法规

面对辅助生殖技术的发展而引起的一连串新的伦理、法律和社会问题，各国政府纷纷做出反应，设立专门机构，加强对这些新问题的研究，并通过立法程序，制定有关法律，以协调辅助生殖技术应用后带来的各种伦理、法律与社会影响。

1984年，受英国政府的委托，以牛津大学哲学教授沃诺克为首的16位专家组成了“人工授精法律及伦理调研会”，听取了900人的证言，提出了长达94页的《沃诺克报告》，建议对人工授精的研究予以严格监视；试管婴儿必须在严格的批准制度和检查制度下产生；人工授精的胚胎应于受精之时始，14日内检查其发育情况；严格限制对精子、卵子和胚胎的买卖。英国政府还表示要制定法律禁止非自然生育的商业化。

德国因希特勒时代曾搞过人体胚胎实验，所以对这个问题特别敏感。1991 年生效的《胚胎保护法》禁止体外受精，除非卵细胞来自要生孩子的母亲自己，并经申请批准。在英国，根据 1990 年的一项法律设立了“人类繁殖和胚胎学组织”作为管理胚胎研究、体外受精、代孕母亲和精（卵）子捐赠的最高机构，该机构已采取了一些严格措施限制利用体外受精技术，呼吁对接受人工受精手术的妇女进行更严格的年龄、种族限制。瑞典议会经过长达一年的辩论之后，通过了一项关于人工授精婴儿姓名的法律，规定抚养孩子的双亲有义务及早把真相，即由人工受孕而成活的情况告诉他们的孩子，并在孩子年满 18 岁时，向其宣布有血缘关系的父亲的姓名。在美国，一些学者呼吁停止扩大生殖技术所能涉及的范围，建议政府设立专门委员会来研究生殖技术造成的伦理、健康、心理和社会的长期影响。

（二）我国的法律法规

1. 有关生育控制的法律法规

我国是世界上人口最多的发展中国家。人口多、耕地少、人均资源相对不足、经济文化比较落后。人口增长过快，同社会经济的发展、资源的利用和环境的保护存在着明显的矛盾，严重制约着我国经济和社会发展，影响人民生活水平和全民族素质的提高，因此，必须控制人口增长，实行计划生育。1982 年制定的《中华人民共和国宪法》总纲第 25 条规定：国家推行计划生育，使人口增长同社会发展计划相适应。第 49 条规定：夫妻双方有实行计划生育的义务。从国家政策和夫妻双方义务方面确立了计划生育立法的依据。随着人们对计划生育工作认识的深入，对计划生育工作立法的呼声越来越高。在人们对法的需求达到一定程度后，立法便有了可能，于是各地计划生育条例、法规纷纷出台，并于2001年颁布了《中华人民共和国人口与计划生育法》（以下简称《计划生育法》）。

《计划生育法》对生育调节做出了明确规定：公民有生育的权利，也有依法实行计划生育的义务，夫妻双方在实行计划生育中负有共同的责任。国家稳定现行生育政策，鼓励公民晚婚晚育，提倡一对夫妻生育一个子女；符合法律、法规规定条件的，可以要求安排生育第二个子女，具体办法由省、自治区、直辖市人民代表大会或者其常务委员会规定。少数民族也要实行计划生育，具体办法由省、自治区、直辖市人民代表大会或者其常务委员会规定。国家创造条件，保障公民知情选择安全、有效、适宜的避孕节育措施。实施避孕节育手术，应当保证受术者的安全。育龄夫妻应当自觉落实计划生育避孕节育措施，接受计划生育技术服务指导。预防和减少非意愿妊娠。实行计划生育的育龄夫妻免费享受国家规定的基本项目的计划生育技术服务。前款规定所需经费，按照国家有关规定列入财政预算或者由社会保险予以保障。禁止歧视、虐待生育女婴的妇女和不育妇女。禁止歧视、虐待、遗弃女婴。

《计划生育法》对计划生育技术服务也做出了明确规定：国家建立婚前保健、孕产期保健制度，防止或者减少出生缺陷，提高出生婴儿健康水平；各级人民政府应当采取措施，保障公民享有计划生育技术服务，提高公民的生殖健康水平；地方各级人民政府应当合理配置、综合利用卫生资源，建立、健全由计划生育技术服务机构和从事计划生育技术服务的医疗保健机构组成的计划生育技术服务网络，改善技术服务设施和条件，提高技术服务水平；计划生育技术服务机构和从事计划生育技术服务的医疗、保健机构应当在各自的职责范围内，针对育龄人群开展人口与计划生育基础知识宣传教育，对已婚育龄妇女开展孕情检查、随访服务工作，承担计划生育与生殖保健的咨询、指导和技术服务；计划生育技术服务人员应当指导实行计划生育的公民选择安全、有效、适宜的避孕措施；对已生育子女的夫妻，提倡选择长效避孕措施；国家鼓励计划生育新技术与新药具的研究、应用和推广；严禁利用超声技术和其他技术手段进行非医学需要的胎儿性别鉴定；严禁非医学需要的选择性别的人工终止妊娠。

《计划生育法》对计划生育中的法律责任也做出了明确规定：非法为他人施行计划生育手术的；利用超声技术和其他技术手段为他人进行非医学需要的胎儿性别鉴定或者选择性别的人工终止妊娠的；实施假节育手术、进行假医学鉴定、出具假计划生育证明的；计划生育技术服务人员违章操作或者延误抢救、诊治，造成严重后果的，依照有关法律、行政法规的规定承担相应的法律责任。拒绝、阻碍计划生育行政部门及其工作人员依法执行公务的，由计划生育行政部门给予批评教育并予以制止，构成违反治安管理行为的，依法给予治安管理处罚，构成犯罪的，依法追究刑事责任。同时，计划生育法也为计划生育工作者，包括医务工作者确立了行为规范，在计划生育的技术服务中必须依法行医。

2. 有关人工生殖技术伦理的法律法规

我国人工生殖技术虽起步较晚，但进展较快。试管婴儿、配子输卵管的移植婴儿相继面世。这表明我国人工生殖技术研究正赶上和达到世界先进水平。但由于立法的滞后，管理上无规范，也出现了一些问题。1989 年卫生部曾发出紧急通知，严禁滥用人工生殖技术。根据我国情况，为了规范人类精子库管理，保证人类辅助生殖技术安全、有效应用和健康发展，保障人民健康，2001 年 2 月 20 日，我国卫生部颁布了《人类辅助生殖技术管理办法》和《人类精子库管理办法》；5 月 14 日，又公布了《人类辅助生殖技术规范》《人类精子库基本标准》《人类精子库技术规范》和《实施人类辅助生殖技术的伦理原则》等 4 个文件，对实施人工生殖技术做了较为详细的规定。这两个管理条例和 4 个文件对解决人工生殖技术所产生的社会、伦理和法律问题提供了一个行为指南。文件规定，卫生部对人类辅助生殖技术和人类精子库实行严格的审批准入管理。实施人类辅助生殖技术应当遵循知情同意原则，并签署知情同意书。涉及伦理问题的，应当提交医学伦理委员会讨论；实施供精人工授精和体外受精—胚胎移植技术及其各种衍生技术的医疗机构应当与卫生部批准的人类精子库签订供精协议；严禁私自采精，医疗机构在实施人类辅助生殖技术时应当索取精子检验合格证明；为当事人保密，不得泄露有关信息；不得进行性别选择（法律法规另有规定的除外）；建立、健全技术档案管理制度，供精、人工授精医疗行为方面的医疗技术档案和法律文书应当永久保存。两个管理办法明确规定了人类辅助生殖技术应用、人类精子库设置，以及精子采集与提供等方面的原则和规范，如禁止实施任何形式的代孕技术（借腹生子），禁止以任何形式买卖配子、合子及胚胎。人类精子库必须设置在有医学伦理委员会的医疗机构内，任何单位和个人不得以营利为目的进行精子的采集与提供活动。未经卫生行政部门批准，任何单位和个人不得实施人类辅助生殖技术，同时，设置人类精子库应当经卫生部批准。这两个管理办法的制定，使我国人类精子库和辅助生殖技术的健康发展有了基本的保障。目前必须加快人工授精的立法。立法的内容包括：人工授精的适应症和应用范围、人工授精子女的法律地位、供精者必须具备的条件及法律地位、接受人工授精夫妇的法律地位、实施人工授精的医疗单位和操作人员的条件和批准机构、签约公证和保密制度、违反人工授精法律规范应承担的法律责任等。人工授精技术只有建立在法律规范的基础上，才能健康地发展，从而趋利避害，真正造福于人类。

【本章推荐阅读书目】

1. 高崇明，张爱琴．生物伦理学十五讲［M］．北京：北京大学出版社，2004.

2. 刘学礼．生命科学的伦理困惑［M］．上海：上海科学技术出版社，2001.

3. 林平．克隆震撼［M］．北京：经济日报出版社，1997.

4. 邱仁宗．生命伦理学［M］．北京：中国人民大学出版社，2010.

5. 翟晓梅．生命伦理学导论［M］．北京：清华大学出版社，2005.

6. 郑文清，周宏菊．现代医学伦理学概论［M］. 武汉：武汉大学出版社，2017.

7. 范瑞平，张颖．建构中国生命伦理学：新的探索［M］. 北京：中国人民大学出版社，2017.

【本章推荐阅读书目】

1. 避孕的医德要求是什么？
2. 人工流产应遵循的医德要求是什么？
3. 人工授精的伦理问题有哪些？
4. 实施人工授精技术的伦理规范和伦理原则各是什么？
5. 体外受精的伦理问题有哪些？
6. 体外受精的伦理原则和规范各是什么？
7. 克隆技术带来的伦理问题有哪些？
8. 我们反对克隆人的理由有哪些？

第八章　生命伦理学之基因工程与伦理

【本章内容提要】

◆ 基因工程的概念及其发展

◆ 人类基因组计划

◆ 人类基因组计划研究引发的伦理争论

◆ 基因诊断的伦理问题

◆ 基因治疗的伦理争论

◆ 胚胎干细胞研究的伦理争论

◆ 基因知识产权问题

20 世纪 70 年代初 DNA 体外重组技术——基因技术的出现，将传统的生物学技术引向了高技术之路。从此，我们面临的世纪是一个生物世纪，或更准确地说，是生物技术世纪、基因世纪。基因工程技术的出现，使遗传学从宏观的水平进入到基因大分子水平，为科学家揭示生命的本质和运动规律提供了强有力的手段和方法。基因工程技术从诞生之日起，就已超出了科技领域，对整个世界的社会观念、法律体系与伦理道德等的冲击也是显著的。可以说，基因技术从诞生之日起，就引起了人们的伦理道德担忧，也对此提出了一系列伦理道德问题。

人类在基因领域已经取得了巨大的进步，并通过基因工程在改变自然以服务于人的需要方面进展迅速。但是，在很长一段时间内，人类对基因工程的哲学伦理学方面的问题重视不够。这有两个方面的问题。一方面，在改造自然和征服自然的哲学观下，基因工程引发了许多生态问题，特别是极大影响了生物多样性，而生物多样性正是自然可持续发展的基础。另一方面，基因工程引发了许多社会伦理问题。从克隆技术到人类基因组的重大发现以来，这一问题日益突出了，而与这一进程相比，人类相应的社会伦理体系却没有建立起来。

基因伦理学就其内容看，可有两个方面的内容，一方面是生态伦理学，另一方面是社会伦理学。就基因的生态伦理学而言，主要是为了规范和协调基因工程与生态环境之间的矛盾；就基因的社会伦理学而言，主要是为了规范和协调基因工程与社会伦理方面的矛盾问题①。

一、基因工程的概念及其发展

基因工程（genetic engineering）又称基因拼接技术和DNA重组技术，是以分子遗传学为理论基础，以分子生物学和微生物学的现代方法为手段，将不同来源的基因按预先设计的蓝图，在体外构建杂种DNA分子，然后导入活细胞，以改变生物原有的遗传特性、获得新品种、生产新产品。基因工程技术为基因的结构和功能的研究提供了有力的手段。基因工程是生物工程的一个重要分支，它和酶工程、蛋白质工程、细胞工程、微生物工程共同组成生物工程。基因工程（Gene Engineering）又称基因克隆、遗传工程或重组DNA技术，是指人们利用分子生物学的技术手段，对基因进行操纵或改造，从而使生物体的遗传性发生定向变异，获得人们所需的性状。在基因工程中，人们可以按照自己的意愿、需要，把这种生物的“基因”和那种生物的“基因”，重新“施工”“组装”成新的基因组合，创造出新的生物。这说明人类对基因的认识，已经从理论上的研究发展到了可以主动从分子水平上去干预生物的遗传特性。

① 胡庆澧，陈仁彪，张春美．基因伦理学［M］．上海：上海科学技术出版社，2009.

基因工程是在分子生物学和分子遗传学综合发展基础上于 20 世纪 70 年代诞生的一门崭新的生物技术科学。这个定义表明，基因工程具有以下几个重要特征：首先，外源核酸分子在不同的寄主生物中进行繁殖，能够跨越天然物种屏障，把来自任何一种生物的基因放置到新的生物中，而这种生物可以与原来生物毫无亲缘关系，这种能力是基因工程的第一个重要特征。第二个特征是，一种确定的 DNA 小片段在新的寄主细胞中进行扩增，这样实现很少量 DNA 样品"拷贝"（copy）出大量的 DNA，而且是大量没有污染任何其他 DNA 序列的、绝对纯净的 DNA 分子群体。科学家将改变人类生殖细胞 DNA 的技术称为"基因系治疗"（germ line therapy），通常所说的"基因工程"则是针对改变动植物生殖细胞的。无论称谓如何，改变个体生殖细胞的 DNA 都将可能使其后代发生同样的改变。

随着 DNA 的内部结构和遗传机制的秘密一点一点呈现在人们眼前，特别是当人们了解到遗传密码是由 RNA 转录表达的以后，生物学家不再仅仅满足于探索、揭示生物遗传的秘密，而是开始跃跃欲试，设想在分子的水平上去干预生物的遗传特性。如果将一种生物的 DNA 中的某个遗传密码片段连接到另外一种生物的 DNA 链上去，将 DNA 重新组织一下，就可以按照人类的愿望，设计出新的遗传物质并创造出新的生物类型，这与过去培育生物繁殖后代的传统做法完全不同。这种做法就像技术科学的工程设计，按照人类的需要把这种生物的这个"基因"与那种生物的那个"基因"重新"施工"，生物科学技术，就称为"基因工程"，或者说是"遗传工程"。基本操作步骤这个过程即为体外重组 DNA 的过程。首先选择目的基因所适合的运载工具，如质粒、病毒等，然后用同一种限制酶分别切割运载体和目的基因，使其产生相同的黏性末端，再加入适量的 DNA 连接酶，在生物体外将目的基因的 DNA 与运载体的 DNA 结合起来，形成重组 DNA（或重组质粒）　将重组的 DNA 杂合分子，借鉴细菌或病毒侵染细胞的途径，转移到选定的生物体细胞中，使重组的 DNA 在受体细胞中复制、转录、翻译得以表达。把目的基因装在运载体上并通过运载体将目的基因运到受体细胞的这一过程，在一般情况下，转化成功率仅为百分之一。为此遗传工程师们创造了低温条件下用氯化钙处理受体细胞和增加重组 DNA 浓度的办法来提高转化率。采用氯化钙化处理后，能增大受体细胞的细胞壁透性，从而使杂种 DNA 分子更容易进入。另外也可用基因枪法、激光微束穿孔法、显微注射法等方法直接将目的基因转入受体细胞（如受精卵细胞）。

早在 20 世纪 80 年代中期，英国就有了第一家生物科技企业，是欧洲国家中发展最早的。如今它已拥有 560 家生物技术公司，欧洲 70 家上市的生物技术公司中，英国占了一半。

德国政府认识到，生物科技将是保持德国未来经济竞争力的关键，于是在 1993 年通过立法，简化生物技术企业的审批手续，并且拨款 1.5 亿马克，成立了 3 个生物技术研究中心。此外，政府还计划在未来 5 年中斥资 12 亿马克，用于人类基因组计划的研究。1999 年德国研究人员申请的生物技术专利已经占到了欧洲的 14%。

法国政府在过去 10 年中用于生物技术的资金已经增加了 10 倍，其中最典型的项目就是 1998 年在巴黎附近成立的号称“基因谷”的科技园区，这里聚集着法国最有潜力的新兴生物技术公司。另外 20 个法国城市也准备仿照“基因谷”建立自己的生物科技园区。

西班牙马尔制药公司是该国生物科技企业的代表，该公司专门从海洋生物中寻找抗癌物质。其中最具开发价值的是 ET-743，这是一种从加勒比海和地中海的海底喷出物中提取的红色抗癌药物。ET-743 计划于 2002 年在欧洲注册生产，将用于治疗骨癌、皮肤癌、卵巢癌、乳腺癌等多种常见癌症。

印度政府资助全国 50 多家研究中心来收集人类基因组数据。由于独特的“种姓制度”和一些偏僻部落的内部通婚习俗，印度人口的基因库是全世界保存得最完整的，这对于科学家寻找遗传疾病的病理和治疗方法来说是个非常宝贵的资料库。但印度的私营生物技术企业还处于起步阶段。

日本政府已经计划将用于生物技术研究的经费增加23%。一家私营企业还成立了“龙基因中心”，它将是亚洲最大的基因组研究机构。

新加坡宣布了一项耗资6000万美元的基因技术研究项目，研究疾病如何对亚洲人和白种人产生不同影响。该计划重点分析基因差异以及什么样的治疗方法对亚洲人管用，以最终获得用于确定和治疗疾病的新知识；并设立高技术公司来制造这一研究所衍生出的药物和医疗产品。

中国参与了人类基因组计划，测定了1%的序列，这为21世纪的中国生物产业带来了光明。这“1%项目”使中国走进生物产业的国际先进行列，也使中国理所当然地分享人类基因组计划的全部成果、资源与技术。

基因工程的出现不是偶然的。首先，现实社会实践的需要是基因工程产生的强大动力。世界上的客观事物种类万千，但并不是任何事物都同时或同等重要地成为人们关注和认识的对象。例如，地球上的生物品种难以数计，而首先成为人们认识对象的还是与农业、畜牧业有关的为数不多的动植物。天空繁星密布，而首先成为人们研究对象的是那些与确定季节有关的星体。因此科学总是围绕人类实践的需要这个中心形成和发展的。正如恩格斯说的：社会一旦有技术上的需要，则这种需要就会比十所大学更能把科学推向前进。这个观点对现代科学的发展仍然适用。当今社会，人类认识世界、改造世界的能力显著提高，物质财富、精神财富越来越丰富，然而，不可否认的是，还有许多问题仍然困扰着人们的身心健康，严重影响着人们的生活质量，诸如癌症、艾滋病、各种遗传性疾病等对人们的身心健康构成极大的威胁，无情地夺走了许多人的宝贵生命。面对着这样的社会实际，科学家们本着一种对人类负责的高尚情操以及自身对科学的热爱和献身精神，苦苦探求各种可能的手段和途径，试图给出问题的答案，这种客观需要就成为基因工程诞生的根本动力。

其次，现代科学技术是基因工程产生的推进器。一段时间内，基因工程仅限于理论研究，而不能真正付诸实施，究其原因是科研工作者们苦于不能得到优质高效的酶，对于庞大的双链 DNA 分子，仍束手无策。后来由于 DNA 合成仪、DNA 测序仪、高精光学仪器、超速离心仪的使用为实施基因工程提供了先进的工具和手段，大大地提高了科研工作者的认识能力和实验能力，基因工程的具体实施呼之欲出。1970 年 Hopkins 大学的 Kell、Smith、Wilcox 等人从流感嗜血杆菌中分离并纯化了第一个Ⅱ型酶，使 DNA 分子的切割成为可能，为基因工程的诞生奠定了基础。1972 年 Boyer 实验室又发现了名为 EcoRI 的核酸内切酶，这种酶遇到 GAATTC 序列，就会将双链 DNA 分子切开形成 DNA 片段。工具酶的出现，使基因工程的产生成为可能。

最后，分子遗传学是基因工程产生的理论基础。分子遗传学是在分子水平上研究生物遗传和变异机制的遗传学分支学科，主要研究基因的结构、组织和化学性质，遗传信息的储存、复制和传递方法，以及基因突变和调控的机制。分子遗传学为基因工程的产生提供了理论先导，为人们调控基因提供了正确的方向和方法，提高了人们的自觉性，避免了盲目性。

二、人类基因组计划及其伦理争论

（一）人类基因组计划

基因（genome）也叫遗传因子，是生命遗传的基本单位，由 30 亿个碱基对组成的人类基因组，是产生一条多肽链或功能 RNA 所必需的全部核苷酸序列。基因组是指单倍性细胞（精子、卵子）中所含的全部遗传信息，它是维持细胞生存所需要的最低限度的遗传信息，它的基本组成是 DNA。

人类基因组计划（Human Genome Project），简称 HGP，是生命科学中的一项世界性重大科学工程。人类基因组计划的产生与“肿瘤计划”的搁浅是分不开的。美国 20 世纪 70 年代就启动了“肿瘤计划”，但是，不惜血本的投入换来的是令人失望的结果。人们渐渐认识到，包括癌症在内的各种人类疾病都与基因直接或间接相关。测出基因的碱基序列是基因研究的基础。这时，科学家们面临两种选择：要么“零敲碎打”地从人类基因组中分离和研究出几个肿瘤基因，要么对人类基因组进行全测序。人类基因组计划的真正启动，是诺贝尔奖获得者美国科学家雷纳托·杜尔贝科（Renato Dulbecco，1914—2012）发起的。1986年3月，杜尔贝科在《科学》杂志上发表了题为《癌症研究的转折点——测定人类基因组序列》的文章，这篇论文后来被称为人类基因组计划的“标书”。杜尔贝科指出，“如果我们想更多地了解肿瘤，我们从现在起必须关注细胞的基因组，我认为从细胞基因组测序入手是非常有用的。”该文章认为基因组测序工作对于认识人的神经系统，人的生理、病理、发育以及其他严重疾病如癌症等具有重大意义，而且认为这样大而复杂的项目必须通过国与国之间的广泛协作、交流方能完成。由于杜贝克的真知灼见，他的倡议立即得到有识之士的赞同和美国有关部门的大力支持。

人类基因组计划主要由美国、英国、法国、德国、日本、中国6个国和丹麦、俄罗斯、韩国、意大利等国参加的世界性的伟大工程。人类基因组计划从1990年开始实施。在对30亿对碱基的测定上，美国、英国、日本、法国、德国、中国等国科学家根据本国的财力、物力和人力各自承担了54%、33%、7%、2.8%、2.2%、1%的基因测序任务。人类基因组测序，测的是从1号到22号常染色体和X、Y两条性染色体上的碱基序列，然后确定染色体上的基因位置。

继美、英、德、日、法之后，中国是第6个参与人类基因组计划的国家，虽然中国参与这一计划的时间较晚，但是中国科学家仅用了半年多的时间，就已经于2000年4月底按照人类基因组的测序任务，拿到了3号染色体短臂上3 000万对碱基的“工作框架图”。

中国科学家作为唯一的发展中国家于1999年才正式参与人类基因组计划的研究，他们承担人类第3号染色体上3 000万对碱基测序，凭借着中国人特有的勤奋、毅力和智慧，他们完整地掌握了测序技术，出色地完成了测序任务。2000 年 6 月，被喻为“生命天书”的人类基因组草图已经完成，它覆盖了人类染色体 90%以上的区域，准确率为 99%。2003 年 4 月，美国联邦国家人类基因组研究项目负责人弗朗西斯·科林斯（Francis Collins）博士宣布，人类基因组计划的所有目标全部实现，人类基因组序列图绘制成功，它的覆盖率为 99%，准确率达 99.999%。该计划完成之后，“国际单体型图计划”提上了议事日程，科学家们将以欧、亚、非裔为研究对象，建立人类基因组单体型图，中国科学家承担“中华人类基因组单体型图计划”的绘制工作，其工作量为该计划的 10%。① 人类基因组计划与阿波罗登月计划、曼哈顿原子弹计划并列为人类历史上的三大计划。它的拨款虽然比阿波罗登月计划、曼哈顿原子弹计划少，但它对人类未来的影响要比它们大得多。它为人类认识和了解生命的起源、疾病的产生机制、种间和个体间存在差异的起因以及长寿和衰老等生命现象提供了依据和解决方法，在人类揭示生命奥秘、认识自我的征途上迈出了重要的一步。

（二）人类基因组计划研究引发的伦理争论

人类基因组图的破译，使人类对自身生命过程的干预和控制成为可能，与此同时也对人的尊严和价值构成极大的冲击和挑战，它犹如一把双刃剑，给人们带来福祉的同时又打开了一个“潘多拉盒子”，会引发许多伦理争论。

1. 基因隐私权及基因歧视问题

隐私权是人的基本权利之一。所谓隐私权是指公民依法享有的不愿

① 高崇明，张爱琴．生物伦理学十五讲［M］．北京：北京大学出版社，2004：22.

公开或不愿让他人知道的不危害社会的个人秘密的权利，具体包括个人的私生活、个人日记、储蓄财产状况、生活习惯以及通信秘密，个人生理上的缺陷和心理活动等。

有关基因隐私问题往往成为基因组研究中伦理争论的焦点。例如，美国《时代周刊》与美国有线新闻网的民意测验中，应答者大多明确表示出了对人类基因组计划进展的忧虑，其中最担心的问题就是隐藏在基因组中的秘密被公开化，从而很可能带来一系列不利的后果。

人类基因组研究的一个直接结果是，每个人都能利用自己的一滴血或一根头发很方便地得到自己的基因图谱。这种能够反映一个生命的全部奥秘与隐私的基因图谱正在改变着我们通常所说的“隐私权”的含义，这种基因隐私由谁拥有，是本人还是父母？还是专门人员如医师？这都涉及基因隐私权的定义、公众对它的理解与保护。

一方面通过这张“基因身份证”人们可以了解自己的健康状况以采取最优的防治方法；另一方面，隐藏在基因中的秘密一旦被公开化，人就变成了透明人，那些携有某种遗传性疾病的基因以及有缺陷基因的人，在就业、教育、婚姻、保险等方面有可能会受到不公正待遇，遭受新的社会歧视风潮——基因歧视。

美国“经济趋势基金会”的雷夫金曾说：“就像过去年代里我们与社会、种族和妇女权利等种种问题奋争一样，我们将会面临一场新的战争，那就是基因歧视。”用人单位不愿意接纳有基因缺陷的毕业生；高等学校要建立所谓的“智力基因库”来筛选入学者；保险公司为了自己的利益最大化而不愿意接纳有基因缺陷者的健康保险。恋人若获知对方有基因缺陷而望而却步；由此会给这个有基因缺陷的特殊群体造成沉重的心理负担和精神压力，一旦这种压力和负担超越了他们能承受的范围，他们可能会走上自我毁灭或危害社会之路。鉴于可能出现的此种状况，人类基因的研究和应用，应尽可能避免对治疗者、受试者以及研究对象造成心理上和精神上的伤害。

2. 基因多样性问题

人类基因组多样性是保持人类力量与生存能力的主要原因之一。从进化论的角度来看，当今地球上的物种是生物界长期发展进化的产物，现在能生存发展下来的物种（包括人）的基因都是最优的（否则就被自然界淘汰了）。基因测试的进展将对人类提出重大挑战，最大的危险源于基因科学家会消除他们认为所有“不好的”或“有缺陷的”基因（从而达到治疗疾病的目的）。其实，人类所有的基因以及等位基因，没有“好基因”与“坏基因”的区别，人类基因组也不存在所谓的“正常基因组”和“疾病基因组”的明显差异。导致某种疾病的等位基因，在一定的条件下确实是某些遗传性疾病的病因，但我们也应该认识到，人类基因组在进化的过程中会发生突变，就整个人类而言也是有意义的。如镰刀状细胞贫血症，现在已知它的杂合子对疟疾有一定的抗性。人类基因表现出来的多样性，是人类作为群体适应环境的结果，是人类赖以生存和发展的保证。随着人类基因组计划研究的不断深入，人们不得不提出疑问：基因科学家对人类基因及基因组的人为技术操纵，其价值标准是什么？对人类个体及人类整体现在与将来影响的意义如何？

人类基因组破译后，人们可以自主改变受精卵或生殖细胞的基因结构设计后代。像服装师设计服饰、工程师设计机器一样，设计的范围包括人的身高、体重、爱好、特长、性别、容貌、性格等，其后果是人类将失去人的个性特征，像一般商品一样只有少数几个或几十个型号和规格，只存在帅哥、靓姐而没有多姿多彩的外貌特征变化。而且更有甚者，这个世界将失去生物学多样性和基因组多样性，人类将会因此而逐步退化，这将是一件很可悲的事情。

美国生物学家普林马克（R. B. Primack）在其著作《保护生物学概论》中指出：“世界物种的多样性可比作一部如何使地球更有效地运转的指南手册，一个物种的消失就像从手册中撕掉了一页。如果我们一旦需要从地球指南手册上的这一页上获取信息来拯救我们自己或地球上的其他物种的话，那我们就太不幸了。”因此，保护生物多样性和基因多样性就是保护人类自己，现代人不应该完全按照自己的意愿人为地去破坏和侵害这种多样性。人类社会的进步和发展需要有不同才能、不同专长、不同性格和行为特征的人群存在。

3. 基因武器问题

基因武器就是运用基因工程技术，在一些致病细菌或病毒中接入能对抗普通疫苗或药物的基因，产生具有显著抗药性的致病菌；或者在本来不会致病的微生物体内接入致病基因，制造出新的生物制剂；或者通过破译某一民族或种族的特异性和易感性基因，找出它在遗传方面的弱点加以攻击。

基因武器具有以下两个方面的突出特征：第一，隐蔽性强。与普通生物武器相比，基因武器更难以使人觉察，而这恰好符合宣战国的要求和愿望。第二，基因武器的威力巨大而成本低廉。有人估算过，用5000万美元建造的基因武器库的杀伤力远远超过花50亿美元建造的核武器库。无法回避的事实是基因武器隐蔽性强、威力巨大而成本相对低廉的特征正吸引一些军事大国利用基因组计划的成果研制基因武器。据披露，美国、英国、以色列等国已经或正在研制基因武器。有关专家提醒，要铸造维护本国和本民族生存安全的基因盾牌，要警惕某些国家将基因技术用于灭绝种族的做法。

三、基因诊断的伦理问题

（一）基因诊断

基因诊断是指利用现代分子生物学技术和分子遗传学的技术方法，直接检测基因结构及其表达水平是否正常，从而对疾病作出诊断的方法。

基因诊断是以基因为探查对象的，是分子水平（层次）的诊断，所以具有针对性强的特点，以分子杂交为基本原理，故又具有特异性高的特点。基因诊断取材用量少，来源广，灵敏度高。患者的血液、尿液、毛发等都可以用以检测，因而基因诊断还具有实用性强，检测范围广的特点。

基因诊断可分为两类，基因直接诊断和基因间接诊断。基因直接诊断是直接检查致病基因本身的异常。它通常使用基因本身或紧邻的DNA序列作为探针，或通过聚合酶链反应（polymerase chain reaction，PCR）扩增产物，以探查基因无突变、缺失、退化等异常及其性质，它适用已知基因异常的疾病；基因间接诊断是SSCP（Single-Strand Conformation Polymorphism，单链构象多态性）、AMP-FLP（电泳后酶切）等技术用于的连锁分析。

21世纪，基因分析和基因工程技术有了革命性的突破，这主要归功于聚合酶链反应（polymerase chain reaction，PCR）的发展和应用。应用PCR技术可以使特定的基因或DNA片段在短短的2~3小时内体外扩增数十万至百万倍。扩增的片段可以直接通过电泳观察，也可用于进一步的分析。这样，少量的单拷贝基因不需通过同位素提高其敏感性来观察，而通过扩增至百万倍后直接观察到，而且原先需要一两周才能作出的诊断可以缩短至数小时。

21世纪以来PCR技术有许多新的发展，用途日益扩大。例如，可用RNA为模板经过逆转录再行扩增的RT-PCR；改变两引物浓度，使其相差100倍，结果得到大量单链产物，称为不对称PCR，其单链产物可用于序列分析；在一个反应中加入多对引物同时检测多个部位的多重PCR等。

现在可对一系列的遗传病进行PCR诊断。如果疾病是由基因缺失引起的（如α地贫），则在缺失两端设计一对引物进行扩增，就不会得到扩增产物或只能得到缩短了的扩增产物。如果疾病是由点突变引起的，而突变的位置和性质已知，则在设计引物时使之包括突变部位，由于突变后的碱基不配对，结果无扩增片段；或者在引物设计时于其 3’端设计一个错误的核苷酸，使之与突变了的核苷酸配对，其结果是正常引物不能扩增，而用错误的引物能扩增，从而可对突变的存在作出判断。

（二）基因诊断中的伦理问题

1. 信息如何保密（隐私权）的问题

由于基因诊断科学的发展，关于生殖类的遗传咨询专科也就应运而生。遗传咨询的作用是帮助个人理解他们的处境并尽可能适应，全面了解家庭成员信息，对疾病的诊断很有帮助，这将至少有助于回答在医学科学限制之外的技术和事实问题。如果有一个明确的基因可以解释孩子的缺陷，那么就可以排除母亲在孕期导致胎儿缺陷的可能，并减轻母亲的焦虑情绪。但是，另一方面，父母或祖父母可能会痛苦的发现他们可能把有缺陷的基因遗传给下一代，并导致下一代或后代的严重缺陷，因此，作为临床基因（分子）诊断的工作人员，基因信息是否应该保密，该如何保密，对哪些人保密，这都是伦理学的难题（问题）①。

基因诊断信息保密问题，其实涉及患者及其家属的隐私权问题。被诊断为基因缺陷阳性的人如何得到保障？例如法律保障，使他们不受人寿保险、招聘单位和社会的歧视。那么，得到基因诊断的人的基因信息，谁有权使用这些信息？医生泄露了信息，该如何处理？这都是基因诊断实践中需要解决的问题，既有法律问题，也有伦理问题。

2. 心理负担问题

白化病是一种较常见的皮肤及其附属器官黑色素缺乏所引起的疾

---

① 熊汉真，陈辉．临床基因诊断的伦理问题及对策探讨［J］．中国医学伦理学，2015（8）：653.

病。那么如果家族有白化病患者会遗传给下一代吗？白化病是什么遗传？白化病的诊断主要靠医生对患者眼部症状与体征来判断，其中对各类型白化病的诊断分型非常重要。基因诊断是目前鉴别诊断和产前诊断中最可靠的方法。

基因诊断的意义不仅仅在于产前基因诊断，还可以确诊和分型，了解预后。典型的白化病我们临床可以初步诊断——皮肤、毛发色素减退伴有眼球震颤、畏光、视力低下等眼部症状，而有些亚型白化病临床症状不典型，需要与其他一些色素减退的疾病相鉴别。基因诊断确诊的同时，可以分型。不同类型的白化病，其预后是不同的，有的类型不会好转，比如 OCA1 的 A 亚型；有的类型白化病，比如 OCA2 和 OCA4，以及 OCA1 的 B 亚型，随着年龄增长，可以合成部分色素，头发颜色会加深，视力也会较之前有所改善；如果是综合征型白化病，不同类型其可能出现的并发症也是不同的。通过基因诊断，我们可以告知患者或其家属，将来可能会出现的问题，有些并发症，一旦出现是不可逆的，提前知道，可以减免一些伤害；另外，如果家族中有白化病患者，直系亲属都有可能携带，基因检测和产前基因检测，避免再次生育白化病患儿，可阻断致病基因在家族中的继续遗传。

但把基因诊断信息明确告知患者或其家属，一定会对患者及其家属带来比较大的心理负担、压力甚至焦虑，患者及其家属心理负担产生后怎么办？医生承担责任吗？医院承担责任吗？

3. 诊断结果可靠性问题

随着部分基因信息的解码浮出水面以及成本下降，有医药研究机构指出，预计到 2020 年全球基因测序市场规模将达到 87.0 亿美元，国内基因测序市场规模将达到 100 亿元左右。国家发改委官员也曾公开表示，基因检测细分领域近几年年均增速保持在 30%以上。

从事癌症早筛的专家认为，当下医药费用大部分产生在治疗的最后阶段，耗费了大量的资源，而基因诊断（检测）一来帮助患者早期筛查，二来同病异治提高治疗效率，有着庞大的市场。据了解，人类遗传病已知的有 5 000 多种，如果进行基因组检测就不仅有利于找到病因，也有利于治疗，但这需要建立在精准率得到保证的基础上。“刮一刮口中的唾液，寄送到基因诊断公司，半个月左右就能从手机上获知自己的基因信息和身体秘密。”如此基因诊断（检测），其结果可靠吗？

常见慢性病为多基因疾病，往往一种疾病风险与多个基因位点密切相关。有的基因检测公司仅选取极少的基因位点便出具多个检测项目的报告，降低了检测成本，看似检测项目多了，实则大大降低了对疾病风险检测评估的准确性。有业内人士指出，“市面的基因检测大多是通过大数据分析得出哪类基因位点影响某种酶的产生，从而影响性状。因此在基因数据精准、学术文章关联性研究支持的情况下是有严谨科学道理的。”但“有科学道理不代表结果一定科学，性状的表现是基因和环境还有后天多因素共同决定的。”

四、基因治疗的伦理争论

目前世界上的遗传性疾病有几千种，而所谓遗传病是指生殖细胞或受精卵中遗传物质在结构和功能上发生改变而引起的疾病。对于许多遗传性疾病，如恶性肿瘤、血友病、类风湿、艾滋病等，传统的治疗方法无能为力，在这种情况下，基因治疗应运而生。基因治疗（gene therapy）是指将人的正常基因或有治疗作用的基因通过一定方式导入人体靶细胞以纠正基因的缺陷或者发挥治疗作用，从而达到治疗疾病目的的生物医学高技术，是基因工程的最重要的应用，也是一种现代实验医疗技术。基因疗法包括人体基因治疗、生殖系基因治疗、增强基因工程和优生基因工程。人体基因治疗（体细胞基因治疗）、生殖系基因治疗（生殖细胞基因治疗）主要用于治疗遗传性疾病，增强基因工程和优生基因工程主要用于改变个体的性状，如高矮、胖瘦、性格、智力等。常规的诊疗方法是利用药物的功效，而基因治疗则是利用基因的特征，通过基因水平的操作，纠正在结构和机能上存在缺陷的基因，以治疗疾病或缓解疾病。

生殖细胞基因治疗是指用性细胞（精子或卵子）或者早期胚胎细胞作为重组基因的靶细胞。由于难度很大以及涉及伦理、社会学等诸多问题，无论是科学家还是普通人群都一致反对生殖细胞基因治疗，因此这里一直是个禁区，尚无人涉足。这样，当前开展的基因治疗仅限于体细胞基因治疗。

体细胞治疗方法主要有两种：体内法基因治疗和体外法基因治疗。体内法基因治疗是指直接向体内注射基因，而体外法基因治疗则是在体外通过载体将目的基因转入靶细胞。基因治疗就像给基因做了一次手术，治病治根，所以有人把它形容为“分子外科”。基因治疗作为人类治疗疾病的新方法，为目前还不能治愈的疑难病症提供了新途径和新思路，为人类攻克“不治之症”以及预测、预防疾病将做出巨大贡献。然而，基因治疗作为一种全新的和正处于发展中的基因工程技术，不可避免地存在着伦理争论。

（一）基因治疗目的的伦理争论

用基因治疗来解决人类重大疾病还是用来改进人类特征（如身高、肤色、容貌）？这是基因治疗中争议最大的伦理问题。体细胞基因治疗只涉及个体本身，而生殖细胞的基因治疗，由于基因被植入到精子、卵细胞或胚胎细胞，不仅涉及个体本身，还会影响下一代，影响人的遗传物质，这就提出了基因治疗目的的伦理争论。基因治疗的目的到底是什么？是治疗疾病还是改进人种？我们主张基因治疗技术的最终目的是预防与治疗疾病，而不能用来改良人种。因此，非医学意义上的基因增强或基因治疗应当禁止。

（二）基因治疗的安全性问题

基因治疗的安全性是生命伦理学关注的重要问题。一方面现有的临床试验方案大多数采用逆转录病毒载体接介导的基因转移系统，该系统基因转移率高，而且转移的基因能整合到细胞基因组中稳定存在。但该方法需要将逆转录病毒载体基因转移到含病毒结构基因的病毒辅助细胞中，由于载体与辅助细胞中的病毒序列同源重组可能产生概率极低的有复制能力的野生型逆转录病毒，这关系到基因治疗的安全和成败。

另一方面，基因治疗还没有发展到定点整合、置换缺陷或有害基因的阶段，治疗基因在基因组中随机整合，有可能激活原癌基因或消灭抑癌基因，从而引起细胞的恶性改变。体细胞基因治疗中外源基因在靶细胞中的高效转入、长期表达、特异性表达等安全问题也还远未真正解决。

有人担心，基因治疗是在人体细胞内附加正常基因，而有缺陷的基因仍存在人的细胞中，并可传递给后代，这样以前可能被自然淘汰的基因留存下来了，长此下去就会增加人类基因库中有缺陷基因的数量，可能导致人类基因退化的危险。

因此，许多国家的卫生部门或科学研究机构对基因治疗的安全性作出了相应的政策或法律规定。例如，美国国立卫生研究院（NIH）重组DNA委员会及美国食品与药物管理局分别对基因治疗的安全性作了严格的规定。我国从开始这项研究以来，非常重视基因治疗的安全性问题，注意对此研究进行质量控制。

目前，我国同意体细胞基因治疗，反对生殖细胞基因治疗，卫生部在1993年制定了《人的体细胞治疗和基因治疗临床研究质控要点》，强调对基因治疗的临床试验要在运用之前进行安全性论证、有效性评价与免疫学考虑，同时要注意估量社会伦理学的影响。

（三）基因治疗的价值争论

基因治疗的价值实质是代价与收益的比较问题。目前的基因治疗需要花费大量的人力、物力、财力，虽然取得了一定的治疗效果，但有些疾病还是无法根治，有人对基因治疗的投资与效益的价值问题提出了异议。有人认为，基因治疗的高额费用，就像其他高新医学技术（如器官移植）一样，会造成未来医疗费用的猛增，从而成为带动未来社会医疗费用上涨的又一重要因素。

由于基因治疗费用昂贵，真正受益者将是少数富人，对于普通百姓而言，一般无法承受基因治疗的巨额医疗费用。因此有人认为，基因治疗是“富人的医学”。当然，也有人认为，基因治疗为遗传病等疑难杂病的治疗带来了希望，高昂代价只是初期的，一旦技术成熟与普及，就会作为一种便宜的治疗方法，这是可以得到伦理学辩护的。

医学伦理学家认为，目前，基因治疗的高额费用，与现代医学伦理学的“公益公正论”不相符合。基因治疗技术研究开发成功，往往是国家投入巨额科研经费的结果，但就目前的治疗实际效果看，投入与产出是不成比例的。在国外，得益者往往是中上阶层的人以及享有卫生医疗保险的人，人们不禁要问：花的是国家的科学研究经费，成果却只是被少数人（有钱人）享用，这样公平合理吗？与现代医学伦理学主张的基本理论“公益公正论”相符合吗？在有限的卫生资源条件下，甚至会影响其他更有效、实际上更需要的科学研究项目。

（四）“优生学”的担忧

人类体细胞基因治疗经过一个较长的激烈争论阶段，已为大多数人接受，同时也为生殖细胞基因治疗提供了许多经验教训，而体细胞基因治疗的某些缺陷使一些基因科学家转而求助于生殖细胞基因治疗。一般认为，体细胞基因治疗只涉及患者个体，而生殖细胞基因治疗则对人类未来产生深远影响。生殖细胞基因治疗实际上等于为“优生学”或“优生主义者”打开了方便之门。既然致病基因可以被去掉，那么那些能增强智力，提高智力水平的基因又为何不能添加进去呢？我们还可以按照自己的愿望添加老虎的快速奔跑基因培育出世界上跑得最快的超一流的运动员，从而可以获得大量的体育竞赛奖金，做到名利双收。

由于生殖细胞基因治疗可以通过基因干预来改变人的遗传物质，

从而改变人自身，难免让人担忧这会不会导致纳粹“优生学”死灰复燃呢？如果技术条件允许，人们究竟有没有权利对未来人类的遗传特征进行人为的干预？因为任何一个人的遗传特征都归因于其父母遗传物质组合的偶然性，是自然随机配置的结果。如果我们通过基因技术对人的遗传基因进行人为的设计、控制，无疑破坏了自然进化的规律，也违背了伦理学上最基本的为任何人所拥有的自决权的原则。世界上大多数伦理学家认为这是对人的尊严与基本人权的严重挑战。国家、社会有权对生育进行干预吗？如何尊重个人的生育权利？如何对待残疾人的生存权利？种族平等、社会正义等社会伦理、政策问题也会不断出现。

五、胚胎干细胞研究的伦理争论

假设人患有糖尿病、严重的心力衰竭或其他疾病，如果从他身上任何部位取下一些体细胞，通过核移植技术，将其体细胞的细胞核显微注射至去核的人卵细胞中，这种包含与病人完全相同的遗传物质的杂合卵细胞在体外培养发育成囊胚，若将囊胚植入假孕妇女的子宫中，将会克隆出与提供体细胞的人基因相同的个体，即所谓的“克隆人”。但是如果从获得的囊胚中分离并扩增所谓的“人胚胎干细胞”（Human Embryo Stem Cell），并体外诱导它们分化成胰岛细胞、神经元、心肌细胞等，将这些细胞移植至发病部位，则能够修复病人的组织或器官，从而使病人免受病魔的煎熬。由于移植细胞与病人的基因完全相同，不会产生通常器官移植中的免疫排斥反应，修复的组织或器官将良好地履行职责，无须使用免疫抑制剂。也许你会认为这是科幻小说，但这种情景也许在不远的将来会成为一种常规的治疗方法。而引发这场“医学革命”的关键技术——人胚胎干细胞技术已经出现，并将随着人胚胎干细胞研究的深入而逐步完善。

（一）胚胎干细胞概念

胚胎干细胞是在人胚胎发育早期——囊胚（受精后5~7天）中未分化的细胞。囊胚含有约140个细胞，外表是一层扁平细胞，称滋养层，可发育成胚胎的支持组织如胎盘等。中心的腔称囊胚腔，腔内一侧的细胞群，称内细胞群，这些未分化的细胞可进一步分裂、分化，发育成个体。内细胞群在形成内、中、外三个胚层时开始分化。每个胚层将分别分化形成人体的各种组织和器官。如外胚层将分化为皮肤、眼睛和神经系统等；中胚层将形成骨骼、血液和肌肉等组织；内胚层将分化为肝、肺和肠等。由于内细胞群可以发育成完整的个体，因而这些细胞被认为具有全能性。当内细胞群在培养皿中培养时，我们称为胚胎干细胞。

（二）人胚胎干细胞研究潜在的巨大效益与技术挑战

如果科学家最终能够成功诱导和调控体外培养的胚胎干细胞正常的分化，这一技术将对基础研究和临床应用产生巨大的影响，有可能在以下领域发挥作用：体外研究人胚胎的发生发育，非正常发育（通过改变细胞系的靶基因），新人类基因的发现，药物筛选和致畸实验，以及作为组织移植、细胞治疗和基因治疗的细胞源等。

人胚胎干细胞提供了在细胞和分子水平上研究人体发育过程中的极早期事件的良好材料和方法，这种研究不会引起与胚胎实验相关的伦理问题。采用基因芯片等技术，比较胚胎干细胞以及不同发育阶段的干细胞和分化细胞的基因转录和表达，可以确定胚胎发育及细胞分化的分子机制，发现新的人类基因。结合基因打靶技术，可发现不同基因在生命活动中的功能等。另一个令人关注的应用在于新药的发现及筛选。胚胎干细胞提供了新药的药理、药效、毒理及药代等研究的细胞水平的研究手段，大大减少了药物实验所需动物的数量。目前上述实验使用的细胞系或来自其他种属的细胞系，很多时候并不能真正代表正常的人体细胞对药物的反应。胚胎干细胞还可用来研究人类疾病的发生机制和发展过程，以便找到有效和持久的治疗方法。

胚胎干细胞最令人关注的潜在应用是用来修复甚至替换丧失功能的组织和器官，因为它具有发育分化为所有类型组织细胞的能力。任何涉及丧失正常细胞的疾病都可以通过移植由胚胎干细胞分化而来的特异组织细胞来治疗，如用神经细胞治疗神经变性疾病（帕金森氏综合征、亨廷顿舞蹈症、阿尔茨海默氏病等），用造血干细胞重建造血机能，用胰岛细胞治疗糖尿病，用心肌细胞修复坏死的心肌等。尤其是对于后两项，胚胎干细胞可能会有特别疗效，因为目前认为成年人的心脏与胰岛几乎没有干细胞，仅靠自身无法得到修复。

为了基因治疗与防止免疫排斥效应，还可以对胚胎干细胞的基因做某些修改。干细胞是基因治疗的较理想的靶细胞，因为它可以自我复制更新，治疗基因通过它带入人体中，能够持久地发挥作用，而不必担心像分化的细胞那样，在细胞更新中可能丢失治疗基因的结果。通过胚胎干细胞和基因治疗技术，可以矫正缺陷基因。例如，如果发现早期胚胎有某种基因缺陷而会患基因缺陷病如囊性纤维化——一种 30 岁以前便会致人死亡的疾病，可以收集部分或全部胚胎干细胞，通过基因工程技术将正常的基因替代干细胞中的缺陷基因，再将修复后的胚胎干细胞嵌入胚胎中，经过怀胎将会出生一个健康的婴儿。由于伦理和某些技术问题，现在还未开展此类实验。

改变胚胎干细胞的某些基因的另一目的是创建“万能供者细胞”，即破坏细胞中表达组织相容性复合物的基因；躲避受者免疫系统的监视，从而达到防止免疫排斥效应发生的目的。但这种方法需要破坏和改变细胞中许多基因，而且这种细胞发育成的组织和器官是否有生理缺陷如免疫能力降低还不得而知。

另一种克服移植免疫排斥的途径就是前面描述的结合克隆技术创建病人特异性的胚胎干细胞。用这种胚胎干细胞培养获得的细胞、组织或器官，其基因和细胞膜表面的主要组织相容性复合体与提供体细胞的病人完全一致，不会导致任何免疫排斥反应。如果这一设想能够变为现实，将是人类医学中一项划时代的成就，它将使器官培养工业化，解决供体器官来源不足的问题；器官供应专一化，提供病人特异性器官。人体中的任何器官和组织一旦出现故障，将像更换损坏的汽车零件一样可随意更换和修理。

但是要使以上设想变为现实，还需要对胚胎干细胞做深入研究，还需要解决很多技术难题，这些问题包括：①胚胎干细胞极易分化为其他细胞，如何维持体外扩增时不分化？虽然在防止体外培养时干细胞分化方面已取得了很大成绩，如在培养基中加入白血病抑制因子等可抑制干细胞分化，但仍需进一步研究干细胞的培养条件。②如何定向诱导干细胞分化？细胞分化是多种细胞因子相互作用引起细胞一系列复杂的生理生化反应的过程，因而要诱导产生某种特异类型的组织，需要了解各种因子在何时何地开始作用，以及何时何地停止作用。令人高兴的是，科学家相信只要将胚胎干细胞诱导分化为所需组织细胞的前体（祖细胞），将祖细胞移植到适当的环境中就能够产生所需的组织，因为机体能够分泌所有指导细胞正确分化的因子。并且不必在体外形成结构精确的多细胞组织后再移植，只需要将已诱导的分散的胚胎细胞或细胞悬液注射到发病部位就可发挥作用，这些移植的细胞与周围细胞及胞外基质相互作用便可有机地整合至受体组织中。③由胚胎干细胞在体外发育成一完整的器官尤其是像心、肝、肾、肺等大型精细复杂的器官这一目标还需要技术上的突破。因为器官的形成是一个非常复杂的三维过程。很多器官是两个不同胚层的组织相互作用而形成的。例如，肺中的肌组织、血管和结缔组织来源于中胚层，而上皮组织源自内胚层。每个细胞要获得营养和排泄代谢废物，分化的组织中需要产生血管，组织血管化目前还处于起步研究阶段。退一步讲，即便是一发育完整的来自自然机体的器官，要离体培养并维持其正常的生理功能目前还无法做到，器官的体外保存与维持仍是器官移植中的难题。

(三) 胚胎干细胞研究的伦理争论

人类胚胎干细胞研究的伦理合理性在很大程度上依赖于胚胎的身份。争论的焦点在于胚胎的道德地位。如果胚胎是人类（或人），那么我们对胚胎的研究（处理）将受到限制，只能做允许对其他人类所做的研究（处理）。相反，如果胚胎只是人体细胞的集合体，那么，我们面临的伦理道德问题就少得多。

1. “胚胎是不是人”的伦理争论

人的生命从何时开始？胚胎是生物学生命（bio1ogical life）还是人类人格生命（human personal life）？传统的胚胎的道德地位争议是指有人认为胚胎有与儿童和成人一样的道德地位，即，有权利去生活，不能为他人或社会的利益而牺牲他。胚胎有人的道德地位，人类不能在实验中损坏他。而另一些人认为胚胎只是与人收集的其他细胞一样的一簇细胞，不应对研究它们有多少伦理的限制。那些否认胚胎有道德地位的人认为胚胎与儿童和成人不一样，他们没有心理或认知能力，而人的精神心理活动和认知能力是必不可少的。大多数认为胚胎不具有人格特征，采纳的理由是胚胎不具有意识、自我意识和推理能力，尽管事实上很小的婴儿也没有这个能力。

人们从哲学和宗教角度对人的生命（从生到死）的性质及尊重人的生命进行了伦理学讨论。一些主要的宗教对这些争论提出了许多宝贵的意见。由于宗教信仰的不同，对于胚胎的地位及任何形式研究（包括干细胞的治疗性研究）中使用胚胎的容许性存在着许多不同的立场。例如，伊斯兰教认为，在胚胎被赋予灵魂之前，即授精后40天内，以治疗和研究为目的的胚胎使用是能够被接受的。基督教思想的某些分支（新教传统）认为，完整人的身份是逐渐形成的，因此在胚胎的早期可以不存在。圣经及《塔木德经》犹太法典的准则认为人的完整状态在受精时并不存在，而需要植入后一段时期的发育。犹太教思想在这个领域的一个重要特征是认为子宫外的胚胎与配子相似，没有法律地位，除非父母亲通过植人和怀孕使他们获得生命的潜力。因此，为了试管授精治疗而制造的胚胎及始终在试管中没有植入潜力的胚胎可以捐献并用于治疗性研究。这符合犹太教中一个重要的职责：生命挽救职责。

对胚胎的治疗性或研究性目的的使用，最强烈的反对来自罗马教会传统。天主教的观点认为，在受精的那一刻，人已经产生了，因此胚胎被认为是一个人，他有权获得生命。一个个体胚胎应该予以发育成一个成熟人的机会。这种立场的含义是，必须严格地控制卵子的体外受精，利用剩余的胚胎做治疗学研究是不允许的。因为胚胎的生命是神圣的，不应被任何人代为终止。

不可否认，人类胚胎在生物学中具有独特的身份。与其他的细胞不同，胚胎能够发育成与原来完全不同的复杂的功能性器官。这种区别可以描述为胚胎的潜能——成为一个整体的潜能——发育成人。当然，这仅仅是一个生物学因素，但这种生物学因素是我们必须面对的道德敬畏。只要我们的伦理观点依赖于人类生命的价值，那么人类胚胎作为人类生命的来源就必须得到尊重，我们很清楚这种重要性。但是应该尊重到什么程度呢？实际上，许多情况下对其是尊重的，但为了利益，人类仍然在使用胚胎。真正的问题在于胚胎能否成为人类专有的道德社会中完整的成员。如果胚胎能够被道德社会所接纳，那么胚胎被用作达到某种目的的手段在伦理上不允许的，而且在本质上也不能作为一种目的。更多的疑问是胚胎的潜力。有一种观点认为，胚胎有发育成人的潜力，使其具有独特的身份，应保护其免受破坏。

关于人类胚胎能否被看作人的争论至今没有达成共识。一种观点认为人格开始于卵子的受精；从那一刻起，一个已经形成的公认的原始生物体有了一个身份，他将不断地发育成婴儿、儿童、成人。那么终止胚胎的生命，就等于终止了未来婴儿的生命，甚至是儿童和成人的生命。这种观点认为人格具有重要的伦理学性质，人类在生命的每个时期都具有伦理学性质，从胚胎开始，直到死亡。

道德哲学家向人格的观点提出了挑战，他们认为，人格依赖于体验生命特征的能力，并赋予生命价值及意义。从生物学的观点来看，人的个体存在可以归因于经过早期发育后，不能再分裂成孪生子的胚胎(受精后 13 天以上)。因此胚胎有资格被尊重，但没有人格。争论的主题之一是胚胎的潜能。即使人类胚胎还不是一个人，但他有发育成人的潜能。由于这个原因，保护胚胎身份的拥护者认为任何妨碍胚胎完成这种潜能的行为都是错误的。而这种观点的反对者认为有成为某种事物的潜能并不等于就具有了该事物的身份。卵子和精子是受精卵的组成成分，受精卵将发育成胚胎，然后发育成胎儿，但这并不意味着它们就具有受精卵或胎儿的身份，除非达到这个发育时期。我们不给予精子以胎儿的身份，那为什么要给予胚胎以人的身份呢？此外，源自体外受精的胚胎，不会被植入子宫，它就没有发育成人的潜能。

2. 人胚胎干细胞的来源与伦理争论

(1) 用不孕症治疗后的剩余胚胎来源产生干细胞的伦理观点。

这种干细胞来源是夫妇治疗完不孕症后不再需要的胚胎，他们决定不再储存胚胎并不希望捐献给别的不孕症夫妇，仅有的选择是放弃或销毁。在这样的情况下，更多的人可能会同意，用即将放弃或销毁的胚胎治疗人类无法治疗的退化性疾病及致命的疾病是一个充分可信的理由。

事实上反对流产的人，或认为胚胎有道德地位的人，也会同意在某些例外情况下胚胎的道德地位可以放弃如，当母亲的妊娠是强奸的结果时，此时为了不给母亲今后的生活带来不幸，他们也同意流产胎儿。当为了抢救患严重疾病母亲的生命时，也是母亲第一，胎儿第二。虽然此时我们的胚胎来源没有导致母亲与胎儿利益的直接冲突，潜在的利益大于对胚胎的伤害，而且目前不用干细胞没有替代疗法。

可使用不孕和治疗后的胚胎进行干细胞研究利大于弊的理由还有：研究者使用实验室胚胎研究可详细地了解干细胞提取的过程。因为干细胞的特性和培育办法的不同依赖于提取它们的条件和方法的不同，科学家可从实验室里根据提取方式的不同得到一些关于干细胞特性的重要发现，而临床应用细胞治疗需要以干细胞如何提取的过程提供指导。另外，干细胞在培养时并不绝对稳定。在这些细胞生长的时候，在它们的基因形成的时候，可能有不可见的改变。这样，在人类干细胞研究的头几年，多次地培育那些目前研究中似乎稳定的干细胞，从而确定它们的细胞特性十分重要，而这样的研究在人的体内胚胎进行是无法实现的。

建议我国的干细胞研究应用这种来源，但对使用不孕症治疗后的剩余胚胎来源要做如下限制：捐献者自主决定是否继续存贮胚胎或捐献给另外夫妇；捐献者决定要销毁要先于捐献给研究；捐献者的决定不能是强迫的；不许有预先设计地获得胚胎；不能买卖胚胎；应以最少量的胚胎用于最重要的研究；研究者不得在治疗不孕症时有目的增加植入胚胎的数量和增加配子等。从国外进口的胚胎要符合国内的管理规定。捐献必须要强调知情同意，而且最好妇女及丈夫都要有知情同意，使他们确知怎样处置自己胚胎，以避免被强迫和剥削。知情同意应告知：干细胞研究对胚胎捐献者不提供利益；拒绝和同意捐献胚胎都不影响将来的治疗和护理；告知目前此正在进行干细胞研究领域一般情况和目前干细胞的特殊研究课题；告知些胚胎研究资金来源和商业利益；弄清此胚胎将不会移植入任何妇女的子宫中，并且研究包括要销毁这个胚胎。

（2）用为研究的目的捐献配子创造的胚胎获取干细胞的伦理观点。

与死亡流产胎儿及即将废弃胚胎这两种被动的干细胞来源比较，如果为研究的目的用主动创造的胚胎来获取干细胞与为了生殖的目的主动产生一个胚胎是两个完全不同的事。因为为生一个孩子以配子人工授精产生一个胚胎和为研究目的捐献配子产生一个胚胎性质完全不同。尽管人类胚胎可能不被认为有与一般意义的人一样的道德地位，但为研究的目的把人类胚胎作为工具来使用没有给予胚胎适当的尊重和关心，是视胚胎为工具而不是目的。而且主动捐献配子将面临许多社会问题。在中国当前流产胎儿及即将废弃胚胎这两种干细胞来源比较丰富的情况下，在尚无干细胞研究必须在这样的特定来源下才能进行的情况下，目前没有理由必须有意为研究捐献配子产生胚胎。仅当将来有足够的科学证据和社会赞同力及足够的伦理理由可为研究或治疗的目的产生胚胎辩护时，这种直接的捐献和主动创造才可以重新讨论。

（3）应用体细胞核移植技术产生干细胞的伦理观点。

应用体细胞核移植技术产生人类干细胞的基础性和治疗性克隆正在经历着一场社会、法律和伦理的争论。激烈的争论始于20世纪90年代末。人的治疗性克隆在90年代末发展迅速。韩国曾于1998年12月成功地进行了人体胚胎细胞复制的实验。德国1991年的“胚胎保护法”，严格禁止人体胚胎的研究，但2000年后德国部分人士认为有必要修改胚胎保护法，允许少数研究中心从事以医疗为目的的克隆人体胚胎的研究。2001年5月德国研究基金会（DFG）的建议指出，胚胎干细胞研究不应在“胚胎保护法”指导下进行，因胚胎干细胞有多能性和全能性。但德国研究基金会反对为研究的目的和用体细胞核移植技术产生胚胎。2000年7月，澳大利亚卫生部长称澳大利亚政府仍将禁止克隆人，但可能将支持治疗性克隆。2000年8月，英国政府宣布将批准以治疗研究为目的的人体胚胎克隆实验。允许研究以治疗为目的的人体胚胎克隆试验，但强调不可以进行生殖性克隆，同时以严格的立法来约束科学家的研究行为。2001年1月，英国通过法律，干细胞研究可用废弃的材料，可以进行试管授精培养，也可以用体细胞核移植技术产生胚胎，但14天必须销毁。2001年1月法国总理若斯潘表示，法国政府将允许对人体器官克隆技术进行用于医疗目的研究，但严禁进行克隆人的研究。2001年8月美国总统布什宣布允许有限度地使用联邦基金资助人体干细胞胚胎研究。

应用体细胞核移植技术产生人类干细胞的基础性和治疗性克隆将大大促进干细胞基础理论研究、临床医疗及干细胞在生物学、药物学及各个分支领域中的广泛应用。干细胞通过核移植技术与基因工程相结合，可利用外源基因导入、特定基因缺失和基因突变为基因治疗提供全新的手段；干细胞通过核移植技术与定向诱导分化技术相结合，可以得到大量基础和临床医用细胞；应用体细胞核移植技术产生人类干细胞可建立研究人胚胎发育、分化和遗传等问题的理想模型；将某人单个体细胞利用体细胞核移植技术，建立此健康人或病人胚胎干细胞系是克服器官移植组织配型免疫排斥难得的理想办法。体细胞核移植技术产生胚胎与体外受精产生的胚胎不同的是体外受精可能产生很多胚胎和不同细胞，而体细胞核移植技术可产生一个特殊种类的细胞，可以治疗身体免疫性的疾病。

然而，用人体细胞核移植技术产生干细胞与有意通过体外受精产生干细胞一样，科学的、伦理的与法律的问题都存在。这里除了人们对无性生殖和基因工程的疑义，除了人们对胚胎的道德地位的伤害和工具性产生胚胎的反对以外，到目前为止，体细胞核移植入人的卵母细胞中可能产生一个人的胚胎作为产生干细胞的来源在科学领域知道的较少，用这样技术产生的胚胎及干细胞的安全性未定。同时，人们最为担忧的是会有人进行生殖性克隆，即将人体细胞核移植技术产生的胚胎放入子宫中发育出克隆人。目前对克隆人很多国家都是坚决反对的。因此用人体细胞核移植技术产生干细胞必须仔细地权衡潜在的利益和害处。在潜在的利益大于害处的情况下，人体细胞核移植技术产生干细胞必须在严格限制和按照某些规定进行。

（4）应用嵌合体胚胎产生干细胞的伦理观点。

把人的体细胞核移植入动物的卵泡中产生嵌合体（即所谓的“人畜混合体”）的基因研究，更是引起了人们的极大的伦理担忧甚至强烈反对。中山医科大学陈系古教授报道了 2001 年 1 月以来使用“核移植”技术将人类皮肤细胞核移植到家鼠卵母细胞中获取具有全能分化潜能的人类胚胎干细胞。近年来，上海第二医科大学瑞金医院及上海市转基因研究中心也曾用体细胞核移植技术将人类体细胞核移植到牛卵母细胞和羊卵母细胞中获取胚胎干细胞。此工作 1996 年美国的 Jose Cibeli 也做过。他使用 52 个自己的白细胞和另外一些从自己面颊内刮取的细胞放入牛卵泡中。52 次试验只有一个面颊细胞成功地生成一个胚胎，在胚胎 12 天的时候产生了足够的内细胞团，从中取出类似人类的干细胞。1998 年 11 月 12 日在 Advanced Cell Technology of Worcester 私人资助下，麻省科学家在《纽约时报》上宣布，他们使人体细胞融合到牛卵中产生了嵌合体，从嵌合体中分离出了类似人类干细胞的细胞团。

目前，用物种间基因水平的嵌合进行体细胞核移植，无论在技术上还是伦理上都较复杂，现阶段不宜于进行。人的配子与动物配子混合将产生纯粹的杂交类必然受到坚决反对，用动物的干细胞嵌合入人的卵泡中也较违常理。那么，用人的体细胞核移植入动物的卵泡中产生嵌合体胚胎研究干细胞是否可以？根据科学家的探讨，用人的体细胞核移植入动物的卵泡中产生嵌合体研究干细胞的医学科研意义与用人的体细胞核移植入人的卵泡中产生人的胚胎研究干细胞意义基本相同。但科学家在实践中发现不用动物的配子，研究较难进行。因为用人的体细胞核移植技术研究干细胞需要大量的人卵细胞，而人类妇女一生的卵子是有数的，一月只能排出一个，较难得到。目前能够得到的仅是那些用药物刺激排卵做试管婴儿妇女的剩余卵子。正常妇女取卵不但是一个痛苦的过程，而且，社会伦理和传统观念也不允许妇女为研究捐卵。因此用人的体细胞核移植入动物的卵泡中产生嵌合体研究干细胞便成了科学家不得不采取的一种有利和方便科研的方法。

但是并不像某些媒体所报道的那样，嵌合体胚胎研究干细胞可以避开人胚胎研究干细胞的伦理问题。与以人的胚胎研究干细胞不一样的是，嵌合体胚胎的伦理问题首先是这个嵌合体胚胎的性质是什么，嵌合体胚胎是完完全全的人的胚胎吗？嵌合体胚胎产生的是人胚胎的干细胞吗？如果不是人胚胎的干细胞，用于人身上安全吗？事实上，尽管嵌合体胚胎的形成主要以人的体细胞核染色体为指导，但动物卵泡内的线粒体 DNA 在嵌合体胚胎的形成中也有一定的作用。

另外，这种研究属初始阶段，目前尚无更多同行认证，技术的可行性和安全性没有解决。更让人担心的是有人将嵌合体胚胎植入子宫发育，更有人担心嵌合体干细胞的研究会对长远的群体遗传和进化产生影响。他们认为，物种分离具有进化的独特意义。毕竟，医生或研究者面对的是个体，想的只是解决个体的病痛，没有从群体角度看问题。医生或研究者目前所看到仅是好处，不好之处还没有看到。持这种观点的人认为，从长远看，现在以功利的目的对胚胎进行工程化改造，对群体的多样性和进化弊大于利。当然，一些科学家认为，不应过早限制此类研究，安全性可在研究的进程中了解和发现，用嵌合体胚胎研究干细胞没有影响生殖细胞，不会传给后代，不会对进化产生影响。

鉴于用嵌合体胚胎研究干细胞存在上述伦理问题，尽管用嵌合体胚胎研究干细胞有美好的前景，但对用嵌合体胚胎研究干细胞还是应受到严密的监视，给予认真的伦理、政策性的思考并制定出具体措施。伦理的思考是：当一种技术既有好处又有害处时，且害处不可避免时，要尽量使害处减低到最小。目前，如果用人体细胞核移植入人的卵母细胞产生人的胚胎研究干细胞，人的卵母细胞来源足够使用，就应该以此方法代替用嵌合体胚胎研究干细胞。因此，要先从增加人的卵母细胞来源着手，尽量应用死体捐赠卵子或卵母细胞，并发展促进死体未成熟卵成熟技术。但在人的卵母细胞来源仍不够使用时，在不得已必须应用嵌合体胚胎研究干细胞而技术的可能性又不确定时，则必须有科学和伦理学的限制。这些限制可包括：尽量使用和利用已存在的用嵌合体胚胎研究分化培养的干细胞系进行研究；用于研究干细胞的嵌合体胚胎不得超过14天；嵌合体胚胎不得放入子宫；用嵌合体胚胎研究分化培养的干细胞的研究单位准入要严格把关；用嵌合体胚胎研究分化培养的干细胞用于临床时，必须经过严格的动物实验，并再次进行科学和伦理的检验，等等。

六、基因知识产权问题

21世纪，知识经济正在代替工业经济，人类开始进入知识经济社会。知识经济是以知识与智力资源的占有、配置、使用与消费为重要特征的经济。知识产权制度是界定知识的占有，即知识归谁所有的法律制度。如今，大到一个国家，小至一个企业，要想成为经济强国或企业，那它首先应当是也必须是一个知识产权大国或企业。

当前，基因领域是知识产权最密集的领域，一个基因很可能会发展出一个产业来。对基因的占有方式就是基因专利。基因专利是对“以基因为基础的相关预防、诊断、治疗药物与仪器（包括生物芯片所涉及的基因专利问题）的一种垄断性保护”。基因专利是研制开发基因相关产品的基础，制药企业只有在获得基因专利许可权的前提下，才能进行该基因相关产品的开发利用。这样，基因专利的权利人不仅可以通过专利合作或转让获得收益，而且还可以从后期销售收入中按一定比例提成。一个具有重要功能的疾病相关基因的专利，转让价值一般以千万美元计，而以此开发的基因药物年销售额可高达几十亿美元。例如，1994年11月，美国Amgen公司出资2000万美元向Rockefeller大学购买了一条肥胖基因的独占型开发许可权。1997年，Amgen公司将FKBP神经免疫因子配体转让给Guilford公司，交易额高达3.92亿美元，创造了当时单个基因交易的最高价格，引起了世界的关注。人体共有10万~14万个基因，世界各国投入巨资寻找基因的研究实为一场“基因抢夺战”。“基因侦探们”在这10~14万个基因中逐个探索，一一破译，发现一个就少一个，因此，谁占有较多的基因专利，谁就将在人类基因的商业开发方面（包括基因治疗、基因诊断、基因药物研究与开发）抢得先机。

在人类基因知识产权方面，也存在着经济、伦理、法律、社会问题的争论。第一，人类基因原始信息应不应该成为专利？有人认为人类基因信息是人类的共同资源和财富，作为专利的客体本身就不符合国际专利法律的精神，因此反对人类基因信息专利化。第二，人类基因原始信息如何做到自由、公平地利用。从整体上说，发展中国家与发达国家存在着巨大的技术差距，如果不能做到自由、公平地利用人类的基因原始信息，就会更加拉大发展中国家与发达国家之间的技术鸿沟，造成发展中国家在基因信息技术使用与基因药品开发上的落后，更加造成发展中国家依赖发达国家、受制于发达国家的局面。第三，尽管人类基因研究发展迅速，但离实际应用的道路依然很漫长，基因治疗即使获得了技术上的成功，其经济成本很高，它能不能成为广大患者医学的福音，依然是个疑问，国家、私人公司投入巨资开展研究，符不符合现代医学伦理学的公益公正论，值得认真研究与探讨。第四，在实践中，已经出现了发达国家的科学研究机构，违背现代医学伦理学知情同意原则，打着免费体检、经济援助的招牌，利用发展中国家丰富的动植物资源、疾病种类，开始在发展中国家开展基因研究，实际上是掠夺发展中国家的基因资源。因此，在人类基因知识产权化方面，还有许多具体问题值得研究和解决。

【本章推荐阅读书目】

1. 高崇明，张爱琴．生物伦理学十五讲［M］．北京：北京大学出版社，2004.

2. ［德］拜尔茨．基因伦理学［M］．北京：华夏出版社，2000.

3. 邱仁宗．生命伦理学［M］．北京：中国人民大学出版社，2010.

4. 翟晓梅．生命伦理学导论［M］．北京：清华大学出版社，2005.

5. 胡庆澧，陈仁彪．基因伦理学［M］．上海：上海科学技术出版社，2009.

6. 郑文清，周宏菊．现代医学伦理学概论［M］．武汉：武汉大学出版社，2017.

7. 范瑞平，张颖．建构中国生命伦理学：新的探索［M］．北京：中国人民大学出版社，2017.

【本章思考与练习】

1. 人类基因组计划研究引发的伦理争论有哪些？

2. 基因诊断的伦理问题有哪些？

3. 基因治疗的伦理争论是什么？
4. 胚胎干细胞研究的伦理争论有哪些？
5. 基因知识产权为什么越来越重要？

第九章　生命伦理学之临终关怀伦理

【本章内容提要】

◆ 临终关怀的概念

◆ 临终关怀的历史与发展

◆ 临终关怀产生的背景

◆ 临终关怀的现状

◆ 临终关怀的伦理学意义

在生物进化的过程中，人和动物一样，都是自然界的产物，个体生命从出生开始，就注定要走向死亡，死亡也是人类的宿命。当人类用尽各种方法追求个体生命长生不老、长生不死的希望破灭后，人类不得不承认和接纳死亡这一残酷而又不能回避的事实。临终与死亡、临终关怀、无效治疗、放弃治疗等生命伦理学问题，人类不断地进行探索与实践。

一、临终关怀的概念

随着社会的进步，科学技术的发展，生活水平不断提高，人们对于卫生保健的需求日益提升。人们不仅期望健康长寿，也开始越来越多地关注临终与死亡问题，提高生命的质量，重视生命的价值。如何让处于临终阶段的生命个体舒适、安详、有尊严，是临终关怀伦理学所要研究与探讨的问题。

临终关怀（hospice care）可以说是一门新兴的学科，也可以说是医疗卫生保健中的一个新生项目、新的医疗护理实践。临终关怀萌芽于17世纪，“Hospice”（临终）一词源于拉丁语Hospitium，意为inn即“小旅馆”和“客栈”的意思。该词的使用始于中世纪的欧洲，指设立在修道院附近，为朝圣者和旅行者提供中途休息和获得给养的场所(驿站)。到了19世纪70年代末和80年代初，Hospice的含义已经演变为主要为所在社区中需要照顾的贫困者和临终者提供帮助的慈善性收容、照护机构。

Hospice以英国的“圣卢克济贫医院”和“圣约瑟临终关怀院”为代表的近代的建立，标志着Hospice的含义已经演变为主要为临终病人提供照护的机构。这些机构的建立和发展，为现代临终关怀运动的兴起奠定了实践基础。现引申其义，用来指一套组织化的医护方案，帮助那些暂停于人生路途最后一站的人，其重点是着眼于对死亡前病人的疼痛的控制及死亡后家属情绪的支持，抱着对生命的尊重和敬畏，去了解那些病人，使患者在余下的时间里获得尽可能好的生活质量，活得有意义、有尊严。

根据世界卫生组织（WHO）所下的定义，临终关怀是对无治愈希望病人的积极与整体性的照顾。临终关怀不以延长临终者生存时间为重，不追求猛烈的、可能给病人增添痛苦的或无意义的治疗，而以提高患者临终阶段的生命质量为目的，要求医务人员以熟练的业务和良好的服务来控制病人的症状，为生命末期的病人及其家属提供缓和性和支持性照护，以及病人死亡后对家属进行心理辅导。

20世纪60年代发展以来，临终关怀逐渐成为一种新兴的医疗保健服务项目。美国、德国等医疗发达国家，临终关怀发展到由医生、护士、心理学工作者、社会工作者、宗教人士和志愿者等多学科、多领域的人员组成的团队医疗保健服务。

临终关怀是新兴的医疗保健服务项目，服务对象既包括临终病人又包括病人（患者）家属。服务内容不单纯是医疗、护理服务，还包括心理咨询与心理辅导、健康教育、死亡教育、精神和社会支援、居丧照护等涉及多学科、多方面的综合性服务。

临终关怀服务范围通常包括四个方面：疼痛和其他症状控制、心理精神关怀、社会支援、居丧照护。服务方式多样化、本土化。任何国家和地区的临终关怀服务的基本方式的形成和发展，与其社会经济发展状况、文化背景、道德习俗和医疗保健制度密切相关。对临终病人及其家属的全面照护，宗旨是使临病人的生命质量得到提高，能够无痛苦、舒适、安详和有尊严地走完人生的最后旅程；同时使临终病人家属的身心健康得到保护和增强。

临终关怀是新兴的交叉学科。临终关怀学与医学、护理学、心理学、社会学、伦理学、宗教学、经济学等学科密切相关，形成交叉关系。临终关怀学科可分为临终医学、临终护理学、临终心理学等分支。

二、临终关怀的历史与发展

临终关怀的历史可以追溯到公元前。早在2400多年前，古希腊的哲学巨匠柏拉图（Plato，前427年—前347）就曾在其《理想国》一书中，提到家庭对于个人所能产生的安慰与支持。比利时某个社区在中世纪时就已设立了“温暖之家”。1842年，法国有位女士在里昂为久病不治的人盖了一所医院，成为临终关怀护理院的雏形。不论从哪一点看，在过去的几个世纪，西方社会绝大部分的中等之家及经济不算富裕的家庭，在其家人病危临终时，都多多少少地依赖公共救助机构，诸如养老院、精神病院等。但是，这些机构制度均不够健全，而且往往忽略了病人临终前的各种生理及心理上的需求。因此，在世界范围内，临终关怀学作为一门相对独立、成体系的学科存在开始于20世纪。

现代临终关怀运动起源于20世纪60年代。创始人桑德斯（Cicely Saunders）博士身兼医生、护士及社会工作三大专业。在50年代，她就在长期为癌症患者服务的临床工作中，发现生命垂危的癌症病人得不到合适的护理，患者家属也不知道如何照顾患者。为了改变这一医疗实践现状，1967 年在英国伦敦东南的希登汉，桑德斯博士和许多热心奉献的人经过多方筹划与准备，依靠多种捐款建立了“圣克里斯多福安宁医院”（Saint Christopher's Hospice），率先尝试以医疗团队全程陪伴癌症晚期病人，并辅导家属度过哀恸期的医疗照顾方式。“圣克里斯多福安宁院”是现代第一所真正意义上的临终关怀医院，作为一所慈善机构，它的教学、研究方案的推动，家庭护理的实施及大部分病床是由英国健康服务组织协会赞助支援的。桑德斯（Cicely Saunders）的成功“点燃了世界临终关怀运动的灯塔”，影响随之波及全球，很快临终关怀在美国、英国、日本等发达国家不断得以壮大。

1974 年，美国建立了首家临终关怀医院——新港临终关怀院，随后全美 80 个城市联合起来，以一种“理念肯定”的形式创建了第一个临终关怀方案并极力向大众推广。这些热心的提倡者，希望能够建立一套特殊的安养方案，去帮助那些垂死的病人得以善终最后的人生岁月，不论病人病逝于何处，临终关怀所提供的照顾，都希望在病人生命末期前的几个星期甚至几个月得以免于肉体的痛苦及心理的恐惧。这是一个具有崇高目标的理想，需要社会大众共同的努力与支持。不管世界各国的社会发展、宗教背景、医院体制及对死亡的看法有何差异，都有一个不容否认的事实，就是全人类都一致希望生命末期患者，能够在平和的气氛下走完自己的生命旅程。临终关怀是一个服务的观念，是一种为濒死的病人及其家属提供全面的照顾，以发挥临终关怀的理想和目标为其最终目的。概括起来说，是同即将死亡的病人分担人生的旅程。临终关怀组织的设立正是以这个前提来照顾临终病人，使他们能够在剩余无几的生命岁月中，过得更充实、更有意义。

1983 年，临终关怀的理论与实施获得美国联邦政府和美国国会专门法案通过，并将临终关怀列入医疗保险的项目内。1995 年，美国已有 2 510 家临终关怀医院，每年约有 34 万患者入住临终关怀医院。此外，在加拿大、南非、澳大利亚、荷兰、瑞典、挪威、瑞士、法国、印度也陆续设置了类似的临终机构。1975 年加拿大建成了皇家维多利亚安息护理病区。日本于 1981 年建立起第一所临终关怀机构，一年后就发展到 11 所。目前世界上有 60 多个国家和地区相继开展了临终关怀服务和研究。

与国外相比，我国的临终关怀工作起步较晚。我国临终关怀的兴起和发展是从医学伦理学界对安乐死的关注中引发而来的。在我国，由于受传统习俗、道德观念、法律条例等方面的限制，加之理论上的争议和实践上的困难与障碍，安乐死一直处于进退维谷的境地。而临终关怀的引进无疑为帮助临终患者提供了一条有益的探索之路。与此同时，人们也意识到，以“死的安适”来帮助临终患者摆脱痛苦固然重要，但是以“活的安适”来帮助临终患者安然度过生命末期的痛苦阶段和减轻家属的精神忧伤也不容忽视，尤其在安乐死尚未得到法律认可的当前更是有必要借助临终关怀减轻患者及家属的痛苦。

1986 年，中国医学科学院医学情报研究所的张燮泉先生在《医学与哲学》（第 4 期）上发表了《Hospice——垂危病人病院》一文，开始了在我国介绍临终关怀的概念、讨论与实践。1988 年 7 月，天津医学院在美籍华人、原美国俄克拉荷马大学副校长、哈佛大学客座教授黄中田博士的资助下，成立了我国第一个临终关怀研究中心，这标志着中国开始了临终关怀的研究和实践。

1988 年 10 月，在上海诞生了我国第一家临终关怀医院——南汇护理医院，成为我国第一家以收容退休职工为主要对象，具有医疗、护理和生活照顾的设施，能为病故老人提供丧葬一条龙服务的晚期患者收容机构。1991 年，北京市“松堂临终关怀医院”开始接待临终患者，此后北京朝阳门医院第二病区等一批单位也开始介入临终关怀事业，如天津医科大学附属第二医院的“安宁病房”，北京中国医学科学院肿瘤医院的“温馨病房”，沈阳 208 医院的“肝癌病房”等，目前全国各地陆续出现了各种形式的临终关怀服务机构。

2001 年，李嘉诚决定，每年捐资 2500 多万元人民币，在内地推动实施全国宁养医疗服务计划，先后与全国19所重点医院签约，分别设立宁养院，使其成为中国内地上门免费为贫困癌症病人镇痛治疗、心理辅导、生命伦理等方面照护的临终关怀机构。尽管临终关怀在我国起步较晚，但发展却很快，不仅表现在上述各类临终关怀机构的建立上，也体现在对临终关怀问题的研究工作上。1992年，“首届东西方临终关怀研讨会”在天津召开，之后在山东烟台、广西桂林、云南昆明等地多次举办了“全国临终关怀学术研讨会”，1993年“中国心理卫生协会临终关怀专业委员会”成立，1996年《临终关怀杂志》正式创办。2006年4月16日，中国生命关怀协会（Chinese Association for Life Care）成立大会在人民大会堂隆重举行，标志着我国临终关怀事业进入了一个新的历史阶段。

在我国的港、澳、台地区，近30年来，临终关怀的事业也得到了较快的发展。香港的善终服务始于1982年，由九龙圣母医院率先成立善终服务小组，为晚期癌症病人和家属提供服务和辅导；1987年钟淑子女士创建了“香港善终服务会”，积极推行善终服务活动；1992年，第一间独立的善终院——白普理宁养中心在沙田落成。目前，香港有13家医院提供善终服务，如南郎医院、博爱医院等，还有“明天”和“安家舍”两所专门提供善别服务和哀伤关怀的机构。

台湾地区的临终关怀事业可以追溯到1983年，当时台湾的天主教康泰医疗教育基金会已实施癌症临终病人的居家照顾服务；1990年马偕纪念医院在淡水正式成立了台湾第一个安宁病房，随后忠孝医院又首创社会服务室；1995年台湾成立了“中华安宁照顾协会”；2001年7月1日“安宁疗护整合性照护纳入全民健康保险计划”付诸实施。截至1999年5月，台湾提供居家安宁疗护的医院有26家，安宁疗护医院16家，而台湾民间以安宁疗护为招牌的医院远远超过了这个数字。

2000年5月，澳门社会工作局、卫生局与隶属于澳门镜湖慈善会的镜湖医院三机构官民合办的舒缓晚期癌症患者痛苦的“康宁中心”正式投入服务，这是澳门现今唯一一家提供善终服务的医疗场所，其宗旨是向生命末期病人提供善终服务，目的是为病人及其家属提供全面照顾和支持，中心服务团体工作人员由医生、护士、社会工作者、心理学家、物理治疗师、营养师和义工组成。

临终关怀从20世纪80年代进入我国，仅仅30多年时间，无论人们的思想观念、认知态度还是医疗实践，与现实生活、社会需要相比，还处于初级阶段。许多人甚至是医务人员，还不能正确理解临终关怀事业及其真正实践意义。由于传统死亡文化的旧观念束缚，人们的生死观，尤其是死亡观还存在着很多的误区，实践中还存在着临终关怀医院少，缺乏专门的专业技术人员，缺乏临床医疗关怀护理规范，社区卫生服务远不能满足社会需要等问题，临终关怀事业还需要全社会尤其是卫生管理工作者和医务人员大力宣传普及推广，使之在实践中得到更好的发展。

三、临终关怀出现的背景

（一）社会老龄化与临终关怀

随着社会生产力的发展，科学技术特别是医学科学技术的进步，医学科学越来越发达，人类的寿命变得越来越长，寿命越来越长就意味着老年人越来越多。人口老龄化成为人类社会发展的一个重要特征。人口老龄化成为当代人类社会面临的最大的问题之一。世界各国都在研究对策，以利于人类社会的健康发展。

人口老龄化是指总人口中因年轻人口数量减少、年长人口数量增加而导致的老年人口比例相应增长的动态。它有两层含义：一是指老年人口相对增多，在总人口中所占比例不断上升的过程；二是指社会人口结构呈现老年状态，进入老龄化社会。国际上对于老龄化社会是有一定的标准的，一般来说国际上通常的标准是：一个国家或地区60岁以上的老年人口占总人口的比重达到10%以上，或者65岁以上的老年人口占总人口的比重达到7%以上，那就意味着这个国家或地区的人口处于老龄化社会。

2000—2016年，我国65岁及以上人口从0.88亿人增加到1.50亿人，占总人口的比重从6.96%上升到10.80%，且无论是规模还是占比都呈现出加速上升的态势①。可以说，从2000年起，我国已经进入人口老龄化社会了。随着时间的推移，我国老龄化的程度不断加重，我国老龄化的速度是快于世界平均水平的。根据联合国预测，1990年至2020年世界老年人口的平均年增长速度为2.5%，而同时期，我国老年人口的年平均增长速度为3.3%。

目前世界上老龄化最为严重的三个国家分别是德国、意大利和日本，根据2014年数据来看，上述三个国家60岁以上老年人的比重分别是，德国为20.6%，意大利为25%，日本为26.7%。我国目前老年人口占全国人口的比重是17.9%，看起来和上述三个老龄化严重的国家还有一定的差距，但是随着我国人口出生率的下降，人口老龄化程度还会加剧。图9-1是到2050年中国人口老龄化的趋势，到2050年即21世纪中叶，我国60岁以上的人口数量占总人口数的比例将达34.1%，可见老龄化日益严重。

老龄化社会的到来，使老年人对社会的需求和依赖性增强，使医疗、保健任务加重。一个社会老年人越多，年龄越大的老年患者也越来越多，老年病患者自然也越来越多，弥留之际的老年人患者也越来越多，医疗和护理实践也就越来越需要临终关怀。

（二）癌症患者的增加与临终关怀

癌症特别是恶性肿瘤，是导致我国国内居民首位死亡原因。晚期恶性肿瘤患者医疗费用昂贵，生命质量差，医疗资源效用无法最大化，使

① 杨昕，左学金，王美凤．前瞻年龄视角下的人口老龄化及其对我国医疗费用的影响［J］．Vol. 42，No. 2，March 2018：85.

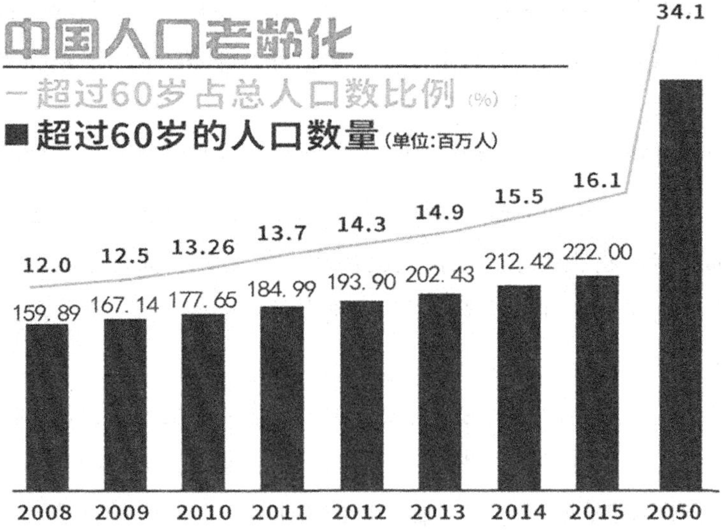

图 9-1　2050 年中国人口老龄化趋势

得临终关怀成为一种迫切需要。晚期癌症患者已成为临终关怀的主要服务对象。据美国统计资料显示，在接受临终关怀服务的病人中，有60%是恶性肿瘤患者。随着肿瘤发病率和死亡率的不断上升，以及中国传统文化的影响，选择在综合医院内住院的病人越来越多，对临终关怀服务的需求不断增加①。

2012 年，上海一名教师发在博客上的公开信引起了社会广泛的关注。他在信中讲述了进入癌症晚期的父亲在生命最后一个月辗转多家医院求医，却因没有太大的治疗意义而屡屡被拒的遭遇。他痛苦地发出感慨：终末期癌症患者是挤在医院治疗还是在家里等着？这个问题也同时困扰着所有晚期癌症患者及其家人②。

解放军总医院第一附属医院肿瘤一科主任肖文华教授告诉记者，他

① 王敬茹，杨洪菊，张艳英．综合性医院肿瘤病房开展临终关怀的思考[J]．中国护理管理．Vol. 10，No. 8 August. 62.

② 贾晓宏，张献怀．北京晚报，2012-05-26.

们科 60 张床位，已经收治 81 位病人，其中 60% 以上是晚期癌症患者，还有许多患者院外待床住不进来。肿瘤病人增多和床位紧张的矛盾在各肿瘤中心都非常普遍，尤其是晚期癌症患者，许多医院不愿意收治，建议居家宁养。

解放军总医院第一附属医院肿瘤一科副主任朱建华说，晚期肿瘤患者及亲属无论在精神上还是肉体上都要承受着诸多痛苦，不少患者最后一程都“走”得很无奈，而家人也往往手足无措、备受煎熬。因此对于终末期癌症患者而言，最需要的不是先进的抗癌手段，而是温馨的临终关怀。

晚期癌症患者精神上的痛苦要远远大于肉体上的痛苦，最突出的表现是恐惧，对生命消失的恐惧、失落的恐惧，与亲人分离的恐惧以及对死亡前肉体痛苦的恐惧。对于临终期的人来说，最重要的是诱导病人从恐惧、遗憾、愤怒、焦虑、牵挂等困境中摆脱出来，让其客观对待生命消失。作为医生既不要轻言放弃，也不要追求猛烈的、可能给病人增添痛苦或无意义的所谓先进的治疗，而是以熟练的业务和良好的服务控制病人的症状，提高患者的生命质量，通过消除或减轻病痛与其他生理症状，排解心理问题和精神烦恐，令病人内心宁静地面对死亡。

作为晚期癌症患者的亲属，最需要理智与关怀。当一个原本活生生的人就要离开人世时，亲属都难以接受，常会有许多不理智、不现实和不接受的表现。在临床上，经常碰到有的家人为了“尽孝心”，对医生提出许多不切实际的要求，企盼能有灵丹妙药起死回生，要求医生不惜一切代价做一些毫无意义的治疗，结果人财两空，甚至引起激烈的医患冲突，不仅对病人无助，反而更增加了患者临终期的痛苦和烦恼。

终末期癌症患者究竟是在医院还是在家走完人生的最后一程？要根据实际情况合理而恰当选择，如果条件允许可选择“家居宁养”。对于一些肿瘤晚期病人的治疗选择，应以患者为中心而不是以疾病为中心，支持、理解、体贴、控制症状、全面照护。不以延长生存时间为主，而以提高临终阶段的生命质量为宗旨，使患者至死保持人的尊严。

在国外，不少患者到了癌症终末期会“家居宁养”。他们在熟悉的居家环境中享受亲人的陪伴，并由社区医生、社工等帮助做生理和心理上的舒缓治疗、照顾和安抚，以便更好地缓解身心痛楚，较大限度地实现舒适安宁走完人生最后一程的愿望。在国内选择“家居宁养”，需要满足如下条件：患者和家属有信心和发自内心接受在家度过这段特殊的时光；有相关的症状出现时能有相关的医护人员做专业指导。如果不能满足“家居宁养”的条件，可选择合适的医院进行临终关怀。

在国外，许多大医院，尤其是肿瘤中心都专门设有临终关怀科室，一旦病人不能进行对因治疗，生命时间不超过 2 个月，都会转入临终关怀科进行治疗。目前，我国对终末期癌症患者的临终关怀还远远不够，绝大多数医院没有专门的临终关怀科。随着肿瘤发病率的不断攀升，癌症病人的增加速度远远超过医院床位增加的速度，尤其是城市里大医院床位更加紧张。在这种情况下，医院从多方面因素考虑，就可能不会有更多的床位留给终末期癌症患者。因此，终末期癌症患者和家属在选择医院时，不要盯着大城市，不要单纯追求哪个医院治疗肿瘤有名气，而是应首选那些离家近，方便照顾，又最充满爱心，最好能进行临终关怀的医院，目的是减少病人的疼痛，改善生活质量，让病人无痛苦、有尊严地走完人生最后一程。

（三）脑死亡患者的增加与临终关怀

19 世纪 40 年代以来，由于医学工程技术的广泛应用，特别是人工心肺医疗复苏技术不断提高，停止了心跳和呼吸的人，仍然可以得到复苏。而脑细胞已广泛坏死的病人，由于人工呼吸机的应用，仍可维持心跳和呼吸一个相当长的时期；但当呼吸机一旦撤去，呼吸、心跳也就立即停止。以上表明，心肺功能的停止不一定意味着死亡。这就是脑死亡标准提出的直接医学技术方面的原因。正是在此种医学技术背景下，脑死亡患者在临床上数量不断增加，而脑死亡患者又是大脑功能永久丧失者也可以说是生命不可逆者，药物、手术、机械治疗已经失去了临床意义，此时最适宜的方法就是临终关怀。除了脑死亡患者，临床上还有植物人、重危急症患者等病人，也最适宜临终关怀医疗与护理。

(四) 卫生资源利用与临终关怀

整个世界来看，医疗卫生资源是越来越紧张和稀缺的，医疗卫生保健费用每年增长的速度都显著地高于国家的经济增长水平。医疗费用越来越成为老百姓家庭开支的沉重经济负担。例如，在美国，2010 年度的医疗支出接近 2.6 万亿美元，是 1980 年度 2 560 亿美元的十倍多。与 20 世纪 90 年代末和 21 世纪初相比，近年来的增长速度有所放缓，但未来几年的增长速度预计仍将高于国民收入。药物费用和医院费用的增加消耗了大量的开支。

在美国，自 2008 年起，雇主资助的健康保险费增加了 97%，增加了雇主和工人的成本负担。医疗保险覆盖老年人和残疾人，医疗补助计划为经济困难的个人和家庭提供保险。保险登记的人数随着婴儿潮一代的老龄化而增加，呈现出持续的经济挑战。20%的医疗保险受益人有 5 种或更多的慢性疾病，消耗医疗保险支出的 60%。这对美国政府的开支产生了相当大的影响，使联邦和州的预算紧张。2010 年的国家卫生支出占国内生产总值（GDP）的 17.9%。2013 年的一项研究发现，25%的老年人因为医疗费用宣布破产。约 8 400 万美国人没有保险或保险不足，2010 年健康法签署时超过 300 万，2003 年时超过 2 000 万。截至 2011 年 1 月，美国有超过 800 万没有保险的儿童。医疗成本的不断上升降低了与之相关的健康保险的覆盖。

美国的卫生经济专家指出，我们在生命的末期，在医疗上花费了太多的钱，生命质量往往也很差，也不是大多数人想要的。在所有的医疗费用中，约有 1/4 的费用是在生命最后一年中用掉的，而其中的 40%又是在生命的最后的一个月花掉的——至少占所有医疗费用的 8%。特诺（Teno）和他的同事研究表明，在重症监护病房（ICU）实际增加的医疗费用，是用在有医疗保险的最后 30 天死亡的人之中。凯丽（Kelley）

等人报告表明，即使有医疗保险，老年人在生命结束时也会面临巨额的医疗费用。在我国，老年病患者、癌症晚期患者、生命末期患者、植物人患者的医疗费用支出，与美国的情形也十分相似。

老年病患者、癌症晚期患者、生命末期患者、植物人患者等的医疗费用开支过大，而且，从经济学的“成本—效益”角度来衡量、分析，这些医疗多是不必要的、没有实际治疗意义的过度医疗，是国家、个人卫生费用的巨大浪费。因此，提倡不以大支出、大耗费为特征的临终关怀医疗护理，也是卫生经济学的实际需要。

四、临终关怀的现状

临终关怀的对象既包括临终患者也包括患者家属。关怀内容既包括医疗护理、心理、伦理和社会等方面，也包括对临终患者及其家属提供姑息性、支持性的医护措施。临终关怀是尊重死亡的自然过程，但其发展受到我国传统观念及医疗现状的影响，使临终关怀的发展受到一定的影响与制约。

（一）传统孝道观对临终关怀的影响

“孝”是中国人道德的最高准则之一。自汉代以来，“孝”被提到与“天”等同的高度。“百善孝为先”“夫孝，始於事亲，中於事君，终於立身”。中国传统的伦理道德中，孝道观念在中华民族文化中一直有着极其重要的地位。临终患者的家属为了尽孝，有的不惜一切代价要求医生、护士为患者进行治疗和护理，如长期住院使用呼吸机，家属不愿意放弃治疗，有的甚至违背患者意愿接受无效的临床处置。有的担心别人、无关人员说闲话，不愿意把已是植物人、癌症晚期昏迷的亲人送到临终关怀病房，这些无疑造成了患者的身心痛苦，而且造成家属经济负担加重、医疗资源的巨大浪费等。医疗实践中，许多老年临终患者的子女认为，尽孝就是不惜一切代价挽救父母的生命，延迟死亡的来临，而不管这种挽救是否恰当、是否有临床意义。实际上，临终关怀的原则是不以延长生命为唯一目的，而以减轻临终患者的身心痛苦和提高生命质量，维护患者生命价值和尊严为宗旨。不同的患者作为独立的个体，必然有各自的需求，从这个意义上说，尊重、满足临终患者的个体需求才是真正的孝道。但这种方式在传统孝道伦理的影响下，往往被大众忽视。

（二）传统死亡观对临终关怀的影响

中国传统文化是以儒家文化为核心的，儒家文化是一种倡导立足现实、注重现世进取的文化，非常看重“生存”的价值，而比较轻视“死亡”的价值，甚至把死亡看作是“恶”的事情。在这种文化理念的熏陶下，中国人的死亡观尽管也有朴素唯物主义和辩证法的观点，但传统文化观整体上体现了“乐生恶死”“重生轻死”的特点，忌讳谈论死亡，不愿意去考虑死亡的内涵。所以，临终病人（患者）、家属在某种程度上会对死亡产生恐惧，不愿接受现实、难以坦然面对临终事实。在实践中，这种传统死亡观，对临终关怀会产生怀疑、否定甚至敌对抵触的思想和情绪，是临终关怀的不利因素。

（三）传统生命伦理观念对临终关怀的影响

传统生命伦理观念认为，救死扶伤、延长寿命是医护人员的责任和义务，对于临终患者，医护人员应竭尽全力积极救治，放弃某些治疗是对病人（患者）不负责任，从而过分期望和过度给予根治性治疗，却忽略了患者生存质量、生命价值和生命尊严。传统生命伦理观念认为，生命是神圣的（传统生命神圣论的核心思想），医生的天职就是尽一切可能维护、挽救患者生命直到生命最后一刻，所有停止医疗、抢救的行为都是违背医生职业道德的，因此，临终关怀是与生命神圣论不相符合的医疗护理行为。对医生、护士来说，怀着一颗热爱生命的心来救死扶伤是一种职业操守，但这并不完全等同于挽救生命、治愈生命。完整的生命过程应包括死亡过程，这是不容置疑的客观事实。因此，完整意义上的尊重生命应该包括尊重死亡。

（四）隐瞒病情对临终关怀的影响

当患者病情严重、存活时间不长时，是隐瞒病情还是告知病情，这是医务人员难以抉择的一个生命伦理难题，事实上，没有明确的临床标准作为依据。一般来说，对于心理承受力较差，告知实情可能会引发悲观、绝望心理的患者，此时应实行保护性医疗措施。但自主原则强调，患者对病情有知情权。面对不同的情况要权衡各种伦理原则，并分析行动结果可能带来的危险和利益，正确处理好这方面的伦理问题非常不易。许多医护人员也认为，如实告知患者病情会加重其心理负担，加速病情恶化，因此选择将实情告知患者家属，而用善意的谎言来面对患者。即使患者了解自己的病情，想找人倾诉，周围的人也刻意回避，以至于患者心中的郁闷不快得不到排解。实践证明，隐瞒病情真相不利于对患者进行正确死亡观的教育，不利于提升患者临终阶段的生存质量。

（五）临终关怀知识缺乏对临终关怀的影响

临终关怀重点强调护理而非治疗，护理的重点也从生理上转移到心理、精神、社会等方面，对护士的理论水平提出了很高的要求，需要护理人员加深对社会学、心理学、伦理学等方面知识的学习和掌握，并能独立有效地运用于临终患者的身心护理。目前，在我国的护理教育中，无论是医学院校的医学教育，还是医院医务人员的继续教育，普遍存在着临终关怀教育没有设置专门的课程、无专门的师资、知识容量和课时不够等问题，使得医护人员对开展临终关怀的认识不足，往往偏重治疗和抢救，忽视临终患者的心理需求、精神需求等。

（六）临终关怀过程中对患者家属关怀的缺失

医护人员在护理临终患者的过程中，只注重患者的护理，往往忽视患者家属的心理反应。作为临终患者的家属，他们在亲人患病期间，消耗了大量的体力和精力，精神上遭受着种种不良因素的刺激，表现出悲伤、恐惧、忧虑、易怒等各种消极的心理反应。这种悲痛心理过程大致分为震惊、否认、愤怒、悲伤、理智恢复这五个阶段。这五个阶段存在个体差异，有可能会交错变化，因而程度也不同。当护士面对悲痛欲绝的患者家属时，仅仅有同情心是不够的，还应运用具体的知识、技能来对患者家属施以关怀。

五、临终关怀的伦理学意义

随着我国经济的发展及改革开放的进行，我国对临终关怀愈来愈关注与重视。临终关怀并非是一种治愈疗法，而是一种专注于患者在将要逝世前的几个星期或几个月的时间内，减轻其疾病的症状、延缓疾病发展的医疗护理措施。临终关怀是现代医学发展的一个新领域，是社会的需求和人类文明进步的标志。就世界范围而言，现代临终关怀的出现也只有 50 多年的时间。临终关怀是对临终患者全方位地实行人道主义的一种服务措施。它使临终患者在人生的最后历程中同样得到热情的照顾和关怀，感受到人间的温暖，体现生存的尊严、生命的价值和生活的意义。从临终关怀产生和发展的历史进程来看，无一不显示了人道主义（尽管有时带有宗教色彩）和伦理道德的光辉。临终关怀的伦理意义主要表现在以下几个方面。

（一）引起了死亡观念的积极变化

“死亡”是每种有生命之物的最终结局，是人类无法抗拒与回避的问题。千百年来，人们一思及此、一念及此，便会恐惧不安，甚至会万念俱灰，从而在人生活动中做出一些异常或反常的行为来。现代人在人生的状态上要远远高于传统人，但由于特别关注“生”，无暇对“死”作深度思考，在死亡问题上产生了极大的困惑与恐惧，这就使现代人的生活品质（质量）难以真正的提高。所以，我们不仅需要建构一种合理的人生观，还必须拥有正确的死亡观，以获得关于生死的大智慧，既提升生命的质量，获得幸福顺畅快乐的人生，同时也能够消解对死亡的心理恐惧，平抑死亡引发的悲痛与创伤，并使人生充满永不枯竭的动力，最终超越死亡。临终关怀的出现和发展，一方面可以使人们直面死亡，而不是一味回避，在心理上不畏惧死，从而享有“生”的欢欣和“死”的尊严；另一方面也使人们可以正常地思考有关死亡的各类问题，为面对他人（如病患者和自己的亲人），尤其是自我生命的终点做好心理与生理上的准备，从而既幸福地“生”，亦坦然地“死”，最后则能超越死亡，获得生命的永生与不朽。这种死亡观念的变化也体现了生命神圣、质量和价值的统一。总之，临终关怀可以帮助临终患者及其家属了解死亡，坦然面对和接纳死亡，也使全社会对于死亡有一个正确的、积极的观念（理念），从而，在行为上正确地对待死亡。

（二）体现人道主义的深化和升华

随着人们对物质文明和精神文明需要的日益提高，人们对临终问题益发关注。每个人都希望生得顺利、活得幸福、死得安详。当一个患者处于治疗无效或无望的疾病末期或其他状况下的濒死阶段时，临终前这一阶段特别需要人间的温暖、社会的尊重、精神的照护、亲人的依恋及其他人的关怀。临终关怀从思想到实践上，改变了原来对其无法救治的病人被拒之医院大门之外或在医院只是延长痛苦的生命而得不到真正的关心和照顾，以及病人家属的痛苦被医务人员忽视的现象，从而使临终病人感到自己生命的尊严，感到自己生命的价值，体验到人道主义的温暖，在关爱、舒适的环境中有尊严地、无忧无虑地离开人间，也使病人的家属得到了心灵上的慰藉，特别是整个社会中爱心力量的参与等，以上都体现了人道主义的深化和升华。

（三）体现社会文明进步，符合社会道德要求

临终关怀所倡导的关爱思想，正在吸引着社会上愈来愈多的个人和团体的关注并参与这项事业，并且付出自己的钱物、时间以及感情，给临终病人及家属以全面的关怀，也使临终病人的家庭成员、亲朋好友给予病人更多的照顾和爱心，从而让愈来愈多的临终病人享受到人间的温暖。同时，从事临终关怀的医务人员通过长期围绕临终病人而工作，在环境影响和较高的道德要求下，他们的道德水平也得以提高，并可能影响到整个医疗卫生行业人员的道德水平。因此，临终关怀促进了社会文明进步，或者说是人类文明进步的表现。

（四）节约了卫生资源，符合公益公正论

医学现代高新技术的发展和运用，使医务人员维持临终病人的濒死状态、延缓死亡成为可能，但这种延长生命的结果一方面增加了临终病人的痛苦，降低了临终患者的生命尊严、生命质量和生命价值，另一方面也加重了患者所在单位、患者家属的经济负担，增加了患者家属心理负担，并且浪费了大量的卫生资源。而临终关怀不侧重于对病人无意义的抢救和单纯的药物治疗，而且提供缓解性、支持性的安宁照顾，即不刻意提前或推后病人的死亡时间，而尽可能地让病人减少痛苦，坦然愉快地走向人生终点，这无疑有助于节约卫生资源，符合现代生命伦理学提倡的公益公正论。

【本章推荐阅读书目】

1. 孙福川，王明旭主编．医学伦理学［M］．第4版．北京：人民卫生出版社，2013.

2. 翟晓梅，邱仁宗．生命伦理学导论［M］．北京：清华大学出版社，2005.

3. 高崇明，张爱琴．生物伦理学十五讲［M］．北京：北京大学出

版社，2004.

4. 王晓慧 . 论安乐死 ［M］. 长春：吉林人民出版社 2004.

5. 郑文清，周宏菊 . 现代医学伦理学概论 ［M］. 武汉：武汉大学出版社，2017.

6. 范瑞平，张颖 . 建构中国生命伦理学：新的探索 ［M］. 北京：中国人民大学出版社，2017.

7. ［美］ J. C. 科尔夫 . 临终关怀 ［M］. 北京：中信出版社，2001.

【本章思考与练习】

1. 怎样理解临终关怀的概念？
2. 临终关怀的历史与发展是怎样的？
3. 临终关怀产生的背景是怎样的？
4. 临终关怀的现状如何？
5. 临终关怀的伦理学意义是什么？

第十章　生命伦理学之死亡伦理

【本章内容提要】

- ◆ 死亡问题日益凸显
- ◆ 中国死亡伦理思想
- ◆ 死亡标准的争论
- ◆ 哈佛医学院脑死亡标准的内涵
- ◆ 脑死亡标准转变的实践意义
- ◆ “脑死亡”与“植物人”的区别

死亡是生命之旅的终点，它不是生命的骤然停止，而是一个连续发展的过程。在不同的历史时期，处于不同的国度、不同的经济发展阶段，受不同文化传统、价值取向、信仰观念、认知水平、社会地位等因素的影响，不同的人对于死亡有着不同的看法。随着时代的发展与进步，人们对死亡问题的认识和态度也在发生着相应的改变，而对于死亡及其相关问题的研究也成为生命伦理学的不可或缺的重要内容。

一、死亡问题日益凸显

死亡问题是人生根本性的问题，同时也是一个影响深远的问题。人之“生”与“死”给人的感觉是如此的不同，死亡带给人的恐惧和痛苦又是如此的震撼人心，可是却难以确切地分辨清楚，以致造成人世间许许多多的悲剧。而且可以肯定的是，人类只要存在着，就必不可免地要承受这一悲剧，它是人生的宿命。

在日常生活中，人们用绝大部分的时间和精力投入谋生与发展的活动之中，“生”是人们关注的核心，而生的另一极——“死”，显然是人们极少去考虑的。实际上，许多人认为，死亡是无须考虑的，不仅是无益而且无法做到。所以，中国古代的圣人孔子才会说“未知生，焉知死”的话。但是，不去思考死，回避死亡的各种问题，并不意味着这些问题就解决了，更不意味着这些问题就不存在了。事实上，随着社会的发展，科技的进步，人类生活水平的大幅度提高，死亡问题变得越来越突出，也越来越复杂了。如果说，当代社会中人生的问题在不断地获得解决的话，那么，人死的问题则越来越解不开，甚至越来越说不清道不明了①。因此，有必要对现代人所遭遇的死亡问题进行分析与探讨。

实际上，对死亡问题的关注在西方有着相当长的历史和深厚的思想资源。古希腊哲人苏格拉底面对小人的诬陷，镇定自若且勇敢地投向死亡，并说出了一番震撼人心的关于死亡的道理。自基督教勃兴后，钉在十字架上的血淋淋的耶稣受难像，就把死亡意识深深地嵌入了大众的脑海中。现代著名哲学家海德格尔对死亡本真之揭示更是让西方人对死亡有了深刻的体认。但是，有关死亡问题的系统而深入的研究却是近几十年才得以有较大的发展。

应该看到，人类对死亡的恐惧压倒了任何生存的不适，求生的愿望使人们可以忍受所有的人间困苦。如此状态久而久之，便成为人类一种生存的习惯：无论生活中多么的痛苦，都要挣扎着活下去。中国古代有一句老话“好死不如赖活着”，便是这种心态和行为的典型表现。而我们也可以在电影、各种文献中看到或阅读到在特别恶劣的环境下，如监狱、集中营内，人们是怎样地在痛苦中煎熬，简直就是在无法生存的条

① 郑晓江．论现代人的三类生死问题［EB/OL］．中国社会科学网，2019-07-30.

件下仍然挣扎着活着。可见，活着并抗拒死亡的到来一直就是人类生存的中心。

虽然人类生存的主流是求生抗死，可是人们很快便发现，人生中的确也存在着一种“生不如死”的状态，在这种特殊的情形下，人们不是求生存而是只求一死，此时，生的痛苦已经完全压倒了对死亡的恐惧。由此，也就有了“自杀”这一困扰人类社会的大问题。此外，在一个文明高度发展的社会，在一个医学科学与人们的日常生活密不可分的时代，人们结束自我的生命还有一种新的形式，那就是“安乐死”。到了科学昌盛的时代尤其是进入20世纪之后，人类生活水准大幅度提升，人类在早期的只求“活”、只求“生的品质”之外，又有了另外一个向度的追求——“死的品质”。而且随着时代的发展，人们提高死亡品质的愿望越来越强烈，因为“生”的状态难以忍受，因为“生”的质量太低，因为“生”已经没有任何的意义，等等，故而人们觉得自寻死路——安乐死是一种更好的人生选择。正因为人们有了对死亡品质的新追求，给现代社会造成许多新的问题、新的困惑。

现代社会另一个关乎死亡的重要问题是“脑死亡”。脑死亡问题的核心是如何对“死亡”进行界定，死亡的标准到底是什么的问题。人类在数百万年的进化过程中，一般都以呼吸停止、没有任何生气（气息）来判别死亡与否。后来有了心脏停止跳动的死亡标准。而现在则一般通行以脑死亡来作为死亡更精确的标准。可是，脑死亡一般很难直观地呈现，先进的维生设备在医院中又大量地运用，当人们发现自己的至亲还有呼吸、心脏还在跳动，又怎么相信或愿意相信他已经死亡了呢？可见，死亡的标准如果说曾经是清楚的（实际上也不是那么准确的），那么，它随着科学技术的发展反而变得扑朔迷离起来。

究竟生与死的界限何在？实在是一个大而难的涉及医学、伦理和法律的复杂问题。在西方社会，人们也进行了持续不懈地研究与探索。1821年，史密斯先生在《法医学原理》中提出了一个关于死亡的定义：“虽然没有人敢说，他很清楚构成生命的是哪些东西，但是我们都知道所谓的生命现象是什么。只要一提到生命，我们马上会联想到死亡。所谓死亡就是指，我们所熟悉的生命现象停止了。”这是一个十分含糊其词的定义，它并没有直接规定死亡是什么，只是说生命现象的反面即是死亡。所谓“熟悉的生命现象”不外乎是呼吸、心跳、动作等，当这些人体的机能停止了，按这个定义也就是这个人死去了。可是，人们很快便发现，诸如像“溺水、电击”这样受到意外伤害的人，呼吸可能停止、心跳也可能停止，但只要进行及时的人工呼吸，他们就完全可能“活”过来。可见，界定死亡变得越来越多样且十分的困难了。

20世纪60年代兴起的心脏移植手术，终于将心脏跳动与否在判定死亡上的标准作用彻底消解了。脑死亡作为人类死亡的标准便必不可避免地提了出来。但是，正如许多科学家指出的那样，人类的死亡现象是十分复杂的，即使有了脑死亡的标准仍然不足以解决是“生”还是“死”的问题。因为，人的死亡实际上是一个过程，而非一瞬间便完成的。

二、死亡伦理思想的演变

死亡是人生无法回避的一种状态。作为生命的中止，死亡首先显现为病理的或生理的现象。但作为人之死亡而言，它还具有深刻的文化意蕴。人们在看待死亡问题时常常首先凸显的并非其自然性，而是其伦理性、社会性，人们往往会从伦理道德的角度去思考、规定、显扬死亡的意义与价值，从而使人类社会的死亡态度散发着浓厚的伦理气息，并且这种对于死亡的认识和态度还在不断发展和变化之中。

一般认为，儒家对待生死，采取的是“重生轻死”的态度。《论语》中记载，季路问事鬼神，子曰：“未能事人，焉能事鬼?”“敢问死。”曰：“未知生，焉知死?”① 也就是说，儒家面对鬼神生死问题，

① 孔子．论语［M］. Arthur Waley 译．北京：外语教学与研究出版社，1998：132.

往往采取存而不论、避而不谈的态度。这是消极的、回避的对待死亡的态度吗？有学者解读认为，上述言路要看孔子是对谁说的，因为孔子教育注重因材施教，季路（子路）的个性比较直率，属于行动派，显然不适合研究生死这样复杂而深刻的问题，所以孔子才会这样回答他。

仔细深入儒家经典文本《论语》，就会发现孔子对待死亡的态度又是极其庄严而慎重的，整体上是深刻而正确的。孔子作为伟大的哲学家、思想家，他不会避开死亡问题。孔子说过："民之于仁也，甚于水火。水火，吾见蹈而死者矣，未见蹈仁而死者也"。"民非水火不生活"，一个人为了得到水火而牺牲生命，却不肯为了人生正途牺牲生命，正回应了一句俗语：人为财死，鸟为食亡。但是，作为万物之灵的人，如果不选择人生正途，无异于把自己等同于自然界的其他生物，还怎么凸显"人"的特色呢？孔子这句话其实是在提醒我们：君子谋道不谋食，忧道不忧贫，不能为了生存而死，应该做到"蹈仁而死"。孔子还说过："志士仁人，无求生以害仁，有杀身以成仁。"杀身就是牺牲生命，就是死亡，但它不是无谓的牺牲，而是为了成"仁"。在孔子眼中，死亡是人类"自然生命"的结束，人有生老病死，这是客观规律，所以无须对此畏惧和抵触。更重要的是，儒家希望你了解，死亡同时也是人生目的的完成。

孟子也说，"生亦我所欲也，义亦我所欲也；二者不可得兼，舍生而取义者也"，生存是我所想要的，义行也是我所想要的，两者如果不能同时兼顾，就放弃生存而选择义行。可见，取义就是目的。一般人以为，死亡是牺牲，死亡是放弃，死亡是损失，但对儒家而言，死亡是生命的最后一层检验——检验这一生过得有没有价值，有没有达到目的，是否问心无愧，是否止于至善？这就是儒家对死亡的看法，如果你理解了，人生就非常安稳了。死亡这一关都理解了，生命还有什么好担心的呢？剩下的就是好好珍惜这一生，好好把握它，从容地面对死亡。

道家持"生死齐一"的观点，十分强调顺乎自然，庄子在《刻意篇》中就说过："圣人之生也天行，其死也物化"，表达了生老病死本是自然之事，不必在意太多，整体上看也是积极的、正确的生死观，值得今人的借鉴。当然，中国传统文化的死亡观，也存在“喜谈生，避谈死”“乐生恶死”的比较消极的观点。先民们对于死亡的关注更多地表现在注重葬礼的排场，希望并且相信“死”是在另一世界的“生”，表现了拒绝接受死亡事实的消极心态。

各家学说的相互争斗和融合逐渐形成了两种截然相反的生死观——世俗的死亡观和传统道义上的死亡观。世俗的死亡观喜生而惧（恶）死，死亡降临的不确定性、无时间性、不可体验性，死亡给人们的恐怖气氛，都让人们想尽办法超越死亡，以至于出现了像古代中国人寻找“长生不老的仙丹”这样的做法。而传统道义上的死亡观则是对死亡毫不畏惧，不单纯追求延缓死亡，而是强调死亡的社会价值，鼓励人们勇敢地面对死亡，这也是中国人死亡态度伦理化的典型表现。各种史料表明，在中国古时历代贤哲无不鼓励人们应该且必须为道德的价值而勇于赴死，为了实现伦理道德的准则，即便生命是万分珍贵的也要放弃。这种死亡观经过官方的意识形态和民间贤哲广泛持久深入地阐扬，业已积淀为中国人比较稳定的意识。

西方的哲人从通过悟死而深切悟生的角度建立了他们的死亡哲学——劝死学。他们认为，死亡是一种必然，是一种自然现象，意味着真正的永恒和幸福的开始。《圣经》认为，人生如筵席，人活到一定的年龄就会无所挂念地离开筵席，去面对死亡。古希腊的柏拉图认为，死亡是灵魂挣脱肉体的束缚而获得永生。古希腊哲学家苏格拉底在受诬陷入狱后，自动放弃了多次越狱的机会，面对死亡坦荡无畏，泰然自若。叔本华的意志哲学和悲剧人生观认为，生命原本空虚，人生是一场悲剧，但死亡并不可怕，死亡不能否定意志本身，事物真正本质的存在与生死无关。也有人指出，死亡对我们无足轻重，因为当我们活着的时候，濒临死亡或面对死亡时，才觉得它很恐怖，可当死亡真正来临的时候，我们已经不知道了，因此没有必要惧怕死亡，这也是唯物主义者较乐观的死亡观。

随着历史的发展，尤其是到了近现代，人类的死亡伦理思想正在不断地发生着改变。在近代西方社会，资本主义的兴起使人们更加推崇个体的独立和自由，在对待死亡时也将其视作个体性的事件，并与人的生命相联系，认为人可以在其有限的生命中充分发挥自己个体的潜能，积极策划自己的生命，达到创造自己生命本质的目的，从而逐渐摆脱了以往“人无法主宰自己”的思想观念。到了现代社会，西方的死亡观把死亡的普遍性与个体性统一起来，既强调人的死亡的普遍性和终极性，又不否认人的死亡的个体性对于个体存在的价值和意义，人通过直面死亡来获得自己存在的意义。20 世纪 70 年代左右兴起的后现代主义哲学对于死亡问题采取了回避的态度，他们不谈论死亡的普遍性或个体性的问题，而是宣称人类已经死亡，人已经死亡，不管是生存还是死亡都没有实际的价值或意义。后现代主义哲学的这种死亡观消解了人的存在的价值和意义，同时也消解了个体死亡的普遍性和个体性问题，陷入了对人的存在和死亡不可言说的境地。

近代以来，随着西方文化的传播，特别是马克思主义成为主流的意识形态以后，中国人的死亡伦理思想呈现出多元化的趋向。但马克思主义死亡观和民间承传的死亡观是两条并行的基本主线。马克思把死亡当作生命发展的自然结局，把个体生命融入人民群众的整体和历史的运动中，循历史潮流而进，为人民利益而死，就是有价值和意义的。为了未来美好的事业，既要坚定信心，又要不惧死亡。与此相应，民间却在各种风俗习惯、传统节日等活动中传承了中国传统文化中的死亡观。如今中国人的死亡观正处于现代与传统的碰撞中。植根于时代和现实的哲学不会停止理性的思考，哲学会更关注人的生存和死亡问题，人类社会的死亡伦理思想也将会随着时代的发展进入新的发展阶段。

三、死亡标准的争论

死亡标准问题长期以来一直是医学、法学、哲学、伦理学研究的焦点问题。判定一个人是否死亡，是一件十分严肃的事情，俗话说人命关天，可见其重要而严肃。死亡标准及其判定，首先，应该涉及医学技术，是医师专业之事，只有医务工作者才有职业资格，任何其他人员都无资格（权力）对人下死亡判定（结论），因此，死亡标准及其判定是医学专业的范围和焦点。其次，死亡是一个人生命的结束，这个人死亡的情况、情形，是疾病还是其他原因，很显然也是一个有关法律的问题，因此，各国法律、法学人士都关涉死亡标准问题。再次，人的生死问题历来是人来到世间自然要思考和回答的人生哲学终极问题，古今中外哲学家、伦理学家多对此发出言论探索和追问。因此说，死亡标准问题长期以来一直是医学、法学、哲学、伦理学研究的焦点问题。

从远古时代起，原始人通过日常的观察和狩猎活动，就已经形成了人的死亡是心脏停止跳动的概念。在洞穴壁上，原始人画着一头强劲的野牛和一颗被标枪刺穿的心脏，这是原始人从狩猎中获得的知识：刺穿心脏，野牛即死亡。与此相联系，在原始人的墓穴中，死人旁边放上一些朱红色的粉末，象征生命必须有血液。人们通过劳动实践和总结以往的经验，逐渐形成了死亡就是血液流失、心脏停止跳动的概念。因此，长期以来，把心脏停止跳动和呼吸停止作为死亡的定义和标准沿袭了数千年之久。问世于2000多年前的《黄帝内经》指出："脉短，气绝，死。"这个死亡标准典型地是以呼吸心跳的停止作为判断依据。近现代世界上公认的死亡定义也为我国所接受。1951年美国权威的《布莱克法律辞典》（Black's Law Dictionary）给死亡下的定义为："生命之终结，在于血液循环的完全停止，呼吸、脉搏的停止之时。"很显然也是传统的心肺死亡标准。

在20世纪中叶以前，人们从未对死亡的定义产生过疑问，人作为自然界中具有生命的物体，要维护其正常的生命活动，就需要心脏输送血液到肺与外界空气之间不停地进行气体交换，心肺功能的丧失即可导致人体的死亡。但是，自20世纪中叶以来，随着现代科学技术的发展，使得没有了自主呼吸，停止了心脏的跳动，没有一定知觉的人，可以通过现代医疗仪器的帮助或是采用器官移植的方法，仍然以“植物人”的状态存活下来。这就对传统的死亡概念提出了挑战，迫使人们必须重新界定死亡，重新思考死亡的标准问题。

1968年，美国哈佛大学医学院死亡审查特别委员会在主席亨利·毕契尔（Henry Beecher）医生主持下召开会议研讨死亡判定标准问题，在其后发表的报告中，对死亡的定义和标准提出了新的概念，即“不可扭转的昏迷或脑死亡”，这一新的死亡标准的提出马上在世界范围内引起了极大的反响，并由此引发了关于死亡标准的伦理学上的争议。

脑死亡的提出既是对传统的死亡观念的严重挑战，也是对死亡的宣判权的一次重大转换。死亡不能由死者本人来宣判，过去往往依靠医生的判定和死者亲友的认可。对于心死亡来说这是可行的也是必要的，但脑死亡的判别则需要借助于现代的医疗技术并通过受过专门训练的专家来实施。在这种情况下，医生在很大程度上掌握了宣布某些病人生死的权利。由于脑死亡宣判在很大程度上是依靠医疗设备尚可维持病人心跳和呼吸的情况下作出的，这就有一个对医生的信任和对医疗设备放心程度的问题。如何看待医生在判定脑死亡方面所具有的这种特殊权力？这里会不会有些非医术的原因而产生某些不恰当的宣判？甚至为图谋不轨留下某些机会和可能？许多人由此产生对脑死亡的担忧，甚至反对将脑死亡合法化。但是如果一个社会没有对医生和医院的足够信任和尊重，那社会医疗保障体系又如何才能顺利运行呢？有人提出人们可以在心死亡和脑死亡之间作出选择。这种选择在多大意义上是必要的和可行的？人们到底在多大程度和范围内具有对自己的生命终结标准的自我选择权呢？这是颇具争议的。

现在虽然在医学、伦理学和法学界有越来越多的人接受脑死亡的定义，但在普通人心中，传统死亡定义一时难以消除，因此千百年来公认的心肺死亡标准定势一旦被搅动，其反应之强烈是完全可以想象的。反对的人认为，脑死亡定义是建立在功利主义基础之上的，有悖于人道主义的原则。当人处于弥留状态时，尽管心理上充满生的期待，但面对的却是医生等候死亡的冷淡目光。在这里，生的意志在期望他成为别人医疗资源的等待中被彻底摧毁。为了一个人不死而使另一个人死去，是极不人道的，也违反了医学道德和人伦观念。

生的愿望是千百年来人类争取生存和发展的精神支柱，将心脏尚在跳动的病人送进坟冢是人类共同的价值观所不能容忍的。还有人认为，出于经济方面的原因而宣判处于弥留状态、仍有心跳和呼吸的病人脑死亡，也是有违医生职业道德和传统人道主义原则的。对于这一点，支持脑死亡者则指出：当那些脑死亡的病人充分享有着他们“应有的”权利时，另一些有希望治愈而缺乏资源的病人却在一旁苦苦等待，这种让可以治愈的病人失去康复希望的行为难道就不违背人道主义原则吗？而且脑死亡标准的确立可以降低患者本人不必要的痛苦，符合人的生命尊严的要求，同时也可以减少患者家属的经济和心理压力。

现代医学界已承认“脑死亡”比“心死亡”更科学，作为一种诊断标准现在已被包括中国在内的80多个国家承认，目前有14个国家为“脑死亡”立法。但在世俗力量面前，在中国“脑死亡”的观念往往得不到人们的理解，甚至还引发矛盾和冲突，传统观念和科学的交锋，也是“脑死亡”立法与否在中国争论达30多年的主要原因。1986年以来，我国医学专家就在为“脑死亡”诊断标准以及立法多方呼吁，国家卫生部的“脑死亡”诊断标准已六易其稿，但至今仍然没有进入立法程序。

四、死亡标准的转变

过去传统上判断一个人的死亡时，常用的临床标准是：心跳、自主呼吸停止，血压为零，瞳孔扩散，反射消失，即常说的“心死亡”（heart death）。长期以来，“心死亡”标准一直指导着我国传统医学、法律和伦理实践。

长久以来，呼吸和心跳的停止被认为是死亡的标准，这是因为这个过程可以被人直接、简单地观察到，而且，在过去的医疗条件下，当心跳和呼吸停止后，脑细胞也会逐渐死亡，进而全身所有细胞死亡。然而在现代医疗技术的条件下，病人的心跳、呼吸、血压等生命特征都可以通过一系列药物和先进设备加以逆转和长期维持。按摩和药物可以刺激心脏恢复跳动，呼吸机可以人为地引起呼吸动作。另一方面，脑电波的发现，则使医学界认定脑部活动状况是比心跳和呼吸更为重要、更为科学的生命指标。与呼吸和心跳的停止相比，脑死亡具有不可回逆性。因为以心跳、呼吸停止作为标准判定的“死者”，死而重生的实例很多，而脑死亡是不可挽救的死亡。中国在传统、法律和临床上，一直以呼吸和心跳停止作为生命终止的标准，而一旦采用脑死亡标准，就意味着一些心脏还在跳动的人将被判定为死亡。这就对传统的“心死亡”概念提出了严峻的挑战。

1959 年，法国学者莫拉雷（P. Mollaret）和古隆（M. Goulon）在第 23 届国际神经学会上首次提出“昏迷过度”（Le Coma Dépassé）的概念，并开始使用“脑死亡”一词。他们同时报道了存在这种病理状态的 23 个病例。他们的报告提示：凡是被诊断为“昏迷过度”者，苏醒的可能性几乎为零。根据对这 23 名不符合传统死亡概念的昏迷过度者的临床研究，1966 年国际医学界正式提出“脑死亡”（brain death）的概念。主宰人体的脑神经细胞是一类高度分化的终末细胞（或称固定型细胞，permanent cell），死亡后恢复和再生的可能性极小。当脑神经细胞的死亡数量达到或超过一定极限时，人的感知、思维、意识以及自主活动和主宰生命中枢的功能将永久丧失。脑神经细胞的这种解剖学、生理学和病理学特性，构成了将“脑死亡”作为人类死亡诊断依据的科学基础。而脑干发生结构性损伤破坏，无论采取何种医疗手段最终会发展为心脏死亡。因此，“脑死亡”（brain death）应当作为诊断（判断）人类死亡的科学标准（基础）。

1968 年，美国哈佛大学组成了一个由医生、神学家、律师、哲学家等组成的委员会即“脑死亡定义特别审查委员会”，通过研究，提出了“脑功能不可逆性丧失”（有的翻译为“脑功能永久性丧失”）为新的死亡标准，制定了世界上第一个“脑死亡”标准，并提出了一套判断死亡的详细标准，后来发表在《美国医学协会期刊》上，共包括5条：①没有感受性的反应力：对外界的刺激和内在的需要全然无知，而且完全没有反应——我们将这个现象定义为永久性昏迷。病人即使受到非常激烈痛苦的刺激，都不会发出任何声音或产生任何反应，连一声呻吟、肢体收缩一下，或者呼吸加快的现象都没有。②没有任何动作或呼吸作用：医生必须观察一小时以上才足以判断，病人是否已不具有任何自发性的肌肉动作、自发性的呼吸作用，以及对任何痛苦、触碰、声音、光线等刺激，已不会产生任何反应。③没有反射作用：病人因中央神经系统的活动已经停止，而进入永久性昏迷状态的证据之一是，病人缺乏反射作用，瞳孔固定而且扩散，并且对直射的强光没有反应。④脑波电位记录图呈现水平状态：脑波电位记录图水平或相等电位状态，是一个非常重要的证据。⑤同时也为慎重起见，制定标准的委员会特别指出，要求以上各项在24~72小时内反复测试，结果无变化，并排除体温低于32℃或刚服用过大量中枢抑制剂如巴比妥类药物等两种情况。这就是著名的哈佛大学医学院脑死亡标准。到目前为止，哈佛大学医学院学者们提出的这一判断死亡的标准已经受到世界各大医院的认可，并被广泛地运用于医疗临床实践。

1968年6月，世界医药科学组织评议会在日内瓦召开会议，确定了一套界定人死亡的标准，共有5条：“第一，对周遭的环境完全没有反应。第二，完全失去反射能力和肌肉紧张度。第三，缺乏自发性的呼吸作用。第四，如果不用人工辅助器，动脉血压会剧降。第五，在没有任何技术问题的情况下，即使用人为的方式刺激脑部，病人的脑电描记图，仍然呈现绝对的直线反应。”这一关于死亡的标准明显是综合性、多样性的，它克服了在死亡标准方面长期的一元化的缺陷，从而避免了因死亡标准的单一性而可能造成的将活人当成死人的可怕悲剧的出现。在此之后，法国、英国、德国、瑞典、日本也相继提出了各自的脑死亡诊断标准。

1978年，美国的《脑死亡统一法案》（Uniform Brain Death Act，UBDA）将脑死亡定义为：全脑功能包括脑干功能的不可逆终止。西班牙国会于1979年通过的移植法将脑死亡定义为“完全和不可逆的脑功能丧失”。1997年，德国的《器官移植法》规定：脑干死亡就是人的死亡；日本的《器官移植法》将脑死亡定义为：全脑包括脑干功能的不可逆停止，但与“植物状态”不同，后者的脑干仍保持全部或部分的功能。同年，格鲁吉亚《卫生保健法》将脑死亡定义为：脊髓基本节段和脑功能的不可逆终止，包括使用特殊措施维持呼吸和血液循环的情况。目前认为：脑死亡就是包括脑干在内全脑功能完全、不可逆转的停止，而不管脊髓和心脏的功能是否存在。换句话说，脑死亡是指脑神经细胞广泛而永久地丧失全部功能，范围涉及大脑、小脑、脑桥和延髓。发生全脑死亡以后，即使仍有残余心跳，脑的复苏也不再可能，因而个体的死亡已然发生，无可避免。不过，各个国家和各位学者对于如何定义脑死亡仍有分歧。目前，美国、西欧和日本为了将脑死亡付诸立法，先后报告了30多套标准。就世界范围而言，迄今未有统一的脑死亡标准。

在哈佛大学医学院脑死亡标准基础上，脑死亡标准不断细化深化。许多国家采用全脑死亡概念，欧洲部分国家采用脑干死亡概念。今天，脑死亡的概念可以理解为：以脑组织或脑细胞全部死亡，大脑、小脑、脑干等全部功能永久、不可逆转的丧失和停止，作为判定人死亡的标准，其理论依据是：以脑为中心的中枢神经系统是整个生命赖以维系的根本，由于神经细胞在生理条件下一旦死亡就无法再生，所以，当作为生命系统控制中心的全脑功能因为神经细胞的死亡而陷入无法逆转的瘫痪时，全部机体功能的丧失也就只是一个时间问题了。

要让社会舆论接受脑死亡的概念，关键在于建立一套准确预示全身死亡的临床标准。从医学上说，确切的脑死亡包括三个方面：第一是大脑皮层的变化。大脑皮层主管人的各种心理功能，所以一旦大脑皮层死亡，思维和意识功能即不复存在；这在医学上被称为大脑皮层弥漫性死亡（diffuse cortical death），据此至少可做出社会学死亡（sociological death）的诊断。第二是脑干死亡（brainstem death）。人体有12对脑神经从脑干发出，主管呼吸、心血管运动等重要的生理功能。现代医学认为：代表人体生命的首要生理特征为呼吸功能，其神经中枢位于脑干，因此脑干死亡可推荐作为达到死亡和死亡临界点的标准。脑干死亡后，依靠现代医疗手段所能维持的、包括残余心跳在内的部分生物学特征不再表明生命的继续存在。这就是现代医学的“4-3-2定律”：脑干死亡=脑死亡=死亡（分别为4、3、2个字）。第三是全脑死亡（total brain death），即大脑皮层弥漫性死亡加脑干死亡。一般说来，当弥漫性脑损伤发生时，大脑皮层死亡先于脑干死亡，所以采用脑干死亡作为个体死亡的判定标准，更具有保守性、安全性和可靠性。例如在缺氧时，脑的各部位神经细胞对缺氧的耐受时间分别是：大脑皮层4~6分钟；中脑5~10分钟；小脑10~15分钟；延髓/脑干20~30分钟。从以上资料不难看出，脑干死亡在时限上远迟于大脑皮层死亡，加之在判定标准上也留有充分的“保险系数”，故而更容易被公众接受。毫无疑问，一旦发生全脑死亡，就应立即宣告个体死亡。医学界目前对于这一点没有争议。

在医疗实践中，心死亡和脑死亡是互相影响、互为因果的。一方面心肺功能丧失，血液循环停止，大脑细胞必然死亡；另一方面，人的呼吸、循环中枢都在脑干，脑干功能停止，最终必然导致心搏呼吸功能的结束。就世界范围而言，由于受传统的心肺死亡概念的影响深远，人们在接受脑死亡标准的同时，仍然兼顾了心死亡的观念。

脑死亡概念提出以来，迄今已有80多个国家包括我国港台地区已通过脑死亡立法。脑死亡患者仅占临床死亡患者之5%左右。故“心死”与“脑死”两个临床死亡标准并行不悖并无矛盾。颅内脑细胞全部死亡并非同时发生。首先是耐受力最差的脑干细胞，自上而下中脑、桥脑、延髓先后相继死亡，继之以大脑皮质-海马-下丘脑细胞死亡。鉴于延髓呼吸中枢衰竭时呼吸已经停止难以回生，故以脑干死亡代替全脑死亡作为脑死亡的诊断标准并无矛盾之处。临床诊断脑死亡是第一步，尚有待辅助检查确证之。鉴于临床脑死亡患者已处于濒危状态，人工呼吸机及各种插管堆集无法搬动，TCD（Trans-cranial Doppler）检测和阿托品试验乃是快速而简捷确诊脑死亡的最佳辅助方法。目前，我国正在讨论拟定脑死亡的诊断标准草案中，统一脑死亡诊断标准积极培训，提高专门人才的素质乃是当务之急。

从我国的基本国情来看，中国传统文化注重人文关怀，生死观向来是文化的重要内涵和表现之一。例如，中国传统死亡智慧以“知”为判定生死的根本标志，把耳目的视听、口唇的言说、心脑的思想、身体的动作当作生命活力的表现，认为感官功能的停止、思维活动的消失也即死亡的到来。这种传统的死亡观念和对死亡本质的认识，不但得到了古代许多哲人的认同，而且也为世俗民众所接受。从一定意义上讲，这种传统的死亡观念把心死亡和脑死亡两个标准有机统一起来了，为当前我国确立死亡标准提供了传统人文的理论依据。

在历史上，人类各大文明系统内都有着许多关于人性、人的本质的讨论和思想。尽管看法很不相同，观点差异很大，但大多数人皆相信一条：人之异于禽兽者，在于人有精神和意识。这是人类摆脱动物界发展出文明与文化的根本，也是人成为万物之“灵”的本质所在。后来，科学也已经发现了人的大脑是思维意识的生理性器官，因此，当大脑已遭损坏，特定之人的精神思维意识都无法存在时，当然可以断定此人已经死亡，这是不言而喻的。可见，以脑死亡作为判断人之死亡标准不仅仅是科学技术发展的结果，更是哲学、宗教、心理学、法学等人文社会科学发展使然。也由此可以推论出，在现代社会，要解决诸如死亡标准这样复杂的问题，仅仅依靠自然科学是远远不够的，要综合地运用人类迄今为止创造的所有的文明成果才行（郑晓江，2000）。

从1981年美国通过脑死亡法至今，世界上已有80个国家承认脑死亡标准，全球发达国家几乎无一例外地确认了脑死亡或脑细胞完全死亡是判断人死亡的科学标准，也都通过了“脑死亡法”。相对而言，我国至今一直沿用的是心死亡标准，在我国已加入 WTO 的今天，为了加强与国际的接轨，实现观念、法律包括死亡标准的现代化与国际化，以立法的形式确立死亡标准已是势在必行。

我国对于脑死亡有一个提高和统一认识的过程。1986 年 6 月在南京召开的“心肺脑复苏座谈会”上，与会的急救、麻醉以及神经内、外科等医学专家们倡议并草拟了我国第一个《脑死亡诊断标准》（草案）。1988 年，上海有关学科的专家围绕着拟议中的上海市脑死亡诊断标准进行了研讨。1999 年 5 月，中国器官移植发展基金会、中华医学会器官移植分会和中华医学杂志编委会在武汉召开“全国器官移植法律问题专家研讨会”，与会专家在查阅数十个国家和地区有关器官移植的法律文本和脑死亡标准的基础上，提出《器官移植法（草案）》和《脑死亡标准及实施办法（草案）》。对于这两个草案，卫生部医政司一位官员曾向媒体表示，死亡标准的确定关系到人的基本权利，步入立法程序还有相当复杂的工作要做。我国目前虽然还没有通过和实施“脑死亡法”，但是在世界医疗界已普遍接受脑死亡新概念并在临床实践中广泛应用的大趋势下，一些医院在临床上也悄悄存在着“消极安乐死”，即病人实际上已处于脑死亡状态，家属无力承受经济负担和精神压力而不得不决定放弃治疗。医院在采取这种方法前极其慎重，必须所有近亲家属一致同意并签字，以避免出现医疗纠纷。

在死亡标准的问题上，认识到人之死亡是一个过程而非某一短暂的时刻，是具有重要意义的。它既为人体器官移植创造了前提，而且还解释了许多所谓“假死”现象是如何发生的这个长期困扰人类的难题。但是，我们也应该看到，它也的确模糊了人类生与死的界限，造成了许多法律上的困境，使人们在是否确定病重的亲人已经去世时陷入了两难的尴尬处境。一般而言，人们感情上总是倾向于否定亲人已经离世的，况且医学上也承认在人体部分的死亡时人的另一些重要的部分还“活着”。如此一来，人们即使面对的是“植物人”，也会产生他或她只是大脑死亡了而肌体并没有死去的念头，这叫人如何抛得开、放得下呢？而且我们还可以进一步推论，随着科学技术的飞速发展，脑死亡者也将可以被挽救过来（在美国就已经出现了许多死亡后被冷冻起来者，因为他们相信随着医学科技的发展，迟早有一天他们可以被救活），那时，人类死亡与否的标准又将做新的规定了，一如历史上不断被修正的死亡标准一样。

【案例：中国首例“脑死亡”】

2003年2月22日，家住武汉市的毛先生在和家人一起看录像时，突然头昏冒冷汗，很快昏迷。在当地医院抢救后，次日早晨，家人将其转入同济医院，毛先生有严重的高血压和糖尿病，血管硬化，脑部出现血肿，被诊断为脑干大出血。虽经全力抢救，但病情继续恶化。

第二天下午5时，毛先生呼吸、心跳突然停止，进入深度昏迷。仪器显示，他的脑电波已经消失，脑部血流停止。用了呼吸机和相关药物后，心跳虽恢复到每分钟130次到140次之间，但瞳孔一直是放大的。从临床上看，患者已进入“脑死亡”。但由于“脑死亡”标准尚未进入临床实施，抢救工作仍要继续。

参与抢救的医生之一，“脑死亡”协作组负责人陈忠华教授，多年来一直致力于推动“脑死亡”立法。他解释：人在“脑死亡”后，心脏仍可以依靠机器和药物维持。但如果患者大脑全部功能不可逆地衰竭并永久性丧失，也就是脑部神经死亡后，就不可再生。“脑死亡”就意味着人的真正死亡，脑死亡比心脏死亡更科学。

但是，实施“脑死亡”诊断必须得到患者家属的同意，毛先生的亲属听完医生解释后，同意了“脑死亡”的诊断。

于是毛先生成为我国被实施“脑死亡”标准诊断的第一人，这也是中国大陆首例真正意义上的“脑死亡”病例。他及家人为医学事业做出了可敬的奉献。

——人民网 2003 年 7 月 5 日

由于中国在传统、法律和临床上一直以呼吸和心跳的停止作为生命终止的标准，人们普遍难以接受一个人在还有心跳和呼吸的状况下，就被宣布死亡这一做法。许多持反对意见的人还担心，由于中国国情复杂，人们的文化程度和医生的技术水平参差不齐，脑死亡标准可能会被滥用。专家建议，根据本国国情并参照国际通行的做法，中国可以将“心死”和“脑死”并列为死亡标准，由人们在知情同意的前提下自主选择，并采取严格的临床诊断标准和程序，首先在经济较发达的大城市进行试点。

人类对自己、对生命、对死亡的认识，总是在不断地发展。现在被视为“自然”的死亡标准，一定也曾经有过不断被验证然后被普遍接受的过程，第一个把不再喘气的亲人埋掉的人，一定也有过踌躇。因此，如果“脑死亡”确实是一个可靠的标准，就一定会逐渐被公众所接受。

五、“脑死亡”与“植物人”的区别

对于医疗临床专业人员来说，“脑死亡”与“植物人”是两个不同的，差异明显的概念，区别起来不难。但对于非医学人员来说，这两个概念就不一定区分得清楚了。在实际生活中，很多人认为是一回事。搞清楚两者的区别，实践中实为重要。

“脑死亡”不能起死回生。“植物人”在精心护理下则能坚持多年存活下来。脑外伤后连续昏迷不醒一周或半月左右者并不少见，苏醒的机会很大。唯昏迷持续逾 1 个月以上者始可称为一时性植物状态。逾 3 个月者为持续性植物状态（persistent vegetable state，PVS）。至于永久性植物状态（permanent vegetable state），则在多年随诊 PVS 之后经 MRI

提供客观依据证实之后始可确诊。PVS 每见于脑缺氧、大脑皮质广泛损害等严重脑外伤和脑血管疾病之后，患者貌似清醒，故有睁眼昏迷或醒状昏迷（coma vigil）或去皮质状态（decorticated state）、去皮质综合征（apallic syndrome）之称。因脑干（中脑、脑桥）上行性激活系统受损不重，故有不规则的醒觉——睡眠周期。患者对周围环境无任何意识反应，缺乏任何思维、情感、知觉、认知，无任何自发语言或自主四肢活动，对自身生存状态了无认知，有如植物就地生根，故被称为"植物状态"，俗称"植物人"。患者无意识地睁眼、闭眼、眨眼、凝视、游动眼球，对痛刺激可有痛苦、逃避、哭叫反应（脑死亡患者没有这些反应），但无定位行为。视觉反应可有一定程度保留。睫毛反射、咳嗽反射存在。脑干反射如瞳孔对光反射、角膜反射、眼心反射等基本正常，主要生命体征如呼吸、心跳、血压、体温正常。但四肢肌张力增高呈去皮质强直状态：上肢屈曲、下肢伸直、双病理征阳性，二便失禁。可出现吸吮、强握等原始反射，喂食时出现无意识咀嚼、吞咽等动作。个别严重脑外伤后脑积水患者因颅内压偏高而呈现植物状态时，可借脑室-腹腔分流手术迅速恢复苏醒。近年来，通过早、晚期积极康复、高压氧以及家属亲友爱抚、呼唤、音乐等综合防治复苏措施，植物人的救治已取得一定的实效①。

"脑死亡"的概念不同于"植物人"概念，植物人脑干的功能是正常的，昏迷是由于大脑皮层受到严重损害或处于突然抑制的状态，因此病人可以有自主呼吸、心跳和脑干反应，少数病人还有望一朝苏醒。"脑死亡"患者生命是不可逆的，而"植物人"生命存在可逆性。脑死亡则已经被科学证实是不可逆转的死亡，抢救脑死亡者毫无意义。因此，在医疗实践中，对于脑死亡患者，可以放弃治疗，既不违法也不违背伦理道德。而对于"植物人"，则不可放弃治疗。

① 张天锡．"脑死亡"不等于"植物人"辨［J］．中华神经医学杂志，2005，4（9）：865-866.

六、提倡“脑死亡”与器官移植的关系

有人认为，“脑死亡”概念的提出、提倡，与器官移植的医疗实践相关，甚至有人认为就是为了便于获取器官，才提出（提倡）脑死亡概念。这是需要澄清的问题。

关于脑死亡的伦理之争，从积极的方面说，关系到怎样破除陈旧观念，排除对科学发展的阻碍。从消极的方面说，关系到怎样防止利用“脑死亡”和器官移植谋杀他人。“脑死亡”的问题不解决，不仅不能利用器官移植造福人类，还可引发犯罪。目前虽然还没有出现过以脑死亡为借口的刑事作案，可是为获得器官而进行的犯罪已经出现。从科学的观点来看，不接受脑死亡的观点既不利于器官移植，也不利于合理利用社会的卫生资源。从一般公民的观点来看，脑死亡没有被明确界定，就可能给开脱谋杀留下又一个侥幸的漏洞。

普通人还会有这样的误解：我国提出脑死亡立法，是为了节省卫生资源而终止对一个人的抢救，这跟我们的伦理道德相悖。执行脑死亡标准，的确能节约卫生资源，但脑死亡立法绝不是单纯为了节约卫生资源而草率对待生命。在当今科学昌明的时代，死亡问题具有很强的科学性。一个按常识判断已经“死亡”的人，在现代医学的拯救下很有可能起死复生。同样，在我们的常识看来还活着的人，按照西方许多国家的法律可以立即判定为死亡，脑死亡就是如此。因此，我们提出、提倡“脑死亡”概念、观念，目的并不是为了获得器官而开展移植，“脑死亡”概念的出现，是医学科学、脑科学发展的结果，是人类对死亡概念的深入和发展，提倡“脑死亡”概念，在实践中客观上有利于器官移植。

【本章推荐阅读书目】

1. 孙福川，王明旭主编．医学伦理学［M］．第4版．北京：人民

卫生出版社，2013.

2. 翟晓梅，邱仁宗．生命伦理学导论［M］．北京：清华大学出版社，2005.

3. 高崇明，张爱琴．生物伦理学十五讲［M］．北京：北京大学出版社，2004.

4. 王晓慧．论安乐死［M］．长春：吉林人民出版社，2004.

5. 陈忠华．脑死亡：现代死亡学［M］．北京：科学出版社，2004.

6. 陈忠华．脑死亡临床判定指南［M］．武汉：湖北科学技术出版社，2007.

【本章思考与练习】

1. 为什么说死亡问题日益重要？
2. 中国传统文化中关于死亡的思想观点有哪些？
3. 中国关于死亡的伦理思想有何特点？对我们今天有何启示？
4. 关于死亡标准的争论过程是怎样的？
5. 美国哈佛大学脑死亡标准的内容是什么？有何影响？
6. “脑死亡”与“植物人”有何区别？
7. 提倡“脑死亡”与器官移植有何关系？

第十一章　生命伦理学之安乐死

【本章内容提要】

◆ 安乐死的含义与历史

◆ 安乐死的类型

◆ 安乐死的现状

◆ 反对安乐死的理由

◆ 赞成安乐死的理由

从出生到死亡，是人类繁衍发展的自然规律。到了20世纪，人类对于生与死的认识进入了一个新的层次。随着医学科技的进步和生活水平的提高，人们不仅强调生命的神圣，同时也提出了生命的“质量论”和“价值论”，除了关注优生外，人们开始关注“优死”——安乐死。自20世纪50年代以来，围绕安乐死这一焦点问题，许多国家的医学界、法学界、哲学界、伦理学界一直在关注、一直在争论。

一、安乐死的含义与历史

死亡大致可以分为两类：一类是死亡在瞬间代替了生命，比如一个人在睡眠中死去，或者一个人因暴病或车祸等意外事故突然间离开了人世，这时痛苦仅仅是留给了仍然活在这个世界上的亲属；另一类是到达死亡的生命有一个临终期（濒死状态），这时生命必备的条件都已经丧失殆尽，死亡成了一场苦难的经历。对于大多数人来说，死亡之前都有一段临终期。在临终期中，患者往往产生剧烈的、难以忍受的痛苦，为了不再延长患者濒死的痛苦状态，人们提出以安乐死来适时地结束患者的生命。

何谓“安乐死”？“安乐死”这个名词（euthanasia）源自希腊文，由安逸（eu）和死（thanatos）两个词素构成，意思是“幸福”的死亡。它包括两层含义：一是无痛苦的死亡；二是无痛致死术。其原意是“无痛地、仁慈地处死”，后来更宽泛地指“无痛地、安乐地死去”。

17 世纪以前，euthanasia 是指“从容”死亡的任何方法。17 世纪法国哲学家弗兰西斯·培根在他的著作中把 euthanasia 一词用来指医生采取措施任由病人死亡，甚至加速死亡。他认为，长寿是生物医学最崇高的目的，安乐死也是医学技术的必涉领域。日本学者将 euthanasia 翻译为“安乐死”，这一译称为中国学者所接受。安乐死，根据《辞海》的解释，是指因现代医学无法挽救而面临死亡的病人的主动真诚要求，医师为解除其不堪忍受的痛苦而采取无痛苦的措施，提前结束其生命。

目前我国将安乐死定义为：患不治之症的病人在垂危状态下，由于精神和躯体的极端痛苦，在病人和其亲友的要求下，经医生认可，用人道方法使病人在无痛苦状态中结束生命过程。

安乐死并不是一个新问题。在史前时代就有加速死亡的措施，一些游牧部落在迁移时，常常把病人、老人留下来，用原始的办法加速他们的死亡。在古希腊、古罗马普遍允许病人及残疾人“自由辞世”（自我结束生命），并可请旁人助死。在斯巴达城邦，有处死天生病废婴儿的习惯。古希腊柏拉图、毕达哥拉斯等思想家与政治家们，有的赞成当病痛无法治疗时以自杀作为解脱手段。还有的认为，对于老人与衰弱者，经自愿使之安乐死是合理的。

我国最早提及“安乐死”一词的是孟子——“然后知生于忧患而死于安乐也”，而这里的“安乐”是安逸之意，并非“好死”“善终”之意。含有“好死”“善终”之意的“安乐死”一词源于佛教净土宗的思想。净土宗的创立者为唐代善导，专修往生阿弥陀佛净土法门，中国净土宗早期有一本重要著作名为《安乐集》，其中“安乐”一词即为善终之意。

进入中世纪后，基督教、犹太教、伊斯兰教等主张人的生死是神赐，禁止自杀或安乐死。“文艺复兴”运动带来了人文主义兴起，赋予人以生的尊严，也不提倡安乐死。直到现在，许多国家的成文法都还没有允许安乐死。但是在实际生活中，人民和法庭对医生帮助病人自愿实行安乐死，大多采取比较宽容的态度。

虽然安乐死这种现象自古有之，但是，直到 19 世纪，安乐死才被视为一种减轻死者不幸的特殊医护措施而被运用于临床实践，现代意义上的安乐死由此发端。

一个多世纪以来，安乐死的命运经历了曲折的发展历程。在第二次世界大战以前，欧美国家已有各种形式的安乐死协会成立，如 1935 年在英国正式成立的全世界第一个提倡自愿安乐死的团体。这些组织发起各种活动以谋求安乐死在法律上的认可，在它们的努力下，安乐死开始在全世界受到广泛的关注，并逐渐得到越来越多的人的认同，特别是被动安乐死，由于其符合人类的生死规律及人们的道德情感，更是在更大的程度上被认为是正当的。

但是，在第二次世界大战期间，希特勒借安乐死之名，大行种族灭绝之实，最终使安乐死成为德国纳粹主义屠杀犹太民族、斯拉夫民族和其他民族的工具，致使安乐死在人们心目中显得声名狼藉，人们将安乐死视为一种纳粹主义的主张而加以反对，安乐死合法化的进程也因此受到严重阻碍，有关安乐死的立法也因此而沉默了多年。

第二次世界大战结束以来，人权保障运动风起云涌，人们更多地关注生活方式的多样和生活质量的提高，希望对生命积极的拥有而不再是消极的承受，同时，现代医学的发展与科学技术的进步在极大地延长人类寿命的同时，也使许多身患绝症的病人的濒死期变得相当漫长，使其遭受在自然状态下不会出现的令人难以忍受的摧残与折磨。因此，安乐死问题经历了一段时间的沉默后，在战后重新成为一个全球性的热点问题，并且受到了更为广泛的关注和支持。

对于安乐死的概念，人们往往有着不同的理解，从而造成了实践上对于安乐死概念上的混乱。在实践上导致偏差，结果违背了伦理道德的基本要求，甚至触犯了法律。我们应该怎样把握安乐死的概念，怎样正确理解安乐死，应该把握好以下几点。

第一，安乐死是优化的死亡状态。安乐死是一种死亡状态，不是死亡方式。死亡状态是由死亡原因决定的死亡性质，目前一般分为三种：因生理衰老而发生的生理死亡或自然死亡；因各种疾病造成的病理死亡；因机械的、化学的或其他因素所造成的意外死亡或暴力死亡。安乐死只是优化死亡状态，不构成独立的死亡原因，不构成独立的死亡性质。因而不能构成独立的第四种死亡方式。安乐死可以施行于上述三种死亡方式中，对上述三种死亡的构成进行人工调节，消除死者的死亡痛苦，使死亡过程呈安乐状态。安乐死即安乐的死亡，就是用科学的方法对人的死亡过程进行优化调节，消除死亡痛苦，优化死亡状态，使死亡安乐化。

第二，安乐死不是使人死亡的原因。安乐死不是使人死亡的原因，而仅仅是让“在死者”死得安乐的一种措施。所解决的矛盾不是生还是死的问题，而是死亡质量的问题。安乐死所起的作用不是使人由生转为死，而仅仅是由痛苦转为安乐。使人由生转为死的根本原因是所患的疾病，安乐死不是“为什么死”，而是“死的如何”。人的死亡是一个过程，死亡过程的状态和持续的时间具有一定可调节性，存在着消除痛苦的机制和规律。安乐死就是要驾驭这些机制和规律，对人的死亡过程进行科学调节，消除痛苦，使“在死者”死的安乐。

第三，安乐死不具有杀人目的。安乐死基于人道的原则，以解除人的死亡痛苦为唯一目的，使人死的安乐，以维护人的死亡尊严。以前许多人认为安乐死是“无痛致死”或“仁慈地杀人”，这是错误的看法。因为“无痛致死”或“仁慈地杀人”是指在自杀、谋杀、处决死刑犯情况下才适用，安乐死则不存在这样的意义，因为安乐死不具有任何的

“致死”“杀人”目的。所以在自杀、谋杀或处决死刑犯时采用的使之舒适的手段，也不应属于安乐死的范围，仅是“无痛致死”或“仁慈地杀人”而已。

第四，安乐死的适用范围。安乐死的适用范围是：“存在痛苦的在死者”。这个规定有两个条件：一是“在死者”，即已进入了死亡过程的人，医学上一般称进入“濒死期”的人。只要是“在死者”，不论其是否患病或患有什么病，不论其是否患有不治之症，如普通疾病的晚期等，都在其列。二是“存在痛苦”。消除痛苦是安乐死的目标，没有痛苦的“在死者”也不属于安乐死的适用范围。所以，非在死者、在死而无痛苦者，均不属于安乐死的适用范围。以往把安乐死的适用范围简单地规定为“不治之症的患者”是不科学的，所以我们应将其定义为“已无救治希望的病人”。

二、安乐死的类型

依据不同的角度，安乐死的分类，有不同的表现形式。一般来说，从执行方式的角度，也就是根据医师是否采取行为，可分为被动安乐死与主动安乐死。从患者意愿的角度，可分为自愿安乐死与非自愿安乐死。

被动安乐死（Passive Euthanasia）也称为消极安乐死（Negative Euthanasia）或不作为安乐死（Euthanasia by Omission），也可用英文“Letting die”来表达，是指停止对垂危病人的治疗和抢救措施，停止对病人的营养支持，尤其是指停止使用现代医学设备和手段抢救病人，听任（让）晚期病人自行死亡。有学者认为“被动安乐死”只是停止治疗和维持的措施，不采取消除痛苦的措施，因此只是“自然地死亡”，不是“安乐的死亡”。这种死亡未必不痛苦，并不具有安乐死的性质，它只是医学上临终处置的一种方式，不应该属于安乐死的范畴。但是有的学者则认为，在目前医学临床上止痛药物和止痛方法的进步，加之临终关怀心理安慰的措施，亦可以使病人在身心两方面减轻或消除痛苦，是可以达到被动安乐死的目的。被动安乐死在国内外不少医院中，实际上早已实施。

主动安乐死（Active Euthanasia）又称积极安乐死（Positive Euthanasia）或作为安乐死（Behave Euthanasia），美国刑法界也用“Mercy killing”（怜杀）来表达，是指采用积极的措施去结束垂危病人弥留在痛苦之中的生命，具体做法是由医务人员给病人注射毒剂，或者给病人服毒性药品等加速死亡，减轻病人痛苦，使其安然舒服地离开人世。

自愿安乐死（Voluntary Euthanasia）是指病人本人要求或同意采取安乐死，体现了临终或濒死患者的个人主体意愿。

非自愿安乐死（Involuntary Euthanasia）是指对那些无行为能力的病人施行安乐死，如有严重畸形的婴儿、脑死亡（整个脑机能出现不可逆转地停止；没有反应、感受、运动和反射等）病人，他们无法表示自己的愿望，由别人提出安乐死的建议。

对于安乐死的理解，社会上也有广义和狭义之分。狭义安乐死是把安乐死局限于对患有不治之症的病人或死亡已经开始的病人，不再采取人工的方法延长其死亡过程，并且为制止病人被剧烈疼痛所折磨不得不采用可能加速死亡的药物。当前，我国民间对“安乐死”一词的理解多是狭义的。广义安乐死是指因为无法治愈疾病的原因给予患者致死，任其死亡或自杀，甚至把远古时期对老、弱、病、残的“处置”也列入安乐死的范围。

三、安乐死的现状

在美国，1950年的美国盖洛普民意测验结果显示，36%的人支持不分类别的安乐死。1973年支持率上升到53%。1977年，美国医学会调查结果显示，59%的医生接受被动安乐死，90%的大学四年级学生肯定被动安乐死。1997 年的调查统计，在全美国公众，包括医生当中，支持安乐死的人已经占了多数。1976 年在日本东京举行了第一次安乐死国际会议，宣称要尊重人“尊严的死”的权利。世界上许多国家均以各种形式对安乐死的合法化表示认可，但同时也为其规定了极为严格的法定条件和程序。从总体上说，世界各国对安乐死的合法化还是采取了较为谨慎的态度。

1993 年 2 月 9 日，荷兰议会通过了默认安乐死的法律，此后又一再放宽安乐死合法化的尺度，使荷兰成为世界上第一个正式承认安乐死合法化的国家。但荷兰法律为医生实施“安乐死”作了相当严格而详细的规定：第一，病人必须在意识清醒的状态下自愿接受安乐死，并且要病人多次提出相关请求。第二，根据目前通行的医学经验，病人所患疾病必须是无法治愈的，而且病人所遭受的痛苦和折磨被认为是难以忍受的。第三，主治医生必须与另一名医生进行磋商以获取独立的意见。第四，医生必须在“安乐死”实施后向当地政府报告等。

1994 年 10 月 20 日晚，在荷兰首都阿姆斯特丹，近百万市民通过一部名为《他自己选择死亡》的电视节目，目睹了一位 63 岁的老人接受安乐死的全过程。1999 年 8 月 10 日，荷兰通过的最新修正案规定，凡 16 岁以上的人，若患绝症到生命末期，均可自行决定是否接受安乐死，12~15 岁的青少年，要求必须经其父母同意，才能实行安乐死。目前，安乐死在荷兰很受公众的支持，80%以上的荷兰人赞成安乐死。

荷兰地方安乐死委员会发布了 2017 年的最新统计报告，报告显示，2017 年荷兰安乐死人数达 6585 人，较上一年增长 8%。99. 8%的案例都被认为合规。其中将近 90%的病人都罹患癌症、心血管疾病或诸如帕金森综合征和多发性硬化症这样的神经系统疾病。3 人处于痴呆症晚期，166 人处于痴呆症早期。但随着安乐死人数逐年上升，且执行过程中暴露不少程序问题。令不少专家担忧的是，2017 年有 83 人因为“严重的精神疾病”选择安乐死，这一数字比上一年增加了约一倍。其间甚至出现了因为无法忍受洁癖和酗酒治疗失败而选择安乐死的个案。外界产生疑问：在荷兰安乐死是不是正变得司空见惯，越来越容易了①？

继荷兰之后，2001 年 10 月，比利时参议院批准了安乐死法案：允许医生在特殊情况下，可以帮助患绝症的病人安乐死。2002 年 5 月 16 日，比利时正式公布了该法案，3 个月内法案生效，这样，比利时成为继荷兰之后第二个使安乐死合法化的国家。2011 年，比利时接受安乐死的人数为 1133 人，次年就飙升至 1432 人，占当年该国全部死亡人数的 2%。2013 年，比利时安乐死人数继续飙升至 1816 人，平均每天有 5 人被注射死亡。其中 51.7%是男性，70~90 岁的老年人占 53.5%，60 岁以下的占 15%。2013 年 2 月，比利时成为全世界第一个打破安乐死年龄限制的国家，允许 18 周岁以下的未成年人选择协助自杀，前提是家长同意申请安乐死，以及精神科医生确定其理解安乐死。当时，这项在全世界引起广泛质疑的法案得到 70%本国民众的支持。据比利时联邦安乐死委员会主席 2015 年 3 月公布的数据，该国每年都有五六十人因心理疾病选择安乐死②。精神疾病、心理疾病患者也可以申请安乐死，这在伦理学、法学界引起了很大的争论。

在英国，近年来要求使安乐死合法化的呼声越来越高。据统计，20 世纪 50 年代英国只有不到一半的人认为安乐死应合法化，但目前这一比例已上升到了 82%。1993 年 2 月 4 日，英国最高法院裁定了英国第一例安乐死案件，同意了一位年仅 21 岁患者的父母和医生的申请，停止给他输入营养液。1996 年 4 月 24 日，又裁定允许为 53 岁的珍妮特-约翰逊太太（已成为植物人 4 年多）实施安乐死。1998 年，英国《泰晤士报》报道，尽管安乐死还不合法，但英国已有 2.7 万人在医生的帮助下以安乐死的方式结束了生命。

多数德国人也赞成安乐死。1994 年德国一家民意测验所对 1 004 名

① 观察者网 [EB/OL]. 2018-03-14.

② 高珮菁. 比利时：身体健康的人也有权安乐死 [N]. 青年参考，(2015-07-08)：07.

德国人进行的调查显示，83%的人赞成安乐死，30岁以下赞成安乐死的人甚至多达88%。在德国，安乐死协会的会员1994年已达4.4万人。1999年，德国外科学会首次把在一定情况下限制和终止治疗作为医疗护理原则的一个内容。

1992年10月1日，丹麦通过了停止延长无药可救的病人的生命的法律，受到了很多人的欢迎，4个月内就有45 000人立下遗嘱，表示愿意在必要时接受安乐死。

以色列1998年也实行了首例经法院批准的安乐死，耶路撒冷一家医院的医生给一名49岁的身患绝症的男性病人注射了致命剂量的麻醉剂。

1996年5月25日，澳大利亚北部地区议会通过了《晚期病人权利法》，从而使安乐死在该地区合法化。不过该法案一出台就受到澳大利亚医学会、官方和土著人的强烈反对，1997年澳大利亚参议院迫于压力不得不通过了禁止安乐死法案，致使仅存半年的北方地区安乐死法案遭到废弃。

在安乐死立法运动中，美国是一个积极的国家，但各州对安乐死的立法不尽相同。从总体上看，有些州反对安乐死，认为不管法律上和道德上都是不能接受的，而有些州已经认定特殊情况下的安乐死是合法的，当然在安乐死的确认方面有着严格的程序。美国20世纪70年代以来，判例开始明确承认被动安乐死，同时对主动安乐死持宽容态度。1976年加利福尼亚州州长签署了《自然死亡法》(*Natural Death Act*)。这是美国第一部成文的被动安乐死法，也是人类历史上第一个有关安乐死的法案。

1977年以来美国有38个州通过了《死亡权力法案》，要求医生尊重病人的安乐死愿望。但直至今日美国法律和医疗专业人士仍然对安乐死持极为谨慎的态度，甚至公开反对安乐死，安乐死在美国大部分地区仍属非法行为。只有俄勒冈州于1994年通过了一项法律，允许内科医生在特定条件下协助病人自杀，截至2004年，208名俄勒冈人选择了安乐死。不过就美国民众而言，美国最新的民意测验显示现今在包括医生在内的美国公众中，支持安乐死的已占多数。

1976年，日本东京举行了“安乐死国际会议”，在其宣言中强调指出：尊重人“生的意义”和“庄严之死”，可以说日本是世界上第一个有条件承认安乐死的国家。1995年3月28日，日本横滨地方法院判处一名姓“德永”的医生“谋杀晚期癌症病人”。地方法院列出四种允许“仁慈杀死（安乐死）”的条件：（1）病人遭受不可忍受的肉体痛苦；（2）病人不可避免的即将死亡；（3）所有可能减轻其痛苦的医疗手段都已尝试过，不可能有其他办法挽救其生命或减轻其痛苦；（4）病人清楚表达了缩短生命的意愿。横滨地方法院裁定，德永医生的行为没有符合上述条件，因为病人虽然将在几天内死亡，却没有清楚表达自己正遭受肉体痛苦，或主动表达接受安乐死的意愿。德永医生的行为不可视为实施“安乐死”，因此判其入狱两年，缓期执行。

2000年10月26日，瑞士苏黎世市政府通过决定，自2001年1月1日起允许为养老院中选择以“安乐死”方式自行结束生命的老人提供协助。不过这一规定本身所涉及的只是苏黎世二三十家养老院。

在法国，“安乐死”一直被视为禁区。刑法明确规定：主动帮助别人死亡视为与谋杀同罪，最高刑期可判无期。但减少临终病人痛苦的大辩论此前一直未停止过。1999年4月，法国国民议会接受了58名议员联名提交的“安乐死”立法建议书，2000年3月，法国政府公布了一项关于实施安乐死的调查研究报告。报告认为在法国实施“安乐死”应继续被视为一种“非法行为”，但同时建议在所有医疗方案被证明无效和病人要求的情况下实施减少病人痛苦的方法是可以接受的。2001年法国各界对安乐死历时3年的争执终于有了一个并不明确的定论：在特定的情况下可以实施安乐死，但总前提则仍然将安乐死视为“非法行为”。这等于给法国的安乐死解除了禁锢，尽管只是开了一个小小的口子。2005年4月12日，法国参议院通过了2004年11月底国民议会表决赞成的《临终病人死亡权法》。该法案强调，继续进行固执和不合理的治疗是不可取的。法案规定，医生尊重病人提前提出的终止治疗的选择，哪怕采用会带来可能加速死亡的镇痛药物，医生不承担任何责任。《临终病人死亡权法》实际上并未突破“安乐死属非法行为”的司法瓶颈，不过或许不久的将来安乐死会在法国解禁。

2009 年，韩国正式为一名处于植物人状态的患者摘除呼吸机，实施韩国首例“尊严死”。在韩国，相对“安乐死”而言，“尊严死”一词使用更为普遍，其含义也略有不同。它仅指放弃给患者治疗、任由患者自然死亡的“消极的安乐死”，而不包括注射药物帮助患者死亡的“积极的安乐死”。

韩国于 2017 年 10 月 23 日至 2018 年 1 月 15 日将试行《维持生命医疗决定法》。该法案试行工作分为两个部分，一是事前维持生命医疗意向书的相关资讯、填写及登记；二是填写及执行维持生命医疗计划书。凡年满 19 岁的成人，不论是否患有疾病，都可以填写事前意向书。该资料在患者未来被判定无治疗意义，即将死亡时，可作为拒绝维持生命治疗的资料使用。未填写事前意向书，但病情已至末期，处于临终阶段的患者可要求医生填写维持生命医疗计划书。从 2018 年 2 月起，如果主治医师及相关领域的 1 名专家从医学的角度判断患者已经处于临终期，治愈无望，那么患者可以自己决定是否接受心肺复苏、血液透析、抗癌及人工呼吸器四种维持生命的治疗。但前提是患者必须通过填写“事前维持生命医疗意向书”和“维持生命医疗计划书”明确表明不接受维持生命的治疗。

【案例】　特丽·夏沃案掀起美国“生死”之争

2005 年，美国佛罗里达州女植物人特丽·夏沃（Terri Schiavo）的命运备受全球各界广泛关注，引起人们重新讨论“安乐死”这一涉及法律和生命伦理范畴的议题。

1990 年，特丽·夏沃因心脏病发作而成为植物人，15 年来一直依靠人工进食管维持生命。她的丈夫迈克尔·夏沃说，特丽曾经说过自己不愿依靠人工来维持生命，要求对她实施安乐死；而特丽的父母则认为女儿会笑、会哭，也会对周围的声音做出某些反应，因此强烈要求维持其生命，以等待有朝一日科技的新进展可以让女儿康复。为此，他们和特丽的丈夫打了10年官司。其间，特丽的进食管曾经两次被拔掉，然后又被重新插上。2005年3月18日，美国佛罗里达州第六巡回法庭裁定对维持植物人状态已15年之久的特丽·夏沃实施“安乐死”。但她的父母向佛罗里达州州长求援，州长签署了延续特丽生命的命令。但州第六巡回法庭坚持认为，特丽的脑部损坏非常严重，恢复感知能力已经不存在任何希望，所以最终还是决定拔掉特丽的进食管。

根据法庭的裁决，医生再次拔除了维持特丽生命的进食管，使其进入“自由死亡”状态。在这之后一到两周内，如果不重新插上这根管子，41岁的特丽将被实现安乐死。为此，时任美国总统布什特地中断休假赶回华盛顿，于3月21日签署了美国国会史无前例通过的紧急法案，要求联邦法院再作决断以延续特丽·夏沃的生命。布什在白宫发表声明说：“我国的社会、法律和法庭必须有重视生命的推定。”“我今天签署法案，使之成为法律。法律将允许联邦法庭审理特丽·夏沃提出或代表她提出的请求，即不要妨害她想留住或除去维生所需的食物、流液或者医疗的权利。”而联邦法官22日裁定，拒绝女植物人父母为爱女恢复进食管的要求。联邦地区法官詹姆斯·惠特莫尔裁决说，特丽·夏沃的父母未能证明佛罗里达州法院所做出的拔除进食管的决定侵犯了特丽·夏沃的权利，相反特丽·夏沃的“生命和自由权利”受到了州法院的保护。尽管“决定艰难、时间紧迫，但本庭被迫依照法律衡量本案”。3月31日，特丽在其进食管被拔除13天之后死亡。

曾有整整两个星期，美国所有媒体日日夜夜跟踪着特丽·夏沃的命运。当特丽在和死神周旋的时候，美国朝野分成两个阵营，一是特丽父母的阵营，主张让特丽在人工营养管的作用下继续活下去；另一个是特丽丈夫的阵营，主张撤掉特丽的营养管，让其慢慢死去。

有评论说道，也许，特丽根本感觉不到断绝水和营养之后肌体深处萌生的饥渴；体会不到生命将要走到尽头的恐惧；意识不到她渐渐微弱的脉搏正如惊堂木一样，一下一下敲击着佛罗里达州以至美国最高法庭；更不能在这场以她为中心展开的道德伦理、法律人权、监护规则、政治信仰的较量中自由表现出她自己的倾向。也许，特丽早在15年前就已经告别了生命，只是在两个世界之间漂浮不定。假若她真的对人生没有一丝眷恋的话，为什么又总是默默地给奇迹一次又一次的机会？从单纯医学的角度考虑，这场围绕是否保留维持特丽生命的饮食管道的分歧源于如何判断病人的意识状态。观察一个人是不是清醒似乎并不难。但要想区别脑损伤病人究竟处于“临界清醒状态”还是“永久性植物状态”，却需要一双经过神经科专业训练的眼睛。

在过去的15年时间里，尽管神经科医生们对特丽的病情和预后做过无数次会诊，特丽·夏沃的丈夫和双亲之间始终存在着严重的分歧。根据处于中立地位、不倾向于任何一方的医生诊断，特丽的病情属于“永久性植物状态”。也就是通常所说的“植物人”。处于植物人状态的患者因为严重的大脑损伤，有时看上去好像觉醒、对周围环境和自我存在却完全没有知觉。多数情况下，病人的意识都会从昏迷开始，逐渐发展到植物人状态。进入到植物人状态的患者对外界刺激没有感觉和反应，事实上与不清醒和昏迷没有多大区别。虽然病人常常出现觉醒-睡眠的周期交替；有时也会表现为长时间觉醒；甚至保留一定程度的行为活动，如磨牙、吞咽、微笑、流泪、呻吟、大叫等，容易给人以“病人恢复知觉”的错误印象。然而归根结底，这些行为表现都是在缺乏外界刺激的情况下，病人身体做出的随机活动。决定病人清醒状态的主要标准是看她是否对外界刺激作出反应。植物人和处于临界清醒状态病人的主要区别之一，就是前者除了可能对疼痛刺激有反应外，对其他形式的刺激都无动于衷。

特丽的父母却不认为自己女儿完全属于植物人。首先，特丽并非处于昏迷状态，不需要传统意义上的医疗救助设施（如呼吸机）来维持生命。多数情况下，植物人大脑损伤涉及主管呼吸和心跳功能的生命中枢。也就是位于延髓部分、与生命活动紧密相关的神经中枢。这样的病人必须依靠呼吸机来维持生命。15 年前心脏骤停虽然使特丽的大脑皮层受到严重损伤，并且造成部分失明，但生命中枢的工作尚能维持正常，不需要采取医疗手段来维持呼吸、血液循环。为了防止从口腔喂饭、喂水带来的吞咽负担，以及饮食误入气管造成吸入性肺炎，唯一需要人工维护的就是供应饮食的管道。自从特丽生病的那一天起，她就依赖这根饲管维持生命必需的水和营养。无论如何，特丽父母不同意把靠饲管生存和依赖呼吸机维持生命当成是一回事。另外，对于特丽是否对外界刺激保留知觉的问题，她的父母也有非常强烈的看法。在他们眼里，特丽会笑、会哭、能活动，还试着要说话的样子；有时好像要叫“爹”叫“妈”；问她问题时好像在回答“是”。有时母亲吻她的时候，特丽也好像要翘起嘴唇、做出亲吻的姿势。所有这些行为活动在父母看来都说明特丽有进一步改善的希望。如果仅仅从录像资料分析，先后 33 位医生、其中包括 15 位神经科医生也同意，认为特丽应该接受进一步检查治疗。

特丽丈夫请的医生却不以为然。确认病人始终处于永久性植物状态。而平时表现出来的行为活动也不过是植物人常常出现的反射性行为和随机活动，并非有知觉的证据。治疗效果不会对她的状况有丝毫影响。在医学上没有黑白分明的界线。没有人能够直接感觉特丽的身心经历，只能通过人为的检查手段对病情作出推测。很多情况下，即使是同样经过神经科专业训练的眼睛也可能看出不同的结论。

为确定特丽大脑损伤的程度，法庭曾要求明尼苏达州立大学的神经科医生罗纳德·库安福特对特丽作出诊断。通过CT扫描，发现特丽的大脑皮层已经出现大量萎缩；通过电脑图检查，显示她的大脑皮层电位全然消失。也就是说，至少大部分大脑皮层结构已经彻底损坏，而取代神经组织位置的是脑髓液。大脑皮层是人体感受自身和外界做出理性和情感反应的神经中枢。失去了大脑皮层、生理上检测不到脑电活动，按照今天的医学标准，完全可以证明病人的高级意识活动已经消失。

最后，由5位医生组成的小组对特丽本人、病历档案、大脑扫描检查和录像资料作了进一步检查。这5位医生中，2位受特丽父母之邀，2位由特丽丈夫委托，1位由法庭指定。结果，代表特丽双亲的医生支持自己的委托人；而另外3位医生的结论支持特丽丈夫的说法。在专家意见不能统一的情况下，法官裁定特丽的病情应属于植物人范畴，任何治疗都不会改变病人现状。

在美国佛罗里达州，对植物人采取医疗救助的时间期限由病人的法定监护人决定。特丽的法定监护人是他的丈夫。根据她丈夫的声明，特丽曾以口头形式表明，她不愿依赖人工方式维持生命。法庭也因此决定停止用饲管输送水和营养液。显然，特丽的生命在没有营养液支持的情况下，正逐渐趋于衰弱并最终告别人世。与此同时，特丽父母和丈夫双方的呼声都有增无减。目前争执的内容已经上升到司法、人权、宗教等领域，大大超出医学实践所能干预的范畴，为世人留下一个难解的命题。①。

改革开放以后，安乐死的观念传入中国，并很快成为人们普遍关注的热门话题。1987年4月，在第六届全国人大第五次会议上有王群等

① 薛东．特丽·夏沃：谁动了我的导管［EB/OL］．http：//www.sina.com.cn，2005-04-07，11：39，南方日报．

32 名代表提出 101 号提案，建议制定《安乐死条例》，这标志着安乐死的立法问题从那时起就被提到立法机关的议事范围之内。

在 1988 年七届人大会议上，严仁英在议案中写下这么短短几句话："生老病死是自然规律，但与其让一些绝症病人痛苦地受折磨，还不如让他们合法地安宁地结束他们的生命。"1986 年 12 月 24 日，中国社会科学院哲学所、北京医学哲学研究会、中国自然辩证法研究会联合邀请了 30 多位医学界和哲学界人士座谈关于安乐死的问题，中央人民广播电台于 1987 年 1 月 22 日在《午间半小时》节目中播出了讨论会的录音。节目播出后，节目组收到了邓颖超同志的来信，信中说："今天你们勇敢地播出了关于'安乐死'的问题并希望展开讨论，我很赞成，我认为'安乐死'这个问题是唯物主义的观点。我在几年前已经立下遗嘱，当我的生命要结束……千万不要用抢救的办法。这是我作为一个听众参加你们讨论的一点意见。"她还再次强调对安乐死的赞成态度，并且建议有关部门立法。

从 1992 年起，在每年的全国人民代表大会上，提案组都会收到有关安乐死的提案，要求国家立法，使安乐死合法化。1997 年，来自 17 个省市的伦理学界、医学界、法学界近百名专家学者在上海举行了第一次全国性的"安乐死"学术讨论会，会上争论得非常激烈，多数代表拥护安乐死，个别代表认为就此立法迫在眉睫。看来安乐死立法已不能回避了。虽然安乐死在我国还处于争论阶段，但是现在上海等一些城市已经开始悄悄地施行安乐死。只是目前还没有一例是经过官方医疗单位的正式批准后进行的，而是首先由患者提出要求"死的权利"，写一份遗书："本人系无法忍受病痛而死，与旁人一概无关，口说无凭，立此存照。"然后经家属同意，由医生悄悄地进行。但法律实现的是大多数人的意志，安乐死是否符合大多数人的意志，眼下尚无科学性的调查结果。而且法律付诸实践，就有极大的强迫性，一旦安乐死立法，它就像横在病人面前的一把双面刃，用得好，就可以真正解除病人的痛苦；用得不好，就可能成为剥夺病人选择生命权利的借口，被不法不义之徒滥用。

【案例】中国首例安乐死案

1986年6月23日，一位名叫夏素文的女病人住进陕西省汉中市人民医院。经医院检查，确认病人已处于肝硬化晚期，伴有肝性脑病、肝功能丧失代偿。虽经多方抢救，病情仍不能控制。6月27日晚，病情恶化危急。28日，病人的小儿子王明成和小女儿看到病人痛苦难忍，提出能否采取措施，尽快结束病人的痛苦。医院对病人家属的这一要求开始不同意，但在病人子女的再三要求下，医生分两次给病人注射了100多毫升复方冬眠灵。事前在处方上写明了家属要求"安乐死"，并由王明成签了名。29日凌晨5点，病人死亡。汉中市公安局以故意杀人罪逮捕了两名当事医生和死者的小儿子、小女儿，后因案情特殊曾一度改为取保候审。

此案时隔3年半后才于1990年3月15日正式开庭审理，但由于法庭辩论存在明显分歧，仍未能得出明确的结论。1991年5月17日，陕西省汉中市人民法院对此案作出了一审判决，依法宣告两被告人无罪。法院认定，被告人为身患绝症的病人夏素文注射加速其死亡的药物不构成犯罪。而原告则认为，被告的行为构成了犯罪，因而依法提起抗诉。1992年6月25日，汉中市人民法院依法驳回抗诉，维持原判，宣告两被告人无罪。至此，我国首例安乐死杀人案从1986年7月3日立案，经过了6年的漫长审理后终于有了结果。虽然这起案件已经画上了句号，但其意义和影响已远远超出了医学和法律范围，引起了社会各界广泛的关注，也正是从1992年起，在每年的中国全国人民代表大会上，提案组都会收到有关要求安乐死立法的提案。

在为身患绝症的母亲实施了"安乐死"17年后，我国首例"安乐死"案主要当事人之一王明成因患晚期胃癌不堪病痛折磨于2003年6月6日提出为自己实施"安乐死"。王明成在向医院提出

“安乐死”的请求时，同时表示愿将自己的器官无偿捐献出来。接到王明成的“安乐死”书面申请后，医院明确表示，在没有明确法律规定的情况下，不可能为王明成实施“安乐死”。两个月后，王明成离开人世，留下一个饱受争议的话题——“安乐死”！

“安乐死”面临着巨大的医学难题。什么样的病人才是无法治愈的？什么样的痛苦才是病人难以承受的？对此，临床上经常很难断定。临床医学是在不断探索、实践中逐步发展的，有些病症看上去已无救治的可能，而实际上又有“起死回生”的希望；有些病症目前无法治愈，但是几年、十几年之后就有可能被治愈了；有些意志力薄弱的患者，可能会因一时痛苦而自愿放弃治疗；有些病人家属，可能是因为不愿意受拖累才请求医生对病人实施“安乐死”，不一而足，在具体的临床实践中，医生如何应付、甄别种种复杂的情况，并不是一件容易的事情。“安乐死”不仅是一个伦理问题、医学问题，更是一个法律问题。如何才能避免不法之徒借实施“安乐死”之名，行谋杀病人之实？“安乐死”一旦开禁，会不会导致“安乐死”的滥用？这是最令人担忧的。目前，我国没有通过安乐死专门法律，也意味着安乐死并没有合法化，临床医师更是没有操作的依据。因此，目前，我国安乐死还处于争论之中。

目前，我国赞成安乐死的人主要是老年人和高知阶层人士。据北京、上海、河北、广东等地调查，民间测评安乐死赞成率很高。上海对200名老人进行了安乐死意愿的问卷调查，赞成率为73%。在北京的一次同样的调查中，认为目前国内可实施安乐死的支持率则高达79.8%，85%以上的人认为安乐死符合人道主义。

另据《健康报》报道，有关部门对北京地区近千人进行的问卷调查表明，91%以上的人赞成安乐死，85%的人认为应该立法实施安乐死。在对某医学院172名学生进行调查时发现，赞成对伴有难忍痛苦的绝症患者实施安乐死的达77%，因法律无明文规定而表示说不清的占

16%。可见无论是青年人还是老年人，无论是医务工作者还是非医务工作者大多成安乐死，都希望有相应的法律予以规范。

在1995年召开的全国人民代表大会上，著名医学专家胡亚美、严仁英两位代表提出了安乐死议案。广东代表、华南理工大学教授谭盈科提出建议立法支持“安乐死”的议案，获得31位广东代表的附议后已提交有关方面。在我国第二届“安乐死与临终关怀”研讨会上，许多专家、学者建议早日推行安乐死，尽快给安乐死立法。这些都说明，安乐死在我国也越来越受到公众的关注和赞同，受到学术界、法律界的重视，安乐死立法已经成为一个迫切而又现实的问题摆在了我们面前。

四、安乐死的伦理争论

安乐死一直以来就是国内外争议较多的生命伦理难题。我国法律未接受这一概念，事实上，就是在法律上接受并承认安乐死的国家，其安乐死标准和范围也是不易确定的。2005年，世界范围内关于“安乐死”的伦理争论由于美国特丽·夏沃案例再度掀起高潮。

安乐死是道德还是不道德呢？国外不少医学家、伦理学家十分赞成自愿的安乐死，认为是病人对痛苦的一种解脱，只要符合病人的利益，安乐死是允许的。有些学者则不赞成，他们认为每一个人都有权活着，医生的道德责任是救死扶伤，任何的安乐死都是不道德的。种种看法形成了三种派别，一种是支持安乐死派，另一种是反对安乐死派，还有一种是慎重对待安乐死派。

（一）反对安乐死派及其理由

在关于安乐死的伦理争论中，主要有两种针锋相对的观点。一种观点坚持反对安乐死，属于反对安乐死派，其理由在于：

第一，尽管安乐死出于免除病人痛苦的动机，尽管人们认为这对病人和家属都是件好事，但事实上，家属不仅要承担失去亲人的痛苦，而且不得不面对来自社会、家庭、亲属等各方的压力。

第二，安乐死的行为或许是出于病人的意愿，但在病痛、恐惧和精神压力的情况下，病人要求安乐死的意愿未必是其理智而真实的意愿表达，有的只是精神空虚或一种暂时的要求，病人做出的决定或许并不是理性的，其真实的动机是有疑问的。

第三，生命对于人是第一重要的，生命与世界上的其他事物相比具有至高无上性，离开了生命，世界上万事万物就失去了存在的意义。人的生命是自然的，神圣的，人们只是自己生命的侍者，生死应当听候自然的安排，“身体发肤，受之父母。不敢毁伤，孝之始也。”无论何种安乐死，都是违背生命神圣论的。

第四，俗语说“好死不如赖活着”（To Live Is Better Than to Die）。活着总比死了好，因为不管死得如何痛快，这代表的是一切现实的结束，包括“希望”！可是只要活着，虽然活得很痛苦，很绝望，但总是存在着“希望”！也许这个“希望”在遥远的未来才可能实现，可是再怎么说，这还是“希望”啊！但一死，什么都没有了。生存、生命是存在，是肯定价值；逝去、死亡是否定，是否定价值。安乐死就是加速死亡，奔向死亡，就是加速否定，加速虚无。再怎么绝望的境地，只要活着就存在着希望，而不管你用何种方式死去，一切成空。生存、生命的价值要永远高于死亡的价值。

第五，生命伦理学要求医生必须尽一切可能救助病人的生命，自古以来医师的天职就是治病救人，延长患者的寿命（生命），而安乐死可能使医生放弃挽救病人生命的努力，也有违于医学的内在本质和使命。一旦在医疗实践中允许安乐死，医学、医疗的本质就改变了，安乐死不属于医学、医疗的范畴。反对者认为，允许安乐死，医学、医疗就变成了社会工程学，变成了依据医生主观判断患者生命价值大小、高低的工具，与医学、医疗本质背道而驰。

第六，各国法律、道德、舆论和风俗习惯，对痴呆、严重畸形、伤残乃至各种濒临死亡的人，普遍采取极其宽容的态度，这是人道主义精神在全人类中的普遍体现。人类只有从尊重最弱的人做起，才能保持自己的尊严。不能把个人尊严和个人自由简单扩大到可以结束濒危病人的生命。

第七，每一个生命都有一定的价值，都是人类的组成分子，社会对各个社会成员不仅有安置的权力，也有保护的义务，对有些被误认为是社会“负担”的患者进行救治，是人类社会的基本职责。

第八，不可逆的诊断标准未必准确，不仅医学的发展可以使绝症可治，现实中更有许多病例是医学无法解释的奇迹（如植物人数年后苏醒），应该给病人机会，而安乐死在一定程度上使医务人员放弃探索“不治之症”的责任，并有可能导致错过病人得以转危为安的机会，医学研究也会受到影响。

第九，法律允许安乐死可能会被别有用心的人利用来犯罪，病人家属、医生可能为了个人的利益（如获得医疗保险费）利用安乐死谋杀病人，历史上更有过纳粹借安乐死来进行屠杀的历史教训。

（二）赞成安乐死派及其理由

安乐死的出现，是科学技术尤其是医学科学技术发展的结果，是人类生死观念变化发展的结果，是社会文明进步的结果。社会上也有许多人赞成安乐死，属于赞成安乐死派，其理由归纳起来主要有：

第一，安乐死可以免除临终病人的痛苦，对于垂危病人的痛苦不采取措施是不人道的。

第二，社会资源是有限的，对一个救治无望的绝症患者投入大量的医疗力量、医疗资源，实际上是人财物等资源的浪费，应当将这些宝贵而有限的医疗资源节省下来，用于救助那些可能治好的病人，安乐死可以免除巨额的医疗费用，不仅解除病人家属的经济负担，而且有利于社会医疗卫生资源的公正分配。

第三，安乐死是人的自主性的最终体现。生命只属于个人，人有生的权利，也应有选择死亡方式的权利（这是自由主义者的主张，集体主义者即使赞同安乐死，一般也只主张消极安乐死。他们认为，个人生命是人类集体生命的组成部分，前者应服从于后者，个人是否可以实行安乐死要看对集体利益是否合适)。

第四，人的尊严具有最高价值，尊严使人有选择的自由，包括结束自己生命的自由。脑死亡患者、癌症晚期患者等处于生命末端的病人，整天处于医生、护士、家人等的全程照护之中，依靠医疗仪器设备或药物维持生存时间，没有人的尊严和隐私。我们知道，人的个人隐私、尊严是建立在个人独立生活的基础之上的，没有个人的独立性，个人尊严就大打折扣。

第五，追求生命质量是实现生命价值的重要目标，当一个人的生命只具有纯粹生物学意义上的存在或是只能在巨大痛苦中等待死亡时(生命质量已大大降低)，医生却硬要拖延时间以使他承受痛苦，实际上是对病人的虐待，恰恰是一种不人道的做法，因此，当病人濒临死亡而且不可逆转时，没有必要以人道或人性为理由付出高昂代价去换取低质量的生命。安乐死帮助病人结束生命，免除痛苦，减轻家属的精神压力，是符合人道主义的。

第六，死亡并不永远是人类的敌人，应正确看待死亡。生和死都是宇宙万物的基本问题，死亡不过是事物的自然序列中的一环。因而，主张安乐死是人类社会进步的表现。现代人的人生观里就应该包括正确看待死亡的死亡观，安乐死是现代人正确死亡观的内容。

(三) 慎重对待安乐死派

即便是在赞同者内部，关于安乐死的实施对象，也还存在很大分歧。有人认为安乐死的对象主要有三类：植物人、脑死亡者、身患绝症濒临死亡而又极度痛苦者。也有人主张安乐死的对象主要是两种病人：一是身患绝症处于晚期而极度痛苦的病人；二是有严重残疾，生命质量和生命价值极其低下或已基本丧失生命价值的病人，如不可逆的植物人状态或已发生脑死亡者，严重畸形且医学上无法治疗的胎儿、新生儿等。还有学者将植物人和严重先天缺陷的新生儿排除，提出安乐死的实施对象应是“医学上无法挽救存在痛苦的濒死者”。

综观安乐死合法化纷争之双方的观点，如何看待人的生命与生命权、个人能否自由地选择死亡，是他们的主要分歧。古希腊哲学家普罗泰戈拉说过：“人是万物的尺度。”人类社会有史以来的所有行动和思考，从最终意义上讲，也的确未能超出我们人类自身的立场和价值取向。个人生命的存在与发展、人类种群的存在与繁衍，是我们考虑一切问题的前提。但被视为个人权力和利益的生命在安乐死的争论中却不得不面临更为全面的审视：人既然有生存的权利，为何就不能有死亡的权利呢？法律应不应该保护个人对其生命的自由选择权？

安乐死中对于生命和生命权的争论，首先是在人的本质的认识上存在分歧。客观地说，人是生物人和社会人的综合体，前一种理解使人类跨越种族、民族差异而具有普遍的共性，后一种理解则使人类真正有别于其他动物。赞同安乐死的人一般都更加重视个人的尊严及其社会意义上的生存，往往以生命的质量来评判生存的意义、生命的价值。而多数反对安乐死的人则更注重从人的共性上来看待生命的意义，再大的肉体痛苦、精神折磨甚至是丧失了意识，都并不能降低其作为人的意义和生命的价值。就像密尔说的那样，即使是痛苦的苏格拉底也比最快乐的猪幸福。

在自愿安乐死中，病人和普通自杀者一样，都有死的意愿。不同的是，对于任何能够独立完成自杀行为的人而言，他无疑有选择死的个人自由，因为在仅涉及他本人的行为中，自由原则主张任何人“对于他自己的身和心，个人乃是最高的主权者”。而自愿安乐死的病人不能像普通自杀者那样由自己独立完成自杀的行为，必须通过亲属、监护人尤其是医生的帮助才能实现他死的愿望，其死的自由便不再是“仅涉及本人”的行为了。亲人和医生若要满足他的愿望，就要冒着杀人的危险，他们不得不考虑其协助行为的性质及后果。自愿安乐死既然已经涉及他人，主张死亡的病人就有了对他人和社会的义务，其自由就应当是有限制的，反过来说，也就是社会取得了干涉的权力。至于非自愿安乐死的情形，不仅涉及他人协助自杀的问题，在此之前更涉及监护人或亲属以推定方式代理病人表达意愿的行为。反对者正是基于对自由的这样的认识才抵制安乐死合法化的。

安乐死是否正当的问题，不仅在司法界、医学界是一个争论不休的问题，就是在社会上也是一个热门话题。虽然在学术界，有越来越多的人赞成安乐死，但是，我们需要面对这样一个现实，即当今世界上只有荷兰和比利时以法令的形式正式承认了安乐死，其他国家，无论是大陆法系的代表法国、德国，还是英美法系的代表英国、美国，对安乐死都采取了十分谨慎的态度，它们都没有明确地以法令的形式承认安乐死合法，而是采取各种其他的形式，对个案中的行为人减轻或者免除刑事责任，即有的学者所说的“安乐死的非犯罪化”。事实上，就是在法律上接受并承认安乐死的国家，其安乐死标准和范围也是不易确定的。

我国从20世纪80年代初开始公开讨论安乐死问题，目前尚没有安乐死的成文法，法律界也未接受这一概念，但安乐死在我国以隐蔽方式已经实施了很久。在理论上，安乐死在道德上的合理性与在法律上的违法性的悖论应该早日解决。在实践上，应该规范和控制安乐死的实施，以杜绝目前安乐死实施中的混乱，这种规范和控制的最佳方式是运用法律这个最有约束力的社会控制手段。由此可见，制定一部有关安乐死的法律是很有必要的，但各界对我国是否具备安乐死立法条件，仍无一致定论。

由于安乐死立法涉及国家政策的权衡和制定，这就决定了它不只是一个医疗问题，而是一个需要首先对之进行伦理判断和哲学思考的问题。目前我国有关部门对安乐死的概念、伦理理由、与安乐死立法相关的一系列伦理学依据以及有关法律问题的理论研究还是很不够的，而且我国的医疗卫生法制尚不健全，如果匆忙立法，被滥用的可能性很大。

所以，应该针对有关安乐死的问题进行积极的研究和论证，以期尽快达成共识，以规范和控制我国的安乐死实践，防止滥用。

【本章推荐阅读书目】

1. 孙福川，王明旭主编．医学伦理学［M］．第4版．北京：人民卫生出版社，2013.

2. 翟晓梅，邱仁宗．生命伦理学导论［M］. 北京：清华大学出版社，2005.

3. 高崇明，张爱琴．生物伦理学十五讲［M］. 北京：北京大学出版社，2004.

4. 王晓慧．论安乐死［M］. 长春：吉林人民出版社，2004.

5. 郑文清，周宏菊．现代医学伦理学概论［M］. 武汉：武汉大学出版社，2017.

6. 范瑞平，张颖．建构中国生命伦理学：新的探索［M］. 北京：中国人民大学出版社，2017.

7. ［美］罗纳德·M. 德沃金（Ronald M. Dworkin）：生命的自主权：堕胎、安乐死与个人自由的论辩（Life's Dominion：An Argument About Abortion，Euthanasia，and Individual Freedom）［M］. 郭贞伶，陈雅汝译．北京：中国政法大学出版社，2013.

8. ［美］德沃金，弗雷，博克．安乐死和医生协助自杀［M］. 翟晓梅，邱仁宗译．沈阳：辽宁教育出版社，2004.

9. 陈寿灿．当代中国伦理学若干前沿问题研究［M］. 北京：金城出版社，2011.

【本章思考与练习】

1. 什么是安乐死？你是怎样理解的？

2. 安乐死是如何分类的？有什么实践意义？

3. 国际上，安乐死的现状如何？

4. 赞成安乐死的理由有哪些？你是如何看待的？

5. 反对安乐死的理由有哪些？你是如何看待的？

6. 你如何看待慎重对待安乐死派？

第十二章　生命伦理学之脑科学与伦理

【本章内容提要】

◆ 脑（神经）科学发展的基本趋势

◆ 神经伦理学的出现

◆ 脑（神经）科学带来的伦理问题

◆ 人脑医学干预的生命伦理问题

脑（神经）科学问题是人类社会面临的基础科学问题之一，是人类理解自然和人类本身的“终极疆域”。有专家预测性地指出，21 世纪将是脑（神经）科学的时代。脑（神经）科学的发展已达到令人瞩目的地步，围绕脑（神经）科学的大国间博弈日趋激烈。

美国科学家约翰·欧基夫（John O'Keefe），挪威科学家梅-布里特·莫泽（May-Britt Moser），以及挪威科学家爱德华·I·莫泽（Edvard I Moser），因发现了人类大脑中形成的定位系统——内部 GPS 细胞，可以指导我们的空间定位，为更高级的认知功能提供了细胞基础，而被授予了 2014 年诺贝尔生理学或医学奖。毋庸置疑，现代神经科学已经取得了革命性进展，未来它仍将是科学发展的大势。20 世纪，脑（神经）科学取得了许多研究成果，自 1901 年首次颁发诺贝尔生理学或医学奖以来，100 年来共授予 98 个奖项，其中近 20 项与脑（神经）科学相关。

人类大脑（神经）是人行为的指挥、控制系统，脑（神经）科学越发展、越发达，说明人类对自己的指挥、控制系统了解得越来越多、越来越深入。那也意味着人类今后对人类自己的行为控制或干预也会越来越多、越来越大、越来越复杂和深入。因此，人文学者和科学家也开始关注神经科学的社会影响，尤其是该技术在高速发展过程中所引起的伦理问题。21 世纪初，为探讨神经科学研究及应用中的“好”与“坏”、平等与不平等、公正与不公正，建立神经科学研究、发展与应用的伦理准则和管理政策，当代生命伦理学产生了一个崭新的分支学科——神经伦理学。

一、脑（神经）科学发展的基本趋势

脑（神经）科学是在当代多学科交叉汇聚背景下，传统经典学科重新崛起的重大研究领域的典型代表。与遗传学、化学、物理学、材料学、工程学、计算科学、数学、心理科学、社会学以及其他基础学科的高度跨学科交叉，高通量工具和新型成像技术，NBIC（纳米科技、生物技术、信息技术、认知科学）汇聚技术、生物大数据概念的提出等，为记忆、思维、意识和语言发生等重大神经问题提供了全新的研究思路和有效方法。

近年来，脑（神经）科学和类脑人工智能上升为有关国家的科技战略重点或力推的重大核心科技发展领域。世界各国普遍重视脑科学研究，相关科技规划不断集中推出。西雅图艾伦脑科学研究所（Allen Institute for Brain Science）、谷歌公司等一大批研究机构和企业，纷纷加入这一快速兴起的领域。总体看，围绕脑科学的国际竞争博弈日趋激烈。

美国全面布局，重视疾病应用导向及重大技术的攻关。美国推进脑科学领域全面布局，重视应用导向和重大技术攻关。“神经科学研究蓝图”主要由美国国立卫生研究院（NIH）资助，其在脑科学研究中的投入稳步增长。“神经科学研究蓝图”框架整合 NIH 主任办公室及其下属 15 个研究所（中心）的力量，针对单个机构无法完成的重大科学问题，共同开展研究，推动研究的交叉。

2013 年 4 月，美国总统奥巴马宣布启动了 BRAIN 计划，并计划首年投入 1 亿美元资助该计划推进。美国国防高级研究计划局（DARPA）、美国国立卫生研究院（NIH）、美国国家科学基金会（NSF）分别承担技术工具开发、脑机产品发明、基础设施建设的工作；此外美国食品药品监督管理局（FDA）、美国情报高级研究计划局（IARPA）和美国能源部（DOE）陆续加入。

欧盟和欧洲国家重视神经疾病研究，大力开展大脑模拟研究及应用。人类脑计划（HBP）是欧盟未来及新兴技术旗舰计划（FET-Flagship）项目之一，开展大脑模拟研究及应用，重视神经疾病研究。HBP 的目标是建立用于模拟和理解人类大脑所需信息技术、建模技术和超级计算技术。主要预期成果包括提高脑部疾病研究、诊断和治疗新技术，发展具有类脑功能装置等一系列新技术，辅助人类决策。

法国将神经科学研究作为生命科学领域的十大主题之一，年度预算超过 2.2 亿欧元。根据法国国家生命科学与健康联盟（Aviesan）“神经科学、认知科学、神经学和精神病学主题研究所”（ITMOs）2010 年 3 月发布的战略报告，该所神经科学研究围绕三大重要主题包括：①大脑系统、感觉、认知与行为；②神经发育、表观遗传学、神经塑性与神经系统修复；③转化研究与治疗研究。两大跨学科研究主题是：①理论与计算神经科学；②神经流行病学与医学-经济学研究。

英国最大、全球第二大的生物医学研究基金会维康信托在 2010 年发布的《绝佳的机遇：英国维康信托基金会 2010—2020 年战略计划》报告中，将“理解大脑”作为最具挑战性五大问题之一，提出进一步探索大脑如何行使功能、研究治疗大脑和精神疾病的更佳治疗方法，这需要对神经细胞是如何行使功能、如何在某个特定的认知和行为功能中相互作用开展研究，还需要一套完整方法将基础和临床研究有效联系和结合。

日本和韩国注重长期重大科技计划和整体布局。日本长期大力推动脑（神经）科学布局，目前已从“认识大脑”“保护大脑”“创造大脑”转型升级到技术“融合脑”“脑疾病”。日本曾于1996年推出“脑科学时代”计划纲要，提出在未来20年内，以每年1000亿日元的支持强度，大力推进脑（神经）科学研究，使日本的脑（神经）科学达到甚至领先于国际水平。该计划实际投资额约为每年80亿~90亿日元（约1100万美元）。2008年，日本进一步提出“脑科学研究战略研究项目”（SRPBS），并确定四大领域：①脑科学与教育、社会（“社会脑”）；②脑科学与身心健康（“健康脑”）；③脑与信息产业（“信息脑”）；④基础技术开发。随后，2014年出台为期10年的“Brain/MINDS计划”，则聚焦于以狨猴大脑为模型研究脑功能和脑疾病的机制。

国际神经信息学协调委员会重视神经信息技术发展。国际神经信息学协调委员会（INCF）成立于2005年8月，截至目前共有比利时、捷克、芬兰、法国、德国、印度、意大利、日本、荷兰、挪威、波兰、瑞典、瑞士、英国、美国15个成员国。INCF旨在建立一个有关神经系统所有数据的全球知识管理系统和网络协同研究环境，组织全世界最顶尖的研究机构和科学家，开展全球性脑科学科研大协作。任务是协调全球神经信息学工作，制定神经信息学的发展计划、工作指南、数据标准和共享规范。

中国脑（神经）科学的战略部署深谋远虑。中国已经将“脑科学与类脑研究”上升为国家战略。中国在《国家中长期科学和技术发展规划纲要（2006—2020年）》中，把“脑科学与认知”列入基础研究八个科学前沿问题之一。《中华人民共和国国民经济和社会发展第十三个五年（2016—2020年）规划纲要》中新提出“科技创新2030——重大项目”，涉及15个重大项目、重大工程，其中就包含“脑科学与类脑研究”“智能制造和机器人”和“健康保障”。

中国脑（神经）科学研究，以脑认知原理（认识脑）为主体，阐述脑功能神经环路的构筑和运行原理，绘制人脑宏观神经网络、模式动物介观神经网络的结构性和功能性全景式图谱；发展类脑计算理论，研发类脑智能系统（模仿脑）。基于对脑认知功能的网络结构和工作原理的理解，研究具有更高智能的机器和信息处理技术；促进智力发展、防治脑疾病和创伤（保护脑），围绕高发病率重大脑疾病的机理研究，揭示相关的遗传基础、信号途径和治疗新靶点，实现脑重大疾病的早期诊断和干预。

2016 年，中国神经科学学会承担了中国科学技术协会“神经科学方向预测及技术路线图研究”项目，目标是在总结学科发展规律和特点、分析比较学科的国内外发展现状基础上，以神经科学与中国未来经济社会发展前景关系的系统性刻画和描绘为重点，预测学科和相关技术的未来发展趋势，分析中国神经学科的重点发展方向和研究领域以及推动学科发展的有效机制，提出学科及相关领域发展路线图，为谋划学科布局、抢占科技发展制高点以及促进相关产业发展和民生建设提出战略决策咨询建议。

脑科学的进步不仅有助于人类理解自然和认识自我，而且对有效增进精神卫生和预防神经疾病、护航健康社会，发展脑式信息处理和人工智能系统、抢占未来智能社会发展先机，都十分重要。美国智库信息技术与创新基金会 2016 年发布的报告提出，支持精神和神经疾病相关的脑科学创新，不仅是重要的卫生政策，也是重要的经济政策，仅美国脑科学相关经济机遇就将超过 1.5 万亿美元，占其国内生产总值（GDP）的 8.8%。

二、神经伦理学的出现

脑（神经）科学的发展，必然带来研究的伦理、道德、法律、社会和未来的影响。脑（神经）科学相关技术本身同时存在“两用性”风险，在医疗卫生、军事、教育等方面的应用可能会引起一系列安全、伦理和法律问题。美国生物伦理总统咨询委员会（PCSBI）2014 年 5

月发布的《大脑重要性：综合神经科学、伦理学和社会的方法》报告指出，由于对人脑的研究涉及了自我身份认同这一核心问题，神经科学研究项目的伦理风险已经达到最高，伦理学家和科学家应该在研究计划的最初阶段共同探讨这个问题，进行双方对话，并提出将伦理道德概念系统化地融入神经科学研究中以降低风险的系统建议。

英国纳菲尔德生命伦理学理事会（Nuffield Council on Bioethics）是一个享有国际声誉的独立的伦理咨询委员会，每年针对各种新兴生命技术展开伦理学研究并发布报告。该理事会在《新的神经技术面临的伦理问题》中指出，有五种与新的神经技术相关且值得特别注意的伦理问题：①安全保障，出于干预风险；②隐私保护，存在无意识的影响；③自主性促进，支持患者的医疗决策和患者对于自己是谁的身份认同；④平等性促进，获取创新产品方面也有很重要的公共利益，阻止社会耻辱感和歧视；⑤保护和促进公众对新颖神经技术的理解和信任。该委员会已针对神经伦理学（Neuroethics）所应遵循的原则框架做了一些探索性的思考。

神经伦理学（Neuroethics）的出现是现代神经科学的快速发展的必然结果。为了推动神经科学研究的社会影响，美国神经科学学会早在1972年就成立了一个关注其社会问题的分会，为的是向会员和公众宣传神经科学研究的社会影响。Neuroethics（神经伦理学）这一词汇，最早是由威廉·索菲尔于2002年在《纽约时报》上首次正式提出的。威廉·索菲尔认为，神经伦理学（Neuroethics）就是一门“研究人脑治疗和增强以及对人脑的干预的对与错，好与坏的交叉学科”。

就在神经伦理学提出不到5年时间内，专业研究机构和相关出版物就先后出现。2006年“神经伦理学学会”（Neuroethics Society）成立；2008年《神经伦理学》（Neuroethics）专业杂志创刊。

神经科学的研究对象中包括了人体最复杂、最特殊的器官——大脑。脑与人类的思维、意识、行为息息相关，它关乎自我。这也意味着，干预大脑有着极大的不确定性和风险性，需要特别慎重。在神经科学研究中，对动物大脑的研究成果无法直接移植到人的大脑上，从动物实验到临床试验中间有着极大的跨度，很难自然过渡。因此，整个研究过程需要更为严格的外部监督。

在神经伦理学中，有些问题是属于传统生命伦理学研究范畴的。例如，在选择受试时需要遵循的原则；如何确保受试者的知情同意权；如何保护受试者的个人隐私权；如何评价受试的风险-收益等。但有些问题则是神经伦理学研究所特有的伦理问题，这也是传统生命伦理学正在面临的挑战。

以针对神经退行性疾病和精神疾病患者的临床研究为例，生命伦理学的重要原则之一就是知情同意，但是这些疾病患者本身的自主决策能力往往受到一定程度的限制，在临床试验中获得其自愿的同意是困难的。在伦理规范中，代理同意是普遍存在的，对于缺乏自主决策能力的受试，可以由法定代理人行使代理同意权，例如儿童受试。但是，神经退行性疾病和精神疾病的病情是逐渐加重的过程，开始时患者也许并没有完全丧失自主决策能力，对于这样的受试是否应该赋予其知情权、如何评估；一旦后期病情加重，如何决定受试是否需要继续参与。这些新的知情同意问题需要深入研究。

假如由法定代理人行使代理同意权，如何保证代理人的决策是完全为了受试者本人的利益考虑的。他坦言，像老年痴呆症患者，难免有些家人对于其寿命期待已经不高，出于种种现实的考虑，对于研究、试验的风险认知可能出现偏差，在代理同意过程中或许不一定代表患者本人的最佳利益，由此会对受试者造成身心伤害。可见，如何对代理人决策进行评估，也是那些涉及人的神经科学临床试验中无法回避的棘手的伦理难题之一。

三、脑（神经）科学带来的伦理问题

人类大脑分左右两半球，每一半球上分别有运动区、体觉区、视觉区、听觉区、联合区等神经中枢。由此观之，大脑两半球是对称的。在功能划分上，大体上是左半球管制右半身，右半球管制左半身。每一半球之纵面，在功能上也有层次之分，原则上是上层管制下肢，中层管制躯干，下层管制头部。如此形成上下倒置左右交叉的微妙构造。在每一半球上，又各自区分为数个神经中枢，每一中枢各有其固定的区域，分区专司形成大脑分化而又统合的复杂功能。

在科学研究中，恐怕没有哪项领域的深入探索会像对脑（神经）奥秘的揭示那样，带来众多令人困惑的复杂问题了，比如心脑关系的哲学问题、意识的自我缠结问题、思维是如何自涌的问题等。尽管在近些年来，我们对脑（神经）的研究有了突飞猛进的发展，获得了大量可靠的脑（神经）活动机理和知识，但对于这些令人困惑的复杂问题，依然难以建立起哪怕是十分简单的解释理论。我们对于微观的脑细胞活动机制是如何组织为宏观的心理行为依然知之不多。但是，脑与行为的关系问题确实是一个越来越引起科学家重视的基本问题。实际上，如果把外围神经组织都算在内，行为就可以看作是神经系统活动的整体性外在表现。而导致这种表现的，归根结底是外部刺激与内在自激相互作用的结果。正是由于人脑（神经）的复杂性，才导致人类对自身脑（神经）科学研究及其应用的敏感和关注。

2017 年 5 月，由神经科学家、临床医师、伦理学家和机器智能工程师等组成的 Morningside Group 在纽约哥伦比亚大学美国国家科学基金会主办的研讨会上，围绕着神经科技和机器智能的伦理展开了讨论。与会者认为，现有的道德准则对于这个领域是不够的。其中包括 1964 年的赫尔辛基宣言，这是首份涉及人体对象医学研究的道德原则的声明，1979 年由美国国家保护生物医药和行为研究受试者委员会制定的“贝尔蒙特报告”（Belmont Report），以及 2017 年年初由企业领导人和 AI（Artificial Intelligence）研究人员签署发表的 23 条阿西洛马人工智能原则（Asilomar AI Principles）。

在 AI（Artificial Intelligence）发展浪潮中，以脑机接口为代表的神经科学、AI 以及与人类的结合才是真正激动人心的部分，无论是为了治疗先天的或者后天的心理、身体疾病，还是为了增强人类身心能力，抑或是为了通过对智能机器的控制来实现人机共存。Facebook、Google、马斯克等企业和企业家都将脑机接口视为最重要的发展方向之一，足见脑机接口在未来神经科学和 AI 研究部署中的重要地位。

但另一方面，直接作用在人身体上的神经科学和 AI 可能带来比 AI 在其他领域的应用更深远的伦理影响。现实的案例已经表明，智能机器和脑机接口设备的运作可能使一个人开始怀疑自己的身份，怀疑自己的行为是自己的意识控制还是其他什么设备控制，产生身份认同危机。

鉴于脑机接口、神经科学和 AI 在人类身体上的应用已经很多（比如半机械人、人类身体修复和增强等），未来可能会有更加变革性的应用，提前探讨、研究其中的伦理和法律问题是必要的。通过操纵脑机接口设备来干预人的神经活动，进而影响人的感知和行为，并非天方夜谭。在军事领域，通过神经科学和 AI 来大幅度提供士兵和军事分析师的身心能力和数据分析能力，也正成为军事研究部署的议题。电影《阿凡达》中受伤的退役军人杰克靠意念远程控制其替身在潘多拉星球作战的场景，也并非空中楼阁。

目前的脑机接口（brain-computer interface，BCI）技术主要集中在治疗结果上，例如帮助脊髓损伤的人。它已经使用户能够执行相对简单的电动任务，例如移动计算机光标或控制电动轮椅。此外，研究人员基本上已经可以从功能性磁共振成像扫描中解释一个人的神经活动，比如他是在想一个人，而非一辆车。

距离 BCI 和其他神经技术成为我们日常生活的一部分，可能还需要几年甚至几十年的时间。但是技术的发展意味着我们正走向一个新的世界：能够解码人们的心理活动并直接控制意向、情感和决策之下的大脑机制。在那种情况下，个体可以仅仅通过思想与他人交流，强大的计算机系统将直接与人的大脑连接以帮助其与世界交流，从而大大提高人类的身心能力。

这种进步可能会对很多疾病治疗的条件产生变革性的影响，从脑损伤和瘫痪到癫痫和精神分裂症，并优化人类的治疗体验。但是这项技术也可能加剧社会不平等，为企业、黑客、政府或其他任何人提供新的利用和操纵人的方式。它可以深刻地改变一些人的核心特征：私人的精神生活，个人能动性，以及将个体理解为被身体束缚的实体。现在就对可能产生的后果加以考虑是至关重要的。

（一）隐私和知情同意（privacy and consent）

现有技术已经可以从人们的数据踪迹中获得大量个人信息。例如，剑桥麻省理工学院的研究人员在 2015 年发现，通过对个人设备上键盘打字模式的详细分析，可以对人类的运动行为进行精细分析，从而使帕金森病的早期诊断成为可能。2017 年的一项研究表明，对移动模式的测量，例如从正常日常活动中携带智能手机的人身上获得的测量，可以用来诊断阿尔茨海默病导致的认知功能障碍的早期迹象。用于定位广告，计算保险费或匹配潜在合作伙伴的算法如果利用神经信息（例如，来自与某些关注状态相关的神经元的活动模式），将会更加强大。连接到互联网的神经装置打开了个人或组织（黑客、公司或政府机构）跟踪甚至操纵个人心理体验的可能性。

因此，为了保护个人隐私，应严格管理神经数据的销售、商业转让和使用。这样的规定也会限制人们放弃神经数据或为了获得经济奖励而将神经活动直接写入大脑的可能性，这就类似于例如 1984 年美国国家器官移植法案之类的禁止出售人体器官的立法。另一个保障是限制神经数据的集中处理。可以通过部署计算技术，如差别隐私或“联合学习”，来保护用户隐私。使用其他专门设计来保护人们数据的技术也会有所帮助。例如，基于区块链的技术允许对数据进行跟踪和审计，“智能合同”可以透明地控制数据的使用方式，而不需要集中授权。最后，开放数据格式和开源代码将使私有信息和传输信息的透明度更高。

当技术公司使用机器学习来改进它们的软件时，它们通常会在服务器上收集用户信息，以分析特定服务的使用情况，然后在汇总的数据上训练开发新的算法。Google 的研究人员正在尝试一种称为联合学习的人工智能训练方法。在这种方法下，训练过程本地化地发生在每个用户的设备上，而不用集中数据：从数据中汇总的知识（例如，“每周”可以用作形容词和副词的知识）被发送回 Google 服务器，但实际的电子邮件、文本等则保留在用户自己的电话上。其他小组正在探索类似的想法。因此，配有改进版设计的信息系统可以用来增强用户对其个人数据的所有权和隐私性，同时满足对这些数据执行有价值的计算的需求。

（二）能动性和身份（agency and identify）

有些人通过植入脑部的电极来接受深脑刺激，他们感受到了能动性和身份发生了改变的感觉。在 2016 年的一项研究中，一个使用大脑刺激器治疗长达 7 年的抑郁症的患者（男性）在一个焦点小组中报告说，他开始怀疑他与他人互动的方式，例如，在印象中，他觉得不恰当的东西是出于设备的影响，他的抑郁或是否反映了他自己的更深层的东西。他说：“这使我不确定的一些点变得模糊……坦率地说，我是谁。”神经科技显然会打乱人们的身份感和能动性，并且动摇了关于自我和个人责任（法律或道德）之本质的核心假设。

如果机器学习和大脑接口设备能够在意图和行动之间实现更快的转换，那么人们最终不再会以他们自己所声称的方式行事，而可能通过使用“自动完成”或“自动纠正”功能。如果人们能够在更远的距离范围内通过意识来控制设备，或者如果有几个大脑被连接起来协同工作，那么我们对于我们是谁以及我们在哪里行事的理解就会被打乱。

随着神经技术的发展，企业、政府和其他人开始努力赋予人们新的能力，个人本体（我们的身心健全）和个人能动性（我们选择自身行动的能力）必须作为基本人权加以保护。因此，建议在 1948 年“世界人权宣言”等国际条约中增加保护这些权利的条款，如增加“神经权利”（neurorights）。然而，这可能还不够，因为国际宣言和法律只是国家之间的协议，甚至“世界性宣言”是没有法律约束力的。因此，主张制定一项国际公约，以界定与神经技术和机器智力有关的被禁止的行动，类似于 2010 年“保护所有人不遭受强迫失踪国际公约”所列的禁止行为。一个相关联合国工作组可以审查签字国的遵守情况，并在需要时提出制裁建议。这些声明还必须保护人们对神经科技可能产生的认知和情感影响接受相关教育的权利。目前，医疗同意书通常只关注手术的身体风险，而不关注设备对情绪、性格或自我意识的可能产生的影响或潜在的风险。

（三）人类增强（human augmentation）

采取加强神经技术的压力，如允许从根本上扩大人的耐力或感官或智力能力，可能会改变社会规则，引起公平渠道问题，并产生新的歧视形式。

此外，我们很容易设想到一场增强性的军备竞赛。近几年来，美国国防部高级研究计划（DARPA）的工作人员和美国情报高级研究项目活动（US Intelligence Advanced Research Projects Activity）讨论了为士兵和分析师提供更高智力的计划“超级智能局”（super-intelligent agents）。这些将用于战斗设置，并更好地解码数据流。

由于很难预测哪种技术会对人类生活造成负面影响，所以任何划线都不可避免地会模糊不清。但是，强烈建议国际和国家两级均制定准则，对可以实施的增强神经技术设定限度，并确定可以使用的背景，类似于人类对基因编辑所采取的措施。

隐私和个性在一些文化中比其他文化更受重视。因此，监管决策必须在具体文化背景下进行，同时尊重普遍权利和全球指导方针。而且，彻底禁止某些技术可能会把它们推到地下，所以制定具体的法律法规的诸多努力中，必须包括有组织的论坛，以便进行深入而公开的讨论。

这种努力应该借鉴国际上建立国际共识和将公众舆论吸收纳入科学决策的先例。例如，第一次世界大战之后，1925 年的一次会议导致了制定和批准禁止使用化学和生物武器的“日内瓦议定书”。同样，第二次世界大战之后，联合国原子能委员会的成立，是为了和平利用原子能，并控制核武器的扩散。

特别是，建议对神经科技用于军事目的进行严格管制。显而易见，任何禁令都应该是全球性的，并且由联合国领导的委员会发起。虽然这样的委员会和类似的努力可能不能解决所有的增强问题，但是它们是公开承认克制的必要性的最佳模式，并且是为技术的开发和实施提供了广泛的投入的最佳模式。

（四）偏见（bias）

当科学或技术决策建立在一系列系统性、结构性或社会性的概念和规范的基础之上时，由此产生的技术可以使某些群体享有特权，并损害其他群体利益。2015 年的一项研究发现，Google 的广告算法向女性用户展示的工作帖子比向男性展示的要少。同样，ProPublica 调查显示，去年美国执法机构使用的算法在两份相似的犯罪记录的基础上，错误地预测黑人被告比白人被告更有可能重新犯罪。这样的偏见可能会嵌入到神经装置中。事实上，研究这类案件的研究人员已经表示，以数学方式严谨地界定公平性是非常困难的。

工业界和学术界已经就应对技术内部偏见的实践展开了讨论。对为了给有问题的偏见做出更普适、更标准的定义而言，这种正在进行的公众讨论和辩论是有必要的。防止产生偏见的措施应当成为机器学习的规范准则，建议可能的用户群体（尤其是那些已经被边缘化的用户群体）

对算法和设备的设计提供投入，以便确保从技术开发的第一阶段开始，偏见问题就被解决了①。

四、人脑医学干预的生命伦理问题

（一）人的自主性问题

人的自主性问题，也可以称为人的自由意志问题。大脑（神经）是人的指挥系统，是人的行为的控制系统，脑（神经）科学涉及人的行为控制问题。在关于人类行为控制的讨论中，主要的伦理议题是有关人的自主性问题。什么是具有自主性的人呢？具有自主性的人是一个可以独立行动的人，他必须能深思熟虑自己的决定、愿望，他或她的动机、秉性以及爱好等是必须自己自主的，而不盲目服从别人的意愿。

人作为个体，应该是独立的，具有自我意识、自我判断、自我选择等主体性、自主性，哲学上也可以称为自由意志。自主性的概念是允许一个人自由地发展自我，改进自己的技能，过自己的生活，选择自己的行动方针等。基于这样的概念，行为控制的方法明显地破坏了行为者运用这些潜在的才能，违背了他们的自主性。

美国著名法理学家、哲学家罗纳尔多·德沃金（Ronald M. Dworkin）认为，控制行为的技术具有潜在的摈弃个人自主性的可能性，是与道德原则相悖的。他提出了下述指导方针，以维持伦理道德原则：①支持自尊、自重的方法应该得到鼓励；②破坏人的理性反应能力的方法不应使用；③企图引起多个个体具有相同行为的方法不应采用；④依靠欺骗的方法应该避免；⑤体力上非强迫的影响方法应优先采用；⑥优先采用可使行为者主动参与到能认识、能表达自己感情的各种结构

① http://www.nature.com/news/four-ethical-priorities-for-neurotechnologies-and-ai-1.22960［EB/OL］.

形式中去的方法，而不要使他们对事物的期望和信念破灭，成为被动改变行为的人。

在这里，德沃金把所有行为控制技术都包括在内，他强调了人的意志和自由权利在可能的环境内应该得到保护。随着对行为控制技术的研究进展，人们愈发感到忧虑，因为这些技术的接受者将变得更加不自由。于是人们发出了这样的呼吁：在更精巧的控制行为的方法被研究出来之前，难道我们不应该摈弃这个研究领域吗？人们担心社会会利用这种技术去压制它认为是异常的行为者。有人认为控制就意味着权力，行为控制就意味着权力至高无上。本来是生物学、医学上行为控制伦理道德的讨论，现在却有人把它变成讨论如何正当使用这个权力的问题，这是个令人烦恼又特别敏感的问题，但它不是生物伦理学应该讨论的问题。

即使我们接受如下事实，即至今对人脑的研究还没有导致受试者生活能力明显下降，但是我们能保证在对人脑的功能有了透彻了解之后，这方面的新技术都能用于为人类谋利益吗？目前，人脑研究的主要好处似乎只是对脑的功能有了进一步的了解。人们期望着在不久的将来，研究人脑新技术的出现，将有助于满足精神病患者和残疾人的需求，同时帮助我们更好地了解自己。

用物理方法干预脑的功能，使受试者行为发生改变，这种做法在伦理学、社会学和法学上都引起了很大的争议。总括起来大概有两种不同的观点：一种观点认为，大脑是人类最主要的宝库，是心理状态、情感以及个性的源泉，大脑是神圣不可侵犯的，并且至今对大脑结构和功能皆有很多不清楚之处，因此，对大脑功能的干预是不道德的，人类应该永远终止这种活动。有些国家的法律已扩展到对大脑产生的意志的保护上，这就等于必须保护个人所产生的各种见解的权利。另一种观点则认为，大脑跟心脏、肺等其他脏器一样，没有什么更神圣的，既然对其他器官可以动手术，可以干预，那么对大脑也可以这样做。

（二）自愿赞同的问题

这也是在每一个医学程序中都必须要首先考虑的问题。对人体的器官动手术，是否同意这样处置，按理说应该由被治疗者做出决定，但是接受脑手术患者往往不能自己做出决定，那么表示赞同的决定可以由患者的监护人、亲属、朋友做出吗？这样做合理、合法吗？假如由法定代理人行使代理同意权，如何保证代理人的决策是完全为了受试者本人的利益考虑的。他坦言，像老年痴呆症患者，难免有些家人对于其寿命期待已经不高，出于种种现实的考虑，对于研究、试验的风险认知可能出现偏差，在代理同意过程中或许不一定代表患者本人的最佳利益，由此会对受试者造成身心伤害。可见，如何对代理人决策进行评估，也是那些涉及人的神经科学临床试验中无法回避的棘手的伦理难题之一。

（三）试验与治疗之间的区别问题

行为神经病学的发展仍然处于初级阶段，往往同样的大脑手术却可以产生完全不同的效果，上述的脑手术可以说都是试验性质的。那么，尊重病人的自主性，能否与为人类获取知识取得一致呢？病人了解手术的困难和危险吗？对手术合理的同意，这"合理"二字的含义又是什么？难道就不能找到比上述的脑手术更好的处理方法吗？从伦理学角度看，即使是一个正确的手术方案，当它的实施损害了健康的组织，也应当认为是不正当的。例如，在心脏手术中，如果手术导致心脏功能全面下降，那么就应该说这种手术是不正当的。而这种情况恰恰可能在神经外科手术中经常出现。

（四）器官手术和非器官手术问题

一般我们所说的正确的外科手术都是针对可识别的、异常的情况而言，比如说摘除病变的组织、器官，固定断骨等。而器官移植也是为了替换已完全失去功能的脏器，全面改善机体的健康状况。可是对于旨在改变行为的脑外科手术来说，患者并没有可清楚论证的病灶。也就是说在大多数情况下，行为异常者并没有病理学的病灶（颞叶癫痫是一例外），而且确实存在患者在手术后大脑受到的损伤比以前更大的情况。行为本身远不是由单一成分组成的，到目前为止许多行为成分仍然是不可捉摸的，或者是没有明确的结论。在这种医学背景下，难道就可以运用器官手术的方法来改变一个非器官性的问题吗？脑的外科手术能解决由环境重压或压抑所造成的行为问题吗？恐怕脑外科手术面对着这复杂而又困难的局面，是一种过于简单的解决办法吧！

（五）治疗和社会控制问题

控制行为知识的积累及其相关技术的攻克，为以前无法医治的疾病提供了新的治疗机会，从而减轻了病人的痛苦，提高了生命的质量，控制了病人对抗社会的行为。但与此同时，也存在着滥用的可能，其危险性似乎不言而喻，特别是当它应用于社会控制方面，包括控制难以管理的犯人时，更是如此。于是有人问，能允许用埋入电极或脑切除术等办法作为直接进行社会控制的手段吗？其治疗价值要比被某些人当作武器的潜力更为重要吗？在生理功能方面，什么是正常的，什么是不正常的，从医学角度做出判断并不困难。然而在精神健康方面，正常行为与不正常行为的界限就不那么容易划定了。要是认定某人的行为是不正常的，那么我们就有可能使他在某些方面受到法律的强制性对待，如法律上可以宣布病人无自控能力，对病人施行人身限制等。同时，人们担忧如若这种情况被人利用于政治目的，那将会造成十分严重的后果①

【本章推荐阅读书目】

1. 高崇明，张爱琴．生物伦理学十五讲［M］．北京：北京大学出

① 高崇明，张爱琴．生物伦理学十五讲［M］．北京：北京大学出版社，2004.

版社，2004.

2. [美] 格雷戈里·E. 彭斯. 医学伦理学经典案例 [M]. 第4版. 聂精保，胡林英译. 长沙：湖南科学技术出版社，2010.

3. 雅克·蒂洛，基思·克拉斯曼. 伦理学与生活 [M]. 第9版. 程立显，刘建等译. 北京：世界图书出版公司，2008.

4. 陈寿灿. 当代中国伦理学若干前沿问题研究 [M]. 北京：金城出版社，2011.

5. 郑文清，周宏菊. 现代医学伦理学概论 [M]. 武汉：武汉大学出版社，2017.

6. [德] 阿明·格伦瓦尔德（Armin Grunwald）. 技术伦理学手册 [M]. 吴宁译. 北京：社会科学文献出版社，2017.

7. Henry Marsh. Do No Harm：Stories of Life，Death and Brain Surgery [M]. Orion Publishing Co，United Kingdom，2014.

【本章思考与练习】

1. 国际上脑科学发展的基本趋势是怎样的？
2. 中国是怎样看待脑科学的发展趋势的？
3. 如何看待神经伦理学？
4. 人脑医学干预的伦理问题有哪些？

第十三章　生命伦理学之行为控制伦理

【本章内容提要】

◆ 药物滥用的严峻形势

◆ 吸毒对个人与社会的危害

◆ 吸毒原因分析

◆ 我国的禁毒措施

◆ 兴奋剂的概念

◆ 兴奋剂的类型

◆ 服用兴奋剂的危害

◆ 医学美容应遵循的伦理原则

◆ 肥胖成为世界性问题

◆ 药物减肥弊大于利

一、药物滥用问题与伦理

（一）麻醉药品、精神药品及其滥用

麻醉药品（narcotic drug）是指连续使用后易产生药物依赖性、能成瘾的药品，它包括阿片类药品、大麻类药品和可卡因。精神药品（psychotropic drug）是指直接作用于中枢神经系统，使之兴奋或抑制，连续使用能产生依赖性的药品。精神药品包括镇定催眠药、抗焦虑药、

中枢兴奋药、致幻药等①。精神药品是一种特殊的药品。麻醉药品、精神药品的特殊性在于它们具有两重性：一方面它们与其他的一般药品一样具有医疗和科学价值，可以治疗疾病、解除病痛，还可以提高患者生活质量。麻醉药品、精神药品的使用对医学的发展起着重要的推动作用。另一方面，麻醉药品和精神药品特殊的药理、生理作用使之成为容易成瘾、容易产生药物依赖，从而出现滥用的“毒品”，即合理用于医疗就是药品，滥用就是毒品。药物滥用是指长期使用过量具有依赖性潜力的药物，这种用药与医疗的需要无关，并且导致了成瘾性以及出现精神错乱和其他异常行为。

“药物滥用”是国际上对吸毒行为采用的通用词汇，“吸毒”是中国对吸食毒品行为的称谓。二者所指都是非医疗需要而长期超量采用各种方式应用具有成瘾潜力的药品。我国《刑法》第357条规定：毒品，是指鸦片、海洛因、甲苯丙胺（冰毒）、吗啡、大麻、可卡因以及国家规定管制的其他能够使人形成瘾癖的麻醉药品和精神药品。

麻醉药品、精神药品与毒品之间存在着不可分割的联系，但不能把它们等同起来。要清楚认识到具有成瘾性的麻醉药品和精神药品只有在非法使用时才成为“毒品”，合法使用时仍是药品，不能忽略了其药用价值。毒品危害人类的同时，也为人类医学做出了贡献，比如吗啡类药物，具有镇静作用，所以在外科手术、骨折、烧伤、癌症治疗上被广泛使用。其他类“毒品”在医疗中也都有其特定的作用。由于毒品的两重性，决定了世界各国和国际社会在控制使用毒品的同时，不能彻底根绝毒品。联合国1961年的《麻醉品单一公约》和1971年的《精神药物公约》都肯定了麻醉药品和精神药物的医疗和科学价值，所以“毒品”在医学中的作用应该受到尊重。然而由于毒品在医疗和科研中的应用，合法毒品被用于非法用途就不可避免。据有关人员调查，除海洛因外，吸毒者滥用的药物多为被管制的麻醉药品和精神药品。麻醉药品、精神

① 张新平，陈连剑主编．药事法学［M］．北京：科学出版社，2004.

药品使用不当，并非为了满足医疗、教学、科研上的正当需要，只是为了嗜好供吸毒使用，就会发生危害，威胁和损害人类健康，造成社会动荡。

（二）药物滥用的严峻形势

目前，吸毒成为一种严重的世界性社会病，正极大危害着人类的健康、文明的进步。毒品犯罪和吸毒遍及全球，成为世界一大公害。联合国毒品监督机构的一份年度报告指出，目前全球经常性和偶尔性的毒品使用者已达两亿之多；其中 1.63 亿人吸食大麻，3 400 万人服用安非他明，1 400 万人服用可卡因，1 500 万人服用鸦片制剂，800 万人服用摇头丸。全球毒品每年销售总额 8000 亿至 1 万亿美元，占全球贸易总额的 10%，这一数字高于石油和天然气工业的收入，与全球军火贸易额相差无几。禁毒运动在世界各国不间断地进行，甚至各国联手打击贩毒活动，但效果并不明显。

从 20 世纪 90 年代初开始，毒品问题在我国死灰复燃。源于“金三角”的海洛因途经云南流向内地，在全国呈现蔓延之势，至今形势依然严峻。特别是 2000 年以来，合成毒品（新型毒品）滥用问题也主要以同样的途径和方式在全国蔓延。由于合成毒品的制作与滥用人群特点均有别于阿片类，故对其的诊治也更具挑战性。与此相应的是，20 余年来我国在禁毒戒毒的法律层面和治疗模式方面也与时俱进，不断实践，取得了巨大成就。然而，我国的禁毒戒毒形势依然任重而道远①我国已由毒品过境国转变为毒品过境与毒品消费并存的毒品受害国。目前我国禁毒形势十分严峻，表现为国内制贩冰毒、摇头丸活动呈上升趋势；非法种植毒品原植物尚未禁绝；走私、贩卖易制毒化学品问题仍很严重等。

---

① 张锐敏．我国药物滥用防治工作现状分析及未来策略思考［J］．中国药物滥用防治杂志，2013，19（2）：68.

(三) 吸毒对个人和社会的危害

1. 毒品危害人体的机理

毒品作为一种特殊药品，作用于人的中枢神经系统和其他器官，破坏人体正常的生理功能。我国目前流行最广、危害最严重的毒品是海洛因。海洛因属于阿片类药物。在正常人的脑内和体内一些器官，存在着内源性阿片肽和阿片受体。在正常情况下，内源性阿片肽作用于阿片受体，调节着人的情绪和行为。人在吸食海洛因后，抑制了内源性阿片肽的生成，使人体内产生适应性改变，逐渐形成在海洛因作用下的平衡状态，一旦停掉药物，生理功能就会发生紊乱，出现一系列严重反应，称为戒断反应，使人感到非常痛苦，会出现不安、焦虑、忽冷忽热、起鸡皮疙瘩、流泪、流涕、出汗、恶心、呕吐、腹痛、腹泻等症状。这种戒断反应的痛苦，反过来又促使吸毒者为避免这种痛苦而千方百计地维持吸毒状态，用药者就必须定时用药，并且不断加大剂量，使吸毒者终日离不开毒品。毒品进入人体后作用于人的神经系统，使吸毒者出现一种渴求用药的强烈欲望，驱使吸毒者不顾一切地寻求和使用毒品。毒品还会出现精神依赖，一旦出现精神依赖后，即使经过脱毒治疗，在急性期戒断反应基本控制后，要完全康复原有生理机能往往需要数月甚至数年的时间。冰毒和摇头丸在药理作用上属中枢兴奋药，毁坏人体的中枢神经。

2. 吸毒对个人身心的毒害

毒品的用药剂量过大或用药时间过长会引起对身体有害的毒性，通常伴有机体的功能失调和组织病理变化。戒断反应是长期吸毒造成的一种严重和具有潜在致命危险的身心损害，通常在突然终止用药或减少用药剂量后发生。许多吸毒者在没有经济来源购毒、吸毒的情况下，或死于严重的身体戒断反应引起的各种并发症，或由于痛苦难忍而自杀身亡。戒断反应也是吸毒者戒断难的重要原因。静脉注射毒品给吸毒者带来感染性合并症，最常见的有化脓性感染和乙型肝炎及令人担忧的艾滋病问题。此外，还损害神经系统、免疫系统，易感染各种疾病。

吸毒不仅有生理危害，还会产生精神障碍与变态。毒品对神经系统造成损害，产生异常的兴奋、抑制，出现失眠、烦躁、惊厥、麻痹、记忆力下降、主动性降低、性格孤僻、意志消沉、周围神经炎等一系列神经与精神症状。吸毒所致最突出的精神障碍是幻觉和思维障碍。吸毒者的行为特点是围绕毒品转，甚至为吸毒而丧失人性。吸毒者一旦吸毒成瘾后，为达到获得毒品的目的会不择手段，从而失去了正常人应有的自尊和道德观，整日沉溺于毒品的幻想之中，造成了精神空虚、人格低下，往往逐步走上违法犯罪的道路。

海洛因被认为是毒品之王，可以产生异常的欣快感，让吸毒者如入梦境般难以名状，吸毒者常常用“销魂极乐”之类的感觉来形容，但海洛因的成瘾速度快，耐药性强，超剂量服用将引起惊厥、昏迷甚至死亡。可卡因 20 世纪 80 年代在美国被滥用，它是一种兴奋剂，吸食可卡因能够刺激大脑皮层，使人的情绪兴奋并产生异常欣快感。同时，可卡因有耐药性，吸毒者只有不断递增使用才能达到他们预想的剧烈兴奋程度，超剂量使用会出现中毒症状，它使吸毒者狂躁不安、脉搏跳动加快、痉挛、产生幻觉甚至死亡。大麻是一种软性毒品，它是所有非法毒品中被人使用最多的。大麻类毒品能够产生异常欣快感，增强食欲，放松中枢神经，使人感到安逸、舒适并提高对事物的敏感性。大麻有耐药性，大剂量使用虽然不会造成死亡，但会使人疲劳、妄想、精神极度不安和活动迟缓。

3. 吸毒毁灭家庭

家庭中一旦出现了吸毒者，家便不成其为家了。吸毒者在自我毁灭的同时，也殃及自己的家庭，使家庭陷入经济破产、亲属离散甚至家破人亡的境地。一个人一旦染上毒瘾后，便一发不可收，家徒四壁是吸毒者家庭的共同特征。吸毒成瘾者心理和精神都会发生变态，他们变得自私、不关心家庭、不关心父母子女、不听劝阻，许多吸毒者最终会走上犯罪道路，搞得妻离子散是常见的结局，因此往往是一个人吸毒就会导致整个家庭毁灭或瓦解。

如果妊娠期间的妇女吸毒，会直接影响腹中胎儿的正常发育成长，导致胎儿畸形或死亡。据美国联邦政府统计，全美每年因母亲吸毒而受害的新生儿达 10 余万人，仅纽约市每年新生儿中就有 11%~20%毒品化验为阳性。美国全国初生婴儿生下来就被毒品伤害的，占美国每年初生婴儿总数的 11%。

4. 吸毒危害社会安全

吸毒首先导致身体疾病，其次是造成社会财富的巨大损失和浪费，同时毒品活动还造成环境恶化，缩小了人类的生存空间。毒品活动加剧诱发了各种违法犯罪活动，扰乱了社会治安，给社会安定带来巨大威胁。

第一，浪费社会财富。

吸毒需要花费巨资，据一位吸毒者称，他一天得花费 600 元人民币购买毒品。据美国政府 1991 年 6 月发表的一份名为《美国吸毒者在非法毒品上的花费知多少》的报告讲：1990 年美国人为可卡因花掉 180 亿美元，为海洛因花掉 120 亿美元，为大麻花掉 90 亿美元，另有 20 亿美元花费用于致幻剂、安非他明等毒品。报告称，上述各项花费在 1988 年共为 516 亿美元，1989 年共为 498 亿美元。国会众议院有关部门负责人认为，美国人每年用于非法毒品的总开销实际上约为 1000 亿美元。另据美国《新闻周刊》报道，吸毒的职工时常迟到、早退和旷工，在工作中经常发生事故，由此造成的经济损失每年达 260 亿美元。我国自 20 世纪 80 年代以来，因吸毒导致死亡的已有 3.4 万人。目前，全国已有 2 102 个县、市、区发现吸毒人员，约占县、市、区总数的 73.5%。全国现有吸毒人员 79.1 万人，每年因吸食海洛因耗费至少 270

亿元人民币，政府每年直接投入至少 30 多亿元用于强制戒毒和劳教戒毒①。

第二，诱发犯罪，扰乱社会秩序。

吸毒者需要大量的资金满足他们对毒品的渴求，他们往往不择手段、不计后果地去盗窃、抢劫、杀人，女吸毒者以卖淫养毒的比比皆是。一方面是吸毒者成瘾后，摆脱不了毒瘾的煎熬，为了满足毒瘾，铤而走险，进行偷、扒、抢、贪污、卖淫，甚至杀人；另一方面贩毒分子疯狂进行报复、恐吓和暗杀活动，严重威胁人民的生命财产安全，扰乱社会秩序。吸毒者一般在吸食毒品后会出现幻觉、极度兴奋，也会导致行为失控而造成暴力犯罪。据我国公安部门估计，在毒品犯罪严重的地区，约 80%的男性吸毒者有过其他违法犯罪行为，而 80%以上的女性吸毒者因卖淫而导致艾滋病等多种疾病扩散流行。国家禁毒委员会副主任、公安部副部长张新枫强调说“毒品问题不仅诱发大量的违法犯罪活动和艾滋病问题，严重影响社会治安稳定，而且往往与国际恐怖势力、民族分裂势力、黑社会组织、腐败问题、洗钱犯罪等联系在一起，严重危害国家安全和社会政治稳定”。

（四）吸毒的原因分析

毒品作用于人体神经系统，产生药物依赖，也就是人们常说的“毒瘾”，是指人们由于经常使用毒品而形成的周期性极度兴奋状态。这种兴奋状态只能靠补充新的毒品，否则将使吸毒者遭受一系列难以承受的生理和心理反应。毒品的这种特性使人们一旦沾染上，便欲罢不能，对它形成强烈的生理依赖和心理依赖。但吸毒者自身的主观条件仍是造成吸毒的主要原因。

1. 社会环境因素

新的技术革命和社会形态的变化并非给人们带来的全是正面效应，

① 孙慕义主编．医学伦理学［M］．北京：高等教育出版社，2004.

很多负面效应也随之产生。传统的大家庭逐渐解体，单亲家庭和私生子的数量不断增多。家庭的解体对人们精神的影响是巨大的，儿童正是家庭解体的最大受害者。家庭破裂也被看作青少年吸毒的重要原因。第二次世界大战后，科学技术突飞猛进，人类社会进入信息时代，经济发展的速度是以前的几倍甚至几十倍。这种经济加速发展带来的一个后果是人们生产和生活节奏的加快。有学者指出："正是这个变化的速度……结果是造成一个高度利害相关，高度刺激性的商业环境。在不断升级的压力下，人们很容易了解，为什么那么多的商人、银行家和公司董事们惶惶不安，不知他们确切地干什么和为什么要这样干。"

随着人们生产、生活节奏的加快，人们的心理紧张程度也随之增加。为了使紧张的心理得到宣泄和缓解，吸毒便成为一种选择，这是因为毒品具有兴奋神经、缓解心理紧张的作用。经济的发展给人们提供了丰富多彩的生活，人们有如此多的选择余地，他们反而不能有效地做出自己的抉择，成百万人对各种各样的选择，感到迷惘不解，不知所措。他们不但没有感到自己的解放，相反由于可供自己选择的方式太多，情况发展变化太快，而陷入痛苦与孤独之中。在这种多样化的趋势中更促进了个人追求个性的发展，人们不再注重传统价值规范。随着传统的价值体系的崩溃和瓦解，人们的行为方式不再有固定的标准，从而引起社会道德规范的混乱，人们的心灵没有寄托，行为方式混乱，这对于青春期心理不稳定的青少年来说影响最坏，它是造成青少年吸毒的主要原因。

2. 个人的主观原因

（1）出于好奇或是寻求解脱。在众多的吸毒者中，有相当一部分人尤其是青少年的吸毒起因是出于好奇心，追求刺激。好奇或者追求刺激的心理一般都源于对自己业已成型的生活方式的不满。周而复始、枯燥单调的生活方式会逐渐使人产生一种空虚、乏味和麻木的感觉，但对大多数人来说，他们都会有改变现状、寻求解脱的本能追求，渴望接触新生事物，渴望体验新的生活方式和生活内容。一旦社会上出现了新的风尚、新的生活内容时，他们就极易去效仿和体验，而这种效仿和体验往往是盲目的。

吸毒者对毒品的最初了解，可能来自反差极强的两种评价：一方面，政府大张旗鼓地宣传毒品的种种危害，严禁吸毒；另一方面，吸毒者则在吹嘘毒雾中飘飘欲仙的种种快感，于是，那些苦于生活枯燥乏味的人便极易受好奇心理的支配和引诱，以身试毒，沦为瘾君子。对于另一部分人来说，追求解脱心理是促使他们吸毒的又一个主观原因。这种追求解脱的心理往往起始于一种对社会与周围环境或对自己的生活和工作所产生的不满足感、不幸福感和失落感。无论是居于哪个阶层的人们，总有部分人或多或少地产生对自身生活不满足、不幸福或失落的感觉，如物质生活极其富裕的富翁也许会有精神上的空虚。这些人都会尽力去寻找一种改变现实生活的解脱办法。大多数人会奋发上进，通过各种积极的努力来完善自己的生活，而另一类人则会采用种种消极、不健康的手段和背离社会公德的方式去寻求自我解脱，比如去赌博、嫖娼、酗酒等。一旦条件具备，他们自然也会采用吸毒的方式去麻醉自己，寻求解脱。

在上述两种人中，出于好奇心、追求刺激而去吸毒的人多是青少年，而为寻求解脱去吸毒的人则多是成年人。他们是基于完全不同的心理动因而陷入吸毒泥潭的。心理学家的研究指出，吸毒是一种偏离和违反社会规范的行为，吸毒者在吸食毒品前都经历了一个心理危机的过程，大部分的吸毒者存在着自我不足的人格。对具有自我不足人格的人来说，毒品被用来逃避他们面临的也许对别人来说并不构成潜在损害的精神创伤，通过使用毒品，他们似乎逃避了现实，但这只是暂时的，当化学反应消退时，现实世界又重新回到眼前，他们不得不再次从毒品中获得安慰，从而形成对毒品的依赖。

（2）享乐主义助长了吸毒之风。在各国经济处于发展初期的时候，人们注重的是生产而非消费，这是与当时的生产力水平相适应的，一些西方发达国家在20世纪初期强调的是“处世审慎、勤勉、偿还债务和贷款不可马虎，时间就是金钱，因此不可以闲散，花费要节俭”“拒绝奢侈和眼前的消费，推迟现实的满足并避免一切本能的生活享受，以便实行严格的禁欲”的精神。而在生产力的发展达到一定水平后，人们的注意力从生产转向了消费，从积蓄转向了消费，从劳动转向了空闲。与这种资本主义生产方式相适应的资本主义精神也发生了根本的改变。美国后工业社会理论代言人马尔库塞曾经说，当代文明压抑了个人意志和自由，追求快乐和自由是人类的本能，绝对自由就是要充分满足这种本能。美国消费型经济的发展具有典型意义，美国作者西格尔在《多难的旅程》中指出：美国人口只占世界人口的6%，消费量却占世界的40%。消费经济的发展具有两重性，它一方面促进了经济的发展，另一方面也带来了一些负效应。它的负效应产生的直接后果是资本主义新教伦理的丧失和享乐主义之风的泛滥。由于毒品能够提高服用者对声音、颜色和运动的感受力，使他们经历一次美妙的幻游，无论是20世纪50年代“垮掉的一代”，或是60—70年代的“嬉皮士”，还是80年代造就的一代新人“雅皮士”，在追求极端个人主义欲望的满足时，都把毒品作为打开“幻觉之门”的钥匙。他们鼓吹吸毒，赞美吸毒给人带来的美妙感受。

正是有了这些人类客观和主观的因素，整个世界来说，毒品问题相当严重，即使是我国，情况也不乐观。据统计，每年毒资的直接消耗2000多亿元之巨，相当于百年不遇特大洪水的经济损失。据2016年12月14日召开的全国青少年毒品预防教育“627”工程推进会披露，全国登记在册吸毒人员达到390万名，其中现有吸毒人员256. 7万人。全国累计登记35岁以下青少年吸毒人员214. 5万人，占全部吸毒人员的55. 2%。其中，18周岁以下未成年吸毒人员2. 33万人，绝大多数是90后，00后少年。2017全国吸毒人员统计数量仍在上涨，当前，我国毒品滥用低龄化趋势仍较明显，青少年吸毒问题仍然突出。做好青少年毒品预防教育，使他们从小认清毒品危害，从小树立“珍爱生命远离毒品”的意识，在人生成长过程中自觉抵制毒品诱惑，是一项重大政治责任、历史责任和社会责任。

（五）我国的禁毒措施

我国政府对吸毒问题向来立场鲜明，打击贩毒、吸毒绝不手软。中华人民共和国成立之初，中央人民政府即采取坚决措施，在全国范围内开展了禁毒运动，收缴毒品，禁种罂粟，8 万多毒品犯罪分子被判刑，2 000 万吸毒者被戒除了毒瘾，并结合农村土地改革根除了罂粟种植。短短三年时间，就基本禁绝了危害中国百余年的鸦片毒害，创造了举世公认的奇迹。20 世纪 80 年代以来，在国际毒潮的侵袭下，由于中国毗邻“金三角”毒源地的特定地理位置，境外毒品不断向中国境内渗透，导致已经禁绝的毒品祸害又卷土重来。因毒品过境引发的毒品违法犯罪活动逐步蔓延。

中国政府一贯重视打击毒品违法犯罪活动。1990 年 11 月，国务院决定成立国家禁毒委员会，负责研究制定禁毒方面的重要政策和措施，协调有关重大问题，统一领导全国的禁毒工作。各省、自治区、直辖市也都成立了禁毒领导机构和办事机构。政府的方针是“禁吸、禁贩、禁种、禁制”“四禁并举、堵源截流、有毒必肃、贩毒必惩、吸毒必戒、种毒必究”。

建立法制社会，禁毒工作也必须依法开展。为了协调加强禁毒工作，1986 年经国务院批准，由卫生部、公安部、外交部、海关总署的负责人组成我国麻醉药品管理与禁毒协调会议。禁毒法律法规也在不断制定与完善之中。1990 年 12 月 28 日，全国人民代表大会常务委员会制定并通过了《关于禁毒的决定》。1995 年 1 月 12 日，国务院总理李鹏签署发布了《强制戒毒办法》。1997 年 3 月 14 日，全国人民代表大会通过了《中华人民共和国刑法》修正案，修正后的《刑法》对走私、贩卖、运输、制造毒品的犯罪的处罚更加完善。

为加强麻醉药品和精神药品的管理，保证麻醉药品和精神药品的合法、安全、合理使用，防止其流入非法渠道，根据药品管理法和其他有关法律的规定，自2005年11月1日起施行《麻醉药品和精神药品管理条例》，对麻醉药品和精神药品的种植、实验研究、生产、经营、使用、储存、运输、法律责任等方面做了严格的规定。

为了从根本上消除毒品对人民群众的侵害，挽救吸毒者的生命，遏制毒品违法犯罪活动，最终消除国内毒品消费问题，中国政府采取了一系列严格的禁吸戒毒措施。对吸毒成瘾人员，由公安机关依据国务院《强制戒毒办法》，通过行政措施在一定时期内对其强制进行药物治疗、心理治疗、法制教育、道德教育，使其戒除毒瘾。对经强制戒毒后的出所人员，由家庭、单位、常住地公安派出所及基层群众组织，共同负责开展对强制戒毒出所人员的后续帮助教育工作，防止其复吸。对发现的复吸者，由司法部门对其继续帮助其戒毒。面对国际国内严峻复杂的毒品形势，要有效解决我国的毒品问题，减少毒品危害，仅靠一个地区、一个部门、一种手段是远远不够的，必须全党动员、全民发动，真正打一场广泛、深入、持久的禁毒人民战争。

加强禁毒宣传工作。重点宣传国家禁毒法律，宣传政府禁毒措施，揭露吸毒危害，以提高全民的禁毒意识。加强科研与技术指导。国务院批准卫生部于1984年建立了中国药物依赖性研究中心（1988年改为研究所）。1988年建立中国药物依赖治疗中心，1990年建立国家麻醉品实验室以加强科研和技术指导。在全国20多个省、市建立了治疗、监测中心。国际合作。我国与联合国禁毒基金、联合国禁毒署、国际麻醉品管制局、世界卫生组织、亚太经社理事会等单位以及有关国家开展了禁毒合作，取得了成效。如今，禁毒人民战争已在全国打响，禁毒预防、禁吸戒毒、堵源截流、禁毒严打、易制毒化学品和麻醉药品与精神药物整顿五大战役正在全面展开。各级禁毒执法部门坚持严打方针不动摇，毫不手软地打击各类毒品犯罪活动。

二、兴奋剂与伦理

（一）兴奋剂的概念

兴奋剂在英语中称“dope”，原意为“供赛马使用的一种鸦片麻醉混合剂”。由于运动员为提高成绩而最早服用的药物大多属于兴奋剂药物——刺激剂类，所以尽管后来被禁用的其他类型药物并不都具有兴奋性（如利尿剂），甚至有的还具有抑制性，国际上对禁用药物仍习惯沿用兴奋剂的称谓。如今通常所说的兴奋剂不再是单指那些起兴奋作用的药物，而是对国际体育界违禁药物的统称。国际奥委会规定：竞赛运动员应用任何形式的药物或以非正常量或通过不正常途径摄入生理物质，企图以人为和不正当的方式提高他们的竞赛能力即为使用兴奋剂。上述“使用兴奋剂”的表述中既包括使用，也包括参与使用非法药物和方法。此外，国际奥委会在解释什么是“使用兴奋剂”时还明文规定：“当需要进行医务治疗时，使用任何可因其性质、剂量或用法而人为地不正当提高运动员竞赛中的运动成绩的物质，也被看作使用兴奋剂。”

体育运动中禁止使用的各种物质和方法，由国际奥委会统一列出一份名单，定期修改并公布在《奥林匹克宪章》第 48 条医务条例中。该条例规定：禁止运动员使用的物质有五大类，包括刺激剂、麻醉剂、蛋白同化制剂、利尿剂、肽和糖蛋白激素及类似物；禁用方法有两类，一类是血液兴奋剂，即“把血液、血红细胞和有关的血液制品注入运动员体内”，另一类是在兴奋剂检查中，使用药物的、化学的和物理的方法，企图合理地改变尿样的完整性和确实性。此外，用“导尿、替换尿样或使用丙磺舒及其相关化合物抑制肾脏的分泌，以及使用表睾或布罗曼坦来改变睾酮和表睾的测量值等篡改尿样的方法”都包括在其中。

（二）兴奋剂的类型

在体育运动中所禁用的药物有五大类，有人工化学合成的，也有天然提取的，甚至还有利用基因工程方法生产的。现在，这五大类国际上禁用的兴奋剂品种已达一百多种，并且新的违禁药物还在不断出现。运动员使用兴奋剂，希望能够增加体能，突破生理极限，在竞技体育中取得好成绩，但使用兴奋剂会对人的身心健康产生许多直接的危害，一般说来，会出现严重的性格变化，产生药物依赖性，导致细胞和器官功能异常，产生过敏反应，损害免疫力，引起各种感染（如肝炎和艾滋病）。

（1）刺激剂（stimulants）。刺激剂是最常用的一类兴奋剂，常用的有安非他明，其次还有咖啡因、可卡因、麻黄素等，计有四十多种。这类药物能通过对中枢神经系统的作用，活跃情绪，减轻疲劳，增强人的精神与体力，让运动员产生自我陶醉感。它的副作用则是掩盖疲劳会导致过度的兴奋与焦虑，影响运动员的判断能力，常易造成受伤，并导致心率及血压的急速上升，此外还可能造成脱水，诱发脑溢血和心脏疾病。

（2）麻醉止痛剂（narcotics and analgesics），即麻醉镇痛剂，包括吗啡及其衍生物与同类合成制剂。使用后能使人产生快感及心理亢奋，给运动员造成能超越体能的幻觉，并降低痛感使运动员感觉不到受伤的真实情况，仍继续参加比赛从而造成更为严重的伤害。在拳击选手中，就因为盛行服用这类药物，而出现了许多牺牲者。在1960年奥林匹克运动会上，400米障碍跑的一位奖牌得主就因服用这类药物而丧生。这类药物很容易使人上瘾，停药后会出现严重的戒断综合征。它不仅使运动员运动能力大幅度下降，而且超剂量服用麻醉剂还可造成生命危险。滥用麻醉剂者容易卷入暴力行动和犯罪活动，造成复杂的社会问题与法律问题。

（3）合成类固醇（Anabolic steroids），亦叫同化激素。最常用的有：大力补、康力龙、苯丙酸诺龙、癸酸诺龙等。这些药物作为兴奋剂使用可以说是使用频率最高、范围最广的一类。据国外报道称，用过的及想用的几乎占了参赛者的80%～90%。1988年汉城奥林匹克运动会上，短跑名将约翰逊就使用了雄性激素。有不少健美、拳击、田径运动员也都曾使用过这类药物。滥用雄性激素会影响到运动员体内的激素平衡，它不仅可导致性功能紊乱，发生第二性征改变，如女人男性化、声音改变等，男性服用后会变得性格暴躁、充满敌意、秃顶和易产生性侵犯行为等，而且还会造成思维紊乱、情绪波动，甚至还有诱发癌症的危险。

（4）利尿剂（Diuretic）。顾名思义，此类药物有稀释尿液的功能。利尿剂现有15种。使用利尿剂有两个重要的目的：一是迅速排出体内水分，减轻身体重量，以适应有体重限制的竞赛项目；二是迅速排出所服用的违禁药物，以对付尿检。大剂量和长期使用利尿剂可使尿中的盐和电解质过度流失，破坏体内的电解质平衡；因体液流失而导致大幅度减轻体重，会引起腹部和小腿肌肉痉挛；更为严重的是，还有可能因导致心律不齐或心脏衰竭而危及生命。据国外报道，国际健美比赛中已有一些运动员因大剂量使用利尿剂而死亡。

（5）肽和糖蛋白激素及类似物。这些激素是人体内正常的分泌物，而这些激素类药物则有用基因工程办法生产的，有用生物化学方法提取的，因此，用现有的尿检技术很难判断出受检者是额外注射了激素，还是自己体内的激素分泌量过高。这类违禁的药品有绒毛膜促性腺激素（HCG）、促肾上腺皮质激素（ACTH）、人体生长激素（GH）、红细胞生成素（EPO）等。肽激素几年前才由人和动物（猴、牛）的生物物质（尿、垂体）制成，具有传染疾病的危险。使用人体生长激素将会带来感染致命疾病（如艾滋病）的高度风险，迄今已有因使用生长激素而感染脑病毒致死的记载。令人遗憾的是，今天科学家创造的生物高科技产品又被人们引进了体育界，出现了新一代的生物工程兴奋剂。红细胞生成素是人体肾脏中可自然产生的一种激素，具有促进红细胞增生及维持血液中红细胞数稳定的作用。经研究发现，人体中的红细胞只要增加1%～10%，就可以使运动员竞技能力得到大幅度提高，甚至造成运动员超水平的发挥，但它会严重损害心脏功能。现在运动员使用EPO已经泛滥成灾。有人怀疑，1990年荷兰某一自行车运动员就因使用了额外的红细胞生成素，造成了心脏麻痹停搏，最终导致死亡。

（6）血液回输（blood doping），亦称为血液兴奋剂或自血回输。即从运动员本人体内抽出一定数量的血液，经处理后储备待用，赛前1～7天再将血细胞随生理盐水输回原抽血者体内，目的是增加循环系统中的红细胞数，借此提高血液的携氧能力。研究表明，运动员经自血回输后，最大吸氧量和持续运动到极限的时间均会增加。

（三）服用兴奋剂的危害

科学研究证明，使用不同种类和不同剂量的禁用药物，对人体的损害程度也不相同。特别令人担心的是，许多毒副作用只是在数年之后才表现出来，而且即使是医生也分辨不出哪些运动员正处于危险期，哪些暂时还不会出问题。由于在体育界中广泛地使用了各种违禁药物，因此长期以来造成了不少运动员受伤或身亡。早在1886年波尔多至巴黎600公里自行车赛中，英国选手由于使用了过量的三甲基化合物而导致死亡。这也是第一例关于使用兴奋剂而导致运动员死亡的报告。1945—1960年，在欧洲自行车和足球比赛中，运动员因服用兴奋剂而连续不断地出现事故，其中有5名运动员死亡。1963年，发生因使用海洛因而导致拳击选手死亡的事故，于是在墨西哥城就出现了禁止服用违禁药物的运动员出场比赛的情况。1967—1968年，在欧洲锦标赛上，相继发生了美国、德国、法国等国家自行车选手和拳击选手因过量使用安非他明和血管扩张药而死亡的事故。

1. 违背了体育的目的

使用兴奋剂是不道德的，运动员使用兴奋剂是一种欺骗行为。因为，使用非法药物与方法虽然能让使用者在比赛中获得优势，但是这种行为不符合诚实和公平竞争的体育道德。现代体育运动最强调公平竞争的原则，公平竞争意味着“干净的比赛”、正当的方法和光明磊落的行为。使用兴奋剂既违反体育法规，又有悖于基本的体育道德。使用兴奋剂使体育比赛变得不公平，运动员们不再处于平等的同一起点，也损害了运动员本身的身体健康，因而也失去了体育竞赛的精神。

体育总的目的应该是增强人民体质，振奋民族精神，提高全民道德素养。体育竞赛是为了展示人类在自然生理状态下最大能力发挥的较量，是对人类体能极限的挑战。而运动员服用兴奋剂在体育比赛中取得好成绩，使运动员产生了不求进取、弄虚作假、欺世盗名的坏思想，也助长了运动员不良的生活行为，毒害了公众的心灵，扭曲了国家形象，让使用者的国家蒙羞。体育要求每一个运动员在同一起跑线上公平竞争，而服用违禁药品违背了这一体育的基本准则，与体育运动重视光明正大的精神是背道而驰的。

2. 伤害了运动员的身体健康

上面我们详细地分析了五大类兴奋剂对人体的副作用，最可怕的是连医生都不知道这些副作用会在什么时候影响服药运动员的健康，这些药物不仅影响运动员个人的身体健康，还会在家庭和社会中造成十分有害的后果。曾获世界业余健美比赛和美国小姐比赛冠军的蒂娜·普莱金嘉是美国加利福尼亚州的地产经纪人，过去由于长期服用类固醇，她简直成了一个男人，药物也改变了她的性格，暴躁易怒，经常为一些小事殴打她的丈夫和邻居。1986 年，伦敦出版的《经济报》透露了一个轰动世界体坛的内幕消息：苏联在过去的 25 年里，已经有 59 人死于服用兴奋剂，其中多数人年龄在 20 岁多一点。

3. 动摇了体育道德基础

竞技体育是人类极限力量、技巧的竞争，运动员只有通过科学训练，潜能挖掘，技术创新，才能获得高超的竞技能力。但是，兴奋剂的使用，将使运动员失去精神的自律力量，丧失行为规范，荣辱颠倒，助长了其投机取巧的心理。同时，体育界也失去了人们的信任。约翰逊事件的调查使人们感到：整个体育界都充满了药物和欺骗行为，人们觉得服用兴奋剂不只是个别的现象，对于取得优异成绩的运动员都充满了怀疑。

4. 毒化了社会环境

运动员所使用的违禁药物多是一些镇静药或刺激剂，使用多了容易产生药瘾。这样不仅在运动场上，而且在家庭生活或社会生活中，都会造成十分有害的、破坏性的影响，可以导致不同程度的暴力行为和犯罪，这也是从社会学角度来看应该禁止使用违禁药物的依据。国际奥委会前主席萨马兰奇说："使用兴奋剂不仅仅是欺骗行为，也是走向死亡。首先是生理上的死亡，即通过使用不正当的操作手法，严重（有时是不可逆地）改变人体正常的生理作用。其次是肉体上的死亡，正如近年来一些悲剧性事件所表明的那样。此外，还有精神上和理智上的死亡，即同意进行欺骗和隐瞒自身的能力，承认在正视自我和超越自身极限方面的无能和不求进取。最后是道德上的死亡，也就是拒绝接受整个人类社会所公认的行为准则。"

（四）与兴奋剂作斗争

1. 运动员服用兴奋剂的原因

运动员使用兴奋剂都是希望靠兴奋剂来提高成绩，夺取比赛的胜利。一旦体育比赛的胜利受到某种神秘力量的控制，被畸形地拔高到意味着国家荣誉和巨额金钱时，就产生了令运动员难以抗拒的道义压力和物质诱惑力。从 20 世纪 50 年代起，一些国家就把使用兴奋剂作为一种"战略武器"，用于奥运会等国际体育赛场上的"和平竞争"，以证明其所谓的政治制度的优越性。“冷战”结束后，大众传播媒体的热心关注和庞大跨国公司的巨额投资赞助也加速了高水平竞技体育的商业化。在奥运会等大型国际比赛中获胜，就可以一举成名并带来滚滚财源，这些难以抗拒的荣誉和物质的双重诱惑，也会使一些运动员不惜以牺牲健康为代价，冒险使用兴奋剂。在某种意义上说，现代竞技运动本身具有一种强大的“诱发服药犯罪”的力量，或者可以说它就是一个易于导致滥用兴奋剂的温床、环境。

体育运动是一个可以测量和比赛人类所能达到的能力的舞台。现代竞技体育应该建立在进取、拓展和成就的理想之上。奥林匹克格言把人类在体育运动中崇尚进取的愿望集中表述为“更快、更高、更强”。然而，在科学技术高速发展、训练水平和运动成绩突飞猛进的今天，要夺取体育比赛的胜利已经越来越难。国际体坛有案可查的一则“经典问答”，向世人揭露出了高水平竞技体育残酷的一面：1984 年洛杉矶奥运会前，加拿大反对滥用药物组织主席、类固醇专家鲍勃·戈德曼曾经向 198 名世界优秀运动员提出这样的问题：“如果我有一种神奇的药物，它能使你们五年之内在包括奥运会在内的所有比赛中战无不胜，但你们吃了这种药，五年之后就会死去，你们愿意吃吗?”结果出人意料，竟有 103 名运动员（52%）回答说愿意吃。不难看出，在奥运会等重大比赛中获胜的吸引力如此之大，竟然压倒了人们对死亡的恐惧。于是有人说：只要竞技体育存在一天，消灭禁药就是一句空话。本·约翰逊、卡尔·刘易斯、钱伯斯，或许还有乔伊娜……上天赋予他们过人的天赋，但是他们却想要得到更多。他们或许得到了更多荣誉，但是却牺牲了公平、健康甚至生命。

2. 国际社会加大反兴奋剂力度

长期以来，国际奥委会坚持不懈地在世界体坛进行反对服用兴奋剂的斗争。作为奥林匹克运动道德观的坚定护卫者，国际奥委会不仅在四年一次的奥运会上，而且在世界各种体育比赛中都站在这一斗争的最前列。运动员服用药物并非什么新闻，1960 年，丹麦自行车运动员克纳德·延森在进行公路自行车比赛时突然死亡，是因为服用兴奋剂而衰竭致死。这件事使国际奥委会痛下决心，与兴奋剂做坚决的斗争。在 1968 年的格勒诺布尔冬季奥运会和墨西哥城夏季奥运会上，国际奥委会的医学委员会第一次在所有比赛项目中实施了全面的药物检测。此后不仅在奥运会上对获奖运动员进行药检，而且对某些运动项目还要进行不定期抽检。

国际反兴奋剂的斗争形势日益严峻，国际社会在反兴奋剂问题上达成共识，开展全球合作，已成为近年来奥林匹克反兴奋剂斗争的发展趋势。1999 年 2 月，国际奥委会在瑞士洛桑召开了世界反兴奋剂大会，来自世界各地的 600 多名代表参加了大会并通过了《洛桑宣言》。被看作向兴奋剂全面宣战的这次大会通过了《奥林匹克运动反兴奋剂法规》和其他加强世界范围内反兴奋剂斗争的决议。2000 年 11 月，世界反兴奋剂机构理事会在挪威奥斯陆召开会议，决议协同制定相关的法律、实施药检，以及对违规者进行处罚等。2003 年 3 月 3 日，来自世界各国政府、公共当局、国际体育组织和各国体育组织等的 1000 多名官员和代表参加了哥本哈根世界反兴奋剂大会。大会以支持一项决议的方式通过了最新的《世界反兴奋剂条例》，该条例是 21 世纪奥林匹克反兴奋剂斗争的基本纲领，也是国际体育组织和各国体育组织必须遵守的反兴奋剂法典。新条例规定，今后将对所有国家、所有体育组织和所有项目的运动员执行统一的违禁处罚标准。以前，没有一个得到各国认可的统一监管全球反兴奋剂工作的权威机构，没有统一的反兴奋剂规章法则，没有统一的禁药名单和处罚标准，这些问题一直困扰着奥林匹克反兴奋剂斗争。1999 年 11 月 10 日，世界反兴奋剂机构（WADA）在瑞士洛桑成立。国际奥委会为该机构提供了 2 500 万美元的启动资金。2000 年 11 月，全世界 30 个国家的政府同意并做出承诺，从 2002 年起，将共同出资承担世界反兴奋剂机构 50% 的经费。这表明越来越多的国家愿意"统一"起来，共同在反兴奋剂斗争中承担自己的责任。

目前，运动员服用兴奋剂的技术手段越来越先进，以应对越来越严格的兴奋剂检查。因此，国际组织和世界各国有必要加大投入，合作开展药物检测高新技术研究。1998 年，国际奥委会和欧盟合作出资 300 万美元，启动了一个关于红细胞生成素（EPO）和生长激素（GH）检测方法的研究计划。1999 年，澳大利亚政府为澳大利亚兴奋剂检测实验室专门拨款 300 万澳元，用于高难度的兴奋剂检测研究，其中包括在悉尼奥运会上检测红细胞生成素（EPO）的计划。2000 年 8 月，在历时几年的关于检测 EPO 新方法的研究获得成功的基础上，国际奥委会正式批准在悉尼奥运会上进行血检和尿检相结合的 EPO 检测。在 2002 年盐湖城冬奥会上，也依照悉尼奥运会模式，进行了血检结合尿检的 EPO 检测，并依靠经过改进和提高的检测技术，查获了违禁使用第二代 EPO 的 3 名滑雪运动员。目前，国际奥委会资助的其他药物检测研究项目也已取得了进展。国际奥林匹克运动已经走过了百年沧桑，在此期间，国际竞技体育飞速发展，竞技体育中政治和商业的介入助长了兴奋剂的泛滥，展望未来，世界范围内使用和禁用兴奋剂的斗争还将长期进行下去，国际奥委会主席罗格说：“我们将不遗余力地与兴奋剂这个魔鬼做斗争。”

3. 中国反兴奋剂工作取得进展

20 世纪最后 10 年，国际社会反兴奋剂斗争取得很大进展，与此同时，中国也初步建立并不断完善了反兴奋剂体系，取得了显著成绩。1989 年春天，中国体育界正式提出对兴奋剂问题要实行“严令禁止、严格检查、严肃处理”的方针，并颁发了《全国性体育竞赛检查禁用药物的暂行规定》。在 1995 年 10 月 1 日开始施行的《中华人民共和国体育法》中明确规定：“体育竞赛的组织者和运动员、教练员、裁判员应当遵守体育道德……严禁使用禁用的药物和方法。”还规定：“使用禁用的药物和方法的……按照章程规定给予处罚。”此后，体育主管部门先后制定了 30 项法规性文件，反兴奋剂法律体系日臻完善。中国兴奋剂检测中心自 1989 年以来，已连续 11 次通过国际奥委会的年度复试，被列为 A 级实验室。1990 年共进行兴奋剂检查 165 例，1999 年达 3 505 例，检查涉及 40 个左右的运动项目，检查规模在世界上名列前茅。对使用兴奋剂行为的处罚力度不断加大，从 1990—2000 年，对在国内兴奋剂检查结果为阳性的 122 名运动员、有作弊或陷害他人行为的 4 名运动员及有关人员和单位给予了严肃处罚。中国国内兴奋剂检查的阳性率逐年降低，已从 20 世纪 90 年代初期的 1.6%左右下降为目前的 0.6%左右，明显低于同期的国际平均水平。这标志着中国的反兴奋剂工作取得了卓有成效的进展。

三、医学（疗）美容与伦理

（一）医学（疗）美容中的伦理问题

医学美容是指经国家医疗卫生部门认定的医学技术人员将医学或美容医学知识与美容修饰技巧相结合，以美化人体为目的，使用药物以及手术、物理和其他损伤性或侵入性手段进行的维护、修复和再造型美容。医疗美容以美化人体为目标，进而美化生活。

20 世纪 80 年代末 90 年代初，随着人类社会的进步、经济的发展、文化观念的转变、科学技术水平的提高，医学美容成为一门新兴的学科。这些年来，美容医学快速发展，比起原来的整形外科、口腔整容、皮肤整容来说，有了很大进步。医学美容学当前正处于从多个传统学科的母胚中分化出来的幼稚阶段，包括整形美容、皮肤美容、口腔颌面美容等多个专业。这些美容医学学科拥有共同的学科对象——现实中健康的具有生命活力的人体美；具有一个共同的科学目标——力求在健康的基础上，达到人的健与美的高度和谐与统一，进而达到美的崇高境界。

医学美容发展如此迅速，主要有以下几方面的原因：第一，是医学科学的进步，如材料科学的发展，就为美容医学提供了发展空间。第二，是医学科学自身力量的壮大和发展。过去医生忙于应付疾病的治疗和重危病人的抢救，很难有精力来考虑美容这样的课题。而现在的情况就不同了。第三，是当代社会某些职业竞争的需求也促进了美容学的发展。第四是由于社会的进步和生活的改善，人们萌发了对美的向往和追求。这是美容医学发展最重要的现实基础。

1. 医学美容的伦理问题

目前的医学美容，分属两个不同层面：一是属于医学范围的问题，如烧伤整形、瘢痕治疗等，这无疑是医学美容的范围；二是非医学范围的事，如隆胸、隆鼻、割双眼皮，这些都不是治病的需要，不是基于医学产生的，而是由于人们对美的追求和其他需要产生的。这种需求是否满足，并不影响人们的生命和健康。这两个层面的性质不同，伦理学性质和要求当然也不同。

如今，随着生活水平的不断提高、观念的更新，人们对于美的追求越来越强烈。越来越多的人渴望通过医学的美容手段使自己的容貌、形体变得更美更漂亮，为第二层面的美容医学提供了广阔的发展空间。但是，这些不是基于生命、治病需要的治疗，更需要伦理的观念来规范它。美国医学史专家罗伊波特认为：“医生和消费者一样成为技术至善论者，他们被锁定在渴望创造雄心勃勃的‘能做必须做’的幻想中：每个人的体内都存在着问题，每个人都能被治疗。医学的成功可能正导致一个自己创造但又无法控制的怪物。”从这个方面看，美容医学的伦理问题的确值得重视。因为医学是治病的，现在想将它扩大到人类生活的很多方面，就有一个可不可以、允不允许的问题。因为技术上能够做到的，并不都是可以和应当的。美容也是如此①。

美，是人们一种高层次的需求，满足这种需求，可使人们的生活更

① 杜治政．关于医学美学美容学中的伦理学问题［J］．中国美容医学，2002(5)．

充实，更有意义。医学美容运用医学的手段来满足人们美的需要，而人们美的需要只有在生命处于正常情况下才有可能。生命不存在，美有何意义？这样就决定了医学美容不能给生命留下后患。这应当是医学美容学的基本伦理底线。在形体美与生命之间，生命无疑是第一的。出自非医学需要的美容，也应是这样。如果美容会给机体功能和生命带来任何不利影响，即使病人有这种需求，也应说服患者。当今一些女性为了减肥而不惜放弃维持生命需要的基本营养，这种减肥是有违医学伦理原则的。封建社会中残害女性的缠足、束胸，在本质上满足的是统治阶层畸形的审美需要，这些"美容"措施，是有违人伦道德的。显然，我们今天的美容工作者，不能支持、从事这种美容。无论如何，美与生命的从属关系，是不能颠倒的。

2. 医疗美容商业化的伦理思考

每个人都有美的追求，当今医学美容可以借助现代医学的种种高新技术与能力，帮助人们实现美的梦想，从而推动医学美容行业迅速发展。但是，人们掏钱美容不同于人们付费购物，并不能看作一个简单的商品买卖关系。

医疗美容以增强人体生命活力和提高生活质量为动机与目的，以人体形式美的理论为指导，采取各种相应的手术和非手术的医学手段，来直接维护、修复、再塑人体美，无疑是出于一个和善的动机。但当医学美容发展成为市场经济中的商业化操作，将使其显示出功利性。尽管医学美容并不是为了救命、治疗，但美容医务工作者更多的是应当遵守医学中的基本的伦理规范，以医学的和善和美学中的和美作为主要目的，而不应该仅仅为了赚钱，为了获得收益去进行医学美容。如果放任医学美容在市场经济中发展，那么获得经济收益将会成为美容医务工作者的主要追求目标，而淡化其他的价值观在这个活动中的影响。

医疗美容的商业化发展必然会导致一些不良的后果。一些机构在尚未达到开业标准和规定要求的情况下，超范围经营或不规范操作现象十分严重，甚至有部分生活美容机构违反国家有关法律、法规，未经卫生行政部门审批，擅自开展医疗美容服务项目，引发许多纠纷，造成不良的社会影响。美容医学确实能带来经济效益，从而出现片面追求经济效益的现象；从业人员整体素质不高，有的医务人员甚至无视美容需求者的实际情况，冒险做手术；有的手术已超越医务人员的水平和能力；有的为了获得更多的经济效益，使用不符合条件或达不到要求的医疗设备和手术材料，在广告上夸大甚至捏造效果；有的以次充好欺骗消费者，以致造成消费者不必要的痛苦和经济损失，严重的导致毁容甚至伤残。因此，不仅需要制定医疗美容的有关法规，而且需要加强医学伦理教育，使医护人员自觉遵守伦理规则。

（二）医疗美容应遵循的伦理原则

1. 患者的自主性原则

出自治疗提出的美容和单纯追求美感亦即生活美容，两者是不同的。首先，生活美容的需求者并非病人，所提出的医疗需求不危及需求者的生命和健康；其次，生活美容因为不是受疾病折磨而求助于医生，因而不具有时间上的紧迫性和无选择性。需求者可以今天做，也可以以后做，其自主性与病人不大相同。再次，生活美容基本上是一种市场行为，其费用需全部由个人负担，供求双方处于较医患之间更为平等的地位。基于这些特点，医疗美容当事人的自主决定在整个治疗过程中相当重要，当事人决定是否开始医疗美容的过程，并且可以思考和选择美容方案并且能够根据这些考虑做出决定。

2. 知情同意原则

知情同意被认为是现代医学伦理学的一条十分重要的原则。它是基于人权这个深刻的观念出发的。诊断、治疗、医学实验，都要事先向患者说明情况，并在得到患者的同意后方可进行。在医疗美容中坚持知情同意是为了保护美容者的权益，避免欺骗和强迫行为，鼓励医务人员自律，促进决策的合理性。坚持这条原则，首先体现了对患者的尊重，同时又可得到患者的配合，密切医患关系，化解医患双方的纠纷。在医学美容中，也应或者说更应坚持知情同意原则。所谓知情，包括：讲清美容手术的实际效果，绝不能夸大，不能言过其实，更不能为了赚钱而哄骗他人；术后可能出现的问题，应实事求是地告知，这是美容道德的重要表现；此外还应事先说明所需费用，不能事后告知。这三项是必须向接受手术者讲清的，诚实信用是医学美容工作者的重要道德品格。这一点，在市场经济的客观环境下更为重要。

知情同意必须包括四个必要条件，即信息的告知、信息的范围、自由的同意、同意的能力。患者有理解信息和自愿采取行动的能力，这是知情同意的前提。信息的告知是指医务人员提供给美容者有关的信息。医生有义务向患者说明病情、诊断、治疗、预后等有关情况，这不仅仅是为了争取患者的合作，接受医生的治疗，更重要的是尊重患者的自主权利。有效的知情权，既需要提供足够的信息又需要美容者对信息的适当理解。没有适当的理解，一个人不能利用信息做出决定。自由的同意是指一个人做出决定时不受其他人不正当的影响或强迫。在医疗美容中，由于赋予人们做出影响自己生命和健康的决定的权利而保护了他们的自主性和利益①

3. 无伤害原则

医学伦理学的一条重要原则，是无伤害。美容医疗伤害是一种职业性伤害，已经成为一个社会关注的问题。其主要形式有以下一些种类：第一，技术性伤害：是指由于医疗技术使用不当对病人造成的肉体或健康的伤害。现代美容外科技术本身均具有不同程度的伤害性，排除医疗手段无法避免的对人体的损伤外，一切可以避免但却发生的

① 孙慕义．医学伦理学［M］．北京：高等教育出版社，2004.

损害都是道德性的技术方面的医疗伤害。譬如由于医务人员的责任心不强造成的各种医疗事故等。技术性伤害包括药物、手术、器械等原因造成的伤害。第二，行为性伤害：是指由于医务人员语言、态度等行为对病人造成的精神性伤害。例如，无故泄露求美者的隐私；说话不注意场合、对象等，均会对病人造成心理的、人格的伤害。有许多医务人员似乎并没有意识到，对病人的精神或人格的伤害，并不亚于对病人肉体的伤害。第三，经济性伤害：是指由于医务人员处于个人或集团的利益导致的“过度医疗消费”，而使病人蒙受经济利益的损失。

现代美容外科技术本身均具有不同程度的伤害性，排除医疗手段无法避免的对人体的损伤外，其他的一切医疗伤害都应该尽量避免。对病人的任何处置、检查、治疗，不能伤害病人。当然，这种不伤害，是相对的，因为医疗过程不可避免地会产生这样或那样的伤害，但这种伤害是为了治疗需要，是为了避免更大的伤害，因而被认为是合理的。违背无伤害原则的伤害，常指没有任何诊断和治疗意义的伤害；利小于害的伤害；可能给患者生命和机体功能带来不良影响的伤害。凡涉及以上几种情况的伤害，都应被认为是不允许的、不道德的。

美容医学和其他医学一样，发生某些并发症和后遗症是难以避免的。据有关文献报道：8%~11%的隆鼻手术、10%~40%的重睑手术、5%~18%的隆乳手术、1%~10%的去脂手术有并发症。美容医学和一般治疗医学不一样。在一般治疗医学中，病人有病求治于医生，在治疗中可能发生这样或那样的并发症，但由于威胁生命的病症得到解除或缓解，对于此种并发症，在事先得到说明的情况下，病人往往是能接受的；而美容则不同，对于美容手术而言，应尽可能杜绝并发症。这应当成为美容医学的一条重要道德原则。

但是，医学美容的无伤害原则，在如今的美容实践中常常被破坏。一些求美者，特别是一些妙龄女郎，为了求美而不惜损害身体。对于此种情况，美容服务提供者应予说服。有些方面的美容技术还不过关，不够成熟。一切不成熟的美容技术都不能付诸实践，因为这种不成熟的技术的应用，很可能导致与美容者的追求相反的后果。实施不成熟的美容技术是不道德的，甚至是违法的。

4. 有利原则

遵循有利原则是指对美容者的确有益，这是医务人员的职责。虽然医学美容不可避免地会出现伤害，但在美的收益与破坏相互比较时，必须反复权衡，以不损害身体为原则。有美的收益，破坏在不长时间内可以恢复，不会导致不良后果的发展，且不对人体正常功能产生影响，方是可取的，否则是不符合伦理的。医务人员有义务有利于美容者并不伤害他们，而且有义务权衡可能带来的好处和可能的害处，以便使好处达到最大，害处减到最小。

（三）医疗美容的伦理规范

医疗美容行业的高利润吸引了许多投资商加入这个行业，医疗美容商业化的趋势也非常明显，美容行业的纠纷也越来越多。为了规范医疗美容，维护美容者的合法权益，2002 年 2 月 22 日卫生部颁布了《医疗美容服务管理办法》，对医疗美容容易产生纠纷的方面进行了规范。《医疗美容服务管理办法》规定，医疗美容项目必须在相应的美容医疗机构或开设医疗美容科室的医疗机构中进行，医疗机构应严格在自己的经营范围内营业，所用材料必须经有关部门批准。卫生部（含国家中医药管理局）主管全国医疗美容服务管理工作，县级以上地方人民政府卫生行政部门负责本地区内医疗美容服务监督管理工作。申办或设置医疗美容机构必须具备一定的标准，办理审批和登记注册手续并备案，方可营业。

《医疗美容服务管理办法》严格规定了医疗美容行业执业人员的资格。负责实施医疗美容业务的主诊医师必须具有执业医师资格并进行过注册，同时要具有从事相关临床学科工作经验。负责实施美容外科项目的医师应具有6年以上从事美容外科或整形外科等相关专业临床工作经历；实施美容牙科的医师应该具有5年以上从事美容牙科或口腔科专业临床工作经历；实施美容中医科和美容皮肤科的医师应该具有3年以上从事中医专业和皮肤专业临床工作经历；医师还要经过医疗美容专业培训或进修并合格，或已从事医疗美容临床工作1年以上。未取得主诊医师资格的执业医师，只能在主诊医师的指导下从事医疗美容临床技术服务工作。

此外，从事医疗美容的护理人员，须具有护士资格且已注册，并且要有2年以上护士工作经历，经过医疗美容护理专业培训或进修并合格，或已经从事医疗临床美容护理工作6个月以上。执业人员必须严格执行有关法律、法规和规章，遵守美容技术操作规程，实施主诊医师负责制。这就在法律上保障了美容市场的规范，减少了医疗美容中的危险，保证了患者利益①。

《医疗美容服务管理办法》对于职业医师的义务进行了明确说明。医师在实施治疗前，必须向就医者本人或亲属告知治疗的适应症、禁忌症、医疗风险和注意事项，并取得就医者本人或监护人的签字同意；未经监护人同意，不得为无行为能力或者限制行为能力的人实施医疗美容项目。医疗美容从业人员要尊重就医者的隐私权，未经本人或监护人同意，不得向第三方披露就医者病情及病历资料，一旦发生纠纷或事故应按照相应法律法规办理，对违反规定者也要按《执业医师法》《医疗机构管理条例》和《中华人民共和国护士管理办法》的有关规定予以处罚。总之，通过严格的法规，加强培训机构管理，严格规范职业技能鉴定工作秩序，提高鉴定质量，严格把好就业准入关，并协同地方各级工商行政管理部门，规范医疗美容广告，从而使医疗美容事业走上正规化发展的道路。

---

① 孙慕义，徐道喜，绍永生主编．新生命伦理学［M］．南京：东南大学出版社，2003.

四、药物控制体重与伦理

（一）肥胖成为世界性问题

随着人们物质生活的丰富、生活方式的转变，肥胖病的发病率明显增加，尤其在一些经济发达国家，肥胖者急剧增多。首先要了解什么是肥胖。当今的医学标准一般认为人的标准体重为：男性，身高（厘米）-105，女性，身高（厘米）-100，超出10%以内为正常，超出10%以上为偏重，超出20%以上为肥胖，超出20%~30%为轻度肥胖，超出30%~50%为中度肥胖，50%以上为重度肥胖，只有中度和重度肥胖才需要减肥。

以科学的观点而言，肥胖的发生主要是因为个体摄取的热量高于身体消耗的热量。肥胖主要是由于进食的热量超过身体所消耗的，过多的热量变为脂肪储存体内，引起肥胖。联合国环境调查组织——世界观察协会公布的一项调查报告表明，肥胖正在成为世界范围的一个主要问题，与20世纪80年代相比，全世界超重人数大幅度上升，首次达到了11亿人。目前，在美国有55%的人超重，每四名成年人就有一人属于肥胖者。据统计，现在美国2/3的成年人体重超标，1/3的成年人患有肥胖症，死于肥胖的人有30万，花费在治疗肥胖症以及由肥胖症引发的其他疾病上的费用每年高达1 170亿美元，每年生产的减肥药、减肥器材的价值就达330亿美元。目前中国肥胖人数已逾7 000万人，他们的体重超过正常标准20%以上；但最令人苦恼的是，肥胖者年龄更趋年轻化。中国有10%的儿童体重过重，肥胖儿童人数正以每年80%的速度增长。中国卫生专家警告说，如果不改变不健康的生活习惯，10年后中国肥胖人口可能超过2亿。

肥胖症本身不是一种致命的疾病，但肥胖所引起的健康问题相当严重。研究发现有多种致死疾病的发生与肥胖有密切关系，主要有心脏病、Ⅱ型糖尿病、脑血管病、骨关节炎、胆结石、高血压和癌症。根据力学原理，过胖会影响肺功能的运作，持续性的严重肥胖会造成血氧过少，继而引起高血压和右心房衰竭。超重者比正常体重者罹患高血脂症的几率高出1.5倍。而且肥胖可以缩短人的寿命，这是不争的事实。WHO（世界卫生组织）的研究报告称："在北美及欧洲地区，每年有超过50万人因过度肥胖所引起的疾病造成死亡。"2002年年底，WHO将肥胖列为"人类健康十大危机"之一。美国"特号"的大胖子只活到30来岁就死去。自20世纪80年代以来，医学科学家已把肥胖看作一种慢性非传染性疾病，把肥胖与高血压、冠心病、心脑血管疾病等联系在一起。医院里也开始开设肥胖症专科门诊。

科学家一直在追寻肥胖的原因。基因遗传是导致肥胖的重要因素之一，虽然目前还不清楚是哪一组基因决定了人类的体重，但是根据一项研究显示，如果父母两人都肥胖，他们的孩子有80%的可能性会肥胖；如果父母一方肥胖，子女肥胖的几率是40%；如果父母的体重都正常的话，孩子肥胖的几率是10%。近几年不断有报道发现了与肥胖有直接关系的基因，比如美国马利亚德遗传公司宣布发现了"人类肥胖I号"基因，这样人们就可以有针对性地开发出控制肥胖的药物。肥胖似乎是多基因遗传病，它既跟基因有关，也与环境因素有关。人会变胖通常都是吃得太多、又动得太少，或者是少数因疾病而导致的肥胖。快节奏的生活和快餐店林立使现代人外出应酬增加，静态活动取代了动态活动，生活习惯改变等，都是造成现代人肥胖的原因。而食量的增加、日常活动量急剧减少成为导致现代人肥胖的主因。

（二）药物减肥弊大于利

审美标准因时代、地区、文化的不同而有差异。在现代社会，苗条细腰的曲线成为一种女性美的标准。尤其是女性模特那细长窈窕的身材被作为女性美的时尚标准，诱使无数年轻女性去追求，从某种意义上来说，身材瘦削、高挑的美学标准受到了大多数人的认同，从而给药物减肥制造了一个巨大的市场。

在以瘦为美风潮的影响下，减肥成了一个热门的话题，善于捕捉商机的企业蜂拥而至，开发和引进各种减肥药。事实上，减肥应该是通过饮食控制、建立良好的生活习惯来实现的，如同营养学家告诫人们的要“多吃蔬菜、水果、鱼类和各种纯谷物制成的面食并辅以锻炼”。药物减肥应该仅仅是辅助作用，因为任何减肥药都有一定的副作用。但是，世界各地的肥胖者都希望能够快速地、轻松地达到减肥的目的而更多地借助减肥药的作用，反而将生活习惯的改善放在次要的地位。众多商家利用肥胖者的心态，推出了种种令人心动的广告推销他们的减肥药，标榜他们生产的减肥药是如何快速、如何安全、如何轻松，甚至说“吃了我的减肥药，照吃大鱼大肉仍可以减肥”，完全隐瞒减肥药对减肥者身体的伤害和一些药物的副作用，这是明显的欺瞒行为，严重地损害了减肥者的权益。

医药厂商推出的减肥药物五花八门，纵观这些减肥秘方，不难发现这些药物多是通过抑制减肥者食欲，同时激起他们神经高度兴奋，增强代谢促进消耗，通过抑制脂肪消化、吸收，或腹泻的办法来达到减肥的目的。这样的药物是否“对症”、是否安全值得商榷。苯丙胺及其类似物是最常见的食物抑制药，包括甲苯丙胺（methamphetamine）、苄甲苯丙胺（Benzphetamine，Didrex）、安非拉酮（Amfepramone）、右苯丙胺（Dexamphetamine）和苯丁胺（Phentermine）等，可以使人胃口下降，减少食物摄入，从而使体重减轻。其中苯丙胺为最早使用的食欲抑制药，这类药物使体重减轻的效果确切，服用3~6个月后大多数患者体重可下降4~8kg，其不良反应主要是导致过度兴奋，表现为易激动、失眠、头晕、头痛，心率及血压升高，胃肠道不良反应有恶心、呕吐、腹泻，出汗增加，还可产生欣快感，并具有成瘾性。

到20世纪70年代末80年代初，全美国有225万人定期服用由医生开出的苯丙胺药物，这当中还不包括那些自己到药房买药使用的人。传统减肥药苯丙胺类兴奋剂的危害性已经逐步被消费者所了解，目前国外已禁止将苯丙胺作为食物抑制药使用。因此，药商们开始寻找新型减肥药来替代苯丙胺类药物，一种被称为芬—芬（Fen-Phen）的鸡尾酒式减肥药物登场。芬—芬是指将芬氟拉明（即 Fen）和芬太明（即 Phen）配制在一起组成的减肥药，药商们认为将二者结合在一起能达到更为有效的减肥效果。1992 年，诺切斯特大学的米切尔医生和几位同事发表了一篇论文，认为使用芬—芬可能在体重减轻方面比其他节食、运动减肥方法更为有效，而且与早期采用过度运动减肥方法相比，似乎没有明显的不良反应。1996 年美国就销售了 660 万片的芬—芬药片，随后人们发现，芬—芬的药效可以导致使用者彻夜难眠。到 1997 年夏季，玛亚诊所报道了 24 例心脏瓣膜病变的患者病例，这些患者均有使用芬—芬治疗肥胖的既往史。这表明在使用芬—芬与心脏瓣膜疾病之间存在关联。1997 年 8 月，美国 FDA 要求药物制造商主动撤回右旋芬氟拉明和芬氟拉明，要求使用该两者药物的患者停止继续使用。

随着芬氟拉明药物被严格控制，麻黄药草又成了减肥药物制造商新的目标。麻黄药草实际上是制造苯丙胺类兴奋剂包括冰毒的重要原料，其化学结构与苯丙胺、冰毒极其相似，因此，都具有中枢神经的食欲抑制作用。药商们将麻黄药草和其他减肥药组合成所谓的减肥药（Herbal Fen Phen），以自然、天然的形象来减弱减肥药的不良反应和法律管制的特点。这种药不仅具有成瘾性，还能加速服用者的心跳，这是该药最具危险性之处。科学家还发现这种来自天然草药的生物碱，如与咖啡因一起服用，服用者可出现心律不齐、中风，甚至猝死。在美国，即使这类药物已造成多位减肥者死亡，但是每年仍有数百万人服用它。在现代的减肥药中，已经出现混合性配方的趋势，但其副作用更让人担忧。

在我国，减肥药物市场的混乱也已经达到令人必须高度重视的地步。减肥药物内含实际成分与包装盒和说明书名不相符，因误服误用导致死亡及意外事件的病例也陆续出现。减肥药所具有的致命危险性应该引起高度重视。

(三) 维护减肥者的健康

在减肥人群中，相当一部分人并不肥胖，并不是真正需要减肥，而是出于一种心理作用，希望能达到模特一般瘦削的身材。这时候，减肥不仅是生理问题，更多的是要解决心理的问题。很多女性对“魔鬼身材”急切渴望，在这个“享瘦”蔚然成风的时代，铺天盖地的减肥广告和随处可见的骨瘦如柴的模特儿，似乎不容人们选择。然而成功减肥却绝非易事，尤其在减肥过程中，她们过分压抑正常的生理需要，服用对身体有副作用的减肥药物，结果导致饮食紊乱，甚至出现“厌食”、失眠、药物成瘾的症状，尤其以15~30岁的年轻女性罹患的比例最高。所以，作为减肥者，要有正确的审美观念，不能盲目以瘦为美；平时多加强自己的美学修养，树立正确的审美意识；决定减肥时，先要咨询医务人员，正确判断自己是否确实需要减肥，针对不同类型肥胖用不同的减肥方法，经过医生的指导，防止不当减肥所造成的不必要的身体伤害。

在减肥蔚然成风的今天，我们更需要规范减肥药物制造者的责任。2001年在美国服用减肥药的人多达900万以上，减肥药一年的利税高达11亿美元。从某种程度上说，这些减肥药制造商对以瘦为美的审美风潮起到了推波助澜的作用，他们促使社会形成这种公认的审美观念，并在一定程度上不断地强化这种审美观念，以期能实现更多的减肥药销量。减肥药为他们带来了相当可观的利润，他们应该更多地承担道义上的责任。应该弄清各种减肥药的药理作用，全面检测它的毒副作用，指导使用者正确用药，从而保护减肥者的权益。但是制药商却费尽心思翻新减肥药的花样，希望能够掩盖减肥药的副作用。目前不少的减肥药都声称是“纯天然提取物”，实则是多种化合物的混合物，各种不同体质的人，或本来就有某种疾病的人服用后，所产生的不良反应就各不相同了。在公众质疑声中，药厂雇用的研究人员出具的报告，往往与专门部门得出的结论，或实际已发生的伤亡后果背道而驰。当减肥药服用者的亲属控诉他们的亲人因服用麻黄素类减肥药而死亡时，药厂所出示的检测报告则称，到目前为止没有确凿的证据表明麻黄素能诱使潜在的心血管病发作。药厂所雇用的纽约和波士顿两个医疗小组也公布了研究结果，称在 87 名超重肥胖病人身上做了一个为期 6 个月的试验，未发现有任何副作用。在药物生产者和使用者的信息完全不对称的情况下，使用者想控告减肥药厂，恐怕比登天还难。因此，加深对减肥药的认识，提高自我保护意识，才是减肥者维护自己权益的正道。

告别肥胖具有无穷的诱惑力，爱美的女性、运动员、肥胖者都顾不得减肥药的诸多副作用，仍然不断尝试各种不同的减肥药。在使用一种减肥产品失败之后，有 46.6%的被访者还会购买和使用其他的减肥产品。既然已经吃过一次亏，人们为什么还会一而再、再而三地勇敢尝试呢?“我太想减轻体重了”，这是一些被访者提出的最主要的理由，“我想也许另外一种减肥产品真的能像它宣传的那样有效果”，“我身边其他的人用过这些产品，我觉得我可能也会取得同样的减肥效果”的提及率为 27.7%；“这些减肥产品广告中宣传的效果太诱人”的提及率为 25.3%；“广告中说的减肥原理听起来让人觉得很有道理，让我觉得可以相信”的提及率为 20.5%。在个人无法抵抗减肥药的诱惑力，企业更多地追逐减肥药经济利益的情况下，政府和社会更应该负起责任，维护减肥者的健康权。如果个人难以抵抗减肥药的诱惑，而政府明知减肥药会给身体带来副作用，就应该规范减肥药的市场。既然选择减肥是个人的权利，那么政府就要重视对减肥药市场的立法和规范。对于生产减肥药的企业应严格把关，禁止不具备生产条件的企业生产减肥药。对于夸大减肥药功效的广告要严厉查处，像宣传吸烟的危害一样，向大众宣传减肥药的副作用。

【本章推荐阅读书目】

1. 高崇明，张爱琴．生物伦理学十五讲［M］. 北京：北京大学出版社，2004.

2. [美] 格雷戈里·E. 彭斯. 医学伦理学经典案例 [M]. 第4版. 聂精保，胡林英译. 长沙：湖南科学技术出版社，2010.

3. 雅克·蒂洛，基思·克拉斯曼. 伦理学与生活 [M]. 第9版. 程立显，刘建等译. 北京：世界图书出版公司，2008.

4. 贾忠伟. 药物滥用防治宣传教育手册 [M]. 北京：北京大学医学出版社，2016.

5. 郑文清，周宏菊. 现代医学伦理学概论 [M]. 武汉：武汉大学出版社，2017.

6. 袁林，张黎明. 药物滥用与药物滥用监测 [M]. 北京：军事医学科学出版社，2012.

【本章思考与练习】

1. 我国药物滥用的形势是怎样的？
2. 吸毒对个人与社会的危害有哪些？
3. 吸毒的原因是什么？
4. 我国的禁毒措施有哪些？
5. 什么是兴奋剂？
6. 什么是药物滥用？
7. 服用兴奋剂的危害有哪些？
8. 医疗美容应遵循的伦理原则是什么？
9. 怎样理解肥胖是世界性问题？
10. 为什么说药物减肥弊大于利？

第十四章　生命伦理学之护理伦理

【本章内容提要】

◆ 护理的历史发展

◆ 护理的基本道德规范

◆ 护患关系的基本模式

◆ 护理伦理决策过程

◆ 21 世纪中国护士伦理准则

◆ 国际护士协会护士伦理规范

早期的护理学认为护士是医生的助手，现代护理学强调护理是一个特殊的专业，它和医生的职能一样，都有自己专门的任务，是一门独立的科学。医护关系不是指导与被指导的关系，也不是医护分离的互相替代的关系，是目标一致、相互协作、彼此平等的关系，医护关系协调与否，对整个医疗工作的质量和效率影响很大。

护士是医院技术中的重要力量，护理人员在医院技术人员中所占的比例最大，专业性强、涉及面广，工作量大，与病人接触的时间最长，一个病人从入院到出院所需的各项处理中约有 90%是与护士执行和配合完成的，因此，医院护理人员技术水平的高低，特别是道德修养的好坏，直接反映着医院医疗水平和医疗作风。护理伦理（道德）作为一种相对独立的职业道德，是构成整个社会道德的组成部分，是护理人员在各种条件下尽其所能完成护理任务的保证，是推动护理学科不断发展的动力。

一、护理的历史发展

自有人类以来就有护理，护理是人们谋求生存的本能和需要。远古人在与自然的搏斗中，经受了猛兽的伤害和恶劣自然环境的摧残，自我保护成为第一需要。北京猿人在火的应用中，逐步认识到烧热的石块、砂土不仅可以给局部供热，还可以消除疼痛。原始人创造了“砭石”和“石针”，以之作为解除病痛的工具。当人类社会发展至母系氏族公社时代，氏族内部分工男子狩猎，妇女负责管理氏族内部事务，采集野生植物，照顾老、幼、病、残者，家庭的雏形由此产生。护理往往象征着母爱及妻子对丈夫的关爱。初始的家庭或自我护理意识成为抚育生命成长的摇篮，它伴随着人类的存在和人类对自然的认识而发展。

人类从原始社会的洞穴群居到形成血缘宗族、公社、部落的原始社会，直至发展到产生国家的阶级社会，家庭中的生儿育女、照顾病残，大都由妇女操持。这对保障人类的健康起到了一定的积极作用。但这时主要靠民间的医药活动和群众的自护，护患关系随着对医生的协助工作开始产生。

医护为一体是古代护理的主要特点。19 世纪之前，世界各国都没有护理专业。我国传统医学专著中并无“护理”两字，但中医治病的一个重要原则是“三分治，七分养”。它包括改善病人的休养环境和心态，加强营养调理，注重动、静结合的体质锻炼等，这些都是中医辨证施护的精华。

我国最早的医学经典著作《黄帝内经》中记载着“不治已病，治未病”的保健思想，以及“闭户塞牖系之病者，数问其性，以从其意”，强调了解、关心病人疾苦，进行针对性疏导的整体医护观点。历代名医如华佗——他擅长外科，医术高明，且医护兼任。明代中药学巨著《本草纲目》的作者李时珍，他虽然是著名的药学家，也能医善护，为病人煎药、喂药，被传为医护佳话。唐代杰出医药学家孙思邈创造的葱叶去尖插入尿道，引出尿液的导尿术。明、清时代为防治瘟病而采用的燃烧艾叶、喷洒雄黄酒消毒空气和环境，用蒸汽消毒法处理传染病人的衣物等护理技术，至今仍不失其科学意义，也体现医护一体的医学实践。

被古希腊誉为“医学之父”的希波克拉底（Hippocrates）也很重视护理，他教患者漱洗口腔，指导精神病患者欣赏音乐，调节心脏病、肾脏病患者的饮食——从现代观点看，这些都是有益于病人康复的护理实践。

古代护理的另一个特点是受宗教影响至深。在东方佛教、西方基督教支配下，救护病残者成为宗教的慈善事业。僧人、修女治疗、护理病人，主要以怜悯、施恩的人道主义精神照顾患者，应用科学技术是有限的。正由于历史的局限性，15 世纪以前的护理只能是以一种劳务的方式存在，处于家庭护理、经验护理的阶段。

中世纪宗教神学统治着整个世界，人们将疾病看成是神对人的惩罚，治病就得求神拜佛。对求神的病人，教堂的僧侣、修女给予简单的治疗和生活护理。这就是护患关系的前身，护患关系由此而披上了神秘的面纱，渗透在修善积德的范畴之中。

护理发展为一门独立的学科是从 19 世纪中叶开始的。近代护理是在中世纪之后生物医学发展的基础上起步的。细菌学、消毒法、麻醉术等一系列的近代医学科学发明和重大进步，为建立近代护理学奠定了理论基础，为科学护理实践的发展创造了条件。近代护理学与护士教育的创始人之一南丁格尔（Florence Nightingale，1820—1910），为护理成为一门科学、一种专业，做出了重大贡献。南丁格尔在克里米亚战争中救护伤员的卓越成就和牺牲精神，被国际红十字会确认为是红十字会工作的开端。为表彰她的功绩，1883 年英国皇室授予她勋章。1912 年，国际红十字会决定设立南丁格尔奖章，作为奖励世界各国有突出贡献的优秀护士的最高荣誉。人们为了纪念她将她的生日 5 月 12 日定为国际护士节。南丁格尔以其为护理事业奋斗不息的献身精神，成为全世界护士的楷模，是近代护理学的奠基人。

我国近代护理学是随西医的传入而开始并发展的。1835 年，在广东省建立的第一所西医医院，外国人为了利用中国的廉价劳动力，以短训班形式培训护理人员。1887 年，美国护士在上海妇孺医院开办了护士训练班。1888 年，在福州开办了我国第一所护士学校，首届只招收了 3 名女生。那时医院的护理领导和护校校长、教师等多由外国人担任，护士教材、护理技术操作规程、护士的培训方法等，都承袭了西方的观点和习惯，形成欧美式的中国护理专业。

1912 年中华护士会成立护士教育委员会，并对全国护校注册。1914 年 6 月在上海召开第一次全国护士代表大会。在这次会议上，钟茂芳是第一位被选为学会副理事长的中国护士。钟茂芳认为从事护理事业的人是有学识的人，应称之为“士”，故将“nurse”创译为“护士”，被沿用至今。那时的理事长由外国人担任，直至 1924 年才由我国护士伍哲英接任理事长。1922 年，我国参加国际护士会。1925 年，中华护士会第一次派代表出席在芬兰召开的国际护士会会员国代表大会。

1921 年，北京协和医院联合燕京、金陵、东吴、岭南大学创办高等护理教育，学制 4~5 年，并授予毕业学士学位。1932 年在南京创立我国第一所国立中央高级护士职业学校。1934 年，教育部成立护士教育委员会。然而，在半封建半殖民地的旧中国，经过 60 年（1888—1948）的漫长岁月，正式注册的护校只有 180 所，总计培养护士 3 万多人，远不能满足亿万人民对卫生保健事业的实际需要。

中国人民解放军的护理工作始于土地革命战争年代。早在 1928 年井冈山的红军医院，就附设有看护训练班。1931 年底创立的我军第一所医校——中国工农红军军医学校，在长征之前培训看护 300 人。抗日战争、解放战争期间，为保障部队的战斗力，护理教育趋向正规、普及，培养了大批优秀护理人才。1941 年、1942 年护士节，毛泽东同志亲笔题词“护士工作有很大的政治重要性”“尊重护士，爱护护士”。党和革命领袖对护理工作的重视和关怀，极大地鼓舞了我军的广大护理工作者，她们浴血奋战，艰苦创业，默默奉献，谱写了永载史册的业绩，在我国近代护理史上留下了光辉的一页。

1952年，原协和医院高等护理专业停办。与此同时，我国开始兴办中等护理教育并得到迅速发展，全国各地广泛开办护士学校，并不断壮大。例如在北京，“大跃进”时期，护校（含举办护士专业的卫校）数量进一步增至20余所，在校生规模达3000余人。“文革”时期，由于政局的动荡不安，我国刚刚稳定的中等护理教育体系惨遭破坏：全国各地护校的师资大量流失，教学设备严重损毁，护理教育甚至曾被一度中断。这造成国内护士的严重短缺，各医疗机构的护士纷纷断档，我国护理教学质量根本无法保证。“文革”后，人们看到“文革”时护理教育的破坏对国内医疗卫生事业的冲击，更加深刻认识到护理教育所发挥的举足轻重的作用。由此，我国开始致力于恢复中等护理教育，并大力调整和改革中等护理教育体系，我国的中等护理教育进入井然有序的发展阶段。

随着人们对护理工作更全面、更深刻的认识和理解，我国的护理建设面临着新要求。人们日益感到恢复高等护理教育的紧迫性。教育部、卫生部于1984年联合开会决定恢复护理大学本科教育。此后的近二十年，我国一直致力于发展高等护理教育，护理本科教育的规模和质量在逐年提高，其中高等护理教育学校的数量由1985年后12家扩大到了2000年的80多家①。

总体而言，高等护理教育在我国尚处于初级发展阶段，还远远落后于国际先进的护理水平。随着现代健康观念的日渐深入，护士职能的不断延伸，要求护理学和护理教育必须紧跟国际发展趋势和社会需求，必须与临床医疗的发展相匹配，进行改革和提高。我国从20世纪90年代已开始着手护理教育改革，并不断推进，积极探求“适合国情的护理教育模式”，大力发展高等护理教育，逐步减少中等护理教育。

① https：//baike. baidu. com/item/护理/5496075.

二、护理的基本道德规范

（一）支持维护

支持维护（Support maintenance）的意义可被界定为对一种重要事业的积极支持。作为一名护士，她支持维护什么？支持维护病人的利益和权利。病人的利益有客观利益和主观利益。我们当然既要支持维护病人的客观利益，又要支持维护病人的主观利益。问题是：当病人的客观利益与病人的主观利益发生冲突时怎么办？要妥善加以处理。一般情况下，要做病人及其家属的工作，强调应首先满足病人的客观利益。但在病人坚持将他的主观利益放在第一位，而又不违反法律和医院规则，也应加以维护。毕竟，病人和我们的价值观念并不相同。现代社会是一个市民社会，市民社会成员来自不同的道德共同体和不同的文化或亚文化，他们的价值观念虽然也有相同之处，但毕竟彼此不同。来自不同道德共同体和不同文化或亚文化的社会成员之间应该通过协商对话，求同存异，不可以把某一道德共同体的价值观念强加于其他共同体的成员。医患、护患之间也是如此。按照上述的病人权利，护士要做的是保护病人的生命、健康、幸福、知情选择、隐私、保密以及尊严。由于护士在卫生保健中所处的独特地位，她们对病人最为了解，她们也比其他任何人更能知道如何来维护病人的利益和权利。

支持维护说明护患关系的性质以及护士在卫生保健系统中的作用。也许我们可以用个比喻来理解支持维护这个概念：律师与委托人的关系。律师所起的作用就是支持维护委托人的利益和权利。委托人的行动可能会损害他自己的利益和权利，律师要做工作加以说服。不同的是律师可以解除与他委托人的合同或契约关系，而护士不能自由解除她与病人的关系。这种支持维护基于两条基本原则，即有利和尊重。我们所做的事应该有利于病人，同时也要尊重病人。有利与尊重的原则一般情况下是一致的，谈有时会发生冲突。有冲突时我们要以妥善方式加以解决。

(二) 行动负责

行动负责（Responsibility for action）是指对一个人对自己所做的行动负有责任。护士的行动负责（Responsibility for action）是指护士对按照高标准提供护理服务负有责任，她们对在向病人提供关怀照顾中已经做的或没有做的负有责任。对于一个病人的护理，是护士们根据护理学原理和病人实际情况周密考虑过后的决策，除了那些无法估计的偶然因素外，这些决策和根据决策所采取的护理行动，与护理后病人的情况之间具有因果关系。病人情况的改善与否，除了治疗行动外，取决于我们的护理决策和护理行动如何。行动（action）与行为（behaviour）不同，行为不存在负责问题。例如生物学家研究动物的行为，动物的行为受生理、遗传的因素支配，理性能力没有或很差，难以让它们对自己的行为负责。而行动则不同。行动是理性的人根据他的推理和意志选择采取的，因而人对自己的行动负有责任。护士的护理工作是根据护理学原理和病人的实际情况采取的行动，她对自己所采取的护理措施负责。

行动负责的另一个意义是，在护理领域内，有关护理的决策由护士们做出，护士并不是履行他人做出的决策，而是履行自己做出的决策，因而她们对这种决策和根据决策采取的行动负责。护士们在病人的关怀照顾方面拥有独立做出临床决策，包括护理伦理决策的权威。

护士对自己行动所负的责任包括伦理责任和法律责任。法律责任是法律为医护人员规定的责任。伦理责任是在护理伦理学探讨的基础上由护理学会制订、体现在护士行动准则或规范中。例如，1999 年 11 月在北京举行的国际护理学大会上建议：护士尊重个人的生命、尊严和权利，改善生命质量；护士服务于所有人，不考虑种族、民族、信仰、肤色、年龄、性别、政治和社会地位的区别；护士的基本责任是促进健康、预防疾病、恢复健康、减轻痛苦；护士提供健康服务给个人、家庭和社会，与医学和社会团体的其他人协调她们的服务等。

（三）互助合作

互助合作（Mutual aid and cooperation）是指护士与其他人（医生、管理人员）共同参与为病人提供优质服务，一起设计护理保健，并进行各方沟通交流。对病人的治疗护理既不是一个人所能完成，也不是一个专业的人员所能完成，必须由所有专业的人员、全体医护人员、全体护理人员通力合作。尤其是护理工作，互助合作尤其重要。互助合作意味着要考虑我们与之一起工作的那些人的利益和价值观念。不考虑与我们一起合作的人，"我行我素"决不能实行有效的合作。当有的护理人员家庭有困难而不能值班时，我们可能就要代她顶班。由于信仰关系，有的护理人员不便处理某个病人，我们可能就要代替她来处理。这种考虑和帮助实际上也是一种关怀照顾，将对病人的关怀照顾扩展到对同事的关怀照顾。当然，对病人的关怀照顾应该放在优先的地位。互助合作鼓励护士为了共同目标与其他人一起工作，将共同关心的问题置于优先地位，并且为了维持这种互助关系有时甚至牺牲个人的利益。这也从另一方面说明护理专业的道德性和护士是道德行动者。

（四）关怀照顾

关怀照顾（Care and protection）这一概念早就在护患关系中得到应有的评价。关怀照顾被认为是护士角色中基本的、不可缺少的要素，并影响到人类对健康和生命的经验。护士的关怀照顾指向保护病人的健康和幸福，也是对保护人类尊严和维护人类健康的承诺。简言之，关怀照顾是护理身份的来源：护理主要就是关怀照顾，护理是关怀照顾的实践。

关怀照顾有两个属性：其一，关怀照顾是自然的人类感情，是所有的人彼此联系以及与他们的世界联系的方式。这种自然感情起源于母亲对孩子的关怀照顾。但实际上凡是正常的人都有这种关怀照顾的自然情感。但仅限于这种自然情感是不够的。需要通过教育和努力，将这种自然的感情培养成一种自觉的道德的情感。护士对病人的关怀照顾应该是一种自觉的道德的情感。其二，关怀照顾与道德和社会理想联系在一起，例如人需要受到保护或需要得到关爱。在这个意义上，可以将关怀照顾解释为个人之间存在的一种特殊的关爱以及在特定情境下的伦理义务。

关怀照顾是保护和增强病人健康和尊严的护理伦理学的重要道德基础。关怀照顾是对卫生保健服务至关重要的道德艺术，是护患关系的道德基础，也是护理实践的道德美德。关怀照顾包括四个要素：谁提供关怀照顾，谁受到关怀照顾，关怀照顾什么，关怀照顾的方式。在护理服务中护士提供关怀照顾给病人，关怀照顾病人的健康、尊严和权利，在关怀照顾中需要提供信息、咨询、药品、技术和服务。

护理伦理学的上述基本概念形成了护士正当的、合乎伦理的决策的基础，表达了护理的身份，揭示了护士保护人类尊严、权利、健康和幸福的承诺和道德责任。这意味着护士有能力做出伦理决策，在关怀照顾病人中不仅仅是服从医生的助手或部下，同时这要求护士具有某些美德，如利他主义、同情、正直等。

三、护患关系的基本模式

在一定时期，护士与患者之间的认知、行为及其相互关系会表现出相对稳定的特点，这可以概括为护患关系的基本模式（模型）。护患关系基本模式受到当时医学科学理念和医疗水平的影响和制约，也受到当时医患、护患关系特点的影响和制约，还受到当时的社会经济发展水平和人们的道德、伦理思想等多种因素的影响和制约。一般来说，护患关系模式可以概括为以下三种基本模型。

（一）主动—被动型护患模式

主动—被动型护患模式（Active-passive nurse-patient mode）亦称支配服从型模式，是最古老的护患关系模式。此模式的原型可以理解为“母亲与婴儿”的关系。在临床护理工作中，此模式主要适用于不能表达主观意愿、不能与护士进行沟通交流的患者，如神志不清、休克、痴呆以及某些精神病患者。在此模式中，护士常以“保护者”的形象出现，处于专业知识的优势地位和治疗护理的主动地位，而患者则处于服从护士处置和安排的被动地位。此模式过分强调护士的权威性，忽略了患者的主动性，因而不能取得患者的主动配合。这种传统的护患关系模式，受到传统的生物医学模式的影响。这种模式，把病人看作单纯的生物学上的人，把疾病看成是单纯的生物、理化因素所致，把治疗、护理全部寄托于药物和手术治疗上。忽略了病人的精神状态和心理活动对疾病的影响，病人在治疗过程中完全处于被动状态，听从护士的摆布，缺乏患者参与治疗和护理的积极性、主动性。这种模式不能发挥患者（病人）的积极性，更不能取得病人的默契合作，影响着护理效果。

（二）指导合作型护患模式

指导合作型护患模式（Guiding-cooperative nurse-patient mode）是现代社会在护理实践中发展出来的一种新型的护患关系模型。此模式的特点是“护士告诉患者应该做什么和怎么做”，模式关系的原型可以理解为母亲与儿童的关系。在此模式中，护士常以“指导者”的形象出现，根据患者病情决定护理方案和措施，对患者进行健康教育和指导；患者处于“满足护士需要”的被动配合地位，根据自己对护士的信任程度有选择地接受护士的指导并与其合作。它把病人看作有意识、有思想、有感情、有心理活动的有机整体的人。在护理过程中，护患双方都是主动的，护士主动关心病人、指导病人；病人主动配合护士执行医嘱。这种模式虽然有了进步，但是病人没有提出异议的权利，病人的一些合理的意见和要求得不到充分的陈述和重视，仍然会影响护理实践和护理质量。在临床护理工作中，此模式主要适用于急性患者和外科手术后恢复期的患者。

（三）共同参与型护患模式

共同参与型护患模式（Joint participation nurse-patient mode）是一种双向、平等、新型的护患关系模式，是一种未来的理想模式。此模式以护患间平等合作为基础，强调护患双方具有平等权利，共同参与决策和治疗护理过程。此模式的特点是“护士积极协助患者进行自我护理”，此模式可以理解为“成人与成人”的关系。在此模式中，护士常以“同盟者”的形象出现，为患者提供合理的建议和方案，患者主动配合治疗护理，积极参与护理活动，双方共同分担风险，共享护理成果。在临床护理工作中，此模式主要适用于具有一定文化知识的慢性疾病患者。在这种模式下，病人不仅主动配合医生与护士，而且还能参与自己的治疗护理讨论过程，向护士提供自己治疗护理的经验，帮助护士做出正确的判断。这种进步的模式，鼓励病人自我照顾，对改善病人的健康状况非常有帮助，使护患双方的积极性都得到了最大程度的发挥，这是值得普遍倡导的护患关系的未来理想的发展模式。

以上三种护患关系模式在临床护理实践中不是固定不变的，护士应根据患者的具体情况、患病的不同阶段，选择适宜的护患关系模式，以达到满足患者需要，提高护理水平，确保护理服务质量的目的。

四、护理伦理决策过程

（一）护理伦理决策的概念

护理实践的伦理特征表现为对患者的关怀与照顾，护理人员的伦理特性表现为对患者尊严、权利、健康和幸福等道德责任的承担。护理人员在道德上已经摆脱了传统医学模式中对医生的依附状况，获得了自身的伦理自主权。护理实践赋予护理主体伦理特性与护理主体自身内涵的道德自主性迫使护理人员在临床护理中做出符合伦理的决策。

护理伦理决策（Nursing ethics decisions）是指护理主体依据一定的价值观念，分析护理伦理难题所涉及的伦理原则和各方利益，制订可行方案，预设可行方案的结果，最终以最为有效的方案进行选择的道德实践行为。护理伦理决策是一个复杂的过程，它是建立在道德思考基础之上的。伦理决策受个体价值观、专业价值观和社会价值观的影响，决策者或参与决策者的道德观、知识程度以及对伦理理论和原则的应用等都会影响个体在具体情境中所作出的伦理决策的正确性。为了做出有效的专业伦理决策，护士必须遵循专业伦理守则、专业目标和护理实践标准，采取将风险减少到最低限度并提高护理质量的行动。在全面掌握护理知识、临床情境知识、法律知识等的基础上，作出符合服务对象利益的决策。

护理伦理决策（Nursing ethics decisions）在临床应用中存在诸多困境。总的来说，护理伦理决策困境包括事实性困境、理论性困境以及护理伦理决策模式的缺陷。事实性困境指决策制定过程中碰到的具体困境，主要包括护医、护患之间的关系困境，职业伦理与角色道德的冲突和指导原则、利益主体的选择困境。理论性困境表现为准则功利主义与行为义务论之间的对立、非对抗性道德原则或规范之间的冲突以及道德原则或规范的缺位。现有护理伦理决策模式的缺陷表现为原则解读的偏向，临床应用中的可操作性不强以及具体推广过程中存在境遇排异性。

在护理专业的工作中，经常面临许多伦理的困境，护理人员必须采取行动，为病人做最有益的决定，避免有害的结果。但是当面对复杂的伦理问题及冲突时，在处于压力及矛盾的心情之下，不可能凭直觉或经验就得到适当的解决之道，必须经过深思熟虑、系统的思考，才能做出负责任的决定，因此，伦理决策就是“做伦理上的决定”。在做伦理决策的过程中，因为决策建立在道德思考的概念上，所以也受到社会文化及宗教信仰、法律规范、环境及个人当时情绪的影响。因此，对于伦理问题的处理并没有现成的答案，也没有绝对的对与错。身为护理人员，必须了解本身专业的规范、病人应有的权利及熟悉有关的伦理学理论及原则，才能在面对伦理问题时采取较理性公正的决定，才能在解决问题的同时，又兼顾病人最大的利益。

（二）护理伦理困境的产生

伦理是指个人良知及道德价值观的抉择。当面对一个问题出现混淆不清、模棱两可、没有令人满意的解决方案的情况时，便产生了伦理困境：在日常工作环境中，以下的情况最容易使护理人员产生伦理困境：

第一，专业职责与个人价值观的冲突。在执行护理工作时，有时并不符合护理人员个人的价值观。例如，当护理人员协助医生为病人堕胎，护理专业的职责要求为病人提供良好的照顾，但是，当护理人员其个人的信仰并不赞同堕胎时，就产生了伦理困境。

第二，所采取的护理措施各有利弊存在。在临床护理工作中，有时护理人员会面对做与不做都两难的问题。例如，为病人执行化学治疗会让病人产生严重的反应；但是不做，又可能影响病人疾病的治疗。

第三，专业伦理与专业角色有冲突。例如，医生为病人使用实验性药物，但未向病人说明，虽然在护理的专业角色上应配合医嘱的执行，但是在护理专业的伦理规范中，则有对病人告之的义务。

第四，病人要求接受某一医护措施，但无明确规定可依。病人的要求有时并不符合医疗规定，例如癌症病人要求安乐死，但是医疗政策及法律并无明文规定可以执行。

（三）影响护理伦理决策的因素

第一，价值观与伦理决策。价值观代表一个人的人格、信念或理想，并指引个人行为的方向。价值观来源于个人的生活经验，所以每个人都有不同的价值观，而每个人对价值的认定也有不同的优先顺序。护理人员在进行伦理决策时常受到个人价值观、文化价值观、专业价值观和社会价值观的影响。

第二，伦理理论与伦理决策。有关伦理的学说和理论，虽然无法直接解决伦理的问题，但是正如指南针可以指引方向一样，伦理理论也可以帮助我们分析及澄清伦理的困境，指引我们做伦理决策的方向。当然不同理论的观点，可能影响解决问题时所采取的行动及结果。在健康照顾体系中最常提到的两项伦理理论就是道义论和功利论。道义论的观点认为人有义务依据符合道德的规范来处理事情，不论行为的价值及结果如何，行事均应遵守道德的原则。

第三，组织与伦理决策。组织或机构的理念及规定，有时会和护理人员个人的价值观或病人的需要相冲突，甚至影响伦理决策的过程，造成护理人员的压力及困扰。在医疗的工作环境中，许多伦理问题牵涉面很广，除了护理工作者本身外，也可能涉及医疗等其他专业。所以整个团队组织，在情况需要时，更有责任经由协调和讨论，以团队决策的方式、客观的立场提出问题解决的方法，以提升决策的品质及效果。在此情况下，护理人员应该在组织的要求与病人需要及个人理想之间寻求一个平衡点，来做伦理的决策。

第四，法律与伦理决策。护理人员应该了解，法律上认定有效的权利，并不一定符合根据伦理原则所制定的权利，甚至，法律上的权利可能和伦理上的权利相冲突。所以，合法的事可能符合伦理的原则，也可能不符合伦理原则；而合乎伦理的事，可能合法也可能不合法。总之，病人在法律上享有绝对的保障，他有接受和拒绝医疗服务的权利，而医疗机构在法律上也有责任为病人提供合乎标准的医疗服务，护理人员在处理与病人有关的伦理问题时，必须遵守法律的规定。

（四）护理伦理决策模式

护理人员在面对伦理争议的问题时，除了要具备伦理理论的基础及考虑价值观与组织及法律等可能影响决策的因素外，同时还需要根据理性的思考过程，才能做适当的判断及决定。护理伦理的决策有多种模式，但均包含着 4 个方面的步骤：收集及评估资料；分析伦理困境，确立伦理问题；选择并采取伦理行动；检查及评价行动的结果。

五、21 世纪中国护士伦理准则

当今，我国临床护理实践和护理管理中出现的伦理认识和道德行为决策上的难题，比以往任何时候都要多，有的已成为社会关注的热点，而在应对道德难题时，护理管理者和护士往往只会从护理方法、技术中找问题，却缺乏伦理意识、伦理判断、伦理决策能力。在护理伦理学的原则、规范、范畴指导下形成的《护士伦理准则》，紧密结合临床护理实践，对护士的护理伦理行为规范全面的做出了指导性、系统性、可操作性的指引。本准则还借鉴、融合了《关怀伦理研究》《制度伦理研究》《技术伦理通论》《当代社会责任伦理》等最新的研究成果，提供了一个普遍适用的伦理原则，以指导护士的临床实践、伦理决策和护理行为的伦理评价。有利于护理人员充分识别道德困境，培养道德反思能力和道德责任感，找出摆脱困境的可能的方法，提高伦理决策能力①。

发达国家早在 100 多年前就已经颁布了相关的护士伦理守则。2000 年，我国有学者开始了相关研究。2008 年，中华护理学会发布了《护士守则》，对护士职业伦理的建设和发展发挥了重要作用。但社会形势和要求日益迅速发展，因此研究撰写一部与时俱进的《护士伦理准则》，规范护士在执业过程中应保持的职业领域所要求的职业理念、价值标准，建立护士的道德行为规范体系，并切实抓好实践，与《护士条例》等法规相衔接，实现以德育护、以德兴护的历史转变，切实推动我国护理事业的和谐健康持续发展，是非常必要的。借鉴世界先进国家护理道

① 潘绍山，张金钟．《护士伦理准则》的起草、研究经过［J］．中国医学伦理学，2014，27（4）：471-473.

德建设的成功经验和先进文明成果，努力建设与我国社会主义市场经济相适应的社会主义护理伦理规范，全面推进建设有中国特色的社会主义的伟大护理事业，开创了以德育护与依法治护相结合的新局面，标志着面向21世纪的中国护士职业道德建设的新阶段。

（一）通则

1. 人类对护理工作的需求是普遍的，护士工作服务于人生命的全过程。

2. 护士提供护理服务应建基于尊重人的生命、权利和尊严，提高生存质量。

3. 护士对服务对象实施护理应不受限于种族、国籍、信仰、年龄、性别、政治或社会地位，对之均一视同仁。

4. 护士的基本职责是促进健康，预防疾病，协助康复和减轻患病带来的痛苦。

5. 护士应按服务对象个人、家庭及社区的需要，与医务及社会人士共同合作，提供健康服务。

（二）尊重生命，提高生存质量

6. 护士的主要任务是照顾需要护理的人，推广基层健康教育。

7. 执行护理工作时，护士应确保护理对象的安全。

8. 护士应提供符合护理对象及其亲友需要的护理、指导与咨询。

9. 护士应尊重濒临死亡者的意愿，帮助其安祥及尊严地离世。

（三）尊重人的权利和尊严

10. 护士应尊重个人的信仰、价值观和风俗习惯。

11. 护士应保密和审慎地运用有关护理对象的一切资讯。

12. 护士应尊重护理对象及其亲友的意愿，鼓励和协助他们计划和实施护理。

13. 护士应采取适当行动，积极维护护理对象的权利和尊严。

14. 护士应诚信自重，推己及人。

（四）洞察社会需求，群策群力，共建健康社群

15. 护士应肩负普及卫生保健知识的责任，促进及改善社群健康。

16. 护士应与社会大众共负倡导和支持全民健康的责任，为实现“人人享有卫生保健”而努力。

17. 护士应与社会大众共策良谋，善用卫生资源，以达最佳的经济效益。

（五）精益求精，确保优质护理

18. 执行职务时，护士应以科研结果为证据，实事求是，为护理对象谋福利。

19. 护士应灵活地运用和积极地改善现有资源，以提供最佳的护理服务。

20. 护士应运用专业判断以接受任务和适当地将任务授予他人。

21. 护士应肩负促进护理科研发展的任务，积极开拓及提高护理知识和技能。

六、国际护士协会护士伦理规范

国际护士协会（the International Council of Nurses，ICN）在1953年7月召开的国际护士会议上通过了《国际护士伦理规范》。随后，于1956年6月，在德国法兰克福大会予以修订并被采纳。1973年、2000年、2005年重新修订。

国际护士协会护士伦理规范提出：护士护理病人，担负着建立有助于健康的、物理的、社会的和精神的环境，并着重用教授示范的方法促进健康、预防疾病、恢复健康和减轻痛苦。他们为个人、家庭和居民提

供保健服务，并与其他保健行业协作。为人类服务是护士的首要职能，也是护士职业存在的理由。护理服务的需要是全人类性的。职业性护理服务以人类的需要为基础，所以不受国籍、种族、信仰、肤色、政治和社会状况的限制。

本法典固有的基本概念是：护士相信人类的本质的自由和人类生命的保存。全体护士均应明了红十字原则及 1949 年日内瓦决议条款中的权利和义务。

（1）护士的基本职责有三个方面：保护生命，减轻痛苦，增进健康。

（2）护士必须始终坚持高标准的护理工作和职业作风。

（3）护士对工作不仅要有充分的准备，而且必须保持高水平的知识和技能。

（4）尊重病人的宗教信仰。

（5）护士应对信托给他们的个人情况保守秘密。

（6）护士不仅要认识到职责，而且要认识到他们的职业功能限制。若无医嘱，不予推荐或给予医疗处理，护士在紧急的情况下可给予医疗处理，但应将这些行动尽快地报告给医生。

（7）护士有理智地、忠实地执行医嘱的义务，并应拒绝参与非道德的行动。

（8）护士受到保健小组中的医生和其他成员的信任，对同事中的不适当的和不道德的行为应该向主管当局揭发。

（9）护士接受正当的薪金和津贴，例如契约中实际的或包含的供应补贴。

（10）护士不允许将他们的名字用于商品广告中或作其他形式的自我广告。

（11）护士与其他事业的成员和同行合作并维持和睦的关系。

（12）护士坚持个人道德标准，因为这反映了对职业的信誉。

（13）在个人行为方面，护士不应有意识地轻视在其所居住和工作的居民中所作的行为方式。

（14）护士应参与其他卫生行业所分担的责任，以促进满足公共卫生需要的努力，无论是地区的、州的、国家的和国际的。

【本章推荐阅读书目】

1. 张新庆．护理伦理学：理论构建与应用［M］．北京：学苑出版社，2014.

2. 李本富．护理伦理学［M］．北京：科学出版社，2001.

3. 杜慧群 刘齐．护理伦理学［M］．北京：北京医科大学出版社，中国协和医科大学联合出版社，1998.

4. 徐晓霞．护理伦理学［M］．济南：山东人民出版社，2010.

5. 杨秀木，陈雪霞．护理伦理学［M］．南京：南京大学出版社，2015.

6. 王卫红，杨敏．护理伦理学［M］．第 2 版．北京：清华大学出版社，2014.

7. 楼建华．护理人员的伦理困惑与伦理决策［M］．上海：上海交通大学出版社，2011.

【本章思考与练习】

1. 简述护理的历史发展。
2. 护理的基本道德规范有哪些？
3. 护患关系基本模式有哪些？
4. 什么是护理伦理决策？
5. 试分析护理实践中伦理困境的产生及其影响决策的因素。
6. 了解 21 世纪护士伦理准则的主要内容。
7. 了解国际护理协会护士伦理规范的主要内容。

第十五章　生命伦理学之医院管理伦理

【本章内容提要】

◆ 伦理思想在医院管理中的地位和作用

◆ 医德医风是现代医院的无形资产

◆ 市场经济条件下的医院伦理原则

作为一个肩负特殊社会功能的经济实体，医院经历了一个不讲核算、不论成本、不谈经营的全福利机构转而成为接受市场经济游戏规则，必须参与市场竞争、进行独立核算的企业实体的转变过程。随着市场经济体制改革的深化，医疗市场的进一步扩大，医疗市场的多元化格局必将向纵深方向发展，医院管理受到了前所未有的挑战与关注。

医院管理不同于企业管理，不能单纯以追求经济效益为出发点和归宿。当医院管理决策对经济效益过分强调，并与医学作为仁术所内蕴的伦理精神发生冲突的时候，医院职工不可避免地会陷入道德困境之中。更为严重的后果是，医院经营中不道德因素的增加，导致各种光怪陆离的不道德现象产生，从而使医患关系日趋紧张。从某种意义上说，医院管理伦理担负着把医院管理导入人文情怀、人文精神的发展与改革重任。

一、伦理思想在医院管理中的地位和作用

构建社会主义和谐社会，既是对我国改革开放和现代化建设的科学

总结，也是贯彻落实科学发展观，推进我国经济社会发展的战略举措。卫生工作的好坏，对于构建和谐社会，实现社会公平，维护社会稳定，促进人民身心健康具有举足轻重的作用。

医院是社会服务系统的基础环节，党和政府历来十分重视我国医疗卫生体系建设。医院作为我国和谐社会建设的重要窗口，其管理的思路和方法，既体现党和政府发展人民卫生事业的要求，也关系到人民群众的身体健康和生命安全，是维持社会和谐稳定的大事。

管理，简而言之，就是管辖和治理。管辖指权限，治理指权限范围内的职能作用。所谓管理，就是指管理者为了一定的目的，在所管辖的范围内，对管辖的对象组织实施的一系列活动。换言之，就是有计划，有检查，出了问题要采取措施，照计划实行，就是管理。管理的对象一般是人、财、物。日本医学博士三藤宽在《医院管理》一书中指出："所谓医院管理，就是以医院道德为基础，为了保证科学的最高水平的医疗而实行的管理。"医院管理的基本内容有：人员的组织管理，医疗卫生技术工作的管理，各种物资设备的管理，其目标在于提高医疗诊疗质量，保证病人的生命安全和正当权益，促进广大人民的身心健康和有利于医学科技事业发展。

我国的医院本质上是以救死扶伤，防病治病，保障人民身心健康为宗旨的事业单位，但在医疗实践中，也会涉及一些利益关系，有时还会是一些尖锐的伦理问题，因此，医院管理工作蕴含着深刻的伦理意义。

（一）现代医院管理伦理的基本问题

医学的历史，也是医学道德史，同时也是人道主义发展史。伦理思想伴随着医院的出现而出现，并始终贯穿在其管理实践中。现代医院管理就是遵照医院工作的客观情况，运用科学的管理理念和手段，对医院内的人、财、物进行科学调配，达到医院医疗工作宗旨的一系列有效的行动。

在经历了经验管理、科学管理后，21 世纪的医院管理将进一步向文化管理、人性化管理迈进。人是医院管理的灵魂，医院管理的决策者是人。一般意义上的医院管理者是指医院的领导层、党政和后勤职能部门负责人、临床业务科室负责人。在当前，多种经济成分的医院中则主要指医院的董事会机构或是投资人等参与医院宏观发展计划和进行微观调控的人员。现代医院管理的宗旨要求医院管理者注重医院管理伦理与医院业务管理的结合，这也是时代的潮流。

伦理学作为一门科学，是研究人类所特有的协调人与人之间关系的行为规范及其确认这些准则的依据和道理，它也叫道德哲学。道德伴随着伦理的产生而产生，又维系和调节着伦理关系的发展，它在塑造个体的道德品质的同时，又指导着社会群体道德风尚的形成，因此，我们在研究现代医院管理，在以人为本，求得和谐之道时，必须对医院管理伦理的基本问题有一个清醒认识。

计划经济时期，医疗行业是由政府财政拨款来维持的，医院是向公众提供廉价保健服务的机构，是国民收入再分配的一种实物分配形式，无疑具有公益性、福利性的特点。随着我国市场经济体制的不断完善及我国加入WTO，医疗行业也要与国际接轨，医疗市场竞争日益激烈，作为最基本的医疗单位，医院的管理必然面临着巨大挑战，这是医院管理者首先要面对，而且是不能回避的问题。伦理学的基本研究对象是道德，道德是反映和调整人们现实中的利益关系、价值观念和行为规范的总和。那么医院管理伦理学所要解决的问题一是经济利益和道德的关系，二是社会利益和个体利益的关系。医院又因其行业的特殊特点，所以医院管理伦理研究的首要问题是经济利益和道德谁是主要的问题。以上问题如果结合、解决得好，可以形成合力，产生巨大的经济效益和社会效益。

（二）伦理思想在医院管理中的作用

医院管理行为，是在一定的伦理思想指导下进行的。医院管理的伦理思想体现了医院管理者（决策者）的价值准则，它决定着管理手段，指导着管理行为，体现着管理水平与效率，进而实现管理目标。医疗服务活动除了医学、卫生、心理等知识性服务以外，还包涵丰富的人文思想、伦理道德和服务哲学。在和谐医院建设中，发挥伦理因素的作用，既是和谐医院建设的根本所在，也是医学实践的内在要求和现代医院管理一贯的目标与手段。

1. 协调医患利益关系，有利于医院的和谐发展

我国医疗卫生体制改革的深入推进，使医疗卫生领域内的利益格局发生了深刻的变化，多元化的经济因素带来了多元化的价值观念，这种变化反映在医疗领域，就是患者的权利意识加强了，医疗卫生工作者的服务意识没有随之提升，或是受经济利益的驱动，社会主义医院的公益福利性被有意无意地弱化了。这显然不能让民众满意。在现代医院管理中体现伦理思想，有利于协调医患利益关系，化解医患利益矛盾，促进医院和卫生事业的和谐发展。

2. 建立和谐有序，相互信任的医疗人际关系

医疗人际关系包括围绕医疗发生的各种医际之间、医患之间的复杂关系。医疗卫生是关乎国计民生的大事，牵扯着千家万户的利益。医疗关系的主体是医院中的医务人员，医学的发展使医学分工越来越细，医务人员的分工协作成为医疗服务的基本形式，各医疗岗位之间、不同工种、不同人员、不同职责之间的相互关系，直接影响医疗服务工作的质量。医务人员之间合作愉快，将更有利于医院各项工作的开展，因此，医务人员之间关系的协调，是医院管理的重要一环。医疗服务的对象是不同的人，他们有不同的个性、不同的经济背景、不同的文化层次，甚至不同的宗教信仰，为他们提供医疗服务是医院管理最直接、最主要的任务，而医院管理不能回避的就是医院、医务人员与患者及患者家属之间的伦理关系，这是医院管理伦理关系中最具体、最直接的关系，只有通过建立在正确的伦理原则基础上的一系列道德规范的调整，形成被人

们广泛接受的伦理观念，才能从根本上解决医患关系间的矛盾，形成医患和谐信任的关系。

3. 建立医院伦理委员会，解决医院管理中生命伦理的冲突

随着医学科技的发展，医学领域出现了很多伦理难题，迫切需要医学伦理来研究并解决这些问题，但任何正确的、科学的医学伦理理论都只是一种抽象的、思想层面的东西，这些思想和理论都应在实践中验证和发展，这些思想和理论也只有在实践中才能真正发挥作用。医院伦理委员会是一个可以将医学伦理理论应用于实践，进而解决医疗领域的伦理难题的组织机构。国外一些国家从 20 世纪 70 年代就建立了医院伦理委员会，在医疗实践中发挥了重要作用，1971 年加拿大学者提出了建立医院伦理委员会的建议。1975 年美国《医学伦理学》杂志讨论了医院伦理委员会的组成和职能。到 20 世纪 80 年代末，美国已有 60%以上的医院建立了医院伦理委员会。

在我国，随着医学的发展和现实的需要，很多医院和医疗机构相继建立了医院伦理委员会。医院伦理委员会是实施医院道德化管理的重要组织形式。1988 年中国学者开始提出建立医院伦理委员会的设想。1994 年全国医学伦理委员会法规委员会发出了《关于建立“医院伦理委员会”的倡议书》，推动了我国医院伦理委员会的建立和发展。2000 年，原卫生部成立了医学伦理专家委员会，对推动我国生物医学研究伦理审查、传播伦理理念、开展重大医学伦理问题研究、组织伦理学培训交流等发挥了重要作用。2015 年 12 月 29 日，卫计委发布了成立国家卫生计生委医学伦理专家委员会的通知，该委员会的主要职责为：对涉及人的生物医学研究中重大伦理问题进行研究，指导和督促省级医学伦理专家委员会工作，并共同检查和评估机构伦理委员会工作，承担伦理培训、咨询、指导等工作。2016 年 10 月，国家卫生和计划生育委员会发布了《涉及人的生物医学研究伦理审查办法》，对“伦理委员会”的管理责任、工作职责、组成人员以及工作程序都作了明确规定，有力地

推动了医疗机构、医学科研机构、医院伦理委员会的发展。

二、医德医风是现代医院的无形资产

医院是社会主义和谐社会的组成部分，医院工作是推动、加速和谐社会的重要因素，医德则是提高医疗质量，发挥医院公益作用的重要条件。医德作为一种医疗卫生工作人员的职业道德，一方面和社会公德密切联系，另一方面又在长期医疗卫生实践中逐步形成比较稳定的职业心理和职业习惯，它调节着医务人员和患者之间、医务人员之间以及社会与医疗卫生行业内部的关系。古人云：“医无德者，不堪为医。”可见，医务人员的职业道德品质和医疗作风不仅与广大病员的切身利益密切相关，同时，也体现我们社会的文明风尚，并在我国构建和谐社会的过程中，发挥着举足轻重的作用。

（一）医德医风建设的意义

发展社会主义医疗卫生事业，不断满足人民群众对医疗服务的需求，既是社会主义经济建设的需要，又是提高人民群众健康水平的需要。医德医风体现社会主义医疗机构的服务方向，充分说明医德医风是我国精神文明建设的重要组成部分。医德医风的好坏是社会风气的直接反映，良好的医德医风是一所医院无形的、宝贵的财富，也是净化社会风气的清洁剂。可见，医德医风在医院管理中具有十分重要的意义。

1. 医德医风建设对医疗服务质量的提高有巨大的能动作用

医院的工作是为广大人民提供医疗和保健服务，而医疗服务质量的标准取决于医院医护人员的医术是否精湛、医疗器械是否精良、医德医风是否高尚等因素，在这些因素中，医术是一个长期积累的过程，不是一蹴而就的，器械则取决于财力物力，是冰冷的，只有医德医风是活跃的因素，是医护人员的一种内在气质和修养，在特定的条件下，可以化为无穷的力量。医护人员医德高尚，就会有很强的工作责任心，耐心真诚对待病患，就会认真钻研医术，精心诊治，对工作精益求精，视病人的健康和生命高于一切，热情为病人服务，主动为病人解忧。医护人员有良好的职业操守，即使医术不是一流，也会时时觉得工作责任重大，他们会主动、积极学习，虚心求教，努力提高自己的职业技能，积极想办法为病患更好地服务。反之，一个医护人员缺乏基本的医德医风，就会在工作中漫不经心，马马虎虎，得过且过，即使有一些好的医技，也不可能充分发挥。实践表明，有些医疗事故，往往不是由于诊断失误，或是医疗设备使用不当造成，而是由于医护人员的医德素质不高和工作责任心不强造成的。可见，医院的水平不只表现在医疗设备和医护人员的医护技术上，更表现在医护人员的医德医风水准上。一个医务工作者，没有精湛的诊疗技术不行，没有良好的医德医风更糟糕。

我国的公立医院占绝大多数，具有公益性的特征。医疗服务质量的好坏，反映一个社会的文明程度，也关系到人民的生命健康，体现着党群关系。在医疗行业开展医德医风建设，可以提高医务人员的职业道德水平，增加工作责任感，发挥他们的自身潜力和主观能动性，从而达到提高医务工作者的公信度的目的，使整个社会的道德水平得到净化。

2. 医德医风建设对社会主义精神文明建设具有促进作用

医德医风建设是社会主义精神文明建设的重要组成部分，是关系医疗卫生事业兴衰成败的大事。近年来，由于卫生体制改革的逐步推进，市场经济的观念对医疗卫生行业的冲击，医疗卫生从业人员的世界观、人生观、价值观发生了巨大变化。市场经济观念深入到社会生活的各个方面，医院也不例外。这柄双刃剑对医疗行业的负面影响表现在：一些医务工作者产生了重经济效益，轻社会效益的思想；对业务学习以外的政治学习不关心；服务意识不强，诊疗不认真；过度诊疗，过度检查，开大处方，看人办事；坐诊时漫不经心，护理时心不在焉，甚至出现发错药、打错针、开错刀的恶性事故。还有的医护人员接受吃请，收

“红包”，并将这些视为潜规则。这虽然是少数人所为，但它已经影响到了整个医疗行业的声誉，在医患之间形成了一条鸿沟，背离了“人民医院为人民”的初衷，给党和政府造成了不良影响。

加强医德医风建设，就要把“患者至上，文明行医”作为医护人员的行为指南，并把医德医风建设作为医院立足于社会的资产进行培育，在医院进行全方位、多层次的医德教育活动，把医德医风作为医院谋求生存与发展的大事来抓。

精神文明建设包括教育科学文化建设和思想道德建设，思想道德建设重要的一条就是职业道德建设，医德是职业道德的重要组成部分。我国公民道德建设实施纲要明确要求要“爱岗敬业”，在医德医风上表现为真心、真情、真功夫、真投入，服务于病人，一切从病人的需要出发。医务工作者应充分认识医德医风建设的重要性和必要性，牢固树立全心全意为人民服务的思想，真正体现社会主义制度的优越性。

3. 医德医风建设推动医院的发展壮大

随着医疗卫生体制改革的不断深化，医院面临着越来越激烈的竞争，一所医院，要发展壮大，在竞争中谋求发展，如果医疗技术、医院设备是竞争力，那么，医德医风也同样是竞争力。医院的位置永远不变，但医德医风是在患者中流动的口碑，是活广告。没有良好的医德医风，就争取不到患者，医院也就无法生存。医院要在市场化越来越高的情况下求得发展，只有树立人性化的服务观念，培育一流的医德医风，才能有一流的服务质量，创造一流的经济效益，走上良性发展的轨道。实践证明，医院要发展，医风必先行，医风不行，寸步难行。必须始终坚持把群众满意度作为谋划医院建设、衡量医院发展、检查医院工作的标准。只有坚持不懈地抓好医德医风建设，不断完善、强化医院内部管理和监督约束机制，从根本上提高医务人员的职业素质，才能不断提高医院整体服务水平，增强医院的核心竞争力，为今后的长远发展奠定基础。

“卫生工作的一举一动，关系着病人的身体健康和生命安全，一言一行影响着卫生工作者的形象。”在医院开展医德医风建设，可以激发医护人员的主人翁精神，让他们关注医疗质量、服务态度、医院声誉，在实际工作中做到以人为本，关心人、尊重人、理解人和体贴人，营造一个良好的人际环境，倡导人与人之间的相互理解、支持、信任、合作；处处为病人着想，尽量满足患者需求，简化工作流程，提供优质的技术和心理服务，严格控制医疗成本，合理收费、合理用药、合理检查、合理特殊医疗，最大限度地减轻病人和社会的负担；始终如一地坚持做下去，必然使医院的门诊、住院人数上升，社会口碑良好，得到公众的信任和舆论称颂，这也正是医院生存壮大的理由。

（二）医德医风建设的主要途径

医德医风建设，关系到人民群众的身体健康利益和医院的生存发展，关系到党和政府的形象与声誉。医德医风建设必须着眼于“健康中国”的发展战略目标，顺应国家医药卫生体制深化改革的大趋势，坚持依法治院、从严治院的大方向，统筹协调，综合治理，充分发挥领导执行力、教育说服力、制度约束力、监督制约力、惩治威慑力、环境感染力等多种力量，使医院的医德医风建设取得实质性成效，不断提高医院管理质量内涵建设水平。

实践证明，解决医德医风建设面临的矛盾和挑战，单靠行政命令和行政管理很难达到预期效果，必须从构建医德医风建设长效机制入手。医德医风建设长效机制，是把提升医疗服务质量作为着眼点，通过创新服务理念、服务模式、服务能力，既有效缓解就医难、看病贵问题，又从根本上遏制医德医风问题的发生。只有构建医德医风建设的长效机制，才能实现从治标到治本、从被动到主动的转变，最大限度地维护广大患者的健康权益，也使医院获得健康发展。

1. 构建坚强有力的组织领导机制

坚强有力的组织领导，是医德医风建设取得成效的组织保障。例如，大型医院，实施“三级书记”负责制，即医院党委书记、各部党委书记、科室党支部书记三级书记负责制。党委负总责，主管亲自抓，切实列入党委、支部的重要议事日程，纳入发展目标和总体规划，与以医疗保健为中心的各项任务同步筹划，同步安排，同步检查，同步落实。实施两级纪委主管制，院纪委和各部纪委一岗双责，按职责分工，既狠抓党风廉政建设，又主抓医德医风建设。实施能级管理制，医院成立医德医风领导小组，各部设立医德医风办公室，各科设立医德医风监督员，上下联动，形成合力，以问题为导向，定期分析建设形势，研究目标任务，拿出切实管用的措施办法。结合年终工作总结和干部任期考核，对各级医德医风建设履职尽责情况进行专项评价，考核结果与目标管理考评、评先评优、职级晋升、绩效分配挂钩，奖罚分明。

2. 构建行之有效的教育启迪机制

强化“六种意识”教育，即医德医风的政治意识、生命意识、中心意识、政绩意识、永恒意识、前列意识；突出“六个行医”教育，即文明行医、依法行医、科学行医、廉洁行医、诚信行医、规范行医；抓好“七条行为准则”教育，即服务思想牢、服务态度好、服务作风正、服务技术精、服务质量高、服务形象美、服务自律严。在教育中，针对医院工作三班倒、人员难集中，专业门类杂、人员层次多，点多面广、信息化程度高的特点，充分发挥数字化医院优势，采取灵活多样的教育形式，做到集中教育与经常性教育相结合、互动教育与自我教育相结合、正面教育与警示教育相结合，夯实思想道德根基，牢固树立正确的人生观、价值观，使广大医务人员形成淡泊名利、待患如亲、赤诚奉献、勇于担当的高尚医德和良好品格。

3. 构建系统规范的制度建设机制

坚持把健全完善制度机制作为提高医德医风建设质量的一个固根本、管长远的关键环节来抓。靠制度规范医疗服务作风，在服务言行、诊疗行为、服务流程、检查考评上，制定涵盖门诊挂号、就医检查、住院出院等服务全过程的制度规定。靠制度防止以医谋私，严格廉洁行医纪律，对收受红包、回扣、变相索要好处等问题，制定严格处罚规定，尤其是针对药品、器械、耗材招标采购，建立完善的管理制度。靠制度规范问题处理，建立患 者投诉归口办理制、医德医风定期讲评制、医疗纠纷缺陷裁决制，使医德医风建设形成闭环式的监督管理体系，让制度规范切实可行，行之有效。

4. 构建立体多维的监督检查机制

注重全方位、多角度、多渠道、多层面强化监督检查。全时段监督，突出多维监督、追踪监督与即时监督相结合，开辟 24 小时监督热线，设立医德医风举报箱，所有医务人员佩戴胸卡上岗。设立出院患者随访中心，研发按键式、壁挂式、触摸式三位一体的医德医风信息化评价系统，患者可以实时对服务态度、作风、技术、廉洁行医情况进行点击评价，点击到科，查询到人。全员监督，突出普遍监督与重点监督相结合，将医德医风监督检查延伸至医院各个岗位、各类人员，重点是窗口单位、敏感岗位。全方位监督，突出自我监督、社会监督与合力监督相结合，设立院、部、科三级立体监督网络，聘请社会专家、媒体代表作为医院医德医风监督员，定期走访相关单位，征求患者和患者家属意见建议。机关各职能部门定期召开医德医风整改联席会议，对存在问题共同分析把脉，查找症结，制订措施，分头抓好整改落实，使坚强有力的监督机制成为加强医德医风建设的重要保障。

5. 构建赏罚严明的奖惩工作机制

充分发挥奖惩机制的激励、威慑和约束作用。加大奖励激励力度，强化医德医风精神 和物质双重奖励，定期评选医德医风先进单位和个人，通过电视、报纸、宣传栏等各种媒体进行大力宣传，颁发奖状、奖牌和奖金，公布单位和个人表扬信、锦旗排行榜，对全年名列前三名的给予一定奖励。加大惩戒警示力度，实施医德医风投诉备案制 、诫勉谈话和函询制 、黄牌警告制、一票否决制、领导问责制，凡是被患者及家属投诉的，都要登记备案，情节严重的，给予全院通报、纪律处理等处罚。

6. 构建导向鲜明的日常养成机制

紧紧围绕构建医院核心价值体系，大力营造春风化雨、润物无声的医德医风良好环境，使广大医务人员在潜移默化中受到熏陶，启迪自觉，提升人生境界。积极打造医德医风文化环境，在门诊和各住院部大楼、各病区和文化活动场所，精心设计并悬挂展现人文和谐、彰显高尚医德的书画作品和牌匾，创建楼宇医德医风文化载体，营造良好的医德医风文化软环境，发挥环境熏陶人的积极作用。积极营造舆论导向环境，在各项思想政治教育中大力宣讲、反复强调加强医德医风建设的重要意义，倡导崇德尚廉的良好风尚，部署工作时有医德医风内容，讲评工作时有医德医风情况，开辟医德医风信息网，在院报设立医德医风专栏，在宣传橱窗定期刊登医德医风教育宣传内容。积极构建形象示范环境，在门诊和 病区建立医患和谐优质服务示范岗，拍摄医德医风系列教育宣传示范片，制订下发员工行为指南，通过开展多种活动，展示医务人员拼搏向上、争当时代楷模的形象。

三、市场经济条件下的医院伦理原则

（一）坚持以人民健康为中心的原则

医院是救死扶伤的神圣场所，医护人员以治病救人为自己的神圣职责，社会主义国家的医院必须在任何时候都要坚持“以人民健康为中心”的伦理原则。国家公立医院的性质是公益性的，这个性质决定了国家公立医院应该坚持以人民健康为中心，任何情况下都应该遵循这一原则。这也是体现公立医院的福利性、公益性的特点所在。公立医院要把解决人民群众最关心、最直接、反映最突出的健康问题作为出发点和落脚点，以人民群众健康需求为导向，优化医疗服务流程，完善医疗服务模式，不断改善医疗服务，提高医疗质量，为人民群众提供连续性医疗服务。

（二）坚持以质量安全为底线的原则

医院是治病救人的地方，医生是患者“健康所系，性命相托”之人，毫无疑问，坚持以质量安全为底线，是医院管理最起码的伦理原则要求。医院要把健全现代医院管理制度作为推动医疗服务高质量发展的重要保障，进一步完善医疗质量管理体系，强化责任，严格监管，落实专业要求、职业道德、法律法规要求及医疗质量各项制度，持续改进医疗质量，确保医疗安全。落实医疗质量管理规章制度，形成医疗质量管理的长效机制。

同时，落实进一步改善医疗服务行动计划，充分运用新技术、新理念，使医疗服务更加高效便捷。大力推进“互联网+医疗健康”，创新运用信息网络技术开展预约诊疗、缴费等，运用互联网、人工智能、可穿戴设备等新技术，建设智慧医院。进一步发挥医务人员作用，开展科技创新，推广适宜技术。强化人文理念，大力开展医院健康教育，加强医患沟通，全面提升患者满意度。

（三）坚持医患利益兼顾的原则

市场经济是“双刃剑”，一方面市场制度把独立人格、自主、自由、平等、权利、互助合作等现代人的道德倾向带给社会时，也把个人主义、极端利己主义、功利主义、享乐主义扩展开来。有人认为，“市场经济和道德建设是两个不相干的社会领域”“市场经济与私有制、个人利益、等价交换、竞争结合在一起，与道德无缘”。在市场经济条件下，医患关系不再是传统的“坐堂行医”“上门求医”，医疗关系改革后变成了“医生找病人”“病人选医生”，从以医生为主的医生完全主导型的服务模式变成了以尊重病人意愿为主的完全平等型的服务主导型模式。这些转变并没有改变社会主义医院防病治病，为增进人民健康服务的宗旨。病人到医院求治，最直接、最简单的愿望就是花最少的时间，用最少的钱，受最小的痛苦治好病；而医院作为一个经济主体，在市场经济条件下，有一个经济主体的自身利益与医院的发展问题，这种自身利益与发展，如果没有制度有效约束，有时候会产生消极效果。例如，2005年，深圳人民医院和哈尔滨医科大学附属第二医院的天价医药费事件，一南一北的两个典型案例，不能不说明一些问题。所以，医院管理的伦理原则必然要兼顾两方面的利益。

（四）坚持经济利益与社会利益统一的原则

中国特色社会主义经济，就是坚持社会主义市场经济的改革方向，完善社会主义市场经济体制，使市场在国家宏观调控下更好地发挥对资源配置的基础性作用。讲求经济效益是社会主义市场经济发展的客观要求，医院作为一个经济实体，在改革中面临着特殊的问题。经济学家认为，市场本身是“无所顾忌”的，它自始至终都贯彻着“等价交换”的经济法则，这些法则，对人类的道德有促进作用的一面，如增强人们的效率意识、竞争意识、进取意识等，也可能对人类道德起倒退作用，如贫富不均、自我中心、金钱至上、畸形消费等，因此，市场经济本身不可能自觉地促进道德的发展。

有一种观点认为，受市场经济机制的内在制约，适应市场经济的道德规范只能在经济领域的特定范围内起规范调节作用，市场经济伦理“只是不以损人为前提来利己”“带有明显的功利色彩”，市场机制制约了人们对高尚道德境界的追求。很显然，这种把道德建设仅仅定位在简单适应于市场经济的层面上，不符合道德的本质特征和人类对道德生活的追求，道德作为意识形态的组成部分既由社会经济基础所决定，又具有相对独立性，有其自身的发展规律。同时，道德还是人类在精神生活中的自觉追求，也就是说，社会主义市场经济中的道德建设有两个层面：一是“经济人道德”，这是市场经济体制上正常运行的伦理基础。二是超出经济伦理范畴的“社会人道德”，即通过公众选择建立起来的社会道德价值。从这个意义上讲，社会主义医院的医院管理者在管理医院时，应在讲求经济效益的同时，花大力气在提高医疗技术、节约医疗资源、节能降耗、温情服务上下功夫，讲求经济效益，以不加重病人负担为前提。在取得社会效益的前提下，经济效益会随着门诊量的加大、医疗事故减少等方式得到提高，从而取得经济效益与社会效益的双赢。

（五）坚持公平与效率并重的原则

效率和公平的有机结合是一个世界性的难题。我国市场经济的法则要求做到效率与公平的正确结合。我们认为效率与公平是互为辩证关系的，一方面，效率是实现公平的物质基础，只有通过效率创造越来越多的物质财富，人们才有可能去实现分配的公平；另一方面，公平又是提高效率的前提，只有收入分配合理，才能激发劳动者工作的积极性、主动性和创造性，才有助于效率的提高，创造更多的社会财富，把效率和公平统一起来。在市场经济条件下，竞争变得尤为激烈。市场经济的法则讲究优胜劣汰，效益就是生命。我国的医疗市场开放力度越来越大，效益决定了医院的发展规模和速度，效率是生死存亡的大事。只有使医院站稳脚跟，发展壮大，才能满足人民越来越丰富的健康需要，满足医务人员自身的发展需要，才能为实现公平分配医疗服务提供保证。

在医院管理中，效率的伦理意义是精湛的、创造性的医术，热情为病患服务的意识及积极主动的工作态度等。公平涉及的则是医务人员之间或是部门之间的基本权利和要求，它是医院管理中调节各种矛盾和利益的最基本的原则。它关系到人际关系的平衡协调，医院秩序的稳定及个人和医院的工作效率。

医院是一个知识分子云集的地方，他们的工作极有创造性，实施公平与效率的伦理管理原则，可以体现对他们劳动的尊重，在反对平均主义的同时，合理拉开收入差距，使每一个人得到他所应得的，在机会均等的情况下按劳取酬，这种利益分配方式是对每个人劳动能力和劳动态度的尊重。初次分配注重效率，再次分配注重公平，有利于提高全员的劳动积极性。

【本章推荐阅读书目】

1. 杜治政．医学伦理学探新［M］．郑州：河南医科大学出版社，2000.

2. 杨建兵，王传中．生物医学伦理学导论［M］．武汉：武汉大学出版社，2007.

3. 郭楠，刘艳英．医学伦理学案例教程［M］．北京：人民军医出版社 2013.

4. ［英国］托尼·霍普（Tony Hope）．医学伦理［M］. 吴俊华，李方，裘劼人译. 南京：译林出版社，2015.

5. 赵增福，李兵，邹伟．医院管理伦理学［M］. 北京：军事医学科学出版社，2003.

6. 向月应，林春逸．医院医疗工作伦理道德手册［M］. 北京：人民军医出版社，2011.

7. 郑文清，周宏菊．现代医学伦理学概论［M］. 武汉：武汉大学出版社，2017.

【本章思考与练习】

1. 伦理思想在医院管理中有哪些作用？
2. 如何理解医德医风是现代医院的无形资产？
3. 医院医德医风建设的主要途径是什么？
4. 市场经济条件下的医院伦理原则是什么？

第十六章　生命伦理学之医学道德修养与教育

【本章内容提要】

◆ 医学道德修养

◆ 医学道德教育

一、医学道德修养

在激烈的医疗竞争中，医德医风被誉为医疗单位和各类医务人员最具竞争力，最为宝贵的无形资产。医德修养已成为医疗实践活动不可缺少的自觉行动，这对于医务人员良好的医德品质的形成，对于整个社会医德水平的提高具有重要的现实意义。

（一）医学道德修养的含义

修养这个概念含义广泛，它包含的是一个人言谈、举止、仪表、情操、技艺等多方面的陶冶和锻炼，既有修身养性、反省体验的意思，又包括为人处世的态度以及政治思想、精神风貌、知识才能等方面的能力和品质。

医学道德修养指的就是医务人员在医德品质、情感、意志、习惯等方面按照一定的道德原则和规范进行自我改造、自我锻炼、自我培养的实践活动过程，以及在此基础上所要达到的医德境界。它可以分解为三层含义：（1）是动态的过程，即医务人员按照一定的道德原则和规范所进行的学习、体验、检查、反省等心理活动和客观的医疗实践活动过程；（2）是静态的结果，即经过长期的努力之后所形成的医德品质、情操和道德境界；（3）是指医务人员待人处世的态度，即处理医患关系、医医关系、医社关系的认识态度。

（二）医学道德修养的意义

医学道德修养是道德修养在医学职业领域中的具体体现，是医务人员道德修养中不可缺少的一个方面。医学道德修养作为一种重要的医德实践活动，其实质就是在医疗卫生领域存在的两种或多种不同医德意识的冲突中调节冲突和矛盾，使低层次的医德境界向高层次发展，使更多的医务人员提高医德认识，坚定医德信念，养成良好的医德行为和习惯，全面提高自身医德素质，提高医务工作者的社会主义医德水平，培养社会主义的医德品质，造就社会主义的新型人才，实现为人民服务，是社会主义医德建设的终极目标。重视医德修养，对每一个医务工作者来说，更具有特殊的意义。

第一，医德修养是提高医务人员个体医德素质的内在依据。良好的医德品质的形成，是以医务人员个体的自觉性、能动性为前提的，所有医德教育施加的影响，其效果如何，归根结底要通过个体自身的医德修养才能表现出来，外在的教育只是条件，内在的修养才是根据。医务工作者如果不注意医德修养在疾病发生、发展和转归中的作用，不注意自己的语言、态度和行为，就会影响疾病的防治，甚至有可能引起医源性疾病，造成不应有的严重后果。因此，医德修养不仅事关服务态度和文明行医等职业道德问题，而且对提高防病治病的质量具有十分重要的作用。

第二，医德修养是培养新型的、合格的医学人才的必要条件。医德是合格的医学人才不可缺少的一个方面。在历史上，中外著名的医家都十分重视医德修养。我国唐代名医孙思邈在《千金要方大医精诚》中提出，“大医”必须“精诚”。他说，医生首先要具有“诚”，即学医、行医的目的应该是为了仁爱救人而不是为了名利，其次必须具有“精”，即要有高明的医疗技术，这说明医德是一个合格的医务工作者不可缺少的要素，缺德的医务工作者，不仅不能为人类造福，反而祸害人类。第二次世界大战中，日本的“731”部队的具有高超医术的披着医生外衣的战犯，把人当实验品，制造杀人武器，被人们痛骂为“披着白衣的豺狼”。今天新一代医务工作者应该是有理想、有道德、有纪律、有文化的医务工作者，为此，医务工作者必须在实践中加强医德修养，提高综合素质，才能真正成为符合需要的新型医学人才。

第三，医德修养是提高医疗质量的根本保证。医疗工作虽然是一项平凡的工作，但其每一个环节都与病人的生命健康息息相关。医务人员的医德修养水平高低直接关系到病人的根本利益。在治疗过程中医务人员要抵制周围环境的各种不良道德的影响，主动做好工作。一个有修养的医务工作者能做到精心地治疗、护理病人、仔细地观察病情，详细地做好病案记录，全面地把握病人的情况，使病人得到有效的治疗。如果缺乏医德修养，对工作不负责任，就会贻误病人的病情，失去病人最佳治疗、抢救时机，延长病程或造成医疗事故，甚至危及病人的生命。

第四，医德修养是改善医德医风，推动社会主义精神文明建设的巨大动力。医疗卫生事业是为人类的健康谋福利的事业，医务人员的医德水平，直接决定着医德医风的状况，医德医风既是社会主义精神文明的重要组成部分，又是我国社会主义精神文明建设巨大的动力。医德医风的改善，说到底还在于医务人员道德素质的提高，而这必须通过医务人员的医德修养才能实现。医务工作者在为人民服务的过程中，纯洁的心灵、热情的态度、美好的语言、高尚的情操的培养，成为搞好医德医风建设的关键，通过医德修养，纠正当前个别医疗部门的乱收费，少数医务人员收“红包”、拿“回扣”等不正之风，真正做到为人民服务，形成良好的行业风气，将有力地推进社会主义精神文明与和谐社会的建设。

（三）医学道德修养的内容

医学道德修养主要包括医德理论修养、医德意识修养、医德行为修养等，其主体是医学道德原则、规范所提出的要求。医德修养的要求和标准是具体的。不同的时代、不同的社会背景下，医德原则和规范的要求也各自不同。当今我国社会主义医德原则和规范的具体要求是：医心赤诚、爱岗敬业、尽职尽责；刻苦钻研、精益求精、医术精湛；热爱病人、平等相待、一视同仁；慎言守密、医纪严明、医行端庄；廉洁自律、作风正派、不谋私利；尊重同行、团结互助、精诚合作。

（四）医学道德修养的境界

医德境界是指医务人员医德水平和觉悟高低的程度及道德情操的状况。在现实生活中，医务人员的道德水平不尽相同，这是由于他们个人的世界观和对人生价值、社会责任感及对是非、善恶、荣辱的认识理解能力、文化素质等多方面存在着差异，使医务人员的道德水平呈现出不同的层次。目前，我国正处在社会主义初级阶段，医务人员的医德境界大致分为由低到高的四个层次：

第一，利己主义的医德境界。这种境界的医务人员人数虽不多，但影响很坏。其特点是认识和处理一切关系均以满足自己的私利为目的，处事的原则总是以个人名利为轴心，一切以是否有利于自己为标准，斤斤计较个人得失。其道德标准是视私利为神圣不可侵犯，把医疗卫生事业作为获得个人名利的手段，对病人的态度，以病人能够为自己提供多少好处为转移，把医疗技术、听诊器、手术刀、诊断书、处方等作为图谋私利的资本和工具，对工作不负责任，甚至玩忽职守，草菅人命。这是一种十分低层次的医德境界，也是需要批判的医德境界。我们不能听任这种医德境界的蔓延，否则它将危及医学事业及全社会的精神文明与和谐社会的建设。

第二，先私后公的医德境界。在我国现阶段，处在这种医德境界的医务人员占相当比例。他们所信奉的道德原则是奉公守法、人我两惠、公私兼顾。处于这一层次的医务人员一般还具有人道主义思想，能考虑到集体利益和病人利益，工作上比较认真，有的人医疗技术也不低，但他们的动机和目的往往局限在追求个人利益的满足上，比较计较个人得失，特别是当个人利益和集体利益或他人利益发生矛盾时，往往采取集体利益、他人利益服从个人利益的价值取向。这种医务工作者工作上往往缺乏热情，更无坦荡的胸怀，服务态度、工作质量时好时坏，这种境界的人容易分化。如此发展下去很可能跌入自私自利、唯利是图的行列。

第三，先公后私的医德境界。处于这种医德修养的医务人员是大多数，他们能正确地处理个人与国家、集体和个人的关系，对病人关心体贴，对工作认真负责、团结协作，他们也关注个人利益，但主张通过自己的诚实劳动和服务获取正当合理的个人利益。当个人利益与病人、医院、国家利益发生冲突时，能把病人、医院、国家的利益放在个人利益之上。当前我国大多数医务人员已达到了这种医德境界，构成了医疗队伍的主体职业道德精神。

第四，无私奉献的医德境界。这种医德境界是共产主义道德境界在医务领域的表现，是人类社会最高的医德境界。处在这种医德境界的医务工作者虽然是少数，但代表了医德修养的发展方向，是医德境界的最高层次。有这种医德境界的医务工作者树立了正确的世界观、人生观和价值观，对工作极端负责，对病人极端热忱，对技术精益求精，从不计较个人得失，处处以病人的利益为重，毫不利己，专门利人，无私奉献，同时，他们的高尚行为是自觉自愿的，是始终坚定不移的。无论在任何情况下，都有“先天下之忧而忧，后天下之乐而乐”的胸怀和“毫不利己专门利人”的精神，都始终如一地践行医德原则和规范这种高尚的医德境界，闪烁着共产主义理想的光辉。南丁格尔、白求恩、柯棣华、赵雪芳、林菊英、钟南山、王玲等优秀模范人物就是这种医德境界的典范，是我们学习的楷模。

上述四种医德境界，是当前医务人员不同思想境界和道德状况的反映，但他又不是静止的、一成不变的。广大医务人员应切实加强自身医德修养，不断提高医德水平，逐步向更高层次医德境界迈进，像白求恩那样，做“一个高尚的人，一个纯粹的人，一个有道德的人，一个脱离了低级趣味的人，一个有益于人民的人”。

(五) 医学道德修养的途径和方法

一个医务人员高尚的医德修养，不是天生的，也不是靠单纯的悟道思过、面壁静坐、钻研书本而养成的。医学道德修养要达到最终的目的，必须以辩证唯物主义的认识论为指导，以马克思主义伦理学的科学原理为依据，从根本上说，人的道德品质是人的社会本质的重要内容之一，它只有在社会实践中才能得到改造和提高。医务人员的医德修养一刻也离不开医疗实践活动，只有在实践中，病人、医务人员的相互关系才能发生行为的善恶，才能对此作出医德的判断。离开医疗实践，离开医患关系，医务人员就不可能正确地认识主观世界并进行有效的改造。医德修养就成了一句空话。因此，医务人员在医疗实践中自觉地进行自我锻炼、自我教育、自我改造，才是医学道德修养的根本的正确的途径。

在道德修养与实践相联系这一根本的前提下，历史和现实中许多人的道德修养实践表明，下列几种修养方法是行之有效的。

第一，把学习医德理论和医德实践结合起来。文明、高尚总是同知识、理智相联系的，野蛮、粗俗又总是同愚昧、无知、不学无术相联系的。自我道德修养的第一步也是最基本的方法就是学习。学习医德理论，是医德修养的必备条件，学习的目的是为了更好地指导我们的医疗实践活动，正确地处理各种医疗实践过程中的难题，规范自己的医疗行为，更好地为大众的健康服务。因此，就不能脱离医疗实践活动，参加医疗实践是医务人员医德修养的根本途径。因为只有在医疗实践活动中，才能把所学的医德理论与具体医疗实践结合起来，用实践来检验自己对理论的掌握程度及医德理论本身的正确程度，进一步完善医德理论和自身的医德修养。也只有在医疗实践中，才能深切地感受患者的疾苦，体现出医疗工作者的价值，增强自己工作的责任感。

第二，学习医德典范，从榜样中吸取力量。榜样的力量是无穷的，它往往能给人以鼓舞，给人以教育，给人以鞭策。所谓榜样示范，就是以先进典型为榜样，以典型人物的先进思想、先进行为，教育引导受教育的医务人员模仿、学习某些医德高尚的道德修养方法。这是一种更直接、生动的医德修养方法，这样做，可以使人看到活生生的医德理想人格，自然而然地起到“点燃一盏灯，照亮一大片”的作用。

第三，开展批评和自我批评。古人的“洁身、省身、正身、澡身”等，讲的都是自我批评，这是医德修养的重要方法。只有经常进行自我批评，才能自觉地揭露矛盾，开展积极的思想斗争，医德修养不可能在风平浪静中进行，它总是在善的、美的观念同恶的、丑的观念斗争中进行的。当前我国医德医风存在的大量问题，是不可回避的，问题在于我们如何去对待它，在于我们在医德修养过程中能不能通过自我批评，自觉地坚决地抵制它。因此，我们应当运用自我批评的方法一步一步达到高尚的医德境界。

第四，严格自律，力行慎独。“慎独”是我国伦理学所特有的范畴，是指在个人独处时，在没有任何人监督的情况之下，仍能坚持道德信念，按照道德原则行事，它既是道德修养的一种方法，又是道德修养所要达到的一种更高的道德境界。医学道德修养中的慎独，指的是医务人员在单独工作、无人监督时，仍能坚持医德信念，履行医德原则和规范，不做任何违反道德的事。

医德修养非一日之功。医德品质的培养也不是一蹴而就，一次完成的，而是一个长期的曲折的过程，它需要我们医务工作者刻苦地磨炼自己顽强的意志和克服困难的毅力，做到提高“慎独”的自觉性，在“隐”“微”之处下功夫，防微杜渐，从小事入手，努力提高自己的医德境界。

二、医学道德教育

医学道德教育是社会一种有目的、有组织、有计划地对医务人员施加一系列医德影响的活动。开展医学道德教育，是我们培养全面、合格的医学人才的重要手段，也是形成良好的医德医风的重要环节，更是促进医学科学的发展的重要措施，因而对医疗实践活动具有重要的意义。

（一）医学道德教育含义与意义

医学道德教育是指社会按照社会主义医德的基本原则和规范，运用各种方式和手段，对医科学生和医务人员进行的有组织、有计划、有目的的道德教育活动。医学道德教育既要面对在校的医科学生，又要面对医疗一线的医务人员。因此，医学道德教育从形式上讲，是从外部进行的一种客观的思想灌输，可分为普及教育与系统教育两种模式。普及教育的对象主要是广大医务工作者，系统教育的对象则应该是医学院校的学生，同时还包括卫生行政部门、医疗卫生单位的领导与技术骨干及专职人员在内。不管是普及教育形式还是系统教育形式，其目的都是向医科学生和医学工作者传授医学道德基础理论和基本知识，特别是医学道德规范要求，使他们进行品格的陶冶和塑造，并逐渐地把社会主义医德理论的基本原则和规范转化为自己内在的医德信念，养成良好的医学道德品质和行为习惯。那么在这一层面上讲，医德教育实质上就是一种特殊的职业道德教育。

在人类发展史上，我国的伦理文化素以重德教而著称。目前，在我国的医学职业教育体系中，我国也和世界上其他国家的医学院校一样，开设了医学伦理学课程，系统地对学生进行医德知识教育，尽管时代变迁，医德内容发生了变化，但医德教育在医学教育中具有的重要地位与作用始终没有改变。医德教育的这种重要作用，首先是由医学职业的特殊性所决定的。医疗卫生工作承担着为人类健康服务的重大使命，关系到人民生命安危，涉及千家万户的幸福，正如孙思邈所言“人命之重贵于千金”，医疗卫生工作的重要性绝非其他行业可比。我国古代医家在挑选其职业传人时，首先关注的就是其道德品质。明确提出“夫医者，非仁爱之士不可托也”“无恒德者，不可作医。人命生死之系”。同时，他们又将医疗实践中概括出的医学道德要求，言传身教，代代相传。社会主义医学教育，无疑要继承和发扬上述优良传统，才能培养出德才兼备的卫生工作人员。

其次，医德教育是现代医学科学技术发展的要求。现代医学正由“生物医学模式”向“生物心理社会医学模式”转化，人们已经认识到人不仅仅是生物的人，而且是社会的人，与人类生命过程相联系的生老病死，不仅由生物因素所决定，而且受社会、精神因素所制约，社会、心理因素也可成为病源物，因此，除了用药物治疗疾病外，还要重视心理活动及社会因素对调节身心所起的作用。

医学道德教育的意义表现在：（1）医学道德教育是培养全面、合格医学人才的重要手段。医学道德教育将不仅能够帮助医学生、医务工作者认识从事医疗卫生工作的意义，而且有助于他们树立正确的人生观、价值观和道德观，培养高尚的医德品质，成为一个全面、合格的医务工作者。（2）它是形成良好医德医风的重要环节。医学道德教育把医学道德的原则、规范传达给医务人员，提高其医德认识，激发其医德情感，锻炼其医德意志，并促进其在医疗活动中把医德原则、规范转化成医务人员的医德信念和医德行为习惯，从而形成良好的医德医风。（3）医学道德教育是促进医学科学发展的重要措施。医学科学的进步和发展离不开医务工作者的献身精神，并且，医学科学自身发展的过程中，也给人类的生存、发展带来许多困惑和伦理难题等，医学道德教育不仅培养医务人员为医学科学献身的高尚品质，而且也可提高他们分析和解决困惑或伦理难题的能力，从而推动医学科学的发展。

（二）医学道德教育的过程

医学道德的教育过程是同医务人员道德品质的形成和完善相一致的过程。医学道德品质，是指一个医学工作者在一系列医德行为中反映出来的那些稳固的倾向和特征，它通常是由人们的医学道德认识、医学道德情感、医学道德意志、医学道德信念和医学道德行为习惯几方面构成的。那么医德教育过程实质上也就是上述要素的提高与发展过程。

第一，医学道德认识的提高。

医德认识是对医德关系以及调节这些关系的原则、规范的认知、理解和接受。认识是行为的先导，因此，提高医务人员的医德认知水平，是医德教育首要的基本环节。

第二，医学道德情感的培养。

医德情感是对医疗卫生事业及病人所产生的爱恨、喜恶态度及其履行医德要求后的内心体验和自然流露。医德情感是产生行为的内在动力，因此，培养医务人员的医德情感，是医学道德教育的重要环节。

第三，医学道德意志的锻炼。

医德意志是指在履行医德义务的过程中，自觉克服困难和障碍的毅力。医德意志是行为的杠杆，因此，锻炼医务人员的医德意志，是医学道德教育的关键环节。

第四，医学道德信念的确立。

医德信念是根据医德认识、医德情感、医德意志而确立起来的对医德理想、目标坚定不移的信仰和追求，在医德品质中居于主导和核心地位。医德信念是推动医务人员产生医德行为的动力，是认识转化为行为的中间环节，因此，着力于医务人员的医德信念的确立，是医学道德教育的中心环节。

第五，医学道德行为习惯的养成。

医德行为习惯是在医德认识、医德情感、医德意志和医德信念的支配下形成的一种经常的、持续的、自然而然的行为活动习惯。医德行为习惯是医德教育的目的，也是衡量一个医务人员医德水平高低的标志，因此，使医务人员养成良好的医德行为习惯是医学道德教育的最终环节。

（三）医学道德教育的特点

医学道德教育作为职业道德教育的特殊领域，具有职业道德教育的共同特征，但由于医学职业本身的特殊性及服务对象的复杂性，又具有它自身的一些特点，具体表现在：

第一，专业性与实践性相统一。医学是一门专业性和实践性极强的科学，在医疗实践中，医务工作者的医德和医术是紧密结合、相互渗透的，医德教育离不开医学实践，否则就失去了医学专业的特征，就会成为软弱无力的说教。只有将医德教育与专业实践结合，通过解决具体的医学伦理、社会问题来体现医德原则和规范，才能取得良好的效果。

第二，整体性和层次性相统一。医德教育过程，是一个促进医务工作者医德认识、医德情感、医德意志、医德信念、医德行为习惯等诸因素相互渗透、相互促进、整体发展的过程。医务工作者医学道德品质的真正形成，必须是知、情、意、信、行的和谐发展。医学道德规范要求，体现在医疗实践中是多方面的、具体的，既要强调世界观、人生观、价值观的教育，又要强调奉献精神、敬业精神、服务理念、职业纪律的教育。由于受教育者所受社会、学校和家庭教育的影响不同，其道德修养和道德行为的选择也有差别，因此，社会主义医德教育，既要坚持社会主义医德原则和规范，又要从实际出发，因时因人施教。根据每个受教育者医德觉悟水平和修养状况的不同，从医德品质的不同层次为起点，进行有针对性的教育。

第三，长期性和渐进性相统一。医德教育不仅仅是传授知识，重要的是培养医务工作者坚定的医德信念和相应的行为习惯，因而它比起单纯的知识教育、健身教育甚至审美教育来说，更艰巨、更困难、更复杂。如不进行长期的、反复的教育，是不会收到好的效果的。再加上道德本身就具有保守性和稳定性的特点，人们在接受新的道德教育之前，已经吸收了不少旧道德的影响，要铲除不良道德的影响不是一朝一夕的事。但医学道德品质，从广泛的意义上讲，是可以通过医德教育来培养和改变的，而且医德品质的形成过程是一个从低到高不断升华的过程，只要受教育者日积月累，其善行就能获得循序渐进的效果。

(四) 医学道德教育的原则

医学道德教育的原则，是指医德教育过程中应遵守的准则，是组织实施医德教育的基本要求和依据，它应该贯穿于医学道德教育的始终。医学道德教育的根本原则是理论联系实际，具体体现在以下几方面：

第一，目的性原则。医德教育首先要有目的性，即医德教育必须明确教育的目的和方向，也就是培养具有什么样医德品质的人的问题。我们的医德教育的目的是培养全心全意为人民服务的医务人员这一原则，我们要一以贯之，贯彻到底。脱离了这个目的，医德教育就会迷失方向。

第二，理论与实际相结合原则。医德教育必须在医德实践中进行，不能单纯停留在理论上。医德本身就来源于实践，也只有在实践中，才能使医务人员对医德不仅有理性的认识，而且有感性的直接触动，医务工作者只有亲身体会到病人在被疾病折磨时的痛苦、家属面对自己亲人身患重症时的焦急和期盼，才会理解医生对于病人的意义，才能做到急病人之所急，想病人之所想，这样才会自觉地形成高尚的医学道德品质。

第三，正面疏导原则。这是在医德教育中，教育者从提高受教育者的医德认识入手，通过摆事实，讲道理，对受教育者进行正面的引导，为其医德品质的形成指明方向的教育原则。但在坚持和运用这一原则的过程中，首先必须尊重和信任受教育者，切忌家长式或训导式的教育，其次要坚持正面教育，必须以先进工作者和模范人物的生动感人的事迹为教材，循循善诱，以理服人，以情动人，避免讽刺、挖苦、侮辱等粗暴的教育方式或手段。

第四，因人施教原则。在医德教育过程中，教育者要坚持实事求是，具体问题具体分析，不搞一刀切，即从个体的实际医德水平出发，分层次、分阶段进行医德教育。

（五）医学道德教育的方法

医学道德教育的方法是指遵循医德教育的原则，运用多种有效的教育形式和措施去组织实施医德教育。医学道德教育的方法是多种多样的，应根据医德教育的任务、内容、教育的对象的实际情况来确定，医德教育的基本方法是多种多样的，必须选择切合时代特点的、灵活而富有趣味的方法，才能保证教育的效果。以下概括的几种方法，仅供选择。

第一，以理服人，说理启迪法；

第二，以情感人，情感激励法；

第三，以形感人，榜样示范法；

第四，寓理于教，正反对比法；

第五，知行结合，案例讨论法；

第六，寓教于乐，实践锻炼法。

以上方法，各有侧重点，也各有千秋，但它们之间是一个互相联系、互相补充、互相促进的一个统一的整体，在具体的操作过程中，应根据实际情况，优化组合，灵活运用，以期达到最佳的教育效果。

【本章推荐阅读书目】

1. 陈晓阳．医学伦理学［M］．北京：人民卫生出版社，2010.

2. 况成云，兰明银．医学伦理学［M］．北京：人民卫生出版社，2008.

3. 王明旭．医学伦理学［M］．北京：人民卫生出版社，2010.

4．［英国］托尼·霍普（Tony Hope）．医学伦理［M］. 吴俊华，李方，裘劼人译．南京：译林出版社，2015.

【本章思考与练习】

1. 现代医学道德修养的意义是什么？
2. 现代医学道德修养的内容是什么？
3. 医学道德修养的境界有哪些不同层次？
4. 医学道德修养的方法有哪些？
5. 医学道德教育的意义是什么？
6. 医学道德教育的过程是什么？
7. 医学道德教育的特点是什么？
8. 医学道德教育的原则是什么？
9. 医学道德教育的方式是什么？

第十七章　生命伦理学之伦理评价

【本章内容提要】

◆ 医德评价的含义、作用和方式

◆ 医德评价的标准和依据

医德评价是医学伦理学中一个至关重要的问题。它是人们依据一定的道德原则和标准，对医务人员、卫生管理人员和医疗卫生单位的行为活动所作的一种道德价值上的判断。通过医德评价，能帮助医疗卫生工作者明确各种医疗卫生行为的道德是非界限，对于他们选择正确的道德行为，培养高尚的道德品质，自觉树立道德责任感，加强医德修养，提高医德境界，树立社会主义良好的医德风尚，促进社会主义精神文明的建设，都具有重要意义。

一、医德评价的含义、作用和方式

（一）医德评价的含义

所谓评价，是指对人或事物的价值的判断。医德评价，是指人们站在一定的立场上，依据一定社会或阶级的医德原则和规范，通过社会舆论或个人心理活动等形式，对医务人员的行为和品质，或是对医疗卫生部门的行为和活动，做出善恶、褒贬的道德判断和评论。同时，也指医务人员和医疗卫生部门对自己的行为和活动做出的道德价值的判断。

医德评价的对象，是医务人员的行为及品质和医疗卫生部门的行为和活动。医德评价主要是通过外在的舆论和内在的良心两种形式。一定阶级或社会对医务人员和医疗卫生部门的道德要求，主要通过医德评价来影响其行为的选择，促使其接受一定阶级或社会的医德原则和规范，进而发挥调节作用、教育作用和规范作用，帮助医务人员选择正确的医德行为。

人们的道德评价活动，一般都带有主观意向的性质。人们总是依据自己确认的道德标准去评价行为的善恶，并且按照自己的意愿去褒善贬恶。同时又由于社会关系的复杂状态，这就使医德评价活动常常出现复杂的情况。例如在阶级根本对立的社会里，各阶级的道德标准各不相同，然而他们都依照自己确立的标准去评价人们的道德行为。道德标准的对立，产生道德评价的对立，甚至这种对立还常常在人们的自我评价中发生。因此，在研究医德评价时，还需要注意在不同的社会条件下医德评价具有不同的社会性质。

（二）医德评价的作用

医德评价在医疗职业活动中，虽然不像法律那样具有专门的执行机构和社会强制性，但它是法律的重要补充，有时可以起到法律无法起到的作用。在医德评价活动中，它能够产生一种巨大的精神力量，这种精神力量虽然是无形的，但却是客观存在的，人人都能感觉到的。它能够起到鼓励或制约医务人员的某些行为的作用。因此，正确进行医德评价，对于帮助医务人员分清行为的善恶、分清是非界限，对于促进医德水平的提高、加速医德科学的发展，对于加速医院的社会主义精神文明和物质文明建设，都具有重要作用。

1. 促进医德原则、医德规范转化为医德情感和医德行为

在医德活动中，人们不论是自觉或不自觉，总是要根据一定的医德原则和规范去评判别人的行为，衡量自己的行为，进而区分什么行为是

道德的，什么行为是不道德的。对道德的行为加以支持和赞扬，对不道德的行为加以批评和教育甚至贬斥，从而产生医德情感，坚持好的行为，反对不道德的行为。医德评价是使医德原则、医德规范转化为医务人员的医德情感的重要媒介。医德原则和医德规范不会直接转化为医务人员主观的、内在的道德要求，必须通过医德评价这一媒介才能实现。正是医德评价促使医德意识转化为行为，达到知行一致。通过医德评价，对医务人员的行为的医德价值进行道德判断，才能判明善恶、辨明是非，从而激励医务人员自觉地按医德原则和医德规范去待人处事。只有这样，才能使医德原则和医德规范转化为医务人员的具体行为。

2. 抑恶扬善，选择正确的医德行为

医德原则和医德规范是一种社会意识，同时也是医务人员的行为准则。医德评价能促使医务人员的这种社会意识向医德行为转变。因为不论是社会的医德评价，还是自我的医德评价，都不是简单地对医务人员的行为善或恶的判断，而是要具体指明医务人员的责任，说明衡量医疗行为善恶的标准，分析医德评价的根据、动机、效果及其相互关系，等等。因此，医德评价对医务人员行为做出正确的医德判断，有利于医务人员抑恶扬善，始终按照医德要求去选择有利于社会和病人的正确行为，从而使他们按照医德规范去行事。可以说，医德评价就是“医德法庭”，能对医务人员行为的善恶做出公正的裁判，保证医德原则和医德规范的贯彻实施，使社会主义医德原则、医德规范转化为广大医务人员的自觉行动，建立良好的医德风尚，提高医疗质量，不断促进卫生战线的社会主义精神文明建设。

3. 调节医务人员的诊疗活动行为

医德评价能引导医务人员检点自己的行为，调整相互之间的关系，提高医德素养。当某种符合医德要求的行为还限于少数人时，医德评价可以通过对这种医疗行为的赞赏、表彰，引导广大医务人员效仿。当医务人员在履行医德义务过程中遇到阻碍和挫折的时候，医德评价可以帮助医务人员积极排忧解难。当某种违背医德的行为发生、蔓延时，医德评价可以通过谴责加以阻止。这样就可以维护医德原则、医德规范的实施，调节医务人员的诊疗行为，引导医务人员沿着正确的轨道前进。

4. 促进医学科学的发展

在医学科学的发展中，常常遇到一些伦理道德的争议和传统观念的阻挠，使某些医学科研裹足不前。如果对这些争议和传统观念做出正确的分析，进行正确的评价，从医德观念上加以解决，就会推动医学科学和卫生事业的发展。例如，对安乐死的问题、器官移植问题、人去世后贡献尸体或器官问题等行为的道德是非，做出正确的医德评价，不仅对医学科学事业的发展起促进作用，而且会推动医德的发展。

总之，医德的职能和作用往往靠医德评价来发挥，社会主义医德评价是医务人员评价自己和他人诊疗行为善恶的一种方式，能促进广大医务人员选择正确的医德行为。失去了医德评价，医德原则、医德规范与医德实践脱节，医德原则、医德规范就会变成空泛的抽象的条文。医德评价的深度和广度以及力度极大地影响着社会医德、医风的好坏。

（三）医德评价的方式

医德评价同一般的道德评价一样，其方式有四种：社会舆论、内心信念、传统习俗与量化考评。社会舆论、传统习俗是医德评价的外在形式；内心信念是医德评价的内在形式。

1. 社会舆论

所谓社会舆论，就是众人的言论。在不同历史条件和不同情况下，多数人对某一事物常常形成共同的看法和态度，这种共同的看法和态度形成社会舆论。

作为一种舆论，必须具备两个基本条件：一是必须有一定人群，甚至是多数人的明确态度或看法；二是这些看法基本上是一致的。当然，在某些情况下，可以有几种不同的舆论，但每一种舆论都代表着一定人群的看法，都有一定的群众基础。显然，社会舆论是社会上人与人之间关系的一种客观存在反映，它是通过自觉和自发这两种方式出现的，但无论是自觉形成还是自发形成的社会舆论，都是有着鲜明的时代性和阶级性的。社会主义社会的自觉的舆论，是我们党和国家利用报刊、广播、电视、书籍、曲艺等宣传工具和宣传形式，对不符合社会主义医德要求的行为加以否定和谴责，形成一种抵制力量，制止某种行为再次发生，起到抑恶扬善的作用。自发形成的社会舆论，是人们遵循实际生活经验和已有的传统的情况下形成的舆论，这种舆论多是分散的、不集中的。这种舆论，有的是支持有利于社会主义医德医风建设的，有的是谴责不利于社会主义医德医风建设的。正确的社会舆论，能激发和增强人们的道德责任感和荣誉感，有效地提高人们的道德觉悟，有益于人们的道德行为和道德品质的培养；而错误的社会舆论则起相反的作用。

在社会主义制度下，医德舆论是有利于人民群众利益的，是人们意志的体现。党和政府利用报刊、电台、电视、影剧等宣传工具，对那些全心全意为人民身心健康服务的优秀医务人员予以褒奖，要求医务人员以他们为榜样，批评那些违背社会主义医德原则和医德规范的医务人员，形成强大的社会舆论，教育广大医务人员，自觉贯彻社会主义医德原则和医德规范，并以此为准绳来检查自己的行为。正确的社会舆论，表现了社会主义社会对医务人员道德品质和道德行为的要求，表达着绝大多数人的愿望和意志。在社会主义的医德评价中，要广泛而恰当地运用社会舆论，倡导、赞扬、鼓励高尚的医德行为，贬责、鞭挞恶劣的医德行为，促使医务人员自觉反省自己。这样，就会使被褒奖者内心受到鼓舞，继续为善，使被贬者内心感到惭愧、羞耻，使其弃恶从善。社会舆论能帮助医务人员明辨是非、善恶、荣辱，增强责任心、荣誉感，自觉地选择有利于社会和病人的行为；社会舆论可以起到监督作用，帮助医务人员纠正自己的错误行为。

2. 内心信念

所谓内心信念，主要是指道德信念，是医务人员发自内心地对医德义务的真诚信仰和强烈责任感，对自己的行为进行善恶评判的精神力量。辩证唯物主义告诉我们，外因要通过内因起作用。医德的特点不仅在于社会舆论外在的强制，而且在于内心信念发挥作用。一个人某种内心信念的形成，并非一朝一夕的事，而是在对生活实践有长期、深刻观察的基础上，由感性认识上升到理性认识的结果，是医务人员在医德实践中形成的医德意识、医德情感和医德意志的统一，是其世界观、人生观的集中表现，是实践的产物。要确立高尚的内心信念，必须以树立正确的世界观和人生观为前提。

内心信念也是道德评价的一种重要方式，内心信念是通过职业良心来发挥作用的。现代英国作家毛姆说："我把良心看作一个心灵中的卫兵，社会如果要存在下去制定出的一套礼规全靠它来监督执行，良心是我们每个人心头的岗哨，它在那里值勤站岗，监督着我们别做出违法的事情来。"良心不仅对医务人员的行为有监督作用，而且具有裁判作用。良心是医务人员内心的"道德法庭"，他们自觉地在良心法庭上做自己的起诉人和审判官，自己检查和审判自己的言行，对自己符合于医德要求的言行，得到良心上的安慰和满足，对自己违背医德的行为，即使不被人发现，也要在内心深处加以审判，进行自我谴责，感到羞耻，并努力避免再发生类似的行为。

3. 传统习俗

传统习俗是医德评价的一种不可忽视的力量。所谓传统习俗，是指由历史沿袭下来的人们习以为常的行为倾向、行为规范和道德风尚。传统习俗由于源远流长，常同民族情绪、社会心理交织在一起，成为民族风俗。它具有相对稳定性，不容易改变，是一种根深蒂固的习惯势力。传统习俗对人们的行为有很大的影响，被人们视为一种不言自明的行为规范。凡是违背传统习俗的行为，人们常常加以谴责；凡是符合传统习俗的行为，人们就加以赞扬。因此，传统习俗在医德评价上有特殊的作用，对医务人员的医德实践行为有一种很大的约束或鼓舞力量。

传统习俗有新与旧、进步与落后的区别和对立，旧传统习俗的落后部分是推行新的医德的阻力。有时在医德评价中，尽管有些行为是高尚的，合乎医德的，也得到社会舆论的支持，但由于传统习俗的影响，常遇到种种非难。如为了发展医学科学，进行人体实验和人体解剖，本来是合乎医德的，但往往受到阻挠和指责。对这种传统习俗的落后部分应该加以摒弃，要多做宣传解释、说服教育工作，用社会主义道德及有利于医学科学发展的道德观念来改造旧的传统习俗。而对于进步的传统习俗，则必须加以继承和发扬。如我国医德传统中，广泛被人们赞扬的“神农尝百草，一日而遇七十毒”这种为了人民的利益而勇于献身的精神，对于今天的医德建设仍有积极意义。同时，还要积极宣传、扶植符合医德的新风尚，新的医德风尚被人们作为医务人员诊疗行为规范形成习惯时，又会成为新的习俗力量。在医德评价中，要正确发挥传统习俗的作用，就必须依据医德评价的标准来决定对它的态度。支持和遵循符合时代要求的传统习俗，批评和改造不良的传统习俗，促进新的有利于医学发展的良好道德风俗习惯的形成。

三种评价方式之间的关系。社会舆论、内心信念和传统习俗既有区别又有联系。其区别在于：社会舆论和传统习俗是由多数人组成的群体力量，而内心信念是单个人的力量，社会舆论和传统习俗是来自外界的社会力量，而内心信念是发自人本身的自我力量。然而，它们又是相互联系的：内心信念的形成要受到舆论和习俗的影响；社会舆论和传统习俗的作用则要通过内心信念来实现，这种关系是内因和外因辩证关系在医德评价中的表现，它们在医务人员的医德实践中统一起来。

社会舆论、传统习俗和内心信念三者相互渗透、相互作用。从舆论和习俗的关系来看，习俗影响舆论。传统习俗不仅影响社会舆论的内容，而且影响社会舆论力量的发挥。社会舆论与传统习俗的方向一致时，它们形成共同的道义力量，促进或制约医务人员的行为；两者的方向不一致时，传统习俗力量可以抵消某些舆论力量。而社会舆论也可影响传统习俗，如当某种传统习俗阻碍医德医风发展时，通过社会舆论可以逐渐改变不良传统习俗。从内心信念和传统习俗的关系来看，内心信念制约着传统习俗。每个医务人员都从自己的内心信念出发，遵循良好的传统习俗，抵制不良的传统习俗。从社会舆论和内心信念的关系来看，社会舆论和内心信念相互影响。一方面，社会舆论增强内心信念，是内心信念发挥的环境和客观凭借。正确的社会舆论，能够促使医务人员在思想上开展内心斗争，培养医务人员的善恶观念，培养医务人员的医德责任感，提高对诊疗行为善恶的自我评判能力，增强医务人员的内心信念。另一方面，内心信念的增强和医德责任感的增强，又是舆论的精神支柱，又会促进医德舆论的形成，使舆论发挥更大的力量。良好的舆论环境和正确的道德信念统一起来，就能对医务人员的诊疗行为产生巨大的影响，促进医德水平的提高。

4. 量化考评

量化考评是指对医德的具体情况进行量的分析和掌握，然后作善意的评价。任何事物都是质和量的对立统一，医德也一样，不仅有质的规定性，而且有量的规定性。医德的质就是善与恶，医德的量就是善恶的程度。以往我们偏重于质的判断，如这种行为是合乎道德还是不合乎道德，而忽视了量化分析，因而对医德的评价缺乏科学的分析。现在采取量和质的综合分析，不仅使人们对医德评价有更科学的认识，而且对于医务人员的医德教育和修养具有重要意义。

如何进行量化考评？目前许多医疗单位采取记分统计法，把各种医德表现分为一些项目进行量化计分，比较各部门各人的分值，并依据分值多少分别做出评价。有的单位还规定道德量化内容，如：坚持社会主义服务方向；文明行医、礼貌待人的服务态度；认真负责、严格执行规章制度的严谨作风；刻苦钻研技术、虚心好学的学风；遵纪守法、廉洁奉公的优良作风；团结协作、共同进步；正确处理国家、集体、个人之间关系的优良品质等。然后根据这些量化指标进行自我评价、医务人员之间评价、病人及其家属评价、领导评价等形式评出每个人的分数，再根据每个人的评分多少来衡量医德优劣程度。有些单位运用模糊数学计算法进行考评，有的单位还采取社会民意测验、单位领导与同行评议方法进行评价，对严格遵守医德规范、医德高尚的个人和单位给予表彰奖励，对不遵守医德规范者进行批评教育，对严重违反医德规范，经教育不改者给予必要的纪律处分等。

上述这些量化考评方法，是在实践中不断总结出来的评价方式，是社会评价、自我评价的综合运用，对医德建设起到了推动作用。

总之，社会舆论的抑扬、传统习俗的调控、内心信念的自律和量化考评的约束四种基本方式，是相互补充、相互联系的。此外，各级医疗卫生工作行政部门把医德医风作为单位单项评估及医务人员考核的重要内容，也是医德评价的具体措施。良好医德风尚的形成和更新，都是通过社会舆论、内心信念、传统习俗和量化考评的起伏与消长表现出来的。我们要充分地、恰当地运用这四种方式对医务人员的诊疗行为做出正确的判断和评价，不断提高医务人员的医德水平。

二、医德评价的标准和依据

（一）医德评价的标准

人们常说，没有规矩不成方圆。对于任何事物的评价都得有规矩、标准，医德评价也不例外。尽管由于各种原因，对同一诊疗行为有不同的看法，并且可以提出各种“理由”，但是并非“公说公有理，婆说婆有理”。社会主义医德原则，是医务人员在临床实践中处理人与人之间关系的根本指导原则。医德评价的标准不能脱离这一基本原则。根据基本原则的要求，医德评价的客观标准，主要有以下 3 条：

1. 有利于人类健康，有利于病人疾病的缓解、根除，即疗效标准

医务人员的医疗行为是否有利于人类健康，有利于病人疾病的缓解、根除，是评价医务人员行为的主要标准。医务人员的医疗行为应该有利于病人疾病的缓解、根除，有利于病人的健康，这就是善的行为，美的行为，应当受到赞扬。因为病人的利益是医疗实践活动的出发点和归宿，在医疗实践活动中，医务人员的一切行为，都必须符合病人的利益，也就是有利于治疗疾病、减轻病人痛苦、促进康复，使病人的身心保持良好状态，使病人付出最小的代价（肉体的、精神的、经济的），在身心健康上收到最大效益。这是从医疗行为对病人恢复健康的总体而言的。例如，在给病人使用药物抗感染治疗时，弃去有效而价廉的首选药不用，而用高价回扣药，就是不道德的行为。当前，在市场经济的条件下，如果只顾经济收入，而把病人利益、社会效益摆在次要位置，造成经济收入暂时上去，而医疗质量、服务态度和社会效益下降，这种经济效益是短期行为，不会有长期的好的经济效益。如果一个医院服务态度好，收费价格合理，应用低价有效的药品，医护水平又高，这个医院就会在医疗市场竞争中取胜，就会得到社会的赞誉，定会得到长足的发展。在医疗实践的医德评价中，有利于人类健康，有利于病人疾病的缓解、根除，在任何时候都是衡量医疗行为是否符合道德的重要标准。

2. 有利于促进医学科学发展，即科学标准

医学道德评价的重要标准之一是医疗实践活动必须遵循医学科学的发展规律，促进医学科学的发展。对于那些自愿在死后捐献自己的遗体，自愿接受人体实验，或贡献自己的器官等有利于医学科研的行为，应该充分肯定、给予赞扬。对那些在医学科学研究中，刻苦钻研、勇闯难关、不图名利、相互协作、实事求是、一丝不苟，很好地完成了科研任务，为医学科学的发展、社会的进步做出贡献的医务人员，应给予积极鼓励并大力支持。反之，对于那些不尊重别人的科研成果和科研专

利、剽窃抄袭、沽名钓誉、相互嫉妒等恶劣行为，以及“身体发肤受之父母，不可毁伤”等陈腐道德观念，应当给予批判和摒弃，以促进医学科学研究的发展。

3. 有利于人类生存环境的保护和改善，有利于人群素质的提高，即社会标准

随着社会的进步和医学科学的发展，医学的服务对象不仅包括有疾病的人，而且还包括健康的人。医务人员不仅要治病，而且要防病；既要重视治疗，又要重视预防；不仅要有利于个体病人和健康人，而且还要有利于人类生存环境的保护和改善，提高人们的身体素质。因此，医院必须采取措施，防止疾病的传染与扩散，同时医院也要加强管理，保护环境。医院的废水、废气、污物、化学及放射性物质的处理，既要考虑本身的卫生安全，又要考虑社会环境卫生和人群的健康。不经无害化处理，把各种带有传染源及放射性的毒物排入周围环境中是不道德的。因此，在评价医务人员和医疗卫生单位的行为和活动时，要把“治”和“防”结合起来，把病人的切身利益和社会整体效益，乃至整个人类健康利益结合起来。

（二）医德评价的依据

医疗活动是一种有意识的活动，是从行为的动机、意图出发，选择一定的医疗手段，最后获得某种效果的过程。医德评价的依据，就是医疗活动中的动机与效果、目的与手段问题。

1. 动机与效果的辩证统一

所谓动机是指医务人员在职业行为之前的主观愿望，这是激励他们去行动的主要原因。人们在自觉地实行某一行动之前，必然会明确地意识到进行这一行为所要达到的目的。所以，动机是人们的行为所固有的特征。医疗动机是医务工作人员在医疗活动之前的主观愿望和医疗实践

活动过程中支配一系列行为的动因。医务人员在行为之前，有不同的主观愿望，也就是不同的动机。

所谓效果就是指人们的行为所产生的结果。医疗效果就是指医务人员进行医疗实践产生的结果，任何医疗活动都会产生一定效果，医疗效果好坏是医疗活动的客观记录。

我们评价一个人的医疗实践行为，是依据他的动机，还是依据他的行为效果呢？这是一个非常重要的问题，而且历来是伦理学家们争论的问题。

动机论者认为，行为出于动机而发生并受动机支配，动机是评价行为善与恶的唯一依据。如德国唯心主义哲学家康德认为，从道德评价方面看，除了一个“善良意识”以外，再没有什么东西可以称得上是道德的。检验行为善恶单纯只看动机，这是道德评价问题上的一种唯心主义观点。因为动机是一种主观愿望，如果光凭动机而不看效果去评价一种行为，那就可能把并未尽力去实现良好动机的行为都评价为善的。其实行为动机若离开了实践检验，只是一种毫无意义的空想。

效果论者认为，效果是评价行为善恶的唯一依据。他们强调效果是作为评价行为善恶的唯一依据。我们认为，效果论者也是片面地看问题，离开动机只看效果，也不能对行为的善恶做出正确的评价。毛泽东同志指出：唯心论者是强调动机否认效果的，机械唯物论者是强调效果否认动机的，我们和这两者相反，我们是辩证唯物主义的动机和效果的统一论者。为大众的动机和被大众欢迎的效果，是分不开的，必须使二者统一起来。医疗实践活动中的动机是产生医疗效果的前提，然而，动机和效果并不都是一致的，常常出现复杂情况。在医疗实践中，好的动机，也可能产生不好的效果。有时还会发生相同的动机，产生不同的效果，相同的效果来源于不同的动机。因此，要求在医疗道德评价中，既要看动机，又要看效果。

一般说来，一个好的行为动机会产生好的行为效果；不良的行为动机则会产生不良的行为效果。但是，由于在职业活动中要受各方面条件的制约，由于医务人员本人对专业技能的掌握要有一个过程，也由于在医疗活动中还有不少意想不到的情况，因此，有时好的动机也往往出现不好的效果。如有的医务人员一心想把病人的病治好，但由于病情复杂，当时当地的医疗技术水平有限，医疗设备不全，虽经竭力抢救，仍难转危为安。又如有的医务人员，医疗态度和作风都很好，但专业技能掌握不够，使一些本来可以避免的传染病没有得到及时预防。像这类情况，不能因效果不良，就认为其动机也不好。同样，在一定条件下，不良的动机也可能出现好的结果。如有的医生为了获取个人名利，为了显示自己的技术以达到某种个人目的，也完全可以把病治好，甚至使病人满意，但我们并不能以此断定该医生的动机是好的。

由此可见，我们在评价医疗行为的动机与效果的道德是非时，应该对动机与效果作辩证的、客观的、具体的分析，应该把医疗实践的全过程作为判断动机与效果的依据，既不能简单地以效果来判断动机，也不能以动机代替效果。作为一个对病人负责的医务人员，应该尽量使自己的动机和效果一致起来，逐渐减少和消除动机与效果不一致的情况。这不仅有利于评价医疗行为的好与坏，而且也是我们医疗服务的目的所决定的。

2. 目的与手段的辩证统一

目的和手段是与动机和效果相联系但又有区别的问题，也是在评价医德中应该加以研究和讨论的问题。

所谓目的，就是指医务人员通过医疗活动所期望达到的目标。医务人员的诊疗目的有两种：一种是为病人防病治病，保障人民健康，缓解和根除病人疾苦，是合乎社会主义的医疗道德目的的；另一种是极少数医务人员的诊疗目的是唯利是图的，追求个人的名利或敲诈勒索、搜刮病人的钱财，是不合乎医疗道德的。手段是达到某种目标所采取的各种措施、方法和途径等。

目的和手段是对立统一的，二者相互联系、相互制约。目的决定手段，手段必须服从目的。手段离不开目的，离开目的的手段是没有任何意义的，目的也不能离开手段，医务人员的某种目的，离开了一定的手段则无法达到。在医疗实践中，目的与手段也有可能相背离。比如，目的没有相应的手段来保证其实现，或者手段没有服从预定的目的，一旦发现这种情况，就应果断采取措施调整手段，或者改变目的，力争运用现有手段来达到尽可能好的目的。如果看到手段与目的相背离，在可能导致不良的后果时，仍无所顾忌、继续进行，那是不道德的。因此，在评价医务人员的行为是否符合医疗道德要求时，不但要看是否有正确的目的，还要看其是否选择了达到目的的恰当手段，使正确的目的能够实现。

医务人员要想使自己的行为达到预想的目的，要想使自己良好的动机转化为良好的效果，选择正确的医疗手段，是十分必要的。如同过河，要有桥或船一样。医务人员为病人利益着想，从让患者药到病除、早日康复的善良愿望出发，要尽力选择正确的医疗手段。

依据医疗目的选择医疗手段，应遵循以下原则：

第一，选用的诊疗手段，应该是经过严格的科学实验证明是可行的。作为医疗实践的手段，包括每一种新技术和新药物的应用，未经严格的药物实验和临床实践证明行之有效，都不能采用。这里应把临床实验和临床应用区别开来，那些尚处于临床实验阶段的手段不能轻率地当作临床常规来使用，必须经过人体实验，也必须严格按照科研道德规范进行。

第二，必须选择最佳的医疗手段。所谓最佳手段包括以下内容：一是效果最佳，即在当时当地的技术水平和设备条件下医疗效果是最佳的。如果不采用条件许可或可以争取到的最佳手段，随便应付患者的治疗需要，或采用其他手段，则是不道德的。二是安全，副作用和损伤最少。一切医疗手段，都应尽可能地避免副作用或使之减少到最低程度。三是痛苦最少。无论是诊断或治疗，都应尽可能注意减轻病人的痛苦——包括疼痛、血液损耗、精力消耗等。四是经济耗费少。不论是自费的病人还是享受公费、劳保的病人，在采用治疗手段和选用药物时，都要考虑资源的消耗和经济的负担。

第三，诊治手段必须和病情程度相一致。医务人员在考虑治疗方案时，应该坚持实事求是的原则，必须从病人利益出发，根据病情需要给予相应的治疗；不能采取一些相反的治疗手段，该予以治疗的不予以治疗，该予以大治的却予以小治；或者不需要治疗的反而予以治疗，无须大治的反而予以大治，等等，这些都是违反医德原则的。也就是说，在选择治疗手段时，应对症下药，实事求是，不能掺杂个人的私念。

第四，必须考虑社会后果。一切可能给社会带来不良后果的医疗手段，都尽可能不采用。如可能造成细菌扩散或造成环境污染的医疗手段，必须按规定在严格的控制和防护下进行。对某些病人有利，但可能给更多人带来损害的手段和要求，要慎重对待。如某些不可逆转的危重病人及其家属提出要使用效果不大的昂贵药物时，这从病人个人的角度看可能并非多余，但从全社会的资源和效果看，是不允许的。

3. 个人和集体的辩证统一

这里的个人是指医务人员的个人，这里的集体是指医院或医院的某个科室。我们在评价医疗行为时，既要充分考虑医务人员个人利益、个人智慧和个人的主观能动作用，同时又要考虑科室、医院的整体利益、长远利益与集体的团结协作。例如，有的病人的疾病需要医院几个科室的共同诊断和治疗，这就需要医技科室和临床科室相互密切配合，有时还需要医院的医务部门组织会诊或协调方能解决病人的痛苦。在评价这样的医疗行为时，就既要考虑医务人员的个人医疗行为，还要考虑医院相关科室的团结协作精神。所以说在医德评价时，既要对某个医务人员做个人的评价，有时也要对医院集体医德医风做综合的评价。

总之，评价医务人员的行为，要以动机、手段、目的、效果、个人和集体为依据，从实际出发，实事求是，进行具体的、辩证的分析，才能做出正确的判断。

【本章推荐阅读书目】

1. 孙福川，王明旭．医学伦理学［M］. 第4版. 北京：人民卫生出版社，2013.

2. 陈晓阳．医学伦理学［M］. 北京：人民卫生出版社，2010.

3. 瞿晓敏．医学伦理学教程［M］. 第4版. 上海：复旦大学出版社，2011.

4. 张忠元．医学伦理学［M］. 北京：人民卫生出版社，2012.

5. 郭楠．医学伦理学案例教程［M］. 北京：人民军医出版社，2013.

【本章思考与练习】

1. 医德评价的作用是什么？

2. 医德评价的方式有哪些？你是如何理解的？

3. 医德评价的标准有哪些？你是如何理解的？

4. 医德评价的依据有哪些？你是如何理解的？

第十八章　生命伦理学之科学研究伦理

【本章内容提要】

- ◆ 医学科研工作的根本宗旨
- ◆ 医学科研工作的道德准则
- ◆ 医学科研工作的工作作风
- ◆ 人体试验的客观必然性
- ◆ 人体试验的伦理分析
- ◆ 人体试验的伦理原则

医学的发展，离不开医学科学的发展，而医学科学的发展，既有社会政治、经济、文化的因素，又有医学科研工作者的聪明才智、道德品质的因素。在现代科学技术背景下，从事医学科学研究的机构越来越庞大，科研人员越来越多，医学科学研究的伦理规范显得日益重要。由于医学科研的对象是人，是人的生命，其成果是为人类的健康服务的，所以医学科研的伦理道德与医学科研人员的道德素质，无疑是现代生命伦理学关注的重点之一。医学科学发展的历史表明，所有医学科学成果的取得，无不是科研工作者聪明才智、献身精神和高尚的科研道德的产物。

一、医学科研与伦理

（一）医学科研的概念

医学科研主要是指运用和医学相关的知识进行人类疾病、生命健康程度、药物有效性、流行病预防相关的研究。比如制药，疫苗，器官移植等大众熟知的研究，此外还有康复研究，比如人工制造的可以代替人体自身器官和骨骼的研究都是医学科研。

按照《全国医院工作条例》规定，医院要开展以提高临床医疗、护理水平为主的科研工作。同时，也要积极创造条件开展实验医学和基础理论的研究，引进国内外诊断和治疗的新技术，从而不断提高医疗质量和发展医学科学。

（二）医学科研的分类

1. 按任务来源分类

第一，纵向科研任务。它是指各级政府主管部门下达的课题、项目。包括国家、部门和专业发展规划中确定的科研任务，或卫生部根据医药卫生事业发展的要求和在防病治病工作中遇到的一些科学技术难点提出的科研课题，如国家及卫生健康委员会攻关课题，国家自然科学基金课题，各部、省、委、局基金课题等。一般通过择优或招标的方式落实到承担单位，对医院来说，首先要保证这部分任务的落实和实现，各单位要根据自己的优势特点、实验设备条件和科技人员的能力、专长等情况，积极创造条件争取国家任务。

第二，横向科研任务。这类研究与开发课题是以横向科技合同为依据的，它主要由企、事业单位委托进行，研究经费一般由委托单位提供。我国开放技术市场以来，这类研究开发课题日益增多，由于它们具有很强的综合性，因此常需要组织跨部门、跨行业、跨系统协作才能完成，要采取积极的态度来承担任务，并列入计划给予保障。

第三，自由选题。它是根据医学学科发展和医疗科技人员的专长，结合医疗卫生工作的实际需要，由科技人员自己提出的研究课题。其一部分经过评议、审批等程序，由所在单位给以资助立题，如院、所基金等。另一部分是科技人员根据自己的兴趣或是在科研、教学和医疗实践中遇到的实际问题而自行研究的课题。自选课题只要有创新的学术思想，很可能发展成重大科研课题，具有很强的储备性质。因此，应充分重视自选课题，并积极创造条件给予支持和扶植。

2. 按科技活动类型分类

第一，基础研究。它是以认识自然现象，探索自然规律为目的，没有或者只有笼统的社会应用设想的研究活动。这类研究探索性强，研究周期长，对研究手段要求高，研究的结果常是一些科学发现，对广泛的科学领域产生影响，常常说明普遍的真理，成为普遍的原则、理论或定律。医学基础研究是探索和认识生命活动的基本规律，探索和揭示疾病发生、发展和转归的一般规律，从而对医疗、预防的技术提供科学理论根据，指导医学科学实践。

第二，应用研究。主要针对某个特定的有实际应用价值的目标开展的医学研究。它常运用基础研究的成果，具体地研究如何利用和改造自然的手段和方法，研究各种技术中的实际问题。如疾病诊断、治疗和预防方法的研究，新药物、新生物制品、新医疗技术及设备的研究等。

第三，发展研究。也称开发研究，是运用基础研究和应用研究的知识，推广新材料、新产品、新设计、新流程和新方法，或对之进行重大的、实质性改进的创造活动。它和前两种研究的区别在于基础研究与应用研究是为了增加和扩大科学技术知识，而开发研究则主要是为了推广和开辟新的应用。

以上三类研究互相补充，互相促进并可互相转化。基础研究是应用研究的基础，应用研究是基础研究的应用。应用、开发研究不仅是对基础研究成果的进一步延续和证实，而且反过来又促进基础研究的发展。

3. 按研究内容分类

第一，临床医学研究，包括医学诊断方法和治疗方法研究。诊断方法研究的目标是向早期、特异、无损伤、微量、准确、快速、简便方向发展，并逐步实现诊断技术的机械化、自动化。治疗方法研究包括药物、手术、放疗、化疗、理疗、体疗、精神心理治疗、营养治疗等，目的是安全方便，疗效可靠，且可重复，结论要准确。临床医学研究还应重视中西医结合的研究工作，我国的中医药学是研究人类生命现象和病理现象的知识体系之一，它的独特理论和独到的防病治病、养生保健的手段，已引起全世界的关注。要努力发展具有中国特色的医药学，运用现代科学研究方法和技术，积极加速和提高中医药科研的进程和水平

第二，预防医学研究。随着医学模式的转变以及“三级预防”学说的提出，医学研究应从单纯治疗型向预防治疗型转变。疾病的早期发现、早期诊断、早期治疗、感染监控、消毒隔离、防止交叉感染、减少合并症、防止急病慢性化以及社会预防、社会保健等都是医院预防医学研究的重要内容。

第三，基础医学研究。基础医学研究对于临床医学发展极为重要。如前所述，这些研究可为临床诊断、治疗和预防疾病提供科学的理论依据，它是新技术、新发明的源泉、后盾和先导。特别对承担教学任务的医院来说，基础研究对提高师资学术水平、更新教材、改造旧专业、建立新兴的交叉学科、促进研究生和本科生的培养等方面都起到十分重要的作用。因此，各医院都要积极创造条件，鼓励和支持开展基础医学研究。

第四，医院管理研究。医院的管理部门承担着决策、指挥、组织、协调等重要任务，在人、财、物等条件基本相同的情况下，医院的发展和提高很大程度上取决于有效的科学管理和组织能力。在当前市场经济的新形势下，如何深化医院内部体制改革，如何更好地学习和引进先进的管理理论、管理技术和方法，较快地实现管理体制、管理机构的效率化、管理人员的专家化、管理技术的自动化，以及管理方法的科学化、规范化和制度化，如何更好地充分发挥医院的人力、物力、财力和各项技术能力的作用，是医学研究的重要内容之一。

人们在从事医学科研活动中，为正确处理研究者与研究对象间、研

究者相互间关系以及为获取科研成功全部行为活动中所形成的行为规范，就是医学科学研究道德（伦理）。

（三）医学科研工作的根本宗旨

医学科研工作的根本任务在于认识和揭示医学领域内客观对象的本质和运动规律，探寻战胜疾病、增进人类身心健康的途径和方法，从而达到维护和增进人类健康和造福于人类的终极目的。因而，医学科研工作的根本宗旨，就是追求医学真理，造福人类社会。

第一，追求医学真理。自然界的本质往往隐藏在纷繁复杂的现象背后，探索医学的奥秘，探索医学的真谛，不言而喻充满着艰难险阻。科学研究还要经常面临失败的考验。还有许多社会、政治、经济的因素，有时也会给医学科研工作带来强大的压力。所有这些，都要求医学科研工作者为追求真理而具有忘我精神和献身精神。纵观中外医学科研发展史，多少重大的发明创造无不是靠科学家追求真理的顽强毅力和献身精神才得以实现的。

我国古代神农尝百草的传说，就是崇高自我牺牲精神与追求真理的生动体现。我国明代著名的医药学家李时珍不辞辛苦，历时几十年致力于《本草纲目》的撰写，当他写完这部收载1892种药物的巨著时，已是一位白发苍苍的老人。其中的艰辛，我们从他著的《蕲蛇传》中便可知晓。蕲蛇是李时珍的家乡蕲州的特产，是一种名贵药材，能“透骨搜风，截惊定搐”，是治疗风痹等多种疾病的良药。但“其走如飞，牙利而毒”，倘若被它咬了，必须立即截肢，否则就会丧命，因此，很不容易捕捉。李时珍为了写本关于蕲蛇药效的书，在蛇贩子那里观察蕲蛇的生活习性。后来有人告诉他，蛇贩子的蛇多是从江南捕来的，并不是真正的蕲蛇，当地蕲蛇生长在城北的龙峰山上。于是，李时珍冒着生命危险几次攀上龙峰山，在捕蛇人的帮助下，终于捕获了许多条真正的当地蕲蛇。他观察它们的形状、颜色等特征，了解它们的习性以及捕捉和炮制的方法。在实际采访、观察的基础上，李时珍成功地写作了

《蕲蛇传》。

西班牙生理学家塞尔维特（Michael Servetus，1511—1553）因发现肺循环触犯了基督教的神学权威，因教会支持“血液产生于肝脏，存在于静脉”的观点。宗教裁判所将他逮捕，并勒令他放弃自己的观点，但他为了追求真理而誓死不屈，惨遭火刑，用生命捍卫了科学真理，为生理学的创立开辟了道路。

18世纪，黄热病（yellow fever）曾周期性地侵袭纽约、费城等地，夺去了千万人的生命。同时，黄热病也威胁着南美洲的人民。当时，人类既不知道黄热病的病原（直到1901年里德（W. Reed，1851—1902），才证明黄热病是由病毒引起的），也不知道黄热病是怎样传播的，人类对这种可怕的流行病束手无策。1900年，医学家拉奇尔（J. W. Lazear，1886—1900）随同里德到古巴去研究在那里猖獗的黄热病。经过拉奇尔的实地考察，得出蚊子是传播该病毒的真实来源，为人类最终战胜该疾病找到了有效的预防方法，但拉奇尔自己却被带病毒的蚊子叮咬不幸得了这种黄热病，在发病的一周内就离开了人世。拉奇尔为医学科学而献身的精神，直到今天还受到人们的怀念！从这个意义上说，一部医学科学发展史，就是医学家们追求真理的献身史。

第二，造福人类社会。许多科学的发现常常具有两重性，或是有益于人类，或是给人类社会带来危害或灾难。由于医学科学的研究成果最终都要运用到防病治病的医学中，因而医学科学的利与害对人类社会影响很大。这就要求医学科研工作者对研究内容必须具有很高的预见性，凡是能造福人类的科研课题与科研活动就可进行，违背科研工作宗旨的科研项目，不应该开展研究。

任何一项医学科研成果，不管其在研究过程中考虑得如何周密，在局部范围内使用得如何有效，其可行性和有效性仍需在大面积人群中验证。有时近期效果对人有利，而远期效果却不尽如人意，甚至有害。如何使科研成果扬其利、避其害，是医学科研工作者不可忽视的问题。

特别是19世纪后半叶以来，随着实验医学的兴起，医学科学技术发展日益社会化，一方面，它的发展受社会政治、经济、文化等因素的影响；另一方面，它对政治、经济、文化、教育又均有影响。科学技术本身就是一把双刃剑，它对人类社会既有有利的一面，也会有毁坏的可能。这正是“科学本身无所谓道德不道德，只有利用科学成果的人们才有道德或不道德之分”。科学技术如果掌握在一心造福于人类社会的科学家手中，医学科学技术就会把人类从天花、霍乱、破伤风、斑疹、伤寒的阴影中解救出来，在今天，继而向癌症、艾滋病挑战；如果掌握在丧心病狂的刽子手手中，第二次世界大战中法西斯不人道的人体实验，就又会卷土重来。因而，任何一项新的医学科研成果的问世，都要经过社会、伦理、法律的再三论证，力争使科研成果的推广、应用规范到为人类造福的范围之中。像1997年的热门话题，克隆“多莉羊”的问世，使人们预感到，人类离复制自己的日子已经为时不远。克隆技术是现代科学技术高度发展的结晶，这项技术给人类社会发展到底带来的是福音，还是灾难，至今人们仍停留在猜测、疑问、探讨之中。但科学要发展，社会要进步，克隆技术也绝不可能因为人们的疑问就彻底被遏制。而且，今后诸如克隆技术这种对人类社会福兮、祸兮的新技术会越来越多。问题的关键在于科学技术这把双刃剑只要始终把握在以造福人类为根本宗旨的科学家手中，人类定是主宰科学技术的主人。

（四）医学科研工作的道德准则

第一，实事求是。实事求是是科学的灵魂，科学是老老实实的学问，掺不得半点虚假。医学科学的任务在于认识和揭示医学研究对象的本质和运动规律，这种本质和规律不是由任何人的主观意志所决定的，而是靠医学科研人员实事求是的态度去发现，去认识的。因此，实事求是从来就是医学科研工作的道德准则。

实事求是就是要求医学科研工作者对客观存在着的一切事物，去研究探“求”它的内部规律。不管从事医学基础理论研究还是从事临床实践研究，在没有把握和认识事物的真正面目，没有充分的实验根据时，不宜勉强或提前下结论，以避免因好大喜功而作出违背科学事实的结论，成为医学历史的污点。像我国20世纪60年代后医务界某些人违背客观事实，极度宣扬的“鸡血疗法”“甩手疗法”“红茶菌疗法”曾风靡一时，但终因缺乏科学根据而销声匿迹。也有一些研究者过分夸大某些药物的疗效，不顾客观实际均声称其药物有90%以上的疗效，结果在临床验证中，由于疗效不佳，自然而然被淘汰。

实事求是就是要求医学科研工作者要敢于修正错误。由于科学水平和个人的认识能力的局限，有时在医学科研工作中难免出现这样或那样的错误，这是正常现象。只要在该研究结果没有推向社会之前，及时纠正，都不会有损医学科研工作者的威信。反之，固执己见，遮遮掩掩，甚至胡搅蛮缠，拒不接受别人的批评，问题就十分严重。

众所周知，科研工作者实事求是，勇于改正错误不仅是个人的道德品质问题，而且对社会甚至对人类都有可能是避免了一次医源性（或药源性）的灾难。因为医学科研成果最终都要到广大人群中得到验证。我们要对社会、人类高度负责，不能等事实说话了，再修正错误。

实事求是就是要求医学科研工作者杜绝弄虚作假的行为。有某些科研工作者名利思想严重，在别人的科研成果、科研论文、科研课题中不劳而获，堂而皇之署上大名，甚至署名在主要研究者名字之前；或者抄袭、剽窃他人成果或把共同合作取得的成果完全归功为自己，这是一种既不符合科学、也不符合道德的科研行为。同样有的人在实验中暗示、诱导受试对象只提供自己主观上希望的实验“效应”；或只按自己的主观愿望片面收集资料，随心所欲地取舍数据，甚至伪造数据、照片等行为也是弄虚作假的不实事求是、不道德的行为，是科研工作中应坚决禁止的行为。

第二，真诚协作。20世纪70年代以来，随着电子计算机在医学领域的应用，以科学发现为主体的实验医学时代已转入以技术发明为主体的技术医学时代。21世纪有巨大经济潜能的，能改变整个医学面貌的医学计算机软件产业、生物信息电子探头技术、医用纳米技术和基因技术等高科技领域，以及生物技术科学领域内的基因工程、细胞工程、酶工程的研究发展，临床预防领域内的器官移植、癌基因工程、远程会诊等，都表明医学高科技领域的发展，不是一个人、几个人的拼搏努力就能实现的。医学高科技活动往往要靠整体的力量，有时是本系统内的合作，有时是跨行业之间的协作，甚至有可能是跨国家间的合作才能实现的。因此，真诚协作是医学科研工作者必须遵守的道德准则的基本内容之一。

真诚协作在医学科研工作中具体表现在：其一，协作单位应遵循平等原则。协作单位不管大小、技术力量强弱、在科研工作中作用如何，各单位的地位、彼此之间的关系始终是平等的。无论是各单位之间的协作，还是个人之间的合作，都是为了共同的科研目标，大家才走到一起，因此，最终科研成果的利益应贯彻共享原则。当然共享并不是绝对平均，应按贡献大小，享受应得利益，其中排他主义、绝对平均主义都是不足取的。其二，提倡互助原则。协作单位或者是个人彼此间要互通信息、情报，在图书资料、仪器设备等方面互相提供方便，互通有无，至于国际的合作，是否大公无私，需不需要在一定程度上的保密、保留，对这个问题，首先要正确认识到自然科学技术情报和政治、军事情报不同，不应互相保密、封锁，特别是在构成协作关系的单位和个人之间，如果保密、封锁，保留某些信息、技术，还谈什么协作，也没有什么共同利益的目标可言了。当然，有的科技情报与国家、民族的利益有关，保密也是应该的。

真诚协作在个人协作之间还表现在，根据科研工作需要，每个人有不同的分工，大家各自在承担好分内工作的基础上搞好协作，不要都争当主角，不愿当配角。医学科研方面的专家、教授，对中青年科研工作者，要搞好传、帮、带，力争使“长江后浪推前浪”“青出于蓝而胜于蓝”；中青年科研工作者要敬老尊老，虚心向专家、教授学习，在工作实践中长知识、长才干，力争多出成绩、出好成绩。

(五) 医学科研工作的工作作风

医学科研工作，自始至终要体现“三严”作风，以严肃的治学态度、严格的工作作风、严密的科学手段，去揭示和认识事物的客观规律，反映客观事物的本来面貌，以求主观和客观的统一。

人体生命和疾病现象，是物质运动高级复杂的运动形式，是人体生物结构运动和自然、社会结构运动的对立统一。客观事物的复杂性给人们研究与认识也带来艰巨性和复杂性，物质世界的客观存在是不以人们主观认识为转移的，要想使自己的认识符合物质运动的客观规律，反映客观事物的本来面貌，要求科学工作者必须面对客观实际，以“三严”作风一丝不苟地进行医学科研工作。

第一，严谨的治学态度。建立严谨的医学科研态度是重要的第一步。所谓“严谨”，“严”字体现在严肃、严格、严密这几个方面，“谨”字则体现在谨慎上。具体而言，严谨的医学科研就要求我们要时刻以严肃、谨慎的态度，以严格、严密的标准对待医学科学研究。

严谨的治学态度要求医学科研工作者在选题上，应以客观现实需要和科学理论为依据，贯彻科学性原则。不管是医学基础理论还是应用技术的研究课题，都应以观察实验或技术应用的客观事实为依据，科研数据不能造假，科研程序必须到位。科研工作者在选择研究课题时和在科研过程中，还要遵循科研伦理，敬畏生命，不能从事与人类文明发展大势背道而驰的科研工作。2018 年，中国南方科技大学副教授贺某某宣布，在其直接领导下，世界首例免疫艾滋病的基因编辑婴儿诞生。这一消息的公布在学术圈引起了轩然大波。很多具有学术良知的学者、科研管理机构纷纷表态对此做法强烈谴责，批评其行为严重违背了学术道德和科研伦理。这一事件也成为 2018 年全球最大的学术丑闻之一①。

① 李华周．论建立严谨的治学态度的重要性［EB/OL］．https：//zhuanlan.zhihu.com/p/56569997，2019.2.

此外，还要充分估计实现科研课题的主观条件，如参加人员的知识结构、资料设备、科研经费等，以保证科研工作的顺利进行。其中尤以遵循客观现实和科学理论为主。因为从科学发展的历史看，凡是科学真理，都是建立在客观事实的基础之上的，有的尽管在理论提出之初，一时不被人们所相信，甚至受打击，被百般阻挠，但只要坚持真理，立足于客观事实，始终以严肃的、严谨的治学态度对待医学科学研究，而不是人云亦云，最终真理必将战胜谬误。如20世纪40年代魏斯曼—摩尔根的基因学说，一开始便遭到苏联等国科学界的全面否定，认为他们的学说是“唯心主义的伪科学”，但“青山遮不住，毕竟东流去”，由于他们的学说是建立在客观事实的基础之上，因而仍然得到发展和广泛应用，如今已发展成为一门崭新的学科——遗传工程学，在21世纪，它将以自身的魅力继续给医学乃至整个科学带来不可估量的益处。

第二，严格的工作作风。严格的工作作风，就是一丝不苟、扎扎实实的工作态度。由于医学科研工作的研究对象是与自然和社会联系的人，研究内容是关于人的生老病死之生命科学，而人的生老病死既受自然因素的影响，又受社会、心理和环境等因素的影响，因此，医学科研工作者在探索人体生命的奥秘时，要想把握事物的本质，准确反映客观对象的本来面貌，必须在科研活动中树立一丝不苟、扎扎实实的工作作风。工作中要严格按设计要求、实验步骤和操作规程进行实验，切实完成实验的数量和质量的要求，认真观察实验中的各种反应，真实地记载实验中的阳性和阴性反应。要明白许多医学科研的发现和成果都是在实验的基础上综合分析、概括总结出来的，实验数据的精确一定要靠反复验证、艰苦劳动才能保障。因此，错了必须重做，确保实验的准确性、可靠性和可重复性。

第三，严密的科学手段。严密的科学手段是指在科研活动中，要严格遵守医学实验程序，确保医学实验达到预期的目的。医学科研工作的实验设计要建立在坚实的业务知识和统计学知识的基础之上，坚持以科学的方法为指导，使之具有严密性、合理性和可行性。科学的实验必须首先明确实验目标，对实验程序进行精心设计，而且这种设计必须符合普遍认可的科学原理。在实验前必须先有充分的动物实验依据，具备可信的预期好处；在实验过程中，实验手段的采用、对潜在危险估计及其预防措施，应有充分的科学说明。只有坚持科学的实验手段，人类的健康利益才能有所保证。

二、人体试验与生命伦理学

人体试验是以人作为受试对象，用人为的手段，有控制地对受试者进行观察和研究的医学科学研究的行为过程。在试验者与受试者之间，除了存在研究和被研究的关系之外，还存在着人类特有的伦理关系。因此，人体试验也就不可避免地受到伦理关系的制约，存在着许多伦理规范和伦理问题。

（一）人体试验的概念

人体试验（Human subject research）专指在人体上进行医学试验。这种试验是医学研究的重要部分，许多志愿者参加医学治疗的临床试验。还有一些人自愿成为基础医学和生物学实验的受实验者，称为自体试验，可以看作是人体试验的一种特殊形式。化妆品、药物或新疗法在研发阶段时，通常会先进行动物试验，动物试验通过之后进行人体试验。有些化妆品或药物的试验需要在人体身上方可进行。

人体试验，是一种医学上对新领域的探索与研究。因而，对于受试者是具有危险的活动。从事人体试验的科研工作者，必须遵守世界医学大会《赫尔辛基宣言——人体医学研究的伦理准则》，并遵守本国相关法律法规，否则便是非法的人体试验。不同的国家，以不同的刑事犯罪惩罚。

（二）人体试验的客观必然性

科学要发展，需要观察与试验两种基本手段。医学发展，自然也少不了观察与试验。由于人体试验是拿“人”做试验，特别是第二次世界大战中法西斯的惨无人道的人体试验是以成千上万人的生命作代价的，使人体试验在相当长的时间内名誉扫地。并且人体试验的成败利害，个人利益与社会利益的矛盾，使很多问题的尺度难以把握，所以，在人体试验这个问题上，人们的思想认识一直是比较混乱的。但是，人体试验是客观存在的，不管人们承认与否、允许与否，人体试验还是以各种形式进行着，自觉地或不自觉地、公开地或半公开地甚至秘密地、合法地或非法地进行着，因为，人体试验是医学的起点和发展手段。

从我国神农尝百草的故事中，我们可看到，虽然它具有浓厚的神话色彩，但确实反映了早期的医疗活动也是离不开人体试验的。鲁迅先生在《南腔北调集·经验》中对此也作了生动的描述：大约古人一有病，最初只好这样尝一点，那样尝一点，吃了毒的就死，吃了不相干的就无效，有的竟吃到了对症的就好起来，于是知道这是对于某一种病痛的药。当然，这种方法是很危险的，但在医学科学不发达的时代，这种方法却是最直接的试验和对医疗方法最科学的证明。即使是到了18、19世纪，这种人体试验也时有发生。例如，1768年，为了研究当时欧洲十分流行的性病，约翰·亨特用小刀蘸了淋病患者病灶的分泌物，接种到自己身上，以致接种部位发病，他观察病变，用汞剂给自己治疗，历时三年之久，才完全治愈。

近代医学的迅猛发展，大大增加了实验室的比重，因而也有人将近代以来的科学称为实验科学。但医学发展中，人体试验仍是不可缺少的重要环节，而且现代医学中的人体试验更是有目的、有组织地进行。纵观人类医学发展史，几乎所有重大成就都与人体试验相关，可以说，没有人体试验便没有医学。

人体试验在医学中的重要性，正逐渐被人们认识。医学发展过程中，正面的、反面的教训使人们日益认识到人体试验是保障人类健康、发展医学科学的必要手段。医学发展中，一个疾病被攻克了，新的疾病又在产生；一种药品被淘汰了，还会产生新的治病药物，医学难题永无止境。为了攻克医学难题，医学科研工作者采用多种方法，临床观察、动物模拟实验、群体调查和心理测验等，但所有这些都代替不了人体试验，这是由人类疾病的复杂性、社会性、伦理性诸因素决定的。

人和动物存在着种属差别，所以用动物复制的疾病模型与人的疾病总有一定的差异，而且人类还有某些特有的疾病，不能用动物来复制，加上人的社会性、伦理性等，每个人对疾病的耐受性、心理状态、文化素养都不同。因此，在动物实验中取得满意的科研效果在推广应用于人类之前必须再经人体试验进一步验证其临床价值，才能正式推广应用，否则，就会犯科学研究的错误。

另一方面，医学科研成果的毒副作用必须经过人体试验的鉴定阶段。像每一种新药的问世，不仅要验证新药的疗效，而且要搞清楚新药的毒副作用。20 世纪震惊世界的药物灾难“海豹症”事件足以使人们深刻地认识到这点的重要性。20 世纪 50 年代原联邦德国研制的镇静药物“酞胺哌啶酮”，此药因对妇女早孕反应有特效，故而又名“反应停”。该药自 1956 年出售后的 6 年时间内，仅原联邦德国就出现了 6 000~8 000 例药物畸形儿，全世界许多国家都报道有数以百计的病例，成为 20 世纪最大的药物灾难。其教训值得人们铭记与反思。

人们通过这些惨重的代价终于认识到了，反对小规模的人体试验，必将导致大规模的人体试验。未经人体试验的新药、新疗法盲目地投入临床最终被临床证明无效从而被淘汰的过程，就是一种广泛的大规模的人体试验。这样人类付出的代价要大得多。所以，科学的人体试验是保障人类身体健康，促进医学正确发展的必要环节。人们要么严格按照医学科研的程序，选择一定的受试对象，进行科学的人体试验；要么违反科学规律，把众多的人作为试验对象，进行无计划的、非科学的人体试验，二者必居其一。

(三) 人体试验的伦理分析

第一，试验目的的伦理分析。出自诊断、治疗、基础理论研究等医学目的的人体试验，是当代医学发展所必需的。它对人类防病治病，增进健康所达到的重要作用是显而易见的。有人称它为现代医学的中心支柱。因此，符合医学目的的人体试验是具有伦理道德价值的。反之，出自非医学目的的人体试验是违反伦理道德的。

出自非医学目的的人体试验，主要发生在第二次世界大战期间。1945—1946年，国际军事法庭在德国纽伦堡对法西斯德国的首要战犯进行国际审判。令人惊讶的是，战犯中竟然有23名医学专家，他们的罪行是对战俘和平民进行了大量的非医学目的的，主要是军事侵略需要的灭绝人性的人体试验。日本法西斯在此期间也进行了大量的非医学目的的人体试验。日本法西斯731细菌部队在中国东北进行了臭名昭著的人体毒气试验；将猴血、马血与人血交换；进行人体活体解剖等等。战后这些惨无人道的非医学目的的人体试验被揭露出来，震惊了整个世界，遭到全世界人民的强烈谴责。

第二，人体试验途径的伦理分析。从人体试验途径来看，一般有自然试验、自愿试验与强迫试验三种形式。

自然试验，是指人体试验的整个设计过程、手段和后果都不是出自试验者的意愿，也不受试验者的控制与干预，例如战争、瘟疫、地震、水灾、磁场、放射性物质、水质、食物的构成等对人体造成的伤害，都可以看作对人体的自然试验。试验者利用这种时机，对人的机体抗病、抗害的机制和功能进行观察与研究，以达到医学研究的目的。在自然试验中，由于试验者没有损害受试者的任何直接行为，并且是为了医学研究的目的，一般来说，试验者不存在道德责任问题，其道德价值是肯定的。

自愿试验，是指出于医学目的的动机，受试者本人在一定的社会目的与经济利益的支配下自愿参加的人体试验。在此种人体试验中，试验者与被试者完全处于平等的地位，双方通过口头协议或书面合同的办法，确定各自的权利与义务，并且双方对试验的目的、手段、过程与后果都有充分的了解和估计，在科学原理与科学实验操作规则的指导下，一般来说，不存在伦理冲突，其道德价值应该得到肯定。

强迫试验，通常是在一定的军事、政治或行政组织的强大压力下，强迫受试者进行的人体试验，也包括未知情同意条件下的人体实验。在这种情况下，受试者的平等地位、人格尊严、合法的权利均被剥夺，受试者与试验者双方存在尖锐的对立和伦理冲突。这种人体试验，无论后果如何，都是不符合伦理道德的，并应负法律责任。在第二次世界大战中，德国、日本法西斯强迫战俘与平民进行的惨无人道的人体试验，是强迫试验的典型案例，引起了世界人民的强烈谴责与愤怒，也引起了世界人民的深刻反思。1946 年在德国的纽伦堡，23 名纳粹医生和军官接受了审判，罪名是第二次世界大战期间，他们在集中营里开展了不人道的、罪恶的实验。这次审判催生了称为《纽伦堡法典》的一系列准则，它们规定，实验人员必须得到受试者的同意、受试者必须具有表达这种同意的能力，以及实验必须避免没有必要的身体和精神伤害。1964 年《赫尔辛基宣言》对人体试验的目的、要求、方法、原则和指导思想都作了具体而明确的规定，是有关人体试验的国际性文献，主要内容体现了人体试验的伦理道德与法律精神。

未经受试者知情同意，或未经受试者亲属同意，对危重患者、婴幼儿、精神病患者或一般病人进行人体试验，带有任何欺骗的性质，都应看作是另一种形式的强迫试验，都是违反伦理道德的。例如，从 1946 年 7 月到 1948 年 12 月，美国在危地马拉开展了一系列旨在控制性传播疾病（STD）的实验，政府派出的研究人员和危地马拉同行一起，在未经知情同意的情况下，对 5 000 多名当地士兵、囚犯、精神病人、孤儿和妓女进行了实验。他们让 1 308 名成人接触梅毒、淋病或软疳，有时还利用妓女来感染囚犯和士兵。这些实验在 2010 年披露后，幸存下来的受害者对美国政府提起诉讼，奥巴马总统正式道歉，他还委派了一个生命伦理顾问委员会，要他们对当年的事件展开调查，并确认现行法规能否保障临床实验受试者的权益。

西方的临床研究正日益转移到发展中国家，以利用那里的低廉成本和大量等待治疗的病人。在西方公司日益将临床实验转移到外国（尤其是发展中国家）的今天，这种内外有别的现象也引起了人们的关注。2010 年，美国健康与公共事业部调查了所有在美国境内营销药品的申请，结果发现 2008 年一年，就有几乎 80%的获批申请是在国外进行的临床实验。生命伦理学家担心，某些国家的松散法规和低下的伦理标准会让部分研究人员乘虚而入，在那里开展本国不允许的实验。美国国立卫生研究院（NIH）临床中心生命伦理部担任代理部长、生命伦理顾问委员会成员克里斯汀·格雷迪（Christine Grady）针对上述美国控制性传播疾病（STD）的实验说："这件事的最大教训就是，无论你身在何处，都应该遵守同样的规范、准则和伦理。"比起发达国家，发展中国家的医学准则往往较低，对法规的执行也不那么有力。比如在印度，就有人权积极分子和国会议员表示，外国的制药公司常常在未经同意或没有解释清楚风险的情况下，在贫穷而又不识字的印度人身上开展新药实验。①

三、人体试验的伦理原则

（一）医学目的原则

毫无疑问，医学人体试验的直接目的就是积累医学知识，在宏观上发展医学科学，为人类的健康服务，道德的、具有价值的人体试验总是能增进医学科学知识，促进社会文明和进步的。作为医学科学工作者，面对新的疾病，需要不断开展人体试验研究，以达到战胜人类疾病的目

① http：//www.sina.com.cn［EB/OL］. 2012-5-23.

的。但要避免不合医学目的的人体试验，还要避免不顾人体试验途径与方法的正确性、道德性、科学性而进行的人体试验，更要禁止违背人道主义、有损医学、危害社会和人类进步的人体试验。

（二）知情同意原则

知情同意是指试验者在人体试验进行之前，向受试者告知参加该项人体试验的目标、方法、预期好处与潜在的危险，让受试者知情，然后决定是否参加这项试验。试验者只有取得受试者及其家属的同意，才能选择受试者参加人体试验。在人体试验面前，人人都有权决定自己是否参加或放弃试验，决定的前提必须是“知情”，只有“知情”才能选择。而且选择人必须是处于自由选择的地位。试验者如果采用欺骗或强迫手段，或利用经济诱惑而取得“同意”，是违背知情同意原则的。

（三）保护受试者原则

人体试验自始至终存在着科学利益与受试者利益之间的冲突。正确的伦理原则是坚持受试者利益第一，医学科学利益第二，这就是保护受试者原则。这个原则在人体试验中具体体现在以下三个方面：第一，试验前应充分估计可能遇到的问题，不能只顾医学科研而不顾受试者的根本利益。试验效果对于受试者的重要性一定要始终大于对科学研究和对人类社会方面的影响，否则就不能进行试验。第二，在试验过程中，必须采取充分的安全措施，要保证受试者在身体上、精神上受到的不良影响减少到最低程度，在试验过程中，一旦出现严重危害受试者利益的意外或风险时，无论试验本身多么重要，都应该立即终止试验。第三，试验必须在具有相当学术水平和经验的医学研究人员亲自指导下，并在有丰富临床经验的医生监督下进行。

（四）科学原则

要保证人体试验的结果真实、客观、有效，就必须坚持医学科学研究的科学原则。一般来说，科学原则包括对照原则、随机原则、重复原则与盲法原则等。

第一，对照原则（the Principle of Control）。设置对照是科学地评价人体试验时必不可少的，有比较才有鉴别。某种治疗措施是否科学、有效，只有与其他治疗方法比较，才能了解其优劣。在采用治疗措施时，若未设置对照组，则容易将疾病的自然缓解误认为是治疗措施的效果。例如，有人用氨茶碱治疗心绞痛，结果有60%的患者服药后疼痛可以缓解，于是就认为氨茶碱治疗心绞痛的有效率为60%。这一结论是不可靠的。原因在于部分心绞痛患者发病时如果不服药治疗，疼痛也能自然缓解，因此，这60%的有效率中并不能排除这些自然缓解者。由此可见，人体试验必须设立对照，这样才能正确判定试验结果的客观效应。

人体试验设置对照组要符合医学科学的需要，同时也要符合医学道德的要求。如设置对照组时必须注意对照组和试验组的共同性和可比性。对照分组要将不同年龄、性别、民族、文化、社会地位等受试对象分到试验组或对照组。若有意将可能治愈的病人分到试验组，将治愈可能性很小的患者分到对照组，就不会得出正确的科学结论。

根据不同的标准，人体试验对照有多种形式。例如，按照选择方法分类，可分为随机对照、非随机对照；按照对照的性质分类，可分为有效对照（标准疗法对照）、安慰剂对照、空白对照等；按照研究设计方案分类，可分为自身对照、交叉设计对照、历史性对照等。

第二，随机原则（the Principle of Random）。随者，遵从，因而变化也；机者，机遇、机会、可能、说不清的因由也，随机就是指，是何结果依概率而定，碰谁即谁，任由天定，避免任何会带来系统性和趋势性影响的人为干预。

随机原则是统计学的概念，是指在抽取调查单位时，样本单位的抽取不受调查者主观因素的影响和其他系统性因素的影响，完全排除人们主观意识的影响，使总体中的每个单位都有同等被抽中的机会，抽选与否纯粹是偶然事件。随机原则是随机抽样所必须遵循的基本原则。

在统计抽样调查中，必须坚持随机原则。这是因为：（1）坚持随机原则，使抽样调查建立在概率论的理论基础之上，排除主观因素等非随机因素对抽样调查的影响，保证抽样的科学性。（2）坚持随机原则，才能保证所抽样本的分布类似于总体的分布，才能保证样本对总体的代表性。（3）坚持随机原则才能计算抽样误差，把它控制在一定的范围内，从而达到抽样推断的目的。

随机原则包括随机抽样和随机分配。随机抽样指在总体中的每一个观察单位都有同等机会进入样本，在抽样时排除主观上有意识地抽取调查单位，每个受试单位以概率均等的原则，随机地分配到实验组与对照组，使每一个单位都有一定的机会被抽中。例如可以使用随机数表等来保证随机性。例如将30只动物等分为3组，对其中每只动物来说，分到甲组、乙组、丙组的概率都应是1/3。如果违背随机的原则，不论是有意或无意的，都会人为地夸大或缩小组与组之间的差别，给实验结果带来偏性。

随机分配指本次研究所选定的实验受试对象都有机会进入根据研究目的而设定的处理组和对照组。在生物医学实验及动物实验设计中，样品的选取及结果处理都应遵循随机原则。

随机原则的目的是将研究对象随机分配到人体试验组与对照组，以使两组具有相似的临床特征和预后因素，即两组具备充分的可比性。这是设置均衡对照的方法，理论上可使已知与未知的影响疗效的因素在两组间均衡分布，消除选择偏倚和混杂偏倚的影响。随机化方法可以分为完全随机化、区组随机化、分层随机化等方法。

第三，重复原则（the Principle of Replication）。重复是消除处理因素影响的一个重要手段。重复程度表现为样本含量的大小与重复次数的多少。一般来说，样本含量越大或试验重复的次数越多，则越能反映机遇变异的客观真实情况。但是，样本含量太大或试验次数太多，则增加严格控制试验条件的困难，并造成不必要的浪费。因此，在保证试验结果具有一定可靠性条件下，要对样本含量做出科学估计，以满足数据处理的要求，并节约人力、物力和财力。

医学科学研究如果不遵循试验的重复性原则，往往结果就会出现大问题，导致结果或结论不科学。2016 年 5 月 2 日，韩某某作为通信作者在国际顶级期刊《自然·生物技术》（Nature Biotechnology）杂志上发表了一篇研究成果，即《NgAgo-gDNA 为导向的基因编辑技术》（DNA-guided genome editing using the Natrono bacterium gregoryi Argonaute），论文宣称发明了一种新的基因编辑技术——NgAgo-gDNA，可以用 NgAgo 蛋白质实现以 DNA 为先导的基因编辑，向已有的最时兴技术 CRISPR-Cas9 发起了挑战。

该论文发表后，因为其结论的重要性而引起了国内学术界的高度重视，甚至被有些媒体或科研工作者誉为“诺奖级”的实验成果。但此后不久，该论文内容就陷入巨大争论，有人提出论文的试验结果无法重复，有人说可以重复，彼此争论不休、难有定论。2016 年 8 月 8 日，《自然》杂志网站发表一篇报道，详细记述了多国科学家对于韩某某的 NgAgo 的争论。文章指出，来自澳大利亚、西班牙等国的科研人员表示实验不可重复，另有一些科学家表示曾重复出韩某某的部分实验，但还需进一步确认。

2016 年 10 月 10 日，中国国内 13 位知名研究学者实名公开了他们“重复”韩某某实验方法无法成功的结果。这些学者的一致观点是：“不能再拖了，必须要发声，要让国际科学界看到基因编辑中国科学家的态度。”2016 年 11 月 15 日，学术期刊《蛋白质与细胞》（Protein & Cell）以来信（Letter）形式在线发表了一篇题为“关于 NgAgo 的疑问”（Questions about NgAgo）的文章，由国内外 20 家实验室的负责人联合署名，对论文结果提出质疑，表示无法重复 NgAgo 实验结果。这篇论文 20 名论文作者包括此前曾实名发声无法重复试验结果的 13 名中国学者，以及新加入的 7 名学者，如美国 NIH 人类基因组研究所教授 Shawn Burgess，约翰霍普金斯大学教授程临钊，中山大学生命科学学院副教授黄军就等学者。

2017 年 8 月 3 日，《自然・生物技术》发布声明称，撤回韩某某团队于 2016 年 5 月 2 日发表在该期刊的论文，论文撤回，是韩某某主动申请。2018 年 8 月 31 日，河北科技大学公布韩某某团队撤稿论文的调查处理结果称，未发现韩某某团队有主观造假情况，撤稿论文已不再具备重新发表的基础，有关方面按照规定已取消了韩某某所获得的荣誉称号，终止了其团队承担的科研项目并收回了科研经费，收回了团队所获校科研绩效奖励①。这一论文撤稿事件至少说明该论文的结果（结论）无法重复，因而无法成为科学的结果（结论）。这一科研的教训值得我们好好记住。这一科研事件也足见其科学研究重复性原则的重要性。

第四，盲法原则（the Principle of Masking or Blind）。盲法是指在研究中，让研究者、试验参与人员、受试者、评价者等，不知道受试者所在的组别（或所接受的干预措施）的方法。针对研究中不同参与者实施盲法，能够达到不同的效果，根据设盲对象的不同，盲法可以大致分为单盲、双盲和三盲。

在人体试验中，若研究对象（受试者）知道自己的治疗情况，研究者（试验者）知道研究对象的分组情况，则会由于主观因素的作用而产生对结果评价的干扰。盲法可有效地避免这种干扰。盲法就是在人体试验科学研究中，研究对象（受试者）、研究者（试验者）、监督或资料分析者在不知道分组与治疗情况的状态下的研究方法。

人体试验中盲法主要可分为：单盲试验、双盲试验与多盲试验。

单盲试验：研究对象（受试者）不知道所接受措施的具体情况的

① https：//baike. baidu. com/item/韩春雨/19666385［EB/OL］.

人体试验方法，从而避免了受试者主观因素对疗效评价的影响，但观察者与设计者了解这些措施，可使研究对象在人体试验中的安全有保证。但此法不能避免观察者与设计者主观因素对疗效评价的干扰。

双盲试验：研究对象与研究者都不知道所接受措施的具体情况的人体试验方法。此法的优点是极大地减少了研究对象与研究者的主观因素对研究结果评价的干扰，但其研究设计比较复杂，实施起来也比较困难。还要有另外的监督人员负责监督试验全过程，包括毒副反应的检查，以保证研究对象的安全。

多盲试验：研究对象、研究者、监督检查者或资料分析者均不知道分组与治疗情况的人体试验方法。从理论上讲，可以完全消除各方面的主观因素的干扰，但在实施过程中非常复杂，是理想化的科研设计。

【本章推荐阅读书目】

1. 陈晓阳．医学伦理学［M］．北京：人民卫生出版社，2010.

2. 况成云，兰明银．医学伦理学［M］．北京：人民卫生出版社，2008.

3. 王明旭．医学伦理学［M］．北京：人民卫生出版社，2010.

4. ［美］格雷戈里 E・彭斯，聂精保，胡林英译，医学伦理学经典案例［M］．第 4 版．长沙：湖南科学技术出版社，2010.

5. 徐宗良，刘学礼，瞿晓敏．生命伦理学——理论与实践探索［M］．上海：上海人民出版社，2002.

6. 美国医学科学院，美国科学三院国家科研委员会．科研道德：倡导负责行为［M］．苗德岁译，北京：北京大学出版社，2007.

【本章思考与练习】

1. 什么是医学科研？

2. 医学科研是如何分类的？

3. 医学科研工作的根本宗旨是什么？
4. 医学科研工作的道德准则是什么？
5. 医学科研工作的工作作风是什么？
6. 如何对人体试验进行伦理分析？
7. 人体试验应遵循的伦理原则是什么？

第十九章　生命伦理学之卫生政策伦理（一）

【本章内容提要】

◆ 影响卫生政策制定的主要因素

◆ 基本医疗保障制度

◆ 医疗保险制度的伦理分析

◆ 我国卫生事业改革面临的伦理问题及其选择

◆ 卫生政策制定应遵循的伦理原则

卫生政策伦理属于制度伦理范畴。制度伦理是指关于制度的伦理属性及其伦理价值的概念。制度在特定伦理理念指导下建立，是特定伦理精神的现实存在，因而，制度内在地具有伦理属性。是一种现实的伦理关系及其秩序，它既是社会成员日常道德生活的现实背景，又是社会成员追求特定道德价值目的的自由意志活动结果。制度通过日常生活的制度性规范要求，表达特定的社会道德价值要求，规范社会行为方式，培育社会风尚，培养社会精神。

制度伦理以“权利-义务关系”为核心，以正义为首要价值。制度通过“权利-义务关系”分配，为社会成员确定日常生活的具体责任与义务，维护特定的社会伦理关系及其秩序。当代社会正义的要求和内容，须化为具体的制度性安排，并具体体现在日常生活过程中。制度正义是实质正义与形式正义、内容正义与程序正义的统一。

制度具有伦理规范性，直接规定了社会成员某些道德责任的基本内容，并以强制的方式约束社会成员的相关道德活动。制度的规范性要求具有道德价值精神引导功能。制度的这种道德价值精神引导功能，以权利-义务分配的利益诱导为机制。

道德不仅仅体现在个人身上，也体现在国家、集体的层次上。医生个人的职业道德固然重要，但如果缺乏国家、集体制度层次的道德和伦理，医患和谐关系也是无法建立起来的。社会基本政治、经济、文化制度本身的合道德性，体现正义、公平、公正，是一个社会文明进步的标志，一个社会的任何制度选择与安排都应体现正义的道德伦理价值。这里所说的制度伦理主要是指卫生政策方面涉及的生命伦理学内容。制度伦理是生命伦理学在国家制度层次上的体现，是生命伦理思想在国家制度上的顶层设计的体现。卫生政策伦理，主要是指着重从卫生政策、制度方面来解决市场经济中的伦理道德问题，具体表现为制定、完善并执行各种符合伦理道德要求的规则。加强制度伦理建设，提倡和培养尊重权利和尊重公共生活规则的道德态度，已成为当前我国伦理道德建设面临的一个重要课题。

一、影响卫生政策制定的主要因素

（一）政治发展因素

政治是经济的集中表现。医疗卫生政策包括公共权力机关为实现社会管理的目的而制定的行动方案和行为准则，必然服从于和服务于政治系统中公共权力的意志、利益、任务和目标，具有鲜明的政治性。因此，医疗卫生政策制定过程中必须充分考虑政治因素。

中华人民共和国建立之初，在经济发展水平相当低的情况下，通过有效的政策制定、制度安排，政府发挥了主导作用。医疗卫生的投入以政府为主，医疗卫生资源在不同卫生领域以及不同群体间的分配由政府统一规划，具体服务的组织与管理也由政府按照严格的计划实施，从而以政治干预保证了全国绝大多数居民都能够得到最基本的医疗卫生服务，确保了中国人民健康水平的迅速提高，不少国民综合健康指标达到了中等收入国家的水平，成效十分突出，被一些国际机构评价为发展中国家医疗卫生工作的典范。现在正在开展的新型农村合作医疗制度之所以能取得一定的成就，同样因为政治的干预和影响。

我国目前的医疗卫生政策存在的一个比较突出的问题就是目前中国医疗卫生体制改革涉及的部门太多，包括卫生、劳动和社会保障、科技、建设、民政、食品药品监督管理、环保、计生、质检、安监、发展与改革、财政、教育、人事等方面的多个行政部门，导致医疗卫生改革政出多门。就公立医疗机构的隶属而言，卫生部门管理的医疗机构仅占全国医疗机构总数的 51%，其他医疗机构隶属其他部门、行业和企业。公立医疗卫生机构的财权和人事权隶属于不同的主管部门，使得卫生行政部门难以对本行政区域的医疗卫生机构进行统一的协调和管理。我们在制定医疗卫生政策时，要使之在政治上被接受，必须充分考虑各种政治因素。

（二）经济发展因素

芝加哥大学著名教授坎贝尔说："如果不解决经济上的问题和没有一个有效的卫生经济政策，医学的目的几乎无法实现。"可见经济因素在医疗卫生政策制定中的作用。经济因素对医疗卫生政策制定的影响有许多方面，例如卫生筹资中国家的投入、社会的投入、个人的支出等。需要强调的是在一个国家不同的经济发展阶段，医疗卫生政策应该不同，这样才能有针对性的、较大限度地满足人民的基本需求。例如在具体投入方面，美国在 20 世纪 60 年代的医疗卫生总费用占 GDP 的 5.1%，70 年代占 7%，随着经济快速增长，医疗卫生总费用也大幅上升，2007 年达到 15.3%。我国在制定医疗卫生政策的过程中必须充分考虑经济发展因素。

中华人民共和国建立之初，经济基础十分薄弱，既要发展经济又要保障人们健康，因此医疗卫生政策的重点在于政府实行统一的管理，通过国民收入再分配的方式，以公平为取向建立全面的医疗保障体系，促进国民健康。改革开放以来，我国经济有了快速的增长，卫生总费用从1980年的143.21亿元急速增长到2003年的6623.3亿元，增长了15倍。但是，我国卫生投入的比例与经济发展的速度不相协调。在卫生费用构成中，政府卫生支出从1980年的36.2%下降至2003年的17.2%，降幅超过50%；社会卫生支出从42.6%下降至27.3%；个人卫生支出却从21.2%剧增至55.5%，增幅超过50%。制定医疗卫生政策时，要针对在经济不断发展的情况，政府切实负起责来，加大卫生投入，同时发挥市场和个人的作用。

近些年来，由于政府认识到了投入不足，进行医疗改革，情况有了好转。2010年，我国政府卫生支出为5 732.49亿元，占卫生总费用比重由2009年的27.46%增加到28.69%；社会卫生支出7 196.61亿元，占卫生总费用比重由上年的35.08%增加到36.02%；居民个人现金卫生支出7 051.29亿元，占卫生总费用比重由2009年的37.46%下降为35.29%。从整个“十一五”期间看，我国卫生筹资政策的调整初见成效，政府卫生支出占卫生总费用比重由2005年的17.93%增长到2010年的28.69%；社会卫生支出由29.87%增加到36.02%；居民个人现金卫生支出由52.21%下降为35.29%。反映了我国卫生筹资结构逐步转向以公共筹资为主，初步达到世界卫生组织所提出的实现全民覆盖的卫生筹资监测指标（居民个人现金卫生支出占卫生总费用比重不超过30%~40%）①

经济发展程度决定医疗卫生发展的物质条件，必要的物质保障是建立健全医疗卫生保障目标的前提条件，也是卫生政策制定的物质基础。一定时期下，物质总量是有限的，怎么样在一定的物质保障下实现卫生

① 张毓辉，郭峰．2010年中国卫生总费用测算结果与分析［J］．中国卫生经济，2012，31（4）：6.

政策最优化，是卫生政策制定者应考虑的重要问题之一。我国的国情决定了要在物质条件尚不充分的情况下解决好医患双方的利益冲突，科学地建立起城乡卫生保障体系、有效的医疗预防及应急体制。卫生事业的发展，直接关系到国民经济和社会的发展。依据2018年发布的《改革开放40年中国人权事业的发展进步》白皮书，我国居民的生命健康权保障水平大幅提升，社会保障权享有日益充分。白皮书指出，基本医疗保险覆盖范围扩大，居民基本医保人均财政补助提升。中国一直在推进“健康中国”倡议，旨在完善国家卫生政策，确保全体人民享受到全生命周期健康服务。

对疾病的预防治疗问题，客观上反映了一个国家的经济社会发展水平和社会进步程度。有时对一些疾病的防治问题，还可能演化成社会政治问题，例如，由于艾滋病和疯牛病的蔓延，曾经导致了一些国家政府的危机和社会的动荡。因此，必须把卫生法律制度放到整个经济社会发展的全局中去研究、去思考，应当认识到国民经济的发展同公民健康水平的提高是相辅相成的。经济发展为疾病的预防和公民健康水平的提高提供坚实的物质基础，而公民健康水平的提高又为经济的可持续发展提供可靠的保障。

作为政策制定部门，物质的保障分为两个方面，一是物资的筹措，二是物资的分配。前者是量的积累，而后者则是效率和公平的问题。经济的发展为更好地发展卫生事业提供了保障，要把各项卫生政策落到实处，就要提供必要的物质支撑，在物资的筹措和分配上，国家、社会和个人有不同的分工，国家主要靠财政的转移支付，政策的制定、执行、优惠、倾斜来运作，社会力量靠各种契约、合同加以确定，如保险公司的赔付和其对医疗机构的监督。除了国家、社会负担的以外，个人的卫生保障也有赖于物质文明的发展，现代社会的进步为个人的特殊要求提供了技术上的可能，比如美体、美容等。公共卫生系统的建立需要有力的物质保障，如何减少浪费，提高效率，要有操作性强的规章。

（三）社会发展进程

我国《宪法》第21规定："国家发展医疗卫生事业，发展现代医药和我国传统医药，鼓励和支持农村集体经济组织、国家企事业组织和街道组织举办各种医疗卫生设施，开展群众性的卫生活动，保护人民健康。"第45条规定："中华人民共和国公民在年老、疾病或者丧失劳动能力的情况下，有从国家和社会获得物质帮助的权利。国家发展为公民享受这些权利所需要的社会保险、社会救济和医疗卫生事业"。这是卫生政策制定的法律依据。在卫生政策的制定中，从卫生政策设想的提出、调研到拟订、通过的过程中，政策制定者们要遵循实事求是的精神，以严谨的科学态度来对待，要综合考虑各种情况，考虑政策法规所产生的边际效应，要站在哲学的高度理解卫生政策的制定是为人类生命服务的，它是人类得以健康繁衍的理性保障，同时，还要考虑这个国家的历史传统、文化背景等。在基督教社会氛围下，诸如人工流产等问题总是引起很大争议，又比如对同性恋的认知，各个国家、各个民族在各个社会发展阶段都有不同。

作为卫生政策制定者来说，政策的制定要受社会文明发展程度的制约，这种制约体现在经济的、文化的各个方面，要考虑政策施行的可行性，也要考虑受众的理解水平。卫生政策作为整个法律规范的一部分，是要服务于经济基础的，有什么样的社会发展水平就要有什么样的政治制度与其相适应，我们不能想象在封建社会有民主建设。卫生政策的制定也要符合当时的社会发展水平，它是一个渐进的过程，与整个社会的文明程度息息相关。卫生政策的制定者不可能超越时代背景去追求不切实际的目标，对受卫生政策规范的对象来说，他对卫生政策的理解程度又反作用于卫生政策本身，能不断地使卫生政策的制定更加合理，这是一个有机的整体。

我国现有的问题是过去在计划经济下基本由政府负责的医疗卫生体制如何与新经济制度衔接的问题。在计划经济条件下，城市居民依托于各自单位，农村曾广泛地实行合作医疗制度，形成了集预防、医疗、保健功能于一身的三级（县、乡、村）单卫生服务网络。以“赤脚医生”为标志的村卫生员在使农民便捷地获得村级卫生服务方面发挥了巨大作用。世界银行和世界卫生组织把合作医疗称为“发展中国家解决卫生经费的唯一典范”。计划经济时期，医疗卫生的投入以政府为主，医疗卫生资源在不同卫生领域以及不同群体间的分配由政府统一规划，具体服务的组织与管理也由政府按照严格的计划实施，从而保证了全国绝大多数居民能够得到最基本的医疗卫生服务。

改革开放以来，中国医疗卫生体制发生了很大变化：在医疗卫生服务体制方面，医疗卫生机构的所有制结构从单一公有制变为多种所有制并存；公立机构的组织与运行机制在扩大经营管理自主权的基础上发生了很大变化；不同医疗卫生服务机构之间的关系从分工协作走向全面竞争。在医疗保障体制方面，随着20世纪80年代初期人民公社的解体，农村合作医疗制度在大部分地区迅速瓦解，由于该制度赖以生存的体制基础已经不复存在，各级政府及社会各界试图恢复合作医疗制度的努力一直未见明显成效；城镇地区，随着国有企业以及其他方面的体制改革，传统的劳保医疗制度和公费医疗制度也遇到了很大困难。由于以上原因的存在，建立新的有效的医疗卫生体制依然任重道远。新的卫生政策体系不完善，由此暴露出部分医疗机构的过分商品化倾向，造成医患关系紧张，有限的卫生资源不能公平高效地得到利用等。面对这些发展中出现的新问题，必须在发展中去解决，在这方面，卫生政策制定者没有成例可循。同时，在政策制定时，还要考虑与其他法律法规的衔接。

（四）医学科学的认识水平

卫生政策对医学科学的发展有规范和引导作用，医学的作用点总要归结于人，这一特点决定了医学研究不能从纯技术角度出发，要从人本思想出发协调医学各个分支的发展，要求研究者主动接受相关法规的约束。另外，卫生政策还要促进有益于人类健康研究的进行。现代医学科学不断向宏观和微观渗透扩展。表现在宏观领域，是指现代医学专业已经一改过去孤立地研究某个局部、某种现象的方法，而转向了揭示各个局部、各种现象相互间的关系，从原来的纯生物模式转变为生理—心理—社会—环境的模式，从传统的“一个医生一个病人，开一个处方，做一个手术”的纯治疗转变为群体、保健、预防和主动参与的模式。从微观领域来讲，对生命现象的揭示由细胞生物学的阶段进入到分子生物学的微观阶段，由观察生命活动的现象进入到认识生命现象的本质。

20世纪医学发展的重要标志就是一系列严重危害人类生命和健康的传染病、寄生虫病和营养缺乏性疾病得到了有效的控制，从而导致了人类平均期望寿命的普遍延长以及疾病谱和死因顺位发生了根本性的变化。如美国在20世纪20年代以后就出现了因各种传染病死亡的人数下降，因慢性病死亡的人数上升的趋势。我国的这种死亡率交叉变化的趋势出现在50年代中期，我国居民的平均寿命从1949年的35岁上升的2018年的77岁。国家卫生健康委员会发布的《2018年我国卫生健康事业发展统计公报》显示，我国居民人均预期寿命由2017年的76.7岁提高到2018年的77岁。

人类对急慢性传染病、寄生虫病和营养缺乏性疾病的有效控制被称为第一次卫生保健革命。19世纪末20世纪初病原微生物和寄生虫的发现，“病因—环境—宿主”疾病流行模式的建立，以及维生素等必须营养成分的阐明，为传染病、流行病和营养缺乏病的防治奠定了科学基础。科学研究是确定适宜的防治策略和有效的防治措施的重要依据，疫苗技术的完善使普遍接种成为可能，人类才有可能彻底消灭天花，消灭脊髓灰质炎。

现在，疫苗被用来控制腮腺炎、流感、水痘、白喉、甲肝、乙肝、百日咳、结核病、破伤风等诸多常见的疾病，从而大大地降低了这些疾病的发病率。化学药物和抗生素的应用在传染病的控制中也发挥了重要作用。20世纪初，一种能特异性杀灭梅毒螺旋体的药物“606”问世后，“制造对人体无害而又能杀死病原体”的“魔弹”理论，激发起医学界寻找特异性治疗药物的热情。20世纪中期，在磺胺药物和青霉素成功地应用临床以后，合成各种化学药物、寻找能产生高效的具有广谱杀菌作用的抗生素成为药物研究的重要内容，并取得了丰硕的成果。过去严重威胁人类生命的肺结核、肺炎、梅毒等传染性疾病突然之间变成了可治之症。

另外，居民的卫生条件、营养状况、居住环境的改善也是控制传染病和流行病的重要因素。如在鼠疫、霍乱的控制中，大规模的灭鼠、清洁的饮用水、疫源地的严格控制或许比药物和疫苗更为有效。20世纪50年代以后，各种慢性病成为人类健康最大的威胁。虽然对于慢性病的防治目前尚未取得突破性的进展，但人类对这类疾病有了较深入的认识，随着工业化、城镇化、人口老龄化发展及生态环境、生活行为方式变化，慢性非传染性疾病已成为居民的主要死亡原因和疾病负担。心脑血管疾病、癌症、慢性呼吸系统疾病、糖尿病等慢性病导致的负担占总疾病负担的70%以上，成为制约健康预期寿命提高的重要因素①。

为了适应上述变化，医学界在20世纪70年代末提出了医学模式需要从生物医学模式向生物—心理—社会医学模式转变，需要进行卫生保健的第二次革命。有学者提出了影响健康的四类因素，即不良生活方式和行为、环境因素、生物学因素以及卫生保健服务因素，并强调增进人类健康需要多方面的综合处理。在发达国家通过戒烟、控制饮酒、体育锻炼、平衡膳食、减少心理压力等行为干预，对降低心脑血管疾病获得了令人鼓舞的成效。医学界对遗传病和先天性疾病的控制也取得了可喜的成绩，80年代中期已发现单基因遗传病达3 368种，多基因遗传病有数百种，染色体疾病约450种。随着遗传学的发展，研究人员弄清了一些遗传病的发病机制，从而为降低遗传病和先天性疾病的发病率创造了条件。此外，政治经济因素在疾病控制中也发挥着重要作用，如改善环

① 健康中国行动推进委员会．健康中国行动（2019—2030年）[R]．2019.07.

境、发展健康教育、协调卫生服务等都需要政府行为和全社会的共同努力。

在过去的100年里，卫生保健的巨大变化是生物医学科学和医疗技术突飞猛进的结果。19世纪末20世纪初细胞病理学、遗传学等一系列生物医学基础学科的建立，成为现代医学发展的重要著标志，而医学与各门自然科学和技术的结合越来越紧密是现代医学技术发展的另一个标志。20世纪医学进步给人印象最深刻的就是在庞大的现代化医院内那令人目不暇接的各种诊断治疗仪器和设备。从20世纪初的X射线、心电图，到中期的电镜、内窥镜、超声诊断仪，再到CT扫描、正电子摄影（PET）、核磁共振成像（MRI）等，使诊断学发生了革命性的变化。准确化、精密化、动态化、微量化、自动化、无伤害化已成为现代临床诊断的特点。此外，铁肺、肾透析机、起搏器、人工脏器等，显示出新技术、新材料在临床治疗中发挥着重要作用。

传统医学与现代西方医学的冲突如何解决，如何协调二者的关系也是一个重要的问题。中医学的整体观，主要认为人与自然是一个和谐统一的整体，人生长在大自然环境之中，必然会受其影响，人的生老病死是与自然界的变化息息相关的，即所谓“天人合一”。中医基于这个观念在理论上创立了“五运六气”学说；同时，有别于现代医学的组织解剖学定位，中医认为人体也是一个物质与精神和谐统一的有机整体，即“形神统一”，通过对人体“脏腑经络”“气血津液”“四肢百骸”等生理功能的认识，形成了独特的理论体系。中医学十分重视自然、社会对人体健康的影响，注意从人与自然、人与社会和人体内在的普遍联系和动态变化中，去分析认识和把握疾病发生、发展、变化的客观规律。中医学在辨证论治思想指导下的个体化诊疗（中医的理论体系）越来越适合现代社会“以人为本”的理念。

中西医两者间的差别，说到底，是两种医学哲学观念指导的差别，从卫生政策制定的角度来说，对传统医学的传承有保护发展的义务，有以法律的形式促使其改革创新的必要，在卫生政策的制定中必须统筹二者的关系，以发展的眼光制定出有力的措施。传统医学和现代医学的卫生政策的制定不仅是对已知医学技术进行规范，而且还要对未来的医学技术发展起引导作用以及留有余地。卫生政策的制定离不开对医学科学的正确认识，而医学科学的发展又是一个动态的过程，这些最新科技的发展需要怎样的政策规范，如何规范才能保护好人类进而造福于人类，这就要求卫生政策的制定既要有严谨的科学性的同时又要有一定的前瞻性。

（五）伦理思想的指导

伦理思想是卫生政策制定的观念基础，它为国家制度、立法、卫生政策提供最重要的理性资源，是卫生政策制定的灵魂。卫生政策制定的目标是从宏观的角度保障特定集合的人的生理心理健康，这也决定了它不可能满足这个集合中每一个人的要求。它要解决诸如个体与公众、少数与多数、效率与公平等矛盾。

卫生政策制定者所要面临的首要问题是如何使一定的卫生资源尽可能地分配合理，使之尽可能公平有效地满足国民的健康需求。卫生活动不是一项典型的生产活动和经济活动，它是一项具有福利性、社会性、政治性的公益事业，它是由国家始终干预的公益性、伦理性服务行业。公民享有基本保健和享有生命安全一样，是国家的政权秩序和国家政治理想的需要，其健康保健伦理含有极其深刻的制度伦理和政治文化伦理内容。

一个国家公民医疗保健制度其实是维护公民民主社会制度和政治文化秩序机制的重要部分。生命伦理学首先从哲学层面，同时借助其他相关的人文社会学知识，去思考和探寻人类的根本价值理念，以此作为指导性的原理，为提出或制定原则、准则、法规提供坚实的伦理基石；提出并确立一些具有广泛适应性、合理性和规范意义的伦理原则和准则，这些原则、准则既体现人类的根本价值理念和生命伦理学的原理，又确实起到伦理规范作用；依据伦理原理与原则，对具体情境中的各类社会伦理问题进行辨析，做出伦理评价、抉择。这三项任务缺一不可，它反映了当代生命伦理的特点与发展趋向，这就是既要避免空谈伦理价值理论，与实际脱节甚至不着边际的善，又需防止拘泥于具体细节或某一原则、准则，跳不出现像的藩篱，缺乏深邃的理论指导，从而陷入两难困惑的境地。概言之，必须让实践理性与价值理性内在地统一起来，只有这样，才有可能达到维护人的尊严、人的生命健康权利的目的。

概括起来讲，卫生政策的制定受到自然科学和社会科学的双重影响，其出发点是维护人的生命尊严，提高人的生命质量，其目的是保证国民得以健康繁衍，使其文化得以传承。同时，卫生政策又受到历史传统、风俗习惯、社会制度、经济发展水平等的制约，其制定并非一蹴而就，必须依时，依力而行。

二、基本医疗保障制度

医药卫生问题包括两个方面：一是谁来提供医疗服务，是医药卫生事业问题；二是谁来支付医疗费用，是医疗保障问题。基本医疗保障制度既是社会保障体系的重要组成部分，即民众的安全网、社会的稳定器；又作为医疗费用的主要支付方，是医药卫生体系的重要组成部分，因而也是医改的重要领域之一。

医疗保障的主要目标是合理组织财政资源，满足与经济发展水平相适应的医疗资金需求，简言之，就是“有钱看病”。这么一个看似简单的问题却是公认的“世界难题”，其主要特点和难点：一是涉及系统多，包括个人、组织、政府、社会，相互之间关系错综复杂；二是必须通过购买医疗服务才能实现保障功能，与养老保险等其他社会保险相比，增加了购买医疗服务的环节，管理服务的难度和复杂程度明显增加；三是供求关系难以测定，医学技术的发展无止境，人民对生命和健康的期望无止境，而资金的筹集有限，特别是随着老龄化进展，供求矛盾将更加突出。

医疗保障与医药卫生事业直接相关、相互影响、密不可分。医疗保障功能必须通过购买医疗服务来实现；同时，医疗保障购买服务的过程中，也将对医药卫生事业的发展起到促进作用。一方面医疗保障体系的不断健全，将为国民健康提供稳定资金来源，这些资金最终全部通过购买服务的方式转化为医疗卫生机构的收入，为医疗卫生事业发展提供稳定的资金来源；另一方面医疗保障机构作为全体参保人员利益代表，在购买医药服务的过程中，将发挥对医疗机构的监督、制约、引导作用，有利于形成外部制衡机制，规范医疗服务行为，促进医药卫生体制改革和医疗机构加强管理。

现阶段我国的卫生事业正在进行医疗保障制度改革的攻坚战，医疗保障制度改革成为我国制定卫生政策的核心。我国现行的医疗保障体系是一个多层次的、复杂的系统，城镇职工基本医疗保险、城镇居民基本医疗保险、新型农村合作医疗和城乡医疗救助制度共同构成我国基本医疗保障体系。今后，逐步向社会医疗保险体系转变。

（一）城镇职工基本医疗保险

城镇职工医疗保障体制在1980年改革前主要包括公费医疗与劳保医疗两个主体项目。公费医疗制度，是指由政府直接组织实施，对各级机关、事业单位的工作人员、离退休人员、大专院校学生、退伍二等乙级以上残疾军人实行的一种免费医疗保障制度。公费医疗经费主要来源于各级财政，因此，这一制度实质上是国家或政府财政保险型的保障制度。这一制度规定，经费由国家财政拨付给各级卫生行政部门，实行专款专用、单位统一使用原则，不能将经费按人头平均分发给个人，也不能由个人自行购药。经费开支标准由国家根据职工对医药方面的实际需要和国家的财力以及医疗单位所能提供的资源，确定每人每年享受其待遇的预算定额，将经费拨给公费医疗管理部门使用，实际超支部分，由地方财政补贴；各级地方政府建立的公费医疗管理委员会为管理机构，其任务是参与政策、制度的制定，统筹管理公费医疗经费，调节医疗服务单位和就医单位的协作，联系、审核、监督经费的使用；公费医疗经费的承保范围包括门诊、住院、计划生育、康复疗养服务等，含检查费、药品费、治疗费、手术费等。

劳保医疗制度：它是我国劳动保险制度的有机组成部分，由企业自行组织实施，是对企业职工实行免费、对职工家属实行半费的一种企业医疗保险制度。具体的特点是：保险全面、医疗免费、惠及亲属，药品享用范围限制、板块结构、项目体系封闭、划区定点医疗、身份职业有别、国家保险、单位负责①。这一制度的经费直接来源是以产品或劳务收入为国家提供税收的企业单位纯收入，它是企业职工当年新创造的价值。所以，它属于国民收入的初次分配。国家明确规定劳保医疗经费属职工福利基金，按照企业职工工资总额和国家规定的比例，在生产成本项目中列支。随着市场经济的建立，许多企业濒于亏损破产，使得劳保医疗难以为继。

1952 年，公费医疗制度建立时享受人数为 400 万人，到 1990 年达到 4 179 万人，1956 年，参加社会保险的职工约 2 300 万人，目前，我国公费医疗、劳保医疗的覆盖面仅为全国人口的 10%②；1952 年公费医疗年人均定额为 18 元，1978 年为 30 元，1990 年全国人均实际公费医疗费用达 164 元，以后平均每年增长达 25%甚至 30%或 40%以上，而同期全国财政支出平均年增长近 171%，劳保医疗费用增长也大体如此③。

城镇公费、劳保医疗保障制度的实质是一种福利医疗制度，它对国民身体素质的提高、人均预期寿命的延长、地方病和传染病的控制及卫生事业的迅速发展发挥了巨大的作用。这种医疗福利制度是在计划经济体制基础上建立起来的，必须以强大的国家财政和高效的管理系统为基础，带有明显的供给制的痕迹，使职工养成依赖心理，存在不少弊端。

① 杨健敏．职工医疗保障制度的传统轨迹［N］．中国社会报，1999-01-10.
② 尹力．医疗保障体制改革［M］．广州：广东经济出版社，1999：8.
③ 尹力．医疗保障体制改革［M］．广州：广东经济出版社，1999：18-19.

1988年，中国政府开始对机关事业单位的公费医疗制度和国有企业的劳保医疗制度进行改革。1998年，中国政府颁布了《关于建立城镇职工基本医疗保险制度的决定》，开始在全国建立城镇职工基本医疗保险制度。

1. 基本概念

城镇职工基本医疗保险是我国医疗保险的组成部分之一，是为补偿劳动者因疾病风险遭受经济损失而建立一项社会保险制度。通过用人单位和个人缴费，建立医疗保险基金，参保人员患病就诊发生医疗费用后，与医疗保险经办机构给予一定的经济补偿，以避免或减轻劳动者因患病、治疗等所承受的经济风险。

加快医疗保险制度改革，保障职工基本医疗，是建立社会主义市场经济体制的客观要求和重要保障。在认真总结各地医疗保险制度改革试点经验的基础上，国务院决定，在全国范围内进行城镇职工医疗保险制度改革。医疗保险制度改革的主要任务是建立城镇职工基本医疗保险制度，即适应社会主义市场经济体制，根据财政、企业和个人的承受能力，建立保障职工基本医疗需求的社会医疗保险制度。

2. 覆盖范围和缴费办法

城镇所有用人单位，包括企业（国有企业、集体企业、外商投资企业、私营企业等）、机关、事业单位、社会团体、民办非企业单位及其职工，都要参加基本医疗保险。乡镇企业及其职工、城镇个体经济组织业主及其从业人员是否参加基本医疗保险，由各省、自治区、直辖市人民政府决定。

基本医疗保险原则上以地级以上行政区（包括地、市、州、盟）为统筹单位，也可以县（市）为统筹单位，北京、天津、上海3个直辖市原则上在全市范围内实行统筹（以下简称统筹地区）。所有用人单位及其职工都要按照属地管理原则参加所在统筹地区的基本医疗保险，执行统一政策，实行基本医疗保险基金的统一筹集、使用和管理。铁路、电力、远洋运输等跨地区、生产流动性较大的企业及其职工，可以相对集中的方式异地参加统筹地区的基本医疗保险。

基本医疗保险费由用人单位和职工共同缴纳。用人单位缴费率应控制在职工工资总额的6%左右，职工缴费率一般为本人工资收入的2%。随着经济发展，用人单位和职工缴费率可做相应调整。

3. 建立基本医疗保险统筹基金和个人账户

基本医疗保险基金由统筹基金和个人账户构成。职工个人缴纳的基本医疗保险费，全部计入个人账户。用人单位缴纳的基本医疗保险费分为两部分，一部分用于建立统筹基金，一部分划入个人账户。划入个人账户的比例一般为用人单位缴费的30%左右，具体比例由统筹地区根据个人账户的支付范围和职工年龄等因素确定。

统筹基金和个人账户要划定各自的支付范围，分别核算，不得互相挤占。要确定统筹基金的起付标准和最高支付限额，起付标准原则上控制在当地职工年平均工资的10%左右，最高支付限额原则上控制在当地职工年平均工资的4倍左右。起付标准以下的医疗费用，从个人账户中支付或由个人自付。起付标准以上、最高支付限额以下的医疗费用，主要从统筹基金中支付，个人也要负担一定比例。超过最高支付限额的医疗费用，可以通过商业医疗保险等途径解决。统筹基金的具体起付标准、最高支付限额以及在起付标准以上和最高支付限额以下医疗费用的个人负担比例，由统筹地区根据以收定支、收支平衡的原则确定。

4. 健全基本医疗保险基金的管理和监督机制

基本医疗保险基金纳入财政专户管理，专款专用，不得挤占挪用。社会保险经办机构负责基本医疗保险基金的筹集、管理和支付，并要建立健全预决算制度、财务会计制度和内部审计制度。社会保险经办机构的事业经费不得从基金中提取，由各级财政预算解决。

基本医疗保险基金的银行计息办法：当年筹集的部分，按活期存款利率计息；上年结转的基金本息，按3个月期整存整取银行存款利率计息；存入社会保障财政专户的沉淀资金，比照3年期零存整取储蓄存款利率计息，并不低于该档次利率水平。个人账户的本金和利息归个人所有，可以结转使用和继承。

各级劳动保障和财政部门，要加强对基本医疗保险基金的监督管理。审计部门要定期对社会保险经办机构的基金收支情况和管理情况进行审计。统筹地区应设立由政府有关部门代表、用人单位代表、医疗机构代表、工会代表和有关专家参加的医疗保险基金监督组织，加强对基本医疗保险基金的社会监督。

5. 加强医疗服务管理

要确定基本医疗保险的服务范围和标准。劳动保障部会同卫生部、财政部等有关部门制定基本医疗服务的范围、标准和医药费用结算办法，制定国家基本医疗保险药品目录、诊疗项目、医疗服务设施标准及相应的管理办法。各省、自治区、直辖市劳动保障行政管理部门根据国家规定，会同有关部门制定本地区相应的实施标准和办法。

基本医疗保险实行定点医疗机构（包括中医医院）和定点药店管理。劳动保障部会同卫生部、财政部等有关部门制定定点医疗机构和定点药店的资格审定办法。社会保险经办机构要根据中西医并举，基层、专科和综合医疗机构兼顾，方便职工就医的原则，负责确定定点医疗机构和定点药店，并同定点医疗机构和定点药店签订合同，明确各自的责任、权利和义务。在确定定点医疗机构和定点药店时，要引进竞争机制，职工可选择若干定点医疗机构就医、购药，也可持处方在若干定点药店购药。国家药品监督管理局会同有关部门制定定点药店购药药事事故处理办法。

各地要认真贯彻《中共中央、国务院关于卫生改革与发展的决定》（中发［1997］3号）精神，积极推进医药卫生体制改革，以较少的经费投入，使人民群众得到良好的医疗服务，促进医药卫生事业的健康发展。要建立医药分开核算、分别管理的制度，形成医疗服务和药品流通的竞争机制，合理控制医药费用水平；要加强医疗机构和药店的内部管理，规范医药服务行为，减员增效，降低医药成本；要理顺医疗服务价格，在实行医药分开核算、分别管理，降低药品收入占医疗总收入比重的基础上，合理提高医疗技术劳务价格；要加强业务技术培训和职业道德教育，提高医药服务人员的素质和服务质量；要合理调整医疗机构布局，优化医疗卫生资源配置，积极发展社区卫生服务，将社区卫生服务中的基本医疗服务项目纳入基本医疗保险范围。卫生部会同有关部门制定医疗机构改革方案和发展社区卫生服务的有关政策。国家经贸委等部门要认真配合做好药品流通体制改革工作。

在基本医疗保险之外，各地还普遍建立了大额医疗费用互助制度，以解决社会统筹基金最高支付限额之上的医疗费用。国家为公务员建立了医疗补助制度。有条件的企业可以为职工建立企业补充医疗保险。国家还将逐步建立社会医疗救助制度，为贫困人口提供基本医疗保障。

中国的基本医疗保险制度改革正稳步推进，基本医疗保险的覆盖范围不断扩大。到2001年底，全国97%的地市启动了基本医疗保险改革，参加基本医疗保险的职工达7629万人。此外，公费医疗和其他形式的医疗保障制度还覆盖了一亿多的城镇人口，中国政府正在将这些人口逐步纳入基本医疗保险制度中。

自1994年国务院决定在江苏镇江、江西九江试点开始，我国拉开了从计划经济下劳保医疗与公费医疗体系向市场经济下社会医疗保险体系转变的改革历程，逐步建立起包括城镇职工基本医疗保险制度、新型农村合作医疗制度和城镇居民基本医疗保险制度在内的三大医保制度，初步构成了覆盖全体国民的医保体系。在覆盖对象的划分上，城镇职工基本医疗保险制度是1998年为国有企业改革解困而出台的一项配套措施，在当时的历史条件下，这是自然的考虑，但也在客观上造成该制度覆盖面较为狭窄，仅限于城镇正规就业职工；2003 年出台的新型农村合作医疗制度的覆盖对象是广大农村居民；2007 年出台的城镇居民基本医疗保险制度的覆盖对象为不属于职工医保制度覆范围的学生、少年儿童和其他非从业城镇居民，从制度设计的初衷来看，三大医保制度各自的覆盖范围应当是清晰的，然而随着我国城乡二元经济结构的调整、工业化和城市化进程加快，使得三大险种的覆盖对象之间开始出现不同程度的交叉，尤其对农民工、失地农民和城镇灵活就业人员等特殊人群应当纳入哪种制度范围缺乏明确的规定，各地做法不一。

（二）城镇居民医疗保险

城镇居民医疗保险是以没有参加城镇职工医疗保险的城镇未成年人和没有工作的居民为主要参保对象的医疗保险制度。它是继城镇职工基本医疗保险制度和新型农村合作医疗制度推行后，党中央、国务院进一步解决广大人民群众医疗保障问题，不断完善医疗保障制度的重大举措。它主要是对城镇非从业居民医疗保险做了制度安排。这一制度的出现在中国社会保险制度改革的历程中具有重大意义，指明了中国社会保险制度改革的方向。

1998 年我国开始建立城镇职工基本医疗保险制度，为实现基本建立覆盖城乡全体居民的医疗保障体系的目标，国务院决定，从 2007 年起开展城镇居民基本医疗保险试点。2016 年 1 月 12 日，国务院印发《关于整合城乡居民基本医疗保险制度的意见》要求，推进城镇居民医保和新农合制度整合，逐步在全国范围内建立起统一的城乡居民医保制度。

1. 参保范围与筹资水平

不属于城镇职工基本医疗保险制度覆盖范围的中小学阶段的学生（包括职业高中、中专、技校学生）、少年儿童和其他非从业城镇居民都可自愿参加城镇居民基本医疗保险。

试点城市应根据当地的经济发展水平以及成年人和未成年人等不同人群的基本医疗消费需求，并考虑当地居民家庭和财政的负担能力，恰当确定筹资水平；探索建立筹资水平、缴费年限和待遇水平相挂钩的机制。

城镇居民基本医疗保险以家庭缴费为主，政府给予适当补助。参保居民按规定缴纳基本医疗保险费，享受相应的医疗保险待遇，有条件的用人单位可以对职工家属参保缴费给予补助。国家对个人缴费和单位补助资金制定税收鼓励政策。

2. 费用支付

城镇居民基本医疗保险基金重点用于参保居民的住院和门诊大病医疗支出，有条件的地区可以逐步试行门诊医疗费用统筹。城镇居民基本医疗保险基金的使用要坚持以收定支、收支平衡、略有结余的原则。要合理制定城镇居民基本医疗保险基金起付标准、支付比例和最高支付限额，完善支付办法，合理控制医疗费用。探索适合困难城镇非从业居民经济承受能力的医疗服务和费用支付办法，减轻他们的医疗费用负担。城镇居民基本医疗保险基金用于支付规定范围内的医疗费用，其他费用可以通过补充医疗保险、商业健康保险、医疗救助和社会慈善捐助等方式解决。

3. 组织管理

对城镇居民基本医疗保险的管理，原则上参照城镇职工基本医疗保险的有关规定执行。各地要充分利用现有管理服务体系，改进管理方式，提高管理效率。鼓励有条件的地区结合城镇职工基本医疗保险和新型农村合作医疗管理的实际，进一步整合基本医疗保障管理资源。要探索建立健全由政府机构、参保居民、社会团体、医药服务机构等方面代表参加的医疗保险社会监督组织，加强对城镇居民基本医疗保险管理、服务、运行的监督。建立医疗保险专业技术标准组织和专家咨询组织，完善医疗保险服务管理专业技术标准和业务规范。根据医疗保险事业发展的需要，切实加强医疗保险管理服务机构和队伍建设。建立健全管理制度，完善运行机制，加强医疗保险信息系统建设。

4. 基金管理

要将城镇居民基本医疗保险基金纳入社会保障基金财政专户统一管理，单独列账。要按照社会保险基金管理等有关规定，严格执行财务制度，加强对基本医疗保险基金的管理和监督，探索建立健全基金的风险防范和调剂机制，确保基金安全。

5. 服务管理

对城镇居民基本医疗保险的医疗服务管理，原则上参照城镇职工基本医疗保险的有关规定执行，具体办法由试点城市劳动保障部门会同发展改革、财政、卫生等部门制定。要综合考虑参保居民的基本医疗需求和基本医疗保险基金的承受能力等因素，合理确定医疗服务的范围。通过订立和履行定点服务协议，规范对定点医疗机构和定点零售药店的管理，明确医疗保险经办机构和定点的医疗机构、零售药店的权利和义务。医疗保险经办机构要简化审批手续，方便居民参保和报销医疗费用；明确医疗费用结算办法，按规定与医疗机构及时结算。加强对医疗费用支出的管理，探索建立医疗保险管理服务的奖惩机制。积极推行医疗费用按病种付费、按总额预付等结算方式，探索协议确定医疗费用标准的办法。

（三）新型农村合作医疗

1. 基本概念

新型农村合作医疗（简称“新农合”）是指由政府组织、引导、支持，农民自愿参加，个人、集体和政府多方筹资，以大病统筹为主的农民医疗互助共济制度。其采取个人缴费、集体扶持和政府资助的方式筹集资金。

2002 年 10 月，中国明确提出各级政府要积极引导农民建立以大病统筹为主的新型农村合作医疗制度。2009 年，中国作出深化医药卫生体制改革的重要战略部署，确立新农合作为农村基本医疗保障制度的地位。2015 年 1 月 29 日，国家卫计委、财政部印发关于做好 2015 年新型农村合作医疗工作的通知提出，各级财政对新农合的人均补助标准在 2014 年的基础上提高 60 元，达到 380 元。

2. 发展背景

今天的新型农村合作医疗是在中华人民共和国成立以后形成的农村合作医疗制度的基础上发展而来的。农村合作医疗是由我国农民（农业户口）自己创造的互助共济的医疗保障制度，在保障农民获得基本卫生服务、缓解农民因病致贫和因病返贫方面发挥了重要的作用。它为世界各国，特别是发展中国家所普遍存在的问题提供了一个范本，不仅在国内受到农民群众的欢迎，而且在国际上得到好评。

合作医疗在将近 50 年的发展历程中，先后经历了 20 世纪 40 年代的萌芽阶段、50 年代的初创阶段、60—70 年代的发展与鼎盛阶段、80 年代的解体阶段和 90 年代以来的恢复和发展阶段。

在 1974 年 5 月的第 27 届世界卫生大会上，第三世界国家普遍表示热情关注和极大兴趣。联合国妇女儿童基金会在 1980—1981 年年报中指出，中国的“赤脚医生”制度在落后的农村地区提供了初级医疗与护理，为不发达国家提高医疗卫生水平提供了样本。世界银行和世界卫生组织把我国农村的合作医疗称为“发展中国家解决卫生经费的唯一典范”。

但自 70 年代末到 80 年代初，由于农村合作社体制的逐步解体，随农村内的“工分制”瓦解，赤脚医生无法通过从事医疗活动来换取工分进而获得粮食等其他生活资料，赤脚医生便完全丧失了外出行医的动力。另外，由于合作社的瓦解无法再为村内卫生所的正常运行提供资金来源，导致村内的公共卫生机构无法继续支撑而瓦解。所以从赤脚医生和村内卫生所这两方面来看，自从合作社体制瓦解以后，农村内的公共医疗机制基本上呈现着真空的状态。

面对传统合作医疗中遇到的问题，卫生部组织专家与地方卫生机构进行了一系列的专题研究，为建立新型农村合作医疗打下了坚实的理论基础。1996 年年底，中共中央、国务院在北京召开全国卫生工作会议，江泽民同志在讲话中指出，现在许多农村发展合作医疗，深得人心，人民群众把它称为“民心工程”和“德政”。随着我国经济与社会的不断发展，越来越多的人开始认识到，“三农”问题是关系党和国家全局性的根本问题。而不解决好农民的医疗保障问题，就无法实现全面建设小康社会的目标，也谈不上现代化社会的完全建立。大量的理论研究和实践经验也已表明，在农村建立新型合作医疗制度势在必行。新型农村合作医疗制度从 2003 年起在全国部分县（市）试点，到 2010 年逐步实现基本覆盖全国农村居民。

2002 年 10 月，《中共中央、国务院关于进一步加强农村卫生工作的决定》明确指出：要“逐步建立以大病统筹为主的新型农村合作医疗制度”“到 2010 年，新型农村合作医疗制度要基本覆盖农村居民”“从 2003 年起，中央财政对中西部地区除市区以外的参加新型合作医疗的农民每年按人均 10 元安排合作医疗补助资金，地方财政对参加新型合作医疗的农民补助每年不低于人均 10 元”“农民为参加合作医疗、抵御疾病风险而履行缴费义务不能视为增加农民负担”。

这是我国政府历史上第一次为解决农民的基本医疗卫生问题进行大规模的投入。从 2003 年开始，本着多方筹资，农民自愿参加的原则，新型农村合作医疗的试点地区正在不断的增加，通过试点地区的经验总结，为新型农村合作医疗在全国的全面开展创造了坚实的理论与实践基础，截至 2004 年 12 月，全国共有 310 个县参加了新型农村合作医疗，有 1945 万户，6899 万农民参合，参合率达到了 72. 6%。按照“十一五”规划的要求，新型农村合作医疗到2010年的覆盖面达到农村的80%以上。2011年2月17日中国政府网发布了《医药卫生体制五项重点改革2011年度主要工作安排》。这份文件明确，2011年政府对新农合和城镇居民医保补助标准均由上一年每人每年120元提高到200元；城镇居民医保、新农合政策范围内住院费用支付比例力争达到70%左右。

2012年起，各级财政对“新农合”的补助标准从每人每年200元提高到每人每年240元。其中，原有200元部分，中央财政继续按照原有补助标准给予补助，新增40元部分，中央财政对西部地区补助80%，对中部地区补助60%，对东部地区按一定比例补助。农民个人缴费原则上提高到每人每年60元，有困难的地区，个人缴费部分可分两年到位。个人筹资水平提高后，各地要加大医疗救助工作力度，资助符合条件的困难群众参合。新生儿出生当年，随父母自动获取参合资格并享受新农合待遇，自第二年起按规定缴纳参合费用。

2017年，各级财政对新农合的人均补助标准在2016年的基础上提高30元，达到450元，其中，中央财政对新增部分按照西部地区80%、中部地区60%的比例进行补助，对东部地区各省份分别按一定比例补助。农民个人缴费标准在2016年的基础上提高30元，原则上全国平均达到180元左右。探索建立与经济社会发展水平、各方承受能力相适应的稳定可持续筹资机制。

3. 存在的问题

第一，供方诱导需求突出。具体地讲就是在医患信息严重不对称的情况下，相当一部分定点医院对病人诊治时，并不是按照最有利的方案去开展，普遍存在开大药方，多开药，开贵药，过度消费医疗服务的现象。这不但增加了合作医疗服务的支出，也增加了农民的负担，使新型合作医疗没有真正发挥作用。

第二，参保动力不足问题。由于新型合作医疗以大病统筹为主，小病仍然是用农民个人医疗账户来支出。就小病而言，当农民经常不生病时，觉得个人出资的那部分浪费掉了，于是会逐渐丧失参加合作医疗的动力。

第三，大病医疗仍未解决。从大病来说，由于农村内部也存在着较大的贫富差距，那些贫穷的家庭一旦得了大病，即使去医院就诊，能够报销一部分，但剩下的一部分他们依然无力偿付，所以这些贫困的家庭依然看不起病。当然对于那些富裕的家庭而言，这是给他们提供了实在的优惠。所以从大病的角度来看，不但新型合作医疗没有解决农村内部贫困家庭的医疗问题，反而使得他们与富裕农民家庭的差距变得越来越大，进一步加剧了农村的贫富差距。

第四，异地报销难的问题。农村呈现的状况是大部分的青年或中年的劳动力外出打工，农村呈现出大量的“空心村”。当这些农民工外出打工时，如果在外地生小病，他们只能在打工所在地看病，这样来说，他们参加新型农村合作医疗就没有得到实惠，这会降低他们的参与热情。当他们得了大病时，由于打工所在地路途遥远，甚至有些急性病时，他们去大型的医院就医，也无法享受到新型合作医疗的优惠。因为，新型合作医疗规定了，参加合作医疗的农民需要在定点的市县，乡镇的医院去就医报销。所以从农村大规模的农民工外出打工的角度来看，出现了异地看医报销难的问题。

第五，农村卫生资源短缺问题。长期以来，农村卫生基础设施滞后，乡镇卫生院房屋破旧，一些贫困地方的卫生站甚至存在危房，医务人员短缺，且整体素质不高，长期得不到培训，技术骨干严重流失，很难满足农民日益增长的，多层次的医疗需求。甚至在农村出现到县，乡镇医院看错病，导致死亡的案例发生。另一方面，如果农民不去这些县，乡镇医院，而去省或者市一级的好医院，他们面临的又是天价的医疗费用，使得他们在一定程度上望而止步。所以从这点来看，也严重制约了新型农村合作医疗的有效运行。

三、医疗保险制度的伦理分析

从1992年深圳医疗保险改革开始，我国社会医疗保险制度经历了影响最大的1994年的“两江”（江苏省镇江市、江西省九江市）改革试点，1994年的上海医疗改革以及广西平南模式。1995年海南方案，此阶段的重点在于实行医疗经费的社会化统筹，医疗保险经费以市或县为单位实行统筹，同时费用负担向个人转移，普遍加强了对需方的制约，试图以行政办法控制医疗费用的增长；但是医疗机构的补偿机制没有发生根本性的变化，其主要收入来源是医疗服务的收费及药品的销售，且后者在总收入中的比例过大。

1996年12月9日，中共中央、国务院召开了新中国成立以来第一次全国卫生工作会议。此次会议为下一步卫生改革工作的开展打下了坚实的基础。1997年1月，中共中央、国务院出台《关于卫生改革与发展的决定》，明确提出了卫生工作的奋斗目标和指导思想。提出了推进卫生改革的总要求，在医疗领域主要有改革城镇职工医疗保险制度、改革卫生管理体制、积极发展社区卫生服务、改革卫生机构运行机制等。这些指导思想成为这一轮改革的基调和依据。

1999年，国务院颁布了《关于建立城镇职工基本医疗保险制度的决定》，以此为标志，中国城镇医疗保险制度改革进入了一个新阶段。该决定明确指出，职工医疗保险制度改革的主要任务是建立城镇职工基本医疗保险制度，即适应社会主义市场经济体制，根据财政、企业和个人的承受能力，保障职工基本医疗需求的社会医疗保险制度。基本医疗保险具有社会保险性质，由政府劳动和社会保障部门负责组织举办；基本医疗保险水平与生产力发展水平相适应，主要保证广大职工基本医疗需要；不仅要覆盖国家机关工作人员和国有企业职工，还应覆盖我国城镇全体劳动者，即所有城镇用人单位及其职工强制参加保险、属地化管理；用人单位与职工共同分担基本医疗保险费，基本医疗保险实行个人账户与社会统筹相结合的方式。从覆盖范围上看，该制度原则上以地级以上行政区为统筹单位，受益人口由 1.5 亿扩大到 3 亿多。在医疗保险账户建设上，用人单位按职工工资总额的 6%左右缴纳基本医疗保险费，其中 30%左右划归职工个人账户，剩下的用于建立统筹基金，而职工个人按本人工资收入的 2%缴费，并全部进入个人账户。在账户使用上，统筹基金与个人账户各自划分支付范围，分别核算。统筹基金起付标准控制在当地职工年均工资的 10%左右，标准之下的费用由个人账户支付或个人支付，而统筹基金支付时个人也要负担一定比例，且统筹基金有最高支付限额，一般为当地职工年均工资的 4 倍左右①。这次医疗保险制度改革是对原公费、劳保医疗制度的制度性变革：保障方式从单位保障向社会保险转变；保障范围从国有单位逐步向城镇劳动者转变；费用负担从单位负担向单位和个人双方负担转变；保障责任从无限责任向基本保障转变。

社会医疗保险制度的确立是对公费、劳保医疗制度的根本性变革，标志着传统的城镇医疗保障制度向新型医疗保障制度的正式过渡，现代医疗保险的原则和基本精神得以初步确立，医疗保障从封闭孤立的状况中走出来，社会化保障、求同存异的保障水平成为规范的做法。基本医疗保险制度实行社会统筹和个人账户相结合是总结我国医疗保险制度改革的经验，借鉴国外医疗保险制度的经验教训，并结合中国国情提出的，是具有中国特色的制度创新，但它作为一个新制度，其中也存在一些不足之处，需要在实践中不断完善。

第一，完善了健康整体责任观念。健康不仅是国家、企业的责任，更是公民个人的责任，享受了健康的权利，必然应承担相应的责任。医疗保障制度改革注重了加强个人责任，引入了社会统筹与个人账户相结合模式（简称统账结合模式），企业和个人都要适当缴费，需求方承担

① 邓大松. 中国社会保障若干重大问题研究［M］. 海口：海天出版社，2000：327.

部分付费责任，以此来体现责任的共担。在统账结合模式下，职工必须承担相应的付费责任，其方式有三：一是用完个人账户的钱后，必须自付一定费用；二是按一定比例分担门诊和住院医疗费用；三是按病种付费，未纳入社会共济账户负责范围的病种由职工个人账户付费，个人账户不足的全部由个人负担。医疗个人账户的积累作用比个人储蓄的作用更强，用个人账户形式强制进行医疗基金储蓄排除了个人安排的偶然性，可以强化医疗保障，增强个人健康投资意识，促使个人年轻健康时为年老多病时积累医疗基金，也利于增强个人的自我保健意识和费用意识。设立个人账户，可以在一定程度上对患者形成制约，促使职工学会明智地、审慎地、经济合理地使用医疗经费，能够实现一定程度的医疗费用节约和资金积累。统账结合模式在保障职工基本医疗的前提下，打破了完全由社会统筹的大包大揽，减轻了国家负担，分化了健康责任。

第二，体现了平等受益的趋势。卫生保健服务应该只反映我们保健需要的差别，不反映其他个人或人群的差异。社会医疗保险制度试图在城镇建立统一的医疗保险制度，不管用人单位是国家机关，还是国企、私企；不管单位效益好坏，参保人员所享受的医疗服务是同等水平的，只因对医疗保健需要的差别而不同，而不因缴费多少而不同，旨在使参保人员的基本医疗需要得到保障。这实际上是社会公平的体现，社会医疗保险制度的实施将扩大医疗保险的覆盖范围，使医疗保险向社会化方向发展。这种社会共济保障体制的建立，有利于企业之间公平负担，保障职工的基本医疗需要。

第三，公平共济性增强。与传统的公费与劳保医疗制度相比，社会医疗保险在公平性与共济性方面有所增强。它力图打破行业、所有制界限，在社会一定范围内建立统一的基本医疗保险，破除了原有医疗制度的自我封闭性和各单位之间医疗负担与享用的卫生资源苦乐不均的现象，加强了企业之间公平负担，利于充分保障职工的基本医疗需求。基本医疗保险社会统筹基金可以实现医疗保险基金的互助共济、统筹调剂，较好地体现了社会保险的共济特征，有利于在一定的社会人群范围内实现医疗保险基金的横向调剂，分散医疗经济风险，平衡医疗保险，实现社会公平。医疗资源的筹集以收入为基础，而与个人健康水平分离，即按工资的一定比例缴纳医疗费，是各国社会医疗保险采用的主要筹资办法，是为了体现社会公平，也即从相对比例来讲，每个人都承担了相同责任，但从缴纳保险金的绝对数来讲，收入高的人群要多缴纳保险费，收入低的人则少缴纳保险费，这种社会二次分配体现了共济与公平。

四、我国卫生事业改革面临的伦理问题及其选择

当今世界各国政府都在探索解决卫生保健事业发展中所遇到的困难，并且推行各种各样的卫生保健政策，但其收效大不相同。有的国家保健费用高得惊人，医疗技术堪称世界一流，但疾病控制一般。一方面是医疗保健力量大量闲置，另一方面则是大片人群没有保健覆盖。而另一些国家的费用、技术相对薄弱，而在保健收效方面则颇为可观。究其原因，有没有一个正确的伦理学原则作为卫生政策的基础是一个重要因素。

卫生政策的制定过程，其本身就是一个伦理价值的选择过程，每一个想使本国的医疗卫生服务体制摆脱困境的国家，在决策时都不能仅仅只考虑经济因素，不能仅以医疗费用支出的高低为判断医疗保障制度优劣的标准，而更多地应利用伦理的价值来引导医疗保障制度改革达到成功。卫生政策特别是医疗保健政策是卫生资源、价值目标和伦理原则三者的结合，维护和增进人类健康是卫生政策最基本的价值定向和伦理选择，医学伦理学是卫生政策的重要基础，偏离了这一基础，卫生政策就必然失去其合理性，必然失去广大社会公众支持和接受的基础。

因此，从长远来看，医疗费用开支是我们的投入，国民的健康指数是其产出，我国卫生政策的目标是保证在一定投入下的产出最大化，即每一个公民是否享有所需的卫生保健；每个公民是否享有最完善的卫生

保健；政府是否能通过制度改革，真正有效地控制不断上涨的医疗费用；卫生保健设施和医疗资源是否发挥应有的作用；病人与医务人员是否有自由选择的权利与机会。基于上述认识，我们尝试探究我国卫生事业改革面临的伦理问题及其选择。

（一）政府、集体与个人之间的伦理关系

卫生事业改革涉及多种利益关系，其中政府、集体与个人是其中重要的三者，如何处理这三者的关系，直接反映该国卫生政策的伦理倾向，鉴于我国社会主义国家性质以及医疗卫生事业的特性，在我国卫生政策的构建中，应充分发挥政府、集体与个人三方力量，任何一方责任都不可缺失。

医疗卫生行业是人类社会和经济活动中的一个特殊行业，它具有福利性或公益性的特征，所以医疗卫生事业总是和国家政府的职责密切联系在一起，只有依靠国家政府力量，这一事业才能得到合理发展；而医疗保险作为保护医疗卫生行业正常运转的经济保障系统，也必然要受到政府的干预。世界卫生组织曾多次召开会议，审议“2000 年人人享有卫生保健”的全球策略，并明确指出，政府对其人民健康负有责任，而这种责任是通过采取适当的卫生和其他社会措施来实现的，整个国家应承担政治义务，而不能仅靠卫生部门。

政府是卫生政策的制定者和执行者，提供医疗保障是政府的责任。社会保障属于再生产过程中的分配环节，社会保障部门是非生产性机构，本身不能创造使用价值和剩余价值，以税（费）形式集中起来的社会保障资金也非社会保障部门收入，而是对被保险人的负债，是随时需要支付出去的，因此，如果要加快发展社会保障事业，就只有依靠政府财力、物力的投入。国家对社会保障事业给以资金或物质的支持，并不是国家对国民的恩赐，而是将人民创造的物质财富通过社会保障方式再返还一部分给人民而已，劳动者是社会保险税（费）最终的承担者。国家支持和资助社会保障事业发展是国家应尽的职责，不是国家的额外

包袱。

医疗市场不同于一般市场，它有自己的特色。其一，医疗保健服务所提供的许多产品具有公共品的性质，如对传染病的控制、疫苗的接种等。根据经济学原理，公共品完全由市场提供是缺乏效率的，因为公共品提供者的个人收益小于社会收益，而在纯粹市场机制的作用下，以消费者个人决策为基础的对公共品的社会消费低于社会最优水平，或者说整个社会对公共品的消费不足，如在目前“按服务收费”的医疗体制下，医疗机制缺少从事预防性服务的激励机制，预防性服务这一公共品的提供不足。其二，医疗保健也显示出很高的收入弹性。当人们的基本需求得到满足后，对健康和长寿的生活要求会不断增加，高收入弹性的产品会增大消费在总支出中的比重，而在医疗提供总量不足的情况下，如完全靠市场运作，则收入高的人拥有更多的医疗服务，这容易因贫富分化带来医疗资源的不当配置，导致富人医学。其三，从供方来看，对医疗服务业的进入存在着种种限制，使得医疗保健服务市场不是一个完全竞争的市场。而且供给者与需求者在信息上处于不平等的地位，医疗服务的供方出于自身利益的考虑，可能会误导需方，导致过度使用和不必要的医疗资源浪费，与医疗市场息息相关的医疗保险市场也因此出现了市场失灵的现象。在解决医疗市场失灵问题上，政府因其在政治经济中的特殊地位，可以发挥举足轻重的作用，如为解决公共品供给激励机制不足，政府可以加以补贴或直接供给，并支持有关公共卫生研究。其四，从促进社会公平角度出发也要求政府干预医疗市场。由于个人的健康状况（或疾病）直接影响其收入能力和生活质量，低收入人群在疾病打击下，极易陷入贫困，从而加剧收入不平等。因此，政府有必要实施公共卫生计划并向低收入人群提供基本医疗服务，并通过医疗救济减少富人对有限医疗资源的控制。其五，在解决信息不对称问题上，政府也可以大有作为。以上种种说明，有序的医疗市场离不开政府干预，尤其在发展中国家，政府应以监督者、主导者的身份出现。

基于此，在我国卫生事业改革中，必须坚持政府责任主导，这不仅表现在相关政策的制定上，如国家需要建立各种社会保障制度，保证社会的协调发展，而且表现在国家卫生保健费用的投入与分配上，如医疗救助金，应大部分由国家财政拨付，医疗保险金入不敷出时，国家最后出场对不足部分给予补贴，这是国民收入的再分配。而如今，我国医疗公共卫生开支明显偏少，在世界上处于中下等水平，1990—1995 年仅占 GNP 的 2.1%，甚至低于印度的 6%，离世界卫生组织提出的 5%还有一段距离①。这多少导致了在现今的卫生事业改革中，政府责任在一定程度上的缺失。依据国家卫计委统计公报，2016 年全国卫生总费用预计达 46 344.9 亿元，其中：政府卫生支出 13 910.3 亿元（占 30.0%），社会卫生支出 19 096.7 亿元（占 41.2%），个人卫生支出 13 337.9 亿元（占 28.8%）。人均卫生总费用 3 351.7 元，卫生总费用占 GDP 百分比为 6.2%。当前，我国医疗卫生政府支出水平仍然偏低，主要表现为政府卫生支出占财政支出和 GDP 的比重偏低以及政府卫生支出在卫生总费用中的比重偏低。

企业和雇主在卫生事业改革中有着重要的作用，现阶段，我们要求企业必须为职工缴纳基本医疗保险费用，即职工工资总额的 6%左右，这是社会医疗保险基金的重要来源，直接影响到社会医疗保险的正常运转和职工基本健康权利的维护。企业为劳动者缴纳社会保险不是给企业加负，而是企业应尽的义务。在现代社会里，企业为保证社会再生产的正常进行，除了应关心劳动者生产上的需要外，更应重视劳动者消费上的需要，劳动者的需要包括生存、享受、发展和安全需要，生存和享受需要通过企业发放工资和资金以满足，发展和安全需要则部分地依靠企业为劳动者支出保险税（费）来满足。可见，企业为劳动者上缴社会保险税（费），是企业维持和扩大再生产所必需的。那种认为发展社会保障事业，加重了企业负担，拖了企业发展后腿的观点是错误的。另

① 邓大松．中国社会保障若干重大问题研究［M］．海口：海天出版社，2000：317.

外，企业按工资总额扣除的社会保险税（费），不论数额多大，都计入产品成本，这就意味着最终还得由包括劳动者在内的广大消费者来承担。从一个长期过程来看，企业并没有因缴纳社会保险税（费）而有损失，只不过是劳动者把自己应得的份额通过企业之手再拿回一点罢了。

卫生事业改革必须充分重视个人作用的发挥，公众的参与和公众责任意识的提高，直接关系到改革的成功与否。健康是个人的权利，更是个人的责任。个人是身体健康的最大受益者，因此应对维护身体健康承担主要责任，健康对生命而言是基本的先决条件，个体对于健康是最主要的保护者，也是最大的受益者。虽然由于文明进程加快，环境、生态及日常生活的方方面面均对人体新陈代谢产生影响，弥补这种经济发展外部性对人体健康的不良后果，应是经济发展直接受益者（往往表现为众多的企业）的责任，但个体选择的生活方式、职业都对健康有深刻的作用，从而又应由个体自己负责。由于个体平均收入上升，部分个体已有能力承担个体医疗费用，要坚持义务与权利相结合的原则，将公民享受医疗保障的权利与缴纳费用的义务联系起来，强化个人责任，以促进劳动者的积极性，避免过度消费。

（二）公平与效率之间的伦理关系

在医疗卫生领域，公平和效率有着特定的含义，而正确处理二者的关系，涉及卫生改革的取向。卫生保健的公平性体现在三个层次：（1）卫生资源的公平分配，即应按需要分配卫生资源。一是卫生服务产品在不同地区、不同人群中分配的合理化；二是人们在享受基本医疗服务方面的合理化。它不仅要求机会上的公平，而且要求结果上的公平。“人人享有卫生保健”，是这种公平的根本体现，也是根本标准。（2）卫生服务提供的公平性，即按照需要提供卫生服务。（3）卫生服务支付的公平性，即根据支付能力来支付卫生服务的费用。

卫生保健的公平意味着确保全体居民卫生服务的可及性，即应消除影响可及性的一切障碍——包括筹资上、地理上、文化上、教育上以及低服务质量等方面认识上的障碍等，使同等需要的人能获得同等卫生服务可及性，同等需要的人获得同等的卫生服务提供，所有人都应具有同等的卫生服务质量，而不受其社会、经济地位和能力的影响。由此，涉及了在经济学上衡量卫生保健公平性的两个尺度：水平公平和垂直公平。水平公平即具有等量卫生服务需要的人能得到相同质量和数量的医疗保险；或具有特定收入水平和支付能力的人，对医疗保险应该有同等支付额。前者是获得服务水平的公平，后者是筹资水平的公平，所以不同年龄层次的人，享受的医疗保险范围不一样，但同年龄段的人，基本享受相同的医疗保险，这是体现公平。垂直公平是指需要水平不同的人所得到的医疗保险质量和范围也不同。需要水平高者得到较大范围医疗保险，反之则小，这是获得服务的垂直公平；具有不同收入水平和支付能力的人，收入水平高、支付能力强者多付，支付能力弱者少付，是筹资的垂直公平。公平是个相对概念，当医疗保险的公平程度不为民众、社会接受时，社会稳定就受到威胁。在社会主义初级阶段，卫生保健的公平，主要看卫生服务产品的提供是否满足不同地区、不同人群的基本需要，人们能否普遍享受到基本医疗服务。

在市场经济条件下，一般行业的经济活动的效率是市场效率，即可以在市场机制下实现的效率，但卫生事业不能完全市场化，其效率主要是资源利用、分配和服务的效率，政策制度的效率。卫生服务效率的高低，不直接表现为经济效益的好坏，也不以赢利率多少为标准，而以提高社会效益为最高原则；卫生服务注重的是分配效率，而不单纯追求技术效率；卫生系统不可能也不应该组织大规模的生产，医疗技术、设备、人力均不能满负荷运行，更不能只追求高新技术的使用率；卫生服务效率的提高，从宏观运行看，主要通过资源的合理分配和国民收入再分配，以提高居民支付能力来实现，技术效率是次要的；效率是单位卫生资源所获得的医疗保险产出（符合人民需要的卫生服务，居民健康水平的提高）。

关于一般经济活动中效率与公平的关系，目前理论界比较公认的观点是：提高效率是实现公平的前提，效率决定公平；公平对效率具有反作用，即它通过保证社会稳定和提高劳动者的积极性，来促进生产的发展和效率的提高。然而，由于卫生事业的特殊性，卫生领域中的效率与公平的关系，不能等同于一般经济活动。一般认为，当卫生事业的发展尚不能满足人民的基本需要，“看病难”“住院难”是主要矛盾时，发展卫生生产力，提高供应或服务的效率，无疑决定着公平。而当卫生生产力发展到可以提供满足人民需要的服务产品的阶段，公平就具有决定性的意义。这不仅是因为卫生事业具有福利性、健康是每个人的权利，而且还因为此时卫生事业发展的关键已不再主要是服务产品的提供，而是人民的需求，尤其是人民的基本需求能否得到满足，现有的卫生资源能否充分有效地利用。从我国现状看，卫生生产力不仅能提供满足人民需要的产品，而且总体上出现了相对过剩的现象。因此，如何通过公平来提高人民的需求水平，从而保证有限资源的充分、有效利用，就成为头等重要的大事。

卫生事业是国家实行一定福利政策的社会公益事业，而政府实行的福利政策，主要是通过国民收入再分配来实现，再分配的重要原因和出发点，就是保障社会公平。从卫生领域看，就是保证人们不因支付能力低下或无支付能力而享受不到基本医疗卫生服务。从一定意义上讲，卫生领域中的公平是提高效率和促进卫生事业发展的先决条件。目前，公平问题已成为影响卫生事业发展的关键性因素：一是卫生资源分配的不合理，造成过剩和不足同时并存；二是由于社会医疗保障制度的不健全和不完善，造成了人们在实际享有卫生服务上的差距不断拉大。据统计，我国目前有75%左右的人口没有任何保险形式来抵抗疾病的危险，他们不得不采取自费形式来购买卫生服务。在人均医疗费方面，1993

年劳保医疗人均费用为380元，公费医疗人均费用为281元，而其他人均费用只有15元①。这种现象是造成资源大量闲置和浪费的重要原因。

所以，卫生改革与发展如不切实解决公平问题，就没有效率的提高。那么，在一般经济活动中起作用的“效率优先，兼顾公平”（即把效率置于首位，在提高效率的前提下尽可能实现社会公平）原则，在现阶段卫生领域则是不完全适用的，不能将这一原则完全搬到卫生领域，去指导卫生改革与发展。在当前形势下，处理二者关系的基本原则是：必须把公平置于首位，在尽可能实现公平的前提下，去实现效率的提高。要以尽可能少的不公平换取尽可能高的效率，决不能以牺牲公平为代价去换取所谓的效率。这是因为，在卫生领域中，牺牲公平不仅意味着同时牺牲了效率，而且意味着牺牲了部分人的健康和生命。需要强调的是，这里讲的公平，并非指全国居民人人享有同质同量的卫生服务，而是指在初级阶段，人们在享有基本医疗卫生服务方面的公平。这就要求政府必须科学地界定基本医疗卫生服务的范围，从而制定出相应的政策并切实贯彻执行。卫生领域中公平最大限度的实现，将为效率的提高创造条件。

从卫生政策的制定实施和制度建设上看，政府解决公平问题应主要从两个方面下功夫：一方面要保证卫生服务产品提供上的公平。这一公平是通过卫生资源合理配置来实现的。应根据不同地区的主要卫生问题、人口规模及居民的基本需要去配置资源，真正实现“有医有药、能防能治”的卫生资源发展目标，满足人民的基本需要。另一方面要健全和完善社会医疗保障制度。目前我国的社会医疗保障制度存在着严重不公的事实：一是75%左右的人享受不到基本医疗保障，造成了支付能力的严重低下，尤其是贫困地区。这部分人不能享受社会制度的优越性、经济和卫生事业发展所带来的利益。二是享受现有保障制度的相对少数人，实际占用和消耗了过量的卫生资源。

---

① 马振江．论卫生领域效率和公平的特殊性［J］．医学与哲学，1999（5）．

在解决公平问题的前提下，同时也必须解决效率问题。提高效率，从宏观上讲，要强化政府对卫生事业的调控和管理。这种调控和管理，在社会主义市场经济条件下，必须结合卫生事业的实际，适当引入市场机制，以增强卫生事业发展的活力。从微观上讲，医疗卫生机构首先必须形成自我约束机制，自觉接受政府的调控和管理，并根据本地实际来调整自身资源的配置，包括高新技术的采用。同时强化内部管理，形成良好的内部运行机制，从而提高服务的质量和效率，实现两个效益的统一。

（三）医患之间的伦理关系

医疗市场是市场体系中一个特殊的组成部分，由于医药资源的相对稀缺性与医患双方在医疗过程中的信息不对称性，形成了医者的垄断地位与局部供求关系严重扭曲的“市场失灵”现象，供需存在着特殊的矛盾。

医疗市场中供需双方即医者与患者在利益方面的关系是：医者利用专业知识为患者诊断治疗，收取医药费，而患者通过购买医疗服务，维护自己的身体健康。假如两者都是理性的，则一定都会利用各种方式最大化自身的收益。一方面，医者可利用医疗信息优势蒙骗患者，通过做不必要的检查、开不必要的药品、延长患者住院时间等手段，以增加医者收入；当然，医者也可以根据实际情况按需要处理，保证患者只花必要的费用即可达到疗效。

另一方面，患者有权选择医生，有权决定是否进行医疗（如是否按处方交费拿药，是否按医嘱接受检查），以期所支付的医疗费用能带回最大的健康补偿。现实的分析告诉我们，选择欺诈是大多数情况下医者的平衡战略。鉴于医患在信息方面的对抗关系，医者在没有外部压力的情况下不可能自觉地向患者披露太多的真实医疗信息，而处于信息劣势的患者本身也不具备人力、物力及技术力量来改善自身的信息劣势地位。医患这一矛盾的解决只有借助于第三者的干预，具有社会管理职能的政府为实现其社会目标，有义务进行医疗相关信息系统建设。这就要求，在卫生事业改革进程中，政府应采取措施，尽可能多地保证患者知情权的获得，解决患者在信息上的弱势地位。这样，才能在医疗经费有限的情况下，保障患者的基本医疗需求。

医患关系有经济内容，有时还很丰富，但它不是建立在经济之上，而是建立在伦理之中，医务劳动的补偿方式与一般劳动补偿不同，病人付出的现金或支票不是简单的工资或费用。但由于医患关系是不对称的，现代医学活动中，不可能以病人请求为中心，病人对医学本身的认识总是有限的，医生不可能受病人情感左右；知识决定医患关系的单向性，病人一方只是监督和控制角色，不可能起主导中心作用。医疗服务市场正在悄然形成，市场可能给医患关系蒙上一层阴云。市场往往受富人的偏爱控制，高质量的保健，畸形健康文化消费，只要有钱，就可能形成市场热销的卖品。医生将被打倒，忘记医学的初衷；低价的初级保健与小伤、小病由于缺乏吸引力和更大的利润则被忽视。完全市场化会使公众健康规划衰亡，非保险增加，医学沦为商业的俘虏。中国的医疗保健改革不能实行市场化，新的卫生改革在进入优化医患关系领域时，同样也必须立足于社会公平去追求服务效率；以病人为中心，合理兼顾医患双方的正当权益，双方构成相互平等、相互信任、相互合作的交往关系，是医患关系正常化、现代化、充分体现伦理价值的必然趋势。当然，服务效率既是公平的真实彻底的体现，也是医学服务追求的目标。但是，在现代医学服务中，公平、公正是最基本的。事实上，失去公平的效率追求往往是扭曲的、失控的。

（四）医疗与初级预防保健之间的伦理关系

“医与防”是大医学的两个部分，以防病去解决治病，以治疗兼顾预防高效，卫生高效；预防无力，治疗再有力也只能是应付策略失误造成的压力。其实，大量的钱花在高新医学技术、企图消灭任何疾病和死亡上，是一个错误，科技并非万能，衰老和死亡是自然的生理现象，人只能改善、顺应，不能征服与消灭。疾病谱系的改变使医学科学技术回归社会医学心理模式，心理、行为、饮食、环境、文化选择与偏好等相关的“现代病”呈急剧增加趋势，单纯依靠医疗技术为病人、准病人和需要照护的健康人修复被损害的身体已不能适应现实的需要，必须从医疗为主的模式真正转为医疗、保健、预防、康复和修正为内容的综合健康服务。

只重视医疗会刺激技术进展与有实效的革新，压制预防系统的发展，有限的医疗资源无法保证所有人的基本医疗保健，明显不利于公众的利益，损害了政府最重要的当代职责、公众形象和信心。把大量有限的卫生资源投入到这种很难有价值的医学研究而忽略初级保健医疗的政策是不足的，卫生事业改革应从重视普通公民的角度，反对高利润、高收费、高科技的“富人医疗保健”，应坚持以预防和公共卫生为主面向普通大众的方针，转而重视预防保健服务本身，将其纳入基本医疗保健的内容中来，由国家组织和管理，由政府控制，这才是符合伦理精神的。在卫生事业改革中，政府应逐步规划社区医疗服务体系，发展社区卫生服务，构建双层结构的医疗服务体系；尽快适应疾病模式的转变，加强对慢性病的预防和治疗工作，从以对疾病的治疗为重点转移到以对疾病的防治特别是对人类的健康威胁逐渐增大的慢性病的防治为重点上来，从根本上控制医疗费用的快速升高；加强对初级预防保健工作的引导与监督，投入预防保健的公共卫生经费，加强公民的预防保健意识，预防为本，提高国民素质。

（五）有限的医疗资源与庞大的低收益人群之间的伦理关系

我国卫生资源在总量上不算短缺，单位财力资源相对不足。我国的人类发展指数居世界106位，我国每10万人口医师数为118人，高于发展中国家的平均数（76人），接近世界的平均数（122人）；而卫生总费用占GNP的4.1%，低于世界平均水平（8.6%），离世界卫生组织提出的5%尚有距离。中国卫生资源主要集中在经济发达地区，尤其是大城市、大医院，44%的城市人口享受着65%的卫生资源。据卫生部1997年资料显示，城市人均床位数及医生数是农村（县）的两倍多；与城乡差别相比，地域差别更加明显，省（市）间的差距更大，平均每千人口床位数最高的北京市为6.03张，而最低的贵州省仅1.53张，平均每千人口医师数，最高为北京市，5.03人，而最低的安徽省仅1.09人①。中国东部沿海地区的社会经济发展水平高于西部地区，东部地区的医疗资源也高于西部地区，1997年平均每千人口医师数，东部地区为3.92人，西部地区为3.27人，每千人口护士数东部地区为1.12人，而西部地区为0.82人②。西部地区不仅医师、护士较少，医疗设备，特别是高新医疗设备也少。卫生事业费东部明显高于中、西部，1995年，东部人均卫生事业费17.9元，中部11.5元，西部13.15元③。

由于中、西部经济发展水平较低，投入无法与东部相比，差距将继续拉大，若国家不采取扶持政策，会造成不公平继续增大。城乡间及地区间医疗资源配置的差别，直接影响了医疗服务提供能力与医疗质量，进而影响城乡居民及不同地区居民的医疗服务水平，同时使卫生资源利用率下降。1980—1997年的17年间，医生增加83万人，床位增加92万张，门诊量却减少4亿人次；1990—1997年住院人数减少100万人次。区域卫生规划资源配置标准，是以规划期内社会经济发展水平和人民健康需求为依据，规范卫生事业发展的规模、速度和比例的。在医疗保障制度改革中，应按区域内市场要求（即居民健康需求）统筹配置卫生资源，并通过经济、法律和行政手段保障全体居民得到基本卫生服务和健康需求，追求卫生资源的共享。调整卫生资源的配置方向，使更多的卫生资源流向基层，流向预防和基本医疗服务领域；加强基层卫生

① 孙慕义．后现代卫生经济伦理学［M］．北京：人民出版社，1999：319-320.

② 马振江．论卫生领域效率和公平的特殊性［J］．医学与哲学，1999（5）.

③ 孙慕义．后现代卫生经济伦理学［M］．北京：人民出版社，1999：319.

组织建设，合理疏导需求，逐步从人、财、物、技术、信息等诸方面向基层卫生机构倾斜，强化这些直接向大多数人提供卫生服务的机构建设。与此同时，政府要通过卫生事业改革等配套措施，合理疏导病人的就医流向，使患者能在一级、二级医院就诊和治疗的情况下，尽可能在这些医疗机构接受服务，三级医院则应偏重于疑、难、重症患者的治疗。

五、卫生政策制定中的伦理原则

医乃仁学，医学是为人的生命和健康服务的，它的使命是维护生命、支持生命、促进人的健康。所以卫生政策的目标，无论是考虑如何为更多的人提供最基本的保健服务，还是同时又能从根本上抑制费用的过度上涨，或是还能有利于疾病的控制和发病率的降低，最终都是为了实现人人健康的根本目标。卫生政策的制定应有利于医学的长远和健康发展，有利于保障人的生存的基本人权。任何国家所以创立和支持卫生保健事业，正是为了实现人的这一基本权利。

一个国家、一个民族的健康水平，是直接关系到国家经济发展、人民生活幸福和民族繁荣昌盛的重大问题。因为劳动力是社会生产力中最活跃的因素，是首要的生产力，而对个人来讲，健康是劳动者最大的幸福。对于社会主义国家来说，在发展生产的基础上，发展医疗保健事业，改善卫生条件，增加医疗设施，增强人民体质，提高人民健康水平，建立健康保障制度，广泛保障全民就医权的实现，既是社会的责任、政府的职责和党代表最广大人民利益的体现，也是劳动者应有的权利。所以，卫生政策是关系人类未来生活境况、生命状态和民族命运的变革；特别是医疗保障政策，实际反映出一个国家和公民密切相关的基本信念和约定，即人类价值。正确的伦理基础对于卫生事业有着重大指导意义，它能确保卫生事业发展不背离人人享有保健的目标，不背离医学仁学的本性，维护社会成员的健康权利及利益；它可以调整卫生事业发展中复杂的利益关系，保障我国社会主义医学科学和卫生保健事业的健康发展。

因此，在卫生政策制定中，伦理学是卫生保健政策的天然基础，必须重视伦理理念对卫生政策的指导。社会主义制度的性质更要求我们的卫生政策必须符合伦理原则和价值；卫生政策的价值目标只有在实践中被证明是不仅有利于自己同时也有利于社会时，这一价值目标才能被认为是道德的；正确的伦理学原则将引导我国卫生事业顺利发展。

（一）健康权利原则

在卫生领域中，公民享受卫生服务产品和基本医疗保健的机会均等应被看成是一种神圣不可侵犯的天赋权利。所以，健康保障是人的一项基本权利的原则，享有医疗保障是人的一项基本权利，是保障人权的重要手段之一，只有将其放在优先地位，才能体现出对于这种天赋权利的尊重。公民的这种权利已受到各国法律和一些国际法的确认。我国《宪法》明文规定："中华人民共和国公民在年老、疾病或丧失劳动能力的情况下，有从国家和社会获得物质帮助的权利。国家发展为公民享受这些权利所需要的社会保险、社会救济和医疗卫生事业。"《民法通则》也规定："公民享有生命健康权。"把享有健康保障确定为社会成员的一项基本权利，确定为政府必须力尽所能为人民提供的一种责任，意义深远。它明确了发展卫生事业是政府的职责，并为卫生政策制定提供重要的伦理说明和法律保证。这就决定了我国的卫生政策的制定必须面向广大公民，全面保障公民的健康利益。

当然，在实践中，要真正使每个人都享有这种现代意义上的健康权并不容易，因为生产力水平是最大的制约因素。在我国，由于生产力水平还比较低，健康政策目前还只能向"低水平、广覆盖"的初级卫生保健目标迈进。高层次的健康政策仍将是我们必须不断努力才能达到的目标。在现有条件下，为了尽可能保证公民健康权利的实现，优先发展人民群众需要且用得起的适宜技术是当务之急；更合理地利用卫生资源，以保证最大多数人的就医权利，是卫生政策制定中值得重视的问题。

（二）公平结合效率原则

从理论上讲，任何一个国家卫生政策的制定都离不开这样两个目标：一是公平，就是所有公民能均等地享有获得医疗预防保健服务的机会；二是效率，包括医疗费用合理，不超过国家资源的一定比例的宏观经济效益，所提供的服务是符合成本效益的，并保证顾客满意的微观经济效益。实现公平，主要是消除或缓解人们在需要就医时的“经济屏障”，就是让那些希望获得基本医疗预防保健服务的人不会因为付不起钱而被拒之门外。提高效率，主要是通过引入激励和竞争机制，增加患者选择的自由度，以及努力提高患者的满意度。

目前，在我国的卫生政策制定中，应主张这样的指导性伦理原则：公平优先，兼顾效率，二者结合起来且两者兼顾。当然这里的公平绝不是“平均主义”“均福论”等。前WHO总干事中岛宏曾强调，健康的可及性是每个人的权利。健康与卫生保健的公平是拟订和实施卫生政策的核心，卫生政策的伦理基础是“人人健康”，而公平性是“人人健康”目标的一个重要方面。因此WHO提出，解决健康与卫生保健中的不公平，继续向“人人健康”目标迈进，是WHO及其成员国的重要任务，各国都必须将其放到制定公共政策和卫生政策的重要议事日程上。卫生政策的本质是保障人类的生存权、福利权和发展权，追求社会公平是其应有之义。现实中一方面是卫生资源不能充分有效地加以利用，相当的领域内人们的需求不足，另一方面是贫困地区和大部分农村仍旧得不到基本医疗保障，如果不顾现实，依然去追求效率优先，只能造成更大的不公平。

目前，要提高卫生资源的效率，首先要调整资源分配的不公平，如果使卫生服务产品的供给者完全参与市场自由竞争，在社会医疗保障制度不健全，覆盖面极有限的相当长时期内，这种资源利用率低和享受基本医疗的不公平问题，只能愈加严重。公平优先，兼顾效率正是体现“低水平，广覆盖”原则和实现“人人享有卫生保健”目标的基本保证；它不是不要提高效率，而是更切实地促进效率。在卫生经济活动中，如果“公平”的调整已经到了一个相当的水平，国家的经济有了较大发展，医疗保障制度基本完善，为了卫生事业在一个较高层次上发展，可以“效率优先，兼顾公平”。在卫生经济领域，有时公平本身就是效率，制定卫生政策必须对社会公正、公益、公平以信仰支持。

公平优先，兼顾效率原则表现在实践上，就是要建立适合中国国情的，为大多数人服务的卫生保健制度：

（1）采取地区之间资源分配等办法，保证地区间人群平等享受基本医疗服务，解决低收入者享受医疗服务的经济困难，提高医疗保险体系的公平性。针对当前医疗保健制度存在的问题，应在政策上向农村、预防和适用技术方面有所倾斜，特别是向边远落后的农村倾斜；应通过强化国民收入再分配的作用，适当加大中央财政的投入，尤其是向贫困地区、贫困人群的投入。

（2）扩大基本医疗保险的覆盖面，使之逐渐包容社会全体成员，逐步实现“人人享有医疗保健”，使广大人民群众都享有平等的就医权利。为了使人人都能得到医疗保险，提高医疗服务质量，构建多层次医疗佝障制度，既要深入进行公费医疗、劳保医疗改革，又要恢复、完善合作医疗与集资医疗，还要建立健全保险医疗。

（3）赋予病人更为广泛的选择权，以激励供方改进服务，提高医疗体系的微观经济效益。

（4）把卫生改革重点放在初级保健与预防上，尽可能扩大覆盖面，保护残疾人、弱者和老人，帮助低收入者，实行群众监督、公开管理、强制保险等。

（5）费用负担由国家向可以承担的病人转移。

（6）取消和筛滤不必要的保健和减少不必要的医疗行为。

（7）控制购置大型设备的数量，提高利用率，消除浪费。

（8）简化程序和引入疾病分类系统。

（9）适度规定男女界限，适度参考生命质量标准，为扩大覆盖范围而减少医疗高消费。

（三）团结公益原则

收入较高者为收入较低者支付部分卫生费用；有工作者为退休者支付部分卫生费用；较年轻者及健康人为较年长者及有病者支付部分卫生费用；单身及无子女者为成家者及孩子们支付部分卫生费用；男性为女性患某些疾病支付部分卫生费用；一个疾病基金会的全体成员所缴纳的保险金总数，要与参加者对卫生保健的需求相符合，即总收入要能支付总服务费用。公益有利他主义的内涵，任何集体和社会成员都不是孤立存在的，他们必须在社会活动中对社会和他人尽可能做出贡献，才有权利享用应享有的利益，因此，公共利益将包括每一个成员的利益，但它不属于任何个人，而是大家的、公众的，是为了谋求大多数人的利益。卫生政策的公益性就表现在，它以稳定社会、促进发展为目的，体现的是国家与社会为其成员谋福利的职能与责任。

基于团结原则，如果具有不同需要的群体把资金集中起来使用，共同承担风险，那么个体的保险性就将增强。与个人生病具有不确定性相比，群体各种疾病的发生都有一定的统计规律可循，医疗费的变动也比较有限，且群体人数越大，费用变动的不确定性越小。这就是保险学的“大数法则”。医疗保险就是运用“大数法则”，通过多数人“团结共济”分散风险。显然，这种社会团结合作体现了收入高和收入低的人之间、很少生病和经常生病的人之间的互相帮助，体现了无家庭负担和有家庭负担的人之间的互济。这种团结互济原则正是医疗保险得以存在的基础，体现了大多数人的权益，因而具有社会公益性。

我国的卫生政策特别是医疗保障政策应促进团结公益费用分担模式的普遍建立，力争消除享有基本保健医疗的经济屏障；应有利于全体公民健康的维护，使社会全体成员共同受益。

（四）公正分配原则

狭义公正概念是指分配公正，社会受益和负担的合理分配。公正原则分为公正的形式原则和公正的内容原则，公正的形式原则是：相同的人同样对待，不同的人不同对待。公正的内容原则是：规定一些有关的方面，然后根据这些方面来负担和受益。以公正原则为伦理依据的医疗保障政策，每个人得到好处和坏处的机会都是均等的。一个国家的全部资源中有多少分配给卫生保健事业，健康权利的范围大小和如何有效地保证这种权利，会影响卫生事业在国家总财政支出中的百分比，对此所持的观点和态度不同，就会影响这个百分比。我们要在卫生政策中，坚持社会公正，使卫生保健经费有一个最佳百分比，并在经费使用中始终贯彻公正原则。

当前，卫生资源分配中的不公正现象越来越严重。首先，卫生资源分布的不平衡状况越来越严重，44%的城市人口享受着65%的卫生资源，全国获得卫生设施的人口占人口百分比的21%①，低于低收入国家的平均水平；卫生资源分布集中在城市，很少把分配重点放在农村，放在人民群众的基本医疗服务上。其次，卫生资源分配的不合理愈来愈明显，如城镇建立了医疗保险制度，农村还不具备建立医疗保险制度的条件，75%的人口没有任何医疗保障，卫生经费预算主要用于建设一些大型综合医院，购置高、精、尖医疗设备。这是明显的不合理、不公正。我们应尽力改变这种状况，以公正原则指导卫生政策特别是医疗保障制度改革政策的制定实施，努力实现真正的公正。公正设计卫生资源的广泛覆盖，逐步建立所有人群全面受益的多层次、多形式医疗保障体系，全面提供质优价廉的基本医疗服务、预防保健服务，构建医疗费用的合理分担机制及对老、弱、贫等弱势群体的支援体系。

---

① 孙慕义．后现代卫生经济伦理学［M］．北京：人民出版社，1999：317.

(五) 健康责任原则

卫生政策要真正体现人民的利益，更好地保证每个社会成员享有卫生保健的权利；要得到社会支持，必须多方参与，体现政府责任为主导、集体责任为主干、个人责任为基础的健康多级责任原则。健康是社会的责任，也是个人的责任，政府、集体与个人应各负其责。

政府责任：保障公民健康是政府的基本职责，对此，政府责无旁贷。政府必须颁布法律、法规，建立基本医疗保障制度的运行框架，规范相关利益群体的行为，并制定相关配套政策。政府有责任向全体公民，特别是贫困人群，提供基本的医疗卫生服务，尤其是预防和保健，作为“公共产品”，不能通过市场来提供，政府应首先加以确保。从协调效率与公平的关系出发，政府应该关注贫困人口及低收入者，应为穷人和应该援助的人提供他们有能力接受的卫生服务，向其提供基本的医疗保障或补贴。确立合理的医疗费用分担机制并不意味着政府的支出应该减少，由于我国医疗卫生的公共开支规模长期偏低，政府预算卫生支出占卫生总费用的比重由 1982 年的 39.82%下降到 1992 年的 23.64%，如果扣除物价上涨因素看不变价格，近几年国家对卫生事业的投入表现为负增长，离“人人享有卫生保健”的目标还有相当距离。所以，在今天的卫生政策制定中，应强调政府多增加投入，多方筹集卫生费用，努力达到 WHO 提出的不低于国内生产总值 5%的要求。尤其要增加卫生总费用中政府支出的比重，由目前的 20%提高到世界大多数国家的 1/3 左右。但要调整开支方向，主要用于公共卫生、防疫初级医疗保健及对广大贫困者与医疗保健网覆盖之外的居民提供医疗救助；并从人民的健康利益出发，实行资源配置的优化，促进人人享有基本医疗保健的地方发展规划的制定与完成。改革非营利性医疗机构的消耗补偿模式为双向复合补偿模式，首先是政府投入财政资金和政策补偿，包括财政补助、药品加成收入留用；其次是由政府限制医疗服务收费。政府必须明确补助范围和改变方式，制定财产补偿的原则和标准，用补偿机制去表述和引导医疗机构的社会公益和效率。

集体责任：为自己所聘用的职工缴纳基本医疗保险费，创造有利于职工健康工作的环境，这是用人单位应尽的责任。这一责任原则，对于用人单位既是一种责任约束，也是一种责任的解脱，解决了一些单位无力自我保障的问题。同时，随着改革的深入，应及时建立企业补充保障制度，让企业承担起有限的企业保障责任。

个人责任：保障健康，既是每个人的权利，又是每个人的义务，权利和义务是对等的。长期以来，由于过分夸大医疗保障中的福利性，使我们只求获得权利，而忘记了责任，把个人责任完全推给了国家及企业单位。因此，卫生政策特别是医疗保障制度政策必须体现个人在健康中承担的责任，让健康重要受益者的个人为自己的健康承担一部分责任，个人应缴纳必要的医疗保险费用，个人应对其生活方式、生活目的、生活质量等方面负主要责任。

【本章推荐阅读书目】

1. 徐宗良，刘学礼，瞿晓敏．生命伦理学——理论与实践探索［M］. 上海：上海人民出版社，2002.

2. ［德］Hans-Martin Sass. 生命伦理学与卫生政策［M］. 翟晓梅译. 西安：第四军医大学出版社，2007.

3. ［英国］托尼·霍普（Tony Hope）．医学伦理［M］. 吴俊华，李方，裘劼人译. 南京：译林出版社，2015.

4. 白丽萍．卫生政策伦理研究［M］. 北京：中国广播电视出版社，2009.

5. 翟晓梅，邱仁宗．公共卫生伦理学［M］. 北京：中国社会科学出版社，2016.

6. 郭楠．医学伦理学案例教程［M］. 北京：人民军医出版社，2013.

【本章思考与练习】

1. 影响卫生政策制定的主要因素有哪些？你是如何理解的？
2. 我国基本医疗保障制度有哪些？
3. 我国卫生事业改革中面临的伦理问题有哪些？应如何选择？
4. 我国卫生政策制定应遵循哪些基本原则？为什么？

第二十章　生命伦理学之卫生政策伦理（二）

【本章内容提要】

- ◆ 医药体制改革的指导思想、基本原则和总体目标
- ◆ 医药卫生四大体系建设
- ◆ 医药卫生管理体制
- ◆ 医药卫生机构运行机制
- ◆ 政府主导的多元卫生投入机制
- ◆ 科学合理的医药价格形成机制
- ◆ 严格有效的医药卫生监管体制

健康是人全面发展的基础。深化医药卫生体制改革，加快医药卫生事业发展，适应人民群众日益增长的医药卫生需求，不断提高人民群众健康素质，是贯彻落实科学发展观、促进经济和社会全面协调可持续发展的必然要求，是维护社会公平正义的重要举措，是人民生活质量改善的重要标志。

中华人民共和国成立以来，特别是改革开放以来，我国医药卫生事业取得了显著成就，覆盖城乡的医药卫生服务体系基本形成，疾病防治能力不断增强，医疗保障覆盖人口逐步扩大，卫生科技水平迅速提高，人民群众健康水平明显改善，居民主要健康指标处于发展中国家前列。

随着经济的发展和人民生活水平的提高，群众对改善医药卫生服务

将会有更高的要求。工业化、城镇化、人口老龄化、疾病谱变化和生态环境变化等，都给医药卫生工作带来一系列新的严峻挑战。深化医药卫生体制改革，是加快医药卫生事业发展的战略选择，是实现人民共享改革发展成果的重要途径，是广大人民群众的迫切愿望。医药是一项涉及面广、难度大的社会系统工程。我国人口多，人均收入水平低，城乡、区域差距大，长期处于社会主义初级阶段的基本国情，决定了深化医药卫生体制改革是一项十分复杂艰巨的任务，是一个渐进的过程，需要在明确方向和框架的基础上，经过长期艰苦努力和坚持不懈的探索，才能逐步建立符合我国国情的医药卫生体制。

一、医药体制改革的指导思想、基本原则和总体目标

（一）指导思想

从我国国情出发，借鉴国际有益经验，着眼于实现人人享有基本医疗卫生服务的目标，着力解决人民群众最关心、最直接、最现实的利益问题。坚持公共医疗卫生的公益性质，坚持预防为主、以农村为重点、中西医并重的方针，实行政事分开、管办分开、医药分开、营利性和非营利性分开，强化政府责任和投入，完善国民健康政策，健全制度体系，加强监督管理，创新体制机制，鼓励社会参与，建设覆盖城乡居民的基本医疗卫生制度，不断提高全民健康水平，促进社会和谐。

（二）基本原则

坚持以人为本，把维护人民健康权益放在第一位。坚持医药卫生事业为人民健康服务的宗旨，以保障人民健康为中心，以人人享有基本医疗卫生服务为根本出发点和落脚点，从改革方案设计、卫生制度建立到

服务体系建设都要遵循公益性的原则，着力解决群众反映强烈的突出问题，努力实现全体人民病有所医。

坚持立足国情，建立中国特色的医药卫生体制。坚持从我国的基本国情出发，实事求是地总结医药卫生事业改革发展的实践经验，准确把握医药卫生发展规律和主要矛盾；坚持基本医疗卫生服务水平与国民经济和社会发展相协调、与人民群众的承受能力相适应；充分发挥中医药作用；坚持因地制宜、分类指导，发挥地方积极性，探索建立符合国情的基本医疗卫生制度。

坚持公平效率统一，政府主导与发挥市场机制作用相结合。坚持政府主导，强化政府在基本医疗卫生制度中的责任，加强政府在制度、规划、筹资、服务、监管等方面的职责，维护公共医疗卫生的公益性，促进公平公正；同时，注重发挥市场机制作用，促进有序竞争机制的形成，提高医疗卫生运行效率和服务水平、质量，满足人民群众多层次、多样化的医疗卫生需求。坚持统筹兼顾，把完善制度体系与解决当前突出问题结合起来。

从全局出发，兼顾供给方和需求方等各方利益，注重预防、治疗、康复三者的结合，正确处理政府、卫生机构、医药企业、医务人员和人民群众之间的关系。既着眼长远，创新体制机制，又立足当前，着力解决医药卫生中存在的突出问题；既注重整体设计，明确总体改革方向目标和基本框架，又突出重点，分步实施，积极稳妥地推进改革。

（三）总体目标

建立覆盖城乡居民的基本医疗卫生制度，为群众提供安全、有效、方便、价廉的医疗卫生服务。普遍建立比较完善的公共卫生服务体系和医疗服务体系，比较健全的医疗保障体系，比较规范的药品供应保障体系，比较科学的医疗卫生机构管理体制和运行机制，形成多元办医格局，让人人享有基本医疗卫生服务，基本适应人民群众多层次的医疗卫生需求，以使人民群众健康水平进一步提高。

二、完善医药卫生四大体系，建立覆盖城乡居民的基本医疗卫生制度

建立覆盖城乡居民的公共卫生服务体系、医疗服务体系、医疗保障体系、药品供应保障体系四位一体的基本医疗卫生制度，四大体系相辅相成，配套建设，协调发展。

（一）全面加强公共卫生服务体系建设

建立健全疾病预防控制、健康教育、妇幼保健、精神卫生、应急救治、采供血、卫生监督和计划生育等专业公共卫生服务网络，并完善以基层医疗卫生服务网络为基础的医疗服务体系的公共卫生服务功能，建立分工明确、信息互通、资源共享、协调互动的公共卫生服务体系，提高公共卫生服务能力和突发公共卫生事件应急处置能力，促进城乡居民逐步享有均等化的基本公共卫生服务。

确定公共卫生服务范围。明确国家公共卫生服务项目，逐步增加服务内容，细化服务和考核标准。鼓励地方政府根据当地经济水平和突出的公共卫生问题，在中央规定服务项目的基础上增加公共卫生服务内容。完善公共卫生服务体系。

进一步明确公共卫生服务体系的职能、目标和任务，优化人员和设备配置，探索整合公共卫生服务资源的有效形式。

完善重大疾病防控体系和突发公共卫生事件应急机制，加强对严重威胁人民健康的传染病、地方病、职业病和慢性病等疾病的预防控制和监测。加强城乡急救体系建设。

加强健康促进与教育。医疗卫生机构及机关、学校、社区、企业等要大力开展健康教育，倡导健康文明的生活方式，利用广播、电视、网络、报纸杂志等媒体，加强健康、医药卫生知识的传播，促进公众合理

营养，提高广大人民群众的健康意识和自我保健能力。

深入开展爱国卫生运动。将农村环境卫生与环境污染治理纳入社会主义新农村建设规划，推动卫生城市和文明村镇建设，不断改善城乡居民的生活、工作等方面的卫生环境。

加强卫生监督服务。大力促进环境卫生、食品卫生、职业卫生、学校卫生和农民工卫生工作。

（二）进一步完善医疗服务体系

坚持非营利性医疗机构为主体、营利性医疗机构为补充，公立医疗机构为主导、非公立医疗机构共同发展的办医原则，建设结构合理、分工明确、防治结合、技术适宜、运转有序，包括覆盖城乡的基层医疗卫生服务网络和各类医院在内的医疗服务体系。

大力发展农村医疗卫生服务体系。加快建立健全以县级医院为龙头、乡镇卫生院为骨干、村卫生室为基础的农村三级医疗卫生服务网络。县级医院作为县域内的医疗卫生中心，主要负责以住院为主的基本医疗服务及危重急症病人的抢救，并承担对乡村卫生机构的业务技术指导和乡村卫生人员的进修培训；乡镇卫生院负责提供公共卫生服务和常见病、多发病的诊疗等综合服务，并承担对村卫生室的业务管理和技术指导等工作；村卫生室承担行政村的公共卫生服务及一般疾病的诊治等工作。有条件的农村可以实行乡村一体化管理。加快实施农村卫生服务体系建设与发展规划，积极推进农村医疗卫生基础设施和能力建设，政府重点办好县级医院并在每个乡镇办好一所卫生院，采取多种形式支持村卫生室建设，大力改善农村医疗卫生条件，提高医疗卫生服务质量。

完善以社区卫生服务为基础的新型城市医疗卫生服务体系。大力发展社区卫生服务，加快建设以社区卫生服务中心为主体的城市社区卫生服务网络，完善社区卫生服务功能，以维护社区居民健康为中心，提供疾病预防控制等公共卫生服务和一般常见病、多发病、慢性病的初级诊疗服务。转变社区卫生服务模式，坚持主动服务、上门服务，逐步承担起居民健康“守门人”的职责。健全各类医院的功能和职责。

优化医院布局和结构，充分发挥城市医院在急危重症和疑难病症的诊疗、医学教育和科研、指导和培训基层卫生人员等方面的骨干作用。有条件的大医院按照区域卫生规划要求，可以通过托管、重组等方式促进医疗资源合理流动。

建立城市医院与社区卫生服务机构的分工协作机制。城市医院通过技术支持、人员培训等方式，带动社区卫生健康持续发展。同时，采取改善服务能力、降低收费标准、提高报销比例等综合措施，引导一般诊疗下沉到基层，逐步实现社区首诊、分级医疗和双向转诊。

整合城市卫生资源，充分利用城市现有一、二级医院及国有企事业所属医疗机构等基层医疗资源，发展和完善社区卫生服务网络。充分发挥包括民族医药在内的中医药在疾病预防控制、应对突发公共卫生事件、医疗服务中的作用。

加强中医临床研究基地和中医院建设，组织开展中医药防治疑难疾病的联合攻关，在医疗卫生机构中大力推广中医药适宜技术。创造良好的政策环境，扶持中医药发展，促进中医药继承和创新。

建立城市医院对口支援农村医疗卫生工作的制度。发达地区要加强对口支援贫困地区和少数民族地区发展医疗卫生事业。城市大医院要与贫困地区和少数民族地区的县级医院建立长期稳定的对口支援和合作制度，采取临床服务、人员培训、技术指导、设备支援等方式，帮助其提高医疗水平和服务能力。

（三）加快建设医疗保障体系

加快建立和完善以基本医疗保障为主体，其他多种形式医疗保险和商业健康保险为补充，覆盖城乡居民的多层次医疗保障体系。

建立覆盖城乡居民的基本医疗保障体系。城镇职工基本医疗保险、城镇居民基本医疗保险、新型农村合作医疗和城乡医疗救助共同组成基本医疗保障体系，分别覆盖城镇就业人口、城镇非就业人口、农村人口和城乡困难人群。坚持广覆盖、保基本、可持续的原则，从重点保障大病起步，逐步向门诊小病延伸，提高保障水平。

建立国家、单位、家庭和个人责任明确、分担合理的多渠道筹资机制，实现社会互助共济。随着经济社会发展，逐步提高筹资水平和统筹层次，缩小保障水平差距，最终实现制度框架的基本统一。

进一步完善城镇职工基本医疗保险制度，加快覆盖就业人口，重点解决国有关闭破产企业、困难企业等职工和退休人员以及混合所有制、非公有制经济组织从业人员和灵活就业人员的医疗保险问题；加快推进城镇居民基本医疗保险试点，重视解决老人和儿童的基本医疗保险问题；全面实施新型农村合作医疗制度，逐步提高政府补助水平，适当增加农民缴费，提高保障能力。完善城乡医疗救助制度。对困难人群参保及其难以负担的医疗费用提供补助，筑牢医疗保障底线。有条件的地区要采取多种方式积极探索建立城乡一体化的基本医疗保障管理体系。鼓励工会等社会团体开展多种形式的医疗互助活动。

鼓励和引导各类公益性组织发展社会慈善医疗救助。做好城镇职工基本医疗保险制度、城镇居民基本医疗保险制度、新型农村合作医疗制度和城乡医疗救助制度之间的衔接，妥善解决农民工基本医疗保险问题。已签订劳动合同并与企业建立稳定劳动关系的农民工，要按照国家规定明确用人单位缴费责任，将其纳入城镇职工基本医疗保险制度；其他农民工根据实际情况，参加户籍所在地新型农村合作医疗或务工所在地城镇居民基本医疗保险。积极做好农民工医保关系接续、异地就医和费用结算服务等政策衔接。积极发展商业健康保险。鼓励商业保险机构开发适应不同需要的健康保险产品，简化理赔手续，方便群众，满足多样化的健康需求。鼓励企业和个人通过参加商业保险及多种形式的补充保险解决基本医疗保障之外的需求。继续探索商业保险机构参与新型农村合作医疗等经办管理的方式。

（四）建立健全药品供应保障体系

以建立国家基本药物制度为基础，以培育具有国际竞争力的医药产业、提高药品生产流通企业集中度、规范药品生产流通秩序、完善药品价格形成机制、加强政府监管为主要内容，建设规范化、集约化的药品供应保障体系，不断完善执业药师制度，保障人民群众安全用药。

建立国家基本药物制度。中央政府统一制定和发布国家基本药物目录，按照防治必需、安全有效、价格合理、使用方便、中西药并重的原则，结合我国用药特点，参照国际经验，合理确定我国基本药物品种和数量。

建立基本药物的生产供应体系，在政府宏观调控下充分发挥市场机制的作用，基本药物由国家实行招标定点生产或集中采购，直接配送，减少中间环节，在合理确定生产环节利润水平的基础上统一制定零售价，确保基本药物的生产供应，保障群众基本用药。

规范基本药物使用，制定基本药物使用规范和临床应用指南。城市社区卫生服务中心（站）、乡镇卫生院、村卫生室等基层医疗卫生机构应全部使用基本药物，其他各类医疗机构也要将基本药物作为首选药物并确定使用比例。基本药物全部纳入基本医疗保障体系药物报销目录，报销比例明显高于非基本药物。

规范药品生产流通。完善医药产业发展政策和行业发展规划，严格市场准入，严格药品注册审批，大力规范和整顿生产流通秩序，推动医药产业优化升级和技术进步，发展药品现代物流和连锁经营，促进药品生产、流通企业的整合。

建立覆盖面广、体系健全、便民惠农的农村药品供应网和监督网。支持用量小的特殊用药、急救用药生产。完善药品储备制度。规范药品采购，坚决治理医药购销中的商业贿赂。

加强药品不良反应监测，建立药品安全预警机制和应急处置机制。

三、完善体制机制，保障医药卫生体系有效规范运转

完善医药卫生的管理、运行、投入、价格、监管体制机制，加强科技与人才、信息、法制建设，保障医药卫生体系有效规范运转。

（一）建立协调统一的医药卫生管理体制

按照政事分开、管办分开、属地化和全行业管理的原则，合理确定不同层级政府之间、政府与医药卫生机构之间的职责范围，形成职能明确、定位清晰、综合协调、权责统一的管理体制。

实施属地化和全行业管理。所有医疗卫生机构，不论所有制、投资主体、隶属关系和经营性质，均由所在地卫生行政部门实行统一规划、统一准入、统一监管。中央、省级可以设置少量承担医学科研与教学功能的医学中心或区域医疗中心、承担全国或区域性疑难病症诊治的专科医院等医疗机构；县（市、区）主要负责举办县级医院、乡村卫生和社区卫生机构；其余公立医院由设区的市负责举办。强化区域卫生规划。省级人民政府制定卫生资源配置标准，组织编制区域卫生规划和医疗机构设置规划，明确医疗机构的数量、规模、布局和功能。科学制定乡镇卫生院（村卫生室）、社区卫生服务中心（站）等基层卫生机构和各级医院建设和设备配置标准。

充分利用和优化配置现有医疗卫生资源，调整优化结构和布局，对不符合规划要求的医疗机构要逐步进行整合，严格控制大型医疗设备配置，鼓励共建共享，提高医疗卫生资源利用效率。新增卫生资源必须符合区域卫生规划，重点投向农村和社区卫生等薄弱环节。

加强区域卫生规划与城市发展规划、土地利用规划等的衔接。建立区域卫生规划和资源配置监督评价机制。推进公立医院管理体制改革。从有利于强化公立医院公益性和政府有效监管出发，积极探索政事分

开、管办分开的多种实现形式。

进一步转变政府职能，卫生行政部门主要承担卫生发展规划、资格准入、规范标准、服务监管等行业管理职能，其他有关部门按照各自职能进行管理和提供服务。落实公立医院独立法人地位。进一步完善基本医疗保险管理体制。中央统一制定基本医疗保险制度框架和政策，地方政府负责组织实施管理，创造条件逐步提高统筹层次。有效整合基本医疗保险经办资源，逐步实现城乡基本医疗保险行政管理的统一。

（二）建立高效规范的医药卫生机构运行机制

以维护公立医疗卫生机构公益性质为核心，逐步建立规范、科学、高效、有序的医药卫生机构运行机制。公共卫生机构收支全部纳入预算管理。按照承担的职责任务，由政府合理确定人员编制、工资水平和经费标准，明确各类人员岗位职责，严格人员准入，加强绩效考核，建立能进能出的用人制度，提高工作效率和服务质量。

转变基层医疗卫生机构运行机制。政府举办的城市社区卫生服务中心（站）和乡镇卫生院等基层医疗卫生机构，要严格界定服务功能，明确规定使用适宜技术、适宜人才、适宜设备和基本药物，为广大群众提供低成本服务，维护公益性质。要严格核定人员编制，实行人员聘用制，建立能进能出和激励有效的人力资源管理制度。要明确收支范围和标准，实行核定任务、核定收支、绩效考核补助的财务管理办法，并探索实行收支两条线、公共卫生和医疗保障经费的总额预付等多种行之有效的管理办法，严格收支预算管理，提高资金使用效益。要改革药品加成政策，实行药品零差率销售。加强和完善内部管理，建立以服务质量为核心、以岗位责任与绩效为基础的考核和激励制度，形成保障公平效率的长效机制。

建立规范的公立医院运行机制。公立医院要遵循公益性质和社会效益原则，坚持以病人为中心，优化服务流程，规范用药检查和医疗行为，深化运行机制改革。建立和完善医院法人治理结构，明确所有者和管理者的责权，形成决策、执行、监督相互制衡，有责任、有激励、有约束、有竞争、有活力的机制。实行医药收支分开管理，探索有效方式逐步改革以药补医机制。通过实行药品购销差别加价、设立药事服务费等多种方式逐步改革或取消药品加成政策，同时采取适当调整医疗服务价格、增加政府投入、改革支付方式等措施完善公立医院补偿机制。进一步完善财务、会计管理制度，严格预算管理，加强财务监管和运行监督。地方可结合本地实际，对有条件的医院开展“核定收支、以收抵支、超收上缴、差额补助、奖惩分明”等多种管理办法的试点。

改革人事制度，完善分配激励机制，推行聘用制度和岗位管理制度，严格工资总额管理，实行以服务质量及岗位工作量为主的综合绩效考核和岗位绩效工资制度，有效调动医务人员的积极性。健全医疗保险经办机构运行机制。完善内部治理结构，建立合理的用人机制和分配制度，完善激励约束机制，提高医疗保险经办管理能力和管理效率。

（三）建立政府主导的多元卫生投入机制

明确政府、社会与个人的投入责任，确立政府在提供公共卫生和基本医疗服务中的主导地位。公共卫生服务主要通过政府筹资，向城乡居民均等化提供。基本医疗服务由政府、社会和个人三方合理分担费用。特需医疗服务由个人直接付费或通过商业健康保险支付。

建立和完善政府卫生投入机制。中央政府和地方政府都要增加对卫生的投入，并兼顾供给方和需求方。逐步提高政府卫生投入占卫生总费用的比重，使居民个人基本医疗卫生费用负担明显减轻；政府卫生投入增长幅度要高于经常性财政支出的增长幅度，使政府卫生投入占经常性财政支出的比重逐步提高。

新增政府投入重点用于支持公共卫生、农村卫生、城市社区卫生和基本医疗保障。按照分级负担的原则合理划分中央和地方各级政府卫生投入责任。地方政府承担主要责任，中央政府主要对国家免疫规划、跨地区的重大传染疾病预防控制等公共卫生、城乡居民的基本医疗保障以及有关公立医疗卫生机构建设等给予补助。加大中央、省级财政对困难地区的专项转移支付力度。

完善政府对公共卫生的投入机制。专业公共卫生服务机构的人员经费、发展建设和业务经费由政府全额安排，按照规定取得的服务收入上缴财政专户或纳入预算管理。逐步提高人均公共卫生经费，健全公共卫生服务经费保障机制。完善政府对城乡基层医疗卫生机构的投入机制。政府负责其举办的乡镇卫生院、城市社区卫生服务中心（站）按国家规定核定的基本建设、设备购置、人员经费和其承担公共卫生服务的业务经费，使其正常运行。对包括社会力量举办的所有乡镇卫生院和城市社区卫生服务机构，各地都可采取购买服务等方式核定政府补助。

支持村卫生室建设，对乡村医生承担的公共卫生服务等任务给予合理补助。落实公立医院政府补助政策。逐步加大政府投入，主要用于基本建设和设备购置，扶持重点学科发展，符合国家规定的离退休人员费用和补贴政策性亏损等，对承担的公共卫生服务等任务给予专项补助，形成规范合理的公立医院政府投入机制。对中医院、传染病院、精神病院、妇幼保健院和儿童医院等在投入政策上予以倾斜。严格控制公立医院建设规模、标准和贷款行为。

完善政府对基本医疗保障的投入机制。政府提供必要的资金支持新型农村合作医疗、城镇居民基本医疗保险、城镇职工基本医疗保险和城乡医疗救助制度的建立和完善。保证相关经办机构正常经费。鼓励和引导社会资本发展医疗卫生事业。积极促进非公医疗卫生机构发展，形成投资主体多元化、投资方式多样化的办医体制。抓紧制定和完善有关政策法规，规范社会办医疗机构包括外资办医疗机构的准入条件，完善公平公正的行业管理政策。

鼓励社会资金依法兴办非营利性医疗机构。国家制定公立医院改制的指导性意见，积极引导社会资金以多种方式参与包括国有企业所办医院在内的部分公立医院改制重组。稳步推进公立医院改制的试点，适度降低公立医疗机构比重，形成公立医院与非公立医院相互促进、共同发展的格局。

支持有资质人员依法开业，方便群众就医。完善医疗机构分类管理政策和税收优惠政策。依法加强对社会办医的监管。大力发展慈善事业。制定相关优惠政策，鼓励社会力量兴办慈善医疗机构，或向医疗救助、医疗机构等慈善捐赠。

（四）建立科学合理的医药价格形成机制

完善政府调控与市场调节相结合、客观反映市场供求情况和生产服务成本变化的医疗服务和药品价格形成机制。

规范医疗服务价格管理。对非营利性医疗机构提供的基本医疗服务，实行政府指导价，其余由医疗机构自主定价。中央政府负责制定医疗服务价格政策及项目、定价原则及方法；省或市级价格主管部门会同卫生、劳动保障部门核定基本医疗服务指导价格。

基本医疗服务价格按照扣除财政补助的服务成本制定，体现医疗服务成本和技术劳务价值。不同级别的医疗机构和医生提供的服务，实行分级定价。

规范公立医疗机构收费项目和标准，研究探索按病种等收费方式改革。建立医用检查治疗设备仪器价格监测、服务成本监审和服务价格定期调整制度。

改革药品价格形成机制。合理调整政府定价范围，改进药品定价方法，利用价格杠杆鼓励企业自主创新，促进国家基本药物的生产和使用。对新药和专利药品逐步实行上市前药物经济性评价制度。对仿制药品实行后上市价格从低定价制度，抑制低水平重复建设。推行在药品外包装上标示价格制度。严格控制药品流通环节差价率。对医院销售药品开展差别加价、收取药事服务费等试点，引导医院合理用药。加强医用耗材及植（介）入类医疗器械流通和使用环节价格的控制和管理。

健全医药价格监测体系，规范企业自主定价行为。积极探索建立医疗保险经办机构与医疗机构、药品供应商的谈判机制，发挥医疗保障对医疗服务和药品费用的制约作用。

(五) 建立严格有效的医药卫生监管体制

完善监管网络，强化监管职责，创新监管手段，提高依法监管能力，逐步建立政府为主体、社会多方参与的监管体制强化医疗卫生监管。健全卫生监督执法体系，加强卫生监督机构能力建设。加强医疗卫生服务行为和质量监管，完善医疗卫生服务标准和质量评价体系，规范管理制度和工作流程，加快制定统一的疾病诊疗规范，健全医疗卫生服务质量监测网络。

加强医疗卫生机构的准入和运行监管。加强对生活饮用水、职业卫生、食品安全等社会公共卫生的监管。依法严厉打击各种危害人民群众身体健康和生命安全的违法行为，完善医疗保障监管。加强对医疗保险经办、基金管理和使用等环节的监管，建立医疗保险基金有效使用和风险防范机制。强化医疗保障对医疗服务的监控作用，完善支付制度，积极探索实行按人头付费、按病种付费、总额预付等方式，建立激励与惩戒并重的有效约束机制。

加强商业健康保险监管，促进规范发展。加强药品监管。强化政府监管责任，完善体系建设，严格药品生产、流通、价格、广告和使用的监管。落实药品生产管理规范，加强对高风险品种生产的监管。严格实施药品经营管理规范，探索建立药品经营许可分类、分级的管理模式，加大重点品种的监督抽验力度。加强政府对药品价格的监管，有效抑制虚高定价。规范药品临床使用，发挥执业药师指导合理用药与药品质量管理方面的作用。建立信息公开制度。鼓励行业协会等社会组织、个人对政府部门、医药机构和相关体系的运行绩效进行独立评价和监督。

【本章推荐阅读书目】

1. 白丽萍 . 卫生政策伦理研究 [M]. 北京：中国广播电视出版社，2009.

2. ［德］Hans-Martin Sass. 生命伦理学与卫生政策［M］. 翟晓梅译. 西安：第四军医大学出版社，2007.

3. ［英国］托尼·霍普（Tony Hope）. 医学伦理［M］. 吴俊华，李方，裘劼人译. 南京：译林出版社，2015.

4. 翟晓梅，邱仁宗. 公共卫生伦理学［M］. 北京：中国社会科学出版社，2016.

5. 郭楠. 医学伦理学案例教程［M］. 北京：人民军医出版社，2013.

【本章思考与练习】

1. 我国医药体制改革的指导思想、基本原则和总体目标是什么？
2. 我国医药卫生四大体系建设是指什么？
3. 如何建立协调统一的我国医药卫生管理体制？
4. 任何建立规范高效的我国医药卫生机构运行机制？
5. 如何建立我国政府主导的多元卫生投入机制？
6. 如何建立我国合理的医药价格形成机制？
7. 如何建立我国严格有效的医药卫生监管机制？

附录　生命伦理学文献

国内生命伦理学文献

《伤寒杂病论·序》

（东汉）张仲景

余每览越人入虢之诊，望齐侯之色，未尝不慨然叹其才秀也。怪当今居世之士，曾不留神医药，精究方术，上以疗君亲之疾，下以救贫贱之厄，中以保身长全，以养其生。但竞逐荣势，企踵权豪，孜孜汲汲，唯名利是务，崇饰其末，忽弃其本，华其外而悴其内。皮之不存，毛将安附焉？卒然遭邪风之气，婴非常之疾，患及祸至，而方震栗；降志屈节，钦望巫祝，告穷归天，束手受败。赍百年之寿命，持至贵之重器，委付凡医，恣其所措。咄嗟呜呼！厥身已毙，神明消灭，变为异物，幽潜重泉，徒为啼泣。痛夫！举世昏迷，莫能觉悟，不惜其命。若是轻生，彼何荣势之云哉？而进不能爱人知人，退不能爱身知己，遇灾值祸，身居厄地，蒙蒙昧昧，惷若游魂。哀乎！趋世之士，驰竞浮华，不固根本，忘躯徇物，危若冰谷，至于是也！

余宗族素多，向余二百。建安纪年以来，犹未十稔，其死亡者，三分有二，伤寒十居其七。感往昔之沦丧，伤横夭之莫救，乃勤求古训，博采众方，撰用《素问》《九卷》《八十一难》《阴阳大论》《胎胪药录》，并《平脉辨证》，为《伤寒杂病论》合十六卷，虽未能尽愈诸病，庶可以见病知源，若能寻余所集，思过半矣。

夫天布五行，以运万类，人禀五常，以有五藏，经络府俞，阴阳会通，玄冥幽微，变化难极，自非才高识妙，岂能探其理致哉？上古有神农、黄帝、岐伯、伯高、雷公、少俞、少师、仲文，中世有长桑、扁鹊，汉有公乘阳庆及仓公，下此以往，未之闻也。观今之医，不念思求经旨，以演其所知，各承家技，始终顺旧。省疾问病，务在口给，相对斯须，便处汤药，按寸不及尺，握手不及足，人迎、趺阳，三部不参，动数发息，不满五十，短期未知决诊，九候曾无仿佛，明堂阙庭，尽不见察，所谓窥管而已。夫欲视死别生，实为难矣！

孔子云：生而知之者上。学则亚之。多闻博识，知之次也。余宿尚方术，请事斯语。

◎**参考译文：**

我每次读到《史记·扁鹊传》中秦越人到虢国去给虢太子诊病，在齐国望齐侯之色的记载，没有一次不激动地赞叹他的才华突出。就奇怪当今生活在社会上的那些读书人，竟然都不重视医药，不精心研究医方医术以便对上治疗国君和父母的疾病，对下用来解救贫苦人的病灾和困苦，对自己用来保持身体长久健康，以保养自己的生命；只是争着去追求荣华权势，踮起脚跟仰望着权势豪门，急急忙忙只是致力于追求名利；重视那些次要的身外之物，轻视抛弃养生的根本之道。使自己的外表华贵，而使自己的身体憔悴。皮都不存在了，那么，毛将依附在哪里呢？突然遭受到外来致病因素的侵袭，被不平常的疾病缠绕，病患灾祸临头，方才震惊发抖，于是就降低身份，卑躬屈膝，恭敬地盼望女巫男祝的求神祷告，巫祝宣告办法穷尽，就只好归于天命，束手无策地等待死亡。拿可以活到很长久的寿命和最宝贵的身体，交给平庸无能的医生，任凭他摆布处置。唉！他们的身体已经死亡，精神消失了，变成了鬼物，深深地埋在九泉之下，别人白白地为他的死亡哭泣。痛心啊！整个世上的读书人都昏迷糊涂，没有人能清醒明白，不珍惜自己的生命。

像这样地轻视生命，他们还谈什么荣华权势呢？而且，他们即使做了官也不能爱护别人，顾及别人的疾苦；不做官又不能爱护自己，顾及自己的隐患，遇到灾难，碰上祸患，身处在危困的境地，糊涂愚昧，蠢笨得就像没有头脑的废物。悲哀啊！那些在社会上奔波的读书人，追逐着去争夺表面的荣华，不保重身体这个根本，忘记了身体去为权势名利而死，危险得如履薄冰，如临深谷一样，竟达到了这种地步！

我的同宗同族的人口本来很多，从前有二百多人。从建安元年以来，还不到十年，其中死亡的人，有三分之二，而死于伤寒的要占其中的十分之七。我为过去宗族的衰落和人口的丧失而感慨，为早死和枉死的人不能被疗救而悲伤，于是勤奋研求前人的遗训，广泛地搜集很多医方，选用《素问》《九泉》《八十一难》《阴阳大论》《胎胪药录》等书，并结合辨别脉象和辨别证候的体会，写成了《伤寒杂病论》共十六卷。即使不能全部治愈各种疾病，或许可以根据书中的原理，在看到病证时就能知道发病的根源。如果能运用我编写的这本书的有关内容，那么，对于伤寒病的问题，大多数能弄通解决了。

自然界分布着五行之气，而运转化生万物。人体秉承着五行之常气，因此才有五脏的生理功能。经、络、府、俞，阴阳交会贯通，其道理玄妙、隐晦、幽深、奥秘，其中的变化真是难以穷尽，假如不是才学高超，见识精妙的人，怎么能探求出其中的道理和意趣呢？上古有神农、黄帝、岐伯、伯高、雷公、少俞、少师、仲文等，中古有长桑君、秦越人，汉代有公乘阳庆及仓公，自此往后到现在，还没听说过有比得上他们的人呢。看看当今的医生，他们不想思考研求医学经典著作的旨意，用来扩大加深他们所掌握的医学知识；只是各自秉承着家传的医技，始终沿袭旧法；察看疾病，询问病情时，总是致力于花言巧语，只图应付病人；对着病人诊视了一会儿，就处方开药；诊脉时只按寸脉，没有接触到尺脉，只按手部脉，却不按足部脉；人迎、趺阳、寸口三部脉象不互相参考；按照自己的呼吸诊察病人脉搏跳动的次数不到五十下就结束；诊脉时间过短不能确定脉象，九处诊脉部位的脉候竟然没有一点模糊的印象。鼻子、两眉之间及前额，全然不加诊察。这真如人们所说的“以管看天”似的很不全面罢了。这样想要辨识不治之症或判别出可治之证，实在是很难呀！

孔子说：生下来就懂得事理的人是上等的，通过学习而懂得事理的人是第二等的，多方面地聆听求教，广泛地记取事理的人，又次一等。我素来爱好医方医术，请允许我奉行“学而知之”和“多闻博识”这样的话吧！

《备急千金要方·序》

（唐）孙思邈

夫清浊剖判，上下攸分，三才肇基，五行俶落，万物淳朴，无得而称。燧人氏出，观斗极以定方名，始有火化。伏羲氏作，因之而画八卦、立庖厨，滋味既兴，瘵萌起。大圣神农氏悯黎元之多疾，遂尝百药以救疗之，犹未尽善。黄帝受命，创制九针，与方士岐伯、雷公之伦，备论经脉，旁通问难，详究义理，以为经论，故后世可得根据而畅焉。春秋之际，良医和缓，六国之时，则有扁鹊，汉有仓公，仲景，魏有华佗，并皆探赜索隐，穷幽洞微，用药不过二三，灸炷不逾七八，而疾无不愈者。晋宋以来，虽复名医间出，然治十不能愈五六，良由今人嗜欲太甚，立心不常，淫放纵逸，有阙摄养所致耳。余缅寻圣人设教，欲使家家自学，人人自晓。君亲有疾不能疗之者，非忠孝也。末俗小人，多行诡诈，倚傍圣教而为欺，遂令朝野士庶咸耻医术之名。多教子弟诵短文，构小策，以求出身之道。医治之术，阙而弗论，吁可怪也。嗟乎！深乖圣贤之本意。吾幼遭风冷，屡造医门，汤药之资，罄尽家产。所以青衿之岁，高尚兹典；白首之年，未尝释卷。至于切脉诊候，采药合和，服饵节度，将息避慎，一事长于己者，不远千里伏膺取决。至于弱冠，颇觉有悟，是以亲邻国中外有疾厄者，多所济益。在身之患，断绝医门，故知方药本草不可不学。吾见诸方部帙浩博，忽遇仓猝，求检至难，比得方讫，疾已不救矣。呜呼！痛夭枉之幽厄，惜堕学之昏愚，乃博采群经，删裁繁重，务在简易，以为《备急千金要方》一部，凡三十卷。虽不能究尽病源，但使留意于斯者，亦思过半矣。以为人命至重，有贵千金，一方济之，德逾于此，故以为名也。未可传于士族，庶以贻厥私门。张仲景曰：当今居世之士，曾不留神医药，精究方术，上以疗君亲之疾，下以救贫贱之厄，中以保身长全，以养其生。而但竞逐荣势，企踵权豪，孜孜汲汲，唯名利是务，崇饰其末，而忽弃其本，欲华其表而悴其内，皮之不存，毛将安附？进不能爱人知物，退不能爱躬知己，卒然遇邪风之气，婴非常之疾，患及祸至而后震栗。身居厄地，蒙蒙昧昧，戆若游魂，降志屈节，钦望巫祝，告穷归天，束手受败。百年之寿命，将至贵之重器，委付庸医，恣其所措，咄嗟喑呜，厥身已毙，神明消灭，变为异物，幽潜重泉，徒为涕泣。夫举世昏迷，莫能觉悟，自弃若是，夫何荣势之云哉。此之谓也。

《备急千金要方·论大医习业》

（唐）孙思邈

凡欲为大医，必须谙《素问》《甲乙》《黄帝针经》、明堂流注、十二经脉、三部九候、五脏六腑、表里孔穴、本草药对、张仲景、王叔和、阮河南、范东阳、张苗、靳邵等诸部经方。又须妙解阴阳禄命，诸家相法，及灼龟五兆，《周易》六壬，并须精熟，如此乃得为大医。若不尔者，如无目夜游，动致颠殒。次须熟读此方，寻思妙理，留意钻研，始可与言于医道者矣。又须涉猎群书，何者？若不读五经，不知有仁义之道；不读三史，不知有古今之事；不读诸子，睹事则不能默而识之；不读《内典》，则不知有慈悲喜舍之德；不读《庄》《老》，不能任真体运，则吉凶拘忌，触涂而生。至于五行休王、七耀天文，并须探赜，若能具而学之，则于医道无所滞碍，尽善尽美矣。

《备急千金要方·论大医精诚》

（唐）孙思邈

张湛曰：夫经方之难精，由来尚矣。今病有内同而外异，亦有内异而外同，故五脏六腑之盈虚，血脉荣卫之通塞，固非耳目之所察，必先诊候以审之。而寸口关尺有浮沉弦紧之乱，腧穴流注有高下浅深之差，肌肤筋骨有厚薄刚柔之异，唯用心精微者，始可与言于兹矣。今以至精至微之事，求之于至粗至浅之思，岂不殆哉！若盈而益之，虚而损之，通而彻之，塞而壅之，寒而冷之，热而温之，是重加其疾而望其生，吾见其死矣。故医方卜筮，艺能之难精者也。既非神授，何以得其幽微？世有愚者，读方三年，便谓天下无病可治；及治病三年，乃知天下无方可用。故学者必须博极医源，精勤不倦，不得道听途说，而言医道已了，深自误哉。

凡大医治病，必当安神定志，无欲无求，先发大慈恻隐之心，誓愿普救含灵之苦。若有疾厄来求救者，不得问其贵贱贫富，长幼妍媸，怨亲善友，华夷愚智，普同一等，皆如至亲之想。亦不得瞻前顾后，自虑吉凶，护惜身命。见彼苦恼，若己有之，深心凄怆。勿避险巇、昼夜寒暑、饥渴疲劳，一心赴救，无作功夫形迹之心。如此可为苍生大医，反此则是含灵巨贼。自古名贤治病，多用生命以济危急，虽曰贱畜贵人，至于爱命，人畜一也，损彼益己，物情同患，况于人乎。夫杀生求生，去生更远。吾今此方，所以不用生命为药者，良由此也。其虻虫、水蛭之属，市有先死者，则市而用之，不在此例。只如鸡卵一物，以其混沌未分，必有大段要急之处，不得已隐忍而用之。能不用者，斯为大哲亦所不及也。其有患疮痍下痢，臭秽不可瞻视，人所恶见者，但发惭愧、凄怜、忧恤之意，不得起一念蒂芥之心，是吾之志也。

夫大医之体，欲得澄神内视，望之俨然。宽裕汪汪，不皎不昧。省病诊疾，至意深心。详察形候，纤毫勿失。处判针药，无得参差。虽曰病宜速救，要须临事不惑。唯当审谛覃思，不得于性命之上，率尔自逞俊快，邀射名誉，甚不仁矣。又到病家，纵绮罗满目，勿左右顾眄；丝竹凑耳，无得似有所娱；珍馐迭荐，食如无味；醽醁兼陈，看有若无。所以尔者，夫一人向隅，满堂不乐，而况病人苦楚，不离斯须，而医者安然欢娱，傲然自得，兹乃人神之所共耻，至人之所不为，斯盖医之本意也。

夫为医之法，不得多语调笑，谈谑喧哗，道说是非，议论人物，炫耀声名，訾毁诸医。自矜己德。偶然治瘥一病，则昂头戴面，而有自许之貌，谓天下无双，此医人之膏肓也。老君曰：人行阳德，人自报之；人行阴德，鬼神报之。人行阳恶，人自报之；人行阴恶，鬼神害之。寻此二途，阴阳报施岂诬也哉。所以医人不得恃己所长，专心经略财物，但作救苦之心，于冥运道中，自感多福者耳。又不得以彼富贵，处以珍贵之药，令彼难求，自炫功能，谅非忠恕之道。志存救济，故亦曲碎论之，学者不可耻言之鄙俚也。

◎ **参考译文：**

晋代学者张湛说："经典的医方难以精通，由来已经很久了。"这是因为疾病有内在的病因相同而外在症状不同，和内在的病因不同而外在症状相同的缘故。因此，五脏六腑是充盈还是虚损，血脉营卫之气是畅通还是阻塞，本来就不是单凭人的耳朵眼睛所能了解得到的，一定先要诊脉来了解它。但寸关尺三部脉象有浮、沉、弦、紧的不同；腧穴气血的流通输注，有高低浅深的差别。肌肤有厚薄、筋骨有强壮柔弱的区分，只有用心精细的人，才可以同他谈论这些道理。如果把极精细、极微妙的医学道理，用最粗略最浮浅的思想去探求它，难道不是很危险吗？如果实证却用补法治它，虚证却用泻法治它；气血通利的却还要去疏通它，明明不顺畅却还要去阻塞它；寒证却给他用寒凉药，热证却给他用温热药。这些治疗方法是在加重病人的病情，你希望他能痊愈，我却看到他更加危重了。所以医方、占卜，是难以精通的技艺。既然不是神仙传授，凭什么能懂得那深奥微妙的道理呢？世上有些愚蠢的人，读了三年医方书，就夸口说天下没有什么病值得治疗；等到治了三年病，才知道天下没有现成的方子可以用。所以学医的人一定要广泛深入地探究医学原理，专心勤奋不懈怠，不能道听途说，一知半解，就说已经明白了医学原理。如果那样，就大大地害了自己呀！

凡是品德医术俱优的医生治病，一定要安定神志，无欲念，无希求，首先表现出慈悲同情之心，决心拯救人类的痛苦。如果有患病苦来求医生救治的，不管他的贵贱贫富，老幼美丑，是仇人还是亲近的人，是交往密切的还是一般的朋友，是汉族还是少数民族，是愚笨的人还是聪明的人，一律同样看待，都存有对待最亲近的人一样的想法，也不能瞻前顾后，考虑自身的利弊得失，爱惜自己的身家性命。看到病人的烦恼，就像自己的烦恼一样，内心悲痛，不避忌艰险、昼夜、寒暑、饥渴、疲劳，全心全意地去救护病人，不能产生推托和摆架子的想法，像这样才能称作百姓的好医生。与此相反的话，就是人民的大害。自古以来，有名的医生治病，多数都用活物来救治危急的病人，虽然说人们认为畜牲是低贱的，而认为人是高贵的，但说到爱惜生命，人和畜牲都是一样的。损害别个有利自己，是生物之情共同憎恶的，何况是人呢！杀害畜牲的生命来求得保全人的生命，那么，离开“生”的道义就更远了。我这些方子不用活物做药的原因，确实就在这里！其中虻虫、水蛭这一类药，市上有已经死了的，就买来用它，不在此例。只是像鸡蛋这样的东西，因为它还处在成形前的状态，一定遇到紧急情况，不得已而忍痛用它。能不用活物的人，这才是能识见超越寻常的人，也是我比不上的。如果有病人患疮疡、泻痢，污臭不堪入目，别人都不愿看的，医生只能表现出从内心感到难过的同情、怜悯、关心的心情，不能产生一点不快的念头，这就是我的志向。

一个德艺兼优的医生的风度，应能使思想纯净，知我内省，目不旁视，看上去很庄重的样子，气度宽宏，堂堂正正，不卑不亢。诊察疾病，专心致志，详细了解病状脉候，一丝一毫不得有误。处方用针，不能有差错。虽然说对疾病应当迅速救治，但更为重要的是临证不惑乱，并应当周详仔细，深入思考，不能在人命关天的大事上，轻率地炫耀自己才能出众，动作快捷，猎取名誉，这样做就太不仁德了！还有到了病人家里，纵使满目都是华丽的铺设，也不要左顾右盼，东张西望，琴瑟箫管之声充斥耳边，不能为之分心而有所喜乐，美味佳肴，轮流进献，吃起来也像没有味道一样，各种美酒一并陈设出来，看了就像没看见一样。所以这样做的原因，因为只要有一个人悲痛，满屋子的人都会不快乐，更何况病人的痛苦，一刻也没有离身。如果医生安心无虑地高兴娱乐，傲慢地洋洋自得，这是人神都认为可耻的行为，道德高尚的人所不做的事，这些大概就是医生的基本品德吧。

做医生的准则，应该是慎于言辞，不能随意跟别人开玩笑，不大声喧哗，谈说别人的短处，炫耀自己的名声，诽谤攻击其他医生，借以夸耀自己的功德。偶然治好了一个病人，就昂头仰面，而有自我赞许的样子，认为自己天下无双，这些都是医生的不可救药的坏毛病。老子说："一个人公开地有德于人，人们自然地会报答他；一个人暗中有德于人，鬼神会报答他。一个人公开地作恶于人，人们自然会报复他；一个人暗中作恶于人，鬼神会来害他。"探求这两个方面的行为，阳施有阳报，阴施有阴报，难道是骗人的吗？

所以医生不能依仗自己的专长一心谋取财物，只要存有救济别人痛苦的想法，（积下阴德）到阴曹地府之中，自会感到是多福的人了。还有，不能因为别人有钱有地位，就任意给他开珍贵的药物，让他难以找到，来炫耀自己的技能，这确实不符合儒家的忠恕之道。我志在救护帮助世人，所以琐碎地谈论了这些。学医的人不能因为我说得粗俗而感到耻辱。

《万病回春·医家之要》

（明）龚廷贤

一存仁心，乃是良箴，博施济众，惠泽斯深。

二通儒道，儒医世宝，道理贵明，群书当考。
三精脉理，宜分表里，指下既明，沉疴可起。
四识病原，生死敢言，医家至此，始称专门。
五知运气，以明岁序，补泻温凉，按时处治。
六明经络，认病不错，脏腑洞然，今之扁鹊。
七识药性，立方应病，不辨温凉，恐伤性命。
八会炮制，火候详细，太过不及，安危所系。
九莫嫉妒，因人好恶，天理昭然，速当悔悟。
十勿重利，当存仁义，贫富虽殊，药施无二。

《万病回春·病家之要》

（明）龚廷贤

一择明医，于病有裨，不可不慎，生死相随。
二肯服药，诸病可却，有等愚人，自家耽搁。
三宜早治，始则容易，履霜不谨，坚冰即至。
四绝空房，自然无疾，倘若犯之，神医无术。
五戒恼怒，必须省悟，怒则火起，难以救护。
六息妄想，须当静养，念虑一除，精神自爽。
七节饮食，调理有则，过则伤神，太饱难克。
八慎起居，交际当怯，稍苦劳役，元气越虚。
九莫信邪，信之则差，异端诳诱，惑乱人家。
十勿惜费，惜之何谓，请问君家，命财孰贵？

《外科正宗·五戒十要》

（明）陈实功

一戒：凡病家大小贫富人等，请观者便可往之，勿得迟延厌弃，欲往而不往，不为平易，药金毋论轻重有无，当尽力一例施与，自然阴骘鄢日增，无伤方寸。

二戒：凡视妇女及孀妇尼僧人等，必候侍者在傍，然后入房诊视，倘傍无伴，不可自看，假有不便之患、更宜真诚窥睹，虽对内人不可谈，此因闺阃故也。

三戒：不得出脱病家珠珀珍贵等送家合药，以虚存假换，如果该用，令彼自制入之。倘服不效，自无疑谤，亦不得称赞彼家物色之好，凡此等非君子也。

四戒：凡救世者，不可行乐登山，携酒游玩，又不可非时离去家中，凡有抱病至者，必当亲视用意发药，又要依经写出药帖。必不可杜撰药方，受人驳问。

五戒：凡娼妓及私伙家请看，亦当正已视如良家子女，不可他意见戏，以取不正，视毕便回。贫窘者药金可璧，看回只可与药，不可再去，以希邪淫之报。

一要：先知儒理，然后方知医理，或内或外，勤读先古明医确论之书，须旦夕手不释卷，一一参明融化机变，印之在心，慧之于目，凡临证时自无差谬矣。

二要：选买药品，必遵雷公炮炙，药有依方脩合者，又有因病随时加减者，汤散宜近备，丸丹须预制，常药愈久愈灵，线药越陈越异，药不吝珍，终久必济。

三要：凡乡井同道之士，不可生轻侮傲慢之心，切要谦和谨慎，年尊者恭敬之，有学者师事之，骄傲者逊让之，不及者荐拔之，如此自无谤怨，信和为贵也。

四要：治家与治病同，人之不惜元气，斫丧太过，百病生焉，轻则支离身体，重则丧命。治家若不固根本而奢华，费用太过，轻则无积，重则贫窘。

五要：人之受命于天，不可负天之命，凡欲进取，当知彼心顺否，体认天道顺逆，凡顺取，人缘相庆，逆取，子孙不吉，为人何不轻利远害，以防还报之业也？

六要：里中亲友人情，除婚丧疾病庆贺外，其余家务，至于馈送往来之礼，不可求奇好胜。凡飧只可一鱼一菜，一则省费，二则惜禄，谓广求不如俭用。

七要：贫穷之家及游食僧道衙门差人役等，凡来看病，不可要他药钱，只当奉药。再遇贫难者，当量力微赠，方为仁术，不然有药而无伙食者，命亦难保也。

八要：凡有所蓄，随其大小，便当置买产业以为根本，不可收买玩器及不紧物件，浪费钱财。又不可做银会酒会，有妨生意，必当一例禁之，自绝谤怨。

九要：凡室中所用各样物具，俱要精备齐整，不得临时缺少。又古今前贤书籍，及近时明公新刊医理词说，必寻参看以资学问，此诚为医家之本务也。

十要：凡奉官衙所请，必要速去，无得怠缓，要诚意恭敬，告明病源，开具方药，病愈之后，不得图求扁礼，亦不得言说民情，至生罪戾。闲不近公，自当守法。

《医门法律 · 序言》

（清）喻昌

医之为道大矣，医之为任重矣。中上之医，千里百年，目未易觏；最上之医，天下古今，指未易屈。世之言医者何夥耶？恃聪明者，师心傲物，择焉不精，虽曰屡中，其失亦屡多。守门庭者，画焉不入，自窒当机，纵未败事，已咎在误时。工邪僻者，心粗识劣，骛险绝根，偶堕其术，已惨同婴刃。病者苦医之聚会盈庭，具曰予圣。浅者售；伪者售；圆滑者售；而以其身命为尝试。医者苦病之毫厘千里，动罹颠踬。方难凭；脉难凭；师传难凭；而以人之身命为尝试。所以人之有生，水火、刀兵、禽兽、王法所伤残，不若疾厄之广。人之有死，夭魔、外道、饿鬼、畜类之苦趣，不若地狱之惨。医以心之不明，术之不明，习为格套，牢笼病者。遂至举世共成一大格套，遮天蔽日，造出地狱，遍满铁围山界，其因其果，彰彰如也。经以无明为地狱种子，重重黑暗，无繇脱度，岂不哀哉？昌也闭目茫然，唯见其暗，然见暗不可谓非明也。野岸渔灯，荒村萤照，一隙微明，举以点缀医门千年黯汶，拟定法律，为率由坦道，聊以行其佛事耳。然微明而洗发黄岐仲景之大明，明眼得此，闭门造车，出门合辙，自能立于无过。即浅见寡闻，苟知因果不昧，敬慎存心，日引月伸，以此照其胆，破其昏，而渐充其识。本地风光，参前倚衡，亦何愚而不朗澈也耶？先圣张仲景生当汉末，著《伤寒杂病论》，维时佛法初传中土，无一华五叶之盛，而性光所摄，早与三世圣神、诸佛诸祖把手同行，真医门之药王菩萨、药上菩萨也。第其福缘不及我佛如来亿万分之一分，阅百年再世，寝失其传。后人莫繇仰溯渊源，然且竞相彼揣此摩，各呈识大识小之量，亦性光所摄无穷极之一斑矣。我佛如来累劫中为大医王，因病立方，随机施药，普度众生。最后一生重补其充足圆满之性量八万四千法门，门门朗澈底里，诸有情微逗隙光者，咸得随机一门深入，成其佛道。与过去未来现在尽虚空法界无量亿诸佛诸菩萨光光相荡，于诸佛诸菩萨本愿本行，经咒偈言，屡劫宣扬不尽者，光中莫不彰示微妙，具足灭度。后阿难尊者证其无学，与我佛如来知见无二无别，乃得结集三藏十二部经典，永作人天眼目，济度津梁。夫诸佛菩萨真实了义，从如来金口所宣，如来口宣，又从阿难手集。昌苟性地光明，流之笔墨，足以昭示学人。胡不自澈须眉，脏腑中阴，优游几席，充满烜天赫地耀古辉今之量。直与黄岐仲景两光摄合，宣扬妙义，顷刻无欠无余，乃日弄精灵，向棘栗蓬中葛藤窠里，与昔贤校短论长，为五十步百步之走，路头差别，莫此为甚。发刻之稿凡十易，已刻之板凡四更，惟恐以凡人知见，杂糅圣神知见，败絮补葺美锦，然终不能免也。甚于风、寒、暑、湿、燥、火六气及杂证多门，殚一生力补之，不能尽补；即殚千生力补之，不能尽补，从可推也。途穷思返，斩绝意识，直截皈禅，通身汗下，险矣！险矣！尚敢漫言殊途同归也哉？此重公案，俟可补乃补之耳。

顺治十五年上元吉旦，南昌喻昌嘉言老人，时年七十有四序。

《医学源流论·自叙》

（清）徐大椿

医，小道也，精义也，重任也，贱工也。古者大人之学，将以治天下国家，使无一夫不被其泽，甚者天地位而万物育，斯学者之极功也。若夫日救一人，月治数病，顾此失彼，虽数十里之近，不能兼及。况乎不可治者，有非使能起死者而使之生，其道不已小乎？虽然，古圣人之治病也，通于天地之故，究乎性命之源，经络、脏腑、气血、骨脉，洞然如见，然后察其受病之由，用药以驱除而调剂之。其中自有玄机妙悟，不可得而言喻者，盖与造化相维，其义不亦精乎？道小，则有志之士有所不屑为，义精，则无识之窔有所不能窥也。人之所系，莫大乎生死。王公大人，圣贤豪杰，可以旋转乾坤，而不能保无疾病之患。一有疾病，不得不听之医者，而生杀唯命矣。夫一人系天下之重，而天下所系之人，其命由悬于医者。下而一国一家所系之人更无论矣，其任不亦重乎？而独是其人者，又非有爵禄道德之尊，父兄师保之重。既非世之所隆，而其人之自视，亦不过为衣服口食之计。虽以一介之微，呼之而立，至其业不甚贱乎？任重，则托之者必得传人；工贱，则业之者必无奇士。所以势出于相违，而道因之易坠也。余少时颇有志于穷经，而骨肉数人疾病连年，死亡略尽。于是博览方书，寝食俱废。如是数年，虽无生死骨肉之方，实有寻本溯源之学。九折臂而成医，至今尤信。而窃慨唐宋以来，无儒者为之振兴，视为下业，逡巡失传（逡，音ㄑㄩㄣ，「退」之意。逡巡，「后退」之意），至理已失，良法并亡，惄然伤怀（惄，音「逆」，饥饿之意），恐自今以往，不复有生人之术。不揣庸妄，用敷厥言，倘有所补所全者，或不仅一人一世已乎？

乾隆丁丑年七月洄溪徐大椿书于五山之半松书屋。

中华人民共和国医院工作人员守则和医德规范

（中华人民共和国卫生部1981年10月18日颁发）

一、守则

（一）热爱祖国，热爱共产党，热爱社会主义，坚持马列主义、毛泽东思想。

（二）努力学习政治，刻苦钻研业务，做到又红又专。

（三）发扬救死扶伤实行革命的人道主义精神，同情和尊重病人，全心全意为病人服务。

（四）带头遵守国家法令，模范地执行各项卫生法规。

（五）服从组织，关心集体，团结友爱，勇于开展批评与自我批评。

（六）对工作极端负责，严格规章制度和操作常规。

（七）廉洁奉公，坚守岗位，尽职尽责，自觉抵制不正之风。

（八）讲究文明礼貌，积极参加爱国卫生运动，美化环境，保持医院整洁肃静。

二、规范

（一）遵守公德。公德是每个社会公民遵守社会主义道德。医务人员首先应该确立并遵守社会主义公德，要热爱祖国，热爱集体，热爱劳动和爱护社会主义财富，树立革命的人生观。一个有道德的人，会把祖国同自己的命运联系起来，努力工作，勤奋学习，为建设和保卫祖国而贡献自己的力量。

（二）热爱医学。医学是为人民健康服务的，医务人员是人民健康的保卫者，所以，医生的职业素来是受人民尊敬的。古话说："不为良相，则为良医。"把良医比作对国家和人民有贡献的功臣。革命人民则称医务人员为“白衣战士”。说明医生的职业是纯洁、崇高和光荣的职业。我们应该热爱自己的医生职业，热爱医学科学。

（三）救死扶伤。医生工作关系到伤病员的命运，关系到他们家庭的悲欢离合，关系到他们所从事的革命事业，所以医务人员应把毛泽东同志关于：“救死扶伤，实行革命的人道主义”的号召做为自身的最基本的一条职业道德。从革命的人道主义出发，应努力做到在技术上刻苦钻研，精益求精；在工作上认真负责，一丝不苟，具有强烈的责任感和事业心；对待病人全心全意，满腔热忱，积极主动。为挽救病人生命，要有一种坚韧不拔的意志和不畏艰难，不辞辛劳的精神。就是对病势垂危的病人，哪怕只有百分之一的希望，也是付出百分之百的努力去抢救。

（四）高度同情。病人在肉体上遭受着疾病的折磨，在精神上往往思虑重重，负担较重。在这种情况下，医务人员应具有高度同情心，对病人体贴入微，尽量使人心情愉快，保持良好的精神状态；并用自己的真诚与热情，博得病人对自己的依赖，增强病人与疾病作斗争的信心。如有出言不慎，会使病人丧失战胜疾病的信心，给病人的身心健康带来严重的影响，造成心身疾病或医源性疾病的发生。

（五）尊重病人。在社会主义社会里，医生面前的病人，既不是奴隶，也不是贵族；病人面前的医生，既不是雇佣者，也不是救世主。医务人员与病人的关系，是同志关系。医生应该尊重病人的人格、意志和权利。凡对病人进行检查、治疗或研究，都应事先对病人解释清楚（包括预期效果，可能发生的危险和采取的防护措施等），征得病人或亲属同意和自愿，不能把自己的决定强加于病人。在病人或家属拒绝医生的正确意见时，要耐心说明动员。除了特殊情况（如紧急抢救、病人神志不清、无家属到场等）外，一般不应由医生单方面决定采取重要的诊疗措施。医务人员在接触病人时，要讲究文明礼貌，不能语言生硬，责备、训斥病人。医务人员在医疗工作中所接触到的有关病人个人、家庭、工作中不应向别人公开的情况，必须保守秘密。

（六）讲究卫生。讲究卫生，预防疾病，移风易俗，改造社会，是建设精神文明的重要方面，医务人员应该起模范带头作用，积极参加爱国卫生运动，搞好院内、外环境卫生，严格消毒隔离制度，防止院内交叉感染。讲究个人卫生，衣着整洁，仪表端庄，勤剪指甲，勤刮胡须，不随地吐痰，不在病室吸烟。

（七）廉洁奉公。廉洁奉公是对社会主义国家工作人员的起码要求，医务人员应具备廉洁奉公的高尚情操，不为名，不为利，一切从病人利益出发，全心全意为病人服务。医生不应接受病人馈赠。反对以医生职权为资本搞交易、走后门的不正之风。更不允许乘人之危，产生任何邪恶杂念或进行违法乱纪的活动。

（八）团结互助。现代的医疗工作往往需要多种专门技术人员的密切配合，因此，要团结互助，搞好协作。反对抬高自己，贬低别人的不良作风。医生之间、医护之间、兄弟科室之间、兄弟医院之间，都应该以病人利益为重，尽力做到有求必应、主动配合、积极支援、互通有无。这样才能提高水平、高质量、高效率地完成医疗任务。

中华人民共和国医务人员医德规范及实施办法

（1988年12月15日中华人民共和国卫生部颁布）

第一条 为加强卫生系统社会主义精神文明建设，提高文明医务人员的职业道德素质，改善和提高医疗服务质量，全心全意为人民服务，特制定医德规范及实施办法（以下简称“规范”）。

第二条 医德，即医务人员的职业道德，是医务人员应具备的思想品质，是医务人员与病人、社会以及医务人员之间关系的总和。医德规范是指导医务人员进行医疗活动的思想和行为的准则。

第三条 医德规范如下：

（一）救死扶伤，实行社会主义的人道主义，时刻为病人着想，千方百计为病人解除病痛。

（二）尊重病人的人格与权利，对待病人不分民族、性别、职业、地位、财产状况，都一视同仁。

（三）文明礼貌服务，举止端庄，语言文明，态度和蔼，同情、关心和体贴病人。

（四）廉洁奉公，自觉遵纪守法，不以医谋私。

（五）为病人保守医密，实行保护性医疗，不泄露病人隐私与秘密。

（六）互学互尊，团结协作，正确处理同行同事间的关系。

（七）严谨求实，奋发进取，钻研医术，精益求精，不断更新知识，提高技术水平。

第四条　为使本规范切实得到贯彻落实，必须坚持进行医德教育，加强医德医风建设，认真进行医德考核与评价。

第五条　各医疗单位都必须把医德教育和医德医风建设作为目标管理的重要内容，作为衡量和评价一个单位工作好坏的重要标准。

第六条　医德教育应以正面教育为主，理论联系实际，注重实效，长期坚持不懈。要实行医院新成员的上岗前教育，使之形成制度。未经上岗前培训不得上岗。

第七条　各医疗单位都应建立医德考核与评价制度，制定医德考核标准与考核办法，定期或者随时进行考核，并建立医德考核档案。

第八条　医德考核与评价方法可分为自我评价、社会评价、科室考核和上级考核。特别要注意社会评价，经常听取患者和社会各界的意见，接受人民群众的监督。

第九条　对医务人员医德考核结果，要作为应聘、提薪、晋升以及评先进工作者的首要条件。

第十条　实行奖优罚劣。对严格遵守医德规范、医德高尚的个人，应予表彰和奖励医学教育网整理。对于不认真遵守医德规范者，应进行批评教育。对于严重违反医德规范，经教育不改者，应分别情况给予处分。

第十一条 本规范适用用全国各级各类医院、诊所的医务人员，包括医生、护士、医技科室人员和工勤人员也要参照本规范的精神执行。

第十二条 各省、自治区、直辖市卫生厅局和各医疗单位和遵照本规范精神和要求，制定医德规范实施细则及具体办法。

第十三条 本规范自公布之日起实行。

中华人民共和国医学生誓词

（中华人民共和国教育委员会高等教育司 1991 年颁布）

健康所系，性命相托。

当我步入神圣医学学府的时刻，谨庄严宣誓：

我志愿献身医学，热爱祖国，忠于人民，恪守医德，尊师守纪，刻苦钻研，孜孜不倦，精益求精，全面发展。

我决心竭尽全力除人类之病痛，助健康之完美，维护医术的圣洁和荣誉，救死扶伤，不辞艰辛，执着追求，为祖国医药卫生事业的发展和人类身心健康奋斗终生。

中华人民共和国执业医师法

由中华人民共和国第九届全国人民代表大会常务委员会第三次会议于 1998 年 6 月 26 日修订通过，自 1999 年 5 月 1 日起施行。

第一章 总　　则

第一条 为了加强医师队伍的建设，提高医师的职业道德和业务素质，保障医师的合法权益，保护人民健康，制定本法。

第二条 依法取得执业医师资格或者执业助理医师资格，经注册在医疗、预防、保健机构中执业的专业医务人员，适用本法。本法所称医师，包括执业医师和执业助理医师。

第三条 医师应当具备良好的职业道德和医疗执业水平，发扬人道主义精神，履行防病治病、救死扶伤、保护人民健康的神圣职责。全社会应当尊重医师。医师依法履行职责，受法律保护。

第四条 国务院卫生行政部门主管全国的医师工作。县级以上地方人民政府卫生行政部门负责管理本行政区域内的医师工作。

第五条 国家对在医疗、预防、保健工作中作出贡献的医师，给予奖励。

第六条 医师的医学专业技术职称和医学专业技术职务的评定、聘任，按照国家有关规定办理。

第七条 医师可以依法组织和参加医师协会。

第二章 考试和注册

第八条 国家实行医师资格考试制度。医师资格考试分为执业医师资格考试和执业助理医师资格考试。医师资格统一考试的办法，由国务院卫生行政部门制定。医师资格考试由省级以上人民政府卫生行政部门组织实施。

第九条 具有下列条件之一的，可以参加执业医师资格考试：

（一）具有高等学校医学专业本科以上学历，在执业医师指导下，在医疗、预防、保健机构中试用期满一年的；

（二）取得执业助理医师执业证书后，具有高等学校医学专科学历，在医疗、预防、保健机构中工作满二年的；具有中等专业学校医学专业学历，在医疗、预防、保健机构中工作满五年的。

第十条 具有高等学校医学专科学历或者中等专业学校医学专业学历，在执业医师指导下，在医疗、预防、保健机构中试用期满一年的，可以参加执业助理医师资格考试。

第十一条 以师承方式学习传统医学满三年或者经多年实践医术确有专长的，经县级以上人民政府卫生行政部门确定的传统医学专业组织或者医疗、预防、保健机构考核合格并推荐，可以参加执业医师资格或者执业助理医师资格考试。考试的内容和办法由国务院卫生行政部门另行制定。

第十二条 医师资格考试成绩合格，取得执业医师资格或者执业助理医师资格。

第十三条 国家实行医师执业注册制度。取得医师资格的，可以向所在地县级以上人民政府卫生行政部门申请注册。除有本法第十五条规定的情形外，受理申请的卫生行政部门应当自收到申请之日起三十日内准予注册，并发给由国务院卫生行政部门统一印制的医师执业证书。医疗、预防、保健机构可以为本机构中的医师集体办理注册手续。

第十四条 医师经注册后，可以在医疗、预防、保健机构中按照注册的执业地点、执业类别、执业范围执业，从事相应的医疗、预防、保健业务。未经医师注册取得执业证书，不得从事医师执业活动。

第十五条 有下列情形之一的，不予注册：

（一）不具有完全民事行为能力的；

（二）因受刑事处罚，自刑罚执行完毕之日起至申请注册之日止不满二年的；

（三）受吊销医师执业证书行政处罚，自处罚决定之日起至申请注册之日止不满二年的；

（四）有国务院卫生行政部门规定不宜从事医疗、预防、保健业务的其他情形的。

受理申请的卫生行政部门对不符合条件不予注册的，应当自收到申请之日起三十日内书面通知申请人，并说明理由。申请人有异议的，可以自收到通知之日起十五日内，依法申请复议或者向人民法院提起诉讼。

第十六条 医师注册后有下列情形之一的，其所在的医疗、预防、保健机构应当在三十日内报告准予注册的卫生行政部门，卫生行政部门应当注销注册，收回医师执业证书：

（一）死亡或者被宣告失踪的；

（二）受刑事处罚的；

（三）受吊销医师执业证书行政处罚的；

（四）依照本法第三十一条规定暂停执业活动期满，再次考核仍不合格的；

（五）中止医师执业活动满二年的；

（六）有国务院卫生行政部门规定不宜从事医疗、预防、保健业务的其他情形的。

被注销注册的当事人有异议的，可以自收到注销注册通知之日起十五日内，依法申请复议或者向人民法院提起诉讼。

第十七条 医师变更执业地点、执业类别、执业范围等注册事项的，应当到准予注册的卫生行政部门依照本法第十三条的规定办理变更注册手续。

第十八条 中止医师执业活动二年以上以及有本法第十五条规定情形消失的，申请重新执业，应当由本法第三十一条规定的机构考核合格，并依照本法第十三条的规定重新注册。

第十九条 申请个体行医的执业医师，须经注册后在医疗、预防、保健机构中执业满五年，并按照国家有关规定办理审批手续；未经批准，不得行医。县级以上地方人民政府卫生行政部门对个体行医的医师，应当按照国务院卫生行政部门的规定，经常监督检查，凡发现有本法第十六条规定的情形的，应当及时注销注册，收回医师执业证书。

第二十条 县级以上地方人民政府卫生行政部门应当将准予注册和注销注册的人员名单予以公告，并由省级人民政府卫生行政部门汇总，报国务院卫生行政部门备案。

第三章 执业规则

第二十一条 医师在执业活动中享有下列权利：

（一）在注册的执业范围内，进行医学诊查、疾病调查、医学处置、出具相应的医学证明文件，选择合理的医疗、预防、保健方案；

（二）按照国务院卫生行政部门规定的标准，获得与本人执业活动相当的医疗设备基本条件；

（三）从事医学研究、学术交流，参加专业学术团体；

（四）参加专业培训，接受继续医学教育；

（五）在执业活动中，人格尊严、人身安全不受侵犯；

（六）获取工资报酬和津贴，享受国家规定的福利待遇；

（七）对所在机构的医疗、预防、保健工作和卫生行政部门的工作提出意见和建议，依法参与所在机构的民主管理。

第二十二条　医师在执业活动中履行下列义务：

（一）遵守法律、法规，遵守技术操作规范；

（二）树立敬业精神，遵守职业道德，履行医师职责，尽职尽责为患者服务；

（三）关心、爱护、尊重患者，保护患者的隐私；

（四）努力钻研业务，更新知识，提高专业技术水平；

（五）宣传卫生保健知识，对患者进行健康教育。

第二十三条　医师实施医疗、预防、保健措施，签署有关医学证明文件，必须亲自诊查、调查，并按照规定及时填写医学文书，不得隐匿、伪造或者销毁医学文书及有关资料。医师不得出具与自己执业范围无关或者与执业类别不相符的医学证明文件。

第二十四条　对急危患者，医师应当采取紧急措施进行诊治；不得拒绝急救处置。

第二十五条　医师应当使用经国家有关部门批准使用的药品、消毒药剂和医疗器械。除正当诊断治疗外，不得使用麻醉药品、医疗用毒性药品、精神药品和放射性药品。

第二十六条　医师应当如实向患者或者其家属介绍病情，但应注意避免对患者产生不利后果。医师进行实验性临床医疗，应当经医院批准并征得患者本人或者其家属同意。

第二十七条　医师不得利用职务之便，索取、非法收受患者财物或者牟取其他不正当利益。

第二十八条　遇有自然灾害、传染病流行、突发重大伤亡事故及其他严重威胁人民生命健康的紧急情况时，医师应当服从县级以上人民政府卫生行政部门的调遣。

第二十九条　医师发生医疗事故或者发现传染病疫情时，应当按照有关规定及时向所在机构或者卫生行政部门报告。医师发现患者涉嫌伤害事件或者非正常死亡时，应当按照有关规定向有关部门报告。

第三十条　执业助理医师应当在执业医师的指导下，在医疗、预防、保健机构中按照其执业类别执业。在乡、民族乡、镇的医疗、预防、保健机构中工作的执业助理医师，可以根据医疗诊治的情况和需要，独立从事一般的执业活动。

第四章　考核和培训

第三十一条　受县级以上人民政府卫生行政部门委托的机构或者组织应当按照医师执业标准，对医师的业务水平、工作成绩和职业道德状况进行定期考核。对医师的考核结果，考核机构应当报告准予注册的卫生行政部门备案。对考核不合格的医师，县级以上人民政府卫生行政部门可以责令其暂停执业活动三个月至六个月，并接受培训和继续医学教育。暂停执业活动期满，再次进行考核，对考核合格的，允许其继续执业；对考核不合格的，由县级以上人民政府卫生行政部门注销注册，收回医师执业证书。

第三十二条　县级以上人民政府卫生行政部门负责指导、检查和监督医师考核工作。

第三十三条　医师有下列情形之一的，县级以上人民政府卫生行政部门应当给予表彰或者奖励：

（一）在执业活动中，医德高尚，事迹突出的；

（二）对医学专业技术有重大突破，作出显著贡献的；

（三）遇有自然灾害、传染病流行、突发重大伤亡事故及其他严重威胁人民生命健康的紧急情况时，救死扶伤、抢救诊疗表现突出的；

（四）长期在边远贫困地区、少数民族地区条件艰苦的基层单位努力工作的；

（五）国务院卫生行政部门规定应当予以表彰或者奖励的其他情形的。

第三十四条 县级以上人民政府卫生行政部门应当制定医师培训计划，对医师进行多种形式的培训，为医师接受继续医学教育提供条件。县级以上人民政府卫生行政部门应当采取有力措施，对在农村和少数民族地区从事医疗、预防、保健业务的医务人员实施培训。

第三十五条 医疗、预防、保健机构应当按照规定和计划保证本机构医师的培训和继续医学教育。县级以上人民政府卫生行政部门委托的承担医师考核任务的医疗卫生机构，应当为医师的培训和接受继续医学教育提供和创造条件。

第五章　法律责任

第三十六条 以不正当手段取得医师执业证书的，由发给证书的卫生行政部门予以吊销；对负有直接责任的主管人员和其他直接责任人员，依法给予行政处分。

第三十七条 医师在执业活动中，违反本法规定，有下列行为之一的，由县级以上人民政府卫生行政部门给予警告或者责令暂停六个月以上一年以下执业活动；情节严重的，吊销其执业证书；构成犯罪的，依法追究刑事责任：

（一）违反卫生行政规章制度或者技术操作规范，造成严重后果的；

（二）由于不负责任延误急危患者的抢救和诊治，造成严重后果的；

（三）造成医疗责任事故的；

（四）未经亲自诊查、调查，签署诊断、治疗、流行病学等证明文件或者有关出生、死亡等证明文件的；

（五）隐匿、伪造或者擅自销毁医学文书及有关资料的；

（六）使用未经批准使用的药品、消毒药剂和医疗器械的；

（七）不按照规定使用麻醉药品、医疗用毒性药品、精神药品和放射性药品的；

（八）未经患者或者其家属同意，对患者进行实验性临床医疗的；

（九）泄露患者隐私，造成严重后果的；

（十）利用职务之便，索取、非法收受患者财物或者牟取其他不正当利益的；

（十一）发生自然灾害、传染病流行、突发重大伤亡事故以及其他严重威胁人民生命健康的紧急情况时，不服从卫生行政部门调遣的；

（十二）发生医疗事故或者发现传染病疫情，患者涉嫌伤害事件或者非正常死亡，不按照规定报告的。

第三十八条 医师在医疗、预防、保健工作中造成事故的，依照法律或者国家有关规定处理。

第三十九条 未经批准擅自开办医疗机构行医或者非医师行医的，由县级以上人民政府卫生行政部门予以取缔，没收其违法所得及其药品、器械，并处十万元以下的罚款；对医师吊销其执业证书；给患者造成损害的，依法承担赔偿责任；构成犯罪的，依法追究刑事责任。

第四十条 阻碍医师依法执业，侮辱、诽谤、威胁、殴打医师或者侵犯医师人身自由、干扰医师正常工作、生活的，依照《中华人民共和国治安管理处罚法》的规定处罚；构成犯罪的，依法追究刑事责任。

第四十一条 医疗、预防、保健机构未依照本法第十六条的规定履行报告职责，导致严重后果的，由县级以上人民政府卫生行政部门给予警告；并对该机构的行政负责人依法给予行政处分。

第四十二条 卫生行政部门工作人员或者医疗、预防、保健机构工作人员违反本法有关规定，弄虚作假、玩忽职守、滥用职权、徇私舞弊，尚不构成犯罪的，依法给予行政处分；构成犯罪的，依法追究刑事责任。

第六章　附　　则

第四十三条　本法颁布之日前按照国家有关规定取得医学专业技术职称和医学专业技术职务的人员，由所在机构报请县级以上人民政府卫生行政部门认定，取得相应的医师资格。其中在医疗、预防、保健机构中从事医疗、预防、保健业务的医务人员，依照本法规定的条件，由所在机构集体核报县级以上人民政府卫生行政部门，予以注册并发给医师执业证书。具体办法由国务院卫生行政部门会同国务院人事行政部门制定。

第四十四条　计划生育技术服务机构中的医师，适用本法。

第四十五条　在乡村医疗卫生机构中向村民提供预防、保健和一般医疗服务的乡村医生，符合本法有关规定的，可以依法取得执业医师资格或者执业助理医师资格；不具备本法规定的执业医师资格或者执业助理医师资格的乡村医生，由国务院另行制定管理办法。

第四十六条　军队医师执行本法的实施办法，由国务院、中央军事委员会依据本法的原则制定。

第四十七条　境外人员在中国境内申请医师考试、注册、执业或者从事临床示教、临床研究等活动的，按照国家有关规定办理。

第四十八条　本法自1999年5月1日起施行。

实施人类辅助生殖技术的伦理原则

（中华人民共和国卫生部，2001年5月14日发布）

为安全、有效、合理实施人类辅助生殖技术，保障人民健康，特制定以下伦理原则。

一、知情同意的原则

医务人员对要求实施辅助生殖技术且符合适应症的夫妇，须让其了解实施该技术的程序、成功的可能性和风险以及接受随访的必要性等事宜，并签署知情同意书。

医务人员对捐赠精子、卵子、胚胎者，须告知其有关权利和义务，包括捐赠是无偿的、健康检查的必要性以及不能追问受者与出生后代的信息等情况，并签署知情同意书。

二、维护供受双方和后代利益的原则

捐赠精子、卵子、胚胎者对出生的后代既没有任何权利，也不承担任何义务。

遵照我国抚养——教育的原则，受方夫妇作为孩子的父母，承担孩子的抚养和教育。

通过辅助生殖技术出生的孩子享有同正常出生的孩子同样的权利和义务。如果父母要离婚，在裁定对孩子的监护权时，不受影响。

三、互盲和保密的原则

凡是利用捐赠精子、卵子、胚胎实施的辅助生殖技术，捐赠者与受方夫妇、出生的后代须保持互盲，参与操作的医务人员与捐赠者也须保持互盲。

医疗机构和医务人员须对捐赠者和受者的有关信息保密。

四、维持社会公益的原则

医务人员不得对单身妇女实施辅助生殖技术。

医务人员不得实施非医学需要的性别选择。

医务人员不得实施代孕技术。

一个供精者的精子最多只能提供给 5 名妇女受孕。

五、严防商品化的原则

医疗机构和医务人员对要求实施辅助生殖技术的夫妇，要严格掌握

适应症，不能受经济利益驱动而应用于有可能自然生殖的夫妇。

供精、供卵、供胚胎应以捐赠助人为目的，禁止买卖。但是，可以给予捐赠者必要的误工、交通和医疗补助。

对实施辅助生殖术后剩余的胚胎，由胚胎所有者决定如何处理，但禁止买卖。

六、医学伦理委员会

应由医学伦理、社会学、法学和医学等有关专家和群众代表组成，并依据上述原则开展工作。

人胚胎干细胞研究伦理指导原则

（中华人民共和国科学技术部、卫生部，2003 年 12 月 24 日发布）

为保证生物医学领域人胚胎干细胞的研究活动遵守我国的有关规定、尊重国际公认的生命伦理准则，并促进人胚胎干细胞研究的健康发展，科学技术部和卫生部联合制定了《人胚胎干细胞研究伦理指导原则》。

第一条 为了使我国生物医学领域人胚胎干细胞研究符合生命伦理规范，保证国际公认的生命伦理准则和我国的相关规定得到尊重和遵守，促进人胚胎干细胞研究的健康发展，制定本指导原则。

第二条 本指导原则所称的人胚胎干细胞包括人胚胎来源的干细胞、生殖细胞起源的干细胞和通过核移植所获得的干细胞。

第三条 凡在中华人民共和国境内从事涉及人胚胎干细胞的研究活动，必须遵守本指导原则。

第四条 禁止进行生殖性克隆人的任何研究。

第五条 用于研究的人胚胎干细胞只能通过下列方式获得：（一）体外受精时多余的配子或囊胚；（二）自然或自愿选择流产的胎儿细胞；（三）体细胞核移植技术所获得的囊胚和单性分裂囊胚；（四）自

愿捐献的生殖细胞。

第六条　进行人胚胎干细胞研究，必须遵守以下行为规范：（一）利用体外受精、体细胞核移植、单性复制技术或遗传修饰获得的囊胚，其体外培养期限自受精或核移植开始不得超过14天。（二）不得将前款中获得的已用于研究的人囊胚植入人或任何其他动物的生殖系统。（三）不得将人的生殖细胞与其他物种的生殖细胞结合。

第七条　禁止买卖人类配子、受精卵、胚胎或胎儿组织。

第八条　进行人胚胎干细胞研究，必须认真贯彻知情同意与知情选择原则，签署知情同意书，保护受试者的隐私。

前款所指的知情同意和知情选择是指研究人员应当在实验前，用准确、清晰、通俗的语言向受试者如实告知有关实验的预期目的和可能产生的后果和风险，获得他们的同意并签署知情同意书。

第九条　从事人胚胎干细胞的研究单位应成立包括生物学、医学、法律或社会学等有关方面的研究和管理人员组成的伦理委员会，其职责是对人胚胎干细胞研究的伦理学及科学性进行综合审查、咨询与监督。

第十条　从事人胚胎干细胞的研究单位应根据本指导原则制定本单位相应的实施细则或管理规程。

第十一条　本指导原则由国务院科学技术行政主管部门、卫生行政主管部门负责解释。

人体器官移植条例

（中华人民共和国国务院令第491号　2007-03-31）

第一章　总　　则

第一条　为了规范人体器官移植，保证医疗质量，保障人体健康，维护公民的合法权益，制定本条例。

第二条　在中华人民共和国境内从事人体器官移植，适用本条例；

从事人体细胞和角膜、骨髓等人体组织移植，不适用本条例。

本条例所称人体器官移植，是指摘取人体器官捐献人具有特定功能的心脏、肺脏、肝脏、肾脏或者胰腺等器官的全部或者部分，将其植入接受人身体以代替其病损器官的过程。

第三条 任何组织或者个人不得以任何形式买卖人体器官，不得从事与买卖人体器官有关的活动。

第四条 国务院卫生主管部门负责全国人体器官移植的监督管理工作。县级以上地方人民政府卫生主管部门负责本行政区域人体器官移植的监督管理工作。各级红十字会依法参与人体器官捐献的宣传等工作。

第五条 任何组织或者个人对违反本条例规定的行为，有权向卫生主管部门和其他有关部门举报；对卫生主管部门和其他有关部门未依法履行监督管理职责的行为，有权向本级人民政府、上级人民政府有关部门举报。接到举报的人民政府、卫生主管部门和其他有关部门对举报应当及时核实、处理，并将处理结果向举报人通报。

第六条 国家通过建立人体器官移植工作体系，开展人体器官捐献的宣传、推动工作，确定人体器官移植预约者名单，组织协调人体器官的使用。[1]

第二章 器官捐献

第七条 人体器官捐献应当遵循自愿、无偿的原则。公民享有捐献或者不捐献其人体器官的权利；任何组织或者个人不得强迫、欺骗或者利诱他人捐献人体器官。

第八条 捐献人体器官的公民应当具有完全民事行为能力。公民捐献其人体器官应当有书面形式的捐献意愿，对已经表示捐献其人体器官的意愿，有权予以撤销。公民生前表示不同意捐献其人体器官的，任何组织或者个人不得捐献、摘取该公民的人体器官；公民生前未表示不同意捐献其人体器官的，该公民死亡后，其配偶、成年子女、父母可以以书面形式共同表示同意捐献该公民人体器官的意愿。

第九条　任何组织或者个人不得摘取未满 18 周岁公民的活体器官用于移植。

第十条　活体器官的接受人限于活体器官捐献人的配偶、直系血亲或者三代以内旁系血亲，或者有证据证明与活体器官捐献人存在因帮扶等形成亲情关系的人员。

第三章　器官移植

第十一条　医疗机构从事人体器官移植，应当依照《医疗机构管理条例》的规定，向所在地省、自治区、直辖市人民政府卫生主管部门申请办理人体器官移植诊疗科目登记。

医疗机构从事人体器官移植，应当具备下列条件：（一）有与从事人体器官移植相适应的执业医师和其他医务人员；（二）有满足人体器官移植所需要的设备、设施；（三）有由医学、法学、伦理学等方面专家组成的人体器官移植技术临床应用与伦理委员会，该委员会中从事人体器官移植的医学专家不超过委员人数的 1/4；（四）有完善的人体器官移植质量监控等管理制度。

第十二条　省、自治区、直辖市人民政府卫生主管部门进行人体器官移植诊疗科目登记，除依据本条例第十一条规定的条件外，还应当考虑本行政区域人体器官移植的医疗需求和合法的人体器官来源情况。省、自治区、直辖市人民政府卫生主管部门应当及时公布已经办理人体器官移植诊疗科目登记的医疗机构名单。

第十三条　已经办理人体器官移植诊疗科目登记的医疗机构不再具备本条例第十一条规定条件的，应当停止从事人体器官移植，并向原登记部门报告。原登记部门应当自收到报告之日起 2 日内注销该医疗机构的人体器官移植诊疗科目登记，并予以公布。

第十四条　省级以上人民政府卫生主管部门应当定期组织专家根据人体器官移植手术成功率、植入的人体器官和术后患者的长期存活率，对医疗机构的人体器官移植临床应用能力进行评估，并及时公布评估结果；对评估不合格的，由原登记部门撤销人体器官移植诊疗科目登记。具体办法由国务院卫生主管部门制订。

第十五条 医疗机构及其医务人员从事人体器官移植，应当遵守伦理原则和人体器官移植技术管理规范。

第十六条 实施人体器官移植手术的医疗机构及其医务人员应当对人体器官捐献人进行医学检查，对接受人因人体器官移植感染疾病的风险进行评估，并采取措施，降低风险。

第十七条 在摘取活体器官前或者尸体器官捐献人死亡前，负责人体器官移植的执业医师应当向所在医疗机构的人体器官移植技术临床应用与伦理委员会提出摘取人体器官审查申请。

人体器官移植技术临床应用与伦理委员会不同意摘取人体器官的，医疗机构不得做出摘取人体器官的决定，医务人员不得摘取人体器官。

第十八条 人体器官移植技术临床应用与伦理委员会收到摘取人体器官审查申请后，应当对下列事项进行审查，并出具同意或者不同意的书面意见：（一）人体器官捐献人的捐献意愿是否真实；（二）有无买卖或者变相买卖人体器官的情形；（三）人体器官的配型和接受人的适应症是否符合伦理原则和人体器官移植技术管理规范。经 2/3 以上委员同意，人体器官移植技术临床应用与伦理委员会方可出具同意摘取人体器官的书面意见。

第十九条 从事人体器官移植的医疗机构及其医务人员摘取活体器官前，应当履行下列义务：（一）向活体器官捐献人说明器官摘取手术的风险、术后注意事项、可能发生的并发症及其预防措施等，并与活体器官捐献人签署知情同意书；（二）查验活体器官捐献人同意捐献其器官的书面意愿、活体器官捐献人与接受人存在本条例第十条规定关系的证明材料；（三）确认除摘取器官产生的直接后果外不会损害活体器官捐献人其他正常的生理功能。

从事人体器官移植的医疗机构应当保存活体器官捐献人的医学资料，并进行随访。

第二十条 摘取尸体器官，应当在依法判定尸体器官捐献人死亡后进行。从事人体器官移植的医务人员不得参与捐献人的死亡判定。

从事人体器官移植的医疗机构及其医务人员应当尊重死者的尊严；对摘取器官完毕的尸体，应当进行符合伦理原则的医学处理，除用于移植的器官以外，应当恢复尸体原貌。

第二十一条 从事人体器官移植的医疗机构实施人体器官移植手术，除向接受人收取下列费用外，不得收取或者变相收取所移植人体器官的费用：（一）摘取和植入人体器官的手术费；（二）保存和运送人体器官的费用；（三）摘取、植入人体器官所发生的药费、检验费、医用耗材费。

前款规定费用的收取标准，依照有关法律、行政法规的规定确定并予以公布。

第二十二条 申请人体器官移植手术患者的排序，应当符合医疗需要，遵循公平、公正和公开的原则。具体办法由国务院卫生主管部门制订。

第二十三条 从事人体器官移植的医务人员应当对人体器官捐献人、接受人和申请人体器官移植手术的患者的个人资料保密。

第二十四条 从事人体器官移植的医疗机构应当定期将实施人体器官移植的情况向所在地省、自治区、直辖市人民政府卫生主管部门报告。具体办法由国务院卫生主管部门制订。

第四章 法律责任

第二十五条 违反本条例规定，有下列情形之一，构成犯罪的，依法追究刑事责任：（一）未经公民本人同意摘取其活体器官的；（二）公民生前表示不同意捐献其人体器官而摘取其尸体器官的；（三）摘取未满 18 周岁公民的活体器官的。

第二十六条 违反本条例规定，买卖人体器官或者从事与买卖人体器官有关活动的，由设区的市级以上地方人民政府卫生主管部门依照职责分工没收违法所得，并处交易额 8 倍以上 10 倍以下的罚款；医疗机构参与上述活动的，还应当对负有责任的主管人员和其他直接责任人员依法给予处分，并由原登记部门撤销该医疗机构人体器官移植诊疗科目登记，该医疗机构 3 年内不得再申请人体器官移植诊疗科目登记；医务人员参与上述活动的，由原发证部门吊销其执业证书。

国家工作人员参与买卖人体器官或者从事与买卖人体器官有关活动的，由有关国家机关依据职权依法给予撤职、开除的处分。

第二十七条 医疗机构未办理人体器官移植诊疗科目登记，擅自从事人体器官移植的，依照《医疗机构管理条例》的规定予以处罚。

实施人体器官移植手术的医疗机构及其医务人员违反本条例规定，未对人体器官捐献人进行医学检查或者未采取措施，导致接受人因人体器官移植手术感染疾病的，依照《医疗事故处理条例》的规定予以处罚。

从事人体器官移植的医务人员违反本条例规定，泄露人体器官捐献人、接受人或者申请人体器官移植手术患者个人资料的，依照《执业医师法》或者国家有关护士管理的规定予以处罚。

违反本条例规定，给他人造成损害的，应当依法承担民事责任。

违反本条例第二十一条规定收取费用的，依照价格管理的法律、行政法规的规定予以处罚。

第二十八条 医务人员有下列情形之一的，依法给予处分；情节严重的；情节特别严重的，由原发证部门吊销其执业证书：（一）未经人体器官移植技术临床应用与伦理委员会审查同意摘取人体器官的；（二）摘取活体器官前未依照本条例第十九条的规定履行说明、查验、确认义务的；（三）对摘取器官完毕的尸体未进行符合伦理原则的医学处理，恢复尸体原貌的。

第二十九条 医疗机构有下列情形之一的，对负有责任的主管人员和其他直接责任人员依法给予处分；情节严重的，由原登记部门撤销该医疗机构人体器官移植诊疗科目登记，该医疗机构 3 年内不得再申请人体器官移植诊疗科目登记：（一）不再具备本条例第十一条规定条件，仍从事人体器官移植的；（二）未经人体器官移植技术临床应用与伦理委员会审查同意，做出摘取人体器官的决定，或者胁迫医务人员违反本条例规定摘取人体器官的；（三）有本条例第二十八条第（二）项、第（三）项列举的情形的。

医疗机构未定期将实施人体器官移植的情况向所在地省、自治区、直辖市人民政府卫生主管部门报告的，由所在地省、自治区、直辖市人民政府卫生主管部门责令限期改正；逾期不改正的，对负有责任的主管人员和其他直接责任人员依法给予处分。

第三十条　从事人体器官移植的医务人员参与尸体器官捐献人的死亡判定的，由县级以上地方人民政府卫生主管部门依照职责分工暂停其6个月以上1年以下执业活动；情节严重的，由原发证部门吊销其执业证书。

第三十一条　国家机关工作人员在人体器官移植监督管理工作中滥用职权、玩忽职守、徇私舞弊，构成犯罪的，依法追究刑事责任；尚不构成犯罪的，依法给予处分。

第五章　附　　则

第三十二条　本条例自2007年5月1日起施行。

关于规范活体器官移植若干规定

（中华人民共和国卫生部，2009年12月28日发布）

为加强活体器官移植管理，确保活体器官捐献人和接受人的生命安全，根据《人体器官移植条例》，现将有关事项规定如下：

一、活体器官捐献应当遵循自愿、无偿的原则。公民享有捐献或者不捐献其人体器官的权利，对已经表示捐献其人体器官的意愿，有权予以撤销。任何组织或者个人不得强迫、欺骗或者利诱他人捐献人体器官。捐献人体器官的公民应当年满18周岁且具有完全民事行为能力。

二、活体器官捐献人与接受人仅限于以下关系：（一）配偶：仅限于结婚3年以上或者婚后已育有子女的；（二）直系血亲或者三代以内旁系血亲；（三）因帮扶等形成亲情关系：仅限于养父母和养子女之间的关系、继父母与继子女之间的关系。

三、从事活体器官移植的医疗机构应当要求申请活体器官移植的捐献人与接受人提交以下相关材料：（一）由活体器官捐献人及其具有完全民事行为能力的父母、成年子女（已结婚的捐献人还应当包括其配偶）共同签署的捐献人自愿、无偿捐献器官的书面意愿和活体器官接受人同意接受捐献人捐献器官的书面意愿；（二）由户籍所在地公安机关出具的活体器官捐献人与接受人的身份证明以及双方第二代居民身份证、户口本原件；（三）由户籍所在地公安机关出具的能反映活体器官捐献人与接受人亲属关系的户籍证明；（四）活体器官捐献人与接受人属于配偶关系，应当提交结婚证原件或者已有生育子女的证明；（五）省级卫生行政部门要求的其他证明材料。

从事活体器官移植的医疗机构应当配备身份证鉴别仪器并留存上述证明材料原件和相关证件的复印件备查。

四、从事活体器官移植的医疗机构及其医务人员在摘取活体器官前，应当履行下列义务：（一）查验活体器官捐献人与接收人按照本规定第三条要求提交的相关材料的真实性，并确认其关系符合本通知第二条规定；（二）评估接受人是否有接受活体器官移植手术的必要性、适应证；（三）评估活体器官捐献人的健康状况是否适合捐献器官；（四）评估摘取器官可能对活体器官捐献人健康产生的影响，确认不会因捐献活体器官而损害捐献者正常的生理功能；（五）评估接受人因活体器官移植传播疾病的风险；（六）根据医学及伦理学原则需要进行的其他评估；（七）向医疗机构人体器官移植技术临床应用与伦理委员会（以下简称伦理委员会）提出摘取活体器官申请。

五、伦理委员会在收到摘取活体器官审查申请后，应当召集由伦理委员会全体成员参加的专门会议，对下列事项进行审查和讨论，在全体委员一致同意并签名确认后，伦理委员会方可出具同意摘取活体器官的书面意见：（一）活体器官捐献人和接受人按照本规定第三条要求提供的材料是否真实、合法，其关系是否符合本规定第二条要求；（二）活体器官捐献人的捐献意愿是否真实；（三）有无买卖人体器官的情形；（四）器官的配型和接受人的适应证是否符合人体器官移植技术管理规范；（五）活体器官捐献人的身体和心理状况是否适宜捐献器官；（六）对本通知第四条第（四）项的评估是否全面、科学；（七）捐献是否符合医学和伦理学原则。

医疗机构应当存留完整的伦理委员会会议记录备查。

六、从事活体器官移植的医疗机构在伦理委员会出具同意摘取活体器官的书面意见后，应将相关材料上报省级卫生行政部门，根据回复意见实施。

七、在实施活体器官摘取手术前，应当由主管医师协助手术室工作人员再次确认活体器官捐献人身份。

八、完成活体器官摘取和器官移植手术后，负责活体器官移植的医务人员应当在72小时内完成以下工作：（一）向伦理委员会提交手术报告，包括活体器官摘取和移植简要过程、术中和术后是否发生不良事件或者并发症及处理措施等；（二）按照要求向相应的移植数据中心上报人体器官移植数据。

九、从事活体器官移植的医疗机构应当保存活体器官捐献人的医学资料，并定期对其随访。

十、医疗机构及其医务人员有下列情形之一的，由所在地省级卫生行政部门依照《中华人民共和国执业医师法》《医疗机构管理条例》《人体器官移植条例》的规定，对医疗机构及相关责任人予以处罚；涉嫌犯罪的，移交司法机关查处：（一）摘取未满18周岁公民活体器官用于移植的；（二）为不符合本规定第二条要求的捐献人与接受人进行活体器官摘取、移植手术的；（三）摘取活体器官前未按照本规定第

四、五条要求履行查验、评估、说明、确认义务的；（四）未经省级卫生行政部门及医疗机构伦理委员会审查同意，擅自开展活体器官摘取、移植手术的；（五）完成活体器官摘取、移植手术后，未按照本规定第八条要求报告的；（六）买卖活体器官或者从事与买卖活体器官有关活动的。

十一、各级卫生行政部门要严格按照本规定及有关文件要求，进一步加强本辖区内医疗机构开展活体器官移植工作的监督管理；对于未能依法履行职责、监管不力，导致辖区内器官移植工作管理混乱的卫生行政部门，将依法追究直接责任人及相关责任人的责任，并予以通报。

禁止非医学需要的胎儿性别鉴定和选择性别人工终止妊娠的规定

（国家卫生和计划生育委员会令第9号 2016-04-19）

第一条 为了贯彻计划生育基本国策，促进出生人口性别结构平衡，促进人口均衡发展，根据《中华人民共和国人口与计划生育法》、《中华人民共和国母婴保健法》等法律法规，制定本规定。

第二条 非医学需要的胎儿性别鉴定和选择性别人工终止妊娠，是指除经医学诊断胎儿可能为伴性遗传病等需要进行胎儿性别鉴定和选择性别人工终止妊娠以外，所进行的胎儿性别鉴定和选择性别人工终止妊娠。

第三条 禁止任何单位或者个人实施非医学需要的胎儿性别鉴定和选择性别人工终止妊娠。禁止任何单位或者个人介绍、组织孕妇实施非医学需要的胎儿性别鉴定和选择性别人工终止妊娠。

第四条 各级卫生计生行政部门和食品药品监管部门应当建立查处非医学需要的胎儿性别鉴定和选择性别人工终止妊娠违法行为的协作机制和联动执法机制，共同实施监督管理。卫生计生行政部门和食品药品监管部门应当按照各自职责，制定胎儿性别鉴定、人工终止妊娠以及相关药品和医疗器械等管理制度。

第五条 县级以上卫生计生行政部门履行以下职责：(一）监管并组织、协调非医学需要的胎儿性别鉴定和选择性别人工终止妊娠的查处工作；(二）负责医疗卫生机构及其从业人员的执业准入和相关医疗器械使用监管，以及相关法律法规、执业规范的宣传培训等工作；(三）负责人口信息管理系统的使用管理，指导医疗卫生机构及时准确地采集新生儿出生、死亡等相关信息；(四）法律、法规、规章规定的涉及非医学需要的胎儿性别鉴定和选择性别人工终止妊娠的其他事项。

第六条 县级以上工商行政管理部门（包括履行工商行政管理职责的市场监督管理部门，下同）对含有胎儿性别鉴定和人工终止妊娠内容的广告实施监管，并依法查处违法行为。

第七条 食品药品监管部门依法对与胎儿性别鉴定和人工终止妊娠相关的药品和超声诊断仪、染色体检测专用设备等医疗器械的生产、销售和使用环节的产品质量实施监管，并依法查处相关违法行为。

第八条 禁止非医学需要的胎儿性别鉴定和选择性别人工终止妊娠的工作应当纳入计划生育目标管理责任制。

第九条 符合法定生育条件，除下列情形外，不得实施选择性别人工终止妊娠：(一）胎儿患严重遗传性疾病的；(二）胎儿有严重缺陷的；(三）因患严重疾病，继续妊娠可能危及孕妇生命安全或者严重危害孕妇健康的；(四）法律法规规定的或医学上认为确有必要终止妊娠的其他情形。

第十条 医学需要的胎儿性别鉴定，由省、自治区、直辖市卫生计生行政部门批准设立的医疗卫生机构按照国家有关规定实施。

实施医学需要的胎儿性别鉴定，应当由医疗卫生机构组织三名以上具有临床经验和医学遗传学知识，并具有副主任医师以上的专业技术职称的专家集体审核。经诊断，确需人工终止妊娠的，应当出具医学诊断报告，并由医疗卫生机构通报当地县级卫生计生行政部门。

第十一条 医疗卫生机构应当在工作场所设置禁止非医学需要的胎

儿性别鉴定和选择性别人工终止妊娠的醒目标志；医务人员应当严格遵守有关法律法规和超声诊断、染色体检测、人工终止妊娠手术管理等相关制度。

第十二条 实施人工终止妊娠手术的机构应当在手术前登记、查验受术者身份证明信息，并及时将手术实施情况通报当地县级卫生计生行政部门。

第十三条 医疗卫生机构发生新生儿死亡的，应当及时出具死亡证明，并向当地县级卫生计生行政部门报告。新生儿在医疗卫生机构以外地点死亡的，监护人应当及时向当地乡（镇）人民政府、街道办事处卫生计生工作机构报告；乡（镇）人民政府、街道办事处卫生计生工作机构应当予以核查，并向乡镇卫生院或社区卫生服务中心通报有关信息。

第十四条 终止妊娠药品目录由国务院食品药品监管部门会同国务院卫生计生行政部门制定发布。药品生产、批发企业仅能将终止妊娠药品销售给药品批发企业或者获准施行终止妊娠手术的医疗卫生机构。药品生产、批发企业销售终止妊娠药品时，应当按照药品追溯有关规定，严格查验购货方资质，并做好销售记录。禁止药品零售企业销售终止妊娠药品。

终止妊娠的药品，仅限于在获准施行终止妊娠手术的医疗卫生机构的医师指导和监护下使用。

经批准实施人工终止妊娠手术的医疗卫生机构应当建立真实、完整的终止妊娠药品购进记录，并为终止妊娠药品使用者建立完整档案。

第十五条 医疗器械销售企业销售超声诊断仪、染色体检测专用设备等医疗器械，应当核查购买者的资质，验证机构资质并留存复印件，建立真实、完整的购销记录；不得将超声诊断仪、染色体检测专用设备等医疗器械销售给不具有相应资质的机构和个人。

第十六条 医疗卫生、教学科研机构购置可用于鉴定胎儿性别的超声诊断仪、染色体检测专用设备等医疗器械时，应当提供机构资质原件和复印件，交销售企业核查、登记，并建立进货查验记录制度。

第十七条　违法发布非医学需要的胎儿性别鉴定或者非医学需要的选择性别人工终止妊娠广告的，由工商行政管理部门依据《中华人民共和国广告法》等相关法律法规进行处罚。

对广告中涉及的非医学需要的胎儿性别鉴定或非医学需要的选择性别人工终止妊娠等专业技术内容，工商行政管理部门可根据需要提请同级卫生计生行政部门予以认定。

第十八条　违反规定利用相关技术为他人实施非医学需要的胎儿性别鉴定或者选择性别人工终止妊娠的，由县级以上卫生计生行政部门依据《中华人民共和国人口与计划生育法》等有关法律法规进行处理；对医疗卫生机构的主要负责人、直接负责的主管人员和直接责任人员，依法给予处分。

第十九条　对未取得母婴保健技术许可的医疗卫生机构或者人员擅自从事终止妊娠手术的、从事母婴保健技术服务的人员出具虚假的医学需要的人工终止妊娠相关医学诊断意见书或者证明的，由县级以上卫生计生行政部门依据《中华人民共和国母婴保健法》及其实施办法的有关规定进行处理；对医疗卫生机构的主要负责人、直接负责的主管人员和直接责任人员，依法给予处分。

第二十条　经批准实施人工终止妊娠手术的机构未建立真实完整的终止妊娠药品购进记录，或者未按照规定为终止妊娠药品使用者建立完整用药档案的，由县级以上卫生计生行政部门责令改正；拒不改正的，给予警告，并可处1万元以上3万元以下罚款；对医疗卫生机构的主要负责人、直接负责的主管人员和直接责任人员，依法进行处理。

第二十一条　药品生产企业、批发企业将终止妊娠药品销售给未经批准实施人工终止妊娠的医疗卫生机构和个人，或者销售终止妊娠药品未查验购药者的资格证明、未按照规定作销售记录的，以及药品零售企业销售终止妊娠药品的，由县级以上食品药品监管部门按照《中华人民共和国药品管理法》的有关规定进行处理。

第二十二条 医疗器械生产经营企业将超声诊断仪、染色体检测专用设备等医疗器械销售给无购买资质的机构或者个人的，由县级以上食品药品监管部门责令改正，处1万元以上3万元以下罚款。

第二十三条 介绍、组织孕妇实施非医学需要的胎儿性别鉴定或者选择性别人工终止妊娠的，由县级以上卫生计生行政部门责令改正，给予警告；情节严重的，没收违法所得，并处5000元以上3万元以下罚款。

第二十四条 鼓励任何单位和个人举报违反本规定的行为。举报内容经查证属实的，应当依据有关规定给予举报人相应的奖励。

第二十五条 本规定自2016年5月1日起施行。2002年11月29日原国家计生委、原卫生部、原国家药品监管局公布的《关于禁止非医学需要的胎儿性别鉴定和选择性别的人工终止妊娠的规定》同时废止。

医疗质量管理办法

（国家卫生和计划生育委员会令第10号 2016-09-25）

第一章 总 则

第一条 为加强医疗质量管理，规范医疗服务行为，保障医疗安全，根据有关法律法规，制定本办法。

第二条 本办法适用于各级卫生计生行政部门以及各级各类医疗机构医疗质量管理工作。

第三条 国家卫生计生委负责全国医疗机构医疗质量管理工作。县级以上地方卫生计生行政部门负责本行政区域内医疗机构医疗质量管理工作。国家中医药管理局和军队卫生主管部门分别在职责范围内负责中医和军队医疗机构医疗质量管理工作。

第四条 医疗质量管理是医疗管理的核心，各级各类医疗机构是医疗质量管理的第一责任主体，应当全面加强医疗质量管理，持续改进医疗质量，保障医疗安全。

第五条 医疗质量管理应当充分发挥卫生行业组织的作用，各级卫生计生行政部门应当为卫生行业组织参与医疗质量管理创造条件。

第二章 组织机构和职责

第六条 国家卫生计生委负责组织或者委托专业机构、行业组织（以下称专业机构）制订医疗质量管理相关制度、规范、标准和指南，指导地方各级卫生计生行政部门和医疗机构开展医疗质量管理与控制工作。省级卫生计生行政部门可以根据本地区实际，制订行政区域医疗质量管理相关制度、规范和具体实施方案。县级以上地方卫生计生行政部门在职责范围内负责监督、指导医疗机构落实医疗质量管理有关规章制度。

第七条 国家卫生计生委建立国家医疗质量管理与控制体系，完善医疗质量控制与持续改进的制度和工作机制。各级卫生计生行政部门组建或者指定各级、各专业医疗质量控制组织（以下称质控组织）落实医疗质量管理与控制的有关工作要求。

第八条 国家级各专业质控组织在国家卫生计生委指导下，负责制订全国统一的质控指标、标准和质量管理要求，收集、分析医疗质量数据，定期发布质控信息。省级和有条件的地市级卫生计生行政部门组建相应级别、专业的质控组织，开展医疗质量管理与控制工作。

第九条 医疗机构医疗质量管理实行院、科两级责任制。医疗机构主要负责人是本机构医疗质量管理的第一责任人；临床科室以及药学、护理、医技等部门（以下称业务科室）主要负责人是本科室医疗质量管理的第一责任人。

第十条 医疗机构应当成立医疗质量管理专门部门，负责本机构的医疗质量管理工作。二级以上的医院、妇幼保健院以及专科疾病防治机构（以下称二级以上医院）应当设立医疗质量管理委员会。医疗质量管理委员会主任由医疗机构主要负责人担任，委员由医疗管理、质量控制、护理、医院感染管理、医学工程、信息、后勤等相关职能部门负责人以及相关临床、药学、医技等科室负责人组成，指定或者成立专门部门具体负责日常管理工作。其他医疗机构应当设立医疗质量管理工作小组或者指定专（兼）职人员，负责医疗质量具体管理工作。

第十一条 医疗机构医疗质量管理委员会的主要职责是：（一）按照国家医疗质量管理的有关要求，制订本机构医疗质量管理制度并组织实施；（二）组织开展本机构医疗质量监测、预警、分析、考核、评估以及反馈工作，定期发布本机构质量管理信息；（三）制订本机构医疗质量持续改进计划、实施方案并组织实施；（四）制订本机构临床新技术引进和医疗技术临床应用管理相关工作制度并组织实施；（五）建立本机构医务人员医疗质量管理相关法律、法规、规章制度、技术规范的培训制度，制订培训计划并监督实施；（六）落实省级以上卫生计生行政部门规定的其他内容。

第十二条 二级以上医院各业务科室应当成立本科室医疗质量管理工作小组，组长由科室主要负责人担任，指定专人负责日常具体工作。医疗质量管理工作小组主要职责是：（一）贯彻执行医疗质量管理相关的法律、法规、规章、规范性文件和本科室医疗质量管理制度；（二）制订本科室年度质量控制实施方案，组织开展科室医疗质量管理与控制工作；（三）制订本科室医疗质量持续改进计划和具体落实措施；（四）定期对科室医疗质量进行分析和评估，对医疗质量薄弱环节提出整改措施并组织实施；（五）对本科室医务人员进行医疗质量管理相关法律、法规、规章制度、技术规范、标准、诊疗常规及指南的培训和宣传教育；（六）按照有关要求报送本科室医疗质量管理相关信息。

第十三条 各级卫生计生行政部门和医疗机构应当建立健全医疗质量管理人员的培养和考核制度，充分发挥专业人员在医疗质量管理工作中的作用。

第三章　医疗质量保障

第十四条　医疗机构应当加强医务人员职业道德教育，发扬救死扶伤的人道主义精神，坚持“以患者为中心”，尊重患者权利，履行防病治病、救死扶伤、保护人民健康的神圣职责。

第十五条　医务人员应当恪守职业道德，认真遵守医疗质量管理相关法律法规、规范、标准和本机构医疗质量管理制度的规定，规范临床诊疗行为，保障医疗质量和医疗安全。

第十六条　医疗机构应当按照核准登记的诊疗科目执业。卫生技术人员开展诊疗活动应当依法取得执业资质，医疗机构人力资源配备应当满足临床工作需要。医疗机构应当按照有关法律法规、规范、标准要求，使用经批准的药品、医疗器械、耗材开展诊疗活动。

医疗机构开展医疗技术应当与其功能任务和技术能力相适应，按照国家关于医疗技术和手术管理有关规定，加强医疗技术临床应用管理。

第十七条　医疗机构及其医务人员应当遵循临床诊疗指南、临床技术操作规范、行业标准和临床路径等有关要求开展诊疗工作，严格遵守医疗质量安全核心制度，做到合理检查、合理用药、合理治疗。

第十八条　医疗机构应当加强药学部门建设和药事质量管理，提升临床药学服务能力，推行临床药师制，发挥药师在处方审核、处方点评、药学监护等合理用药管理方面的作用。临床诊断、预防和治疗疾病用药应当遵循安全、有效、经济的合理用药原则，尊重患者对药品使用的知情权。

第十九条　医疗机构应当加强护理质量管理，完善并实施护理相关工作制度、技术规范和护理指南；加强护理队伍建设，创新管理方法，持续改善护理质量。

第二十条　医疗机构应当加强医技科室的质量管理，建立覆盖检查、检验全过程的质量管理制度，加强室内质量控制，配合做好室间质量评价工作，促进临床检查检验结果互认。

第二十一条 医疗机构应当完善门急诊管理制度，规范门急诊质量管理，加强门急诊专业人员和技术力量配备，优化门急诊服务流程，保证门急诊医疗质量和医疗安全，并把门急诊工作质量作为考核科室和医务人员的重要内容。

第二十二条 医疗机构应当加强医院感染管理，严格执行消毒隔离、手卫生、抗菌药物合理使用和医院感染监测等规定，建立医院感染的风险监测、预警以及多部门协同干预机制，开展医院感染防控知识的培训和教育，严格执行医院感染暴发报告制度。

第二十三条 医疗机构应当加强病历质量管理，建立并实施病历质量管理制度，保障病历书写客观、真实、准确、及时、完整、规范。

第二十四条 医疗机构及其医务人员开展诊疗活动，应当遵循患者知情同意原则，尊重患者的自主选择权和隐私权，并对患者的隐私保密。

第二十五条 医疗机构开展中医医疗服务，应当符合国家关于中医诊疗、技术、药事等管理的有关规定，加强中医医疗质量管理。

第四章 医疗质量持续改进

第二十六条 医疗机构应当建立本机构全员参与、覆盖临床诊疗服务全过程的医疗质量管理与控制工作制度。医疗机构应当严格按照卫生计生行政部门和质控组织关于医疗质量管理控制工作的有关要求，积极配合质控组织开展工作，促进医疗质量持续改进。医疗机构应当按照有关要求，向卫生计生行政部门或者质控组织及时、准确地报送本机构医疗质量安全相关数据信息。医疗机构应当熟练运用医疗质量管理工具开展医疗质量管理与自我评价，根据卫生计生行政部门或者质控组织发布的质控指标和标准完善本机构医疗质量管理相关指标体系，及时收集相关信息，形成本机构医疗质量基础数据。

第二十七条 医疗机构应当加强临床专科服务能力建设，重视专科协同发展，制订专科建设发展规划并组织实施，推行“以患者为中心、以疾病为链条”的多学科诊疗模式。加强继续医学教育，重视人才培养、临床技术创新性研究和成果转化，提高专科临床服务能力与水平。

第二十八条　医疗机构应当加强单病种质量管理与控制工作，建立本机构单病种管理的指标体系，制订单病种医疗质量参考标准，促进医疗质量精细化管理。

第二十九条　医疗机构应当制订满意度监测指标并不断完善，定期开展患者和员工满意度监测，努力改善患者就医体验和员工执业感受。

第三十条　医疗机构应当开展全过程成本精确管理，加强成本核算、过程控制、细节管理和量化分析，不断优化投入产出比，努力提高医疗资源利用效率。

第三十一条　医疗机构应当对各科室医疗质量管理情况进行现场检查和抽查，建立本机构医疗质量内部公示制度，对各科室医疗质量关键指标的完成情况予以内部公示。医疗机构应当定期对医疗卫生技术人员开展医疗卫生管理法律法规、医院管理制度、医疗质量管理与控制方法、专业技术规范等相关内容的培训和考核。医疗机构应当将科室医疗质量管理情况作为科室负责人综合目标考核以及聘任、晋升、评先评优的重要指标。医疗机构应当将科室和医务人员医疗质量管理情况作为医师定期考核、晋升以及科室和医务人员绩效考核的重要依据。

第三十二条　医疗机构应当强化基于电子病历的医院信息平台建设，提高医院信息化工作的规范化水平，使信息化工作满足医疗质量管理与控制需要，充分利用信息化手段开展医疗质量管理与控制。建立完善医疗机构信息管理制度，保障信息安全。

第三十三条　医疗机构应当对本机构医疗质量管理要求执行情况进行评估，对收集的医疗质量信息进行及时分析和反馈，对医疗质量问题和医疗安全风险进行预警，对存在的问题及时采取有效干预措施，并评估干预效果，促进医疗质量的持续改进。

第五章　医疗安全风险防范

第三十四条　国家建立医疗质量（安全）不良事件报告制度，鼓励医疗机构和医务人员主动上报临床诊疗过程中的不良事件，促进信息共享和持续改进。医疗机构应当建立医疗质量（安全）不良事件信息采集、记录和报告相关制度，并作为医疗机构持续改进医疗质量的重要基础工作。

第三十五条　医疗机构应当建立药品不良反应、药品损害事件和医疗器械不良事件监测报告制度，并按照国家有关规定向相关部门报告。

第三十六条　医疗机构应当提高医疗安全意识，建立医疗安全与风险管理体系，完善医疗安全管理相关工作制度、应急预案和工作流程，加强医疗质量重点部门和关键环节的安全与风险管理，落实患者安全目标。医疗机构应当提高风险防范意识，建立完善相关制度，利用医疗责任保险、医疗意外保险等风险分担形式，保障医患双方合法权益。制订防范、处理医疗纠纷的预案，预防、减少医疗纠纷的发生。完善投诉管理，及时化解和妥善处理医疗纠纷。

第六章　监 督 管 理

第三十七条　县级以上地方卫生计生行政部门负责对本行政区域医疗机构医疗质量管理情况的监督检查。医疗机构应当予以配合，不得拒绝、阻碍或者隐瞒有关情况。

第三十八条　县级以上地方卫生计生行政部门应当建立医疗机构医疗质量管理评估制度，可以根据当地实际情况，组织或者委托专业机构，利用信息化手段开展第三方评估工作，定期在行业内发布评估结果。县级以上地方卫生计生行政部门和各级质控组织应当重点加强对县级医院、基层医疗机构和民营医疗机构的医疗质量管理和监督。

第三十九条　国家卫生计生委依托国家级人口健康信息平台建立全国医疗质量管理与控制信息系统，对全国医疗质量管理的主要指标信息进行收集、分析和反馈。省级卫生计生行政部门应当依托区域人口健康信息平台，建立本行政区域的医疗质量管理与控制信息系统，对本行政区域医疗机构医疗质量管理相关信息进行收集、分析和反馈，对医疗机构医疗质量进行评价，并实现与全国医疗质量管理与控制信息系统互连互通。

第四十条 各级卫生计生行政部门应当建立医疗机构医疗质量管理激励机制，采取适当形式对医疗质量管理先进的医疗机构和管理人员予以表扬和鼓励，积极推广先进经验和做法。

第四十一条 县级以上地方卫生计生行政部门应当建立医疗机构医疗质量管理情况约谈制度。对发生重大或者特大医疗质量安全事件、存在严重医疗质量安全隐患，或者未按要求整改的各级各类医疗机构负责人进行约谈；对造成严重后果的，予以通报，依法处理，同时报上级卫生计生行政部门备案。

第四十二条 各级卫生计生行政部门应当将医疗机构医疗质量管理情况和监督检查结果纳入医疗机构及其主要负责人考核的关键指标，并与医疗机构校验、医院评审、评价以及个人业绩考核相结合。考核不合格的，视情况对医疗机构及其主要负责人进行处理。

第七章 法律责任

第四十三条 医疗机构开展诊疗活动超出登记范围、使用非卫生技术人员从事诊疗工作、违规开展禁止或者限制临床应用的医疗技术、使用不合格或者未经批准的药品、医疗器械、耗材等开展诊疗活动的，由县级以上地方卫生计生行政部门依据国家有关法律法规进行处理。

第四十四条 医疗机构有下列情形之一的，由县级以上卫生计生行政部门责令限期改正；逾期不改的，给予警告，并处三万元以下罚款；对公立医疗机构负有责任的主管人员和其他直接责任人员，依法给予处分：（一）未建立医疗质量管理部门或者未指定专（兼）职人员负责医疗质量管理工作的；（二）未建立医疗质量管理相关规章制度的；（三）

医疗质量管理制度不落实或者落实不到位，导致医疗质量管理混乱的；（四）发生重大医疗质量安全事件隐匿不报的；（五）未按照规定报送医疗质量安全相关信息的；（六）其他违反本办法规定的行为。

第四十五条 医疗机构执业的医师、护士在执业活动中，有下列行为之一的，由县级以上地方卫生计生行政部门依据《执业医师法》、《护士条例》等有关法律法规的规定进行处理；构成犯罪的，依法追究刑事责任：（一）违反卫生法律、法规、规章制度或者技术操作规范，造成严重后果的；（二）由于不负责任延误急危患者抢救和诊治，造成严重后果的；（三）未经亲自诊查，出具检查结果和相关医学文书的；（四）泄露患者隐私，造成严重后果的；（五）开展医疗活动未遵守知情同意原则的；（六）违规开展禁止或者限制临床应用的医疗技术、不合格或者未经批准的药品、医疗器械、耗材等开展诊疗活动的；（七）其他违反本办法规定的行为。其他卫生技术人员违反本办法规定的，根据有关法律、法规的规定予以处理。

第四十六条 县级以上地方卫生计生行政部门未按照本办法规定履行监管职责，造成严重后果的，对直接负责的主管人员和其他直接责任人员依法给予行政处分。

第八章 附 则

第四十七条 本办法下列用语的含义：（一）医疗质量：指在现有医疗技术水平及能力、条件下，医疗机构及其医务人员在临床诊断及治疗过程中，按照职业道德及诊疗规范要求，给予患者医疗照顾的程度。（二）医疗质量管理：指按照医疗质量形成的规律和有关法律、法规要求，运用现代科学管理方法，对医疗服务要素、过程和结果进行管理与控制，以实现医疗质量系统改进、持续改进的过程。（三）医疗质量安全核心制度：指医疗机构及其医务人员在诊疗活动中应当严格遵守的相关制度，主要包括：首诊负责制度、三级查房制度、会诊制度、分级护理制度、值班和交接班制度、疑难病例讨论制度、急危重患者抢救制度、术前讨论制度、死亡病例讨论制度、查对制度、手术安全核查制度、手术分级管理制度、新技术和新项目准入制度、危急值报告制度、病历管理制度、抗菌药物分级管理制度、临床用血审核制度、信息安全管理制度等。(四) 医疗质量管理工具：指为实现医疗质量管理目标和持续改进所采用的措施、方法和手段，如全面质量管理（TQC)、质量环（PDCA 循环)、品管圈（QCC)、疾病诊断相关组（DRGs）绩效评价、单病种管理、临床路径管理等。

第四十八条 本办法自 2016 年 11 月 1 日起施行。

涉及人的生物医学研究伦理审查办法

（国家卫生和计划生育委员会令第 11 号 2016-10-12）

第一章 总 则

第一条 为保护人的生命和健康，维护人的尊严，尊重和保护受试者的合法权益，规范涉及人的生物医学研究伦理审查工作，制定本办法。

第二条 本办法适用于各级各类医疗卫生机构开展涉及人的生物医学研究伦理审查工作。

第三条 本办法所称涉及人的生物医学研究包括以下活动：(一) 采用现代物理学、化学、生物学、中医药学和心理学等方法对人的生理、心理行为、病理现象、疾病病因和发病机制，以及疾病的预防、诊断、治疗和康复进行研究的活动；(二) 医学新技术或者医疗新产品在人体上进行试验研究的活动；(三) 采用流行病学、社会学、心理学等方法收集、记录、使用、报告或者储存有关人的样本、医疗记录、行为等科学研究资料的活动。

第四条 伦理审查应当遵守国家法律法规规定，在研究中尊重受试者的自主意愿，同时遵守有益、不伤害以及公正的原则。

第五条 国家卫生计生委负责全国涉及人的生物医学研究伦理审查工作的监督管理，成立国家医学伦理专家委员会。国家中医药管理局负责中医药研究伦理审查工作的监督管理，成立国家中医药伦理专家委员会。省级卫生计生行政部门成立省级医学伦理专家委员会。县级以上地方卫生计生行政部门负责本行政区域涉及人的生物医学研究伦理审查工作的监督管理。

第六条 国家医学伦理专家委员会、国家中医药伦理专家委员会（以下称国家医学伦理专家委员会）负责对涉及人的生物医学研究中的重大伦理问题进行研究，提供政策咨询意见，指导省级医学伦理专家委员会的伦理审查相关工作。省级医学伦理专家委员会协助推动本行政区域涉及人的生物医学研究伦理审查工作的制度化、规范化，指导、检查、评估本行政区域从事涉及人的生物医学研究的医疗卫生机构伦理委员会的工作，开展相关培训、咨询等工作。

第二章　伦理委员会

第七条 从事涉及人的生物医学研究的医疗卫生机构是涉及人的生物医学研究伦理审查工作的管理责任主体，应当设立伦理委员会，并采取有效措施保障伦理委员会独立开展伦理审查工作。医疗卫生机构未设立伦理委员会的，不得开展涉及人的生物医学研究工作。

第八条 伦理委员会的职责是保护受试者合法权益，维护受试者尊严，促进生物医学研究规范开展；对本机构开展涉及人的生物医学研究项目进行伦理审查，包括初始审查、跟踪审查和复审等；在本机构组织开展相关伦理审查培训。

第九条 伦理委员会的委员应当从生物医学领域和伦理学、法学、社会学等领域的专家和非本机构的社会人士中遴选产生，人数不得少于7人，并且应当有不同性别的委员，少数民族地区应当考虑少数民族委员。必要时，伦理委员会可以聘请独立顾问。独立顾问对所审查项目的特定问题提供咨询意见，不参与表决。

第十条　伦理委员会委员任期 5 年，可以连任。伦理委员会设主任委员一人，副主任委员若干人，由伦理委员会委员协商推举产生。伦理委员会委员应当具备相应的伦理审查能力，并定期接受生物医学研究伦理知识及相关法律法规知识培训。

第十一条　伦理委员会对受理的申报项目应当及时开展伦理审查，提供审查意见；对已批准的研究项目进行定期跟踪审查，受理受试者的投诉并协调处理，确保项目研究不会将受试者置于不合理的风险之中。

第十二条　伦理委员会在开展伦理审查时，可以要求研究者提供审查所需材料、知情同意书等文件以及修改研究项目方案，并根据职责对研究项目方案、知情同意书等文件提出伦理审查意见。

第十三条　伦理委员会委员应当签署保密协议，承诺对所承担的伦理审查工作履行保密义务，对所受理的研究项目方案、受试者信息以及委员审查意见等保密。

第十四条　医疗卫生机构应当在伦理委员会设立之日起 3 个月内向本机构的执业登记机关备案，并在医学研究登记备案信息系统登记。医疗卫生机构还应当于每年 3 月 31 日前向备案的执业登记机关提交上一年度伦理委员会工作报告。

伦理委员会备案材料包括：（一）人员组成名单和每位委员工作简历；（二）伦理委员会章程；（三）工作制度或者相关工作程序；（四）备案的执业登记机关要求提供的其他相关材料。以上信息发生变化时，医疗卫生机构应当及时向备案的执业登记机关更新信息。

第十五条　伦理委员会应当配备专（兼）职工作人员、设备、场所等，保障伦理审查工作顺利开展。

第十六条　伦理委员会应当接受所在医疗卫生机构的管理和受试者的监督。

第三章　伦理审查

第十七条　伦理委员会应当建立伦理审查工作制度或者操作规程，

保证伦理审查过程独立、客观、公正。

第十八条 涉及人的生物医学研究应当符合以下伦理原则：（一）知情同意原则。尊重和保障受试者是否参加研究的自主决定权，严格履行知情同意程序，防止使用欺骗、利诱、胁迫等手段使受试者同意参加研究，允许受试者在任何阶段无条件退出研究；（二）控制风险原则。首先将受试者人身安全、健康权益放在优先地位，其次才是科学和社会利益，研究风险与受益比例应当合理，力求使受试者尽可能避免伤害；（三）免费和补偿原则。应当公平、合理地选择受试者，对受试者参加研究不得收取任何费用，对于受试者在受试过程中支出的合理费用还应当给予适当补偿；（四）保护隐私原则。切实保护受试者的隐私，如实将受试者个人信息的储存、使用及保密措施情况告知受试者，未经授权不得将受试者个人信息向第三方透露；（五）依法赔偿原则。受试者参加研究受到损害时，应当得到及时、免费治疗，并依据法律法规及双方约定得到赔偿；（六）特殊保护原则。对儿童、孕妇、智力低下者、精神障碍患者等特殊人群的受试者，应当予以特别保护。

第十九条 涉及人的生物医学研究项目的负责人作为伦理审查申请人，在申请伦理审查时应当向负责项目研究的医疗卫生机构的伦理委员会提交下列材料：（一）伦理审查申请表；（二）研究项目负责人信息、研究项目所涉及的相关机构的合法资质证明以及研究项目经费来源说明；（三）研究项目方案、相关资料，包括文献综述、临床前研究和动物实验数据等资料；（四）受试者知情同意书；（五）伦理委员会认为需要提交的其他相关材料。

第二十条 伦理委员会收到申请材料后，应当及时组织伦理审查，并重点审查以下内容：（一）研究者的资格、经验、技术能力等是否符合试验要求；（二）研究方案是否科学，并符合伦理原则的要求。中医药项目研究方案的审查，还应当考虑其传统实践经验；（三）受试者可能遭受的风险程度与研究预期的受益相比是否在合理范围之内；（四）知情同意书提供的有关信息是否完整易懂，获得知情同意的过程是否合规恰当；（五）是否有对受试者个人信息及相关资料的保密措施；（六）受试者的纳入和排除标准是否恰当、公平；（七）是否向受试者明确告知其应当享有的权益，包括在研究过程中可以随时无理由退出且不受歧视的权利等；（八）受试者参加研究的合理支出是否得到了合理补偿；受试者参加研究受到损害时，给予的治疗和赔偿是否合理、合法；（九）是否有具备资格或者经培训后的研究者负责获取知情同意，并随时接受有关安全问题的咨询；（十）对受试者在研究中可能承受的风险是否有预防和应对措施；（十一）研究是否涉及利益冲突；（十二）研究是否存在社会舆论风险；（十三）需要审查的其他重点内容。

第二十一条 伦理委员会委员与研究项目存在利害关系的，应当回避；伦理委员会对与研究项目有利害关系的委员应当要求其回避。

第二十二条 伦理委员会批准研究项目的基本标准是：（一）坚持生命伦理的社会价值；（二）研究方案科学；（三）公平选择受试者；（四）合理的风险与受益比例；（五）知情同意书规范；（六）尊重受试者权利；（七）遵守科研诚信规范。

第二十三条 伦理委员会应当对审查的研究项目作出批准、不批准、修改后批准、修改后再审、暂停或者终止研究的决定，并说明理由。伦理委员会作出决定应当得到伦理委员会全体委员的二分之一以上同意。伦理审查时应当通过会议审查方式，充分讨论达成一致意见。

第二十四条 经伦理委员会批准的研究项目需要修改研究方案时，研究项目负责人应当将修改后的研究方案再报伦理委员会审查；研究项目未获得伦理委员会审查批准的，不得开展项目研究工作。对已批准研究项目的研究方案作较小修改且不影响研究的风险受益比的研究项目和研究风险不大于最小风险的研究项目可以申请简易审查程序。简易审查程序可以由伦理委员会主任委员或者由其指定的一个或者几个委员进行审查。审查结果和理由应当及时报告伦理委员会。

第二十五条 经伦理委员会批准的研究项目在实施前，研究项目负责人应当将该研究项目的主要内容、伦理审查决定在医学研究登记备案信息系统进行登记。

第二十六条 在项目研究过程中，项目研究者应当将发生的严重不良反应或者严重不良事件及时向伦理委员会报告；伦理委员会应当及时审查并采取相应措施，以保护受试者的人身安全与健康权益。

第二十七条 对已批准实施的研究项目，伦理委员会应当指定委员进行跟踪审查。跟踪审查包括以下内容：（一）是否按照已通过伦理审查的研究方案进行试验；（二）研究过程中是否擅自变更项目研究内容；（三）是否发生严重不良反应或者不良事件；（四）是否需要暂停或者提前终止研究项目；（五）其他需要审查的内容。跟踪审查的委员不得少于2人，在跟踪审查时应当及时将审查情况报告伦理委员会。

第二十八条 对风险较大或者比较特殊的涉及人的生物医学研究伦理审查项目，伦理委员会可以根据需要申请省级医学伦理专家委员会协助提供咨询意见。

第二十九条 多中心研究可以建立协作审查机制，确保各项目研究机构遵循一致性和及时性原则。牵头机构的伦理委员会负责项目审查，并对参与机构的伦理审查结果进行确认。参与机构的伦理委员会应当及时对本机构参与的研究进行伦理审查，并对牵头机构反馈审查意见。为了保护受试者的人身安全，各机构均有权暂停或者终止本机构的项目研究。

第三十条 境外机构或者个人与国内医疗卫生机构合作开展涉及人的生物医学研究的，应当向国内合作机构的伦理委员会申请研究项目伦理审查。

第三十一条 在学术期刊发表涉及人的生物医学研究成果的项目研究者，应当出具该研究项目经过伦理审查批准的证明文件。

第三十二条 伦理审查工作具有独立性，任何单位和个人不得干预伦理委员会的伦理审查过程及审查决定。

第四章 知情同意

第三十三条 项目研究者开展研究，应当获得受试者自愿签署的知情同意书；受试者不能以书面方式表示同意时，项目研究者应当获得其口头知情同意，并提交过程记录和证明材料。

第三十四条 对无行为能力、限制行为能力的受试者，项目研究者应当获得其监护人或者法定代理人的书面知情同意。

第三十五条 知情同意书应当含有必要、完整的信息，并以受试者能够理解的语言文字表达。

第三十六条 知情同意书应当包括以下内容：(一) 研究目的、基本研究内容、流程、方法及研究时限；(二) 研究者基本信息及研究机构资质；(三) 研究结果可能给受试者、相关人员和社会带来的益处，以及给受试者可能带来的不适和风险；(四) 对受试者的保护措施；(五) 研究数据和受试者个人资料的保密范围和措施；(六) 受试者的权利，包括自愿参加和随时退出、知情、同意或不同意、保密、补偿、受损害时获得免费治疗和赔偿、新信息的获取、新版本知情同意书的再次签署、获得知情同意书等；(七) 受试者在参与研究前、研究后和研究过程中的注意事项。

第三十七条 在知情同意获取过程中，项目研究者应当按照知情同意书内容向受试者逐项说明，其中包括：受试者所参加的研究项目的目的、意义和预期效果，可能遇到的风险和不适，以及可能带来的益处或者影响；有无对受试者有益的其他措施或者治疗方案；保密范围和措施；补偿情况，以及发生损害的赔偿和免费治疗；自愿参加并可以随时退出的权利，以及发生问题时的联系人和联系方式等。

项目研究者应当给予受试者充分的时间理解知情同意书的内容，由受试者作出是否同意参加研究的决定并签署知情同意书。

在心理学研究中，因知情同意可能影响受试者对问题的回答，从而影响研究结果的准确性的，研究者可以在项目研究完成后充分告知受试者并获得知情同意书。

第三十八条 当发生下列情形时，研究者应当再次获取受试者签署的知情同意书：

（一）研究方案、范围、内容发生变化的；

（二）利用过去用于诊断、治疗的有身份标识的样本进行研究的；

（三）生物样本数据库中有身份标识的人体生物学样本或者相关临床病史资料，再次使用进行研究的；

（四）研究过程中发生其他变化的。

第三十九条 以下情形经伦理委员会审查批准后，可以免除签署知情同意书：

（一）利用可识别身份信息的人体材料或者数据进行研究，已无法找到该受试者，且研究项目不涉及个人隐私和商业利益的；

（二）生物样本捐献者已经签署了知情同意书，同意所捐献样本及相关信息可用于所有医学研究的。

第五章 监督管理

第四十条 国家卫生计生委负责组织全国涉及人的生物医学研究伦理审查工作的检查、督导；国家中医药管理局负责组织全国中医药研究伦理审查工作的检查、督导。

县级以上地方卫生计生行政部门应当加强对本行政区域涉及人的生物医学研究伦理审查工作的日常监督管理。主要监督检查以下内容：（一）医疗卫生机构是否按照要求设立伦理委员会，并进行备案；（二）伦理委员会是否建立伦理审查制度；（三）伦理审查内容和程序是否符合要求；（四）审查的研究项目是否如实在我国医学研究登记备案信息系统进行登记；（五）伦理审查结果执行情况；（六）伦理审查文档管理情况；（七）伦理委员会委员的伦理培训、学习情况；（八）对国家和省级医学伦理专家委员会提出的改进意见或者建议是否落实；（九）其他需要监督检查的相关内容。

第四十一条 国家医学伦理专家委员会应当对省级医学伦理专家委员会的工作进行指导、检查和评估。省级医学伦理专家委员会应当对本行政区域内医疗卫生机构的伦理委员会进行检查和评估，重点对伦理委员会的组成、规章制度及审查程序的规范性、审查过程的独立性、审查结果的可靠性、项目管理的有效性等内容进行评估，并对发现的问题提出改进意见或者建议。

第四十二条 医疗卫生机构应当加强对本机构设立的伦理委员会开展的涉及人的生物医学研究伦理审查工作的日常管理，定期评估伦理委员会工作质量，对发现的问题及时提出改进意见或者建议，根据需要调整伦理委员会委员等。

第四十三条 医疗卫生机构应当督促本机构的伦理委员会落实县级以上卫生计生行政部门提出的整改意见；伦理委员会未在规定期限内完成整改或者拒绝整改，违规情节严重或者造成严重后果的，其所在医疗卫生机构应当撤销伦理委员会主任委员资格，追究相关人员责任。

第四十四条 任何单位或者个人均有权举报涉及人的生物医学研究中存在的违规或者不端行为。

第六章 法律责任

第四十五条 医疗卫生机构未按照规定设立伦理委员会擅自开展涉及人的生物医学研究的，由县级以上地方卫生计生行政部门责令限期整改；逾期不改的，由县级以上地方卫生计生行政部门予以警告，并可处以3万元以下罚款；对机构主要负责人和其他责任人员，依法给予处分。

第四十六条 医疗卫生机构及其伦理委员会违反本办法规定，有下列情形之一的，由县级以上地方卫生计生行政部门责令限期整改，并可根据情节轻重给予通报批评、警告；对机构主要负责人和其他责任人员，依法给予处分：（一）伦理委员会组成、委员资质不符合要求的；（二）未建立伦理审查工作制度或者操作规程的；（三）未按照伦理审查原则和相关规章制度进行审查的；（四）泄露研究项目方案、受试者个人信息以及委员审查意见的；（五）未按照规定进行备案的；（六）其他违反本办法规定的情形。

第四十七条 项目研究者违反本办法规定，有下列情形之一的，由县级以上地方卫生计生行政部门责令限期整改，并可根据情节轻重给予通报批评、警告；对主要负责人和其他责任人员，依法给予处分：（一）研究项目或者研究方案未获得伦理委员会审查批准擅自开展项目研究工作的；（二）研究过程中发生严重不良反应或者严重不良事件未及时报告伦理委员会的；（三）违反知情同意相关规定开展项目研究的；（四）其他违反本办法规定的情形。

第四十八条 医疗卫生机构、项目研究者在开展涉及人的生物医学研究工作中，违反《执业医师法》、《医疗机构管理条例》等法律法规相关规定的，由县级以上地方卫生计生行政部门依法进行处理。

第四十九条 违反本办法规定的机构和个人，给他人人身、财产造成损害的，应当依法承担民事责任；构成犯罪的，依法追究刑事责任。

第七章 附 则

第五十条 本办法自2016年12月1日起施行。本办法发布前，从事涉及人的生物医学研究的医疗卫生机构已设立伦理委员会的，应当自本办法发布之日起3个月内向本机构的执业登记机关备案，并在医学研究登记备案信息系统登记。

“健康中国2030”规划纲要

（中共中央、国务院，2016-10-25）

序 言

健康是促进人的全面发展的必然要求，是经济社会发展的基础条件。实现国民健康长寿，是国家富强、民族振兴的重要标志，也是全国各族人民的共同愿望。

党和国家历来高度重视人民健康。新中国成立以来特别是改革开放以来，我国健康领域改革发展取得显著成就，城乡环境面貌明显改善，全民健身运动蓬勃发展，医疗卫生服务体系日益健全，人民健康水平和身体素质持续提高。2015 年我国人均预期寿命已达 76.34 岁，婴儿死亡率、5 岁以下儿童死亡率、孕产妇死亡率分别下降到 8.1 、10.7 和 20.1/10 万，总体上优于中高收入国家平均水平，为全面建成小康社会奠定了重要基础。同时，工业化、城镇化、人口老龄化、疾病谱变化、生态环境及生活方式变化等，也给维护和促进健康带来一系列新的挑战，健康服务供给总体不足与需求不断增长之间的矛盾依然突出，健康领域发展与经济社会发展的协调性有待增强，需要从国家战略层面统筹解决关系健康的重大和长远问题。

推进健康中国建设，是全面建成小康社会、基本实现社会主义现代化的重要基础，是全面提升中华民族健康素质、实现人民健康与经济社会协调发展的国家战略，是积极参与全球健康治理、履行 2030 年可持续发展议程国际承诺的重大举措。未来 15 年，是推进健康中国建设的重要战略机遇期。经济保持中高速增长将为维护人民健康奠定坚实基础，消费结构升级将为发展健康服务创造广阔空间，科技创新将为提高健康水平提供有力支撑，各方面制度更加成熟更加定型将为健康领域可持续发展构建强大保障。

为推进健康中国建设，提高人民健康水平，根据党的十八届五中全会战略部署，制定本规划纲要。本规划纲要是推进健康中国建设的宏伟蓝图和行动纲领。全社会要增强责任感、使命感，全力推进健康中国建设，为实现中华民族伟大复兴和推动人类文明进步作出更大贡献。

第一篇 总体战略

第一章 指导思想

推进健康中国建设，必须高举中国特色社会主义伟大旗帜，全面贯彻党的十八大和十八届三中、四中、五中全会精神，以马克思列宁主义、毛泽东思想、邓小平理论、“三个代表”重要思想、科学发展观为指导，深入学习贯彻习近平总书记系列重要讲话精神，紧紧围绕统筹推进“五位一体”总体布局和协调推进“四个全面”战略布局，认真落实党中央、国务院决策部署，坚持以人民为中心的发展思想，牢固树立和贯彻落实新发展理念，坚持正确的卫生与健康工作方针，以提高人民健康水平为核心，以体制机制改革创新为动力，以普及健康生活、优化健康服务、完善健康保障、建设健康环境、发展健康产业为重点，把健康融入所有政策，加快转变健康领域发展方式，全方位、全周期维护和保障人民健康，大幅提高健康水平，显著改善健康公平，为实现“两个一百年”奋斗目标和中华民族伟大复兴的中国梦提供坚实健康基础。

主要遵循以下原则：

——健康优先。把健康摆在优先发展的战略地位，立足国情，将促进健康的理念融入公共政策制定实施的全过程，加快形成有利于健康的生活方式、生态环境和经济社会发展模式，实现健康与经济社会良性协调发展。

——改革创新。坚持政府主导，发挥市场机制作用，加快关键环节改革步伐，冲破思想观念束缚，破除利益固化藩篱，清除体制机制障碍，发挥科技创新和信息化的引领支撑作用，形成具有中国特色、促进全民健康的制度体系。

——科学发展。把握健康领域发展规律，坚持预防为主、防治结合、中西医并重，转变服务模式，构建整合型医疗卫生服务体系，推动健康服务从规模扩张的粗放型发展转变到质量效益提升的绿色集约式发展，推动中医药和西医药相互补充、协调发展，提升健康服务水平。

——公平公正。以农村和基层为重点，推动健康领域基本公共服务均等化，维护基本医疗卫生服务的公益性，逐步缩小城乡、地区、人群间基本健康服务和健康水平的差异，实现全民健康覆盖，促进社会公平。

第二章　战略主题

“共建共享、全民健康”，是建设健康中国的战略主题。核心是以人民健康为中心，坚持以基层为重点，以改革创新为动力，预防为主，中西医并重，把健康融入所有政策，人民共建共享的卫生与健康工作方针，针对生活行为方式、生产生活环境以及医疗卫生服务等健康影响因素，坚持政府主导与调动社会、个人的积极性相结合，推动人人参与、人人尽力、人人享有，落实预防为主，推行健康生活方式，减少疾病发生，强化早诊断、早治疗、早康复，实现全民健康。

共建共享是建设健康中国的基本路径。从供给侧和需求侧两端发力，统筹社会、行业和个人三个层面，形成维护和促进健康的强大合力。要促进全社会广泛参与，强化跨部门协作，深化军民融合发展，调动社会力量的积极性和创造性，加强环境治理，保障食品药品安全，预防和减少伤害，有效控制影响健康的生态和社会环境危险因素，形成多层次、多元化的社会共治格局。要推动健康服务供给侧结构性改革，卫生计生、体育等行业要主动适应人民健康需求，深化体制机制改革，优化要素配置和服务供给，补齐发展短板，推动健康产业转型升级，满足人民群众不断增长的健康需求。要强化个人健康责任，提高全民健康素养，引导形成自主自律、符合自身特点的健康生活方式，有效控制影响健康的生活行为因素，形成热爱健康、追求健康、促进健康的社会氛围。

全民健康是建设健康中国的根本目的。立足全人群和全生命周期两个着力点，提供公平可及、系统连续的健康服务，实现更高水平的全民健康。要惠及全人群，不断完善制度、扩展服务、提高质量，使全体人民享有所需要的、有质量的、可负担的预防、治疗、康复、健康促进等健康服务，突出解决好妇女儿童、老年人、残疾人、低收入人群等重点人群的健康问题。要覆盖全生命周期，针对生命不同阶段的主要健康问题及主要影响因素，确定若干优先领域，强化干预，实现从胎儿到生命终点的全程健康服务和健康保障，全面维护人民健康。

第三章　战略目标

到2020年，建立覆盖城乡居民的中国特色基本医疗卫生制度，健康素养水平持续提高，健康服务体系完善高效，人人享有基本医疗卫生服务和基本体育健身服务，基本形成内涵丰富、结构合理的健康产业体系，主要健康指标居于中高收入国家前列。

到2030年，促进全民健康的制度体系更加完善，健康领域发展更加协调，健康生活方式得到普及，健康服务质量和健康保障水平不断提高，健康产业繁荣发展，基本实现健康公平，主要健康指标进入高收入国家行列。到2050年，建成与社会主义现代化国家相适应的健康国家。

到2030年具体实现以下目标：

——人民健康水平持续提升。人民身体素质明显增强，2030年人均预期寿命达到79.0岁，人均健康预期寿命显著提高。

——主要健康危险因素得到有效控制。全民健康素养大幅提高，健康生活方式得到全面普及，有利于健康的生产生活环境基本形成，食品药品安全得到有效保障，消除一批重大疾病危害。

——健康服务能力大幅提升。优质高效的整合型医疗卫生服务体系和完善的全民健身公共服务体系全面建立，健康保障体系进一步完善，健康科技创新整体实力位居世界前列，健康服务质量和水平明显提高。

——健康产业规模显著扩大。建立起体系完整、结构优化的健康产业体系，形成一批具有较强创新能力和国际竞争力的大型企业，成为国民经济支柱性产业。

——促进健康的制度体系更加完善。有利于健康的政策法律法规体系进一步健全，健康领域治理体系和治理能力基本实现现代化。

第二篇　普及健康生活

第四章　加强健康教育

第一节　提高全民健康素养

推进全民健康生活方式行动，强化家庭和高危个体健康生活方式指导及干预，开展健康体重、健康口腔、健康骨骼等专项行动，到2030年基本实现以县（市、区）为单位全覆盖。开发推广促进健康生活的适宜技术和用品。建立健康知识和技能核心信息发布制度，健全覆盖全国的健康素养和生活方式监测体系。建立健全健康促进与教育体系，提高健康教育服务能力，从小抓起，普及健康科学知识。加强精神文明建设，发展健康文化，移风易俗，培育良好的生活习惯。各级各类媒体加大健康科学知识宣传力度，积极建设和规范各类广播电视等健康栏目，利用新媒体拓展健康教育。

第二节　加大学校健康教育力度

将健康教育纳入国民教育体系，把健康教育作为所有教育阶段素质教育的重要内容。以中小学为重点，建立学校健康教育推进机制。构建相关学科教学与教育活动相结合、课堂教育与课外实践相结合、经常性宣传教育与集中式宣传教育相结合的健康教育模式。培养健康教育师资，将健康教育纳入体育教师职前教育和职后培训内容。

第五章　塑造自主自律的健康行为

第一节　引导合理膳食

制定实施国民营养计划，深入开展食物（农产品、食品）营养功能评价研究，全面普及膳食营养知识，发布适合不同人群特点的膳食指南，引导居民形成科学的膳食习惯，推进健康饮食文化建设。建立健全居民营养监测制度，对重点区域、重点人群实施营养干预，重点解决微量营养素缺乏、部分人群油脂等高热能食物摄入过多等问题，逐步解决居民营养不足与过剩并存问题。实施临床营养干预。加强对学校、幼儿园、养老机构等营养健康工作的指导。开展示范健康食堂和健康餐厅建设。到2030年，居民营养知识素养明显提高，营养缺乏疾病发生率显著下降，全国人均每日食盐摄入量降低20%，超重、肥胖人口增长速度明显放缓。

第二节　开展控烟限酒

全面推进控烟履约，加大控烟力度，运用价格、税收、法律等手段提高控烟成效。深入开展控烟宣传教育。积极推进无烟环境建设，强化公共场所控烟监督执法。推进公共场所禁烟工作，逐步实现室内公共场所全面禁烟。领导干部要带头在公共场所禁烟，把党政机关建成无烟机关。强化戒烟服务。到2030年，15岁以上人群吸烟率降低到20%。加强限酒健康教育，控制酒精过度使用，减少酗酒。加强有害使用酒精监测。

第三节　促进心理健康

加强心理健康服务体系建设和规范化管理。加大全民心理健康科普宣传力度，提升心理健康素养。加强对抑郁症、焦虑症等常见精神障碍和心理行为问题的干预，加大对重点人群心理问题早期发现和及时干预力度。加强严重精神障碍患者报告登记和救治救助管理。全面推进精神障碍社区康复服务。提高突发事件心理危机的干预能力和水平。到2030年，常见精神障碍防治和心理行为问题识别干预水平显著提高。

第四节　减少不安全性行为和毒品危害

强化社会综合治理，以青少年、育龄妇女及流动人群为重点，开展性道德、性健康和性安全宣传教育和干预，加强对性传播高危行为人群的综合干预，减少意外妊娠和性相关疾病传播。大力普及有关毒品危害、应对措施和治疗途径等知识。加强全国戒毒医疗服务体系建设，早发现、早治疗成瘾者。加强戒毒药物维持治疗与社区戒毒、强制隔离戒毒和社区康复的衔接。建立集生理脱毒、心理康复、就业扶持、回归社会于一体的戒毒康复模式，最大限度减少毒品社会危害。

第六章　提高全民身体素质

第一节　完善全民健身公共服务体系

统筹建设全民健身公共设施，加强健身步道、骑行道、全民健身中心、体育公园、社区多功能运动场等场地设施建设。到2030年，基本建成县乡村三级公共体育设施网络，人均体育场地面积不低于2.3平方米，在城镇社区实现15分钟健身圈全覆盖。推行公共体育设施免费或低收费开放，确保公共体育场地设施和符合开放条件的企事业单位体育场地设施全部向社会开放。加强全民健身组织网络建设，扶持和引导基层体育社会组织发展。

第二节　广泛开展全民健身运动

继续制定实施全民健身计划，普及科学健身知识和健身方法，推动全民健身生活化。组织社会体育指导员广泛开展全民健身指导服务。实施国家体育锻炼标准，发展群众健身休闲活动，丰富和完善全民健身体系。大力发展群众喜闻乐见的运动项目，鼓励开发适合不同人群、不同地域特点的特色运动项目，扶持推广太极拳、健身气功等民族民俗民间传统运动项目。

第三节　加强体医融合和非医疗健康干预

发布体育健身活动指南，建立完善针对不同人群、不同环境、不同身体状况的运动处方库，推动形成体医结合的疾病管理与健康服务模式，发挥全民科学健身在健康促进、慢性病预防和康复等方面的积极作用。加强全民健身科技创新平台和科学健身指导服务站点建设。开展国民体质测试，完善体质健康监测体系，开发应用国民体质健康监测大数据，开展运动风险评估。

第四节　促进重点人群体育活动

制定实施青少年、妇女、老年人、职业群体及残疾人等特殊群体的体质健康干预计划。实施青少年体育活动促进计划，培育青少年体育爱好，基本实现青少年熟练掌握1项以上体育运动技能，确保学生校内每天体育活动时间不少于1小时。到2030年，学校体育场地设施与器材配置达标率达到100%，青少年学生每周参与体育活动达到中等强度3次以上，国家学生体质健康标准达标优秀率25%以上。加强科学指导，促进妇女、老年人和职业群体积极参与全民健身。实行工间健身制度，鼓励和支持新建工作场所建设适当的健身活动场地。推动残疾人康复体育和健身体育广泛开展。

第三篇　优化健康服务

第七章　强化覆盖全民的公共卫生服务

第一节　防治重大疾病

实施慢性病综合防控战略，加强国家慢性病综合防控示范区建设。强化慢性病筛查和早期发现，针对高发地区重点癌症开展早诊早治工作，推动癌症、脑卒中、冠心病等慢性病的机会性筛查。基本实现高血压、糖尿病患者管理干预全覆盖，逐步将符合条件的癌症、脑卒中等重大慢性病早诊早治适宜技术纳入诊疗常规。加强学生近视、肥胖等常见病防治。到2030年，实现全人群、全生命周期的慢性病健康管理，总体癌症5年生存率提高15%。加强口腔卫生，12岁儿童患龋率控制在25%以内。

加强重大传染病防控。完善传染病监测预警机制。继续实施扩大国家免疫规划，适龄儿童国家免疫规划疫苗接种率维持在较高水平，建立预防接种异常反应补偿保险机制。加强艾滋病检测、抗病毒治疗和随访管理，全面落实临床用血核酸检测和预防艾滋病母婴传播，疫情保持在低流行水平。建立结核病防治综合服务模式，加强耐多药肺结核筛查和监测，规范肺结核诊疗管理，全国肺结核疫情持续下降。有效应对流感、手足口病、登革热、麻疹等重点传染病疫情。继续坚持以传染源控制为主的血吸虫病综合防治策略，全国所有流行县达到消除血吸虫病标准。继续巩固全国消除疟疾成果。全国所有流行县基本控制包虫病等重点寄生虫病流行。保持控制和消除重点地方病，地方病不再成为危害人民健康的重点问题。加强突发急性传染病防治，积极防范输入性突发急性传染病，加强鼠疫等传统烈性传染病防控。强化重大动物源性传染病的源头治理。

第二节　完善计划生育服务管理

健全人口与发展的综合决策体制机制，完善有利于人口均衡发展的政策体系。改革计划生育服务管理方式，更加注重服务家庭，构建以生育支持、幼儿养育、青少年发展、老人赡养、病残照料为主题的家庭发展政策框架，引导群众负责任、有计划地生育。完善国家计划生育技术服务政策，加大再生育计划生育技术服务保障力度。全面推行知情选择，普及避孕节育和生殖健康知识。完善计划生育家庭奖励扶助制度和特别扶助制度，实行奖励扶助金标准动态调整。坚持和完善计划生育目标管理责任制，完善宣传倡导、依法管理、优质服务、政策推动、综合治理的计划生育长效工作机制。建立健全出生人口监测工作机制。继续开展出生人口性别比治理。到2030年，全国出生人口性别比实现自然平衡。

第三节　推进基本公共卫生服务均等化

继续实施完善国家基本公共卫生服务项目和重大公共卫生服务项目，加强疾病经济负担研究，适时调整项目经费标准，不断丰富和拓展服务内容，提高服务质量，使城乡居民享有均等化的基本公共卫生服务，做好流动人口基本公共卫生计生服务均等化工作。

第八章　提供优质高效的医疗服务

第一节　完善医疗卫生服务体系

全面建成体系完整、分工明确、功能互补、密切协作、运行高效的整合型医疗卫生服务体系。县和市域内基本医疗卫生资源按常住人口和服务半径合理布局，实现人人享有均等化的基本医疗卫生服务；省级及以上分区域统筹配置，整合推进区域医疗资源共享，基本实现优质医疗卫生资源配置均衡化，省域内人人享有均质化的危急重症、疑难病症诊疗和专科医疗服务；依托现有机构，建设一批引领国内、具有全球影响力的国家级医学中心，建设一批区域医学中心和国家临床重点专科群，推进京津冀、长江经济带等区域医疗卫生协同发展，带动医疗服务区域发展和整体水平提升。加强康复、老年病、长期护理、慢性病管理、安宁疗护等接续性医疗机构建设。实施健康扶贫工程，加大对中西部贫困地区医疗卫生机构建设支持力度，提升服务能力，保障贫困人口健康。到2030年，15分钟基本医疗卫生服务圈基本形成，每千常住人口注册护士数达到4.7人。

第二节　创新医疗卫生服务供给模式

建立专业公共卫生机构、综合和专科医院、基层医疗卫生机构“三位一体”的重大疾病防控机制，建立信息共享、互联互通机制，推进慢性病防、治、管整体融合发展，实现医防结合。建立不同层级、不同类别、不同举办主体医疗卫生机构间目标明确、权责清晰的分工协作机制，不断完善服务网络、运行机制和激励机制，基层普遍具备居民健康守门人的能力。完善家庭医生签约服务，全面建立成熟完善的分级诊疗制度，形成基层首诊、双向转诊、上下联动、急慢分治的合理就医秩序，健全治疗-康复-长期护理服务链。引导三级公立医院逐步减少普通门诊，重点发展危急重症、疑难病症诊疗。完善医疗联合体、医院集团等多种分工协作模式，提高服务体系整体绩效。加快医疗卫生领域军民融合，积极发挥军队医疗卫生机构，更好为人民服务。

第三节　提升医疗服务水平和质量

建立与国际接轨、体现中国特色的医疗质量管理与控制体系，基本健全覆盖主要专业的国家、省、市三级医疗质量控制组织，推出一批国际化标准规范。建设医疗质量管理与控制信息化平台，实现全行业全方位精准、实时管理与控制，持续改进医疗质量和医疗安全，提升医疗服务同质化程度，再住院率、抗菌药物使用率等主要医疗服务质量指标达到或接近世界先进水平。全面实施临床路径管理，规范诊疗行为，优化诊疗流程，增强患者就医获得感。推进合理用药，保障临床用血安全，基本实现医疗机构检查、检验结果互认。加强医疗服务人文关怀，构建和谐医患关系。依法严厉打击涉医违法犯罪行为特别是伤害医务人员的暴力犯罪行为，保护医务人员安全。

第九章　充分发挥中医药独特优势

第一节　提高中医药服务能力

实施中医临床优势培育工程，强化中医药防治优势病种研究，加强中西医结合，提高重大疑难病、危急重症临床疗效。大力发展中医非药物疗法，使其在常见病、多发病和慢性病防治中发挥独特作用。发展中医特色康复服务。健全覆盖城乡的中医医疗保健服务体系。在乡镇卫生院和社区卫生服务中心建立中医馆、国医堂等中医综合服务区，推广适宜技术，所有基层医疗卫生机构都能够提供中医药服务。促进民族医药发展。到 2030 年，中医药在治未病中的主导作用、在重大疾病治疗中的协同作用、在疾病康复中的核心作用得到充分发挥。

第二节　发展中医养生保健治未病服务

实施中医治未病健康工程，将中医药优势与健康管理结合，探索融健康文化、健康管理、健康保险为一体的中医健康保障模式。鼓励社会力量举办规范的中医养生保健机构，加快养生保健服务发展。拓展中医医院服务领域，为群众提供中医健康咨询评估、干预调理、随访管理等治未病服务。鼓励中医医疗机构、中医医师为中医养生保健机构提供保健咨询和调理等技术支持。开展中医中药中国行活动，大力传播中医药知识和易于掌握的养生保健技术方法，加强中医药非物质文化遗产的保护和传承运用，实现中医药健康养生文化创造性转化、创新性发展。

第三节　推进中医药继承创新

实施中医药传承创新工程，重视中医药经典医籍研读及挖掘，全面系统继承历代各家学术理论、流派及学说，不断弘扬当代名老中医药专家学术思想和临床诊疗经验，挖掘民间诊疗技术和方药，推进中医药文化传承与发展。建立中医药传统知识保护制度，制定传统知识保护名录。融合现代科技成果，挖掘中药方剂，加强重大疑难疾病、慢性病等中医药防治技术和新药研发，不断推动中医药理论与实践发展。发展中医药健康服务，加快打造全产业链服务的跨国公司和国际知名的中国品牌，推动中医药走向世界。保护重要中药资源和生物多样性，开展中药资源普查及动态监测。建立大宗、地道和濒危药材种苗繁育基地，提供中药材市场动态监测信息，促进中药材种植业绿色发展。

第十章　加强重点人群健康服务

第一节　提高妇幼健康水平

实施母婴安全计划，倡导优生优育，继续实施住院分娩补助制度，向孕产妇免费提供生育全过程的基本医疗保健服务。加强出生缺陷综合防治，构建覆盖城乡居民，涵盖孕前、孕期、新生儿各阶段的出生缺陷防治体系。实施健康儿童计划，加强儿童早期发展，加强儿科建设，加大儿童重点疾病防治力度，扩大新生儿疾病筛查，继续开展重点地区儿童营养改善等项目。提高妇女常见病筛查率和早诊早治率。实施妇幼健康和计划生育服务保障工程，提升孕产妇和新生儿危急重症救治能力。

第二节　促进健康老龄化

推进老年医疗卫生服务体系建设，推动医疗卫生服务延伸至社区、家庭。健全医疗卫生机构与养老机构合作机制，支持养老机构开展医疗服务。推进中医药与养老融合发展，推动医养结合，为老年人提供治疗期住院、康复期护理、稳定期生活照料、安宁疗护一体化的健康和养老服务，促进慢性病全程防治管理服务同居家、社区、机构养老紧密结合。鼓励社会力量兴办医养结合机构。加强老年常见病、慢性病的健康指导和综合干预，强化老年人健康管理。推动开展老年心理健康与关怀服务，加强老年痴呆症等的有效干预。推动居家老人长期照护服务发展，全面建立经济困难的高龄、失能老人补贴制度，建立多层次长期护理保障制度。进一步完善政策，使老年人更便捷获得基本药物。

第三节　维护残疾人健康

制定实施残疾预防和残疾人康复条例。加大符合条件的低收入残疾人医疗救助力度，将符合条件的残疾人医疗康复项目按规定纳入基本医疗保险支付范围。建立残疾儿童康复救助制度，有条件的地方对残疾人基本型辅助器具给予补贴。将残疾人康复纳入基本公共服务，实施精准康复，为城乡贫困残疾人、重度残疾人提供基本康复服务。完善医疗机构无障碍设施，改善残疾人医疗服务。进一步完善康复服务体系，加强残疾人康复和托养设施建设，建立医疗机构与残疾人专业康复机构双向转诊机制，推动基层医疗卫生机构优先为残疾人提供基本医疗、公共卫生和健康管理等签约服务。制定实施国家残疾预防行动计划，增强全社会残疾预防意识，开展全人群、全生命周期残疾预防，有效控制残疾的发生和发展。加强对致残疾病及其他致残因素的防控。推动国家残疾预防综合试验区试点工作。继续开展防盲治盲和防聋治聋工作。

第四篇　完善健康保障

第十一章　健全医疗保障体系

第一节　完善全民医保体系

健全以基本医疗保障为主体、其他多种形式补充保险和商业健康保险为补充的多层次医疗保障体系。整合城乡居民基本医保制度和经办管理。健全基本医疗保险稳定可持续筹资和待遇水平调整机制，实现基金中长期精算平衡。完善医保缴费参保政策，均衡单位和个人缴费负担，合理确定政府与个人分担比例。改进职工医保个人账户，开展门诊统筹。进一步健全重特大疾病医疗保障机制，加强基本医保、城乡居民大病保险、商业健康保险与医疗救助等的有效衔接。到 2030 年，全民医保体系成熟定型。

第二节　健全医保管理服务体系

严格落实医疗保险基金预算管理。全面推进医保支付方式改革，积极推进按病种付费、按人头付费，积极探索按疾病诊断相关分组付费（DRGs）、按服务绩效付费，形成总额预算管理下的复合式付费方式，健全医保经办机构与医疗机构的谈判协商与风险分担机制。加快推进基本医保异地就医结算，实现跨省异地安置退休人员住院医疗费用直接结算和符合转诊规定的异地就医住院费用直接结算。全面实现医保智能监控，将医保对医疗机构的监管延伸到医务人员。逐步引入社会力量参与医保经办。加强医疗保险基础标准建设和应用。到2030年，全民医保管理服务体系完善高效。

第三节　积极发展商业健康保险

落实税收等优惠政策，鼓励企业、个人参加商业健康保险及多种形式的补充保险。丰富健康保险产品，鼓励开发与健康管理服务相关的健康保险产品。促进商业保险公司与医疗、体检、护理等机构合作，发展健康管理组织等新型组织形式。到2030年，现代商业健康保险服务业进一步发展，商业健康保险赔付支出占卫生总费用比重显著提高。

第十二章　完善药品供应保障体系

第一节　深化药品、医疗器械流通体制改革

推进药品、医疗器械流通企业向供应链上下游延伸开展服务，形成现代流通新体系。规范医药电子商务，丰富药品流通渠道和发展模式。推广应用现代物流管理与技术，健全中药材现代流通网络与追溯体系。落实医疗机构药品、耗材采购主体地位，鼓励联合采购。完善国家药品价格谈判机制。建立药品出厂价格信息可追溯机制。强化短缺药品供应保障和预警，完善药品储备制度和应急供应机制。建设遍及城乡的现代医药流通网络，提高基层和边远地区药品供应保障能力。

第二节　完善国家药物政策

巩固完善国家基本药物制度，推进特殊人群基本药物保障。完善现

有免费治疗药品政策，增加艾滋病防治等特殊药物免费供给。保障儿童用药。完善罕见病用药保障政策。建立以基本药物为重点的临床综合评价体系。按照政府调控和市场调节相结合的原则，完善药品价格形成机制。强化价格、医保、采购等政策的衔接，坚持分类管理，加强对市场竞争不充分药品和高值医用耗材的价格监管，建立药品价格信息监测和信息公开制度，制定完善医保药品支付标准政策。

第五篇 建设健康环境

第十三章 深入开展爱国卫生运动

第一节 加强城乡环境卫生综合整治

持续推进城乡环境卫生整洁行动，完善城乡环境卫生基础设施和长效机制，统筹治理城乡环境卫生问题。加大农村人居环境治理力度，全面加强农村垃圾治理，实施农村生活污水治理工程，大力推广清洁能源。到2030年，努力把我国农村建设成为人居环境干净整洁、适合居民生活养老的美丽家园，实现人与自然和谐发展。实施农村饮水安全巩固提升工程，推动城镇供水设施向农村延伸，进一步提高农村集中供水率、自来水普及率、水质达标率和供水保证率，全面建立从源头到龙头的农村饮水安全保障体系。加快无害化卫生厕所建设，力争到2030年，全国农村居民基本都能用上无害化卫生厕所。实施以环境治理为主的病媒生物综合预防控制策略。深入推进国家卫生城镇创建，力争到2030年，国家卫生城市数量提高到全国城市总数的50%，有条件的省（自治区、直辖市）实现全覆盖。

第二节 建设健康城市和健康村镇

把健康城市和健康村镇建设作为推进健康中国建设的重要抓手，保障与健康相关的公共设施用地需求，完善相关公共设施体系、布局和标准，把健康融入城乡规划、建设、治理的全过程，促进城市与人民健康协调发展。针对当地居民主要健康问题，编制实施健康城市、健康村镇发展规划。广泛开展健康社区、健康村镇、健康单位、健康家庭等建设，提高社会参与度。重点加强健康学校建设，加强学生健康危害因素监测与评价，完善学校食品安全管理、传染病防控等相关政策。加强健康城市、健康村镇建设监测与评价。到2030年，建成一批健康城市、健康村镇建设的示范市和示范村镇。

第十四章　加强影响健康的环境问题治理

第一节　深入开展大气、水、土壤等污染防治

以提高环境质量为核心，推进联防联控和流域共治，实行环境质量目标考核，实施最严格的环境保护制度，切实解决影响广大人民群众健康的突出环境问题。深入推进产业园区、新城、新区等开发建设规划环评，严格建设项目环评审批，强化源头预防。深化区域大气污染联防联控，建立常态化区域协作机制。完善重度及以上污染天气的区域联合预警机制。全面实施城市空气质量达标管理，促进全国城市环境空气质量明显改善。推进饮用水水源地安全达标建设。强化地下水管理和保护，推进地下水超采区治理与污染综合防治。开展国家土壤环境质量监测网络建设，建立建设用地土壤环境质量调查评估制度，开展土壤污染治理与修复。以耕地为重点，实施农用地分类管理。全面加强农业面源污染防治，有效保护生态系统和遗传多样性。加强噪声污染防控。

第二节　实施工业污染源全面达标排放计划

全面实施工业污染源排污许可管理，推动企业开展自行监测和信息公开，建立排污台账，实现持证按证排污。加快淘汰高污染、高环境风险的工艺、设备与产品。开展工业集聚区污染专项治理。以钢铁、水泥、石化等行业为重点，推进行业达标排放改造。

第三节　建立健全环境与健康监测、调查和风险评估制度

逐步建立健全环境与健康管理制度。开展重点区域、流域、行业环境与健康调查，建立覆盖污染源监测、环境质量监测、人群暴露监测和健康效应监测的环境与健康综合监测网络及风险评估体系。实施环境与

健康风险管理。划定环境健康高风险区域，开展环境污染对人群健康影响的评价，探索建立高风险区域重点项目健康风险评估制度。建立环境健康风险沟通机制。建立统一的环境信息公开平台，全面推进环境信息公开。推进县级及以上城市空气质量监测和信息发布。

第十五章　保障食品药品安全

第一节　加强食品安全监管

完善食品安全标准体系，实现食品安全标准与国际标准基本接轨。加强食品安全风险监测评估，到2030年，食品安全风险监测与食源性疾病报告网络实现全覆盖。全面推行标准化、清洁化农业生产，深入开展农产品质量安全风险评估，推进农兽药残留、重金属污染综合治理，实施兽药抗菌药治理行动。加强对食品原产地指导监管，完善农产品市场准入制度。建立食用农产品全程追溯协作机制，完善统一权威的食品安全监管体制，建立职业化检查员队伍，加强检验检测能力建设，强化日常监督检查，扩大产品抽检覆盖面。加强互联网食品经营治理。加强进口食品准入管理，加大对境外源头食品安全体系检查力度，有序开展进口食品指定口岸建设。推动地方政府建设出口食品农产品质量安全示范区。推进食品安全信用体系建设，完善食品安全信息公开制度。健全从源头到消费全过程的监管格局，严守从农田到餐桌的每一道防线，让人民群众吃得安全、吃得放心。

第二节　强化药品安全监管

深化药品（医疗器械）审评审批制度改革，研究建立以临床疗效为导向的审批制度，提高药品（医疗器械）审批标准。加快创新药（医疗器械）和临床急需新药（医疗器械）的审评审批，推进仿制药质量和疗效一致性评价。完善国家药品标准体系，实施医疗器械标准提高计划，积极推进中药（材）标准国际化进程。全面加强药品监管，形成全品种、全过程的监管链条。加强医疗器械和化妆品监管。

第十六章　完善公共安全体系

第一节　强化安全生产和职业健康

加强安全生产，加快构建风险等级管控、隐患排查治理两条防线，切实降低重特大事故发生频次和危害后果。强化行业自律和监督管理职责，推动企业落实主体责任，推进职业病危害源头治理，强化矿山、危险化学品等重点行业领域安全生产监管。开展职业病危害基本情况普查，健全有针对性的健康干预措施。进一步完善职业安全卫生标准体系，建立完善重点职业病监测与职业病危害因素监测、报告和管理网络，遏制尘肺病和职业中毒高发势头。建立分级分类监管机制，对职业病危害高风险企业实施重点监管。开展重点行业领域职业病危害专项治理。强化职业病报告制度，开展用人单位职业健康促进工作，预防和控制工伤事故及职业病发生。加强全国个人辐射剂量管理和放射诊疗辐射防护。

第二节　促进道路交通安全

加强道路交通安全设施设计、规划和建设，组织实施公路安全生命防护工程，治理公路安全隐患。严格道路运输安全管理，提升企业安全自律意识，落实运输企业安全生产主体责任。强化安全运行监管能力和安全生产基础支撑。进一步加强道路交通安全治理，提高车辆安全技术标准，提高机动车驾驶人和交通参与者综合素质。到2030年，力争实现道路交通万车死亡率下降30%。

第三节　预防和减少伤害

建立伤害综合监测体系，开发重点伤害干预技术指南和标准。加强儿童和老年人伤害预防和干预，减少儿童交通伤害、溺水和老年人意外跌落，提高儿童玩具和用品安全标准。预防和减少自杀、意外中毒。建立消费品质量安全事故强制报告制度，建立产品伤害监测体系，强化重点领域质量安全监管，减少消费品安全伤害。

第四节　提高突发事件应急能力

加强全民安全意识教育。建立健全城乡公共消防设施建设和维护管理责任机制，到2030年，城乡公共消防设施基本实现全覆盖。提高防灾减灾和应急能力。完善突发事件卫生应急体系，提高早期预防、及时发现、快速反应和有效处置能力。建立包括军队医疗卫生机构在内的海陆空立体化的紧急医学救援体系，提升突发事件紧急医学救援能力。到2030年，建立起覆盖全国、较为完善的紧急医学救援网络，突发事件卫生应急处置能力和紧急医学救援能力达到发达国家水平。进一步健全医疗急救体系，提高救治效率。到2030年，力争将道路交通事故死伤比基本降低到中等发达国家水平。

第五节　健全口岸公共卫生体系

建立全球传染病疫情信息智能监测预警、口岸精准检疫的口岸传染病预防控制体系和种类齐全的现代口岸核生化有害因子防控体系，建立基于源头防控、境内外联防联控的口岸突发公共卫生事件应对机制，健全口岸病媒生物及各类重大传染病监测控制机制，主动预防、控制和应对境外突发公共卫生事件。持续巩固和提升口岸核心能力，创建国际卫生机场（港口）。完善国际旅行与健康信息网络，提供及时有效的国际旅行健康指导，建成国际一流的国际旅行健康服务体系，保障出入境人员健康安全。

提高动植物疫情疫病防控能力，加强进境动植物检疫风险评估准入管理，强化外来动植物疫情疫病和有害生物查验截获、检测鉴定、除害处理、监测防控规范化建设，健全对购买和携带人员、单位的问责追究体系，防控国际动植物疫情疫病及有害生物跨境传播。健全国门生物安全查验机制，有效防范物种资源丧失和外来物种入侵。

第六篇　发展健康产业

第十七章　优化多元办医格局

进一步优化政策环境，优先支持社会力量举办非营利性医疗机构，推进和实现非营利性民营医院与公立医院同等待遇。鼓励医师利用业余时间、退休医师到基层医疗卫生机构执业或开设工作室。个体诊所设置不受规划布局限制。破除社会力量进入医疗领域的不合理限制和隐性壁垒。逐步扩大外资兴办医疗机构的范围。加大政府购买服务的力度，支持保险业投资、设立医疗机构，推动非公立医疗机构向高水平、规模化方向发展，鼓励发展专业性医院管理集团。加强政府监管、行业自律与社会监督，促进非公立医疗机构规范发展。

第十八章　发展健康服务新业态

积极促进健康与养老、旅游、互联网、健身休闲、食品融合，催生健康新产业、新业态、新模式。发展基于互联网的健康服务，鼓励发展健康体检、咨询等健康服务，促进个性化健康管理服务发展，培育一批有特色的健康管理服务产业，探索推进可穿戴设备、智能健康电子产品和健康医疗移动应用服务等发展。规范发展母婴照料服务。培育健康文化产业和体育医疗康复产业。制定健康医疗旅游行业标准、规范，打造具有国际竞争力的健康医疗旅游目的地。大力发展中医药健康旅游。打造一批知名品牌和良性循环的健康服务产业集群，扶持一大批中小微企业配套发展。

引导发展专业的医学检验中心、医疗影像中心、病理诊断中心和血液透析中心等。支持发展第三方医疗服务评价、健康管理服务评价，以及健康市场调查和咨询服务。鼓励社会力量提供食品药品检测服务。完善科技中介体系，大力发展专业化、市场化医药科技成果转化服务。

第十九章　积极发展健身休闲运动产业

进一步优化市场环境，培育多元主体，引导社会力量参与健身休闲设施建设运营。推动体育项目协会改革和体育场馆资源所有权、经营权分离改革，加快开放体育资源，创新健身休闲运动项目推广普及方式，进一步健全政府购买体育公共服务的体制机制，打造健身休闲综合服务体。鼓励发展多种形式的体育健身俱乐部，丰富业余体育赛事，积极培育冰雪、山地、水上、汽摩、航空、极限、马术等具有消费引领特征的时尚休闲运动项目，打造具有区域特色的健身休闲示范区、健身休闲产业带。

第二十章 促进医药产业发展

第一节 加强医药技术创新

完善政产学研用协同创新体系，推动医药创新和转型升级。加强专利药、中药新药、新型制剂、高端医疗器械等创新能力建设，推动治疗重大疾病的专利到期药物实现仿制上市。大力发展生物药、化学药新品种、优质中药、高性能医疗器械、新型辅料包材和制药设备，推动重大药物产业化，加快医疗器械转型升级，提高具有自主知识产权的医学诊疗设备、医用材料的国际竞争力。加快发展康复辅助器具产业，增强自主创新能力。健全质量标准体系，提升质量控制技术，实施绿色和智能改造升级，到2030年，药品、医疗器械质量标准全面与国际接轨。

第二节 提升产业发展水平

发展专业医药园区，支持组建产业联盟或联合体，构建创新驱动、绿色低碳、智能高效的先进制造体系，提高产业集中度，增强中高端产品供给能力。大力发展医疗健康服务贸易，推动医药企业走出去和国际产业合作，提高国际竞争力。到2030年，具有自主知识产权新药和诊疗装备国际市场份额大幅提高，高端医疗设备市场国产化率大幅提高，实现医药工业中高速发展和向中高端迈进，跨入世界制药强国行列。推进医药流通行业转型升级，减少流通环节，提高流通市场集中度，形成一批跨国大型药品流通企业。

第七篇　健全支撑与保障

第二十一章　深化体制机制改革

第一节　把健康融入所有政策

加强各部门各行业的沟通协作，形成促进健康的合力。全面建立健康影响评价评估制度，系统评估各项经济社会发展规划和政策、重大工程项目对健康的影响，健全监督机制。畅通公众参与渠道，加强社会监督。

第二节　全面深化医药卫生体制改革

加快建立更加成熟定型的基本医疗卫生制度，维护公共医疗卫生的公益性，有效控制医药费用不合理增长，不断解决群众看病就医问题。推进政事分开、管办分开，理顺公立医疗卫生机构与政府的关系，建立现代公立医院管理制度。清晰划分中央和地方以及地方各级政府医药卫生管理事权，实施属地化和全行业管理。推进军队医院参加城市公立医院改革、纳入国家分级诊疗体系工作。健全卫生计生全行业综合监管体系。

第三节　完善健康筹资机制

健全政府健康领域相关投入机制，调整优化财政支出结构，加大健康领域投入力度，科学合理界定中央政府和地方政府支出责任，履行政府保障基本健康服务需求的责任。中央财政在安排相关转移支付时对经济欠发达地区予以倾斜，提高资金使用效益。建立结果导向的健康投入机制，开展健康投入绩效监测和评价。充分调动社会组织、企业等的积极性，形成多元筹资格局。鼓励金融等机构创新产品和服务，完善扶持措施。大力发展慈善事业，鼓励社会和个人捐赠与互助。

第四节　加快转变政府职能

进一步推进健康相关领域简政放权、放管结合、优化服务。继续深化药品、医疗机构等审批改革，规范医疗机构设置审批行为。推进健康相关部门依法行政，推进政务公开和信息公开。加强卫生计生、体育、食品药品等健康领域监管创新，加快构建事中和事后监管体系，全面推开“双随机、一公开”机制建设。推进综合监管，加强行业自律和诚信建设，鼓励行业协会商会发展，充分发挥社会力量在监管中的作用，促进公平竞争，推动健康相关行业科学发展，简化健康领域公共服务流程，优化政府服务，提高服务效率。

第二十二章　加强健康人力资源建设

第一节　加强健康人才培养培训

加强医教协同，建立完善医学人才培养供需平衡机制。改革医学教育制度，加快建成适应行业特点的院校教育、毕业后教育、继续教育三阶段有机衔接的医学人才培养培训体系。完善医学教育质量保障机制，建立与国际医学教育实质等效的医学专业认证制度。以全科医生为重点，加强基层人才队伍建设。完善住院医师与专科医师培养培训制度，建立公共卫生与临床医学复合型高层次人才培养机制。强化面向全员的继续医学教育制度。加大基层和偏远地区扶持力度。加强全科、儿科、产科、精神科、病理、护理、助产、康复、心理健康等急需紧缺专业人才培养培训。加强药师和中医药健康服务、卫生应急、卫生信息化复合人才队伍建设。加强高层次人才队伍建设，引进和培养一批具有国际领先水平的学科带头人。推进卫生管理人员专业化、职业化。调整优化适应健康服务产业发展的医学教育专业结构，加大养老护理员、康复治疗师、心理咨询师等健康人才培养培训力度。支持建立以国家健康医疗开放大学为基础、中国健康医疗教育慕课联盟为支撑的健康教育培训云平台，便捷医务人员终身教育。加强社会体育指导员队伍建设，到2030年，实现每千人拥有社会体育指导员2~3名。

第二节　创新人才使用评价激励机制

落实医疗卫生机构用人自主权，全面推行聘用制，形成能进能出的灵活用人机制。落实基层医务人员工资政策。创新医务人员使用、流动与服务提供模式，积极探索医师自由执业、医师个体与医疗机构签约服务或组建医生集团。建立符合医疗卫生行业特点的人事薪酬制度。对接国际通行模式，进一步优化和完善护理、助产、医疗辅助服务、医疗卫生技术等方面人员评价标准。创新人才评价机制，不将论文、外语、科研等作为基层卫生人才职称评审的硬性要求，健全符合全科医生岗位特点的人才评价机制。

第二十三章　推动健康科技创新

第一节　构建国家医学科技创新体系

大力加强国家临床医学研究中心和协同创新网络建设，进一步强化实验室、工程中心等科研基地能力建设，依托现有机构推进中医药临床研究基地和科研机构能力建设，完善医学研究科研基地布局。加强资源整合和数据交汇，统筹布局国家生物医学大数据、生物样本资源、实验动物资源等资源平台，建设心脑血管、肿瘤、老年病等临床医学数据示范中心。实施中国医学科学院医学与健康科技创新工程。加快生物医药和大健康产业基地建设，培育健康产业高新技术企业，打造一批医学研究和健康产业创新中心，促进医研企结合，推进医疗机构、科研院所、高等学校和企业等创新主体高效协同。加强医药成果转化推广平台建设，促进医学成果转化推广。建立更好的医学创新激励机制和以应用为导向的成果评价机制，进一步健全科研基地、生物安全、技术评估、医学研究标准与规范、医学伦理与科研诚信、知识产权等保障机制，加强科卫协同、军民融合、省部合作，有效提升基础前沿、关键共性、社会公益和战略高科技的研究水平。

第二节　推进医学科技进步

启动实施脑科学与类脑研究、健康保障等重大科技项目和重大工程，推进国家科技重大专项、国家重点研发计划重点专项等科技计划。发展组学技术、干细胞与再生医学、新型疫苗、生物治疗等医学前沿技术，加强慢病防控、精准医学、智慧医疗等关键技术突破，重点部署创新药物开发、医疗器械国产化、中医药现代化等任务，显著增强重大疾病防治和健康产业发展的科技支撑能力。力争到2030年，科技论文影响力和三方专利总量进入国际前列，进一步提高科技创新对医药工业增长贡献率和成果转化率。

第二十四章　建设健康信息化服务体系

第一节　完善人口健康信息服务体系建设

全面建成统一权威、互联互通的人口健康信息平台，规范和推动“互联网+健康医疗”服务，创新互联网健康医疗服务模式，持续推进覆盖全生命周期的预防、治疗、康复和自主健康管理一体化的国民健康信息服务。实施健康中国云服务计划，全面建立远程医疗应用体系，发展智慧健康医疗便民惠民服务。建立人口健康信息化标准体系和安全保护机制。做好公民入伍前与退伍后个人电子健康档案军地之间接续共享。到2030年，实现国家省市县四级人口健康信息平台互通共享、规范应用，人人拥有规范化的电子健康档案和功能完备的健康卡，远程医疗覆盖省市县乡四级医疗卫生机构，全面实现人口健康信息规范管理和使用，满足个性化服务和精准化医疗的需求。

第二节　推进健康医疗大数据应用

加强健康医疗大数据应用体系建设，推进基于区域人口健康信息平台的医疗健康大数据开放共享、深度挖掘和广泛应用。消除数据壁垒，建立跨部门跨领域密切配合、统一归口的健康医疗数据共享机制，实现公共卫生、计划生育、医疗服务、医疗保障、药品供应、综合管理等应用信息系统数据采集、集成共享和业务协同。建立和完善全国健康医疗数据资源目录体系，全面深化健康医疗大数据在行业治理、临床和科研、公共卫生、教育培训等领域的应用，培育健康医疗大数据应用新业态。加强健康医疗大数据相关法规和标准体系建设，强化国家、区域人口健康信息工程技术能力，制定分级分类分域的数据应用政策规范，推进网络可信体系建设，注重内容安全、数据安全和技术安全，加强健康医疗数据安全保障和患者隐私保护。加强互联网健康服务监管。

第二十五章　加强健康法治建设

推动颁布并实施基本医疗卫生法、中医药法，修订实施药品管理法，加强重点领域法律法规的立法和修订工作，完善部门规章和地方政府规章，健全健康领域标准规范和指南体系。强化政府在医疗卫生、食品、药品、环境、体育等健康领域的监管职责，建立政府监管、行业自律和社会监督相结合的监督管理体制。加强健康领域监督执法体系和能力建设。

第二十六章　加强国际交流合作

实施中国全球卫生战略，全方位积极推进人口健康领域的国际合作。以双边合作机制为基础，创新合作模式，加强人文交流，促进我国和“一带一路”沿线国家卫生合作。加强南南合作，落实中非公共卫生合作计划，继续向发展中国家派遣医疗队员，重点加强包括妇幼保健在内的医疗援助，重点支持疾病预防控制体系建设。加强中医药国际交流与合作。充分利用国家高层战略对话机制，将卫生纳入大国外交议程。积极参与全球卫生治理，在相关国际标准、规范、指南等的研究、谈判与制定中发挥影响，提升健康领域国际影响力和制度性话语权。

第八篇　强化组织实施

第二十七章　加强组织领导

完善健康中国建设推进协调机制，统筹协调推进健康中国建设全局性工作，审议重大项目、重大政策、重大工程、重大问题和重要工作安排，加强战略谋划，指导部门、地方开展工作。

各地区各部门要将健康中国建设纳入重要议事日程，健全领导体制和工作机制，将健康中国建设列入经济社会发展规划，将主要健康指标纳入各级党委和政府考核指标，完善考核机制和问责制度，做好相关任务的实施落实工作。注重发挥工会、共青团、妇联、残联等群团组织以及其他社会组织的作用，充分发挥民主党派、工商联和无党派人士作用，最大限度凝聚全社会共识和力量。

第二十八章　营造良好社会氛围

大力宣传党和国家关于维护促进人民健康的重大战略思想和方针政策，宣传推进健康中国建设的重大意义、总体战略、目标任务和重大举措。加强正面宣传、舆论监督、科学引导和典型报道，增强社会对健康中国建设的普遍认知，形成全社会关心支持健康中国建设的良好社会氛围。

第二十九章　做好实施监测

制定实施五年规划等政策文件，对本规划纲要各项政策和措施进行细化完善，明确各个阶段所要实施的重大工程、重大项目和重大政策。建立常态化、经常化的督查考核机制，强化激励和问责。建立健全监测评价机制，制定规划纲要任务部门分工方案和监测评估方案，并对实施进度和效果进行年度监测和评估，适时对目标任务进行必要调整。充分尊重人民群众的首创精神，对各地在实施规划纲要中好的做法和有效经验，要及时总结，积极推广。

国外生命伦理学文献资料

希波克拉底誓言

仰赖医药神阿波罗，阿斯克勒庇俄斯，阿克索及天地诸神为证，鄙人敬谨直誓，愿以自身能力及判断力所及，遵守此约。凡授我艺者，敬之如父母，作为终身同业伴侣，彼有急需，我接济之。视彼儿女，犹我兄弟，如欲受业，当免费并无条件传授之。凡我所知，无论口授书传，俱传之吾与吾师之子及发誓遵守此约之生徒，此外不传与他人。

我愿尽余之能力与判断力所及，遵守为病家谋利益之信条，并检束一切堕落和害人行为，我不得将危害药品给与他人，并不作该项之指导，虽有人请求亦必不与之。尤不为妇人施堕胎手术。我愿以此纯洁与神圣之精神，终身执行我职务。凡患结石者，我不施手术，此则有待于专家为之。

无论至于何处，遇男或女，贵人及奴婢，我之唯一目的，为病家谋幸福，并检点吾身，不作各种害人及恶劣行为，尤不作诱奸之事。凡我所见所闻，无论有无业务关系，我认为应守秘密者，我愿保守秘密。尚使我严守上述誓言时，请求神祇让我生命与医术能得无上光荣，我苟违誓，天地鬼神实共殛之。

后希波克拉底誓言

（希波克拉底誓言，在人类医德史上产生了深远的影响，随着社会的发展与医学的进步，使医生与病人的权利与义务发生了许多变化，为了反映这些新的情况，1988 年美国医学伦理学家 E. D. 彼莱格里诺和 D. C. 托马斯马在《为了病人利益》一书中根据医学的发展和人类社会的进步，提出了“一个医生所承诺的促进病人利益的义务”，这被西方国家许多医学院校采用来作为医学生毕业时需背诵的誓词，有人称之为“后希波克拉底誓言”。）

我保证履行由于我的专业我自愿承担的治疗和帮助病人的义务。我的义务是基于病人所处的软弱不利的地位，以及他必然给予我和我的专业能力完全信任。所以，我保证把病人多方面的利益作为我的专业伦理的第一原则。由于承认这种约束，我接受下列义务，只有病人或病人的合法代理人才能解除我这些义务：

1. 将病人的利益置于我专业实践的中心，并在情况需要时置于我自己的自我利益上。

2. 拥有和保持我的专业要求的知识和技能的能力。

3. 承认我的能力的局限，只要我的病人病情需要，我应向我的各种卫生专业的同事求助。

4. 尊重其他卫生专业同事的价值和信念，并承认他们作为个人的道德责任。

5. 用同等的关切和献身精神关怀所有需要我帮助的人，不管他们有没有能力付酬。

6. 主要为了我的病人的最佳利益，而不是主要为了推行社会的、政治的或财政的政策或我自己的利益而行动。

7. 尊重我的病人的参与影响他或她的决策的道德权利，明确地、清楚地、用病人理解的语言说明他或她的疾病的性质，以及我建议采用的治疗的好处和危险。

8. 帮助我的病人作出与他们的价值和信念一致的选择，不强迫，不欺骗，不口是心非。

9. 对我听到、知道和看到的保守秘密，作为我关怀病人的一个必要部分，除非对别人有明确的、严重的、直接伤害的危险。

10. 即使我不能治愈病人，也总要帮助他们，当死亡不可避免时，要帮助我的病人按照他或她自己的打算死亡。

11. 决不参与直接的、主动的、有意识的杀死一个病人，即使为了仁慈的理由，或应国家的要求，或任何其他的理由。

12. 为了履行我对社会的义务，参与影响国民健康的公共政策决定，提供领导以及专家的和客观的证言。

13. 将我所说和所信的付诸实践，从而在我的专业生涯中体现上述原则。

迈蒙尼提斯祷文

永生之上天既命予善顾世人生命之康健，惟愿予爱护医道之心策予前进，无时或已。毋令贪欲、吝念、虚荣、名利侵扰予怀，盖此种种胥属真理与慈善之敌，足以使予受其诱惑而忘却为人类谋幸福之高尚目标。

愿吾视病人如受难之同胞。

愿天赐予以精力、时间与机会，俾得学业日进，见闻日广，盖知也无涯，涓涓日积，方成江河。目世间医术日新，觉今是而昨非，至明日又悟今日之非矣。

神乎，汝既命予善视世人之生死，则予谨以此身许职，予今为予之职业祷告上天：

事功艰且巨，愿神全我功。
若无神佑助，人力每有穷。
启我爱医术，复爱世间人。
存心好名利，真理日沉沦。
愿绝名利心，服务一念诚。
神清求体健，尽力医病人。
无分爱与憎，不问富与贫。
凡诸疾病者，一视如同仁。

医德十二箴言

胡佛兰德（Hufeland，1762—1836）

1. 医生活着不是为自己，而是为了别人，这是职业的性质所决定的。不要追求名誉和个人利益，而要用忘我的工作来救活别人。救死扶伤，治病救人，不应怀有别的个人目的。

2. 在病人面前，该考虑的仅仅是他的病情，而不是病人的地位和钱财。应该掂量一下有钱人的一撮金钱和穷人感激的泪水，你要的是哪一个？

3. 在医疗实践中应当时刻记住病人是你服务的靶子，并不是你所摆弄的弓和箭，绝不能去玩弄他们。思想里不要有偏见，医疗中切勿用狭隘的眼光去考虑问题。

4. 把你那博学和时兴的东西搁在一边。学习如何通过你的言语和行动来赢得病人的信任。而这些并不是表面的、偶然的或是虚伪的。切不可口若悬河，故弄玄虚。

5. 在晚上应当想一想白天发生的一切事情，把你一天中所得到的经验和观察到的东西记录下来，这样做有利于病人，有益于社会。

6. 一次慎重仔细的临床查房，比频繁而又粗疏的临床检查好得多。不要怕降低你的威信而拒绝病人经常的邀请。

7. 即使病入膏肓无药救治时，你还应该维持他的生命，为解除当时的痛苦来尽你的义务。如果放弃，就意味着不人道。当你不能救他时，也应该去安慰他。要争取延长他的生命，哪怕是很短的时间。这是作为一个医生的应有表现。不要告诉病人他的病情已处于无望的情况。要通过你谨慎的言语和态度，来避免他对真实的病情的猜测。

8. 应尽可能地减少病人的医疗费用。你挽救他的生命而又拿走了他维持生活的费用，那有什么意义呢？

9. 医生需要获得公众的好评。无论你有多大学问，多光彩的行为，除非你得到人的信任，否则不能获得大众有利的好评。你必须了解人和人们的心理状态，一个对生命感到兴趣的你，就应当听取那质朴的真理，就应当承认丢面子的过失，这需要高贵的品质和善良的性格。避免闲扯，沉默更为好些。不需再告诉你了，你应该去反对热衷赌博、酗酒、纵欲和为名誉而焦虑。

10. 尊重和爱护你的同行。如不可能，最低限度地应该忍让。不要谈论别人，宣扬别人的不足是聪明人的耻辱。只言片语地谈论别人的缺点和小小的过失，可能使别人的名誉造成永久损害，应当考虑到这种后果。每个医生在医疗上都有他自己的特点和方法，不宜去作轻率的判断。要尊重比你年长的医生和爱护比你年轻的医生，要发扬他们的长处，当你还没有看过这个病人，你应当拒绝评论他们所采取的治疗。

11. 一次会诊不要请很多人，最多三名。要选合适的人参加。讨论中应该考虑的是病人的安全，不必做其他的争论。

12. 当一个病人离开他的经治医生来和你商量时，你不要欺瞒他。应叫他听原来医生的话，只有发现那医生违背原则并确信在某方面的治疗有错误时，再去评论他，这才是公平的，特别在涉及对他的行为和素质的评论时更应如此。

悉尼宣言

（1968 年 8 月世界医学大会第 22 次会议采纳于澳大利亚悉尼）

1. 在大多数国家，死亡时间的确定将继续是医师的法律责任。通常，他可以用所有医师均知晓的经典的标准无须特别帮助地确定病人的死亡。

2. 然而近代的医学实践使得进一步研究死亡时间成为必要。①有能力人工地维持含氧血液循环通过不可恢复性损伤的组织。②尸体器官的应用，如作移植用的心或肾等。

3. 问题的复杂性在于：死亡是在细胞水平上逐渐进行的过程。组织对于供氧断绝的耐受能力是不同的。但是临床的兴趣并不在于维持孤立的细胞而在于病人的命运。这里，不同细胞或组织的死亡时刻不是那么重要的，因为不管采用什么复苏技术总归是确定无疑的不可恢复了。

4. 死亡的确定应建立在临床判断和必要时的辅助诊断上。近来最有帮助的是脑电图，然而还没有一种技术性的标准能完全满足目前医学的状况，也没有一种技术操作能取代医师的全面临床判断。若涉及器官移植，应由两名以上的医师做出死亡诊断，而且医生对死亡的决定不能与移植手术发生直接的联系。

5. 人的死亡时刻的确定使得停止抢救在伦理上被许可，以及在法律允许的国家内从尸体中取出器官被许可，并得以满足法律同意的需要。

东京宣言

（第 29 届世界医学大会，1975 年 10 月）

关于对拘留犯和囚犯给予折磨、虐待，非人道的对待和惩罚时，医师的行为准则。

序　言

实行人道主义而行医，一视同仁地保护和恢复人体和精神的健康，去除病人的痛苦是医师的特有权利。即使在受到威胁的情况下也对人的生命给予最大的尊重，并决不应用医学知识作相反于人道法律的事。

本宣言认为，折磨应定义为精心策划的、有系统的或肆意的给以躯体的精神的刑罚。无论是个人或多人施行的。或根据任何权势而施行强迫他人供出情报，坦白供认等行为。

宣　言

1. 不论受害者受什么嫌疑、指控，或认什么罪，也不论受害者的信仰或动机如何，医师在任何情况下（包括引起军事冲突和内战）决不赞助、容忍或参与折磨、虐待或非人道的行为。

2. 医师决不提供允许、器械、物资或知识帮助折磨行为或其他虐待、非人道地对受害者或降低受害者的抵抗能力。

3. 医生决不参与任何折磨、虐待、非人道的对待的应用或威胁。

4. 医师对其医疗的病人有医疗的责任。在作治疗决定时是完全自主的。医师的基本任务是减轻他的病人的痛苦并不得有任何个人的、集体的或政治的动机反对这一崇高的目的。

5. 当囚犯绝食时，医生认为可能形成伤害和作出后果的合理判断时，不得给予人工饲喂。囚犯有无作出决定的能力，至少需有两位医师作出独立的证实性的判断。医师应向囚犯解释绝食的后果。

6. 世界医学会将支持、鼓励国际组织、各国医学会和医师，当这些医师和其家属面临威胁，或因拒绝容忍折磨或其他形式的虐待、非人道的对待而面临报复时，世界医学会将支持他们。

夏威夷宣言

（第六届世界精神病学大会，1977 年）

人类社会自有文化以来，道德一直是医疗技术的重要组成部分。在现实社会中，医生持有不同的观念，医生与病人之间的关系很复杂。由于可能用精神病学知识、技术做出违反人道原则的事情，所以今天比以往更有必要为精神病科医生订出一套高尚的道德标准。

精神病科医生作为一个医务工作者和社会的成员，应该探讨精神病学的特殊道德含义，提出对自己的道德要求，明确自己的社会责任。

为了确立本专业的道德内容，以指导和帮助各个精神病科医生树立应有的道德准则，兹作如下规定：

1. 精神病学的宗旨是促进精神健康，恢复病人自理生活的能力。

2. 精神病科医生应遵循公认的科学、道德和社会公益原则，尽最大努力为病人的切身利益服务。

为此目的，也需要对保健人员、病人及广大公众进行不断的宣传教育工作。

3. 每个病人应得到尽可能好的治疗，治疗中要尊重病人的人格，维护其对生命和健康的自主权利。

精神病科医生应该对病人的医疗负责，并有责任对病人进行合乎标准的管理和教育。必要时，或病人提出的合理要求难以满足，精神病科医生即应向更有经验的医生征求意见或请求会诊，以免贻误病情。

4. 精神病患者与精神病科医生的治疗关系应建立在彼此同意的基础上，这就要求做到互相信任，开诚布公，合作及彼此负责。病重者若不能建立这种关系，也应像给儿童进行治疗那样，同病人的亲属或为病人所能接受的人进行联系。

如果医生和病人关系的建立，并非出于治疗目的，例如在司法精神病业务中所遇到的，则应向所涉及的人员如实说明此种关系的性质。

5. 精神病科医生应把病情的性质，拟做出的诊断，治疗措施，包括可能的变化以及预后告知病人。告知时应全面考虑，使病人有机会做出适当的选择。

6. 不能对病人进行违反其本人意愿的治疗，除非病人因病重不能表达自己的意愿，或对旁人构成严重威胁。在此情况下，可以也应该施以强迫治疗，但必须考虑病人的切身利益。且在一段适当的时间后，再取得其同意；只要可能，就应取得病人或亲属的同意。

7. 当上述促使强迫治疗势在必行的情况不再存在时，就应释放病人，除非病人自愿继续治疗。

在执行强迫治疗和隔离期间，应由独立或中立的法律团体对病人经常过问，应将实行强迫治疗和隔离的病人情况告知上述团体，并允许病人通过代理人向该团体提出申诉，不受医院工作人员或其他任何人的阻挠。

8. 精神病科医生绝不能利用职权对任何个人或集体滥施治疗，也绝对不允许以不适当的私人欲望、感情或偏见来影响治疗。精神病科医生不应对没有精神病的人采用强迫的精神病治疗。如病人或第三者的要求违反科学或道德原则，精神病科医生应拒绝合作。当病人的希望和个人利益不能达到时，不论理由如何，都应如实告知病人。

9. 精神病科医生从病人那里获悉的谈话内容，在检查或治疗过程中得到的资料均应予保密，不得公布。要公布得征求病人同意。或因别的普遍理解的重要原因，公布后随即通知病人有关泄密内容。

10. 为了增长精神病学知识和传授技术，有时需要病人参与其事。在病人服务于教学，将其病历公布时，应事先征得同意，并应采取措施，不得公布姓名，以保护病人的名誉。

在临床研究和治疗中，每个病人都应得到尽可能好的照料。把治疗的目的、过程、危险性及不利之处全部告诉病人后，接受与否，应根据自愿；对治疗中的危险及不利之处与研究的可能收获，应作适度的估计。对儿童或对其他不能表态的病人，应征得其亲属同意。

11. 每个病人或研究对象在自愿参加的任何治疗、教学和科研项目中，可因任何理由在任何时候，自由退出，此种退出或拒绝，不应该影响精神病科医生继续对此病人进行的帮助。

凡违反本宣言原则的治疗、教学或科研计划，精神病科医生应拒绝执行。

美国国际制药联合会药师伦理规范

FIP Statement of Professional Standards: The Code of Ethics for Pharmacists

1. The pharmacists responsibility is the good of the individual.

Obligations:

—— to be objective, —— to put the good of the individual before personal or commercial interests, —— to promote the individuals right of access to safe and effective treatment.

2. The pharmacist shows the same dedication to all.

Obligations:

——to show respect for life and human dignity,

——to not discriminate between people,

——to strive to treat and inform each individual according to personal circumstances.

3. The pharmacist respects the individual right of freedom of choice of treatment.

Obligations:

——to ensure that where the pharmacist is involved in developing care and treatment plans, this is done in consultation with the individual.

4. The pharmacist respects and safeguards the individual's right to confidentiality.

Obligation:

——to not disseminate information, which identifies the individual, without informed consent or due case.

5. The pharmacist cooperates with colleagues and other professionals and respects their values and abilities.

Obligation:

——to cooperate with colleagues and other professionals and agencies in efforts to promote good health and treat and prevent ill health.

6. The pharmacist acts with honesty and integrity in professional relationships.

Obligations:

——to act with conviction of conscience,

——to avoid practices, behavior or work conditions that could impair professional judgment.

7. The pharmacist serves the needs of the individual, the community and society.

Obligation:

——to recognize the responsibilities associated with serving the needs of the individual on one hand and society at large on the other.

8. The pharmacist maintains and develops professional knowledge and skills.

Obligation:

——to ensure competency in each pharmaceutical service provided, by continually updating knowledge and skills.

9. The pharmacists ensure continuity of care in the event of labor disputes, pharmacy closure or conflict with personal moral beliefs.

Obligations:

——to refer the patient to another pharmacist,

——to ensure that when a pharmacy closes, tile patients are informed of the pharmacy to which their records, if held, have been transferred.

10. During the course of the experiment the scientist in charge must be prepared to terminate the experiment at any stage, it he has probable cause to believe, in the exercise of the good faith, superior skill, and careful judgment required of him that a continuation of the experiment is likely to result in injury; disability, or death to the experimental subject.

纽伦堡法典

(The Nuremberg Code, 1946)

第二次世界大战时，德国纳粹分子借用科学实验和优生之名，用人体实验杀死了600万犹太人、战俘及其他无辜者，这些人被纳粹统称为" 没有价值的生命"。主持这次惨无人道实验的，除纳粹党官员外，还有许多医学教授和高级专家。德国战败后，这些为首分子被作为战犯交纽伦堡国际军事法庭审判，其中有23名医学方面的战犯。同时，纽伦堡法庭还制定了人体实验的基本原则，作为国际上进行人体试验的行为规范，即《纽伦堡法典》，并于1946年公布于世。

1. 受试者的自愿同意是绝对必要的。这意味着接受试验的人有同意的合法权力，应该处于有选择自由的地位，不受任何势力的干涉、欺瞒、蒙蔽、挟持，哄骗或者其他某种隐蔽形式的压制或强迫；对于试验的项目有充分的知识和理解，足以作出肯定决定之前，必须让他知道试验的性质、期限和目的；试验方法及采取的手段；可以预料得到的不便和危险，对其健康或可能参与实验的人的影响。确保同意的质量的义务和责任，落在每个发起、指导和从事这个试验的个人身上。这只是一种个人的义务和责任，并不是代表别人，自己却可以逍遥法外。

2. 试验应该收到对社会有利的富有成效的结果，用其他研究方法或手段是无法达到的，在性质上不是轻率和不必要的。

3. 试验应该立足于动物实验取得结果，对疾病的自然历史和，别的问题有所了解的基础上，经过研究，参加试验的结果将证实原来的实验是正确的。

4. 试验进行必须力求避免在肉体上和精神上的痛苦和创伤。

5. 事先就有理由相信会发生死亡或残废的试验一律不得进行，除了试验的医生自己也成为受试者的实验不在此限。

6. 试验的危险性，不能超过试验所解决问题的人道主义的重要性。

7. 必须作好充分准备和有足够能力保护受拭者排除那怕是微之又微的创伤、残废和死亡的可能性。

8. 试验只能由科学上合格的人进行。进行试验的人员，在试验的每一阶段都需要有极高的技术和管理。

9. 当受试者在实验过程中，已经到达这样的肉体与精神状态，即继续进行已经不可能的时候，完全有停止试验的自由。

10. 在试验过程中，主持试验的科学工作者，如果他有充分理由相信即使操作是诚心诚意的，技术也是高超的，判断是审慎的，但是试验继续进行，受试者照样还要出现创伤、残废和死亡的时候，必须随时中断试验。

世界医学协会日内瓦宣言

（World Medical Association Declaration of Geneva，2017）

《日内瓦宣言》（WMA Declaration of Geneva）被认为是2500年前希波克拉底誓言的现代继承，《宣言》精炼的概括了医师的职业责任，宣布了全球医学行业的伦理学原则，阐述了医患关系、医学保密原则、尊敬师长和同事等方面的伦理问题。《宣言》最初由世界医学会（World Medical Association）第二届大会于1948年9月在瑞士日内瓦首次颁布，并于1968年、1983年、1994年、2005年及2006年根据时代背景和医学发展要求不断进行修订和完善，它被认为是现代的希波克拉底誓言，世界医学会将其与《赫尔辛基宣言》均列为重要的医学伦理文件。2017年10月14日，在美国芝加哥举行的第68届WMA大会上对《日内瓦宣言》再次进行了修订。全文如下：

作为一名医疗工作者，我正式宣誓：

把我的一生奉献给人类；

我将首先考虑病人的健康和幸福；

我将尊重病人的自主权和尊严；

我要保持对人类生命的最大尊重；

我不会考虑病人的年龄、疾病或残疾，信条，民族起源、性别、国籍、政治信仰、种族、性取向、社会地位，或任何其他因素；

我将保守病人的秘密，即使病人已经死亡；

我将用良知和尊严，按照良好的医疗规范来践行我的职业；
我将继承医学职业的荣誉和崇高的传统；
我将给予我的老师、同事和学生应有的尊重和感激之情；
我将分享我的医学知识，造福患者和推动医疗进步；
我将重视自己的健康，生活和能力，以提供最高水准的医疗；
我不会用我的医学知识去违反人权和公民自由，即使受到威胁；
我庄严地、自主地、光荣地做出这些承诺。

贝尔蒙报告

（Belmont Report）

保护参加科研的人体实验对象的道德原则和方针

保护参加生物医学和行为学研究人体实验对象全国委员会的报告

（美国）卫生 教育 福利部，1979 年 4 月 18 日

概　要

从 20 世纪 60 年代起，美国联邦政府对生物医学研究的投入不断增加，与此同时，不断暴露研究中出现的丑闻事件。最典型的事件是轰动一时的塔斯基吉梅毒试验（Tuskegee syphilis experiment）。美国卫生部自 1932 年开始实施该试验，为了研究梅毒的自然病程，当 1940 年即已发现青霉素能有效治疗梅毒之后，研究方仍阻止受试者获得青霉素治疗。该试验持续 40 年之久，造成许多受试者及其家属无端遭受梅毒折磨。

在公众的疾呼声中，美国政府于 1974 年专门任命了国家委员会，以期对如何保护生物医学及行为研究中的人体受试者提出切实可行的建议。1974 年 7 月 12 日，国家科研法案（公共法则 93348）立法，由此成立了保护参加生物医学和行为学研究人体试验对象的全国委员会。委员会的主要任务之一就是为涉及人体试验对象的生物医学和行为学研究确定基本的道德原则，制定方针以监督有关科研按这些原则进行。在执

行以上任务的同时，委员会还需考虑：（1）生物医学和行为学研究与所认可的常规行医之间的分界；（2）对危险及利益标准的评估在决定涉及人体试验对象科研的适当性中所起的作用；（3）选择参与科研的人体实验对象的准则；以及（4）各种情况下知情同意的性质和定义。这4个方面仔细考量，最后，于1979年出台了《贝尔蒙报告》（Belmont Report）。

Belmont 报告总结了委员会审议后确定的基本道德原则。它是1976年2月在 Smithsonian 机构 Belmont 会议中心举行的四天会议的产物以及四年来委员会每月审议的结果。它是对基本的道德原则及方针的陈述，应用来帮助解决涉及人体实验对象的科研中所产生的道德问题。

通过由联邦注册出版以及应需提供单版本，部长意在让科学家、单位评审会成员和政府雇员容易得到这份报告。两册附录包括协助委员会完成这一任务的专家写的长篇报告，由政府印刷办公室文件主管处出售（华盛顿，哥伦比亚特区，20402），出版号为 DHEW No.（OS）780013及78-0014.

Belmont 报告与委员会的其他报告不同，它没有向卫生，教育，福利部长推荐具体的行政措施。但它建议将报告整体采用，作为该部政策中的一个陈述。

报告正文：

科学研究对社会非常有益，但同时也引起了一些麻烦的道德问题。对特别是第二次世界大战期间生物医学实验中虐待人体实验对象的披露，引起了公众对这些问题的注意。在纽伦堡审判战犯期间起草的纽伦堡法则，是用来衡量在集中营战俘身上做生物医学实验的医生和科学家的标准。这个法则就成了后来很多法则的原型，以确保涉及人体试验对象科研的道德性。

这些法则由条规组成，有些宽泛有些具体，用于指导科研工作者及评审员。这些条规往往不适合于复杂的情形；有时甚至互相矛盾，且常常很难理解或应用。因此，更广泛的道德原则将为具体条规的制定，评论，及解释提供基础。

这个报告中确定了三个与人体对象有关的原则或总体看法。其他原则也可能相关，但这三个原则涉及广泛，是概括性的阐述，应能帮助科学家，对象，评审员及感兴趣的公众理解关于涉及人体科研里道德方面的问题。这些原则不总能解决某一具体道德问题，但它的目的是为解决由涉及人体科研引起的道德问题提供一个骨架和指导。

这个报告包括科研和行医的区别，对三个基本道德原则的讨论，以及有关这些原则的应用。

A. 行医与科研的分界

区分生物医学和行为学研究与常规认可的行医是很重要的，这样才能决定应评审哪些行为以保护科研对象。科研和行医的区别是模糊的，因为二者能同时发生（例如：评价治疗的科研），也因为如果没有仔细对“试验”和“科研”下定义，明显偏离常规的行医常被称作“试验”。

“行医”大多指的是为增进病人或顾客健康而采取有一定成功希望的措施。行医的目的是为个人提供诊断，预防性治疗及治疗。相反，“科研”指的是为测试一种假设而采取的行动，以便获得结论以发展或增长概括性的知识（例如：理论，原则，对关系的陈述）。科研一般有一个方案包括目标以及到达目标所需的步骤。

当一个医生非常偏离正规行医准则，创新本身并不构成科研。一个新的，没被测试过或不同的“试验”操作并不自然归属于科研。然而，全新的操作应在早期就作为正式科研的目标，以便确定它们是否安全和有效。因此，要求把主要的创新并入正式的科研课题是医疗行医委员会（比方说）的职责。

当科研是用来评价一种治疗的安全性和有效性时，科研和行医可同时进行。至于这一行动是否需要评审不应造成混淆；总的原则是如果行动中有任何科研的成分，那么这一行动将受评审以保护人体对象。

B. 基本道德原则

“基本道德原则”指的是些总体看法，即对许多特殊道德规则和人的行为评价的基本观点。在被我们文化传统广泛接受的原则中，有三个原则与涉及人体对象的科研特别有关：尊重个人，善行及公平平等的原则。

1. 尊重个人

尊重个人包含至少两个道德信条：第一，个人享有自治权；第二，保护丧失自治力的人。尊重个人的原则因此分成二个要求：承认自治权及保护丧失自治力的个人。

一个有自治力的人能够熟思个人目标并朝这一目标而努力。尊重自治权是尊重有自治力的个人的意见和选择。只要他没对别人造成危害，就不能妨碍他的行动。对有自治力的个人的不尊重指的是否定个人熟思后的看法，剥夺他按这些想法去做的自由，以及毫无理由地扣留对他做决定有用的信息。

然而，不是所有的人都能自决。一个人的自决能力随他的成长而成熟，有些人由于疾病，精神残疾或自由非常受限制的处境而全部或部分丧失这一能力。尊重没成熟和没能力的人需要在他们还没成熟或被剥夺能力时对他们进行保护。

有些人需要多方面的保护，甚至可能不让他们参加对他们有害的活动；有些人除了确保他们能自由地参加活动，并让他们了解可能发生的意外，几乎不需要什么其他的保护。提供保护的程度应取决于伤害的机率以及好处的可能性。应定期重审有关某人是否丧失自治力的鉴定，随不同场合而变化。

对大多数涉及人体对象的科研来说，对个人的尊重表现在，对象自愿参加课题且对课题有一定的了解。但在有些情况下，这一原则的应用并不是那么明显。以囚犯为对象的科研，就是一个好的例子。一方面，出于尊重人的原则，应让囚犯自愿参加研究，但另一方面，在监狱条件下，囚犯尽管不愿意可能会被强迫参加科研活动。对人的尊重要求保护囚犯，这便提出了是让囚犯“自愿”参加还是“保护”他们的难题。在多数棘手的情况下，对人的尊重常是从尊重人的原则出发平衡对抗双方的要求。

2. 善行

对待他人是否道德不仅在于尊重他的决定及保护他免遭伤害，还在于尽力确保他的健康。这种做法归类于善行原则。“善行”指的是超出义务的仁慈或博爱的行为。这份报告里提到善行时的语气是强硬的，它代表义务。这两条规则是对善行行为的补充表达：（1）不伤害；（2）尽量增加可能的好处，减少潜在的害处。

希波克拉底（Hippocratic）格言“不伤害”，长期以来一直是医疗道德的基本原则。伯纳德（Claude Bernard，1813—1878）把它延伸到科研领域，声称不管有多大好处也不应伤害人。然而，即便是躲避伤害也需了解什么是有害的；在获取这一信息的过程中会有被伤害的危险。另外，希波克拉底誓言要求医生“根据自己的最佳判断”为病人造福，而了解什么会带来好处也会给人带来危险。问题是要决定何时尽管危险也应追寻好处，何时又由于危险性而放弃追寻好处。

对善行的执行不仅牵涉到个别科研工作者也涉及整个社会，因为它将二者与具体科研项目及整个科研领域联系起来。就具体课题来说，科研工作者以及他们单位的成员必须事先筹划以便最大限度增加好处，减低研究可能带来的危险。就科学研究总体来看，人们必须认清由于知识进步以及医学、心理治疗和社会程序的发展而带来的较长期的好处和危险。

善行的原则在研究人体实验对象的许多领域都起有明确的作用。涉及儿童的研究就是一个例子。有效地治疗儿科疾病，促进他们健康地发展，是涉及儿童的研究项目所带来的好处——即使个别实验对象并没有受益。有些以前被认可的常规处理经仔细检查后证明是有危险的，科学研究可以避免这些常规所造成的伤害。但是善行原则所起的作用也不总是很分明的。带有一定风险而又不能给儿童带来直接好处的研究就存有道德难题。有人主张不能进行这类研究，有人则觉得这种限制会排除许多有将来能为儿童造福可能的研究。如同所有难题，不同情形下对善行原则的执行可导致不同的选择。

3. 公正

谁应享受科研结果带来的好处，谁应承担科研的责任？这是一个平等公正的问题，即平等分配或应不应该的问题。无故拒绝应受益者或过度地施加责任会导致不公平。执行公正原则的另一个办法是平等对待平等的双方。但这句话需要解释。谁是谁不是平等的一方？怎么证明不平等？几乎所有评审员都以经验，年龄，免职，胜任，功绩及职位为标准来决定不同的待遇。这里必须说明哪些方面要平等待人。有几条公认的能合理分布责任和利益的公式。每条公式根据须分布的责任和利益涉及有关特性。这些公式是（1）每人平分，（2）根据个人需要，（3）根据各人的努力，（4）根据每人对社会的贡献，以及（5）根据每人的功绩。

公正问题长期以来与社会实践相关，例如，处罚，征税及政治表述。这些问题虽然直到最近才与科学研究联系起来，但在最早的对进行人体实验道德观的反思中对这些问题已有预示。例如，在 19 世纪及 20 世纪初，实验对象大多是贫穷的病人，而医疗改进带来的好处却大都给了富有的私人病人。后来，纳粹集中营里对囚犯强行进行的实验因其极度不公平而遭谴责。我国本世纪 40 年代对社会地位地下的乡下黑人男子进行了 Tuskegee 梅毒实验，以研究这一绝非局限于农村穷黑人的疾病的未经治疗的过程。为了不中断该课题的进行，这些实验对象被剥夺了早就广泛使用的有效治疗。

在这个历史背景上，人们可以看到公正的观念与人体研究的相关性。例如，应该仔细检查对实验对象的选择，以确定是否某些阶层（例如，福利病人，特别种族或少数民族，被隔离的人员）出于同研究课题无直接关系的原因而被有系统地选出。这些原因可包括他们的容易得到性，被损害的地位，或可被随意摆布性。最后，当由公共基金赞助的科研导致了医疗器械和操作的发展，公正原则要求不能将这些好处只给那些有支付能力的人，这些研究也不应过度使用那些不可能享受科研成果好处的团体。

C. 应用

将总体原则应用于科研行为时应考虑以下要求：知情同意，对危险、好处的估价，以及实验对象的选择。

1. 知情同意

尊重个人的原则要求根据实验对象的能力提供让他们选择是否应参与某项实验的机会。这个机会应在符合知情同意的标准后提供。

知情同意的重要性是无疑的，但对知情同意的性质和可能性尚有争论。无论如何，公认的同意过程应包括三个因素：信息，理解，及自愿。

- 信息

大多数科研规则都制定了具体的公开项目，以使实验对象了解足够的情况。这些项目大多包括：实验操作过程，目的，潜在的危险和预计的好处，其他类似的操作（当牵涉到治疗时），以及声明实验对象有提问题的机会且可在任何时候退出实验。人们也提出了另一些项目，包括对象是怎样挑选的，实验的负责人，等等。

然而，一份简单的项目名单并不能代表提供多少以及提供哪方面信息的标准。一个经常被医学实践所采用的标准（即由该领域或当地的医务工作者提供的通俗资料）是不适当的，因为只有在缺乏通俗的理解时才会导致科学研究。另一个目前在治疗失误法中很流行的标准则要求医务人员公开大家希望了解的有关决定治疗方案的信息。这个标准看来也不够充分，因为自愿参加的实验对象可能比病人找医生看病更想知道他将无偿承担的风险。也许我们应该设立一个“合理自愿者”标准：信息的范围和性质应该是在知道操作过程对他们的治疗既没有必要且也许人们还没完全理解该操作的情况下，实验参加者能够决定他们是否希望参加实验以增进知识和理解。即使预计有直接好处，实验对象应清楚地意识到风险的大小及参加实验的自愿性。

告知对象实验的某些方面可能会削减实验的有效性会导致特殊同意问题的产生。在大多数情况下，只需向对象指明他们是被邀请来参加实验的，实验中的有些部分得等到实验结束才能公开。所有涉及不完全公开的科研只有在以下条款清楚的情况下才是正当的：(1) 不完全公开对于达到科研的目标是必须的，(2) 对实验对象没有隐藏的危险，以及 (3) 有一个在适当时候让对象了解科研性质及结果的合理计划。绝对不能为了想得到对象的合作而隐瞒潜在的危险性，应给对象所提出的有关实验的问题以如实的回答。公开在有些情况下会毁坏或使实验失效，而在另一些情况下则只是给研究者带来不便，应谨慎区分这两种情况。

- 理解

传达信息的方式方法与信息本身同样重要。比如：混乱迅速的传达，给别人很少时间思考，或者缩减别人提问的机会，都可能反面地影响实验对象作出选择的能力。

因为对象的理解力是智力、合理性、成熟性及语言的组合，应该根据对象的能力来决定传达信息的方式。科研工作者应保证让对象理解所传达的信息。保证提供全面的有关潜在危险性的资料以及保证对象对危险性有充分理解是科研工作者的责任。危险性增加时，科研工作者的责任就随之增加。有时有必要对对象的理解程度进行口试或笔试。

当对象的理解力受严重限制时，可能需要制定特殊规定——例如：不成熟性或精神残疾情况。应根据每类无能力的对象（比如：婴儿和儿童，精神病患者，临终病人以及昏迷病人）的自身情况而对他们进行考虑。然而，即使对这些人，出于尊重的原则不管他们是否最终参加实验都应给他们适当的选择的机会。除非研究需要为这些人提供绝无仅有的治疗，不然的话应尊重他们不参加实验的决定。对人尊重的原则也要求求得其他人的同意，以保护这些对象免遭伤害。这样的话这些人就受尊重了，不仅是通过对他们意愿的承认，而且是利用第三方保护他们免遭伤害。

选中的第三方应该是那些最能理解无能力对象情形且代表他切身利益的人。代表对象的授权人应有机会观察实验的进行，以便出于对对象切身利益的考虑而让对象退出实验。

• 自愿

一份自愿参加实验的协议构成一个有效的同意。知情同意的这个因素要求毫无强迫及过分影响。强迫是指某人为了让对方就范而对他蓄意进行的恐吓。相反，过分影响则指的是为了使对方屈服而采用的过度的，未经授权的，不适当或不合适的奖赏或表示的手段。另外，当对象特别脆弱时，一般情况下可行的诱惑也可能变成过分影响。

当处于权威或有影响地位的人——尤其是涉及可能的制裁时——主张对某对象采取行动时，往往对周围的人会产生过分的压力。然而，这些影响因素以连续统一体的形式存在，不可能精确地分清合理劝说和过分影响的界限。但过分影响会包括行动，比如通过近亲的控制影响力来操纵某人的选择，以及威胁撤销某人应享有的健康服务。

2. 对风险和好处的评估

对风险和好处的评估要求有一系列仔细推敲过的数据，包括有时采用另外的办法以获取实验想带来的好处。因此，评估既代表一个机会又是一个收集有关研究项目的全面系统的信息的责任。对研究者来说，这是一个检查有关研究项目是否合理设计的手段。对审核委员会来说，这是一个决定将给对象带来的潜在危险是否正当的方法。对未来的实验对象来说，评估将有助于他们作出是否参与实验的决定。

• 风险和好处的性质和范围

要求科研的合理性建立于一个有利的风险-好处评估基础上与善行原则相似，正如要求获取知情同意主要来自尊重个人的原则一样。

“风险”指的是伤害产生的可能性。然而，“小风险”或“大风险”则通常是指（常常是模糊地）体验伤害的几率以及伤害预计的严重程度。

科研里的“好处”指的是对健康和福利有益的东西。与“风险”

不同，“ 好处”指的不是可能性。风险是与好处的可能性相对应，好处则是与伤害而不是伤害的可能性对应。因此，所谓风险-好处评估是与潜在伤害的大小和可能性以及预期的好处有关。

需要考虑多种可能带来的伤害和好处。比如：精神伤害、体力伤害、法律上的伤害、社会和经济上的伤害以及相应的好处。对实验对象来说最有可能带来的伤害是精神与体力所遭受的痛苦和损害，但也不能忽视其他种类的伤害。

科研带来的风险及好处可影响对象本人、他们的家庭以及社会(或社会的特别对象团体)。早先的规则及联邦规定要求给对象带来的预期好处以及给社会带来的知识进步超过潜在的危险。在平衡这些不同因素时，直接影响实验对象的潜在危险及好处一般将起决定作用。另外，在对象的权利受到保护的前提下，对象以外的利益有时足以弥补科研所带来的风险。善行原则要求我们保护对象免遭伤害，并关注虽然有可能从科研结果得到弥补的许多利益的丧失。

- 有系统地对风险和好处进行评估

通常认为好处和风险必须“平衡”并显示“有利的比率”。这些比喻性的字词表明作出精确判断的困难。只有在极少情况下可用定量方法来仔细检查实验方案。但是，应尽量提倡对风险和好处进行有系统和有规律分析的主张。这一理想要求那些决定实验合理性的人们积累有关实验的全部信息并对之作出彻底的评价，且系统地考虑其他选择方案。这个过程能使对实验的评价更严格和精确，也能使审核委员与科研工作者之间的交流少受错误解释、错误情报以及有冲突的判断的影响。因此，应该先决定实验假设的有效性；然后尽可能清楚地区分风险的性质，可能性和大小。确定风险的方法应该明了，尤其是当没有其他选择而只能使用诸如小或轻微风险的模糊分类。另外也应根据已知事实或其他可用的研究来确定科研工作者对伤害可能性或好处的估计是否合理。

最后，评估科研合理性时应考虑以下几点：(i) 野蛮或非人性对待实验参加者在道德上是绝对不允许的。(ii) 风险应减少到对于达到科研目标是必须的程度。应确定是否有必要使用人体实验对象。风险也许不能消除，但可通过留意选用其他途径而减少。(iii) 当科研带有很大的的严重伤害的风险时，审核委员会应特别注意风险的合理性（侧重对实验对象可能带来的好处——或在少数一些情况下侧重参加实验的明显的自愿性)。(iv) 当科研涉及易受伤害的一群人时，应证明利用这些人的适当性。作判断时应考虑以下变量，包括风险的性质和程度，所涉及的特定人群的情况，以及预计带来的好处的性质和程度。(v) 相应的风险及好处必须在用于知情同意过程的文件以及程序里详细列出。

3. 选择对象

正如同意表达了尊重人的原则，对风险-好处的评估表达了善行的原则，对选择对象的公平程序和结果的道德要求代表了平等公正的原则。

平等公正在两个层次上与实验对象的选择有关：社会和个人。对个人的平等公正要求科研工作者在选择对象时显示公平：因此他们不能只对某些他们喜欢的病人进行能带来潜在好处的实验，或只选“不受欢迎的”人进行有风险的实验。对社会的平等公正要求区分哪些种类的对象应该或不应该参加任何一项特定的实验，这一区分应根据该种类成员承受负担的能力以及对已有负担的人们再施加压力的适当性而进行。因此，可将这看成是社会的正义，因为在进行对象种类的选择时有一个优先顺序（比如：成人先于儿童），某些种类的潜在对象（比如：被隔离的精神病患者或囚犯）只有在特定情况下才有可能参与实验。

即使科研工作者公平地选出每个对象并在实验过程中公平地对待他们，选择对象时仍会出现不公正。不公正来源于社会上固有的社会、种族、性别和文化的偏见。因此，即使每个科研工作者公平地对待他们的实验对象，即使单位审核委员会尽量确保本单位公平挑选实验对象，不公平的社会倾向依然可能会在科研好处和负担的总体分布上表现出来。虽然每个单位或科研工作者可能不能解决这个蔓延于社会的问题，他们在挑选实验对象时却可以考虑对象的平等分布。

某些人群，特别是那些被隔离的，已经在很多方面由于他们的疾病和环境而承受负担。若所要进行的科研只会有风险而不包含治疗因素，只要科研不直接与参加者的特殊情况有关，那就应该先请另外那些承受较轻负担的人们来承受科研所造成的可能伤害。另外，尽管公共科研基金可能常常与公共健康保健基金覆盖面相似，如果处更优越地位的人群更有可能享受科研带来的好处，那让那些依靠公共健康保健人群作为首选实验对象库就显得不公平。

一个不公正的特殊例子涉及易受伤害的实验对象。某些团体，像少数民族、经济地位地下的、病重的、被隔离的，由于他们所处的场所对于实验来说是现成可利用的，就会被不断地挑选为实验对象。鉴于他们依赖他人的状况以及他们自由同意的能力常遭约束，应该对他们进行保护，避免他们出于人们行政上的方便或由于他们的病情或社会经济情况易受摆布而参加实验。

世界医学协会赫尔辛基宣言

以人类为对象的医学研究的伦理学准则（2000. 10）

World Medical Association Declaration of Helsinki

Ethical Principles for Medical Research Involving Human Subjects

A 简介

1. 世界医学会建立了赫尔辛基宣言，作为一项伦理学声明，该宣言对以人类为对象的医学研究，为医生和其他参与者提供了指导准则。以人为对象的医学研究包括人体标本和资料的研究。

2. 促进和保护人民的健康是医生的天职，医生的知识和良心促使其献身于这一使命。

3. 世界医学会日内瓦宣言对医生的要求是：“病人的健康是我的首要考虑”；而且国际医学伦理学准则宣告：“当提供的医疗措施可能损害病人的身体和精神状况时，医生只能依照病人的利益行事。”

4. 医学的进步是以研究为基础的，在一定程度上这些研究最终均有赖于以人类为对象的实验。

5. 在以人类为对象的医学研究中，受试人的健康应该高于科学和社会的利益。

6. 以人类为对象的医学研究其主要目的是改进预防、诊断和治疗的方法以及了解疾病的病因与发病机制。即使已证实为最佳预防、诊断和治疗方法亦需不断研究检验其有效性、效率、可接受性和质量。

7. 在现代医疗实践和医学研究中，绝大多数预防、诊断、治疗方法对病人都是有风险和负担的。

8. 医学研究必须服从于尊重全人类和保护其健康及权益的伦理学标准。对有些较脆弱的受试人群则需要特殊的保护。必须认识到研究引起的经济和医疗上的不便的特殊需求。此外，对于那些不能自主同意或拒绝签署知情同意者、可能屈服胁迫而同意者、个人不能从研究受益者以及那些研究和治疗结合为一体者也需要给予 特殊关注。

9. 研究进行者应该知晓本国对人体研究的伦理、法律和规章要求以及应用于国际的相关要求。该宣言不允许国家的伦理、法律和规章可以减少或消除前述任何对受试人的保护。

B 所有医学研究都必须遵守的基本准则

10. 保护受试人的生命、健康、隐私和尊严是从事医学研究医生的职责。

11. 以人为对象的医学研究必须符合普遍接受的科学原则，必须在对科学文献、其他相关资料透彻理解的基础上，在充分的实验室（在适当的情况下）和动物实验的基础上进行。

12. 在实施可能对环境有影响的研究时，需特别谨慎，必须尊重所用实验动物的福利。

13. 每项涉及人体的实验步骤均应于实验方案中清楚阐明其设计和操作。该方案应当提交讨论、评价和指导，并在合适的时候，提交专门指定的伦理审查委员会批准，该委员会必须独立于研究者、赞助者或任何其他不适当的影响之外。这个独立的委员会应当遵守研究所在国家的法律和规定。委员会有监督实验进行的权利，研究者有向委员会提供监督资料的义务，尤其是有关严重副作用的资料。为了便于审查，研究者还应该向委员会提交有关基金、赞助者、机构隶属以及其他与研究对象有潜在利益冲突方面的资料。

14. 研究方案应包括有关伦理问题的陈述，并应指出其与宣言精神相符。

15. 以人类为对象的医学研究应由合格的科研人员指导，并且应在胜任临床工作的医务人员的监督下进行。即使受试人提供了知情同意，也必须始终由一名合格的医务人员对其负责，绝不能由受试者本人负责。

16. 对每项以人类为对象的研究计划，在进行前均应对研究对象或其他人的预期危险及负担与收益进行仔细的比较和评价。这并不排除医学研究中健康志愿者的参加。所有研究设计均应当是可公开的。

17. 除非医生确信已充分评估了涉及的各种风险并能满意地加以处理，否则应当避免进行以人为对象的研究计划。如果发现风险超过潜在收益，医生应停止研究。

18. 以人类为对象的研究只应在研究目的的重要性超过对研究对象不可避免的危险和负担时才能进行。当受试人为健康志愿者时此点尤其重要。

19. 只有存在受试人群可从研究结果获益的合理的可能性时，医学研究才是正当的。

20. 研究计划的对象必须是自愿且知情的参与者。

21. 必须始终尊重研究对象保护他们的权利不受损害。应采取一切预防措施尊重受试人的隐私和病人资料的保密性，应尽量减轻研究对受试人身心健康和人格的影响。

22. 任何涉及人类的研究，均需对每例可能的研究对象详细说明研究的目的、方法、基金来源、可能的利益冲突、研究者的机构隶属、研究预期收益、潜在危险以及可能带来的不适。还应告知研究对象有随时放弃参加研究或撤回参加研究同意书的权利，而且不会遭到报复。确保研究对象了解了上述情况后，医生应当随后取得其自愿的知情同意，最好是书面的。如不能获得书面同意，非书面的同意必须正式记录存档并且要有目击证人。

23. 医生为研究计划征求知情同意时，如果研究对象对医生有依赖关系或者有被迫同意的可能，医生应当特别注意。此时，应当由一位不参与该研究、完全没有业务关系并熟悉情况的医生来征求知情同意。

24. 对无法律资格的研究对象，例如由于身体或精神上的原因无法给予同意，或者未达法定成年年龄，研究者必须按照合适的法律程序从法律授权的代表获得知情同意书。除非研究对于促进这部分人群的健康是必需的，并且这项研究又不能由有法律资格的人替代，否则不应该把这些人入选到研究中。

25. 当研究对象被认为无法律资格时，例如未成年儿童，他们虽然能够做出同意参与研究的决定，研究者亦必须征得其法律授权代表的同意。

26. 对于不可能获得本人及其代理人知情同意的研究，只有当身体/精神状况均不允许获得知情同意为研究人群的必需条件时，才能进行该研究。造成研究对象不能提供知情同意情况的特殊原因应该在实验方案中说明，以便审查委员会考虑和批准。研究方案还应说明将尽快从当事人或其他法律授权代理人获得参加研究的同意书。

27. 作者和出版者均有伦理学义务。发表研究结果时，研究者有义务保持结果的准确性。否定性和肯定性结果均应发表或可让公众知晓。基金来源、机构隶属以及任何可能的利益冲突均应在论文中公布。不遵守本宣言规定准则的实验报道不能发表。

C　医学研究与医疗保健相结合时的附加准则

28. 医生只有在医学研究潜在的预防、诊断和治疗价值在正当范围时，才可将医学研究与医疗保健结合在一起。医学研究与医疗保健结合时，使用附加标准保护受试者。

29. 一种新方法的益处、危险、负担和效果应当与现行最佳的预防、诊断和治疗方法权衡比较。这并不排除安慰剂的使用或不给予治疗（在尚无已证实的预防、诊断和治疗方法的研究中）。

30. 当研究结束时，应保证每例入选的研究病例均可从研究证实的最佳预防、诊断和治疗方法获益。

31. 医生应对病人充分说明与研究有关的医疗保健内容，任何时候都不能因患者拒绝参加研究而妨碍医患关系。

32. 对病人进行治疗时，在没有已证实的预防、诊断和治疗方法或虽有一些方法但却无效的情况下，如果医生判断，新措施具有挽救生命、恢复健康或减轻病痛的希望，在征得病人同意后，医生可以使用尚未证实的新的预防、诊断和治疗措施。可能时，应当将这些作为研究的目的，设计评价其安全性与有效性。任何情况下，新的资料均应该记录并在适当的时候发表。此外，还应当遵循本宣言的其他相关准则。

人体生物医学研究国际伦理指南

本指南是世界卫生组织（WHO）和国际医学科学组织理事会（CIOMS）于1982年联合发表，其目的是为《赫尔辛基宣言》提供一个详尽的解释，促进人体试验研究中伦理原则的正确运用。1993年和2002年作了进一步修改。以下内容为2002年版本。

第1条：人体生物医学研究的伦理合理性与科学性 人体生物医学研究的伦理合理性在于有望发现有益于人类健康的新方法。只有在研究的实施中尊重、保护和公平地对待受试者，并且符合研究实施所在社会的道德规范时，其研究才具有伦理学上的合理性。此外，将受试者暴露于风险而没有可能受益的非科学的研究是不道德的。因此研究者和申办者必须保证所提议的涉及人体受试者的研究，符合公认的科学原理，并有充分的相关科学文献作为依据。

第 2 条：伦理审查委员会 所有涉及人类受试者的研究计划，都必须提交给一个或一个以上的科学和伦理审查委员会，以审查其科学价值和伦理的可接受性。审查委员会必须独立于研究组，他们的审查结果不应视研究中可能得到的任何直接的财务或物质上的利益而定。研究者必须在研究开始以前获得批准或许可。伦理审查委员会应该在研究过程中，根据需要进一步进行审查，包括监察研究的进展。

第 3 条：国外机构发起研究的伦理审查 国外申办组织和个体的研究者，应向申办组织所在国提交研究方案进行伦理学和科学审查，伦理评价标准应和研究实施所在国同样严格。东道国的卫生管理部门，及其国家的或地方的伦理审查委员会应确认研究方案是针对东道国的健康需要和优先原则，并符合必要的伦理标准。

第 4 条：个体的知情同意 对于所有的人体生物医学研究，研究者必须获得受试者自愿做出的知情同意，若在个体不能给予知情同意的情况下，必须根据现行法律获得其法定代理人的许可。免除知情同意被认为是不寻常的和例外的，在任何情况下都必须经伦理审查委员会批准。

第 5 条：获取知情同意：前瞻性研究受试者必须知晓的信息 在要求个体同意参加研究之前，研究者必须以其能理解的语言或其他交流形式提供以下信息：1. 个体是受邀参加研究，认为个体适合参加该项研究的理由，以及参加是自愿的；2. 个体可自由地拒绝参加，并可在任何时候自由地退出研究而不会受到惩罚，也不会丧失其应得利益；3. 研究的目的，研究者和受试者要进行的研究过程，以及说明该研究不同于常规医疗之处；4. 关于对照试验，要说明研究设计的特点（例如随机化，双盲），在研究完成或破盲以前受试者不会被告知所分配的治疗方法；5. 预期个体参加研究的持续时间（包括到研究中心随访的次数和持续时间，以及参加研究的总时间），试验提前中止或个体提前退出试验的可能性；6. 是否有金钱或其他形式的物质作为个体参加研究的报酬，如果有，说明种类和数量；7. 通常在研究完成后，受试者将被告知研究的发现，每位受试者将被告知与他们自身健康状态有关的任何发现；8. 受试者有权利在提出要求时获得他们的数据，即使这些数据没有直接的临床用途（除非伦理审查委员会已经批准暂时或永久地不公开数据，在这种情况下受试者应被告知，并且给予不公开数据的理由）；9. 与参加研究有关的、给个体（或他人）带来的任何可预见到的风险、疼痛、不适，或不便，包括给受试者的配偶或伴侣的健康或幸福带来的风险；10. 受试者参加研究任何预期的直接受益；11. 研究对于社区或整个社会的预期受益，或对科学知识的贡献；12. 受试者在参加完成研究后，他们能否、何时、如何得到被研究证明是安全和有效的药品或干预方法，他们是否要为此付款；13. 任何现有的、可替代的干预措施或治疗措施；14. 将用于保证尊敬受试者隐私、可识别受试者身份记录的机密性的规定；15. 研究者保守机密能力受到法律和其他规定的限制，以及泄露机密的可能后果；16. 关于利用遗传试验结果和家族遗传信息的政策，以及在没有受试者同意的情况下，防止将受试者的遗传试验结果披露给直系亲属或其他人（如保险公司或雇主）的适当的预防措施；17. 研究的申办者，研究者隶属的机构，研究资金的性质和来源；18. 可能进行的研究直接或二次利用受试者的病历记录和临床诊疗过程中获取的生物标本；19. 研究结束时是否计划将研究中收集的生物标本销毁，如果不是，关于它们贮存的细节（地点，如何存，存多久，和最后的处置）和将来可能的利用，以及受试者有权做出关于将来的使用、拒绝贮存和让其销毁的决定；20. 是否会从生物标本中开发出商业产品，研究参加者是否会从此类产品的开发中获得金钱或其它收益；21. 研究者是仅作为研究者，还是既做研究者、又做受试者的医生；22. 研究者为研究参加者提供医疗服务的职责范围；23. 与研究有关的具体类型的损害、或并发症将提供的免费治疗，这种治疗的性质和持续时间，提供治疗的组织或个人名称，以及关于这种治疗的资金是否存在任何不确定因素；24. 因此类损害引起的残疾或死亡，受试者或受试者的家属或受赡养人将以何种方式，通过什么组织得到赔偿（或者，指明没有提供此类赔偿的计划）；25. 受邀参加研究的可能的受试对象所在国家对获赔偿的权利是否有法律上的保证；26. 伦理审查委员会已经批准或许可了的研究方案。

第 6 条：获取知情同意：申办者与研究者的职责　申办者和研究者有责任做到：1. 避免使用不正当的欺骗手段，施加不正当影响，或恐吓；2. 只有在确定可能的受试对象充分了解了参加研究的有关实情和后果，并有充分的机会考虑是否参加以后，才能征求同意；3. 按一般规则，应获取每一位受试者的签名书作为知情同意的证据——对这条规则的任何例外，研究者应有正当理由并获得伦理审查委员会的批准；4. 如果研究的条件或程序发生了显著的变化，或得到了可能影响受试者继续参加研究意愿的新信息，要重新获取每位受试者的知情同意；5. 长期研究项目，即使该研究的设计或目标没有变化，也要按事先确定的时间间隔，重新获取每位受试者的知情同意。

第 7 条：招募受试者　受试者在参加一项研究中发生的收入损失、路费、及其他开支可得到补偿；他们还能得到免费医疗。受试者，尤其是那些不能从研究中直接受益的，也可因带来的不便和花费的时间而被付给报酬或得到其它补偿。然而，报酬不应过大，或提供的医疗服务不应过多，否则诱使受试者不是根据他们自己的更佳判断而同意参加研究（“过度劝诱”）。所有提供给受试者的报酬、补偿和医疗服务都必须得到伦理审查委员会的批准。

第 8 条：参加研究的受益和风险　对于所有人体生物医学研究，研究者必须保证潜在的利益和风险得到了合理地平衡，并且最小化了风险。1. 提供给受试者的具有直接诊断、治疗或预防益处的干预措施或治疗过程的合理性在于，从可预见的风险和受益的角度，与任何可得到的替代方法相比至少是同样有利的。这种" 有益的" 干预措施或治疗过程的风险相对于受试者预期的受益而言必须是合理的。2. 对受试者没有直接诊断、治疗、或预防益处的干预措施的风险，相对于社会的预期受益（可概括为知识）而言必须是合理的。这种干预措施的风险相对于将要获得的知识的重要性而言，必须是合理的。

第 9 条：研究中涉及不能给予知情同意的受试者，关于风险的特殊限定 当存在伦理和科学的合理性，对不能给予知情同意的个体实施研究时，对受试者没有直接受益前景的研究，干预措施的风险应不能比对他们常规体格检查或心理检查的风险更大。当有一个非常重要的科学或医学理论，并得到伦理审查委员会的批准，轻微或较小地超过上述风险也是允许的。

第 10 条：在资源有限的人群和社会中的研究 在一个资源有限的人群或社会开始研究之前，申办者和研究者必须尽一切努力保证：1. 研究是针对实施研究所在地人群或社会的健康需要和优先原则的；2. 任何干预措施或开发的产品，或获得的知识，都将被合理地用于使该人群或社会受益。

第 11 条：临床试验中对照的选择 一般而言，诊断、治疗或预防性干预试验中对照组的受试者，应得到公认有效的干预。有些情况下，使用一个替代的对照，如安慰剂或" 不治疗"，在伦理学上是可接受的。安慰剂可用于：1. 当没有公认的有效的干预时；2. 当不采用公认有效的干预，至多使受试者感到暂时的不适、或延迟症状的缓解时；3. 当采用一个公认有效的干预作为对照，将会产生科学上不可靠的结果，而使用安慰剂不会增加受试者任何严重的、或不可逆损害的风险。

第 12 条：在研究中受试者人群选择时负担和利益的公平分配 应通过公平分配研究负担和利益的方式，选择受邀成为研究受试者的人群。排除可能受益于参加研究的人群必须是合理的。

第 13 条：涉及弱势人群的研究 邀请弱势个体作为受试者需要特殊的理由，如果选择他们，必须切实履行保护他们权利和健康的措施。

第 14 条：涉及儿童的研究 在进行涉及儿童的研究之前，研究者必须确保：1. 以成人为受试对象，研究不能同样有效地进行；2. 研究的目的是获得有关儿童健康需要的知识；3. 每位儿童的父母或法定代理人给予了许可；4. 已获得每位儿童在其能力范围内所给予的同意（赞成）；5. 儿童拒绝参加、或拒绝继续参加研究将得到尊重。

第 15 条：由于受试者智力或行为障碍而不能给予充分知情同意的研究 由于受试者智力或行为障碍而不能给予充分知情同意的研究在开展前，研究者必须保证：1. 在知情同意能力没有受损的人体能同样有效地进行研究，上述人群就不能成为受试者；2. 研究的目的是为获得有关智力或行为障碍者特有的健康需要的知识；3. 已获得与每位受试者能力程度相应的同意，可能的受试对象拒绝参加研究应始终受到尊重，除非在特殊情况下，没有合理的医疗替代方法，并且当地法律允许不考虑拒绝；4. 如果可能的受试对象没有能力同意，应获得负责的家庭成员或符合现行法律的法定代理人的许可。

第 16 条：妇女作为受试者 研究者、申办者或伦理审查委员会不应排除育龄期妇女参加生物医学研究。研究期间有怀孕的可能，其本身不能作为排除或限制参加研究的理由。然而，详尽讨论对孕妇和胎儿的风险，是妇女做出参加临床研究理性决定的先决条件。这一讨论包括，如果怀孕，参加研究可能危害到胎儿或她本人，申办者、研究者应以妊娠试验确认可能的受试对象未受孕，并在研究开始之前采取有效的避孕方法。如果由于法律的或宗教的原因，不能这样做，研究者不应招募可能怀孕的妇女进行可能有这类风险的研究。

第 17 条：孕妇作为受试者 应假定孕妇有资格参加生物医学研究。研究者和伦理审查委员会应确保已怀孕的可能受试对象被充分告知了有关她们自己、她们的身孕、胎儿和她们的后代、以及她们的生育力的风险和受益。仅在针对孕妇或其胎儿特有的健康需要、或孕妇总体的健康需要，并且如果合适，有来自动物实验、尤其是关于致畸和致突变风险的可靠证据予以支持，才能在该人群中实施研究。

第 18 条：保守机密 研究者必须采取安全措施，保护受试者研究数据的机密。受试者应被告知研究者保守机密的能力受到法律和其他规定的限制，以及机密泄露的可能后果。

第 19 条：受损伤的受试者获得治疗和赔偿的权利 受试者因参加研究而受到伤害，研究者应保证其有权获得对这类伤害的免费医疗，以及经济或其它补偿，作为对于造成的任何损伤、残疾或障碍的公正赔偿。如果由于参加研究而死亡，他们的受赡养人有权得到赔偿。受试者决不能被要求放弃获得赔偿的权力。

第 20 条：加强伦理和科学审查能力以及生物医学研究的能力 许多国家没有能力评审或确保在其管辖范围内所提议的或进行的生物医学研究的科学性或伦理的可接受性。由国外机构发起的合作研究，申办者和研究者在伦理上有义务保证，在这些国家中由他们负责的生物医学研究项目将对该国或地方的生物医学研究的设计和实施能力起到有效的促进作用，并为这类研究提供科学和伦理审查和监查。能力培养包括，但不限于以下工作：1. 建立和加强独立的、有能力的伦理学审查过程委员会；2. 加强研究能力；3. 发展适用于卫生保健以及生物医学研究的技术；4. 培训研究和卫生保健人员；5. 对从中筛选受试者的人群进行教育。

第 21 条：国外申办者提供健康医疗服务的道德义务 国外申办者在伦理上有义务确保可获得：1. 安全地进行研究所必须的卫生保健服务；2. 治疗由于研究干预措施而受到损害的受试者；3. 申办者承诺中的一个必须部分，使作为研究成果的有益干预措施或产品合理地用于有关人群或社会所作的服务。

HUGO 伦理委员会关于 DNA 取样：控制和获得的声明

1997 年 11 月伦敦会议通过

导　言

在这份“关于 DNA 取样：控制和获得”的声明中，HUGO 伦理委员会讨论了与在遗传学研究中收集和分享样本的若干伦理问题。头等重要的是样本的来源，也就是说，不管样本是在常规医疗中还是执行专门的研究议定书过程中收集的，它都会影响周围和同意过程中可能有的选择。按其性质，遗传信息既是个人的又是家庭的。在大多数情况下在每一个阶段和每一次检测都应谋求知情同意，但遗传研究是连续的，要求改进操作，以利于长期储存、获得和利用，以便给实际的、实在的、活着的亲属提供必要的风险估计、选择和信息。最终这些进展将有利于广大人群预防和治疗疾病。简而言之，在处理所提供的信息和选择时，人们不可能忽视家庭成员直接或潜在的利益。

只要有可能避免使用或传递可辨认身份的样本可促进和保证对个人和家庭的尊重。资料保护极为重要。如果有严格的机制，给样本编码是一项保护机密的技术。另一种办法样本匿名，这使以后的追溯成为不可能。当必要的人口学和临床资料伴随着匿名样本时，在取消样本的标识符前应仔细考虑，因为这会排除未来未知的其他使用以及结果的验证。

家庭是种种（法律的、道德的、社会的以及生物学）关系的核心。不管家庭的法律界定以及家庭的不同社会和文化构成型如何，遗传研究可产生的遗传信息对直系亲属十分重要。参与或不参与研究事实本身，拒绝警告有危险的亲属或退出的决定，死后还不能获得有关信息，都会影响目前和未来亲属的利益。与获得、储存和毁掉样本有关的共同生物学风险形成特殊的利益和道德义务，有时会比个人的愿望更重要。然而，由于可能的歧视，在第二方机构方面，例如雇主、保险公司、学校和政府机构，必然会有不同的反应。为了避免蒙受耻辱，参加之前的咨询也是必要的。程序的标准化和样本的保护不可缺少。

HUGO 伦理委员会愿意重申它先前在它的“关于遗传研究正当行为的声明”中表达的立场的承诺。尤其是，它坚持认为，在收集、储存和使用人类 DNA 中，尊重自由的知情同意和选择以及尊重隐私和保密，是合乎伦理的研究行为的基石。它重申，追求科学知识为人类进步和解除人类痛苦所不可缺少，认识到这一点很重要。这种追求必须坚持国际人权规范。在人体研究情况下，承认和坚持人类尊严和自由要求事先进行伦理审查。尊重个人价值、家庭需要和文化差异，以及可以撤销对参加研究的同意而不加偏见，是伦理上的先决条件。

因此，如有伦理审查，HUGO 伦理委员会提出如下建议：

• 在同意过程中提供的选择应该反映 DNA 样本及其信息的潜在用途。重要的是要表明样本及其信息是否会：辨认出那个人，给他的身份加以编码，还是匿名，以致不能追查到那个人，但可提供人口学和临床资料，即使在某些研究条件下匿名是合适的，也应该注意：不可逆地取消样本的标识符可排除样本有价值的使用和结果的验证。

• 在医疗过程中获得和储存的常规样本可用于研究。如果：这种政策已经广为通告，病人不反对，研究人员将使用的样本已经编码或匿名化。在这种政策广为通告以前在医疗过程中获得和储存的常规样本可用于研究，如果：样本在使用之前已经匿名化。

• 在医疗过程中获得和储存的常规样本可用于其他研究，如果这种政策已经广为通告，参加者不反对，研究人员将使用的样本已经编码或匿名化。

• 至于在政策通告以前获得的研究样本的使用，可将这些样本用于其他研究，如果使用之前这些样本已经编码或匿名化。

• 必须建立安全机制以保障做出的选择和合适水平的保密。

• 直系亲属之获得样本应该给予特殊的考虑。在患有或传递严重疾患的高度风险，而预防或治疗可得时，直系亲属应该获得储存的 DNA，以了解他们自己的状况。在机构层次和研究关系内，这些例外情况都应该广泛地让人知晓。

• 在不存在直系亲属需要获得的情况下，储存的样本可根据人的具体要求毁掉。已经提供其他研究使用的样本，或已经进入研究议定书或用于诊断目的的样本，不可能毁掉。已经匿名化的样本本身不可能撤销或毁掉。

• 除非有法律授权，不应该将参与研究者或能够辨认出个人或家庭的研究结果透露给第三方机构。像其他医疗信息一样，未经合适的同意不应透露遗传信息。

• 在国际上使控制和获得 DNA 样本和信息的伦理要求标准化是不

可缺少的。

HUGO伦理委员会关于克隆的声明

1999年3月在布里斯班经HUGO理事会批准

前 言

“克隆”这个术语在一般意义上用来指用无性生殖产生个体有机体或细胞的遗传拷贝，涉及一系列技术，包括胚胎分裂；将体细胞核转移到去核卵；以及用细胞培养建立来源于一个体细胞的细胞系。克隆的类型也可按照所说的有机体和该项技术用于的目的而加以区分。例如，人的克隆（human cloning）可按照克隆的目的再细分为生殖性克隆、基础性研究和治疗性克隆。

HUGO伦理委员会致力于探讨人类基因组共同体和他们在其中工作的社会最关注的问题。应用于其他生命形态的克隆对人类基因组研究的含义也有相关意义。

委员会认识到在实施克隆和胚胎试验时自然规律的变异。它关注在它的“关于遗传研究正当行为的声明”中概括的四项原则。

- 认识到人类基因组是人类共同遗产的一部分；
- 坚持人权的国际规范；
- 尊重参与者的价值、传统、文化和完整性；
- 承认和坚持人类的尊严和自由。

HUGO伦理委员会建议

1. 动物克隆

动物克隆应该遵循与其他动物实验一样的有关动物福利的原则。克隆动物的目的应该明确规定，程序应该符合已建立的那些伦理审查机制。对生物多样性的可能后果应该加以关注。

2. 人的克隆

2.1 生殖性克隆

一方面是克隆作为一种目的，达到这个目的可采取不止一种手段，包括体细胞核移植；另一方面是体细胞核移植作为一种程序，可用于多种用途，包括预防线粒体疾病。即使有可能，鉴于：

- 对在一个现存的人的核内从遗传信息成长出一个人的可能性表示深刻的不安；
- “生活在”一个已经存在的人的“阴影中”对克隆出的孩子的潜在影响；
- 对亲子和兄弟姐妹关系可能产生影响；
- 需要关注从一个体细胞产生出一个孩子的可能后果不应该试图通过体细胞核移植产生出一个现存的人的遗传“拷贝”。

如果确定一种疾病由线粒体（非核）DNA 引起，那么通过体细胞核移植来避免这种疾病的试图可得到支持。

2.2 基础性研究

在人和动物身上用体细胞核移植进行基础研究，以探讨种种科学问题，包括研究基因表达、研究衰老以及细胞“凋亡”应该得到支持。这种研究应该符合在“关于遗传研究正当行为的声明”中概括的伦理要求。

2.3 治疗性克隆

研究利用克隆技术产生出特定细胞和组织（如皮肤、神经或肌肉）于治疗性移植应该得到支持。

2.4 对研究胚胎的含义

认识到

- 尽管对胚胎的道德和法律地位的看法存在文化和民族的区别，广泛认为为了遗传研究的目的有意产生出胚胎是不可接受的。

以及认识到

- 通过体细胞核移植产生出的所有构成物是否应被认为通常理解

的胚胎（能发育为完整机体和可存活）有待于解决。

以及当在2.2和2.3内的研究涉及将体细胞核移植到去核的卵，或从捐赠供研究用的胚胎产生出多元发育能力的胚胎干细胞时，即使在短时期内不应该试图将这些细胞置于子宫内发育。

不包括在2.2和2.3内的研究，但没有争议并对人类有广泛效益，可要求产生通常理解的胚胎，为了使干细胞生长，而不让早期胚胎在子宫内发育。在法律允许时，在罕见的情况下，当唯有在细胞培养中研究具有多元发育能力的胚胎干细胞才能促进对特定疾病及其可能治愈的研究时可考虑这样做。

生命伦理学吉汉宣言

在世界生命伦理学大会（2000年6月20—24日，西班牙吉汉市）结束时，国际生命伦理学会（International Society of Bioethics，ISB）科学委员会坚决主张科技必须考虑公共利益。

1. 再承认：（1）1948年12月10日联合国大会公布的全球人权宣言。（2）1997年11月11日联合国教科文组织（UNESCO）的全球人类基因组与人权宣言。（3）1997年4月4日欧洲理事会人权与生物医学阿斯杜利阿斯公约。

2. 意识到：生物学与医学的巨大进展，保证人权的迫切需要，滥用这个进展可能给人权带来的危险。

3. 肯定：生命伦理学在科技进步方面对公众的启蒙作用。

4. 科学委员会提出如下的意见和推荐：

（1）生命科学及其技术应该服务于人类福利、所有国家的可持续发展、世界和平以及自然界的保护与保持。这意味着发达国家应该与地球上处于不利地位的地区的居民共享生命科学及其技术的利益，服务于人类的福利。

（2）生命伦理学的一项重要任务是在上述宣言和公约所宣布的价

值和伦理原则方面使生物医学科学及其技术的应用与人权相协调，尽力使之成为保护人类的重要的第一步。

(3) 生命伦理学的教学应该进入教育系统，应该是可理解的和准确的教科书的对象。

(4) 社会的所有成员应该接受有关科学进展、生物技术及其产品的适当的、可理解的一般信息。

(5) 应该鼓励专业化的和公众的辩论去引导意见、态度与建议。这种辩论将包括不同学科的专家、不同背景的公民以及媒体的专业人员，可以取长补短。

(6) 在促进公正与团结原则的同时，应该保证实行个人自主。人的个性与特性应该同样地予以尊重。

(7) 每个人都有权利获得最佳的医疗保健。患者与医生应该一起决定前行医疗处理的范围。患者在表达其自由同意之前应使之充分知情。

(8) 人类基因组是全人类的遗产，就其本身来说是不能有专利的。

(9) 辅助生殖技术的基本目的是通过医疗解决人类不育的后果，可在其他医疗处理证明不适合或无效时用来促进生育。辅助生殖技术也可用于诊断和处理遗传病以及用于核准的研究。

(10) 通过克隆产生相同人类的个体应予禁止。为治疗目的而应用干细胞则应予允许，假如这不涉及破坏胚胎。

(11) 考虑到科学自由与尊重人类的尊严，人体上的研究应予进行。这一定要事先获得独立伦理委员会的批准。必须使受试者充分知情，自由表示同意。

(12) 经过遗传修改的食品首先应按当前最佳科学知识检验其对人类健康与自然界的安全性。只有在关于信息、预防、安全与质量的所有必需的要求得到满足之后，它们才可予以生产而进入市场。生物技术必须遵守预防原则。

(13) 人体器官买卖应予禁止。在可于人体进行临床试验之前应进一步研究异种移植。

（14）为深入分析临终关怀问题不同的伦理、文化观念，并为评估使这些问题得到协调的途径，应继续进行临终关怀问题的伦理辩论。

（15）以推进生命伦理学的普及为目的，应努力使目前有着不同术语的概念协调、统一起来。在这个领域尊重社会文化特性是必不可少的。

人类遗传数据国际宣言纲要

联合国教科文组织国际生命伦理学委员会（IBC），

2003年1月22日于巴黎

人类遗传数据国际宣言纲要（修正稿）是国际生命伦理学委员会（IBC）在第九次会议（2002年11月26—28日，加拿大蒙特利尔）初步审议后提出，并在国际生命伦理学委员会起草小组第四次会议（2002年11月29日，加拿大蒙特利尔）缜密考虑基础上产生的。

全体大会

回顾1948年12月10日《世界人权宣言》，1966年12月16日联合国两个国际经济、社会和文化权利公约与公民和政治权利公约，由联合国和联合国体制中专门机构通过的其他国际人权文件，尤其回顾了1997年11月11日通过，并于1998年12月9日联合国大会上批准的《世界人类基因组与人权宣言》，以及1999年11月16日通过决议（30C/Resolution 23）批准的《世界人类基因组与人权宣言》实施准则，欢迎在世界范围内公众对《世界人类基因组与人权宣言》产生的广泛兴趣，它已经得到了国际社会的稳固支持，并且对各成员国的法律、管理、规范和标准、或者道德行为准则都有影响，牢记国际非政府组织通过的国际和地区文件、国家法律、条例以及有关伦理的文本和声明，它们关系到对人权和基本自由的保护，关系到在收集、处理、使用和储存科学数据以及医疗数据、个人数据和敏感数据时对人类尊严的尊重，承认人类遗传数据因其敏感的性质所拥有的特殊地位，因为它们既可以提供医学信息又可以提供关系一生的个人信息，而且可能含有关于家庭的信息，包括子孙后代，或者在某些情况下涉及当事人所属社群的信息，考虑到人类遗传数据的收集、处理、使用和储存对于科学与医学的进步，以及对于把它们用于非医学目的、特别用于司法目的是至关重要的。尽管如此，意识到人类遗传数据的收集、处理、使用和储存，对于人权和基本自由的行使与遵守，以及对于人类尊严的尊重有着潜在的风险，重申世界人类基因组与人权宣言制定的原则，以及平等、公正、团结、尊重人类尊严、人权和基本自由的原则，既有研究的自由又有对隐私的保护，这些必须是人类遗传数据的收集、处理、使用和储存的基础，宣布遵循这些原则，并采用目前的宣言。

一、总　　则

第一条：意义与范围　人类遗传数据是通过分析脱氧核糖核酸（DNA）序列或其他方式获得的有关个人的可遗传特性的信息。本宣言将应用于人类遗传数据以及应用于由此得到的数据。

第二条：个人身份　每个人都有一套独特的基因结构。尽管如此，一个人的身份不应被归结为基因特性，因为它是由复杂的教育和其他环境因素以及同他人的情感、社会和文化纽带决定的。

第三条：特殊地位　（1）由于人类遗传数据提供了科学的、医学的和个人的信息，所以它构成了一种特殊类别的信息，而且就遗传倾向而言，它可能既包含敏感成分又具有终生的相关性。而且，这种信息可能对家庭有重大的影响，其影响可延续几代，而且有时对当事人所属的整个群体也有影响。（2）人类遗传数据和用于产生它们的生物学样本可能对于个人或者群体有特殊的文化意义，因此需要给予它们特殊的考虑和尊重。

第四条：目的　人类遗传数据只能以诊断和卫生保健目的，医学和其他研究，包括流行病学研究目的，法医学目的，在民事和刑事诉讼中的司法目的，以及任何其他与有关人类基因组和人权的世界宣言以及国际人权法一致的目的被收集、处理、使用和储存。

第五条：程序　（1）人类遗传数据应该根据透明的程序被收集、处理、使用和储存，这些程序使社会作为一个整体知情参加。为此，在教育和信息领域协调行动的基础上，各国应努力使作为一个整体的社会参与有关人类遗传数据的收集、处理，使用和储存以及对它们管理的评价的决策，在以人群为基础的大范围研究中尤应如此。对国际性的参加要进行辩论，并且确保各种观点的自由发表。（2）独立的、多学科、多元化的伦理委员会应就有关人类遗传数据（包括产生它们的生物学样本）的收集、处理、使用和储存的标准、条例和准则的制定进行协商。在有两个和两个以上国家参与的情况下，有关国家的伦理委员会应进行协商，对这些问题的审查应该以这个宣言提出的原则以及各国采用的伦理和法律标准为基础。

第六条：不歧视和不羞辱　（1）人类遗传数据不应用于歧视目的，其使用也不应可能导致对一个人、一个家庭或者一个群体的羞辱。（2）应该特别关注以人群为基础的遗传学研究和行为遗传学研究的结果以及对这些结果的解释。

二、收　　集

第七条：同意　（1）对于人类遗传数据的收集应该要求得到事先的、自由的、知情的和明确表达的同意，这种收集或者通过侵入性或者通过非侵入性的程序，不管这种收集由公立机构还是私人机构进行。（2）依照国家法律，一个人不能对产生人类遗传数据的样本采集表示同意的时候，则不管目的如何，应依照这个法律或者国家条例获得事先、自由、知情和明确表达的同意或者法律授权，并考虑有关个人的最佳利益，特别在涉及儿童和残疾人时。

第八条：撤销同意　在医学和科学研究中，一个人可以在同意具体规定的时间范围内撤销同意，除非这种数据已经与一个可以确认身份的人完全没有了联系。撤销同意既不会蒙受损失也不会遭受惩罚。

第九条：决定是否被告知的权利 当为了医学和其他科学目的，包括流行病学和以人群为基础的遗传学研究，或者为了遗传筛查的目的收集人类遗传数据的时候，同意应包括让个人做出是否被告知研究或者筛查检测结果的选择。

第十条：遗传咨询 当为了个人诊断的目的或者在遗传咨询的情况下收集人类遗传数据的时候，应该在检测结果可能对个人或者家庭产生影响，其影响延续几代的所有情况下提供遗传咨询，但并非强制的。

第十一条：活体或者死后样本的收集 当为了法医学目的或者为了民事或刑事诉讼的司法目的收集人类遗传数据的时候，要求收集活体或者死后的样本应该以法院判决为基础，符合国际人权法。在血亲检验的情况下，应该采取尊重孩子最佳利益的决定。

三、处　　理

第十二条：获得 每个人在任何阶段都有权获得他或她的遗传数据，除非这种数据与一个可以确认身份的人无可挽回地脱离了联系。

第十三条：保密 （1）依照国家法律或条例以及遵照国际人权法，应该保证对一个可以确认身份的人、家庭或者群体有联系的人类遗传数据保密。（2）与一个可以确认身份的人有联系的人类遗传数据不应该被泄露给第三方或者让第三方获得，尤其不能让雇主、保险公司或者教育机构获得，除了有国家法律或条例的授权及获得当事人的同意，以及遵照国际人权法以外。

第十四条：人类遗传数据的脱离联系 应该使以科学研究为目的收集的人类遗传数据与一个可以确认身份的人脱离联系。如果这种脱离联系可以挽回，那么应当采取必要的防范措施来确保数据对第三方的保密，并对人权、基本自由和人类尊严的行使和遵守尊重，给予应有的重视以确保有关。

第十五条：准确、可靠、质量和安全 应该确保人类遗传数据的准确、可靠、质量和安全。在处理和解释人类遗传数据时，尤其在行为遗传学领域，鉴于它们的伦理和法律含义，相关专业人员应该严格、审慎、诚实和正直。

四、使　　用

第十六条：目的改变　以特定目的收集的人类遗传数据不应该用于不同的目的，除非获得当事人事先、自由、知情和明确表达的同意，或者由权威法律裁决。

第十七条：存档样本　经过当事人事先、自由、知情和明确表达的同意，可以使用存档样本以产生人类遗传数据。然而，如果这种数据对于医学和其他科学研究或者公共卫生的目的有重大意义，那么依照第五条第一款的规定，甚至不经个人同意，可以用于那些目的。那么就应该使那些数据与一个可以确认身份的人无可挽回地脱离联系。

第十八条：自由流通　假如本宣言提出的原则得到有关各方的遵守，为了鼓励科学知识的分享，应该在已经建立了科学和伦理方面相互尊重为基础的协作关系的研究人员中，鼓励无可挽回地脱离联系的人类遗传数据进行自由流通，包括来源于以人群为基础的遗传学研究的数据。

第十九条：跨国流　动应该依照国家法律来管理由私人或公共部门负责的人类遗传数据的跨国流动，以促进国际合作，确保人类遗传数据的公平获得。这种管理也应确保接受国依照本宣言提出的原则保证给予同等的保护。

第二十条：利益分享　为了医学和科学研究包括以人群为基础的遗传学研究而收集的人类遗传数据，通过使用它们产生的利益应该由整个国际社会分享，可以采取以下形式：对参加研究的个人和群体的特殊援助；获得医疗保健；为源于研究的新治疗方法或药物提供便利；为卫生服务提供支持；符合本宣言原则的任何其他形式。

五、储　　存

第二十一条：监督和管理体系　基于独立、多学科、多元性和透明原则以及本宣言提出的原则，应该在各个国家建立人类遗传数据的监督和管理体系，也处理人类遗传数据所有权制度的这个体系，应该确保由各级伦理委员会提出的准则和程序的一致性，确保计算机或手工处理的人类遗传数据的存储得到足够的保护，正如本宣言中第三条提出的那样尊重人类遗传数据的特殊地位。

第二十二条：销毁　（1）如果被调查的个人或者没有被指控犯罪，或者根据指控犯罪收集的人类遗传数据发现他没有犯罪，那么就不应该保留在刑事调查中收集的人类遗传数据。仅仅根据最后的判决发现有罪的人的人类遗传数据才可以被保留储存。（2）如果民事诉讼要求提供人类遗传数据，则人类遗传数据应该仅可为民事诉讼所得。

第二十三条：交叉联系　为了本宣言第三条提出的某一目的而储存的人类遗传数据可以交叉联系，条件是它们的收集是为了相同的目的。为了卫生保健和诊断目的以及为了医学和其他科学研究目的而储存的人类遗传数据不应该与为了民事或者刑事诉讼的司法目的储存的数据交叉联系。

六、促进和执行

第二十四条：转向本国法律　各国应该采取措施，无论是立法的、管理的或者是其他性质的措施，通过法律或条例使本宣言提出的原则生效。这些措施应该得到教育、培训和公共信息领域里的行动支持。

第二十五条：教学、培训和信息　为了促进和执行本宣言中包含的原则，各国应该竭力促进各个教育层次和各种教育形式的教学和培训，以及鼓励针对目标观众和一般公众的信息传播计划。

第二十六条：国际生命伦理学委员会（IBC）和政府间的生命伦理学委员会（IGBC）将参与本宣言的实施以及对它所提出的原则进行宣

传。　这两个委员会将在协作的基础上负责监督它的实施，特别要考虑可能增强其效力的任何意见或建议。

第二十七条：解释　在本宣言中任何一句话都不可解释为暗含着这样的断言，某个国家、某个团体或某个人从事或执行违背人权、基本自由和人的尊严，尤其违反本宣言提出的原则的任何活动或任何行动。

世界人类基因组与人权宣言

联合国教科文组织，1997

前　言

1997年11月11日，联合国教科文组织全会在第29次会议上一致通过了有关《世界人类基因组与人权宣言》，这是生物学领域的第一部世界性文件。它的无可争议的优越性在于，它既保证了对人权的保护和尊重，又给予了科学研究的基本的自由及其自由的保障。

与此同时，联合国教科文组织还通过了一项宣言实施的决议案，敦促各国采取适当的措施贯彻落实这一宣言。

各国对人类基因组及人权问题提出道德方面的讨论是一个起始点，它使全世界开始意识到在科学技术领域里有必要提出道德问题。宣言的实施和永远存在离不开各国所采取的措施和共同努力。

大会认识到，人类基因组的研究及成果的应用在增进人类健康方面具有广阔的前景。同时强调这种研究将充分尊重人的尊严、自由与人权，防止具有遗传学特征的各种形式的歧视。

大会本着这些原则，通过了现行的宣言。

A. 人类尊严与人类基因组

第1条　人类基因组是构成人类家庭所有成员的基本单位，也用于对其内在尊严与差异的认同。从象征意义上说，它是人类的遗产。

第 2 条 （1）无论人们的遗传学特征如何，每个人都有权利要求尊重他们的尊严及权利。（2）这种尊严使不减少个体的遗传特征变得非常必要，从而尊重个体的独特性和差异。

第 3 条 人类基因组具有其变异性。它可根据个人的自然情况和社会环境（个人的健康状况、生活条件、营养和教育）而有不同的表现。

第 4 条 人类基因组就其自然属性而言不会带来经济效益。

B. 相关人员的权利

第 5 条 （1）影响个人基因组的研究、治疗或诊断，必须在对其危险性和利益做充分估计后才能进行，并应以不违反国家法律为原则。（2）在任何情况下，均应征得当事人预先同意，若当事人不予同意，相关的认可或授权亦应依照法律和当事人意愿而获得。（3）通知当事人基因检验结果与否，应由当事人自己决定，这一权利应当得到尊重。（4）此外，在研究前应先提交草案，且应与相关国家及国际研究准则或方针相一致。（5）法律规定，如果某人不具备认同能力，那么，涉及他或她的基因组的研究仅能与其直接健康利益相关，并受到法律约束。对无直接健康益处的研究仅能做特例处理，最大限度地减少到最小危险和最小负担。如果该研究对同年龄组同基因条件的其他人健康利益有益，亦应与法律条文相符，且能合理地保护其人权。

第 6 条 任何人不应因其基因特征受到歧视，否则将会侵害或具有侵犯人权、基本自由及人类尊严的作用。

第 7 条 为研究或其他任何目的的与个人有关的或存储处理的基因数据均应依法保密。遗传学资料依法律要求应被保守秘密。

第 8 条 依据国际与国家法律，每个人有权对涉及他或她的基因组的直接的或最终的损害要求补偿。

第 9 条 由于某些强制性的原因，在公共国际法和国际人权法的范畴内，为保护人权和人类的基本自由，法律限定了许可和保密原则。

C. 关于人类基因组的研究

第 10 条 对人类基因组的研究和研究应用，尤其是生物学、遗传学及医学领域不应超过对个人和群体的人权、基本自由和尊严的尊重。

第 11 条 不应允许不尊重人的尊严的行为，例如对人类的再生性克隆。各国及有能力的国际组织，在国家及国际水准上合作并采取必要措施，确保本宣言的原则得到尊重。

第 12 条 （1）从生物学、遗传学及医学的有关人类基因组的研究进展中所获益处，应在个人尊严与人权得到保障的条件下让人人受益。（2）要知识更新，必须有研究的自由，这是思想自由的一部分。应用研究包括生物学、遗传学和医学上对人类基因组的研究应用应力求为全人类解除病痛，提高人类的健康水平。

D. 科学研究活动的条件

第 13 条 研究活动所固有的责任感。包括细致的工作，谨慎及求实的精神。要把研究工作与结果及应用相结合。所有这些在人类基因组的工作中都要特别注意，因为它与道德和社会相联系，公共的和秘密的科学政策制定者在此方面也负有特殊的责任。

第 14 条 在本宣言中提出的原则基础上，各国应采取适当措施鼓励知识分子并创造物质条件以利对人类基因组的自由研究，且要考虑此种研究的道德、法律、社会和经济含义。

第 15 条 各国应采取适当的步骤以形成对人类基因组自由研究的氛围，如同本宣言中所提出的原则那样，且要保证人权、基本自由、人的尊严和保护公共健康。他们还应保证研究的结果不用于非和平目的。

第 16 条 各国应认识到适当地促使各阶层建立独立的、有纪律的、兼职的道德委员会的必要性，以此来评估人类基因组的研究及研究应用所产生的道德、法律及社会问题。

E. 团结一致与国际合作

第 17 条 各国应提倡和鼓励那些特别易受疾病影响或有遗传性疾病的个人、家庭和群体间的团结协作。他们应努力研究遗传性疾病及受遗传影响的疾病的鉴定、预防和治疗，尤其是那些罕见的影响世界大量人口的地方病。

第 18 条 各国应努力贯彻宣言中提出的原则，继续在国际上传播有关人类基因组、人类差异性和遗传学方面的知识，促进各国间的科学和文化合作，尤其是工业化国家和发展中国家间的交流。

第 19 条 （1）在与发展中国家的国际合作的框架下，各国应鼓励采取的措施：（ⅰ）评价人类基因组研究的危险性和益处，并防止滥用。（ⅱ）使发展中国家具有研究人类生物学和遗传学的能力，具有对其特殊问题的认识能力。（ⅲ）使发展中国家从科学技术的研究中获益，并推动国家经济和社会的进步。（ⅳ）促进科学知识与生物学、遗传学和医学领域信息的自由交流。（2）有关国际组织应该支持和鼓励有关国家出于上述目的而进行的创新。

F. 促进宣言中各项原则的实施

第 20 条 各国应采取适当的措施，通过教育和其他相关方法，特别是通过研究或相关领域的培训来实施本宣言中提出的原则。通过生命伦理学的教育，使负责制定科学政策的人能自觉行动。

第 21 条 各国应采取适当的方法，鼓励其他形式的研究、培训与信息的传播，以有助于提高社会的了解及其所有成员的职责。同时考虑到在生物、基因和医学及其应用方面的研究时产生的对人类尊严的维护问题，应该进行公开的国际讨论，以确保不同社会文化、宗教和哲学观点的自由发表。

G. 宣言的实施

第 22 条　各国应努力贯彻宣言的原则，也应该通过各种适当的手段促使其实施。

第 23 条　各国应采取适当的方法，通过教育、培训和信息的传播贯彻和尊重上述原则，并提高对其认识与促进其有效的应用。各国应鼓励相互交流，加强各独立伦理委员会的联系，促使其广泛合作。

第 24 条　联合国教科文组织的国际生命伦理委员会，应致力于宣言原则的传播，以及对其实施与技术改进中的问题进行进一步的检查。应组织相关团体如自愿团体的适当讨论。应根据联合国教科文组织的法定程序，提出意见并对宣言的后续落实提出建议。

第 25 条　本宣言的制定，不能理解为暗指任何从事违反人权、基本自由及本宣言原则的行为的任何国家、集体或个人。

联合国教科文组织国际生命伦理委员会关于知情同意的报告（摘译）

（2007 年 5 月 17—19 日，肯尼亚内罗毕国际生命伦理委员会第十四次会议讨论通过）

一、总体框架

1. 知情同意原则是现代医学伦理学的一项基本原则，它也是基于个人自主权的现代医学伦理学诞生的标志。《纽伦堡宣言》强调，生物医学研究必须坚持知情同意原则。二战后所发生的种种违背人道的科学研究行为也再次强调了知情同意原则的重要性。从临床实践看，知情同意原则是病人权利运动的产物，也是新兴的生物医学技术发展要求由病人自己对复杂的卫生保健选择做出决定的必然结果。知情同意原则的实践应用，改变了传统的家长式卫生保健医患关系。

2. 个人同意构成了一个基本原则，即医疗实践活动必须遵循《世界生命伦理和人权宣言》的基本原则。同意的原则与自主原则密切相关，也是确保人权和尊重人的尊严的表现。

3. 自主性意味着责任。对一个人来说，决定的能力表明他要承担其行动的后果，在医疗情况下，这种能力是令人敬畏的。因此，必须强调，个人需要被告知其选择将会产生的结果，这就要求思考有关知情内容、获得同意的条件。

4. 尊重个人做出决定的自主权，是与1948年的《世界人权宣言》中的第一条紧密相关的，它强调所有的人生而自由、平等，拥有尊严和权利，具有理性和意识，并以兄弟般的精神来对待他人。

5. 自主和责任之间的紧密联系表明，同意是由个人在自由状态下做出的，这种自由状态是，提供了最清晰的信息、个人自已的理解能力未遭破坏、个人自己能评判病患及其发展的后果、个人自己能理解可能的选择性治疗的优劣。

二、知情同意

（一）知情内容

1. 知情同意必须建立在适当的知情基础上。作为一项基本原则，个体必须获得可理解的、相关的、有序的和为个人定制的信息，以便个体能够做出是否接受医疗干预或参与科学研究的决定。

2. 在病人同意有关医疗干预的情况中，必须被告知下面这些重要因素：诊断和预后；干预的本质和过程；干预的预期好处；干预可能带来的副作用；选择性干预的可能性、好处与风险。医学干预涉及专业人员的经验与能力，以及他们可能获得的经济好处时，也必须予以告知。

3. 在科学研究中，必须告知参与者研究的目的、方法和过程，以及对参与者或其他人可能带来的好处或风险。

4. 如果没有获得同意，不得对病人有任何歧视和任何不当关怀。在研究中，也应同样遵循该原则。拒绝参与研究的人不能因其决定而导致对其不利，而应继续给予其条件许可的关怀。

5. 最后，应该告知个体，无论是在科学研究中，还是在预防性、诊断性和治疗性的医疗干预活动中，其都可随时撤销同意而不需要任何理由，且不会遭到任何不利或遭受偏见。

（二）获得同意的条件

6. 在医疗干预或科学研究中，有责任事先获得同意。

7. 尽管医患关系存在着不对称性，但依然要强调双方的信任和对尊重的信任。因此，要鼓励医患之间建立合作关系，而不是家长式关系。

8. 对医生来说，给予病人以信息告知，不仅仅是一种管理程序或法律责任，而是一种对医生与病人间信任关系的承认。应根据病人情况适当给予病人以告知的信息，在严重疾病的情况下，告知是否得体、告知时的用词选择都格外重要。

9. 关于一项医疗干预或者科学研究所涉及风险的陈述，是个微妙的步骤。一些国家，在医疗事故案例中，如果医生没有将临床治疗中的预期风险告知病人的话，法院就会判定医生有罪。但由于所列出的有关干预风险的清单也会导致病人过度恐惧，因此，必须给予病人有关其疾病的知识，避免造成病人情感创伤。

10. 在知情同意过程中，病人或研究活动的参与者可能会对来自医生或研究者所陈述的对象、风险、好处和预期结果，甚至对自己的权利都产生疑问，在这种情况下，就需要一位调解者给病人或研究参与者来分析告知信息，从而使同意更易理解。

（三）表达同意的方式

11. 同意的表达应是在对个体意志无疑问的情况下做出。表达同意可以是书面的、口头的甚至是姿势动作，这些方式都因不同环境和不同文化而异。

12. 在世界不同地区存在着不同的表达同意方式。事实上，许多国家视书面同意为最高证明。在一些国家，当要求个体写下书面承诺却隐含着不信任、不确定以及对个体的冒犯时，就认可口头同意。

13. 表达同意的一种特别方式是使用预先条款。在个体因其无能力（濒危或无意识）而无法给出明确的同意时，考虑到对其健康的决定，预先条款逐渐被视为一种表达个人自主性的方式，它们包含个体要求或拒绝医学性或非医学性治疗、医学性或非医学性干预等指令。

14. 预先条款主要有两种类型：（1）涉及确定性情景的指令性条款；（2）作为无能力同意的病人的代理者所做的指令。两种类型都应该有效覆盖各种可能的需要或面临的各种情形。

15. 预先条款和指令可适用于所有医疗情形，包括涉及生命终止，以及个人因评判能力退化而无法表达知情同意的情形。

16. 预先条款的作出，必须是在个人不受任何来自家庭或环境因素影响的情况下的同意。必须规定，在一个确定时期（通常为3—5年）内，预先条款是有效的，并且个体可以随时按其意愿修改或撤销。

17. 处理预先条款和代理人的管理、程序在不断发展并引发了争议。一些国家并没要求将这种条款附加在同意表格的条件中；根据其他人的意愿，不需要建立正式文件；而且，只要有可靠证据能证明这种同意的存在，即便它们没有写下来，也会得到充分考虑。然而，在另外一些国家，根据法律，预先条款或代理人证明必须以书面方式写入正式文件中。

18. 在慢性疾病的继续观察以及在长期的治疗性关系框架中，只要对病人继续调查和治疗的话，并不要求有正式而重复的同意。如果出现新方法（药物、手术可能性），就必需更新原有的告知信息，并以同意的术语来询问是否改变了什么。

19. 上述条例所陈述的并不意味着不需要将相关信息多次告知病

人，而是要明确病人的同意始终有效。这里要再次强调，通常病人并不能理解所有被告知的信息，更确切地说，是不能理解参与者第一次所告知的信息。因此，再次告知病人有关信息是明智的也是必需的，而这种再次告知可以采用其他形式。

（四）同意的撤销

20. 只要同意还没有被自由地撤销，只要同意所依赖的信息依然正确，那么同意就是有效的。同意可以随时撤销。病人是自主的，是能决定采取行动或不采取行动对他（她）来说是最好的。

21. 如果病人撤销同意，正确的做法是，清晰而认真地告知病人这种撤销的后果，以使病人理解。

三、应用和推广

1. 同意与自主、责任密切相关，它是指一个同意接受医疗实验或参与科学研究的人所作的决定。虽然在实验和研究之前获得参与者的同意，但只要医疗干预或科学研究在继续的话，当事人必须继续这一同意。不过，同意可随时撤回。因此，为了确保病人理解其参与的实验或研究，应给予当事人机会以审查其同意。同样要强调的是，要定期重申原先基于知情而建立的同意。

2. 在科学研究中，同意原则的应用和执行，通常由各级伦理委员会审查。为了维护当事人在参与研究前的同意，维护其自由、表达和知情权，研究伦理既要求对提供给所有研究对象的信息予以评估，也要求对取得同意的程序予以评估。在许多情况下，伦理委员会还要求取得同意文件。

3. 要发展和普及知情同意的实践、执行的模式与程序，伦理委员会必须发挥积极作用，这种作用不仅仅体现在研究中，还应反映在医疗实验上。伦理委员会应确保所有做法遵循《世界生命伦理和人权宣言》的基本原则，并确保这些原则能在不同社会、文化和经济背景下得以运用。伦理委员会特别重要的积极作用是保护无能力表示同意者的权利和利益。

（一）信息提供者的教育

1. 在获得知情同意时，执行医疗实验或科学研究的人应顾及不同类别的做法、各种需特殊保护的对象及不同背景。获得同意也需要信心、保密和合作关系。所提供的资料，需要与病人相适应，而不应局限于一种程序方式。因此，获得同意需要特别的技巧，也具有敏感性。

2. 生命伦理教育和医疗教育应特别关注同意及获得同意的原则。知情同意的至关重要性，在现今的医疗保健和科学研究中应予以强调。应对获得同意给予培训并付诸实践。应该讨论和分析各类与敏感问题有关的做法、需特殊保护的对象和不同背景。

（二）交流：过程与材料

1. 运用同意原则是一个沟通过程，目的在于，使研究对象、病人或其代理人做出决定，并为这些决定承担责任。它不是一个孤立的时刻，而需要持续的努力，以确保信息能一直得以理解。

2. 为了促进获得同意的过程，研究人员和专业医护人员应扩展知情材料，以使研究对象和病人得以理解。

3. 同意原则的应用在不同情况下进行，因此，交流经验，并使经验能够公开提供，将十分有益。联合国教科文组织的全球伦理观察站，就能作为一个从众多成员国收集并提供经验的有用手段。例如在不同地区，用不同方式成立存放个案、模型和经验的数据库，出版有关来自不同文化传统的案例的手册。

（三）公共参与

1. 知情同意是一项基本原则。任何涉及研究和医疗实验的当事人，首先要提供基于充分知情的同意。这意味着，所有的人都应知道，必须尊重知情同意原则。因此，群体、社区、机构及企业、公众及个人都应认识到这一研究和医疗保健原则的重要性及相关性。

2. 伦理委员会在适当的水平可以发挥特殊作用，即促进关于同意原则的讨论，增进公众对知情同意原则的认识。

（四）国家作用

各国要积极参与对同意原则的解释和执行。这些条款应作为会员国的一个法律法规和决策框架。许多领域的经验已表明，各国只有通过教育、培训和信息等行动的支持，才能有效执行法律或法规，故各国应在促进生命伦理相关领域的教育、培训和信息方面承担重要责任（胡庆澧译，中国医学伦理学［J］，Jun. 2011；Vol. 24，No3，411-412.）。

阿西洛马人工智能原则

（Asilomar AI Principles，2017）

2017 年 1 月初举行的“Beneficial AI”会议为基础上建立起来的“阿西洛马人工智能原则”，名称来自此次会议的地点——美国加州的阿西洛马（Asilomar）市，旨在确保 AI 为人类利益服务。本次会议参加者是业界最富盛名的领袖，如 Deep Mind 首席执行官 Demis Hassabis 和 Facebook AI 负责人 Yann LeCun 等。全球 2000 多人，包括 844 名人工智能和机器人领域的专家已联合签署该原则，呼吁全世界的人工智能领域在发展 AI 的同时严格遵守这些原则，共同保障人类未来的利益和安全。

这一系列原则目前共 23 项，分为三大类，分别为：科研问题（Research Issues）、伦理和价值（Ethics and values）、更长期的问题（Longer-term Issues）。具体如下。

一、科研问题（Research Issues）

（1）研究目的：人工智能研究的目标，应该是创造有益于人类而不是不受人类控制的智能。（Research Goal：The goal of AI research should be to create not undirected intelligence，but beneficial intelligence.）

（2）研究经费：投资人工智能应该有部份经费用于研究如何确保有益地使用人工智能，包括计算机科学、经济学、法律、伦理以及社会研究中的棘手问题，比如：（Research Funding：Investments in AI should be accompanied by funding for research on ensuring its beneficial use，including thorny questions in computer science，economics，law，ethics，and social studies，such as：）

如何使未来的人工智能系统高度健全运行，让系统按我们的要求运转，而不会发生故障或遭黑客入侵？（How can we make future AI systems highly robust，so that they do what we want without malfunctioning or getting hacked?）

如何通过自动化提升我们的繁荣程度，同时维持人类的资源和意志？（How can we grow our prosperity through automation while maintaining people's resources and purpose?）

如何改进法制体系使其更公平和高效，能够跟得上人工智能的发展速度，并且能够控制人工智能带来的风险？（How can we update our legal systems to be more fair and efficient，to keep pace with AI，and to manage the risks associated with AI?）

人工智能应该归属于什么样的价值体系？它该具有何种法律和伦理地位？（What set of values should AI be aligned with，and what legal and ethical status should it have?）

（3）科学与政策的联系：在人工智能研究者和政策制定者之间应该有建设性的、有益的交流。（Science-Policy Link：There should be constructive and healthy exchange between AI researchers and policy-makers.）

（4）科研文化：在人工智能研究者和开发者中应该培养一种合作、信任与透明的人文文化。（Research Culture：A culture of cooperation， trust, and transparency should be fostered among researchers and developers of AI.)

（5）避免竞争：人工智能系统开发团队之间应该积极合作，以避免安全标准上的有机可乘。（Race Avoidance: Teams developing AI systems should actively cooperate to avoid corner-cutting on safety standards.）

二、伦理和价值（Ethics and values）

（6）安全性：人工智能系统在它们整个运行过程中应该是安全和可靠的，而且其可应用性的和可行性应当接受验证。（Safety: AI systems should be safe and secure throughout their operational lifetime, and verifiable so where applicable and feasible.）

（7）故障透明性：如果一个人工智能系统造成了损害，那么造成损害的原因要能被确定。（Failure Transparency: If an AI system causes harm, it should be possible to ascertain why.）

（8）司法透明性：任何自动系统参与的司法判决都应提供令人满意的司法解释以被相关领域的专家接受。（Judicial Transparency: Any involvement by an autonomous system in judicial decision-making should provide a satisfactory explanation auditable by a competent human authority.）

（9）责任：高级人工智能系统的设计者和建造者，是人工智能使用、误用和行为所产生的道德影响的参与者，有责任和机会去塑造那些道德影响。（Responsibility: Designers and builders of advanced AI systems are stakeholders in the moral implications of their use, misuse, and actions, with a responsibility and opportunity to shape those implications.）

（10）价值归属：高度自主的人工智能系统的设计，应该确保它们的目标和行为在整个运行中与人类的价值观相一致。（Value Alignment: Highly autonomous AI systems should be designed so that their goals and behaviors can be assured to align with human values throughout their operation.）

（11）人类价值观：人工智能系统应该被设计和操作，以使其和人类尊严、权力、自由和文化多样性的理想相一致。（Human Values：AI systems should be designed and operated so as to be compatible with ideals of human dignity，rights，freedoms，and cultural diversity.）

（12）个人隐私：在给予人工智能系统以分析和使用数据的能力时，人们应该拥有权力去访问、管理和控制他们产生的数据。（Personal Privacy：People should have the right to access，manage and control the data they generate，given AI systems' power to analyze and utilize that data.）

（13）自由和隐私：人工智能在个人数据上的应用不能允许无理由地剥夺人们真实的或人们能感受到的自由。（Liberty and Privacy：The application of AI to personal data must not unreasonably curtail people' s real or perceived liberty.）

（14）分享利益：人工智能科技应该惠及和服务尽可能多的人。（Shared Benefit：AI technologies should benefit and empower as many people as possible.）

（15）共享繁荣：由人工智能创造的经济繁荣应该被广泛地分享，惠及全人类。（Shared Prosperity：The economic prosperity created by AI should be shared broadly，to benefit all of humanity.）

（16）人类控制：人类应该来选择如何和决定是否让人工智能系统去完成人类选择的目标。（Human Control：Humans should choose how and whether to delegate decisions to AI systems，to accomplish human-chosen objectives.）

（17）非颠覆：高级人工智能被授予的权力应该尊重和改进健康的社会所依赖的社会和公民秩序，而不是颠覆。（Non-subversion：The power conferred by control of highly advanced AI systems should respect and improve，rather than subvert，the social and civic processes on which the health of society depends.）

（18）人工智能军备竞赛：致命的自动化武器的装备竞赛应该被避

免。(AI Arms Race: An arms race in lethal autonomous weapons should be avoided.)

三、更长期的问题(Longer-term Issues)

(19)能力警惕:我们应该避免关于未来人工智能能力上限的过高假设,但这一点还没有达成共识。(Capability Caution: There being no consensus, we should avoid strong assumptions regarding upper limits on future AI capabilities.)

(20)重要性:高级人工智能能够代表地球生命历史的一个深刻变化,人类应该有相应的关切和资源来进行计划和管理。(Importance: Advanced AI could represent a profound change in the history of life on Earth, and should be planned for and managed with commensurate care and resources.)

(21)风险:人工智能系统造成的风险,特别是灾难性的或有关人类存亡的风险,必须有针对性地计划和努力减轻可预见的冲击。(Risks: Risks posed by AI systems, especially catastrophic or existential risks, must be subject to planning and mitigation efforts commensurate with their expected impact.)

(22)递归的自我提升:被设计成可以迅速提升质量和数量的方式进行递归自我升级或自我复制人工智能系统,必须受制于严格的安全和控制标准。(Recursive Self-Improvement: AI systems designed to recursively self-improve or self-replicate in a manner that could lead to rapidly increasing quality or quantity must be subject to strict safety and control measures.)

(23)公共利益:超级智能的开发是为了服务广泛认可的伦理观念,并且是为了全人类的利益而不是一个国家和组织的利益。(Common Good: Super intelligence should only be developed in the service of widely shared ethical ideals, and for the benefit of all humanity rather than one state or organization.)